U0929710

# 中国国家标准汇编

2009年修订-14

中国标准出版社 编

中国标准出版社
北京

**图书在版编目（CIP）数据**

中国国家标准汇编：2009 年修订．14/中国标准出版社编．—北京：中国标准出版社，2010

ISBN 978-7-5066-6071-6

①中…　Ⅱ．①中…　Ⅲ．①国家标准-汇编-中国-2009　Ⅳ．①T-652.1

中国版本图书馆 CIP 数据核字（2010）第 171228 号

中国标准出版社出版发行
北京复兴门外三里河北街 16 号
邮政编码：100045
网址 www.spc.net.cn
电话：68523946　68517548
中国标准出版社秦皇岛印刷厂印刷
各地新华书店经销

*

开本 880×1230　1/16　印张 39.5　字数 1 173 千字
2010 年 10 月第一版　2010 年 10 月第一次印刷

*

定价 220.00 元

# 出 版 说 明

1.《中国国家标准汇编》是一部大型综合性国家标准全集。自1983年起，按国家标准顺序号以精装本、平装本两种装帧形式陆续分册汇编出版。它在一定程度上反映了我国建国以来标准化事业发展的基本情况和主要成就，是各级标准化管理机构，工矿企事业单位，农林牧副渔系统，科研、设计、教学等部门必不可少的工具书。

2.《中国国家标准汇编》收入我国每年正式发布的全部国家标准，分为"制定"卷和"修订"卷两种编辑版本。

"制定"卷收入上一年度我国发布的、新制定的国家标准，顺延前年度标准编号分成若干分册，封面和书脊上注明"20××年制定"字样及分册号，分册号一直连续。各分册中的标准是按照标准编号顺序连续排列的，如有标准顺序号缺号的，除特殊情况注明外，暂为空号。

"修订"卷收入上一年度我国发布的、修订的国家标准，视篇幅分设若干分册，但与"制定"卷分册号无关联，仅在封面和书脊上注明"20××年修订-1，-2，-3，……"字样。"修订"卷各分册中的标准，仍按标准编号顺序排列(但不连续)；如有遗漏的，均在当年最后一分册中补齐。需提请读者注意的是，个别非顺延前年度标准编号的新制定的国家标准没有收入在"制定"卷中，而是收入在"修订"卷中。

读者配套购买《中国国家标准汇编》"制定"卷和"修订"卷则可收齐上一年度我国制定和修订的全部国家标准。

3. 由于读者需求的变化，自1996年起，《中国国家标准汇编》仅出版精装本。

4. 2009年我国制修订国家标准共3 158项。本分册为"2009年修订-14"，收入新制修订的国家标准42项。

中国标准出版社

2010年8月

# 目　录

ICS 35.040
A 24

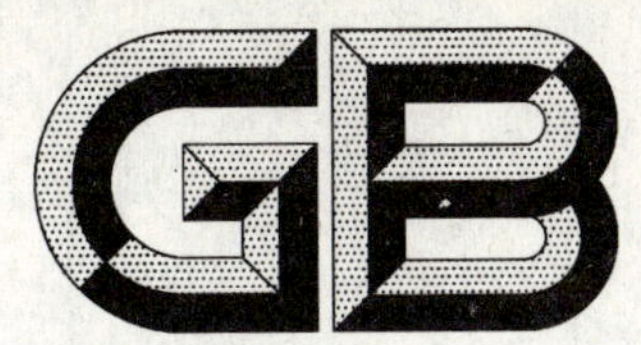

# 中华人民共和国国家标准

GB/T 9649.32—2009
代替 GB/T 9649.32—2001

# 地质矿产术语分类代码 第32部分:固体矿产普查与勘探

**Terminology classification and code of geology and mineral resources—Part 32:Prospecting and exploration of solid mineral resources**



2009-10-15 发布　　2009-12-01 实施

中华人民共和国国家质量监督检验检疫总局
中国国家标准化管理委员会　发布

# 前　言

GB/T 9649《地质矿产术语分类代码》分为35个部分：
——第1部分：宇宙地质学；
——第2部分：地球物理学；
——第3部分：火山地质；
——第4部分：地震地质；
——第5部分：外动力地质学；
——第6部分：地貌学；
——第7部分：大地构造学；
——第8部分：构造地质学；
——第9部分：结晶学及矿物学；
——第10部分：岩石学；
——第11部分：地球化学；
——第12部分：岩矿鉴定；
——第13部分：化学分析；
——第14部分：地史学及地层学；
——第15部分：古地理学；
——第16部分：矿床学；
——第17部分：煤地质学；
——第18部分：石油及天然气地质学；
——第19部分：海洋地质学；
——第20部分：水文地质学；
——第21部分：工程地质学；
——第22部分：地热地质；
——第23部分：环境地质；
——第24部分：地质经济学；
——第25部分：遥感地质；
——第26部分：数学地质；
——第27部分：区域地质调查；
——第28部分：地球物理勘查；
——第29部分：地球化学勘查；
——第30部分：矿山地质与采矿；
——第31部分：选矿与冶金；
——第32部分：固体矿产普查与勘探；
——第33部分：探矿工程；
——第34部分：古生物学；
——第35部分：测绘学。

本部分为GB/T 9649的第32部分，代替GB/T 9649.32—2001《地质矿产术语分类代码　固体矿产普查与勘探》。

本部分与 GB/T 9649.32—2001 相比，主要变化如下：

——按 GB/T 1.1—2000 规范了标准的语言、编排和格式；

——增加了部分新的术语；

——删减了部分解释不当的说明；

——修正了部分术语名称；

——修正了英译名存在的问题。

本部分的附录 A 为规范性附录。

本部分由中国标准化研究院提出并归口。

本部分起草单位：新疆地质矿产勘查开发局、中国国土资源经济研究院、国土资源部信息中心。

本部分主要起草人：董连慧、陈春仔、赵祺彬、刘敏。

本部分所代替标准的历次版本发布情况为：

——GB/T 9649—1988；

——GB/T 9649.32—2001。

# 地质矿产术语分类代码
# 第32部分:固体矿产普查与勘探

## 1 范围

本部分规定了矿产资源分类、地质工作阶段划分、固体矿产普查勘探方法、勘探类型、取样种类和方法、储量计算、矿石类型、地质编录、矿产工业要求等固体矿产普查与勘探方面的数据分类代码。

本部分适用于各类地质矿产信息系统建设,是确定数据库标准体系和数据字典,制定各类地质数据文件格式标准的基础标准。

## 2 术语和定义

下列术语和定义适用于本部分。

2.1

**数据项 data item**

反映各种地质实体的基本属性及其上层概念的术语。

2.2

**文字值 literal value**

对地质实体的基本属性进行具体的定性描述用的术语。

## 3 分类原则

3.1 本部分按照易编好用和尽量减少代码冗余而又留有扩充余地等原则,采用面分类法,将地质科学分成35个学科大类,并严格划分边界,保持总体的系统性、完整性,避免内容的重复与交叉。

3.2 大类下面采用三级树型分类,中类、小类到基本数据项名。各学科内容层次不一,可少于三层,在编码容量允许的条件下,也可分至四层。

3.3 各级分类具有科学性、系统性和通用性。

## 4 选词原则

4.1 选词对象:可能作为各类地质矿产数据库之数据项(包括从分类意义上选取的数据项的上层概念)的术语,以及定性描述数据项的文字值要用到的术语。所选术语与现行有关国家标准取得一致,尽量参照现行的各种地质工作规范。

4.2 作为数据项用的术语在本部分中具有唯一性。凡有同义词的在备注栏标明,以备参照。

4.3 选词力求简单、明确,无二义性。充分考虑到建立数据库的需要。

4.4 为保证"地质矿产术语分类代码"的整体性、系统性,避免重复,在基础学科已包含的内容,应用学科中不再选录,新兴学科和边缘学科只选取其独有内容。有关分类选词范围归属的说明见附录A。

4.5 适当选入一些反映学科发展新方向、新水平的术语。

4.6 为了使用的方便,个别使用频度高的数据项在不同学科可重复出现,但要用统一编码,确保代码的唯一性。在不同数据项下的文字值可有少量重复。

## 5 编码方法

5.1 数据项采用不多于六位的拉丁字母(大写)编码，一般共分为四个层次。结构如下：

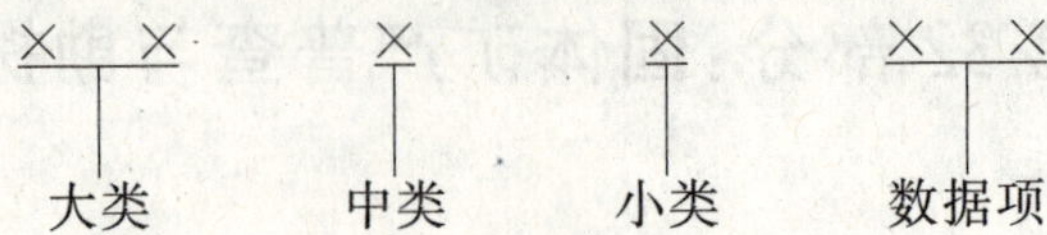


各大类取能反映该类含义的两个汉字的汉语拼音字头为代码，具有一定的可读性。如"构造地质学"取"GZ"为代码。以下为树型嵌套式，中类和小类各取 A～Z 一位字母顺序编排，最后两位为基本数据项，数量较多，取 AA～ZZ 顺序编排。若有分级需要，且扩充余量足够，也可将最后两位分作两级使用。

5.2 文字值一般采用数字编码，其长度由分级需要、文字值的个数及留出的扩充余量来决定，尽量缩短，减少冗余。文字值分等级时，采用数字层次嵌套方式，同一数据项下的文字值代码为等长码。有些文字值(如化学元素、地层等)继续采用原有的国际或国内通用字符代码。

## 6 使用与管理

6.1 使用方法：本部分以书面及磁介质两种方式提供使用，用户可根据各自建库目的从各学科选择所需术语及其代码，作为各自系统的数据字典。

6.2 若本部分内容尚不能满足某项需要，可提出要补充的内容，报请该部分管理单位在相应学科增补，并给定代码以供使用。

## 7 固体矿产普查与勘探术语分类代码表

为适应建设数据库和与国际交流的需要，分类代码表设置代码、汉字名、英译名(古生物为拉丁文字名)及说明四个栏目，见表 1。

**表 1 固体矿产普查与勘探术语分类代码表**

| 代码 | 汉字名 | 英译名 | 说明 |
|---|---|---|---|
| PK | 固体矿产普查与勘探 | | |
| PKA | 矿产 | Minerals | |
| PKB | 矿产资源 | Mineral resources | |
| PKC | 储量 | Reserves | |
| PKD | 地质工作程度 | Degree of geological works | |
| PKE | 矿产勘查工作阶段 | Stages of prospecting and exploration of mineral resources | |
| PKF | 矿产普查 | Prospecting of mineral resources | |
| PKG | 矿床勘探 | Exploration of mineral deposits | |
| PKH | 采样 | Sampling | 取样 |
| PKI | 编录 | Documentation | |
| PKJ | 矿产工业要求 | Industrial requirements for ores | |
| PKK | 矿区利用情况 | Using condition of mining district | |
| PKA | 矿产 | | |
| PKAA | 矿产分类 | Classification of mineral resources | |
| PKAB | 矿产名称 | Names of mineral resources | |
| PKAC | 主要矿产 | Main resources | |
| PKAD | 次要矿产 | Second resources | |

表 1（续）

| 代码 | 汉字名 | 英译名 | 说明 |
|---|---|---|---|
| PKAE | 伴共生矿产 | Associated-paragenetic minerals | |
| PKAA | 矿产分类 | | |
| PKAAA | 非燃料矿产 | Nonfuel resources | |
| PKAAB | 燃料矿产 | Fuel resources | |
| PKAAC | 固体矿产 | Solid resources | |
| PKAAD | 液体矿产 | Liquid resources | |
| PKAAE | 气体矿产 | Gaseous resources | |
| PKAAF | 普通矿产 | Ordinary resources | |
| PKAAG | 特种矿产 | Special resources | |
| PKAAH | 金属矿产 | Metallic resources | |
| PKAAI | 非金属矿产 | Nonmetallic resources | |
| PKAAJ | 能源矿产 | Resources for energy source | |
| PKAAK | 工业原料矿产 | Resources for industrial materials | |
| PKAAB | 燃料矿产 | | |
| PKAABA | 固体燃料矿产 | Solid fuel resources | |
| PKAABB | 液体燃料矿产 | Liquid fuel resources | |
| PKAABC | 气体燃料矿产 | Gaseous fuel resources | |
| PKAAH | 金属矿产 | | |
| PKAAHA | 黑色金属矿产 | Ferrous metals resources | 铁及铁合金矿产 |
| PKAAHB | 有色金属矿产 | Nonferrous metals resources | |
| PKAAHC | 贱金属矿产 | Base metals resources | |
| PKAAHD | 贵金属矿产 | Precious metals resources | |
| PKAAHE | 轻金属矿产 | Light metals resources | |
| PKAAHF | 重金属矿产 | Heavy metals resources | |
| PKAAHG | 稀有金属矿产 | Rare metals resources | 稀有元素矿产 |
| PKAAHH | 稀土金属矿产 | Rare earth resources | 稀土元素矿产 |
| PKAAHI | 稀散金属矿产 | Disperse metals resources | 分散元素矿产 |
| PKAAHJ | 放射性金属矿产 | Radioactive metals resources | 放射性元素矿产 |
| PKAAI | 非金属矿产 | | |
| PKAAIA | 普通非金属矿产 | Ordinary nonmetallic resources | |
| PKAAIB | 特种非金属矿产 | Special nonmetallic resources | |
| PKAAK | 工业原料矿产 | | |
| PKAAKA | 熔炼原料矿产 | Smelting raw material resources | |
| PKAAKB | 熔剂原料矿产 | Flux raw material resources | |
| PKAAKC | 耐火材料矿产 | Refractory raw material resources | |
| PKAAKD | 铸型原料矿产 | Foundry raw material resources | |
| PKAAKE | 化工原料矿产 | Raw material resources for chemical industry | |
| PKAAKF | 化肥原料矿产 | Raw material resources for chemical fertilizer | |
| PKAAKG | 水泥原料矿产 | Cement raw material resources | |
| PKAAKH | 玻璃原料矿产 | Glass raw material resources | |
| PKAAKI | 陶瓷原料矿产 | Ceramic raw material resources | |
| PKAAKJ | 光电原料矿产 | Photoelectric raw material resources | |
| PKAAKK | 建筑原料矿产 | Construction material resources | |
| PKAAKL | 铸石原料矿产 | Raw materials resources for cast stone | |
| PKAAKM | 矿物颜料矿产 | Pigment mineral resources | |
| PKAAKN | 矿物磨料矿产 | Abrasive mineral resources | |

表 1（续）

| 代 码 | 汉 字 名 | 英 译 名 | 说 明 |
|---|---|---|---|
| PKAAKO | 矿物填料矿产 | Filler mineral resources | |
| PKAAKP | 宝石及玉石矿产 | Gemstone and jadestone resources | |
| PKAAKQ | 工艺材料矿产 | Technological material resources | |
| PKAAKR | 矿物涂料矿产 | Mineral paint resources | |
| PKAAKS | 药用原料矿产 | Mineral raw material resources for officinal use | |
| PKB | 矿产资源 | | |
| PKBA | 矿产资源分类 | Classification of mineral resources | |
| PKBB | 资源量 | Quantity of mineral resources | |
| PKBC | 资源预测 | Prediction of mineral resources | |
| PKBA | 矿产资源分类 | | |
| PKBAA | 矿产资源常用分类 | Common classification of mineral resources | |
| PKBAB | 矿产资源国际分类 | International classification of mineral resources | |
| PKBAA | 矿产资源常用分类 | | |
| PKBAAA | 金属矿产资源 | Metallic mineral resources | |
| PKBAAB | 非金属矿产资源 | Nonmetallic mineral resources | |
| PKBAAC | 煤炭资源 | Coal resources | |
| PKBAAD | 石油及天然气资源 | Oil and gas resources | |
| PKBAAE | 核能资源 | Nuclear energy resources | |
| PKBAAF | 地热资源 | Geothermal resources | |
| PKBAAG | 水资源 | Water resources | |
| PKBAAH | 总资源 | Total resources | |
| PKBAAI | 查明资源 | Identified resources | |
| PKBAAJ | 未经发现资源 | Undiscovered resources | |
| PKBAAK | 经济资源 | Economic resources | |
| PKBAAL | 次经济资源 | Subeconomic resources | |
| PKBAAM | 探明资源 | Demonstrated resources | |
| PKBAAN | 测定资源 | Measured resources | |
| PKBAAO | 推定资源 | Indicated resources | |
| PKBAAP | 推测资源 | Inferred resources | |
| PKBAAQ | 假定资源 | Hypothetical resources | |
| PKBAAR | 假想资源 | Speculative resources | |
| PKBAAS | 准边界资源 | Paramarginal resources | |
| PKBAAT | 边界下资源 | Submarginal resources | |
| PKBAAU | 确定资源 | Defined resources | |
| PKBAAV | 暂定资源 | Conditional resources | 查明的次经济资源 |
| PKBAAW | 潜在资源 | Potential resources | |
| PKBAB | 矿产资源国际分类 | | |
| PKBABA | 实地资源 | In situ resources | 原地资源 |
| PKBABB | R-1 级资源 | Category R-1 | |
| PKBABC | R-1E 亚级资源 | Subcategory R-1E | |
| PKBABD | R-1S 亚级资源 | Subcategory R-1S | |
| PKBABE | R-1M 亚级资源 | Subcategory R-1M | |
| PKBABF | R-2 级资源 | Category R-2 | |
| PKBABG | R-2E 亚级资源 | Subcategory R-2E | |
| PKBABH | R-2S 亚级资源 | Subcategory R-2S | |

表 1（续）

| 代码 | 汉字名 | 英译名 | 说明 |
|---|---|---|---|
| PKBABI | R-2M 亚级资源 | Subcategory R-2M | |
| PKBABJ | R-3 级资源 | Category R-3 | |
| PKBABK | R-3E 亚级资源 | Subcategory R-3E | |
| PKBABL | R-3S 亚级资源 | Subcategory R-3S | |
| PKBABM | R-3M 亚级资源 | Subcategory R-3M | |
| PKBB | 资源量 | | |
| PKBBA | 资源总量 | Total amount of resources | 总资源量 |
| PKBBB | 查明资源量 | Identified amount of resources | |
| PKBBC | 预测资源量 | Predictive amount of resources | |
| PKBBD | E 级资源量 | Amount of resource class E | E 级储量 |
| PKBBE | F 级资源量 | Amount of resource class F | F 级储量 |
| PKBBF | G 级资源量 | Amount of resource class G | G 级储量 |
| PKBBG | 近期有效资源量 | Effective resource amount in the near future | |
| PKBC | 资源预测 | | |
| PKBCA | 预测目的 | Prediction aim | |
| PKBCB | 预测矿种 | Predicted mineral classes | |
| PKBCC | 预测地区 | Predicted district | |
| PKBCD | 预测范围 | Predicted range | |
| PKBCE | 预测面积 | Area of predicted district | |
| PKBCF | 预测方法 | Predicting method | |
| PKBCG | 预测比例尺 | Predicting scale | |
| PKBCH | 预测日期 | Predicting date | |
| PKBCI | 预测单位 | Predicting organization | |
| PKBCJ | 预测成果 | Predicted conclusion | |
| PKBCK | 预测远景区 | Predicted prospective area | |
| PKBCL | 预测深度 | Predicted depth | |
| PKBCM | 预测条件 | Predicting condition | |
| PKC | 储量 | | |
| PKCA | 储量的分类和分级 | Categories or classes of reserves | |
| PKCB | 储量计算 | Calculation of reserves | |
| PKCC | 储量计算方法 | Methods for reserve calculations | |
| PKCD | 储量计算基本参数 | Basic parameters for reserve calculations | |
| PKCE | 储量计量单位 | Units for reserve calculations | |
| PKCF | 储量计算边界线 | Boundaries for reserve calculations | |
| PKCG | 储量计算结果 | Results of reserve calculations | |
| PKCH | 储量报批 | Declaration and ratification of estimated reserves | |
| PKCI | 储量变动 | Dynamic state of reserves | |
| PKCJ | 储量比例 | Ratio of reserves | |
| PKCK | 储量精度 | Reserve accuracy | |
| PKCL | 储量误差 | Reserve error | |
| PKCM | 矿产储量表 | Mineral reserves sheet | |
| PKCA | 储量的分类和分级 | | |
| PKCAA | 储量类别 | Categories of reserves | |
| PKCAB | 储量级别 | Classes of reserves | |
| PKCAC | 可采储量系数 | Coefficient of workable reserve | |

表 1（续）

| 代码 | 汉字名 | 英译名 | 说明 |
|---|---|---|---|
| PKCAD | 固体矿产资源/储量分类 | Classification for resources/reserves of solid fuels and mineral commodities | 保留 PKCAA、PKCAB |
| PKCAA | 储量类别 | | |
| PKCAAA | 能利用储量 | Usable reserves | 平衡表内储量 |
| PKCAAB | 暂不能利用储量 | Usable-in future reserves | 平衡表外储量 |
| PKCAAC | 工业储量 | Industrial reserves | |
| PKCAAD | 开采储量 | Workable reserves | |
| PKCAAE | 设计储量 | Designable reserves | |
| PKCAAF | 远景储量 | Prospective reserves | |
| PKCAAG | 地质储量 | Geological reserves | |
| PKCAAH | 经济储量 | Economic reserves | |
| PKCAAI | 次经济储量 | Subeconomic reserves | |
| PKCAAJ | 建筑物压占储量 | Reserve under construction | |
| PKCAAQ | 可采储量 | Workable reserve | |
| PKCAAR | 可靠矿石储量 | Assured ore | |
| PKCABS | 露采保有储量 | Available reserve of production of open mining | |
| PKCABT | 坑采保有储量 | Available reserve of production of pitting | |
| PKCAB | 储量级别 | | |
| PKCABA | A 级储量 | Reserves of category A | |
| PKCABB | B 级储量 | Reserves of category B | |
| PKCABC | C 级储量 | Reserves of category C | |
| PKCABD | D 级储量 | Reserves of category D | |
| PKCABE | 查明储量 | Identified reserves | |
| PKCABF | 探明储量 | Demonstrated reserves | |
| PKCABG | 测定储量 | Measured reserves | |
| PKCABH | 推定储量 | Indicated reserves | |
| PKCABI | 推测储量 | Inferred reserves | |
| PKCABJ | 证实储量 | Proved reserves | |
| PKCABK | 概略储量 | Probable reserves | |
| PKCABL | 可能储量 | Possible reserves | |
| PKCABM | 预测储量 | Predictive reserves | |
| PKCABN | 未分级储量 | Unclassified reserve | |
| PKCABO | A1 级储量 | Reserves of category A1 | |
| PKCABP | A2 级储量 | Reserves of category A2 | |
| PKCABQ | C1 级储量 | Reserves of category C1 | |
| PKCABR | C2 级储量 | Reserves of category C2 | |
| PKCAD | 固体矿产资源/储量分类 | | |
| PKCADA | 储量 | Reserves | |
| PKCADB | 基础储量 | Basic reserve | |
| PKCADC | 资源量 | Quantity of mineral resources | |
| PKCADA | 储量 | | |
| 01 | 可采储量(111) | Proved extractable reserve(111) | |
| 02 | 预可采储量(121) | Probable extractable reserve(121) | |
| 03 | 预可采储量(122) | Probable extractable reserve(122) | |
| PKCADB | 基础储量 | | |

表 1（续）

| 代码 | 汉字名 | 英译名 | 说明 |
|---|---|---|---|
| 01 | 探明的（可研）经济基础储量(111b) | Measured (feasibility study) economic basic reserve(111b) | |
| 02 | 探明的（预可研）经济基础储量(121b) | Measured(prefeasibility study)economic basic reserve(121b) | |
| 03 | 控制的经济基础储量(122b) | Indicated economic basic reserve(122b) | |
| 04 | 探明的(可研)边际经济基础储量(2M11) | Measured (feasibility study) marginal economic reserve(2M11) | |
| 05 | 探明的(预可研)边际经济基础储量(2M11) | Measured(prefeasibility study)marginal economic reserve(2M11) | |
| 06 | 控制的边际经济基础储量(2M11) | Indicated marginal economic reserve(2M11) | |
| PKCADC | 资源量 | | |
| 01 | 探明的(可研)次边际经济资源量(2S11) | Measured (feasibility study)submarginal economic quantity of mineral resources(2S11) | |
| 02 | 探明的(预可研)次边际经济资源量(2S21) | Measured (prefeasibility study) submarginal economic quantity of mineral resources (2S21) | |
| 03 | 控制的次边际经济资源量(2S22) | Indicated submarginal economic quantity of mineral resources(2S22) | |
| 04 | 探明的内蕴经济资源量(331) | Measured intrinsic economic quantity of mineral resources(331) | |
| 05 | 控制的内蕴经济资源量(332) | Indicated intrinsic economic quantity of mineral resources(332) | |
| 06 | 推断的内蕴经济资源量(333) | Inferred intrinsic economic quantity of mineral resources(333) | |
| 07 | 预测的资源量(334) | Reconnaissance quantity of mineral resources (334) | |
| PKCC | 储量计算方法 | | |
| 10 | 块段法 | Oreblock method | |
| 11 | 地质块段法 | Geological oreblock method | |
| 12 | 开采块段法 | Exploitation oreblock method | |
| 13 | 三角形块段法 | Triangular oreblock method | |
| 14 | 多边形块段法 | Polygonal oreblock method | 最近地区法 |
| 20 | 断面法 | Cross-sectional method | 剖面法 |
| 21 | 平行断面法 | Parallel section method | |
| 22 | 不平行断面法 | Transecting section method | |
| 23 | 垂直断面法 | Vertical section method | |
| 24 | 水平断面法 | Horizontal section method | |
| 30 | 线储量法 | Linear reserve method | |
| 40 | 等值线法 | Isoline method | |
| 41 | 构造等高线法 | Structure-contour method | |
| 51 | 算术平均法 | Arithmetic mean method | |
| 52 | 距离平方倒数法 | Reciprocal square distance method | |
| 53 | SD 法 | Standard deviation method | |
| 61 | 统计相关法 | Statistical correlation method | |
| 70 | 克立格法 | Kriging method | |

表 1（续）

| 代码 | 汉字名 | 英译名 | 说明 |
| --- | --- | --- | --- |
| 71 | 简单克立格法 | Simple kriging method | |
| 72 | 普通克立格法 | Ordinary kriging method | |
| 73 | 泛克立格法 | Universal kriging method | |
| 74 | 析取克立格法 | Disjunctive kriging method | |
| 75 | 对数克立格法 | Logarithmic kriging | |
| 76 | 指示克立格法 | Indicated kriging | |
| 81 | 空间三角形网络法 | Space triangle network method | |
| 90 | 综合方法 | Combined method | |
| 91 | 尖推(锥) | Tip push(awl) | |
| 92 | 尖推(楔) | Tip push(wedge) | |
| 93 | 平推 | Push | |
| PKCD | 储量计算基本参数 | | |
| PKCDA | 矿体厚度 | Thickness of orebody | |
| PKCDB | 矿体面积 | Area of orebody | |
| PKCDC | 矿体体积 | Volume of orebody | |
| PKCDD | 矿石品位 | Ore grade | |
| PKCDE | 矿石体重 | Volume weight of ore | 矿石容重 |
| PKCDF | 矿石湿度 | Ore dampness | |
| PKCDG | 含矿系数 | Coefficient of mineralization | |
| PKCDH | 米百分值 | Meter percent | 米百分率 |
| PKCDI | 外推距离 | Distance of extrapolation | |
| PKCDA | 矿体厚度 | | |
| GZBCA | 真厚度 | True thickness | |
| PKCDAB | 垂直厚度 | Vertical thickness | |
| PKCDAC | 水平厚度 | Horizontal thickness | |
| PKCDAD | 视厚度 | Apparent thickness | |
| PKCDAE | 平均厚度 | Average thickness | |
| PKCDAF | 算术平均厚度 | Arithmetic average thickness | |
| PKCDAG | 加权平均厚度 | Weighted average thickness | |
| PKCDAH | 块段平均厚度 | Average thickness of ore block | |
| PKCDAI | 矿体平均厚度 | Average thickness of orebody | |
| PKCDAJ | 分级可采厚度 | Minable thickness for ore order | |
| PKCDB | 矿体面积 | | |
| PKCDBA | 块段面积 | Area of ore block | |
| PKCDBB | 断面面积 | Area of ore section | 剖面面积 |
| PKCDBC | 投影面积 | Projective area | |
| PKCDBD | 真面积 | True area | |
| PKCDBE | 视面积 | Apparent area | |
| PKCDBF | 水平投影面积 | Area on horizontal projection | |
| PKCDBG | 垂直投影面积 | Area on vertical projection | |
| PKCDBH | 斜面积 | Inclined area | |
| PKCDC | 矿体体积 | | |
| PKCDCA | 块段体积 | Volume of ore block | |
| PKCDCB | 矿体总体积 | Total volume of orebodies | |
| PKCDD | 矿石品位 | | |
| PKCDDA | 平均品位 | Average grade of ore | |

表 1（续）

| 代码 | 汉字名 | 英译名 | 说明 |
|---|---|---|---|
| PKCDDB | 块段平均品位 | Average grade of ore block | |
| PKCDDC | 矿体平均品位 | Average grade of orebody | |
| PKCDDD | 矿床平均品位 | Average grade of ore deposit | |
| PKCDDE | 算术平均品位 | Arithmetic average grade | |
| PKCDDF | 加权平均品位 | Weighted average grade | |
| PKCDDG | 特高品位 | Storm grade | 风暴品位 |
| PKCDDH | 工程平均品位 | Average grade of exploratory engineering | |
| PKCDDI | 综合工业品位 | Compound production grade | |
| PKCDE | 矿石体重 | | |
| PKCDEA | 小体重 | Volume weight by small-size samples | |
| PKCDEB | 大体重 | Volume weight by large-size samples | |
| PKCDEC | 平均体重 | Average volume weight | |
| PKCDED | 算术平均体重 | Arithmetic average volume weight | |
| PKCDEE | 加权平均体重 | Weighted average volume weight | |
| PKCDEF | 干体重 | Volume weight by dry samples | |
| PKCDEG | 湿体重 | Volume weight by wet samples | |
| PKCE | 储量计算单位 | | |
| 12 | 千克 | Kilogram | 公斤 |
| 13 | 吨 | Ton | |
| 14 | 千吨 | Kiloton | |
| 15 | 万吨 | Myriaton | |
| 16 | 百万吨 | Megaton | 兆吨 |
| 17 | 亿吨 | Hundred million ton | |
| 21 | 立方米 | Stere | |
| 22 | 万立方米 | Myriastere | |
| 23 | 兆立方米 | Megastere | |
| 24 | 亿立方米 | Hundred million stere | |
| 31 | 吨每日 | Ton per day | |
| 32 | 万吨每日 | Myriaton per day | |
| 33 | 吨每年 | Ton per year | |
| 34 | 万吨每年 | Myriaton per year | |
| 41 | 立方米每日 | Atere per day | |
| 42 | 万立方米每年 | Myriastere per year | |
| PKCF | 储量计算边界线 | | |
| 11 | 内边界线 | Internal boundary | |
| 12 | 外边界线 | External boundary | |
| 21 | 自然边界线 | Physical boundary | |
| 22 | 零点边界线 | Zero boundary | |
| 23 | 可采边界线 | Minable boundary | |
| 31 | 自然类型边界线 | Boundary between natural types of ores | |
| 32 | 工业类型边界线 | Boundary between industrial types of ores | |
| 33 | 工业品级边界线 | Boundary between technological classes of ores | |
| 40 | 储量级别边界线 | Boundary between classes of reserves | |
| 50 | 人为边界线 | Artificial boundary | |
| PKCG | 储量计算结果 | | |
| PKCGA | 金属储量 | Reserves in metal | |

表 1（续）

| 代码 | 汉字名 | 英译名 | 说明 |
| --- | --- | --- | --- |
| PKCGB | 矿物储量 | Reserves in mineral | |
| PKCGC | 有用组分储量 | Reserves in useful components | |
| PKCGD | 矿石储量 | Reserves in ore | |
| PKCGE | 总储量 | Total reserves | |
| PKCGF | 块段储量 | Reserves of ore block | |
| PKCGG | 矿体储量 | Reserves of orebody | |
| PKCGH | 矿床储量 | Reserves of ore deposit | |
| PKCGI | 高级储量 | Higher categories | |
| PKCGJ | 伴生元素储量 | Reserves of associated elements | |
| PKCGK | 共生矿产储量 | Reserves of paragenetic ores | |
| PKCH | 储量报批 | | |
| PKCHA | 储量报告名称 | Title of reserve-report | |
| PKCHB | 储量报告编号 | Code of reserve-report | |
| PKCHC | 储量提交单位 | Prospector and/or explorer of reserves | |
| PKCHD | 储量提交日期 | Presenting date of reserve | |
| PKCHE | 储量审批单位 | Reserve ratifier | |
| PKCHF | 储量审批日期 | Ratifying date of reserves | |
| PKCHG | 储量审批结果 | Resulting record of reserve ratification | |
| PKCHH | 储量审批文件 | Reserve-ratifying file | |
| PKCHI | 已审批储量 | Ratified reserve | |
| PKCHJ | 已审核储量 | Reserve awaiting ratification | |
| PKCHK | 未审批储量 | Reserve without ratification | |
| PKCI | 储量变动 | | |
| PKCIA | 累计探明储量 | Cumulative demonstrated reserve | |
| PKCIB | 保有储量 | Available reserve | |
| PKCIC | 保有可开采储量 | Available workable reserve | |
| PKCID | 保有可设计储量 | Available designable reserve | |
| PKCIE | 保有储量审批单位 | Ratifer of available reserve | |
| PKCIF | 保有储量审批日期 | Ratifying date of available reserve | |
| PKCIG | 本年度开采矿量 | Ore mined in this year | |
| PKCIH | 本年度损失矿量 | Ore lost in this year | |
| PKCII | 勘探增减储量 | Increased/decreased reserve by exploration | |
| PKCIJ | 重算增减储量 | Increased/decreased reserve by recalculation | |
| PKCIK | 新增储量 | New additional reserves | |
| PKCIL | 核销储量 | Abated amount of reserves | |
| PKCIM | 储量统计日期 | Reserve-statistical date | |
| PKCIN | 消耗采出储量 | Consumed developed reserve | |
| PKCIO | 消耗损失储量 | Consumed loss reserve | |
| PKCJ | 储量比例 | | |
| PKCJA | A 级储量百分比 | Percentage of reserve A | |
| PKCJB | B 级储量百分比 | Percentage of reserve B | |
| PKCJC | C 级储量百分比 | Percentage of reserve C | |
| PKCJD | D 级储量百分比 | Percentage of reserve D | |
| PKCJE | A+B 级储量百分比 | Percentage of reserves A and B | |
| PKCJF | B+C 级储量百分比 | Percentage of reserves B and C | |
| PKCJG | A+B+C 级储量百分比 | Percentage of reserves A，B and C | |

表 1（续）

| 代码 | 汉字名 | 英译名 | 说明 |
|---|---|---|---|
| PKCJH | 高级储量百分比 | Percentage of higher-category reserves | |
| PKCL | 储量误差 | | |
| PKCLA | 地质类比误差 | Geologic analogical error | 类比误差地质误差 |
| PKCLB | 技术误差 | Technical error | 测定误差 |
| PKCLC | 计算误差 | Calculating error | |
| PKD | 地质工作程度 | | |
| 01 | 野外踏勘 | Field reconnaissance | |
| 10 | 区域地质调查 | Regional geological survey | |
| 20 | 矿产勘查 | Prospecting and exploration of mineral resources | |
| 21 | 普查 | General prospecting | |
| 22 | 详查 | Detailed prospecting | |
| 23 | 勘探 | Exploration | |
| 24 | 初步普查 | Preliminary prospecting | |
| 25 | 详细普查 | Detailed prospecting | |
| 26 | 初步勘探 | Preliminary exploration | |
| 27 | 详细勘探 | Detailed exploration | |
| 30 | 矿山开发勘探 | Productive exploration | |
| PKE | 矿产勘查工作阶段 | | |
| 0 | 预查 | Preliminerary prospecting | 踏勘 |
| 1 | 普查 | General prospecting | |
| 2 | 详查 | Detailed prospecting | |
| 3 | 勘探 | Exploration | |
| 4 | 初步普查 | Preliminary prospecting | |
| 5 | 详细普查 | Detailed prospecting | |
| 6 | 初步勘探 | Preliminary exploration | |
| 7 | 详细勘探 | Detailed exploration | |
| PKF | 矿产普查 | | |
| PKFA | 矿产普查地质条件 | Geological conditions for prospecting | 地质前提 |
| PKFB | 普查地区类型 | Type of prospecting area | |
| PKFC | 找矿标志 | Prospecting indications and guides | |
| PKFD | 找矿方法 | Mineral prospecting methods | |
| PKFE | 勘查方法 | Methods of Prospecting and exploration | |
| PKFA | 矿产普查地质条件 | | |
| PKFAA | 岩浆成因条件 | Magmatogenic condition | 岩浆岩条件<br>岩浆岩准则 |
| PKFAB | 构造条件 | Structural condition | 构造准则 |
| PKFAC | 变质成因条件 | Metamorphogenic condition | 变质条件变质准则 |
| PKFAD | 地层条件 | Stratigraphic condition | 地层准则 |
| PKFAE | 岩相古地理条件 | Lithological and pelaeogeographical condition | 岩相古地理准则 |
| PKFAF | 地貌条件 | Geomorphological condition | 地貌准则 |
| PKFAG | 地球化学条件 | Geochemical condition | 地球化学准则 |
| PKFAH | 水文地质条件 | Hydrogeological condition | 水文地质准则 |
| PKFAI | 地球物理条件 | Geophysical condition | 地球物理准则 |
| PKFAJ | 地质矿产情况 | Geology and mineral state | |
| PKFC | 找矿标志 | | |

表 1（续）

| 代码 | 汉字名 | 英译名 | 说明 |
|---|---|---|---|
| PKFCA | 直接找矿标志 | Direct prospecting indications | |
| PKFCB | 间接找矿标志 | Indirect prospecting indications | |
| PKFCC | 成矿有利标志 | Positive prospecting indications | |
| PKFCD | 成矿不利标志 | Negative prospecting indications | |
| PKFCE | 矿物学标志 | Mineralogical indications | |
| PKFCF | 岩石学标志 | Petrological indications | |
| PKFCG | 地层学标志 | Stratigraphical indications | |
| PKFCH | 构造标志 | Structural indications | |
| PKFCI | 地质数学标志 | Geomathematical indications | |
| PKFCJ | 地球物理标志 | Geophysical indications | |
| PKFCK | 地球化学标志 | Geochemical indications | |
| PKFCL | 生物学标志 | Biological indications | |
| PKFCM | 地貌标志 | Geomorphological indications | |
| PKFCN | 地形地物标志 | Topographical and cultural indications | |
| PKFCO | 遥感标志 | Remote sensing indications | |
| PKFCP | 伴生元素 | Associated element | |
| PKFCQ | 成矿元素 | Metallogenic element | |
| PKFCR | 采冶遗迹 | Mining and metallurgy trace | |
| PKFCR | 采冶遗迹 | | |
| 1 | 废老硐 | Abandoned old working | |
| 2 | 露天开采场 | Open casting field | |
| 3 | 废矿堆 | Abandoned mine pile | |
| 4 | 炼炉渣 | Fusing slag | |
| PKFD | 找矿方法 | | |
| 10 | 地质找矿法 | Geological prospecting method | |
| 20 | 路线踏勘法 | Reconnaissance method | |
| 30 | 地质测量 | Geological survey | 地质填图 |
| 31 | 大比例尺地质测量 | Large scale geological survey | |
| 32 | 中比例尺地质测量 | Medium scale geological survey | |
| 33 | 小比例尺地质测量 | Small scale geological survey | |
| 34 | 地面地质测量 | Surface geological survey | |
| 35 | 航空地质测量 | Aerogeological survey | |
| 40 | 砾石找矿法 | Gravel method | |
| 41 | 河流碎屑法 | Stream gravel method | |
| 42 | 冰川漂砾法 | Glacier boulder method | |
| 43 | 重砂找矿法 | Heavy-mineral prospecting method | 重砂测量 |
| 50 | 地球化学找矿法 | Geochemical prospecting method | |
| 51 | 岩石金属量测量 | Rock metallometric survey | |
| 52 | 土壤金属量测量 | Soil metallometric survey | |
| 53 | 水化学测量 | Hydrochemical survey | |
| 54 | 水系沉积物测量 | Stream sediment survey | |
| 55 | 气体测量 | Gas survey | |
| 56 | 植被测量 | Vegetation survey | |
| 70 | 地球物理找矿法 | Geophysical prospecting method | |
| 71 | 磁法找矿 | Magnetic prospecting | |
| 72 | 电法找矿 | Electrical prospecting | |

表 1（续）

| 代码 | 汉字名 | 英译名 | 说明 |
|---|---|---|---|
| 73 | 重力找矿 | Gravity prospecting | |
| 74 | 地震找矿 | Seismic prospecting | |
| 75 | 放射性找矿 | Radioactive prospecting | |
| 76 | 遥感找矿 | Remote sensing prospecting | |
| 77 | 航空磁法找矿 | Airborne magnetic prospecting | |
| 78 | 航空电磁找矿 | Airborne electromagnetic prospecting | |
| 79 | 航空放射性找矿 | Airborne radioactivity prospecting | |
| 91 | 矿点检查 | Mineral occurrence inspection | |
| 92 | 异常检查 | Anomaly inspection | |
| PKG | 矿床勘探 | | |
| PKGA | 勘探对象 | Exploratory target | |
| PKGB | 勘探方法 | Exploration method | |
| PKGC | 勘探技术手段 | Technical means of exploration | |
| PKGD | 勘探工程布置 | Arrangement of exploratory works | |
| PKGE | 勘探程度 | Degree of exploration | |
| PKGF | 勘探精度 | Accuracy of exploration | |
| PKGG | 勘探深度 | Explored depth | |
| PKGH | 勘探范围 | Explored range | |
| PKGI | 勘探工程间距 | Spacing of exploratory works | |
| PKGJ | 矿床勘探类型 | Exploratory type of ore deposits | |
| PKGK | 矿床地质研究 | Investigation of geology of ore deposits | |
| PKGL | 加工技术条件研究 | Investigation of technical conditions | |
| PKGM | 开采技术条件研究 | Investigation of mining-technical conditions | |
| PKGN | 经济条件研究 | Investigation of economical conditions | |
| PKGO | 矿床地质研究程度 | Investigation degree of geology of ore deposits | |
| PKGP | 加工技术条件研究程度 | Investigation degree of technical conditions | |
| PKGQ | 开采技术条件研究程度 | Investigation degree of mining-technical conditions | |
| PKGR | 经济条件研究程度 | Investigation degree of economical conditions | |
| PKGS | 矿床水文地质条件研究 | Investigation of hydrogeologic conditions of ore deposits | |
| PKGT | 矿床水文地质条件研究程度 | Investigation degree of hydrogeologic conditions of ore deposits | |
| PKGU | 矿床工程地质条件研究 | Investigation of engineering-geological conditions of ore deposits | |
| PKGV | 矿床工程地质条件研究程度 | Investigation degree of engineering-geological conditions of ore deposits | |
| PKGW | 工作量 | Work load | |
| PKGA | 勘探对象 | | |
| 11 | 矿床 | Ore deposit | |
| 12 | 区段 | Part of deposit | |
| 13 | 矿段 | Ore segment | |
| 14 | 块段 | Ore block | |
| 21 | 矿体 | Orebody | |
| 22 | 主要矿体 | Principal orebody | |
| 23 | 次要矿体 | Secondary orebody | |

表 1（续）

| 代 码 | 汉 字 名 | 英 译 名 | 说 明 |
|---|---|---|---|
| 24 | 矿柱 | Ore pillar | |
| 31 | 首采区 | Primary mining area | |
| 32 | 矿石类型带 | Zone of ore type | |
| 33 | 矿石品级带 | Zone of ore rank | |
| 34 | 中段 | Level | |
| 41 | 氧化带 | Oxidized zone | |
| 42 | 原生带 | Original zone | |
| 51 | 深部 | Lower part | |
| 52 | 外围 | Neighbourhood | |
| PKGB | 勘探方法 | | |
| 01 | 剖面法 | Exploration method by profiles | |
| 02 | 采样法 | Exploration method by sampling | |
| 03 | 类比评价法 | Exploration method by analogical evaluation | |
| 04 | 钻探工程法 | Exploration method by drilling engineerings | |
| 05 | 坑探工程法 | Exploration method by opening engineerings | |
| 06 | 钻坑探结合法 | Exploration method by combined drilling-opening engineerings | |
| 07 | 探采结合法 | Exploration method by combined exploratory-exploiting engineerings | |
| 08 | 钻探与物探结合法 | Exploration method by combined drilling-geophysical engineerings | |
| 09 | 坑探与物化探结合法 | Exploration method by combined opening-geophysical-geochemical engineerings | |
| PKGC | 勘探技术手段 | | |
| 1 | 槽探 | Trenching exploration | |
| 2 | 井探 | Shallow shaft exploration | |
| 3 | 钻探 | Drilling exploration | |
| 4 | 坑探 | Opening exploration | |
| 5 | 物探 | Geophysical exploration | |
| 6 | 化探 | Geochemical exploration | |
| PKGD | 勘探工程布置 | | |
| PKGDA | 勘探工程总体布置 | Overall arrangement of exploratory engineerings | |
| PKGDB | 勘探工程系统 | System of exploratory engineerings | |
| PKGDC | 勘探线 | Exploratory line | |
| PKGDD | 勘探网 | Exploratory grid | |
| PKGDE | 勘探中段 | Exploratory level | |
| PKGDF | 勘探工程类别 | Exploratory engineering type | |
| PKGDG | 工程性质 | Engineering property | |
| PKGDA | 勘探工程总体布置 | | |
| 1 | 勘探线法 | Exploration line method | |
| 2 | 勘探网法 | Exploration grid method | |
| 3 | 水平勘探法 | Horizontal exploration method | |
| 4 | 不规则布置法 | Irregular arrangement method | 零散布置法 |
| PKGDB | 勘探工程系统 | | |
| 11 | 垂直坑道系统 | Vertical system of exploring openings | |

表 1（续）

| 代 码 | 汉 字 名 | 英 译 名 | 说 明 |
|---|---|---|---|
| 12 | 水平坑道系统 | Horizontal system of exploring openings | |
| 13 | 水平和垂直坑道系统 | Horizontal-vertical system of exploring openings | |
| 21 | 垂直钻探系统 | Vertical drilling system | |
| 22 | 水平钻探系统 | Horizontal drilling system | |
| 23 | 水平和垂直钻探系统 | Horizontal-vertical drilling system | |
| 31 | 垂直坑钻结合系统 | Vertical system of combined exploratory opening-drilling | |
| 32 | 水平坑钻结合系统 | Horizontal system of combined exploratory opening-drilling | |
| 33 | 水平和垂直坑钻结合系统 | Horizontal-vertical system exploring opening-drilling | |
| PKGDC | 勘探线 | | |
| PKGDCA | 勘探线号 | Exploratory line number | |
| PKGDCB | 勘探线方位 | Exploratory line azimuth | |
| PKGDCC | 勘探线间距 | Exploratory line interval | |
| PKGDCD | 勘探线类型 | Type of exploration line | |
| PKGDCD | 勘探线类型 | | |
| 1 | 主导勘探线 | Leading exploration line | |
| 2 | 基本勘探线 | Basic exploration line | |
| 3 | 辅助勘探线 | Auxiliary exploration line | |
| 4 | 走向勘探线 | Strike exploration line | |
| 5 | 总景勘探线 | Complete exploration line | |
| 6 | 复合勘探线 | Compound system of exploration line | |
| 7 | 远景勘探线 | Prospective investigation line | |
| PKGDD | 勘探网 | | |
| PKGDDA | 勘探网类型 | Type of exploration grid | |
| PKGDDB | 勘探网度 | Density of exploration grid | 勘探工程密度 |
| PKGDDC | 勘探网度确定方法 | Method of determination of the exploratory grid | |
| PKGDDA | 勘探网类型 | | |
| 1 | 正方形勘探网 | Square exploration grid | |
| 2 | 矩形勘探网 | Rectangular exploration grid | |
| 3 | 菱形勘探网 | Rhombic exploration grid | |
| 4 | 三角形勘探网 | Triangular exploration grid | |
| PKGDDC | 勘探网度确定方法 | | |
| 1 | 类比法 | Analogy method | 经验类比法 |
| 2 | 加密法 | Spacing desified method | |
| 3 | 稀空法 | Spacing loosened method | 稀孔法 |
| 4 | 探采对比法 | Correlation between exploration and exploitation data | 探采资料对比法 |
| 5 | 数理统计分析法 | Mathematic statistical method | 数理统计法 |
| 6 | 勘探剖面精度分析法 | Analytical method of profile accuracy | 主导剖面法 |
| PKGDE | 勘探中段 | | |
| PKGDEA | 中段号 | Level number | |
| PKGDEB | 中段标高 | Level elevation | |
| PKGDEC | 中段间距 | Level interval | |

表 1（续）

| 代码 | 汉字名 | 英译名 | 说明 |
|---|---|---|---|
| PKGDF | 勘探工程类别 | | |
| 01 | 剥土 | Open ground | BT |
| 02 | 浅井 | Shallow shaft | QJ |
| 03 | 竖井 | Vertical shaft | SJ |
| 04 | 暗井 | Blind shaft | AJ |
| 05 | 穿脉 | Transverse drift | CM |
| 06 | 钻孔 | Drill hole | ZK |
| 07 | 探槽 | Exploratory trench | TC |
| 08 | 小圆井 | Small circular shaft | YJ |
| 09 | 斜井 | Inclined drift | XJ |
| 10 | 天井 | Steep drift | TJ |
| 11 | 沿脉 | Ore drift | YM |
| 12 | 石门 | Cross-cut | SM |
| 13 | 采样钻 | Sampling bore | CZ |
| 14 | 探坑 | Exploring pit | TK |
| 15 | 老窿 | Old workings | LL |
| 16 | 平硐 | Adit | PD |
| 17 | 水文钻孔 | Hydrology drill hole | SK |
| PKGE | 勘探程度 | | |
| PKGEA | 研究程度 | Studying degree | |
| PKGEB | 控制程度 | Controlling degree | |
| PKGEC | 合理程度 | Reasonability | |
| PKGED | 勘探程度不合理的原因 | Reason leading unreasonable exploratory degree | |
| PKGEE | 控制深度 | Controlling depth | |
| PKGEA | 研究程度 | | |
| 1 | 概略研究 | Outline study | |
| 2 | 初步研究 | Preliminary study | |
| 3 | 详细研究 | Detailed study | |
| PKGEB | 控制程度 | | |
| 1 | 大致控制 | Generally controlled | |
| 2 | 基本控制 | Basically controlled | |
| 3 | 详细控制 | Detailedly controlled | |
| PKGEC | 合理程度 | | |
| 1 | 合理的 | Reasonable | |
| 2 | 不合理的 | Unreasonable | |
| PKGED | 勘探程度不合理的原因 | | |
| 1 | 地质研究程度不够 | Inadequate degree of geological investigation | |
| 2 | 经济上不合理 | Unreasonable economic action | |
| 3 | 勘探工程布置不合理 | Unreasonable arrangement of exploratory engineerings | |
| 4 | 储量比例或布局不合理 | Unreasonable reserve ratio or distribution | |
| 5 | 开采条件未解决 | Unresulted productive condition | |
| 6 | 冶炼技术未解决 | Unresulted metallurgical technique | |
| PKGF | 勘探精度 | | |
| PKGFA | 储量误差 | Reserve error | |

表 1（续）

| 代码 | 汉字名 | 英译名 | 说明 |
|---|---|---|---|
| PKGFB | 形态误差 | Morphological error | |
| PKGFC | 面积误差 | Area error | |
| PKGFD | 位置误差 | Location error | |
| PKGFE | 顶面误差 | Top surface error | 顶板误差 |
| PKGFF | 底面误差 | Bottom surface error | 底板误差 |
| PKGI | 勘探工程间距 | | |
| PKGIA | 沿走向间距 | Spacing along strike | |
| PKGIB | 沿倾向间距 | Spacing along dip | |
| PKGJ | 矿床勘探类型 | | |
| 1 | 第一勘探类型 | Exploratory Type 1 | |
| 2 | 第二勘探类型 | Exploratory Type 2 | |
| 3 | 第三勘探类型 | Exploratory Type 3 | |
| 4 | 第四勘探类型 | Exploratory Type 4 | |
| 5 | 第五勘探类型 | Exploratory Type 5 | |
| PKGK | 矿床地质研究 | | |
| PKGKA | 矿床构造位置 | Structural position of ore deposit | 矿区构造位置 |
| PKGKB | 矿床规模 | Size of ore deposit | |
| PKGKC | 矿区面积 | Area of ore district | |
| PKGKD | 矿体形态 | Morphology of orebody | |
| PKGKE | 矿体规模 | Size of orebody | |
| PKGKF | 矿体大小 | Dimensions of orebody | |
| PKGKG | 矿体产状 | Occurrence mode of orebody | |
| PKGKH | 矿体围岩 | Country rock of orebody | |
| PKGKI | 矿体数 | Number of orebodies | 矿体个数 |
| PKGKJ | 矿体埋深 | Buried depth of orebody | |
| PKGKK | 矿体剥蚀程度 | Denudational intensity of orebody | |
| PKGKL | 矿体变化 | Variation of orebody | |
| PKGKM | 矿体变化性质 | Variation property of orebody | |
| PKGKN | 矿体变化程度 | Variation intensity of orebody | |
| PKGKO | 矿体变化定量指标 | Quantitative variation index of orebody | |
| PKGKP | 矿石组成 | Composition of ore | |
| PKGKQ | 矿石类型 | Type of ore | |
| PKGKR | 矿石成因类型 | Genetic type of ore | |
| PKGKS | 矿石自然类型 | Natural type of ore | |
| PKGKT | 矿石工业类型 | Industrial type of ore | |
| PKGKU | 矿石品级 | Ore order or ore sort | |
| PKGKV | 矿石牌号 | Ore rank | |
| PKGKW | 矿体编号 | Orebody number | |
| PKGKX | 矿点(床)评价 | Valuation of ore spot | |
| PKGKY | 子矿体号 | Sub-ore number | |
| PKGKZ | 块段号 | Ore block number | |
| PKGKA | 矿床构造位置 | | |
| PKGKAA | 矿区大地构造位置 | Geotectonic position of the ore district | 矿床大地构造位置 |
| PKGKAB | 矿区区域构造位置 | Regional structural position of the ore deposit | 矿床区域构造位置 |
| PKGKB | 矿床规模 | | |
| 1 | 特大型矿床 | Huge-size ore deposit | |

表 1（续）

| 代 码 | 汉 字 名 | 英 译 名 | 说 明 |
|---|---|---|---|
| 2 | 大型矿床 | Large-size ore deposit | |
| 3 | 中型矿床 | Medium-size ore deposit | |
| 4 | 小型矿床 | Small-size ore deposit | |
| 5 | 矿点 | Mineral occurrence | |
| 6 | 矿化点 | Mineralized point | |
| PKGKD | 矿体形态 | | |
| PKGKDA | 矿体形状 | Shape of orebody | |
| PKGKDB | 矿体形态复杂程度 | Morphological complexities of orebodies | |
| PKGKDA | 矿体形状 | | |
| 10 | 一维延伸矿体 | One-dimension extended orebody | |
| 11 | 筒状矿体 | Pipe orebody | |
| 12 | 柱状矿体 | Chimney orebody | |
| 13 | 管状矿体 | Tubular orebody | |
| 20 | 二维延伸矿体 | Two-dimension extended orebody | |
| 21 | 层状矿体 | Stratiform orebody | |
| 22 | 似层状矿体 | Stratoid orebody | |
| 23 | 脉状矿体 | Vein orebody | |
| 24 | 透镜状矿体 | Lensoid orebody | |
| 25 | 扁豆状矿体 | Lenticular orebody | |
| 30 | 三维延伸矿体 | Three-dimension extended orebody | |
| 31 | 等轴状矿体 | Isometric orebody | |
| 32 | 瘤状矿体 | Warty orebody | |
| 33 | 囊状矿体 | Pockety orebody | |
| 40 | 形状复杂矿体 | Complex-shaped orebody | |
| 41 | 网脉状矿体 | Stockwork | |
| 42 | 鞍状矿体 | Saddle orebody | |
| 43 | 不规则状矿体 | Irregular-shaped orebody | |
| PKGKDB | 矿体形态复杂程度 | | |
| 1 | 形态简单的 | Simple morphological | |
| 2 | 形态较简单的 | Less simple morphological | |
| 3 | 形态复杂的 | Complex morphological | |
| 4 | 形态很复杂的 | Extremely complex morphological | |
| PKGKE | 矿体规模 | | |
| 1 | 巨型矿体 | Giant orebody | |
| 2 | 大矿体 | Large orebody | |
| 3 | 中等矿体 | Medium orebody | |
| 4 | 小矿体 | Small orebody | |
| 5 | 极小矿体 | Extremely small orebody | |
| PKGKF | 矿体大小 | | |
| PKGKFA | 矿体长度 | Length of orebody | |
| PKGKFB | 矿体斜长 | Inclined length of orebody | |
| PKGKFC | 矿体宽度 | Width of orebody | |
| PKGKFD | 矿体相对厚度 | Relative thickness of orebody | |
| PKGKFD | 矿体相对厚度 | | |
| 1 | 巨厚层矿体 | Giant-bedded orebody | |
| 2 | 厚层矿体 | Thick-bedded orebody | |

表 1（续）

| 代码 | 汉字名 | 英译名 | 说明 |
| --- | --- | --- | --- |
| 3 | 中厚层矿体 | Medium-bedded orebody | |
| 4 | 薄层矿体 | Thin-bedded orebody | |
| 5 | 极薄层矿体 | Extremely thin-bedded orebody | |
| PKGKG | 矿体产状 | | |
| PKGKGA | 矿体走向 | Strike of orebody | |
| PKGKGB | 矿体倾向 | Dip of orebody | |
| PKGKGC | 矿体倾角 | Dip angle of orebody | |
| PKGKGD | 矿体倾伏方向 | Plunge of orebody | |
| PKGKGE | 矿体倾伏角 | Plunge angle of orebody | |
| PKGKGF | 矿体侧伏方向 | Pitch of orebody | |
| PKGKGG | 矿体侧伏角 | Pitch angle of orebody | |
| PKGKGH | 矿体赋存部位 | Place of orebody occurrencing | |
| PKGKH | 矿体围岩 | | |
| PKGKHA | 上部围岩 | Overlying wall rock | 顶板围岩 |
| PKGKHB | 下部围岩 | Underlying wall rock | 底板围岩 |
| PKGKHC | 内部围岩 | Interlayer rock | 矿体内夹石 |
| PKGKL | 矿体变化 | | |
| PKGKLA | 矿体结构变化 | Textural variation of orebody | |
| PKGKLB | 矿体形态变化 | Morphological variation of orebody | |
| PKGKLC | 矿石品位变化 | Variation of ore grade | 品位变化 |
| PKGKLD | 矿石类型变化 | Variation of ore type | |
| PKGKLE | 矿石品级变化 | Variation of ore order | |
| PKGKLF | 矿石体重变化 | Variation of ore unit-weight | |
| PKGKLG | 矿体厚度变化 | Variation of orebody thickness | 厚度变化 |
| PKGKLH | 矿体产状变化 | Variation of orebody occurrence | 产状变化 |
| PKGKLI | 沿走向变化 | Variation along strike direction | |
| PKGKLJ | 沿倾向变化 | Variation along dip direction | |
| PKGKLK | 垂直变化 | Vertical variation | |
| PKGKLL | 水平变化 | Horizontal variation | |
| PKGKM | 矿体变化性质 | | |
| 11 | 逐渐变化 | Gradual variation | |
| 12 | 跳跃变化 | Jumping variation | |
| 21 | 连续变化 | Continuous variation | |
| 22 | 断续变化 | Discontinuous variation | |
| 31 | 规则变化 | Regular variation | |
| 32 | 不规则变化 | Irregular variation | |
| 41 | 坐标性变化 | Coordinated variation | 方向性变化 |
| 42 | 偶然性变化 | Random variation | |
| 51 | 局部相依变化 | Dependent variation in local range | |
| 52 | 总体相依变化 | Dependent variation in general sense | |
| 53 | 无相依变化 | Fully independent variation | 完全不相依变化 |
| 61 | 抛物线型变化 | Variation of parabolic type | |
| 62 | 线型变化 | Variation of linear type | |
| 63 | 随机型变化 | Variation of random type | 纯块金型变化 |
| 64 | 块金效应型变化 | Variation of nugget-effect type | 块金型变化 |
| 65 | 跃迁型变化 | Variation of twinkling type | 瞬变型变化 |

表 1（续）

| 代码 | 汉字名 | 英译名 | 说明 |
| --- | --- | --- | --- |
| PKGKN | 矿体变化程度 | | |
| PKGKNA | 矿体变化范围 | Variation range of orebody | |
| PKGKNB | 矿体变化幅度 | Variation amplitude of orebody | |
| PKGKNC | 矿体变化速度 | Variation rate of orebody | |
| PKGKO | 矿体变化定量指标 | | |
| PKGKOA | 厚度变化系数 | Coefficient of variation of thickness | |
| PKGKOB | 品位变化系数 | Variation coefficient of grade | |
| PKGKOC | 体重变化系数 | Variation coefficient of unit weight | |
| PKGKOD | 变化性指数 | Variational index | |
| PKGKOE | 相依系数 | Association coefficient | |
| PKGKOF | 平均二级差 | Average difference of second order | |
| PKGKOG | 相对平均二级差 | Relative average difference of second order | |
| PKGKOH | 矿化强度指数 | Mineralization intensity index | |
| PKGKOI | 矿体边界模数 | Boundary module of orebody | |
| PKGKOJ | 形态复杂程度综合指标 | Comprehensive index of morphological complexity | |
| PKGKP | 矿石组成 | | |
| PKGKPA | 矿石的矿物组成 | Mineral composition of ore | |
| PKGKPB | 有用矿物 | Useful mineral | |
| PKGKPC | 主要有用矿物 | Principal useful mineral | |
| PKGKPD | 次要有用矿物 | Associated useful mineral | |
| PKGKPE | 矿石的化学组成 | Chemical composition of ore | |
| PKGKPF | 有用组分 | Useful component | |
| PKGKPG | 主要有用组分 | Principal useful component | |
| PKGKPH | 次要有用组分 | Associated useful component | |
| PKGKPI | 有益组分 | Beneficial component | |
| PKGKPJ | 有害组分 | Harmful component | |
| PKGKPK | 简单矿石 | Simple ore | |
| PKGKPL | 单矿物矿石 | Monomineral ore | |
| PKGKPM | 复矿矿石 | Multimineral ore | |
| PKGKPN | 复合矿石 | Complex ore | |
| PKGKPO | 可选矿石 | Milling ore | |
| PKGKPP | 可采矿石 | Pay ore | |
| PKGKPQ | 边际矿石 | Marginal ore | |
| PKGKPR | 组分类别 | Type of constituent | |
| PKGKPS | 组分名称 | Name of constituent | |
| PKGKQ | 矿石类型 | | |
| 10000 | 类型未分矿石 | Type-undivided ore | |
| 31000 | 硫化矿石 | Sulfide ore | 原生硫化矿石 |
| 32000 | 混合矿石 | Mixed ore | |
| 33000 | 氧化矿石 | Oxidized ore | 次生氧化矿石 |
| 34000 | 原生矿石 | Primary ore | |
| 35000 | 次生矿石 | Secondary ore | 风化矿石 |
| 36000 | 石质矿石 | Lithic ore | |
| 37000 | 砂质矿石 | Sandy ore | |
| 38000 | 土质矿石 | Earthy ore | |

表 1（续）

| 代码 | 汉字名 | 英译名 | 说明 |
|---|---|---|---|
| 39000 | 松散状矿石 | Losse ore | |
| 40000 | 液态矿 | Liquid ore | |
| 41000 | 气态矿 | Gaseous ore | |
| 47000 | 胶状矿石 | Colloform ore | |
| 48000 | 鲕状矿石 | Oolitic ore | |
| 49000 | 豆状矿石 | Pisolitic ore | |
| 50000 | 肾状矿石 | Reniform ore | |
| 51000 | 块状矿石 | Massive ore | |
| 52000 | 浸染状矿石 | Disseminated ore | |
| 53000 | 细脉浸染状矿石 | Netted-disseminated ore | |
| 54000 | 角砾状矿石 | Brecciated ore | |
| 55000 | 条带状矿石 | Bended ore | |
| 56000 | 网脉状矿石 | Network ore | |
| 57000 | 斑杂状矿石 | Mottled ore | |
| 60000 | 综合矿石 | Complex ore | 多金属矿石<br>多成分矿石 |
| 71000 | 氧化物矿石 | Oxide ore | |
| 72000 | 氯化物矿石 | Chloride ore | |
| 73000 | 硫化物矿石 | Sulfide ore | |
| 74000 | 氟化物矿石 | Fluoride ore | |
| 81000 | 碳酸盐矿石 | Carbonate ore | |
| 82000 | 硫酸盐矿石 | Sulfate ore | |
| 83000 | 硅酸盐矿石 | Silicate ore | |
| 84000 | 磷酸盐矿石 | Phosphate | |
| 90000 | 特殊类型矿石 | Ore of special type | |
| 10001 | 铁矿石 | Iron ore | |
| 11001 | 磁铁矿矿石 | Magnetite ore | |
| 12001 | 赤铁矿矿石 | Hematite ore | |
| 13001 | 褐铁矿矿石 | Limonite ore | |
| 14001 | 菱铁矿矿石 | Siderite ore | |
| 15001 | 钒钛磁铁矿矿石 | V-Ti Magnetite ore | |
| 16001 | 钒磁铁矿矿石 | vanadiomagnetite ore | |
| 17001 | 钛磁铁矿矿石 | Titanomagnetite ore | |
| 18001 | 镜铁矿矿石 | Specularite ore | |
| 61001 | 铜铁矿石 | Copper -bearing iron ore | |
| 10002 | 锰矿石 | Manganese ore | |
| 11002 | 硬锰矿矿石 | Psilomelane ore | |
| 12002 | 软锰矿矿石 | Pyrolusite ore | |
| 13002 | 菱锰矿矿石 | Rhodochrosite ore | |
| 14002 | 黑锰矿矿石 | Hausmannite ore | |
| 15002 | 含锰灰岩 | Mn-bearing limestone | |
| 71002 | 氧化锰矿石 | Mn oxide ore | |
| 73002 | 硫化锰矿石 | Mn sulfide ore | |
| 81002 | 碳酸锰矿石 | Mn carbonate ore | |
| 10003 | 铬矿石 | Chromium ore | |
| 11003 | 铬铁矿矿石 | Chromite ore | |

表 1（续）

| 代码 | 汉字名 | 英译名 | 说明 |
|---|---|---|---|
| 12003 | 镁铬铁矿矿石 | Magnesiochromite ore | |
| 13003 | 铝铬铁矿矿石 | Alumochromite ore | |
| 10004 | 钒矿石 | Vanadium ore | |
| 12004 | 钒云母矿石 | Colomite ore | |
| 13004 | 含钒碳硅质岩 | V-bearing carbon-siliceous rock | |
| 14004 | 含钒磷质岩 | V-bearing phosphorus rock | |
| 15004 | 含钒沥青质岩 | V-bearing bituminous rock | |
| 10005 | 钛矿石 | Titanium ore | |
| 12005 | 钛铁矿矿石 | Ilmenite ore | |
| 13005 | 金红石矿石 | Rutile ore | |
| 14005 | 钙钛矿矿石 | Perovskite ore | |
| 10006 | 铜矿石 | Copper ore | |
| 11006 | 黄铜矿矿石 | Chalcopyrite ore | |
| 12006 | 黄铁矿型铜矿石 | Copper ore of pyrite type | |
| 13006 | 辉铜矿矿石 | Chalcocite ore | |
| 14006 | 斑铜矿矿石 | Bornite ore | |
| 31006 | 硫化铜矿石 | Sulfidic copper ore | |
| 32006 | 混合铜矿石 | Mixed copper ore | |
| 33006 | 氧化铜矿石 | Oxidized copper ore | |
| 60006 | 多金属铜矿石 | Multimetallic copper ore | |
| 61006 | 钼铜矿石 | Mo-bearing copper ore | |
| 62006 | 锌铜矿石 | Zn-bearing copper ore | |
| 63006 | 铅铜矿石 | Pb-bearing copper ore | |
| 64006 | 金铜矿石 | Au-bearing copper ore | |
| 65006 | 银铜矿石 | Ag-bearing copper ore | |
| 66006 | 铁铜矿石 | Fe-Cu ore | |
| 10007 | 铅矿石 | Lead ore | |
| 11007 | 方铅矿矿石 | Galena ore | |
| 31007 | 硫化铅矿石 | Sulfidic lead ore | |
| 32007 | 混合铅矿石 | Mixed lead ore | |
| 33007 | 氧化铅矿石 | Oxided lead ore | |
| 60007 | 多金属铅矿石 | Multimetallic lead ore | 综合铅矿石 |
| 61007 | 铜铅矿石 | Cu-bearing lead ore | |
| 62007 | 锌铅矿石 | Zn-Pb ore | |
| 63007 | 锡铅矿石 | Sn-bearing lead ore | |
| 64007 | 锑铅矿石 | Sb-bearing lead ore | |
| 10008 | 锌矿石 | Zinc ore | |
| 30008 | 硫化锌矿石 | Sulfidic zinc ore | |
| 32008 | 混合锌矿石 | Mixed zinc ore | |
| 33008 | 氧化锌矿石 | Oxidized zinc ore | |
| 60008 | 多金属锌矿石 | Multimetallic zinc ore | |
| 61008 | 铜锌矿石 | Cu-bearing zinc ore | |
| 62008 | 铅锌矿石 | Pb-Zn ore | |
| 91008 | 硫化铅锌矿石 | Sulfidic Pb-Zn ore | |
| 92008 | 混合铅锌矿石 | Mixed Pb-Zn ore | |
| 93008 | 氧化铅锌矿石 | Oxided Pb-Zn ore | |

表 1（续）

| 代码 | 汉字名 | 英译名 | 说明 |
|---|---|---|---|
| 94008 | 块状铅锌矿石 | Massive Pb-Zn ore | |
| 95008 | 浸染状铅锌矿石 | Disseminated Pb-Zn ore | |
| 96008 | 细脉浸染状铅锌矿石 | Netted-disseminated Pb-Zn ore | |
| 97008 | 角砾状铅锌矿石 | Brecciated Pb-Zn ore | |
| 98008 | 条带状铅锌矿石 | Bended Pb-Zn ore | |
| 10009 | 铝矿石 | Aluminium ore | |
| 11009 | 一水型铝土矿矿石 | Boehmite-diaspore ore | |
| 12009 | 三水型铝土矿矿石 | Gibbsite ore | |
| 13009 | 复合型铝土矿矿石 | Combined bauxite ore | 混合型铝土矿矿石 |
| 10010 | 镁矿石 | Magnesium ore | |
| 11010 | 菱镁矿矿石 | Magnesite ore | |
| 12010 | 耐火菱镁矿矿石 | Refractory magnesite ore | |
| 13010 | 冶金菱镁矿矿石 | Metallurgical magnesite ore | |
| 10011 | 镍矿石 | Nickel ore | |
| 31011 | 硫化镍矿石 | Sulfidic nickel ore | |
| 32011 | 混合镍矿石 | Mixed nickel ore | |
| 33011 | 氧化镍矿石 | Oxidized nickel ore | |
| 11011 | 硫化铜镍矿石 | Cu-Ni sulfide ore | |
| 12011 | 风化壳硅酸镍矿石 | Ni silicate ore of residuum type | |
| 13011 | 含镍蛇纹岩 | Ni-bearing serpentinite | |
| 10012 | 钴矿石 | Cobalt ore | |
| 11012 | 钴土矿石 | Asbolane ore | |
| 12012 | 伴生钴矿石 | Associated Co ore | |
| 10013 | 钨矿石 | Tungsten ore | |
| 11013 | 黑钨矿矿石 | Wolframite ore | |
| 12013 | 白钨矿矿石 | Scheelite ore | |
| 13013 | 复合型钨矿石 | Combined W ore | |
| 37013 | 砂钨 | W placer ore | |
| 10014 | 锡矿石 | Tin ore | |
| 11014 | 锡石矿石 | Cassiterite ore | |
| 12014 | 云英岩型锡石矿石 | Cassiterite ore of greisen type | |
| 13014 | 绿泥石型锡石矿石 | Cassiterite ore of chlorite type | |
| 14014 | 电气石型锡石矿石 | Cassiterite ore of tourmaline type | |
| 15014 | 硫化物型锡石矿石 | Cassiterite ore associated by sulfide minerals | |
| 37014 | 砂锡 | Sn placer ore | |
| 10015 | 铋矿石 | Bismuth ore | |
| 11015 | 辉铋矿矿石 | Bismuthinite ore | |
| 60015 | 多金属铋矿石 | Multimetallic Bi ore | |
| 10016 | 钼矿石 | Molybdenum ore | |
| 11016 | 辉钼矿矿石 | Molybdenite ore | |
| 60016 | 多金属钼矿石 | Multimetallic Mo ore | |
| 61016 | 铜钼矿石 | Cu-bearing Mo ore | |
| 62016 | 锌钼矿石 | Zn-bearing Mo ore | |
| 31016 | 硫化钼矿石 | Sulfidic Mo ore | |
| 32016 | 混合钼矿石 | Mixed Mo ore | |
| 33016 | 氧化钼矿石 | Oxidized Mo ore | |

表 1（续）

| 代码 | 汉字名 | 英译名 | 说明 |
|---|---|---|---|
| 10017 | 汞矿石 | Mercury ore | |
| 11017 | 辰砂矿石 | Cinnaber ore | |
| 60017 | 多金属辰砂矿石 | Multimetallic cinnabar ore | |
| 37017 | 砂汞矿石 | Hg placer ore | 辰砂砂矿 |
| 10018 | 锑矿石 | Antimony ore | |
| 11018 | 辉锑矿矿石 | Stibnite ore | |
| 31018 | 硫化锑矿石 | Sulfidic Sb ore | |
| 32018 | 混合锑矿石 | Mixed Sb ore | |
| 33018 | 氧化锑矿石 | Oxidized Sb ore | |
| 10019 | 金矿石 | Gold ore | |
| 11019 | 石英脉型金矿石 | Gold ore of guartz vein type | |
| 12019 | 石英-方解石脉型金矿石 | Gold ore of quartz-calcite type | |
| 13019 | 硫化物型金矿石 | Gold ore associated by sulfide | |
| 14019 | 伴生金矿石 | Associated Au ore | |
| 37019 | 砂金 | Au placer ore | |
| 52019 | 浸染状金矿石 | Disseminated Au ore | |
| 53019 | 细脉浸染状金矿石 | Netted-disseminated Au ore | |
| 54019 | 角砾状金矿石 | Brecciated Au ore | |
| 61019 | 银金矿石 | Ag-Au ore | |
| 10020 | 银矿石 | Silver ore | |
| 12020 | 伴生银矿石 | Associated Ag ore | |
| 61020 | 金银矿石 | Au-Ag ore | |
| 62020 | 铅银矿石 | Pb-Ag ore | |
| 10021 | 铂矿石 | Platinum ore | |
| 11021 | 自然铂钯矿矿石 | Native Pt-Pd ore | |
| 37021 | 砂铂 | Pt placer ore | |
| 60021 | 综合铂族矿石 | Pt-group elements ore | |
| 10027 | 铌钽矿石 | Niobium-Tantalum ore | |
| 11027 | 铌铁矿矿石 | Niobite ore | |
| 12027 | 钽铁矿矿石 | Tantalite ore | |
| 13027 | 褐钇铌矿矿石 | Fergusonite ore | |
| 14027 | 铌易解石矿石 | Nb-eschynite ore | |
| 15027 | 黄绿石矿石 | Pyrochlore ore | 烧绿石矿石 |
| 16027 | 铌铁矿-钽铁矿矿石 | Niobite-Tantalite ore | |
| 10029 | 铍矿石 | Beryllium ore | |
| 11029 | 绿柱石铍矿石 | Beryl ore | |
| 12028 | 似晶石铍矿石 | Phenakite ore | |
| 13028 | 羟硅铍石铍矿石 | Bertrandite ore | |
| 10030 | 锂矿石 | Lithium ore | |
| 11030 | 锂云母锂矿石 | Lithonite ore | 锂云母矿石 |
| 12030 | 锂辉石锂矿石 | Spodumene ore | 锂辉石矿石 |
| 40030 | 含锂卤水 | Li-bearing brine | |
| 10031 | 锆矿石 | Zirconium ore | |
| 11031 | 锆英石矿石 | Zircon ore | |
| 10032 | 锶矿石 | Strontium ore | |
| 11032 | 天青石矿石 | Celestite ore | |

表 1（续）

| 代码 | 汉字名 | 英译名 | 说明 |
|---|---|---|---|
| 12032 | 菱锶矿矿石 | Strontianite ore | |
| 10033 | 铷矿石 | Rubidium ore | |
| 10034 | 铯矿石 | Cesium ore | |
| 11034 | 伟晶岩型铯矿石 | Cesium ore of pegmatite type | |
| 12034 | 铯盐 | Cesium salt | |
| 10035 | 稀土矿石 | Rare earth ore | |
| 11039 | 磷钇矿矿石 | Xenotime ore | |
| 12029 | 细晶石矿石 | Micromite ore | |
| 13029 | 独居石矿石 | Monazite ore | |
| 14029 | 黑稀金矿矿石 | Euxenite ore | |
| 15029 | 氟碳铈矿矿石 | Bastnaesite ore | |
| 10060 | 铀矿石 | Uranium ore | |
| 11060 | 花岗岩型铀矿石 | U ore of granite type | |
| 12060 | 煌斑岩型铀矿石 | U ore of lamprophyre type | |
| 13060 | 火山岩型铀矿石 | U ore of volcanic-rock type | |
| 14060 | 砂岩型铀矿石 | U ore of sandstion type | |
| 15060 | 含铀碳硅质岩 | U-bearing carbon-siliceous rock | |
| 16060 | 白云岩型铀矿石 | U ore of dolomite type | |
| 17060 | 灰岩型铀矿石 | U ore of limestone type | |
| 10072 | 萤石矿石 | Fluorite ore | |
| 11072 | 单矿物萤石矿石 | Simple fluorite ore | |
| 12072 | 重晶石-方解石-萤石矿石 | Barite-calcite-fluorite ore | |
| 13072 | 萤石-石英矿石 | Fluorit-quartz ore | |
| 14072 | 方解石-萤石矿石 | Calcite-fluorite ore | |
| 15072 | 重晶石-萤石矿石 | Barite-Fluorite ore | |
| 16072 | 石英-萤石矿石 | Quartz-Fluorite ore | |
| 17072 | 硫化物型萤石矿石 | Fluorite ore associated by sulfide minerals | |
| 11073 | 熔剂石英岩 | Flux quartzite | |
| 11074 | 熔剂石英砂岩 | Flux silicarenite | |
| 12075 | 熔剂脉石英 | Flux vein quartz | |
| 13076 | 熔剂石英砂 | Flux silica sand | |
| 14077 | 熔剂燧石岩 | Flux flint | |
| 10080 | 蓝晶石矿石 | Oregrade kyanite | |
| 10081 | 蓝线石矿石 | Oregrade dumortierite | |
| 10082 | 红柱石矿石 | Oregrade andalusite | |
| 10083 | 夕线石矿石 | Oregrade sillimanite | |
| 10079 | 粉石英 | Konilite | |
| 10084 | 硫矿石 | Sulfur ore | |
| 11084 | 自然硫矿石 | Native sulfur ore | |
| 12084 | 黄铁矿矿石 | Pyrite ore | |
| 13084 | 白铁矿矿石 | Marcasite ore | |
| 14084 | 磁黄铁矿矿石 | Pyrrhotine ore | |
| 61084 | 铜硫矿石 | Cu-bearing sulfur ore | |
| 10085 | 磷矿石 | Phosphorus ore | |
| 11085 | 磷块岩矿石 | Phosphorite ore | 胶磷矿矿石 |
| 12085 | 磷灰岩矿石 | Apatitolite ore | 变质磷灰石矿石 |

表 1（续）

| 代码 | 汉字名 | 英译名 | 说明 |
|---|---|---|---|
| 13085 | 磷灰石岩矿石 | Apatite ore | 内生磷灰石矿石 |
| 14085 | 鸟粪磷矿石 | Struvite ore | 鸟粪石 |
| 15085 | 硅质磷块岩矿石 | Siliceous phosphorite ore | |
| 16085 | 钙镁质磷块岩矿石 | Calcareou-magnesian phosphorite ore | |
| 17085 | 硅钙质磷块岩 | Siliceous-calcareous phosphorite ore | |
| 18085 | 铝磷酸盐矿石 | Alumophosphate ore | |
| 10108 | 石膏矿石 | Gypsum ore | |
| 11108 | 纤维石膏矿石 | Fibrous gypsum ore | |
| 12108 | 伟晶石膏矿石 | Pegmatitic gypsum ore | |
| 13108 | 简单石膏矿石 | Simple gypsum ore | |
| 14108 | 泥质石膏 | Pelitic gypsum | |
| 15108 | 碳酸盐质石膏 | Calcareous gypsum | |
| 16108 | 硬石膏-石膏矿石 | Anhydrite-gypsum ore | |
| 17108 | 泥质硬石膏-石膏矿石 | Pelitic anhydrite-gypsum ore | |
| 18108 | 碳酸盐质硬石膏-石膏矿石 | Calcareous anhydrite-gypsum ore | |
| 19108 | 石膏-硬石膏矿石 | Gypsum-Anhydrite ore | |
| 20108 | 泥质石膏-硬石膏矿石 | Pelitic gypsum-anhydrite ore | |
| 21108 | 碳酸盐质石膏-硬石膏矿石 | Calcareous gypsum-anhydrite ore | |
| 22108 | 硬石膏矿石 | Anhydrite ore | |
| 23108 | 泥质硬石膏矿石 | Pelitic anhydrite ore | |
| 24108 | 碳酸盐质硬石膏矿石 | Calcareous anhydrite ore | |
| 10107 | 石墨矿石 | Graphite ore | |
| 11107 | 晶质石墨矿石 | Crystalline graphite ore | 鳞片石墨 |
| 12107 | 隐晶质石墨 | Cryptocrystalline graphite ore | |
| 10145 | 膨润土矿石 | Bentonite ore | |
| 11145 | 钠基膨润土矿石 | Sodian bentonite ore | |
| 12145 | 钙基膨润土矿石 | Calc bentonite ore | |
| 13145 | 有机质膨润土矿石 | Organic bentonite ore | |
| 10144 | 高岭土矿石 | Kaolin ore | |
| 11144 | 高岭石型高岭土矿石 | Kaolin ore of kaolinite type | |
| 12144 | 埃洛石-高岭石型高岭土矿石 | Kaolin ore of halloysite-kaolinite type | |
| 13144 | 水云母-高岭石型高岭土矿石 | Kaolin ore of hydromica-kaolinite type | |
| 14144 | 有机质高岭石高岭土矿石 | Kaolin ore of organic-kaolinite type | |
| 15144 | 埃洛石型高岭土矿石 | Kaolin ore of halloysite type | |
| 16144 | 高岭石-埃洛石型高岭土 | Kaolin ore of kaolinite-halloysite type | |
| 17144 | 水云母-埃洛石型高岭土 | Kaolin ore of hydromica-halloysite type | |
| 18144 | 高岭石矿石 | Kaolinite ore | |
| 19144 | 叶腊石高岭石矿石 | Pyrophyllite-kaolinite ore | |
| 20144 | 硬水铝石高岭石矿石 | Diaspore-kaolinite ore | |
| 10150 | 粘土矿石 | Clay ore | |
| 11150 | 耐火粘土矿石 | Refractory clay ore | |
| 12150 | 铸型粘土矿石 | Foundry clay ore | |
| 13150 | 水泥粘土矿石 | Cement clay ore | |
| 14150 | 陶瓷粘土矿石 | Pottery clay ore | |
| 15150 | 砖瓦粘土矿石 | Brick clay ore | |
| 16150 | 高铝粘土矿石 | Alumina clay ore | |

表 1（续）

| 代码 | 汉字名 | 英译名 | 说明 |
|---|---|---|---|
| 17150 | 硬质粘土矿石 | Hard clay ore | |
| 18150 | 半软质粘土矿石 | Semisoft clay ore | |
| 19150 | 软质粘土矿石 | Soft clay ore | |
| PKGKU | 矿石品级 | | |
| 100 | 特级 | Super sort/order | 特号特类 |
| 110 | 特一级 | Super sort/order 1 | |
| 111 | 特一级 1 | Super sort/order 1-1 | |
| 112 | 特一级 2 | Surer sort/order 1-2 | |
| 120 | 特二级 | Super sort/order 2 | |
| 121 | 特二级 1 | Super sort/order 2-1 | |
| 122 | 特二级 2 | Super sort/order 2-2 | |
| 123 | 特二级 3 | Super sort/order 2-3 | |
| 210 | 一级 | Sort/Order 1 | Ⅰ级 1 号 1 类甲级 |
| 211 | 一级一类 | Sort/Order 1-1 | |
| 212 | 一级二类 | Sort/Order 1-2 | |
| 213 | 一级三类 | Sort/Order 1-3 | |
| 214 | 一级四类 | Sort/Order 1-4 | |
| 220 | 二级 | Sort/Order 2 | Ⅱ级 2 号 2 类甲乙级 |
| 221 | 二级一类 | Sort/Order 2-1 | |
| 222 | 二级二类 | Sort/Order 2-2 | |
| 223 | 二级三类 | Sort/Order 2-3 | |
| 224 | 二级四类 | Sort/Order 2-4 | |
| 225 | 二级五类 | Sort/Order 2-5 | |
| 230 | 三级 | Sort/Order 3 | Ⅲ级 3 号 3 类丙级 |
| 231 | 三级一类 | Sort/Order 3-1 | |
| 232 | 三级二类 | Sort/Order 3-2 | |
| 233 | 三级三类 | Sort/Order 3-3 | |
| 234 | 三级四类 | Sort/Order 3-4 | |
| 240 | 四级 | Sort/Order 4 | Ⅳ级 4 号 4 类 |
| 241 | 四级一类 | Sort/Order 4-1 | |
| 242 | 四级二类 | Sort/Order 4-2 | |
| 243 | 四级三类 | Sort/Order 4-3 | |
| 250 | 五级 | Sort/Order 5 | Ⅴ级 5 号 |
| 260 | 六级 | Sort/Order 6 | Ⅵ级 6 号 |
| 270 | 七级 | Sort/Order 7 | Ⅶ级 7 号 |
| 280 | 八级 | Sort/Order 8 | Ⅷ级 8 号 |
| 411 | 富矿石 | High-grade ore | 优质矿石 |
| 412 | 中等矿石 | Medium-grade ore | 普通矿石 |
| 413 | 贫矿石 | Low-grade ore | 劣质矿石 |
| 500 | 未分品级矿石 | Undivided ore | 品级未分品级不明 |
| 611 | 炼钢用铁矿石 | Steelmaking iron ore | 平炉富矿 |
| 612 | 炼铁用铁矿石 | Ironmaking iron ore | 高炉富矿 |
| 613 | 需选矿石 | Milling ore | |
| 621 | 自熔性矿石 | Selffluxing ore | |
| 622 | 半自熔性矿石 | Semi-selffluxing ore | |
| 631 | 酸性矿石 | Acid ore | |

表 1（续）

| 代码 | 汉字名 | 英译名 | 说明 |
|---|---|---|---|
| 632 | 碱性矿石 | Basic ore | |
| 633 | 中性矿石 | Neutral ore | |
| PKGL | 加工技术条件研究 | | |
| PKGLA | 矿石可选性研究 | Study of ore dressability | |
| PKGLB | 选矿流程研究 | Study of ore-dressing scheme | |
| PKH | 采样 | | |
| PKHA | 标本 | Specimen | |
| PKHB | 样品 | Sample | |
| PKHC | 采样种类 | Sampling type | |
| PKHD | 采样方法 | Sampling method | |
| PKHE | 采样用品 | Sampling tool and equipment | |
| PKHF | 采样记录 | Sampling record | |
| PKHG | 样品分析 | Sample analysis | |
| PKHH | 样品鉴定 | Sample identification | |
| PKHI | 样品测试 | Sample testing | |
| PKHJ | 样品实验室记录 | Sample record in laboratory | |
| PKHK | 样品加工 | Sample processing | |
| PKHL | 样品检验 | Sample examination | 样品检查 |
| PKHA | 标本 | | |
| 10 | 手标本 | Hand specimen | |
| 21 | 矿物标本 | Mineral specimen | |
| 22 | 岩石标本 | Rock specimen | |
| 23 | 矿石标本 | Ore specimen | |
| 24 | 地层标本 | Stratigraphic specimen | |
| 25 | 构造标本 | Structural specimen | |
| 26 | 化石标本 | Fossil specimen | |
| 71 | 定向标本 | Oriented specimen | |
| 91 | 陈列标本 | Exhibition specimen | |
| 92 | 分析标本 | Analytical specimen | |
| 93 | 测试标本 | Testing specimen | |
| PKHB | 样品 | | |
| 11 | 分析样品 | Analytical sample | |
| 12 | 鉴定样品 | Sample for determination identification | |
| 13 | 测试样品 | Testing sample | 试样 |
| 21 | 化学分析样品 | Sample for chemical analysis | 化学样品 |
| 22 | 光谱分析样品 | Sample for spectrometric analysis | |
| 23 | 电子探针分析样品 | Sample for electron-probe analysis | |
| 24 | 同位素分析样品 | Sample for isotopic analysis | |
| 25 | 岩组分析样品 | Sample for fabric analysis | |
| 26 | 粒度分析样品 | Sample for granularity analysis | |
| 27 | 全分析样品 | Sample for full analysis | |
| 28 | 简项分析样品 | Sample for simple analysis | |
| 29 | 多元素分析样品 | Sample for multielemental analysis | |
| 30 | 矿物分析样品 | Sample for mineral analysis | |
| 31 | 岩石分析样品 | Sample for rock analysis | |
| 32 | 矿石分析样品 | Sample for ore analysis | |

表 1（续）

| 代码 | 汉字名 | 英译名 | 说明 |
|---|---|---|---|
| 33 | 土壤分析样品 | Sample for soil analysis | |
| 34 | 水分析样品 | Sample for water analysis | |
| 35 | 气体分析样品 | Sample for gas analysis | |
| 41 | 矿物鉴定样品 | Sample for mineral determination | |
| 42 | 岩石鉴定样品 | Sample for rock determination | |
| 43 | 矿石鉴定样品 | Sample for ore determination | |
| 44 | 化石鉴定样品 | Sample for fossil identification | |
| 45 | 孢粉鉴定样品 | Sample for sporopollon identification | |
| 46 | 同位素年龄测定样品 | Sample for isotopic age determination | |
| 47 | 重砂鉴定样品 | Sample for heavy mineral sands determinate | |
| 48 | 人工重砂样品 | Sample for person heavy minerals | |
| 49 | 自然重砂样品 | Sample for natural heavy minerals | |
| 61 | 物性测试样品 | Sample testing physical properties | |
| 62 | 技术性能测试样品 | Sample testing technical properties | |
| 63 | 体重样品 | Sample for unit weight of ore | 矿石体重样品 |
| 64 | 古地磁样品 | Sample for paleomagnetic measurement | |
| 81 | 原始样品 | Initial sample | |
| 82 | 粉磨样品 | Pulverized sample | |
| 83 | 灼烧样品 | Ignited sample | |
| 84 | 筛分样品 | Sieved sample | |
| 85 | 酸浸样品 | Acid digested sample | |
| 86 | 灰化样品 | Ashed sample | |
| 87 | 干样品 | Dry sample | |
| 88 | 湿样品 | Wet sample | |
| 89 | 水饱和样品 | Water saturated sample | |
| 90 | 新鲜样品 | Fresh sample | |
| 91 | 风化样品 | Weathered sample | |
| 92 | 未蚀变样品 | Unaltered sample | |
| 93 | 蚀变样品 | Altered sample | |
| 94 | 标准样品 | Standard sample | 标样 |
| 95 | 抛光样品 | Polished sample | |
| 96 | 受干扰样品 | Disturbed sample | 干扰样品污染样品 |
| 97 | 缺失样品 | Missing sample | |
| 98 | 特高样品 | Sample of erratic highgrade | 风暴样品 |
| 71 | 合格样品 | Acceptable sample | |
| 72 | 超差样品 | Overproof sample | |
| 73 | 正样 | Basic sample | |
| 74 | 副样 | Duplicate sample | |
| 75 | 组合样品 | Combinated sample | |
| 76 | 检验样品 | Confirming sample | |
| PKHC | 采样种类 | | |
| 11 | 化学分析采样 | Sampling for chemical analysis | 化学取样 |
| 12 | 技术采样 | Sampling for physical and technical determination | 物理取样 |
| 13 | 加工技术采样 | Sampling for technical determination | 工艺取样 |

表 1（续）

| 代码 | 汉字名 | 英译名 | 说明 |
| --- | --- | --- | --- |
| 14 | 岩矿鉴定采样 | Sampling for mineralogical and petrological determination | |
| 15 | 古生物鉴定采样 | Sampling for fossil identification | |
| 21 | 露头采样 | Outcrop sampling | |
| 22 | 钻孔采样 | Drillhole sampling | |
| 23 | 探槽采样 | Trench sampling | |
| 24 | 浅井采样 | Pit sampling | |
| 25 | 地下工程采样 | Sampling in underground workings | |
| 26 | 采场采样 | Quarry sampling | |
| 27 | 掌子面采样 | Handing sampling | |
| 28 | 顶板采样 | Roof sampling | |
| 29 | 底板采样 | Bottom sampling | |
| 30 | 帮壁采样 | Wall sampling | |
| 41 | 矿石堆采样 | Ore-dump sampling | |
| 42 | 废石堆采样 | Waste-dump sampling | |
| 43 | 炉渣采样 | Slag sampling | |
| 44 | 精矿采样 | Concentrate sampling | |
| 45 | 中矿采样 | Miding sampling | |
| 46 | 尾矿采样 | Tailing sampling | |
| 51 | 大气采样 | Atmospheric sampling | |
| 52 | 水汽采样 | Vapor sampling | |
| 53 | 水采样 | Water sampling | |
| 54 | 土壤采样 | Soil sampling | |
| 55 | 沉积物采样 | Sediments sampling | |
| 56 | 矿物采样 | Mineral sampling | |
| 57 | 岩石采样 | Rock sampling | |
| 58 | 矿石采样 | Ore sampling | |
| 59 | 化石采样 | Fossil sampling | |
| 60 | 岩心采样 | Core sampling | |
| 61 | 岩粉采样 | Cuttings sampling | |
| 62 | 砂矿采样 | Placer sampling | |
| 63 | 重砂采样 | Heavy minerals sampling | |
| 64 | 人工重砂采样 | Artificial placer sampling | |
| 71 | 溪水采样 | Sampling of stream water | |
| 72 | 河水采样 | Sampling of river water | |
| 73 | 湖水采样 | Sampling of lake water | |
| 74 | 泉水采样 | Sampling of spring water | |
| 75 | 井水采样 | Sampling of well water | |
| 76 | 海水采样 | Sampling of sea water | |
| 81 | 水系沉积物采样 | Sampling of stream sediments | |
| 82 | 湖泊沉积物采样 | Sampling of lake sediments | |
| 83 | 海洋沉积物采样 | Sampling of marine sediments | |
| 84 | 冰川沉积物采样 | Sampling of glacial sediments | |
| 85 | 火山沉积物采样 | Sampling of volcanic sediments | |
| 86 | 风积物采样 | Sampling of aeolian sediments | |
| 87 | 残坡积物采样 | Sampling of cluvial sediments | |

表 1（续）

| 代 码 | 汉 字 名 | 英 译 名 | 说 明 |
|---|---|---|---|
| 88 | 冲积物采样 | Sampling of alluvial sediments | |
| PKHD | 采样方法 | | |
| 01 | 刻槽法 | Channel method | |
| 02 | 刻线法 | Linear-channel method | |
| 03 | 剥层法 | Planar method | |
| 04 | 全巷法 | Bulk method | |
| 05 | 拣块法 | Chip method | |
| 06 | 攫取法 | Grab method | |
| 07 | 杓取法 | Shovel method | |
| 08 | 打眼法 | Blasthole method | |
| 09 | 岩心劈分法 | Core-splitting method | |
| 10 | 网格法 | Gridded method | |
| 11 | 连续采样法 | Continuous sampling method | |
| 12 | 分段采样法 | Segmented sampling method | |
| 13 | 副样组合法 | Composite sampling method of duplicate samples | |
| PKHF | 采样记录 | | |
| PKHFA | 采样点编号 | Sample point number | |
| PKHFB | 样品编号 | Sample number | 样品号 |
| PKHFC | 样品野外编号 | Field sample number | |
| PKHFD | 样品介质 | Sample parent | 取样母体 |
| PKHFE | 采样位置 | Sampling location | 取样位置 |
| PKHFF | 采样日期 | Sampling date | 取样日期 |
| PKHFG | 采样目的 | Sampling purpose | |
| PKHFH | 采样密度 | Sampling density | |
| PKHFI | 采样间隔 | Sampling interval | |
| PKHFJ | 采样人 | Sampler | 取样者 |
| PKHFK | 采样深度 | Sampling depth | |
| PKHFL | 样品规格 | Sample dimension | |
| PKHFM | 样品长度 | Sample length | |
| PKHFN | 样品断面面积 | Sectional area of sample | |
| PKHFO | 样品体积 | Sample volume | |
| PKHFP | 样品重量 | Sample weight | |
| PKHFQ | 样品包装方式 | Packing manner of sample | |
| PKHFR | 样品数 | Number of samples | |
| PKHFS | 采样单位 | Sampling organizer | |
| PKHFT | 样品方位角 | Sampling azimuth angle | |
| PKHFU | 样品倾角 | Sampling angle of dip | |
| PKHFV | 起样号 | Start sample number | |
| PKHFW | 止样号 | End sample number | |
| PKHFD | 样品介质 | | |
| 1 | 气 | Gas | |
| 2 | 汽 | Vapor | |
| 3 | 水 | Water | |
| 4 | 土 | Earth | |
| 5 | 砂 | Sand | |

表 1（续）

| 代 码 | 汉 字 名 | 英 译 名 | 说 明 |
|---|---|---|---|
| 6 | 岩 | Rock | |
| 7 | 植物 | Plant | |
| PKHG | 样品分析 | | |
| PKHGA | 样品分析类型 | Analytical type of sample | 分析类别 |
| PKHGB | 样品分析项目 | Analytical term of sample | 分析项目 |
| PKHGC | 样品分析日期 | Assaying date, Analytical date of sample | 化验日期 |
| PKHGD | 样品分析实验室 | Laboratory of sample analysis | |
| PKHGE | 样品分析精度 | Accuracy of sample analysis | |
| PKHGF | 分析人 | Analyst, Assayer | 化验员 |
| PKHGG | 样品分析质量 | Quality of sample analysis | |
| PKHGA | 样品分析类型 | | |
| 11 | 化学分析 | Chemical analysis | |
| 12 | 普通分析 | Regular analysis | 基本分析 |
| 13 | 简项分析 | Simple analysis | |
| 14 | 多元素分析 | Multielemental analysis | |
| 15 | 组合分析 | Combinatorial analysis | |
| 16 | 合理分析 | Phase analysis, Reasonableness analysis | 物相分析 |
| 17 | 全分析 | Complete analysis | |
| 18 | 单矿物化学分析 | Chemical analysis of single-phase minerals | |
| 19 | 岩石化学分析 | Chemical analysis of rock | |
| 20 | 矿石化学分析 | Chemical analysis of ore | |
| 21 | 气体化学分析 | Chemical analysis of gas | |
| 22 | 水汽化学分析 | Chemical analysis of vapor | |
| 23 | 水化学分析 | Hydrochemical analysis | |
| 24 | 土壤化学分析 | Chemical analysis of soil | |
| 25 | 灰化植物化学分析 | Chemical analysis of ashed plant | |
| 26 | 内检样品化学分析 | Chemical analysis for internal examination | |
| 27 | 外检样品化学分析 | Chemical analysis for external examination | |
| 28 | 仲裁分析 | Umpire analysis | |
| 29 | 光谱分析 | Spectrometric analysis | |
| PKHGG | 样品分析质量 | | |
| PKHGGA | 合格样品 | Acceptable sample | |
| PKHGGB | 超差样品 | Overproofed sample | |
| PKHGGC | 合格样品数 | Number of acceptable samples | |
| PKHGGD | 超差样品数 | Number of overproofed samples | |
| PKHGGE | 允许偶然误差 | Admissible random error | |
| PKHGGF | 允许绝对偶然误差 | Admissible absolute random error | |
| PKHGGG | 允许相对偶然误差 | Admissible relative random error | |
| PKHH | 样品鉴定 | | |
| PKHHA | 样品鉴定类型 | Identification type of sample | 样品鉴定类别 |
| PKHHB | 样品鉴定项目 | Identification term of sample | |
| PKHHC | 样品鉴定方法 | Identification method of sample | |
| PKHHD | 样品鉴定日期 | Identifying date of sample | |
| PKHHE | 样品鉴定实验室 | Laboratory of sample identification | 样品鉴定单位 |
| PKHHF | 鉴定人 | Identifying operator | |
| PKHHA | 样品鉴定类型 | | |

表 1（续）

| 代码 | 汉字名 | 英译名 | 说明 |
|---|---|---|---|
| 1 | 矿物鉴定 | Mineral identification | |
| 2 | 岩石鉴定 | Rock identification | |
| 3 | 矿石鉴定 | Ore identification | |
| 4 | 化石鉴定 | Fossil identification | |
| 5 | 重砂鉴定 | Identification of heavy mineral sand | |
| 6 | 矿物包裹体鉴定 | Identification of mineral inclusion | |
| 7 | 孢子花粉鉴定 | Sporopollon identification | |
| PKHI | 样品测试 | | |
| PKHIA | 样品测试类型 | Testing type of sample | 样品测试类别 |
| PKHIB | 样品测试项目 | Testing term of sample | |
| PKHIC | 样品测试方法 | Testing method of sample | |
| PKHID | 样品测试日期 | Testing data of sample | |
| PKHIE | 样品测试实验室 | Laboratory of sample testing | |
| PKHIF | 测试人 | Testing operator | |
| PKHJ | 样品实验室记录 | | |
| PKHJA | 样品实验编号 | Sample code in laboratory | |
| PKHJB | 样品原始编号 | Original code of sample | |
| PKHJC | 样品原始重量 | Initial weight of sample | |
| PKHJD | 样品最终重量 | Final weight of sample | |
| PKHJE | 样品缩分 | Reducing of sample | |
| PKHJF | 样品分析指数 | Analytical index for sample | |
| PKHJG | 送样单位 | Sending sample organization | |
| PKHJH | 送样日期 | Sending sample date | |
| PKHJE | 样品缩分 | | |
| PKHJEA | 缩分公式 | Reduction formula | |
| PKHJEB | 缩分系数 | Reduction coefficient | K 值 |
| PKHJEC | 缩分次数 | Reducing number | |
| PKHJED | 缩分方法 | Reducing method | |
| PKHL | 样品检验 | | |
| PKHLA | 样品检验种类 | Type of sample examination | |
| PKHLB | 内检实验室 | Laboratory for internal examination | |
| PKHLC | 外检实验室 | Laboratory for external examination | |
| PKHLD | 内检样品数 | Number of samples for internal examination | |
| PKHLE | 外检样品数 | Number of samples for external examination | |
| PKHLF | 合格率 | Percent of passed samples | |
| PKHLG | 超差率 | Percent of unpassed samples | |
| PKHLI | 仲裁实验室 | Laboratory for umpire analysis | |
| PKHLJ | 仲裁样品数 | Number of samples for umpire analysis | |
| PKHLA | 样品检验种类 | | |
| 1 | 内部检验 | Internal examination | |
| 2 | 外部检验 | External examination | |
| 3 | 仲裁检验 | Umpire examination | |
| PKI | 编录 | | |
| PKIA | 原始编录 | Basic documentation | |
| PKIB | 综合编录 | Final documentation | |
| PKIC | 地质编录 | Geological documentation | |

表 1（续）

| 代码 | 汉字名 | 英译名 | 说明 |
|---|---|---|---|
| PKID | 工程编录 | Engineering documentation | |
| PKIE | 采样编录 | Sampling documentation | |
| PKIF | 地质编图 | geological map compilation | |
| PKIG | 图件编制 | Map compilation | |
| PKIH | 地质报告 | Geological reports in prospecting and exploration | |
| PKII | 报告编写 | Report writing | |
| PKIJ | 设计书 | Design | |
| PKIK | 说明书 | Description | |
| PKIL | 工程编号 | Engineering number | |
| PKIA | 原始编录 | | |
| PKIAA | 统一编号 | Universal number | |
| PKIAB | 原始编号 | Original number | |
| PKIC | 地质编录 | | |
| PKICA | 地表地质编录 | Surface geological documentation | |
| PKICB | 地下地质编录 | Underground geological documentation | |
| PKICC | 钻孔地质编录 | Geological documentation of drill holes | |
| PKICD | 坑道地质编录 | Geological documentation of openings | |
| PKICE | 浅井地质编录 | Geological documentation of shallow shafts | |
| PKICF | 探槽地质编录 | Geological documentation of exploratory trenches | |
| PKICG | 岩性描述 | Lithological description | |
| PKIF | 地质编图 | | |
| 100 | 区域性图件 | Regional maps | |
| 101 | 区域地质图 | Regional geological map | |
| 102 | 区域实际材料图 | Regional measured data map | |
| 103 | 区域研究程度图 | Map showing regional research level | |
| 104 | 区域矿产图 | Map showing regional mineral resources | |
| 105 | 区域水文地质图 | Regional hydrogeological map | |
| 106 | 区域成矿远景图 | Map showing regional mineralization expectation | |
| 107 | 区域成矿预测图 | Map showing regional mineralization prediction | |
| 108 | 区域成矿规律图 | Map showing regional mineralization regularity | |
| 109 | 区域构造纲要图 | Map showing regional structure outline | |
| 200 | 矿田图件 | Maps about ore fields | |
| 201 | 矿田地质图 | Geological map of ore field | |
| 300 | 矿区矿床图件 | Maps about ore districts and deposits | |
| 301 | 矿区地质图 | Geological map of ore district | |
| 302 | 矿床地质图 | Geological map of ore deposit | |
| 303 | 矿区地形地质图 | Topographic-geological map of ore district | |
| 304 | 矿床地形地质图 | Topographic-geological map of ore deposit | |
| 305 | 矿区实际材料图 | Measured data map of ore district | |
| 306 | 矿床实际材料图 | Measured data map of ore deposit | |

表 1（续）

| 代码 | 汉字名 | 英译名 | 说明 |
|---|---|---|---|
| 307 | 矿区探矿工程分布图 | Distribution map in exploratory engineerings of ore district | |
| 308 | 矿床探矿工程分布图 | Distribution map in exploratory engineerings of ore deposit | |
| 309 | 矿区采样平面图 | Sampling plan of ore district | |
| 310 | 矿床采样平面图 | Sampling plan of ore deposit | |
| 311 | 矿床水平断面图 | Horizontal section of ore deposit | |
| 312 | 矿床剥离比等值线图 | Contour map of stripping ratio of ore deposit | |
| 313 | 矿床外剥离量计算平面图 | Calculating plan of outer stripping amount of ore deposit | |
| 314 | 矿区水文地质图 | Hydro-geological map of ore district | |
| 315 | 矿床水文地质图 | Hydro-geological map of ore deposit | |
| 316 | 矿体水平断面图 | Horizontal section of orebody | |
| 317 | 矿体采样平面图 | Sampling plan of orebody | |
| 318 | 矿体剥离比等值线图 | Contour map of stripping ratio of orebody | |
| 319 | 矿体外剥离量计算平面图 | Calculating plan of outer stripping amount of orebody | |
| 320 | 矿体顶面等高线图 | Contour map of top surface orebody | 矿体顶板等高线图 |
| 321 | 矿体底面等高线图 | Contour map of bottom surface of orebody | 矿体底板等高线图 |
| 322 | 矿体等厚线图 | Isopachous map of orebody | |
| 323 | 矿层对比图 | Correlation of ore-bearing strata | |
| 324 | 矿体投影图 | Projection of orebody | |
| 325 | 矿体水平投影图 | Horizontal projection of orebody | |
| 326 | 矿体垂直投影图 | Vertical projection of orebody | |
| 327 | 矿体垂直纵投影图 | Vertical longitudinal projection of orebody | |
| 328 | 矿体储量计算垂直投影图 | Vertical longitudinal projection of orebody for reserve calculation | 储量计算矿体垂直纵投影 |
| 329 | 矿体储量计算水平投影图 | Horizontal projection of orebody for reserve calculation | 储量计算矿体水平投影图 |
| 330 | 矿体复合纵投影图 | Combined longitudinal projection of orebody | |
| 401 | 勘探线地质剖面图 | Geological profile along exploratory line | |
| 402 | 勘探线储量计算剖面图 | Reserve-calculating section on exploratory line | |
| 403 | 中段地质平面图 | Geological plan of mining level | |
| 404 | 中段储量计算平面图 | Reserve-calculating plan on mining level | |
| 405 | 中段采样平面图 | Sampling plan of mining level | |
| 406 | 平台地质平面图 | Geological plan of mining bench | |
| 407 | 探采对比图 | Comparative map of exploration and exploitation data | |
| 408 | 钻孔柱状图 | Drillhole column | |
| 500 | 构造地质图 | Map of structural geology | |
| 501 | 古构造图 | Palaeotectonic map | |
| 502 | 新构造图 | Neotectonic map | 新构造运动图 |
| 520 | 地层地质图 | Map of stratigraphic geology | |
| 521 | 地层柱状图 | Stratigraphic column | |
| 522 | 地层对比图 | Stratigraphic correlation | |
| 523 | 地层剖面图 | Stratigraphic profile | |

表 1（续）

| 代码 | 汉字名 | 英译名 | 说明 |
|---|---|---|---|
| 524 | 基岩地质图 | Geological map of bedrocks | |
| 561 | 岩相古地理图 | Map of lithofacies and palaeogeography | |
| 581 | 地貌地质图 | Geomorpho-geological map | |
| 600 | 第四纪地质图 | Quaternary geological map | |
| 601 | 第四纪地貌地质图 | Quaternary geomorpho-geological map | |
| 621 | 砂矿地质图 | Geological map of placer deposit | |
| 641 | 火山地质图 | Geological map of volcano | |
| 700 | 物探成果图 | Result maps of geophysical prospecting | |
| 720 | 化探成果图 | Result maps of geochemical prospecting | |
| 801 | 样品加工流程图 | Flow chart of sample treatment | |
| 802 | 选矿流程图 | Flow chart of ore processing | |
| 901 | 交通位置图 | Traffic position map | 矿区交通位置图 |
| 902 | 地形底图 | Topographic basemap | |
| 903 | 地质底图 | Geological basemap | |
| 904 | 素描图 | Sketch | |
| 905 | 露头素描图 | Geological sketch of exposure | |
| 906 | 探槽素描图 | Sketch of trench | 探槽展开图 |
| 907 | 浅井素描图 | Sketch of pit | 浅井展开图 |
| 908 | 坑道素描图 | Sketch of drift | |
| 909 | 矿石素描图 | Ore sketch | |
| 910 | 岩心素描图 | Core sketch | |
| 911 | 老窿素描图 | Sketch of historical openings | |
| 951 | 插图 | Illustration | |
| 952 | 附图 | Attached map | |
| PKIG | 图件编制 | | |
| PKIGA | 图名 | Map title | |
| PKIGB | 图件编号 | Map number | 图号 |
| PKIGC | 图件种类 | Map type | |
| PKIGD | 图件比例尺 | Map scale | |
| PKIGE | 图件规格 | Map dimension | |
| PKIGF | 图件密级 | Security classification of maps | |
| PKIGG | 制图方法 | Mapping method | |
| PKIGH | 制图日期 | Mapping date | |
| PKIGI | 制图者 | Drawer/compiler | 编制者 |
| PKIGJ | 资料来源 | Data source | |
| PKIGK | 审核人 | Verifier | 审核者 |
| PKIGL | 编图单位 | Compilation organizer | |
| PKIGG | 制图方法 | | |
| 1 | 人工绘制 | Mapping by free hand | |
| 2 | 仪器绘制 | Mapping by instrument | |
| 3 | 摄制 | Mapping by photography | |
| 4 | 编绘 | Compilation | |
| 5 | 复制 | Duplicating | |
| 6 | 计算机绘制 | Mapping by computer | |
| PKIH | 地质报告 | | |
| 09 | 预查报告 | Preliminerary prospecting report | |

表 1（续）

| 代　码 | 汉　字　名 | 英　译　名 | 说　　明 |
|---|---|---|---|
| 10 | 普查报告 | Prospecting report | |
| 11 | 初查报告 | Preliminary prospecting report | |
| 12 | 详查报告 | Detailed prospecting report | |
| 13 | 最终普查报告 | Final prospecting report | |
| 14 | 补充普查报告 | Complement prospecting report | |
| 20 | 勘探报告 | Exploratory report | |
| 21 | 初勘报告 | Preliminary exploratory report | 初步勘探报告 |
| 22 | 详勘报告 | Detailed exploratory report | 详细勘探报告 |
| 23 | 最终勘探报告 | Final exploratory report | |
| 24 | 补充勘探报告 | Complement exploratory report | |
| 31 | 初步报告 | Preliminary report | |
| 32 | 中间报告 | Interim report | |
| 33 | 最终报告 | Final report | |
| 34 | 补充报告 | Complement report | |
| 35 | 年报 | Annals | |
| 36 | 季报 | Quarterly report | |
| 37 | 月报 | Monthly report | |
| 38 | 日报 | Daily | |
| 39 | 班报 | Party report | |
| 41 | 矿点检查报告 | Examination report of ore discovery | |
| 42 | 异常检查报告 | Examination report of anomaly | |
| 43 | 采样报告 | Sampling report | |
| 44 | 矿物鉴定报告 | Report on mineral identification | |
| 45 | 岩石鉴定报告 | Report on rock identification | |
| 46 | 矿石鉴定报告 | Report on ore identification | |
| 47 | 化石鉴定报告 | Report on fossil identification | |
| 48 | 重砂鉴定报告 | Report on identifying heavy mineral sands | |
| 49 | 矿石可选性试验报告 | Report testing separability of ores | |
| 50 | 储量计算报告 | Report calculating reserve | |
| 51 | 开采可行性报告 | Mining feasibility report | |
| 52 | 地质研究报告 | Geological research report | |
| 53 | 独立专家报告 | Report of independent specialist | |
| 60 | 化探报告 | Geochemical exploration report | |
| 70 | 物探报告 | Geophysical exploration report | |
| 80 | 钻探报告 | Drilling exploration report | |
| 91 | 综合报告 | Comprehensive report | |
| 92 | 专题报告 | Special report | |
| 93 | 专题研究报告 | Special research report | |
| 94 | 可行性研究报告 | Report on feasibility | |
| PKII | 报告编写 | | |
| PKIIA | 报告名称 | Report title | |
| PKIIB | 报告编号 | Report number | 报告号 |
| PKIIC | 报告种类 | Report type | |
| PKIID | 报告密级 | Security classification of report | |
| PKIIE | 报告编写日期 | Report-writing date | |
| PKIIF | 报告编写单位 | Report-writing unit | 报告提交单位 |

表 1（续）

| 代 码 | 汉 字 名 | 英 译 名 | 说 明 |
|---|---|---|---|
| PKIIG | 报告编写人员 | Report-writer | |
| PKIIH | 报告提交日期 | Reporting date of report | |
| PKIII | 报告审批单位 | Report ratifier | |
| PKIIJ | 报告审批日期 | Ratifying date | |
| PKIIK | 报告审批结论 | Conclusion of report ratification | 报告审批结果 |
| PKIIL | 报告批准文件号 | File number of report ratification | |
| PKIIM | 资料所在单位 | Organization of data being | |
| PKIIN | 档案号 | File number | |
| PKIIO | 建档日期 | Filing date | |
| PKIIP | 建档单位 | Filing organization | |
| PKIIQ | 文件号 | Document number | |
| PKIIZ | 备注 | Memory | |
| PKIID | 报告密级 | | |
| 1 | 绝密 | Most confidential | |
| 2 | 机密 | More confidential | |
| 3 | 秘密 | Less confidential | |
| 4 | 不保密 | Unconfidential | |
| PKJ | 矿产工业要求 | | |
| PKJAA | 边界品位 | Boundary tenor | |
| PKJAB | 最低可采平均品位 | Admissible minimum of average grade | 工业品位 |
| PKJAC | 有害杂质平均允许含量 | Admissible average content of harmful impurity | |
| PKJAD | 夹石剔除厚度 | Admissible maximal thickness of interlayer | |
| PKJAE | 最低可采厚度 | Admissible minimum of minable thickness | |
| PKJAF | 最低可采宽度 | Admissible minimum of minable width | |
| PKJAG | 最大可采深度 | Admissible maximum of minable depth | |
| PKJAH | 最低米百分值 | Admissible minimum of average meterpercent | |
| PKJAI | 最高可采灰分 | Admissible maximum of ash content | |
| PKJAJ | 允许最低发热量 | Admissible minimum of caloricity | |
| PKJAK | 边界含矿率 | Cutoff ore ratio | |
| PKJAL | 工业含矿率 | Industrial ore ratio | |
| PKJAM | 线含矿率 | Linear ore ratio | |
| PKJAN | 含矿率 | Ore ratio | |
| PKJAO | 矿物含量 | Mineral content | |
| PKJAP | 滑石含量 | Talk content | |
| PKJAQ | 蒙脱石含量 | Montmorillonite content | |
| PKJAR | 沸石含量 | Zeolite content | |
| PKJAS | 硅灰石含量 | Wollastonite content | |
| PKJAT | 石墨含量 | Graphite content | |
| PKJAU | 石膏含量 | Gypsum content | |
| PKJAV | 金刚石含量 | Diamond content | |
| PKJAW | 萤石含量 | Fluorite content | |
| PKJBA | 磁铁矿含量 | Magnetite content | |
| PKJBB | 铌(钶)铁矿含量 | Ferro columbite content | |
| PKJBC | 褐钇铌(钶)矿含量 | Fergusonite content | |
| PKJBD | 高钛矿含量 | Titanium content | |

表 1（续）

| 代码 | 汉字名 | 英译名 | 说明 |
|---|---|---|---|
| PKJBE | 石榴石含量 | Garnet content | |
| PKJBF | 铪锆石含量 | Hf-Zircon content | |
| PKJBG | 钽烧绿石含量 | Microlite content | |
| PKJBH | 铌钽锰矿含量 | Nb-Ta-Mn ore content | |
| PKJBI | 钽钇矿含量 | Ta-Y ore content | |
| PKJBJ | 钛铌钽矿含量 | Ti-Nb-Ta ore content | |
| PKJBK | 铌钇矿含量 | Samarskite content | |
| PKJBL | 钽铌铁矿含量 | Ta-Nb-Fe ore content | |
| PKJBM | 金红石含量 | Rutile content | |
| PKJBN | 钛磁铁矿含量 | Titanomagnetite content | |
| PKJBO | 钛铁矿含量 | Ilmenite content | |
| PKJBP | 绿柱石含量 | Beryl content | |
| PKJBQ | 锂辉石含量 | Spodumene content | |
| PKJBR | 锆石含量 | Zircon content | 锆英石 |
| PKJBS | 烧绿石含量 | Pyrochlore content | |
| PKJBT | 天青石含量 | Celestine content | |
| PKJBU | 铌(钶)钽铁矿含量 | Columbite-tantalite content | |
| PKJBV | 磷钇矿含量 | Xenotime content | |
| PKJBW | 独居石含量 | Monazite content | |
| PKJCA | 锡石含量 | Cassiterite content | |
| PKJCB | 钍石含量 | Thorite content | |
| PKJCC | 钽铁矿含量 | Ferro tantalite content | |
| PKJCD | 雄黄含量 | Realgar content | |
| PKJCE | 雌黄含量 | Orpiment content | |
| PKJCF | 毒砂含量 | Arsenopyrite content | |
| PKJCI | 硫酸镁含量 | Magnesium sulfate content | |
| PKJCJ | 白钠镁钒含量 | Astrakhanite content | |
| PKJCK | 氧化镁含量 | Magnesium oxide content | |
| PKJCL | 纤维长度 | Fiber length | |
| PKJCM | 主纤维长度 | Length of dominent fibers | |
| PKJCN | 石棉纤维长度 | Length of asbestos fibers | |
| PKJCO | 云母片面积 | Area of mice sheet | |
| PKJCP | 云母片有效面积 | Effective area of mice sheet | |
| PKJCQ | 云母片轮廓面积 | Outline area of mice sheet | |
| PKJCR | 云母片品级面积 | Ranked area of mice sheet | |
| PKJCS | 云母片特殊面积 | Specific surface area of mice sheet | |
| PKJCT | 最大轮廓面积 | Admissible maximum of outline area | |
| PKJCU | 任一面之最大一块有效面积 | A maximum effective area of any surface | |
| PKJCV | 斑点有效面积 | Effective area of stain | |
| PKJCW | 薄片云母厚度 | Thickness of thin mica | |
| PKJCX | 含棉率 | Fiber content of asbestos ore | |
| PKJDA | 比表面积 | Specific surface | |
| PKJDB | 孔半径体积 | Volume of hole radius | |
| PKJDC | 块度 | Blockness | |
| PKJDD | 自然块度 | Native blockness | |
| PKJDE | 破碎块度 | Blocken blockness | |

表 1（续）

| 代码 | 汉字名 | 英译名 | 说明 |
| --- | --- | --- | --- |
| PKJDF | 矿堆块度 | Oredump blockness | |
| PKJDG | 平均块度 | Average blockness | |
| PKJDH | 粒度 | Granularity | |
| PKJDI | 细度 | Fineness | |
| PKJDJ | 颗粒度 | Granularity | |
| PKJDK | 筛分细度 | Screen fineness | |
| PKJDL | 光洁度 | Finishingness | |
| PKJDM | 颗粒直径 | Grain size | |
| PKJDN | 晶体立方体对径 | Maximum diagonal of crystal cube | |
| PKJDO | 可用部分最小尺寸 | Minimum size of usable portion | |
| PKJDP | 无缺陷部分最小尺寸 | Minimum size of indefect portion | |
| PKJDQ | 干亮度 | Dry brightness | |
| PKJDR | 白度 | Whiteness | 洁白度 |
| PKJDS | 纯度 | Purity | |
| PKJDT | 活性度 | Activity degree | |
| PKJDU | 酸性活度 | Acidic activity | |
| PKJDV | 耐碱度 | Alkali resistance | |
| PKJDW | 耐酸度 | Acid fastness | |
| PKJEA | 耐酸率 | Acid resistant rate | 酸蚀率 |
| PKJEB | 耐碱率 | Alkali resistant rate | 碱蚀率 |
| PKJEC | 孔隙率 | Porosity | |
| PKJED | 造浆率 | Mud fluid yield | |
| PKJEE | 吸水率 | Water absorption | 吸水量 |
| PKJEF | 铝氧率 | Alumina ratio | 铝氧系数 |
| PKJEG | 硅酸率 | Silica ratio | 硅酸系数 |
| PKJEH | 脱色力 | Decolor power | |
| PKJEI | 脱色率 | Decolorization index | |
| PKJEJ | 浸出率 | Leaching ratio | |
| PKJEK | 氧化率 | Oxidation index | |
| PKJEL | 出成率 | Yield | |
| PKJEM | 成材率 | Quarry-materal yield | |
| PKJEN | 荒料规格 | Size of non-ore | |
| PKJEO | 成荒率 | Quarry-stone yield | |
| PKJEP | 实际成荒率 | Practical quarry-stone yield | |
| PKJEQ | 理论成荒率 | Theoretical quarry-stone yield | |
| PKJER | 坑道进尺半毫米值 | Half millimeter value of driving gallery | |
| PKJES | 可用部分采取率 | Extraction ratio of usable portion | |
| PKJET | 折射率 | Refractive index | 折光率 |
| PKJEU | 磨削率 | Remove ratio | |
| PKJEV | 磁化率 | Magnetic susceptibility | |
| PKJEW | 气溶过滤效率 | Aerosol flitration efficiency | |
| PKJEX | 晶体大小 | Crystal size | |
| PKJEZ | 透光率 | Ratio of transmission | |
| PKJFA | 透过率 | Penetration | |
| PKJFB | 耐火度 | Refractoriness | |
| PKJFC | 耐热温度 | Refractory temperature | |

表 1（续）

| 代 码 | 汉 字 名 | 英 译 名 | 说 明 |
|---|---|---|---|
| PKJFD | 预热温度 | Preheat temperature | |
| PKJFE | 焙烧时间 | Sintering time | |
| PKJFF | 焙烧温度 | Sintering temperature | |
| PKJFG | 烧结温度范围 | Sintering temperature range | |
| PKJFH | 抗拉强度 | Tensile strength | |
| PKJFI | 抗压强度 | Compressive strength | |
| PKJFJ | 湿后抗拉强度 | Tensile strength after wetting | |
| PKJFK | 抗折强度 | Breaking strength | |
| PKJFL | 抗挠曲强度 | Flexural strength | |
| PKJFM | 溶水度 | Dissolubility for water | |
| PKJFN | 断裂伸长度 | Extensive length of fault | |
| PKJFO | 硬度 | Hardness | |
| PKJFP | 韧度 | Toughness | |
| PKJFQ | 透明度 | Transparency | |
| PKJFR | 平均电场击穿强度 | Puncture strength of even electric field | |
| PKJFS | 碱度 | Alkalinity | |
| PKJFT | 松散系数 | Loose coefficient | |
| PKJFU | 砾石系数 | Gravel coefficient | |
| PKJFV | 利用系数 | Available factor | |
| PKJFW | 敏感系数 | Sensitivity coefficient | |
| PKJFX | 抗蚀强度 | Strength of erosion | |
| PKJFY | 耐磨系数 | Coefficient of abrasion | |
| PKJFZ | 烧胀温度 | Burn expansion temperature | |
| PKJGA | 干燥敏感系数 | Dry sensitivity coefficient | |
| PKJGB | 收缩系数 | Constriction coefficient | |
| PKJGC | 干燥线收缩系数 | Dry constriction coefficient | |
| PKJGD | 烧成收缩系数 | Firing constriction coefficient | |
| PKJGE | 烧成线收缩系数 | Coefficient of firing linear shrinkage | |
| PKJGF | 膨胀倍数 | Expansion multiple | |
| PKJGG | 吸水膨胀倍数 | Expansion multiple after water absorption | |
| PKJGT | 介电系数 | Diecoefficient | |
| PKJGU | 吸附指数 | Adsorption index | |
| PKJGV | 起泡指数 | Forthability index | |
| PKJGW | 皂化值 | Saponification value | |
| PKJHA | 吸油量 | Oil absorption | |
| PKJHB | 吸蓝量 | Methylene blue absorption | |
| PKJHC | 水分 | Exaggeration | |
| PKJHD | 灰分 | Ash content | |
| PKJHE | 挥发分 | Volatilize content | |
| PKJHF | 固定碳含量 | Content of fixed carbon | |
| PKJHG | 磨耗量 | Wear and tear volume | |
| PKJHH | 烧失量 | Burnable quantity | |
| PKJHI | 可溶物含量 | Soluble matter content | |
| PKJHJ | 可溶盐含量 | Soluble salt content | |
| PKJHK | 酸不溶物含量 | Insoluble substance content | |
| PKJHL | 水不溶物含量 | Insoluble residue content | |

表 1（续）

| 代码 | 汉字名 | 英译名 | 说明 |
|---|---|---|---|
| PKJHM | 苯不溶物含量 | Content of benzole-insoluble substance | |
| PKJHN | 不溶残渣 | Insoluble residue | |
| PKJHO | 抗伸弹性模量 | Stressing modulus of elasticity | |
| PKJHP | 最低电压 | Minimum voltage | |
| PKJHQ | 平均电压 | Average voltage | |
| PKJHR | 击穿电压 | Breakdown voltage | |
| PKJHS | 耐火花电压 | Sparking voltage resistance | |
| PKJHT | 最低击穿电压 | Minimum breakdown voltage | |
| PKJHU | 最低耐火花电压 | Minimal sparking voltage resistance | |
| PKJHV | 阳离子交换容量 | Cation exchange capacity | |
| PKJHW | 钠离子交换容量 | Na-catio exchange capacity | |
| PKJHX | 面电阻系数 | Surface resistance coefficient | |
| PKJHY | 体电阻系数 | Volume resistance coefficient | |
| PKJHZ | 奥亚膨胀度 | Arnu-Audibert dilation | |
| PKJIA | 钾离子交换容量 | K-catio exchange capacity | |
| PKJIB | 镁离子交换容量 | Mg-catio exchange capacity | |
| PKJIC | 钙离子交换容量 | Ca-catio exchange capacity | |
| PKJID | 氢离子交换容量 | H-catio exchange capacity | |
| PKJIE | 铵离子交换容量 | $NH^4$-catio exchange capacity | |
| PKJIF | 吸钾量 | Volume of potassium absorption | |
| PKJIG | 酸减量 | Acid loss | |
| PKJIH | 碱减量 | Soda loss | |
| PKJII | 胶质价 | Colloid valency | |
| PKJIJ | 膨胀容 | Expanded volume | |
| PKJIK | 遮盖力 | Covering power | |
| DWHAAV | 比重 | Specific gravity | |
| PKJIM | 容重 | Unit weight | |
| PKJIN | 颜色 | Colour | |
| PKJIO | 烧后颜色 | Burnt colour | |
| PKJIP | 光泽 | Luster | |
| PKJIQ | 有机物容量 | Volume of organic matter | |
| PKJIR | 熔点 | Fusing point | |
| PKJIS | 透气性 | Air permeability | |
| PKJIT | 湿透气性 | Wet-air permeability | |
| PKJIU | 传导性 | Conductibility | |
| PKJIV | 铝铁比 | Al-Fe ratio | |
| PKJIW | 铝硅比 | Al-Si ratio | |
| PKJJA | 钙镁比 | Ca-Mg ratio | |
| PKJJB | 镁硅比 | Mg-Si ratio | |
| PKJJC | 镁铁比 | Mg-Fe ratio | |
| PKJJD | 磷锰比 | P-Mn ratio | |
| PKJJE | 钾钠比 | K-Na ratio | |
| PKJJF | 石灰饱和比 | Lime saturation ratio | |
| PKJJG | 铬铁比 | Gr-Fe ratio | |
| PKJJH | 硅酸比 | Silica ratio | 硅酸率硅率 |
| PKJJI | 钼铜比 | Mo-Cu ratio | |

表 1（续）

| 代码 | 汉字名 | 英译名 | 说明 |
|---|---|---|---|
| PKJJJ | 锰铁比 | Mn-Fe ratio | |
| PKJJK | 冻融循环次数 | Freezing-and-thawing count | |
| PKJJL | 落下次数 | Falling count | |
| PKJJN | 形态硫量 | Form sulphur content | 形态硫 |
| PKJJO | 氯化钠氯化钾总含量 | Sodium and potassium oxide content | |
| PKJJP | 氯化钙氯化镁总含量 | Calcium and magnesium oxide content | |
| PKJJQ | 硅氧铝氧总含量 | Silica and alumina content | |
| PKJJR | 氧化铁氧化铝总含量 | Ferric and aluminum oxide content | |
| PKJJS | 含砾量 | Gravel content | |
| PKJJT | 含砂量 | Stone content | |
| PKJJU | 筛余量 | Sieve-residue content | |
| PKJJV | 含泥量 | Mud content | |
| PKJKA | 吸水时间 | Absorbing time | |
| PKJKB | 放电时间 | Discharge time | |
| PKJKC | 有效氧量 | Effective oxygen content | |
| PKJKD | 湿压强度 | Wet-compressive strength | |
| PKJKE | 吸铵量 | Ammonium absorption | |
| PKJKF | 矿石产量 | Output of ore | |
| PKJKG | 悬浮度 | Degree of suspension | |
| PKJKH | 导热度 | Thermal conductivity | |
| PKJKI | 抗湿拉强度 | Strength of moisture and extension | |
| PKJKV | 密度 | Density | |
| PKJKW | 岩块出成率 | Block yield | |
| PKJLA | 电气石含量 | Tourmaline content | |
| PKJLB | 蓝晶石含量 | Kyanite content | |
| PKJLC | 矽线石含量 | Sillimanite content | |
| PKJLD | 红柱石含量 | Andalusite content | |
| PKJLE | 石英含量 | Quartz content | |
| PKJLF | 单-石英含量 | Simple quartz content | |
| PKJLG | 明矾石含量 | Alunite content | |
| PKJLH | 高岭石含量 | Kaolin content | |
| PKJLI | 海泡石含量 | Sepiolite content | |
| PKJLJ | 凹凸棒石含量 | Attapulgite content | |
| PKJLK | 方解石含量 | Calcite content | |
| PKJLL | 光学萤石含量 | Optical fluorite content | |
| PKJLM | 刚玉含量 | Corundum content | |
| PKJLN | 单晶含量 | Monocrystal content | |
| PKJLO | 水晶含量 | Rock crystal content | |
| PKJLP | 压电水晶含量 | Piezoelectric rock crystal content | |
| PKJLQ | 熔炼石英含量 | Fused quartz content | |
| PKJLR | 光学水晶含量 | Optical rock crystal content | |
| PKJLS | 钠硝石含量 | Nitratine content | |
| PKJLT | 石棉含量 | Asbestos content | |
| PKJLU | 蓝石棉含量 | Blue asbestos content | |
| PKJLV | 云母含量 | Mica content | |
| PKJLW | 长石含量 | Feldspar content | |

表 1（续）

| 代码 | 汉字名 | 英译名 | 说明 |
|---|---|---|---|
| PKJMA | 黄玉含量 | Topaz content | |
| PKJMB | 叶腊石含量 | Pyrophyllite content | |
| PKJMC | 透闪石含量 | Tremolite content | |
| PKJMD | 透辉石含量 | Diopside content | |
| PKJME | 蛭石含量 | Vermiculite content | |
| PKJMF | 芒硝含量 | Mirabilite content | |
| PKJMG | 重晶石含量 | Barite content | |
| PKJMH | 冰洲石含量 | Iceland spar content | |
| PKJMI | 光学冰洲石含量 | Optical Iceland spar content | |
| PKJMJ | 燧石含量 | Flint content | |
| PKJMK | 有机质含量 | Organic content | |
| PKJML | 含水率 | Specific moisture content | |
| PKJMM | 纤维含量 | Fiber content | |
| PKJMO | 吸收值 | Absorption value | |
| PKJMP | 干压强度 | Dry-compressive strength | |
| PKJMQ | 热湿拉强度 | Heat green and tensile strength | |
| PKJMR | 可塑性 | Plasticity | |
| PKJMS | 膨胀温度 | Expansion temperature | |
| PKJNC | 特粗砂 | Very coarse sand | |
| PKJND | 粗粒砂 | Coarse sand | |
| PKJNE | 中粒砂 | Medium sand | |
| PKJNF | 细粒砂 | Fine sand | |
| PKJNG | 特细砂 | Very fine sand | |
| PKJNH | 粉尘级 | Dust size grade | |
| PKJNI | 粘土级 | Clay size grade | |
| PKJNJ | 砂土级 | Sandy soil size grade | |
| PKJNK | 小鳞片(1.0 mm～2.0 mm) | Big scale | |
| PKJNL | 中鳞片(0.5 mm～1.0 mm) | Medium scale | |
| PKJNM | 大鳞片(<0.5 mm) | Small scale | |
| PKJOF | 可用晶体比 | Ratio of usable part of crystal | |
| PKJOH | 音频 | Voice frequence | |
| PKJOI | 脱水情况 | Dehydrate state | |
| PKJOR | 烧成膨胀倍数 | Multipe of firing expansion | |
| PKJOS | 导电系数 | Conductivity coefficient | |
| PKJOT | 饱和系数 | Saturation coefficient | |
| PKJOW | 干燥后体电阻系数 | Coefficient of volume resistance for drying | |
| PKJPA | 吸水后体电阻系数 | Coefficient of volume resistance for moisture absorption | |
| PKJPB | 质量比电阻 | Mass to resistance | |
| PKJPC | 稳定系数 | Stability coefficient | |
| PKJPD | 吸着系数 | Hygroscopic coefficient | |
| PKJPE | 碱性系数 | Alkali coefficient | |
| PKJPF | 导热系数 | Coefficient of thermal conductivity | |
| PKJPG | 平均颗粒密度 | Mean grain density | |
| PKJPH | 松散密度 | Loose density | |
| PKJPJ | 原矿平均密度 | Mean density of crude ore | |

表 1（续）

| 代　码 | 汉　字　名 | 英　译　名 | 说　明 |
|---|---|---|---|
| PKJPK | 焙烧后平均密度 | Mean density after firing | |
| PKJPL | 粘度 | Adhesive strength | |
| PKJPQ | 细度系数 | Fineness modulus | |
| PKJPR | 矿石生产指数 | Ore active index | |
| PKJPU | 堆密度 | Bulk density | |
| PKJPV | 沉降体积 | Subsidence volume | |
| PKJQB | D. P. G 吸着率 | Hydroscopicity of D. P. G | |
| PKJQC | 湿筛分析 | Wet screening analysis | |
| PKJQE | 结晶水含量 | Content of crystallization water | |
| PKJQF | 粉尘 | Dust | |
| PKJQG | 沉降速度 | Fall velocity | |
| PKJQH | 精矿淘洗率 | Ratio of ore concentrate elutriation | |
| PKJQK | 耐速冷性能 | Rapid colden property | |
| PKJQM | 常压导电系数 | Conductivity coefficient of normal pressure | |
| PKJQP | 机械轴最小尺寸 | Minimum size of mechanical axis | |
| PKJQQ | 电子轴最小尺寸 | Minimum size of electron axis | |
| PKJQR | 光轴最小尺寸 | Minimum size of optic axis | |
| PKJQS | 水萃取 pH 值 | pH value of water extraction | |
| PKJQT | 氧化钙吸收量 | Absorption of calcium oxide | |
| PKJQU | 光洁度 | Finishingness | |
| PKJQV | 烧成白度 | Firing whiteness | |
| PKJQW | 微米粒度组成百分比 | Percentage of micron for grain compose | |
| PKJRA | $\sum$Na/$\sum$EC | Total Na to total EC | |
| PKJRG | 干密度 | Dry density | |
| PKJRH | 胡敏素 | Humin | |
| PKJRL | 热膨胀率 | Ratio of thermal expansion | |
| PKJRS | 5%HCl 处理脱色力 | Decolorization of five percent hydrochloric acid processing | |
| PKJRT | 30 天石灰吸收量 | Lime absorption for thirty days | |
| PKJRV | 可用部分透明度 | Usable part transparence | |
| PKK | 矿区利用情况 | | |
| 1 | 开采 | Mining | |
| 2 | 基建 | Capital construction | |
| 3 | 计划利用 | Plan to use | |
| 4 | 停采 | Stop mining | |
| 5 | 停建 | Stop building | |
| 6 | 未利用 | Unusing | |

# 附 录 A
（规范性附录）
关于分类选词范围归属的说明

《地质矿产术语分类代码》各学科大类的选词范围基本参照地质出版社出版的《地质辞典》划分。具体内容如下。

**A.1** 宇宙地质学(YZ):包括天体地质学,陨石学,天文地质学。月球地质学较详细,包括月球结构、地貌、月球矿物等。陨石学的陨击坑、陨石、陨石矿物等。

**A.2** 地球物理学(DW):包括地球的各种物理性质、基本物理量及单位,古地磁级、磁场、仪器测量及数据处理等内容。

**A.3** 火山地质(HS):包括火山机制与构造,火山活动、喷发、喷出物、火山地貌、区域火山地质,近期火山活动。

**A.4** 地震地质(DZ):包括地震的分类、成因、前兆、灾害、预报及图件资料等。

**A.5** 外动力地质学(WZ):包括外营力,外力地质作用类型,外力地质作用方式,影响外力地质作用的因素等。

**A.6** 地貌学(DM):包括由地球内力及各种外力地质作用在地球表面形成的地貌分类、形态、年龄及各种地貌图件等。

**A.7** 大地构造学(DD):包括各大地构造学派对大地构造的分类、单元划分、构造演化、构造特征,我国及世界主要区域构造,研究和区分各种构造的地质特征、依据和研究方法,以及地壳运动和新构造等。

**A.8** 构造地质学(GZ):包括成层构造,褶皱、节理、断层、面理、线理、同沉积构造,岩浆岩原生构造,重力、底辟、撞击构造、显微构造、矿田构造、应变分析,构造应力场等。

**A.9** 矿物学及结晶学(KW):包括矿物的成因、形态、物理性质(侧重肉眼鉴定方面)、化学组成、矿物分类和名称及晶体发生学、几何结晶学和结构结晶学方面的内容。

**A.10** 岩石学(YS):包括三大类岩石的名称、结构、构造、成分,各种岩相,火成岩产状,岩浆作用,岩石组合,沉积模式,沉积环境,沉积相及变质作用的类型、方式,变质建造等。

**A.11** 地球化学(DH):包括元素地球化学的化学元素,地球化学参数,元素地球化学分类、分布、作用;放射性同位素地球化学中的同位素表,同位素的类型、分析测量方式、仪器,地质年龄的测量和计算;稳定同位素分析、地质及地球化学特点;实验地球化学中有关包裹体类型、成因、镜下特征和实验技术、设备、参数以及各类地球化学图件等。

**A.12** 岩矿鉴定(YK):包括各种鉴定方法、鉴定参数、仪器、岩矿物理性质(侧重仪器鉴定方面)。

**A.13** 化学分析(HX):包括分析类型,分析方法、分析项目、分析误差、样品分解、化学反应,分析结果、分析浓度、测试条件、化学常数及分析仪器、试剂种类等。

**A.14** 地史学及地层学(DS):包括年代地层学的基本概念以及全国范围内各时代各大区组以上的地层单位名称。

**A.15** 古地理学(GD):包括古地理事件,古地理单元,古地理特征及古地理图件等。

**A.16** 矿床学(KC):包括矿产、矿床成因、矿床类型、矿田构造、矿体形状、成矿作用、围岩蚀变、矿石结构、构造、成矿带等。

**A.17** 煤地质学(MD):包括煤层、聚煤作用、煤变质作用,聚煤盆地分析;煤炭资源勘探有关内容;煤化、煤质、工业分析,煤的气化和液化;煤岩成分分类,煤的物理性质以及煤的各种分类等。

**A.18** 石油及天然气地质学(SY):包括油气显示和固体沥青,石油分类,石油的物理性质、组成、馏分及简易分析,石油烃类化合物,石油非烃类化合物、天然气、油气田水、储集层、圈闭、油气成因、运移、聚集、油气盆地,石油地球化学分析及同位素地球化学(有机部分),烃原岩及其评价、油气勘探、储量和资源量计算、油气田开发等内容。

**A.19** 海洋地质学(HY):包括海洋构成,海洋及河口水文要素、海洋地貌、海洋沉积、海洋底构造、海底矿产资源、古海洋及古气候和海洋地质调查等内容。

**A.20** 水文地质学(SW):包括水文地质学基础内容、各种水文地质调查、水文地质钻探、野外水文地质试验、地下水动态与均衡、水文地球化学、地下水动力学、岩溶水文地质、水资源、矿床水文地质、土壤改良、各项水文调查成果等。

**A.21** 工程地质学(GC):包括岩土成分与结构、岩土工程性质、岩土工程地质分类、岩土工程改良以及土体工程、岩体工程、区域工程等各种工程地质条件、问题、作用、研究方法和工程地质勘察等内容。

**A.22** 地热地质学(DR):包括地温调查、热流、地热显示、地球化学调查、地热勘探、地热介质、地热区、地热储、地热田、地热系统、地热开发、地热经济及地热图件等。

**A.23** 环境地质学(HJ):包括环境地球化学、环境水文地质学、城市地质、医学地质以及环境污染、环境质量和环境保护等内容。

**A.24** 地质经济(JJ):包括矿产资源形势分析、矿产资源的储备、供需、经济决策各项指标,矿产、矿业和矿产品各项经济指标、矿床经济评价指标、地质工作经济效果及地质工作管理等内容。

**A.25** 遥感地质(YG):包括遥感技术方法在地质领域的应用、遥感台仪器设备、遥感图像及解释、成果资料等。

**A.26** 数学地质(SD):包括地质数据统计分析、矿产资源预测及评价、地质过程模拟、用于地质工作中的各种数学方法以及这些方法涉及到的各种参数、变量和计算机处理等方面的内容。

**A.27** 区域地质调查(QD):包括工作区概况、工作步骤、各种调查方法、野外数据采集及调查成果资料等。

**A.28** 地球物理勘探(WT):包括重、磁、电、地震、测井各种物探方法用于陆地、空中、海上各方面所涉及的数据采集、各种物性参数、方法手段、仪器设备、资料数据解释及成果图件等内容。

**A.29** 勘查地球化学(HT):包括勘查地球化学所依据的地球化学背景、异常、分散、元素存在形式等基本原理涉及的各项内容,各种化探方法,野外样品采集、各种参数、数据处理及成果解释等内容。

**A.30** 矿山地质与采矿(KS):包括矿山设计、基础地质工作、生产勘探、生产指导及矿山储量、矿石贫化、矿石损失方面的内容和有关采矿、通风、排水等内容。

**A.31** 选矿与冶金(XY):包括选矿产品、选矿技术经济指标、矿石可选性和冶金流程、冶金方法、矿石性质、熔剂、冶金炉、冶金产品及冶金工业指标等内容。

**A.32** 固体矿产普查与勘探(PK):包括矿产资源分类、地质工作阶段划分、固体矿产普查勘探方法、勘探类型、取样种类和方法、储量计算、矿石类型、地质编录、矿产工业要求等。

**A.33** 探矿工程(TK):包括陆地钻探、坑探及石油钻井、海上钻探等各种探矿工程的技术方法、工艺要求、工作程序、施工记录、各项技术参数及仪器设备、成果图件等。

**A.34** 古生物学(GS):包括总论,古无脊椎动物、古脊椎动物、古植物、孢粉及遗迹化石和几丁虫等标准化石。

**A.35** 测绘学(CH):包括控制测量、摄影测量、普通测量及地质勘探工程测量所涉及到的各有关定量和定性数据、成果资料、各种导航系统等各种空间定位数据、测绘方法、精度、仪器等。

以上是各学科包括的主要内容,详见各学科术语分类代码表。

ICS 67.040
C 53

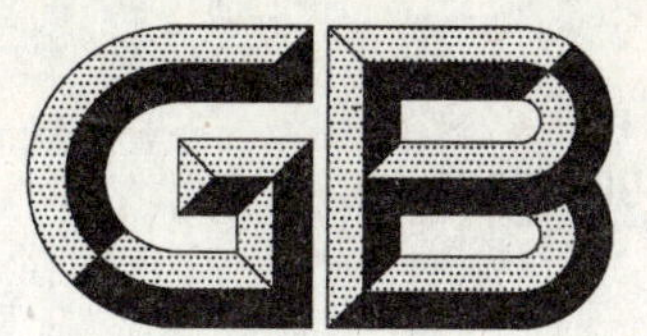

# 中华人民共和国国家标准

GB 9690—2009
代替 GB 9690—1988

## 食品容器、包装材料用三聚氰胺-甲醛成型品卫生标准

Hygienic standard for melamine-formaldehyde products used as food containers and packaging materials

2009-02-24 发布　　2009-09-01 实施

中华人民共和国卫生部
中国国家标准化管理委员会　发布

# 前言

**本标准的全部技术内容为强制性。**

根据《中华人民共和国食品卫生法》制定本标准。

本标准代替 GB 9690—1988《食品包装用三聚氰胺成型品卫生标准》。

本标准与 GB 9690—1988 相比主要修改如下：

——将标准名称修改为《食品容器、包装材料用三聚氰胺-甲醛成型品卫生标准》；

——增加了范围、规范性引用文件、原料要求、检验方法、标识、包装、运输和贮存；

——将甲醛单体的迁移限量由 30 mg/L 修改为 2.5 $mg/dm^2$；

——将理化指标中蒸发残渣、高锰酸钾消耗量、重金属的限量单位由 mg/L 修订为 $mg/dm^2$；

——增加了三聚氰胺单体迁移量指标。

本标准由中华人民共和国卫生部提出并归口。

本标准由中华人民共和国卫生部负责解释。

本标准主要起草单位：上海市食品药品监督所。

本标准参加起草单位：浙江省台州市黄岩区卫生局卫生监督所。

本标准主要起草人：彭少杰、顾振华、胡晓丽、赵宇翔、陈蓉芳。

本标准所代替标准的历次版本发布情况为：

——GBn 87—1980、GB 9690—1988。

# 食品容器、包装材料用<br>三聚氰胺-甲醛成型品卫生标准

## 1 范围

本标准规定了三聚氰胺-甲醛成型品的原料要求、卫生要求、检验方法、标识、包装、运输和贮存。

本标准适用于以三聚氰胺-甲醛树脂为原料，经加工制成的食品容器、包装材料及食品工业用设备、器具等三聚氰胺-甲醛成型品。

## 2 规范性引用文件

下列文件中的条款通过本标准引用而成为本标准的条款。凡是注日期的引用文件，其随后所有的修改单(不包括勘误的内容)或修订版均不适用于本标准。然而，鼓励根据本标准达成协议的各方研究是否可使用这些文件的最新版本。凡是不注明日期的引用文件，其最新版本适用于本标准。

GB/T 5009.61 食品包装用三聚氰胺成型品卫生标准的分析方法

GB/T 5009.156 食品用包装材料及其制品的浸泡试验方法通则

GB 9685 食品容器、包装材料用添加剂使用卫生标准

GB/T 16288 塑料制品的标志(GB/T 16288—2008,ISO 11469:2000,MOD)

## 3 原料要求

### 3.1 三聚氰胺-甲醛树脂

所选材料在推荐使用条件下，不应释放对健康有害的物质。

### 3.2 添加剂

应符合 GB 9685 的要求。

## 4 卫生要求

### 4.1 感官指标

成型品应色泽正常、光滑，无异嗅，无异物。

### 4.2 理化指标

理化指标要求应符合表 1 的要求。

表 1 理化指标

| 项目 | 指标 |
|---|---|
| 蒸发残渣/($mg/dm^2$)<br>水,60 ℃,2 h ≤ | 2 |
| 高锰酸钾消耗量/($mg/dm^2$)<br>水,60 ℃,2 h ≤ | 2 |
| 甲醛单体迁移量/($mg/dm^2$)<br>4%乙酸(体积分数),60 ℃,2 h ≤ | 2.5 |
| 三聚氰胺单体迁移量/($mg/ dm^2$)<br>4%乙酸(体积分数),60 ℃,2 h ≤ | 0.2 |

表 1（续）

<table>
<tr><th colspan="2">项　　目</th><th>指　　标</th></tr>
<tr><td colspan="2">重金属(以铅计)/(mg/dm²)<br>4%乙酸(体积分数),60 ℃,2 h　　　≤</td><td>0.2</td></tr>
<tr><td rowspan="3">脱色试验</td><td>65%乙醇</td><td>阴性</td></tr>
<tr><td>冷餐油或无色油脂</td><td>阴性</td></tr>
<tr><td>浸泡液</td><td>阴性</td></tr>
</table>

## 5 检验方法

### 5.1 感官指标

采用感官检查的方法进行检验。

### 5.2 理化指标

按 GB/T 5009.156 方法进行预处理和制备试样，然后按 GB/T 5009.61 规定的方法进行测定。

## 6 标识

6.1 应按 GB/T 16288 的相关规定标注产品材料，并告知“食品用”和“严禁在微波炉内加热使用”。

6.2 外包装上应标注“食品用”并注明制造厂商、产品名称、使用条件、材料种类等。

## 7 包装、运输和贮存

产品内包装应采用符合食品卫生标准和卫生要求的材料，并保证产品在运输、装卸、贮存时不被污染，并能防潮、防尘，产品的内外包装应干燥、完整、清洁。

ICS 67.040
X 04

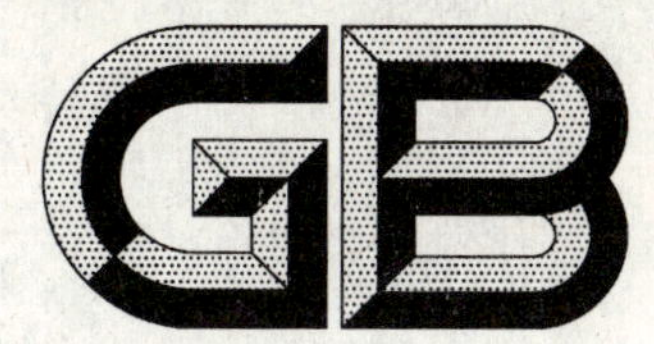

# 中华人民共和国国家标准

GB/T 9695.3—2009
代替 GB/T 9695.3—1988

# 肉与肉制品　铁含量测定

**Meat and meat products—Determination of iron content**

2009-04-08 发布　　　　2009-05-01 实施

中华人民共和国国家质量监督检验检疫总局
中国国家标准化管理委员会　发布

# 前　言

GB/T 9695《肉与肉制品》由下列部分组成：

——第1部分：肉与肉制品　游离脂肪含量测定；

——第2部分：肉与肉制品　脂肪酸测定；

——第3部分：肉与肉制品　铁含量测定；

——第4部分：肉与肉制品　总磷含量测定；

——第5部分：肉与肉制品　pH测定；

——第6部分：肉制品　胭脂红着色剂测定；

——第7部分：肉与肉制品　总脂肪含量测定；

——第8部分：肉与肉制品　氯化物含量测定；

——第9部分：肉与肉制品　聚磷酸盐测定；

——第10部分：肉与肉制品　六六六、滴滴涕残留量测定；

——第11部分：肉与肉制品　氮含量测定；

——第13部分：肉与肉制品　钙含量测定；

——第14部分：肉制品　淀粉含量测定；

——第15部分：肉与肉制品　水分含量测定；

——第17部分：肉与肉制品　葡萄糖酸-δ-内酯含量的测定；

——第18部分：肉与肉制品　总灰分测定；

——第19部分：肉与肉制品　取样方法；

——第20部分：肉与肉制品　锌含量测定；

——第21部分：肉与肉制品　镁含量测定；

——第22部分：肉与肉制品　铜含量测定；

——第23部分：肉与肉制品　羟脯氨酸含量测定；

——第24部分：肉与肉制品　胆固醇含量测定；

——第25部分：肉与肉制品　维生素PP含量测定；

——第26部分：肉与肉制品　维生素A含量测定；

——第27部分：肉与肉制品　维生素$B_1$含量测定；

——第28部分：肉与肉制品　维生素$B_2$含量测定；

——第29部分：肉制品　维生素C含量测定；

——第30部分：肉与肉制品　维生素E含量测定；

——第31部分：肉制品　总糖含量测定。

本部分为GB/T 9695的第3部分。

本部分的内容参考了ISO 5517:1978《水果、蔬菜及其制品　铁含量测定　1,10-菲啰啉光度法》和ISO 9526:1990《水果、蔬菜及其制品　铁含量测定　火焰原子吸收光谱法》。

本部分代替GB/T 9695.3—1988《肉与肉制品　铁含量测定》。

本部分与GB/T 9695.3—1988相比主要修改如下：

——样品前处理步骤增加了湿法消化；

——按照GB/T 1.1—2000《标准化工作导则　第1部分：标准的结构和编写规则》和GB/T 20001.4—2001《标准编写规则　第4部分：化学分析方法》对原标准进行了结构调整和

文字修改。

本部分由全国肉禽蛋制品标准化技术委员会提出并归口。

本部分起草单位：中国肉类食品综合研究中心、中国商业联合会商业标准中心、武汉市疾病预防控制中心、江阴市产品质量监督所。

本部分主要起草人：赵榕、刘如岩、吴东雷、郭文萍、王洋、靳晓蕾、刘振宇。

本部分所代替标准的历次版本发布情况为：

——GB/T 9695.3—1988。

# 肉与肉制品　铁含量测定

## 1　范围

GB/T 9695 的本部分规定了肉与肉制品中铁含量的测定方法。

本部分适用于肉与肉制品中铁含量的测定。

原子吸收法的检出限:0.2 mg/kg;分光光度法的检出限:1.0 mg/kg。

## 2　规范性引用文件

下列文件中的条款通过 GB/T 9695 本部分的引用而成为本部分的条款。凡是注日期的引用文件,其随后所有的修改单(不包括勘误的内容)或修订版均不适用于本部分,然而,鼓励根据本部分达成协议的各方研究是否可使用引用文件的最新版本。凡是不注日期的引用文件,其最新版本适用于本部分。

GB/T 6682　分析实验室用水规格和试验方法(GB/T 6682—2008,ISO 3696:1987,MOD)

GB/T 9695.19　肉与肉制品　取样方法

## 3　原子吸收法

### 3.1　原理

试样经干法灰化或湿法消化后制成稀酸溶液,直接导入原子吸收分光光度计中用空气-乙炔火焰进行原子化,在 248.3 nm 处测定,其吸光度与铁离子浓度成正比,与标准系列比较测定铁含量。

### 3.2　试剂

所用试剂均为优级纯,实验用水应符合 GB/T 6682 的要求。

3.2.1　盐酸。

3.2.2　硝酸。

3.2.3　高氯酸。

3.2.4　混酸消化液:硝酸+高氯酸=7+1。

3.2.5　硝酸溶液:硝酸+水=1+1。

3.2.6　盐酸溶液:盐酸+水=1+1。

3.2.7　铁标准溶液($c$=1 000 μg/mL):国家有证标准物质,或按下述方法配制:准确称取 1.000 g 金属铁于烧杯中,加入 50 mL 盐酸溶液(3.2.6)使之溶解,转移至 1 000 mL 容量瓶中,用水稀释至刻度,混匀。

3.2.8　铁标准中间液($c$=100 μg/mL):国家有证标准物质,或按下述方法配制:吸取铁标准溶液(3.2.7)5.00 mL,用水定容至 50 mL。

3.2.9　铁标准使用液($c$=10 μg/mL):吸取铁标准中间液(3.2.8)5.00 mL,用水定容至 50 mL。

3.2.10　硝酸溶液:硝酸+水=1+9。

### 3.3　仪器和设备

所有玻璃仪器均以硝酸溶液(3.2.10)浸泡 2 h 以上,用去离子水冲洗后晾干或烘干,方可使用。

实验室常规设备及下列仪器。

3.3.1　分析天平:可准确称重至 0.001 g。

3.3.2　马弗炉:可控温 550 ℃±20 ℃。

3.3.3　石英坩埚。

3.3.4　机械设备:用于试样的均质。包括:绞肉机、斩拌机等肉类组织粉碎机。

3.3.5 干燥箱。

3.3.6 电热板。

3.3.7 原子吸收分光光度计。

### 3.4 分析步骤

#### 3.4.1 试样液制备

##### 3.4.1.1 试样准备

按 GB/T 9695.19 规定的方法取样。至少取有代表性的试样 200 g,使用适当的机械设备(3.3.5)将试样均质。均质后的试样尽快分析,否则,应密封低温贮存,防止试样变质或成分发生变化。贮存的试样在启用时,应重新混匀。

##### 3.4.1.2 试样消化

###### 3.4.1.2.1 干灰化法

称取 1 g～2 g 试样(精确至 0.001 g)放入石英坩埚中,置于 130 ℃±10 ℃的干燥箱中烘 1 h,使试样脱水。将坩埚在可调电炉上缓慢加热,使试样炭化,开始时用小火加热,以防止试样溅出,待大烟冒过后提高温度,使试样完全炭化,直至不冒烟为止。炭化好的试样放入马弗炉中,于 550 ℃±20 ℃下灰化 2 h。灰化好的试样应是灰白色,若灰分中有黑色碳粒,应取出坩埚,冷却至室温后,加硝酸溶液(3.2.5)湿润,然后在电热板上烘干后,再置于 550 ℃±20 ℃马弗炉中灰化,直至灰分成灰白色。

灰化好的试样用 1.25 mL 硝酸溶液(3.2.5)溶解,转移到 25 mL 容量瓶中,用少量水冲洗石英坩埚多次,合并洗液,用水稀释至刻度,摇匀。此溶液为试样液,备用。

###### 3.4.1.2.2 湿消化法

称取 1 g～2 g 试样(精确至 0.001 g),放入 100 mL 锥形瓶中,加入混酸消化液(3.2.4)20 mL,放入 2 粒玻璃珠,盖上小漏斗,静置过夜。样品在可调电炉上低温缓慢加热,以防产生大量泡沫和喷溅,消化至溶液颜色变浅,并有大量白烟时,将电炉关闭,用余温继续加热。当溶液出现淡黄、微绿接近无色时,从电炉上取下。若消化过程中溶液颜色变黑,应立即停止加热,冷却后补加适量混酸消化液,按原步骤操作直至消化完全。用 10 mL 蒸馏水冲洗小漏斗及锥形瓶内壁,将锥形瓶置于 150 ℃电热板上蒸发至锥形瓶中液体接近 2 mL～3 mL,取下冷却至室温。将样品转移至 25 mL 容量瓶中,用少量水多次洗涤锥形瓶,洗液合并倒入容量瓶中,用水稀释至刻度,摇匀。此溶液为试样液,备用。

#### 3.4.2 标准工作液制备

精密吸取铁标准使用液(3.2.9)0.00 mL,1.00 mL,2.00 mL,3.00 mL,4.00 mL,5.00 mL,分别置于 25 mL 容量瓶中,加 1.25 mL 硝酸溶液(3.2.5),用水稀释至刻度,混匀,此时容量瓶中溶液的铁浓度分别为 0.00 μg/mL,0.40 μg/mL,0.80 μg/mL,1.20 μg/mL,1.60 μg/mL,2.00 μg/mL。

#### 3.4.3 空白液制备

除不称取试样外,均按 3.4.1.2 步骤进行操作。

#### 3.4.4 测定

根据仪器型号,将仪器调至最佳条件,将标准工作液、试样液和空白溶液分别导入空气-乙炔火焰原子吸收分光光度计中,测其吸光度。测定参考条件:灯电流 15.0 mA,波长 248.3 nm,狭缝 0.2 nm,空气流量 9.5 L/min,乙炔流量 3 L/min,燃烧器高度 7.5 mm。

以标准工作液中铁的浓度为横坐标,吸光度为纵坐标,绘制标准曲线。根据试样液的吸光度,从标准曲线上查出溶液中对应的铁浓度值。

#### 3.4.5 平行试验

按以上步骤,对同一试样进行平行试验测定。

### 3.5 结果计算

按式(1)计算样品中铁的含量:

$$X=\frac{(c-c_0)\times V\times 10^{-3}}{m\times 10^{-3}} \quad \cdots\cdots(1)$$

式中：

X——试样中铁的含量，单位为毫克每千克(mg/kg)；

c——从标准曲线上查得试样液中铁的浓度，单位为微克每毫升(μg/mL)；

$c_0$——从标准曲线上查得空白液中铁的浓度，单位为微克每毫升(μg/mL)；

V——试样定容体积，单位为毫升(mL)；

m——称取试样的质量，单位为克(g)。

结果取算术平均值，保留三位有效数字。

### 3.6 精密度

在重复性条件下获得的两次独立测定结果的绝对差值不得超过算术平均值的10%。

## 4 分光光度法

### 4.1 原理

试样经干法灰化或湿法消化后制成稀酸溶液，用盐酸羟胺将铁(Ⅲ)还原为铁(Ⅱ)，铁(Ⅱ)与1,10-菲啰啉在pH3～pH9范围内形成稳定的红色络合物。在510 nm处测量吸光度，以标准曲线法计算铁含量。

### 4.2 试剂

若无特别说明，所用试剂均为分析纯，所用水应符合GB/T 6682的要求。

4.2.1 乙醇。

4.2.2 乙醇溶液(20%)：量取20 mL乙醇(4.2.1)、80 mL水，混匀。

4.2.3 1,10-菲啰啉(2.5 g/L)：称取0.25 g 1,10-菲啰啉，用乙醇溶液(4.2.2)溶解并稀释至100 mL。

4.2.4 盐酸羟胺(50 g/L)：称取5.0 g盐酸羟胺，用水溶解并稀释至100 mL，临用现配。

4.2.5 酒石酸(100 g/L)：称取10 g酒石酸，用水溶解并稀释至100 mL。

4.2.6 乙酸钠(500 g/L)：称取50 g三水合乙酸钠，用水溶解并稀释至100 mL。

### 4.3 仪器和设备

所有玻璃仪器均以硝酸溶液(3.2.10)浸泡2 h以上，用去离子水冲洗后晾干或烘干，方可使用。

实验室常规设备及下列仪器：

分光光度计。

### 4.4 分析步骤

#### 4.4.1 试样液制备

##### 4.4.1.1 试样准备

同3.4.1.1。

##### 4.4.1.2 试样灰化

同3.4.1.2.1。

#### 4.4.2 空白液制备

除不称取试样外，均按3.4.1.2.1步骤进行操作。

#### 4.4.3 标准工作曲线的绘制

精确吸取铁标准使用液(3.2.9)0.00 mL，1.00 mL，2.00 mL，3.00 mL，4.00 mL，5.00 mL，分别置于25 mL容量瓶中，加2.5 mL盐酸羟胺溶液，摇匀。放置10 min后，加1 mL酒石酸溶液、2.5 mL乙酸钠、5 mL 1,10-菲啰啉，用水稀释至刻度，摇匀。此时容量瓶中溶液铁的浓度分别为：0.00 μg/mL，0.40 μg/mL，0.80 μg/mL，1.20 μg/mL，1.60 μg/mL，2.00 μg/mL。在510 nm处测定其吸光度，以标准工作液中铁的质量为横坐标，吸光度为纵坐标，绘制标准曲线。

4.4.4 测定

精确吸取 10 mL 试样液、空白液分别置于 25 mL 容量瓶中，以下按照(4.4.3)步骤与标准工作液同时进行。根据试样液的吸光度，从标准曲线上查出溶液中对应铁的质量。

4.4.5 平行试验

按以上步骤，对同一试样进行平行试验测定。

4.5 结果计算

按式(2)计算样品中铁的含量：

$$X=\frac{(A-A_0)\times10^{-3}}{m\times(V_1/V_2)\times10^{-3}} \qquad \cdots\cdots(2)$$

式中：

$X$——试样中铁的含量，单位为毫克每千克(mg/kg)；

$A$——从标准曲线上查得试样液中铁的质量，单位为微克(μg)；

$A_0$——从标准曲线上查得空白液中铁的质量，单位为微克(μg)；

$V_1$——测定用消化液的体积，单位为毫升(mL)；

$V_2$——样品消化液的总体积，单位为毫升(mL)；

$m$——称取试样的质量，单位为克(g)。

结果取算术平均值，保留三位有效数字。

4.5.1 精密度

在重复性条件下获得的两次独立测定结果的绝对差值不得超过算术平均值的 10%。

---

ICS 67.040
X 04

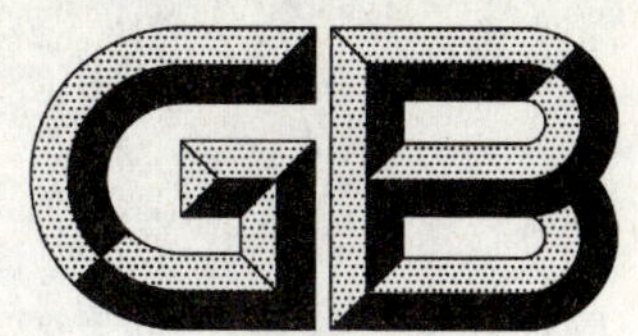

# 中华人民共和国国家标准

GB/T 9695.4—2009
代替 GB/T 9695.4—1988



# 肉与肉制品　总磷含量测定

**Meat and meat products—Determination of total phosphorus**

(ISO 2294:1974, Meat and Meat Products—Determination of Total Phosphorus Content (Reference Method)—First Edition, ISO 13730:1996, Meat and Meat Products—Determination of Total Phosphorus Content—Spectrometric Method—First Edition, MOD)

2009-04-08 发布　　2009-05-01 实施

中华人民共和国国家质量监督检验检疫总局
中国国家标准化管理委员会　发布

# 前　言

GB/T 9695《肉与肉制品》由下列部分组成：

——第1部分：肉与肉制品　游离脂肪含量测定；

——第2部分：肉与肉制品　脂肪酸测定；

——第3部分：肉与肉制品　铁含量测定；

——第4部分：肉与肉制品　总磷含量测定；

——第5部分：肉与肉制品　pH测定；

——第6部分：肉制品　胭脂红着色剂测定；

——第7部分：肉与肉制品　总脂肪含量测定；

——第8部分：肉与肉制品　氯化物含量测定；

——第9部分：肉与肉制品　聚磷酸盐测定；

——第10部分：肉与肉制品　六六六、滴滴涕残留量测定；

——第11部分：肉与肉制品　氮含量测定；

——第13部分：肉与肉制品　钙含量测定；

——第14部分：肉制品　淀粉含量测定；

——第15部分：肉与肉制品　水分含量测定；

——第17部分：肉与肉制品　葡萄糖酸-δ-内酯含量的测定；

——第18部分：肉与肉制品　总灰分测定；

——第19部分：肉与肉制品　取样方法；

——第20部分：肉与肉制品　锌含量测定；

——第21部分：肉与肉制品　镁含量测定；

——第22部分：肉与肉制品　铜含量测定；

——第23部分：肉与肉制品　羟脯氨酸含量测定；

——第24部分：肉与肉制品　胆固醇含量测定；

——第25部分：肉与肉制品　维生素PP含量测定；

——第26部分：肉与肉制品　维生素A含量测定；

——第27部分：肉与肉制品　维生素$B_1$含量测定；

——第28部分：肉与肉制品　维生素$B_2$含量测定；

——第29部分：肉制品　维生素C含量测定；

——第30部分：肉与肉制品　维生素E含量测定；

——第31部分：肉制品　总糖含量测定。

本部分为GB/T 9695的第4部分。

本部分的“3　沉淀称量法”修改采用ISO 2294:1974《肉与肉制品　总磷含量测定(参考法)》。

本部分与ISO 2294:1974相比主要修改如下：

——湿法消化将硝酸-硫酸消化液改为硝酸-高氯酸消化液；

——干法灰化将浓硝酸改为盐酸(1+1)；

——磷钼酸喹啉沉淀的温度由260 ℃±20 ℃改为180 ℃±20 ℃；

——结果表示由以$P_2O_5$计改为以P计；

——对标准的结构和文字进行了修改；

——将引用的 ISO 3100 改为 GB/T 9695.19,因为 ISO 3100 的取样方法不适用于肉与肉制品。

本部分的“4 分光光度法”修改采用 ISO 13730:1996《肉与肉制品 总磷含量的测定 分光光度法》。

本部分与 ISO 13730:1996 相比主要修改如下:

——增加了湿消化法;

——干法灰化将浓硝酸改为盐酸(1+1);

——结果表示由以 $P_2O_5$ 计改为以 P 计;

——计算公式将体积变化以符号来表示,代替了原公式中的以具体数字来表示;

——对标准的结构和文字进行了修改。

本部分代替 GB/T 9695.4—1988《肉与肉制品 总磷含量测定》。

本部分与 GB/T 9695.4—1988 相比主要修改如下:

——将附录 A 磷钼酸喹啉容量法删除;

——增加了分光光度法;

——将重量法中磷钼酸喹啉沉淀的干燥温度改为 180 ℃;

——按照 GB/T 1.1—2000《标准化工作导则 第 1 部分:标准的结构和编写规则》和 GB/T 20001.4—2001《标准编写规则 第 4 部分:化学分析方法》对原标准进行了结构调整和文字修改。

本部分由全国肉禽蛋制品标准化技术委员会提出并归口。

本部分起草单位:中国肉类食品综合研究中心、中国商业联合会商业标准中心、厦门市疾病预防控制中心、江阴市产品质量监督所。

本部分主要起草人:郭文萍、赵榕、骆和东、时红霞、吴东雷、靳晓蕾、刘振宇。

本部分所代替标准的历次版本发布情况为:

——GB/T 9695.4—1988。

# 肉与肉制品　总磷含量测定

## 1　范围

GB/T 9695 的本部分规定了肉与肉制品中总磷含量的测定方法。

本部分光度法的检出限：0.1 mg/kg。

## 2　规范性引用文件

下列文件中的条款通过 GB/T 9596 的本部分的引用而成为本部分的条款。凡是注日期的引用文件，其随后所有的修改单(不包括勘误的内容)或修订版均不适用于本部分，然而，鼓励根据本部分达成协议的各方研究是否可使用引用文件的最新版本。凡是不注日期的引用文件，其最新版本适用于本部分。

GB/T 6682　分析实验室用水规格和试验方法(GB/T 6682—2008，ISO 3696：1987，MOD)

GB/T 9695.19　肉与肉制品　取样方法

## 3　沉淀称量法

### 3.1　原理

试样经干法灰化或湿法消化，制成稀酸溶液，在 5%～10% 的硝酸酸度下，磷酸根与钼酸钠和喹啉反应生成磷钼酸喹啉沉淀。经过洗涤后，在 180 ℃±20 ℃下烘干称量，求出磷的含量。

反应式为：

$$H_3PO_4+12Na_2MoO_4+24HNO_3+3C_9H_7N$$
$$=(C_9H_7N)_3H_3PO_4\cdot 12MoO_3\cdot H_2O\downarrow+24NaNO_3+11H_2O$$

### 3.2　试剂

若无特别说明，所用试剂均为分析纯，所用水应符合 GB/T 6682 的要求。

3.2.1　盐酸。

3.2.2　硝酸。

3.2.3　高氯酸。

3.2.4　盐酸溶液：盐酸＋水＝1＋1。

3.2.5　硝酸溶液：硝酸＋水＝1＋1。

3.2.6　丙酮。

3.2.7　钼酸钠。

3.2.8　柠檬酸。

3.2.9　喹啉。

3.2.10　喹钼柠酮沉淀剂：

3.2.10.1　将钼酸钠 70 g 溶解于 150 mL 水中；

3.2.10.2　将柠檬酸 60 g 溶解在 150 mL 水中，再加硝酸(3.2.2)85 mL；

3.2.10.3　在不断地搅拌下，将 3.2.10.1 溶液慢慢加到 3.2.10.2 溶液中；

3.2.10.4　在 100 mL 水中慢慢加入硝酸(3.2.2)35 mL 和喹啉 5 mL；

3.2.10.5　在不断地搅拌下，将 3.2.10.4 溶液慢慢地加到 3.2.10.3 溶液里，混匀后在室温下放置 24 h，过滤后加丙酮 280 mL，用水稀释至 1 000 mL，混匀。

3.2.11　混酸消化液：硝酸＋高氯酸＝7＋1。

### 3.3 仪器和设备

实验室常规设备及下列仪器。

3.3.1 分析天平:可准确称重至 0.001 g。

3.3.2 坩埚:瓷坩埚或石英坩埚。

3.3.3 机械设备:用于试样的均质。包括:绞肉机、斩拌机等肉类组织粉碎机。

3.3.4 马弗炉:可控温 550 ℃ ± 20 ℃。

3.3.5 干燥箱:可控温 180 ℃±20 ℃。

3.3.6 电热板。

3.3.7 G4 坩埚。

### 3.4 分析步骤

#### 3.4.1 试样液制备

##### 3.4.1.1 试样准备

按 GB/T 9695.19 规定的方法取样。至少取有代表性的试样 200 g,使用适当的机械设备(3.3.3)将试样均质。均质后的试样尽快分析,否则,应密封低温贮存,防止试样变质或成分发生变化。贮存的试样在启用时,应重新混匀。

##### 3.4.1.2 试样消化

##### 3.4.1.2.1 干灰化法

称取 1 g~2 g 试样(精确至 0.001 g)放入坩埚中,置于 130 ℃±10 ℃的干燥箱中烘 1 h,使试样脱水。将坩埚在可调电炉上缓慢加热,使试样炭化,开始时用小火加热,以防止试样溅出,待大烟冒过后提高温度,使试样完全炭化,直至不冒烟为止。炭化好的试样放入马弗炉中,于 550 ℃±20 ℃下灰化 2 h。灰化好的试样应是灰白色,若灰分中有黑色碳粒,应取出坩埚,冷却至室温后,加硝酸溶液(3.2.5)湿润,然后在电热板上烘干后,再置于 550 ℃±20 ℃马弗炉中灰化,直至灰分成灰白色。

灰化好的试样用 1.25 mL 盐酸溶液(3.2.4)溶解,转移到 25 mL 容量瓶中,用少量水冲洗坩埚多次,合并洗液,用水稀释至刻度,摇匀。此溶液为试样液,备用。

##### 3.4.1.2.2 湿消化法

称取 1 g~2 g 试样(精确至 0.001 g),放入 100 mL 锥形瓶中,加入混酸消化液 20 mL,放入 2 粒玻璃珠,盖上小漏斗,静置过夜。样品在可调电炉上低温缓慢加热,以防产生大量泡沫和喷溅,消化至溶液颜色变浅,并有大量白烟时,将电炉关闭,用余温继续加热。当溶液出现淡黄、微绿接近无色时,立即停止加热,并将其从电炉上取下。若消化过程中溶液颜色变黑,应立即停止加热,冷却后补加适量混酸消化液,按原步骤操作直至消化完全。用 10 mL 蒸馏水冲洗小漏斗及锥形瓶内壁,将锥形瓶置于 150 ℃电热板上蒸发至锥形瓶中液体接近 2 mL~3 mL,取下冷却至室温。将样品转移至 25 mL 容量瓶中,用少量水多次洗涤锥形瓶,洗液合并倒入容量瓶中,用水稀释至刻度,摇匀。此溶液为试样液。

#### 3.4.2 空白液制备

除不称取试样外,均按 3.4.1.2 步骤进行操作。

#### 3.4.3 测定

精确吸取 15.00 mL 试样液、空白液分别置于 250 mL 烧杯中,加 10 mL 硝酸溶液(3.2.5),用水稀释至 100 mL,盖上表面皿,于电炉上加热至沸。取下烧杯,在不断搅拌下,加入 50 mL 喹钼柠酮沉淀剂,继续加热至微沸,并保持微沸 2 min,取下烧杯,轻轻搅拌片刻使沉淀迅速沉降。静置冷却后,用预先烘干至恒重的 G4 坩埚抽滤。先将上层清液滤完,然后以倾泻法洗涤 1 次~2 次,将沉淀全部转移至 G4 坩埚中,再用水洗涤沉淀 5 次~6 次。将坩埚底部的水用滤纸吸干后,于 180 ℃±20 ℃干燥箱中干燥 1 h,取出,放入干燥器中冷却 0.5 h 后称量。再将 G4 坩埚放入 180 ℃±20 ℃干燥箱中干燥 0.5 h,取出,放入干燥器中冷却 0.5 h 后称量。至前后两次质量差不超过 2 mg,即为恒量。

3.4.4 平行试验

按以上步骤，对同一试样进行平行试验测定。

3.5 结果计算

按式(1)计算样品中磷的含量：

$$X = 0.014\,00 \times \frac{m_2 - m_1 - m_0}{m \times (V_1/V_2)} \times 100 \quad \cdots\cdots(1)$$

式中：

$X$——试样中总磷的含量，单位为克每百克(g/100 g)；

$m$——称取试样的质量，单位为克(g)；

$m_0$——空白值，单位为克(g)；

$m_1$——G4 玻璃过滤坩埚的质量，单位为克(g)；

$m_2$——磷钼酸喹啉沉淀物和 G4 玻璃过滤坩埚的质量，单位为克(g)；

$V_1$——测定用消化液的体积，单位为毫升(mL)；

$V_2$——样品消化液的总体积，单位为毫升(mL)。

0.014 00——磷钼酸喹啉对磷的换算因子。

结果取算术平均值，保留三位有效数字。

3.6 精密度

在重复性条件下获得的两次独立测定结果的绝对差值不得超过算术平均值的10%。

## 4 分光光度法

4.1 原理

样品经干法灰化或湿法消化后制成稀酸溶液，磷酸根与偏钒酸铵、钼酸铵的混合试剂反应生成黄色化合物，于 430 nm 处测量吸光度，以标准曲线法计算磷含量。

4.2 试剂

若无特别说明，所用试剂均为分析纯，所用水应符合 GB/T 6682 的要求。

4.2.1 硝酸。

4.2.2 硝酸：硝酸＋水＝1＋2。

4.2.3 偏钒酸铵(2.5 g/L)：称 0.25 g 偏钒酸铵，将其溶于沸水中，待冷却后加入硝酸溶液(4.2.2) 2 mL，用水稀释至 100 mL，混匀。

4.2.4 钼酸铵(50 g/L)：称 5 g 钼酸铵溶于 80 mL 50 ℃温水中。冷却后用水稀释至 100 mL，混匀。

4.2.5 显色剂：将硝酸溶液(4.2.2)、偏钒酸铵溶液(4.2.3)、钼酸铵溶液(4.2.4)各一份等体积混合。

4.2.6 磷标准溶液：100 μg/mL。

将磷酸二氢钾在 103 ℃±2 ℃烘箱中干燥 3 h，冷却。准确称取 0.439 4 g 溶于水中。移入 1 000 mL 的容量瓶，用水稀释至刻度，混匀。

4.3 仪器和设备

实验室常规设备及下列仪器。

注意：所有玻璃器皿需用不含磷的洗涤剂彻底洗净，然后用水冲洗。

4.3.1 分析天平：可准确称重至 0.001 g。

4.3.2 坩埚：瓷坩埚或石英坩埚。

4.3.3 机械设备：用于试样的均质。包括：绞肉机、斩拌机等肉类组织粉碎机。

4.3.4 马弗炉：可控温 550 ℃ ± 20 ℃。

4.3.5 干燥箱。

4.3.6 电热板。

4.3.7 分光光度计。

### 4.4 分析步骤

#### 4.4.1 试样液制备

##### 4.4.1.1 试样准备

同 3.4.1.1。

##### 4.4.1.2 试样消化

同 3.4.1.2。

#### 4.4.2 空白液制备

除不称取试样外,均按 3.4.1.2 步骤进行操作。

#### 4.4.3 标准工作曲线的绘制

精确吸取磷标准液 0.00 mL,0.10 mL,0.20 mL,0.30 mL,0.40 mL,0.50 mL,到 25 mL 容量瓶中。加入 8 mL 显色剂,用水稀释至刻度,混匀。此时容量瓶中溶液磷的浓度分别为 0.00 μg/mL,0.40 μg/mL,0.80 μg/mL,1.20 μg/mL,1.60 μg/mL,2.00 μg/mL,静置 15 min 后于在 430 nm 处测定其吸光度,以标准工作液中磷的质量为横坐标,吸光度为纵坐标,绘制标准曲线。

#### 4.4.4 测定

精确吸取 2 mL 试样液、空白液分别置于 25 mL 的容量瓶中,以下按照(4.4.3)步骤与标准工作液同时进行。根据试样液的吸光度,从标准曲线上查出溶液中对应的总磷的质量。

#### 4.4.5 平行试验

按以上步骤,对同一试样进行平行试验测定。

### 4.5 结果计算

按式(2)计算样品中总磷的含量:

$$X = \frac{(A - A_0) \times 10^{-3}}{m \times (V_1 / V_2) \times 10^{-3}} \qquad \cdots\cdots(2)$$

式中:

$X$——试样中总磷的含量,单位为毫克每千克(mg/kg);

$m$——称取试样的质量,单位为克(g);

$A$——从标准曲线上查得试样液中磷的质量,单位为微克(μg);

$A_0$——从标准曲线上查得空白液中磷的质量,单位为微克(μg);

$V_1$——测定用消化液的体积,单位为毫升(mL);

$V_2$——样品消化液的总体积,单位为毫升(mL)。

结果取算术平均值,保留三位有效数字。

### 4.6 精密度

在重复性条件下获得的两次独立测定结果的绝对差值不得超过算术平均值的 10%。

ICS 67.040
X 04

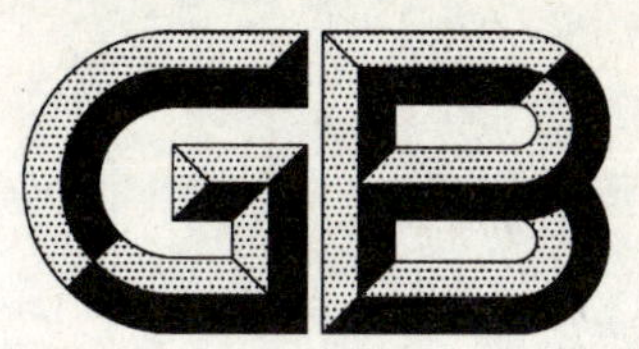

# 中华人民共和国国家标准

GB/T 9695.9—2009
代替 GB/T 9695.9—1988

# 肉与肉制品　聚磷酸盐测定

**Meat and meat products—Determination of polyphosphates**

(ISO 5553:1980,MOD)

2009-04-08 发布　　2009-05-01 实施

中华人民共和国国家质量监督检验检疫总局
中国国家标准化管理委员会　发布

# 前　言

GB/T 9695《肉与肉制品》由下列部分组成：

——第1部分：肉与肉制品　游离脂肪含量测定；
——第2部分：肉与肉制品　脂肪酸测定；
——第3部分：肉与肉制品　铁含量测定；
——第4部分：肉与肉制品　总磷含量测定；
——第5部分：肉与肉制品　pH测定；
——第6部分：肉制品　胭脂红着色剂测定；
——第7部分：肉与肉制品　总脂肪含量测定；
——第8部分：肉与肉制品　氯化物含量测定；
——第9部分：肉与肉制品　聚磷酸盐测定；
——第10部分：肉与肉制品　六六六、滴滴涕残留量测定；
——第11部分：肉与肉制品　氮含量测定；
——第13部分：肉与肉制品　钙含量测定；
——第14部分：肉制品　淀粉含量测定；
——第15部分：肉与肉制品　水分含量测定；
——第17部分：肉与肉制品　葡萄糖酸-δ-内酯含量的测定；
——第18部分：肉与肉制品　总灰分测定；
——第19部分：肉与肉制品　取样方法；
——第20部分：肉与肉制品　锌含量测定；
——第21部分：肉与肉制品　镁含量测定；
——第22部分：肉与肉制品　铜含量测定；
——第23部分：肉与肉制品　羟脯氨酸含量测定；
——第24部分：肉与肉制品　胆固醇含量测定；
——第25部分：肉与肉制品　维生素PP含量测定；
——第26部分：肉与肉制品　维生素A含量测定；
——第27部分：肉与肉制品　维生素$B_1$含量测定；
——第28部分：肉与肉制品　维生素$B_2$含量测定；
——第29部分：肉制品　维生素C含量测定；
——第30部分：肉与肉制品　维生素E含量测定；
——第31部分：肉制品　总糖含量测定。

本部分为GB/T 9695的第9部分。

本部分修改采用ISO 5553:1980《肉和肉制品　聚磷酸盐的测定》。

本部分与ISO 5553:1980相比主要修改如下：

——对标准的结构和文字进行了修改；
——薄层色谱的$R_f$值进行了修改；
——对提取液的制备步骤中水的用量进行了修改；
——将引用的ISO 3100改为GB/T 9695.19，因为ISO 3100的取样方法不适用于肉与肉制品。

本部分代替GB/T 9695.9—1988《肉与肉制品　聚磷酸盐测定》。

本部分与 GB/T 9695.9—1988 相比主要修改如下：

——按照 GB/T 1.1—2000《标准化工作导则　第 1 部分：标准的结构和编写规则》和 GB/T 20001.4—2001《标准编写规则　第 4 部分：化学分析方法》对原标准进行了结构调整和文字修改。

——对提取液的制备步骤中水的用量进行了修改。

本部分由全国肉禽蛋制品标准化技术委员会提出并归口。

本部分起草单位：中国肉类食品综合研究中心、中国商业联合会商业标准中心、江阴市产品质量监督所、厦门市疾病预防控制中心。

本部分主要起草人：孙焕、赵榕、龚珊、裴显庆、骆和东、靳晓蕾、刘振宇。

本部分所代替标准的历次版本发布情况为：

——GB/T 9695.9—1988。

# 肉与肉制品　聚磷酸盐测定

## 1　范围

GB/T 9695 的本部分规定了肉与肉制品中聚磷酸盐的测定方法。

本部分适用于肉与肉制品中添加的聚磷酸盐的测定。

## 2　规范性引用文件

下列文件中的条款通过 GB/T 9695 本部分的引用而成为本部分的条款。凡是注日期的引用文件，其随后所有的修改单(不包括勘误的内容)或修订版均不适用于本部分，然而，鼓励根据本部分达成协议的各方研究是否可使用这些文件的最新版本。凡是不注日期的引用文件，其最新版本适用于本部分。

GB/T 6682　分析实验室用水规格和试验方法(GB/T 6682—2008，ISO 3696:1987，MOD)

GB/T 9695.19　肉与肉制品　取样方法

## 3　原理

用三氯乙酸提取肉和肉制品中的聚磷酸盐，提取液经乙醇、乙醚处理后，在微晶纤维素薄层层析板上分离，通过喷雾显色，检验聚磷酸盐。

## 4　试剂

所用试剂均为分析纯，实验用水应符合 GB/T 6682 的要求。

4.1　异丙醇。

4.2　硝酸。

4.3　四水合钼酸铵溶液(75 g/L)：称取 75 g 四水合钼酸铵，用水溶解并定容至 1 000 mL。

4.4　氢氧化铵。

4.5　酒石酸。

4.6　焦亚硫酸钠(150 g/L)：称取 150 g 焦亚硫酸钠，用水溶解并定容至 1 000 mL。

4.7　亚硫酸钠(200 g/L)：称取 200 g 亚硫酸钠，用水溶解并定容至 1 000 mL。

4.8　1-氨基-2-萘酚-4-磺酸。

4.9　乙酸钠。

4.10　三氯乙酸溶液(135 g/L)：称取 135 g 三氯乙酸，用水定容至 1 000 mL。

4.11　乙醚。

4.12　乙醇(95%)。

4.13　可溶性淀粉。

4.14　微晶纤维素。

4.15　标准参比混合液

在 100 mL 水中溶解下列物质：

磷酸二氢钠：200 mg；

焦磷酸四钠：300 mg；

三磷酸五钠：200 mg；

六偏磷酸钠：200 mg。

标准参比混合液在 4 ℃条件下可稳定至少 4 周。

4.16 展开剂：

将 140 mL 异丙醇、40 mL 三氯乙酸溶液(4.10)和 0.6 mL 氢氧化铵混合均匀，保存于密闭瓶中。

4.17 显色剂Ⅰ：

量取 50 mL 硝酸、50 mL 四水合钼酸铵溶液(4.3)，混合均匀，在上述溶液中溶解 10 g 酒石酸(现用现配)。

4.18 显色剂Ⅱ：

将 195 mL 焦亚硫酸钠溶液(4.6)和 5 mL 亚硫酸钠溶液(4.7)混匀，然后称取 0.5 g 1-氨基-2-萘酚-4-磺酸溶于上述溶液中，再称取 40 g 乙酸钠溶于此溶液中，该溶液贮存于密闭的棕色瓶中，可在 4 ℃条件下保存一周。

## 5 仪器与设备

实验室常规设备及下列仪器。

5.1 机械设备：用于试样的均质。包括：绞肉机、斩拌机等肉类组织粉碎机。

5.2 均浆器。

5.3 涂布器(涂布厚度 0.25 mm)。

5.4 玻璃板 ($10\times20\ cm^2$、$5\times20\ cm^2$)。

5.5 层析缸。

5.6 微量注射器。

5.7 吹风机(有冷、热风挡)。

5.8 喷雾器。

5.9 干燥箱。

5.10 干燥器。

## 6 分析步骤

### 6.1 试样准备

按 GB/T 9695.19 规定的方法取样。至少取有代表性的试样 200 g，使用适当的机械设备(5.1)将试样均质。均质后的试样要尽快分析。否则，要密封低温贮存，防止变质和成分发生变化。贮存的试样在启用时，应重新混匀。

### 6.2 薄层板的制备

将可溶性淀粉 0.3 g 溶于 90 mL 沸水中，冷却后加入 15 g 微晶纤维素粉，用均浆器匀浆 1 min。用涂布器把浆液涂在玻璃板上，铺成 0.25 mm 厚的浆层，在室温下自然干燥 1 h，然后在 100 ℃烘箱中加热 10 min，取出立即放入干燥器中。也可以用商品微晶纤维素板。

### 6.3 提取液的制备

6.3.1 将 50 mL 50 ℃左右的温水倒入装有 50 g 试样的烧杯中，立即充分搅拌，加入 10 g 三氯乙酸，彻底搅匀。放入冰箱冷却 1 h 后用扇形滤纸过滤。

6.3.2 若滤液浑浊，加入同体积的乙醚并摇匀，用吸管吸去乙醚，再加入同体积的乙醇，振摇 1 min，静置数分钟后再用扇形滤纸过滤。

### 6.4 薄层层析分离

6.4.1 将适量的展开剂(4.16)倒入层析缸中，使深度为 5 mm～10 mm，盖上盖，避光静置 30 min。

6.4.2 用微量注射器吸取提取液 3 μL，若经过 6.3.2 澄清处理的提取液取 6 μL，在距薄层板板底约 2 cm 处点样，每次点样 1 μL，使点的直径尽量小。边点边用吹风机冷风挡吹干。

注：避免使用热风吹干，以防止磷酸盐水解。

6.4.3 用同样的方法，将标准参比液 3 μL 点在同一块板上，距样品点 1 cm～1.5 cm，距板底距离与样品点一致。

6.4.4 打开层析缸盖，迅速而小心地把点好样的薄层板放入缸中，盖上盖，在室温下避光展开。

6.4.5 展开到溶剂前沿上升约 10 cm 处，取出薄层板，放入 60 ℃干燥箱中干燥 10 min，或在室温下干燥 30 min，或用吹风机冷风挡吹干。

## 7 磷酸盐的检验

7.1 将展开过的薄层板垂直立在通风橱中，用喷雾器把显色剂Ⅰ均匀地喷在薄板上，使之显现出黄斑。

7.2 用吹风机吹干薄层板后，放入 100 ℃干燥箱中至少干燥 1 h，把硝酸全部除去。将薄层板从干燥箱中取出，证实是否有刺鼻的硝酸味道。

7.3 薄层板冷却至室温后，放入通风橱中，喷显色剂Ⅱ，使之呈现出明显的蓝斑。

注：不是绝对要喷显色剂Ⅱ，但此显色剂产生强烈的蓝斑可提高检测效果。

## 8 结果

将试样斑点与聚磷酸盐标准混合液斑点的比移值相比较，计算其 $R_f$。

正磷酸盐的斑点经常可见。如果样品中含有高浓度的磷酸盐，也可以看见二磷酸盐或聚合磷酸盐的斑点。

参比混合液磷酸盐的 $R_f$ 值如下：

| | |
|---|---|
| 正磷酸盐 | 0.70～0.80 |
| 焦磷酸盐 | 0.35～0.50 |
| 三磷酸盐 | 0.20～0.30 |
| 六偏磷酸盐 | 0 |

注：可用鲜肉的提取液校正磷酸盐的 $R_f$ 值，鲜肉中只含正磷酸盐。

ICS 67.040
X 04

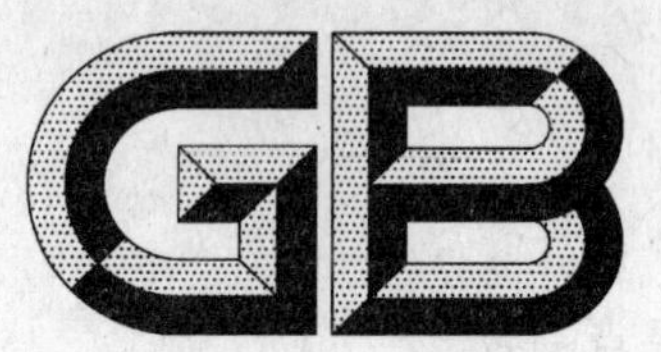

# 中华人民共和国国家标准

GB/T 9695.13—2009
代替 GB/T 9695.13—1988

## 肉与肉制品　钙含量测定

## Meat and meat products—Method for determination of calcium content

2009-04-08 发布　　　　2009-05-01 实施

中华人民共和国国家质量监督检验检疫总局
中国国家标准化管理委员会　发布

# 前言

GB/T 9695《肉与肉制品》由下列部分组成：
——第1部分：肉与肉制品　游离脂肪含量测定；
——第2部分：肉与肉制品　脂肪酸测定；
——第3部分：肉与肉制品　铁含量测定；
——第4部分：肉与肉制品　总磷含量测定；
——第5部分：肉与肉制品　pH测定；
——第6部分：肉制品　胭脂红着色剂测定；
——第7部分：肉与肉制品　总脂肪含量测定；
——第8部分：肉与肉制品　氯化物含量测定；
——第9部分：肉与肉制品　聚磷酸盐测定；
——第10部分：肉与肉制品　六六六、滴滴涕残留量测定；
——第11部分：肉与肉制品　氮含量测定；
——第13部分：肉与肉制品　钙含量测定；
——第14部分：肉制品　淀粉含量测定；
——第15部分：肉与肉制品　水分含量测定；
——第17部分：肉与肉制品　葡萄糖酸-δ-内酯含量的测定；
——第18部分：肉与肉制品　总灰分测定；
——第19部分：肉与肉制品　取样方法；
——第20部分：肉与肉制品　锌含量测定；
——第21部分：肉与肉制品　镁含量测定；
——第22部分：肉与肉制品　铜含量测定；
——第23部分：肉与肉制品　羟脯氨酸含量测定；
——第24部分：肉与肉制品　胆固醇含量测定；
——第25部分：肉与肉制品　维生素PP含量测定；
——第26部分：肉与肉制品　维生素A含量测定；
——第27部分：肉与肉制品　维生素$B_1$含量测定；
——第28部分：肉与肉制品　维生素$B_2$含量测定；
——第29部分：肉制品　维生素C含量测定；
——第30部分：肉与肉制品　维生素E含量测定；
——第31部分：肉制品　总糖含量测定。

本部分为GB/T 9695的第13部分。

本部分的内容参考了ISO 6869:2000《动物饲料　钙、铜、铁、镁、锰、钾、钠和锌含量的测定　原子吸收光谱法》和ISO 12081:1998《乳　钙含量测定　滴定法》。

本部分代替GB/T 9695.13—1988《肉与肉制品　钙含量测定》。

本部分与GB/T 9695.13—1988相比主要修改如下：
——将原子吸收法作为第一法，滴定法作为第二法；
——在原子吸收法的前处理步骤中，增加了湿法消化；
——将基体改进剂由硝酸锶改为氯化镧；

——按照 GB/T 1.1—2000《标准化工作导则　第1部分:标准的结构和编写规则》和 GB/T 20001.4—2001《标准编写规则　第4部分:化学分析方法》对原标准进行了结构调整和文字修改。

本部分由全国肉禽蛋制品标准化技术委员会提出并归口。

本部分起草单位:中国肉类食品综合研究中心、中国商业联合会商业标准中心、武汉市疾病预防控制中心、江阴市产品质量监督所。

本部分主要起草人:赵榕、尹燕亭、王洋、郭文萍、吴东雷、靳晓蕾、刘振宇。

本部分所代替标准的历次版本发布情况为:

——GB/T 9695.13—1988。

# 肉与肉制品　钙含量测定

## 1　范围

GB/T 9695 的本部分规定了肉与肉制品中钙含量的测定方法。

原子吸收法的检出限:0.5 mg/kg;滴定法的检出限:5.0 mg/kg。

## 2　规范性引用文件

下列文件中的条款通过 GB/T 9695 本部分的引用而成为本部分的条款。凡是注日期的引用文件,其随后所有的修改单(不包括勘误的内容)或修订版均不适用于本部分,然而,鼓励根据本部分达成协议的各方研究是否可使用引用文件的最新版本。凡是不注日期的引用文件,其最新版本适用于本部分。

GB/T 601　化学试剂　标准滴定溶液的制备

GB/T 6682　分析实验室用水规格和试验方法(GB/T 6682—2008,ISO 3696:1987,MOD)

GB/T 9695.19　肉与肉制品　取样方法

## 3　原子吸收法

### 3.1　原理

试样经灰化或消化后制成稀酸溶液,以镧溶液消除阴离子效应,原子化后,在 422.7 nm 处测定,其吸收值与钙浓度成正比,与标准系列比较测定钙含量。

### 3.2　试剂

若无特别说明,所用试剂均为分析纯,所用水应符合 GB/T 6682 的要求。

3.2.1　硝酸:优级纯。

3.2.2　高氯酸:优级纯。

3.2.3　盐酸:优级纯。

3.2.4　硝酸溶液:硝酸＋水＝1＋1。

3.2.5　氯化镧溶液(20 g/L):称取 23.45 g 氯化镧于 250 mL 烧杯中,用少量水润湿后加入 75 mL 盐酸(3.2.3),将制成的溶液转移至 1 000 mL 容量瓶中,加水至刻度,混匀。

3.2.6　混酸消化液:硝酸＋高氯酸＝7＋1。

3.2.7　盐酸溶液:盐酸＋水＝1＋1。

3.2.8　钙标准溶液 ($c$=100 μg/mL):国家有证标准物质,或按下述方法配制:称取在 105 ℃～110 ℃干燥 2 h 的基准碳酸钙 0.249 7 g 于烧杯中,加入少量盐酸溶液(3.2.7)使之溶解,转移至 1 000 mL 容量瓶中,用水稀释至刻度,混匀。

3.2.9　钙标准使用液($c$=10 μg/mL):吸取钙标准溶液(3.2.8)5.00 mL,用氧化镧溶液(3.2.5)定容至 50 mL。

3.2.10　硝酸溶液:硝酸＋水＝1＋9。

### 3.3　仪器和设备

所有玻璃仪器均以硝酸溶液(3.2.10)浸泡 2 h 以上,用去离子水冲洗后晾干或烘干,方可使用。

实验室常规设备及下列仪器。

3.3.1　机械设备:用于试样的均质。包括:绞肉机、斩拌机等肉类组织粉碎机。

3.3.2 马弗炉:可控温于 550 ℃±20 ℃。

3.3.3 干燥箱。

3.3.4 石英坩埚。

3.3.5 分析天平:可准确称重至 0.001 g。

3.3.6 电热板。

3.3.7 原子吸收分光光度计。

**3.4 分析步骤**

**3.4.1 试样液制备**

**3.4.1.1 试样准备**

按 GB/T 9695.19 规定的方法取样。至少取有代表性的试样 200 g,使用适当的机械设备(3.3.1)将试样均质。均质后的试样尽快分析,否则,应密封低温贮存,防止试样变质或成分发生变化。贮存的试样在启用时,应重新混匀。

**3.4.1.2 试样消化**

**3.4.1.2.1 干灰化法**

称取 1 g～2 g 试样(精确至 0.001 g)放入石英坩埚中,置于 130 ℃±10 ℃的干燥箱中烘 1 h,使试样脱水。将坩埚在可调电炉上缓慢加热,使试样炭化,开始时用小火加热,以防止试样溅出,待大烟冒过后提高温度,使试样完全炭化,直至不冒烟为止。炭化好的试样放入马弗炉中,于 550 ℃±20 ℃下灰化 2 h。灰化好的试样应是灰白色,若灰分中有黑色碳粒,应取出坩埚,冷却至室温后,加硝酸溶液(3.2.4)湿润,然后在电热板上烘干后,再置于 550 ℃±20 ℃马弗炉中灰化,直至灰分成灰白色。

灰化好的试样用 1.25 mL 硝酸溶液(3.2.4)溶解,转移到 25 mL 容量瓶内,用氯化镧溶液(3.2.5)冲洗石英坩埚多次,合并洗液,并用氯化镧溶液(3.2.5)稀释至刻度,摇匀。此溶液为试样液。

**3.4.1.2.2 湿消化法**

称取 1 g～2 g 试样(精确至 0.001 g),放入 100 mL 锥形瓶中,加入混酸消化液(3.2.6)20 mL,放入 2 粒玻璃珠,盖上小漏斗,静置过夜。样品在可调电炉上低温缓慢加热,以防产生大量泡沫和喷溅,消化至溶液颜色变浅,并有大量白烟时,将电炉关闭,用余温继续加热。当溶液出现淡黄、微绿接近无色时,从电炉上取下。若消化过程中溶液颜色变黑,应立即停止加热,冷却后补加适量混酸消化液(3.2.6),按原步骤操作直至消化完全。用 10 mL 蒸馏水冲洗小漏斗及锥形瓶内壁,将锥形瓶置于 150 ℃电热板上蒸发至锥形瓶中液体接近 2 mL～3 mL,取下冷却至室温。将样品转移至 25 mL 容量瓶中,用氯化镧溶液(3.2.5)多次洗涤锥形瓶,洗液合并倒入容量瓶中,并用氯化镧溶液(3.2.5)稀释至刻度,摇匀。此溶液为试样液。

**3.4.2 标准工作液制备**

精密吸取钙标准使用液(3.2.9)0.00 mL,2.00 mL ,4.00 mL,6.00 mL,8.00 mL,10.00 mL,分别置于 25 mL 容量瓶中,加 1.25 mL 硝酸溶液(3.2.4),用氯化镧溶液(3.2.5)稀释至刻度,混匀,此时容量瓶中溶液的钙浓度分别为 0.00 μg/mL,0.80 μg/mL,1.60 μg/mL,2.40 μg/mL,3.20 μg/mL,4.00 μg/mL。

**3.4.3 空白液制备**

除不称取试样外,均按 3.4.1.2 步骤进行操作。

**3.4.4 测定**

根据仪器型号,将仪器调至最佳条件,将标准工作液、试样液和空白溶液分别导入空气-乙炔火焰原子吸收分光光度计中,测其吸光度。测定参考条件:灯电流 7.5 mA,波长 422.7 nm,狭缝 1.3 nm,空气流量 9.5 L/min,乙炔流量 2.5 L/min,燃烧器高度 12.5 mm。

以标准工作液中钙的浓度为横坐标,吸光度为纵坐标,绘制标准曲线。根据试样液的吸光度,从标准曲线上查出溶液中对应的钙浓度值。

3.4.5 平行试验

按以上步骤,对同一试样进行平行试验测定。

## 3.5 结果计算

按式(1)计算样品中钙的含量:

$$X=\frac{(c-c_0)\times V\times 10^{-3}}{m\times 10^{-3}} \quad\cdots\cdots(1)$$

式中:

$X$——试样中钙的含量,单位为毫克每千克(mg/kg);

$c$——从标准曲线上查得试样液中钙的浓度,单位为微克每毫升(μg/mL);

$c_0$——从标准曲线上查得空白液中钙的浓度,单位为微克每毫升(μg/mL);

$V$——试样定容体积,单位为毫升(mL);

$m$——称取试样的质量,单位为克(g)。

结果取算术平均值,保留三位有效数字。

## 3.6 精密度

在重复性条件下获得的两次独立测定结果的绝对差值不得超过算术平均值的10%。

# 4 滴定法

## 4.1 原理

试样经灰化后制成稀酸溶液,在弱酸性溶液中,钙离子与草酸根离子生成草酸钙沉淀。过滤后,将沉淀溶于硫酸溶液中,然后用高锰酸钾标准溶液滴定草酸根离子,求出钙的含量。

反应式为:

$CaCl_2 + (NH_4)_2C_2O_2 = CaC_2O_4\downarrow + 2NH_4Cl$

$CaC_2O_4 + H_2SO_4 = CaSO_4 + H_2C_2O_4$

$5H_2C_2O_4 + 2KMnO_4 + 3H_2SO_4 = 2MnSO_4 + K_2SO_4 + 10CO_2 + 8H_2O$

## 4.2 试剂

若无特别说明,所用试剂均为分析纯,所用水应符合 GB/T 6682 的要求。

4.2.1 硝酸:优级纯。

4.2.2 硫酸。

4.2.3 硝酸溶液:硝酸+水=1+1。

4.2.4 硫酸溶液:硫酸+水=1+24。

4.2.5 乙醇。

4.2.6 乙醇溶液(20%):量取 20 mL 乙醇(4.2.6)、80 mL 水,混匀。

4.2.7 甲基红(1 g/L):称取 0.1 g 甲基红,用乙醇溶液(4.2.6)溶解并稀释至 100 mL。

4.2.8 尿素。

4.2.9 草酸铵溶液(30 g/L):称取 3 g 草酸铵,用水溶解并稀释至 100 mL。

4.2.10 氢氧化铵。

4.2.11 氢氧化铵溶液:氢氧化铵+水=1+49。

4.2.12 高锰酸钾标准储备液[$c(1/5\ KMnO_4)=0.1$ mol/L]:按 GB/T 601 的规定配制及标定。

4.2.13 高锰酸钾标准滴定液[$c(1/5\ KMnO_4)=0.02$ mol/L]:吸取 50 mL 高锰酸钾标准储备液(4.2.12),用水稀释至 250 mL。

## 4.3 设备

所有玻璃仪器均以硝酸溶液(3.2.10)浸泡 2 h 以上,用去离子水冲洗后晾干或烘干,方可使用。

实验室常规设备及下列仪器。

4.3.1 分析天平:可准确称重至 0.1 g。

4.3.2 马弗炉:可控温于 550 ℃±20 ℃。

4.3.3 干燥箱。

4.3.4 电热板。

## 4.4 分析步骤

### 4.4.1 试样液制备

#### 4.4.1.1 试样准备

同 3.4.1.1。

#### 4.4.1.2 试样消化

称取 20 g 试样(精确至 0.1 g)放入石英坩埚中,以下操作同 3.4.1.2.1。

### 4.4.2 空白液制备

除不称取试样外,均按 4.4.1.2 步骤进行操作。

### 4.4.3 测定

灰化好的试样用 2.5 mL 硝酸溶液(4.2.3)溶解,转移到 200 mL 烧杯内,用少量水冲洗石英坩埚多次,合并洗液,并稀释至 50 mL。在试样溶液中加甲基红指示剂 3 滴,草酸铵溶液 10 mL,再加尿素 4.0 g,使之溶解。盖上表面皿,在电热板上缓慢加热,持续微沸状态。当甲基红的红色逐渐变为橙色时,草酸钙的结晶即沉淀出来,当溶液变成黄橙色时停止加热,冷却至室温,放置 4 h 以上或过夜。用慢速滤纸过滤,将沉淀转移到滤纸上,用氢氧化铵溶液洗表面皿和烧杯 4 次。而后继续用氢氧化铵溶液洗涤沉淀物 4 次～5 次。将滤纸连同沉淀置于原烧杯中,用玻璃棒将滤纸摊开并贴附于烧杯壁上,用 50 mL 热的硫酸溶液(4.2.4)将沉淀冲下溶解。待沉淀完全溶解后,在水浴中加热至 60 ℃～80 ℃,用高锰酸钾标准滴定液(4.2.13)趁热滴定至溶液呈微红色,将滤纸全部浸入溶液中,搅拌,继续滴定至溶液呈微红色 30 s 不褪色为终点,滴定至终点时溶液温度不应低于 60 ℃。记录所用高锰酸钾标准滴定液的体积,精确至 0.1 mL。

### 4.4.4 平行试验

按以上步骤,对同一试样进行平行试验测定。

## 4.5 结果计算

按式(2)计算样品中钙的含量:

$$X = \frac{c \times (V_1 - V_0) \times 20.04}{m \times 10^{-3}} \qquad \cdots\cdots(2)$$

式中:

$X$——样品中钙的含量,单位为毫克每千克(mg/kg);

$c(1/5\ KMnO_4)$——高锰酸钾标准滴定液的实际浓度,单位为摩尔每升(mol/L);

$V_1$——滴定试样液时高锰酸钾标准滴定液的用量,单位为毫升(mL);

$V_0$——滴定空白液时高锰酸钾标准滴定液的用量,单位为毫升(mL);

$m$——称取试样的质量,单位为克(g);

20.04——1.00 mL 高锰酸钾标准溶液[$c(1/5\ KMnO_4)=1.000$ mol/L]相当钙的质量,单位为毫克(mg)。

结果取算术平均值,保留三位有效数字。

4.6 精密度

在重复性条件下获得的两次独立测定结果的绝对差值不得超过算术平均值的 10%。

ICS 67.040
X 04

# 中华人民共和国国家标准

GB/T 9695.22—2009
代替 GB/T 9695.22—1990

# 肉与肉制品　铜含量测定

**Meat and meat products—Determination of copper content**

2009-04-08 发布　　　　2009-05-01 实施

中华人民共和国国家质量监督检验检疫总局
中国国家标准化管理委员会　发布

# 前　言

GB/T 9695《肉与肉制品》由下列部分组成：

——第 1 部分：肉与肉制品　游离脂肪含量测定；
——第 2 部分：肉与肉制品　脂肪酸测定；
——第 3 部分：肉与肉制品　铁含量测定；
——第 4 部分：肉与肉制品　总磷含量测定；
——第 5 部分：肉与肉制品　pH 测定；
——第 6 部分：肉制品　胭脂红着色剂测定；
——第 7 部分：肉与肉制品　总脂肪含量测定；
——第 8 部分：肉与肉制品　氯化物含量测定；
——第 9 部分：肉与肉制品　聚磷酸盐测定；
——第 10 部分：肉与肉制品　六六六、滴滴涕残留量测定；
——第 11 部分：肉与肉制品　氮含量测定；
——第 13 部分：肉与肉制品　钙含量测定；
——第 14 部分：肉制品　淀粉含量测定；
——第 15 部分：肉与肉制品　水分含量测定；
——第 17 部分：肉与肉制品　葡萄糖酸-δ-内酯含量的测定；
——第 18 部分：肉与肉制品　总灰分测定；
——第 19 部分：肉与肉制品　取样方法；
——第 20 部分：肉与肉制品　锌含量测定；
——第 21 部分：肉与肉制品　镁含量测定；
——第 22 部分：肉与肉制品　铜含量测定；
——第 23 部分：肉与肉制品　羟脯氨酸含量测定；
——第 24 部分：肉与肉制品　胆固醇含量测定；
——第 25 部分：肉与肉制品　维生素 PP 含量测定；
——第 26 部分：肉与肉制品　维生素 A 含量测定；
——第 27 部分：肉与肉制品　维生素 $B_1$ 含量测定；
——第 28 部分：肉与肉制品　维生素 $B_2$ 含量测定；
——第 29 部分：肉制品　维生素 C 含量测定；
——第 30 部分：肉与肉制品　维生素 E 含量测定；
——第 31 部分：肉制品　总糖含量测定。

本部分为 GB/T 9695 的第 22 部分。

本部分内容参考了 ISO 7952:1994《水果、蔬菜及其制品　铜含量测定　火焰原子吸收光谱法》。

本部分代替 GB/T 9695.22—1990《肉与肉制品　铜含量测定》。

本部分与 GB/T 9695.22—1990 相比主要修改如下：

——干法灰化的温度由 450 ℃改为 500 ℃；
——干法灰化的时间由 4 小时改为 2 小时；
——按照 GB/T 1.1—2000《标准化工作导则　第 1 部分：标准的结构和编写规则》和 GB/T 20001.4—2001《标准编写规则　第 4 部分：化学分析方法》对原标准进行了结构调整和文字修改。

本部分由全国肉禽蛋制品标准化技术委员会提出并归口。

本部分起草单位：中国肉类食品综合研究中心、中国商业联合会商业标准中心、武汉市疾病预防控制中心、江阴市产品质量监督所。

本部分主要起草人：赵榕、郭文萍、王洋、尹燕亭、吴东雷、靳晓蕾、刘振宇。

本部分所代替标准的历次版本发布情况为：

——GB/T 9695.22—1990。

# 肉与肉制品　铜含量测定

## 1　范围

GB/T 9695 的本部分规定了肉与肉制品中铜含量的测定方法。

本部分适用于肉与肉制品中铜含量的测定。

本方法检出限:0.05 mg/kg。

## 2　规范性引用文件

下列文件中的条款通过 GB/T 9695 的本部分的引用而成为本部分的条款。凡是注日期的引用文件,其随后所有的修改单(不包括勘误的内容)或修订版均不适用于本部分,然而,鼓励根据本部分达成协议的各方研究是否可使用这些文件的最新版本。凡是不注日期的引用文件,其最新版本适用于本部分。

GB/T 6682　分析实验室用水规格和试验方法(GB/T 6682—2008,ISO 3696:1987,MOD)

GB/T 9695.19　肉与肉制品　取样方法

## 3　原理

试样经前处理后制成稀酸溶液,直接导入原子吸收分光光度计中,用空气-乙炔火焰原子化,在 324.8 nm 处测定,其吸光度与铜离子浓度成正比,与标准系列比较测定铜含量。

## 4　试剂

所用试剂均为优级纯,实验用水应符合 GB/T 6682 的要求 。

4.1　盐酸。

4.2　硝酸。

4.3　高氯酸。

4.4　混酸消化液:硝酸+高氯酸=7+1。

4.5　硝酸溶液:硝酸+水=1+1。

4.6　铜标准溶液($c$=1 000 μg/mL):国家有证标准物质,或按下述方法配制:准确称取 1.000 g 金属铜于烧杯中,分次加入硝酸溶液(4.5)使之溶解,总量不超过 37 mL,转移至 1 000 mL 容量瓶中,用水稀释至刻度,混匀。

4.7　铜标准中间液($c$=100 μg/mL):吸取铜标准溶液(4.6)5.00 mL,用水定容至 50 mL。

4.8　铜标准使用液($c$=10 μg/mL):吸取铜标准中间液(4.7)5.00 mL,用水定容至 50 mL。

4.9　硝酸溶液:硝酸+水=1+9。

## 5　仪器和设备

所有玻璃仪器均以硝酸溶液(4.9)浸泡 2 h 以上,用去离子水冲洗后晾干或烘干,方可使用。

实验室常规设备及下列仪器。

5.1　分析天平:可准确称重至 0.001 g。

5.2　石英坩埚。

5.3　烧杯:高型,300 mL～400 mL。

5.4　机械设备:用于试样的均质。包括:绞肉机、斩拌机等肉类组织粉碎机。

5.5 马弗炉:可控温 500 ℃ ± 20 ℃。

5.6 干燥箱。

5.7 电热板。

5.8 原子吸收分光光度计。

## 6 分析步骤

### 6.1 试样液制备

#### 6.1.1 试样准备

按 GB/T 9695.19 规定的方法取样。至少取有代表性的试样 200 g,使用适当的机械设备(5.4)将试样均质。均质后的试样尽快分析,否则,应密封低温贮存,防止试样变质或成分发生变化。贮存的试样在启用时,应重新混匀。

#### 6.1.2 试样消化

##### 6.1.2.1 干灰化法

称取 10 g 试样(精确至 0.1 g)放入石英坩埚中,置于 130 ℃±10 ℃的干燥箱中烘 1 h,使试样脱水。将坩埚在可调电炉上缓慢加热,使试样炭化,开始时用小火加热,以防止试样溅出,待大烟冒过后提高温度,使试样完全炭化,直至不冒烟为止。炭化好的试样放入马弗炉中,于 500 ℃±20 ℃下灰化 2 h。灰化好的试样应是灰白色,若灰分中有黑色碳粒,应取出坩埚,冷却至室温后,加硝酸溶液(4.5)湿润,然后在电热板上烘干后,再置于 500 ℃±20 ℃马弗炉中灰化,直至灰分成灰白色。

灰化好的试样用 1.25 mL 硝酸溶液(4.5)溶解,转移到 25 mL 容量瓶中,用少量水冲洗石英坩埚多次,合并洗液,用水稀释至刻度,摇匀。此溶液为试样液,备用。

##### 6.1.2.2 湿消化法

称取 10 g 试样(精确至 0.1g),放入 300 mL~400 mL 高型烧杯中,加入混酸消化液(4.4)20 mL,盖上表面皿于室温下放置过夜,向烧杯内放入 2 粒玻璃珠。再将烧杯置于 150 ℃左右的电热板上回流加热 4 h(如果在此消化过程中,溶液变黑,再加入适量混酸消化液,继续在电热板上加热消化,直至溶液成无色或淡黄色清亮溶液),揭去表面皿,继续加热,使试样溶液的最终体积不超过 4 mL。注意控制炉温,以防高氯酸爆炸。冷却后,将试样溶液转移到 25 mL 容量瓶中,用少量水多次洗涤烧杯壁,合并洗液,用水稀释至刻度,混匀备用。

### 6.2 标准工作液制备

精密吸取铜标准使用液(4.8)0.00 mL,0.50 mL,1.00 mL,1.50 mL,2.00 mL,2.50 mL,分别置于 25 mL 容量瓶中,加 1.25 mL 硝酸溶液(4.5),用水稀释至刻度,混匀,此时容量瓶中溶液的铜浓度分别为 0.00 μg/mL,0.20 μg/mL,0.40 μg/mL,0.60 μg/mL,0.80 μg/mL,1.00 μg/mL。

### 6.3 空白液制备

除不称取试样外,均按 6.1.2 步骤进行操作。

### 6.4 测定

根据仪器型号,将仪器调至最佳条件,将标准工作液、试样液和空白溶液分别导入空气-乙炔火焰原子吸收分光光度计中,测其吸光度。测定参考条件:灯电流 7.5 mA,狭缝 1.3 nm,空气流量9.5 L/min,乙炔流量 2.3 L/min,燃烧器高度 7.5 mm。

以标准工作液中铜的浓度为横坐标,吸光度为纵坐标,绘制标准曲线。根据试样液的吸光度,从标准曲线上查出溶液中对应的铜浓度值。

### 6.5 平行试验

按以上步骤,对同一试样进行平行试验测定。

## 7 结果计算

按式(1)计算样品中铜的含量:

$$X = \frac{(c - c_0) \times V \times 10^{-3}}{m \times 10^{-3}} \quad \cdots\cdots\cdots (1)$$

式中：

$X$——试样中铜的含量，单位为毫克每千克(mg/kg)；

$c$——从标准曲线上查得试样液中铁的浓度，单位为微克每毫升(μg/mL)；

$c_0$——从标准曲线上查得空白液中铁的浓度，单位为微克每毫升(μg/mL)；

$V$——试样定容体积，单位为毫升(mL)；

$m$——称取试样的质量，单位为克(g)。

结果取算术平均值，保留两位有效数字，样品中铜含量超过 1.0 mg/kg 时，保留三位有效数字。

## 8 精密度

在重复性条件下获得的两次独立测定结果的绝对差值不得超过算术平均值的 20%。

ICS 67.040
X 04

# 中华人民共和国国家标准

GB/T 9695.32—2009

# 肉与肉制品　氯霉素含量的测定

# Meat and meat products—Determination of chloramphenicol content

2009-04-08 发布　　2009-05-01 实施

中华人民共和国国家质量监督检验检疫总局
中国国家标准化管理委员会　发布

# 前 言

本标准制定过程中参考了“欧盟食品分析方法 CY3.6”。

本标准的附录 A 为资料性附录。

本标准由全国肉禽蛋制品标准化技术委员会提出并归口。

本标准起草单位：中国肉类食品综合研究中心、中国商业联合会商业标准中心、武汉市疾病预防控制中心、江阴市产品质量监督所、厦门市疾病预防控制中心。

本标准主要起草人：宋永青、赵榕、梁高道、郭文萍、吴东雷、骆和东、靳晓蕾、刘振宇。

# 肉与肉制品　氯霉素含量的测定

## 1　范围

本标准规定了畜禽肉中氯霉素的测定方法。

本标准适用于畜禽肉中氯霉素的测定。

本标准检出限：气相色谱-质谱法，检出限为 0.2 μg/kg；酶联免疫法为 0.05 μg/kg。

## 2　规范性引用文件

下列文件中的条款通过 GB/T 9695 本部分的引用而成为本部分的条款。凡是注日期的引用文件，其随后所有的修改单(不包括勘误的内容)或修订版均不适用于本部分，然而，鼓励根据本部分达成协议的各方研究是否可使用这些文件的最新版本。凡是不注日期的引用文件，其最新版本适用于本部分。

GB/T 6682　分析实验室用水规格和试验方法(GB/T 6682—2008，ISO 3696：1987，MOD)

GB/T 9695.19　肉与肉制品　取样方法

## 3　气相色谱-质谱法(确证法)

### 3.1　原理

样品中氯霉素用乙酸乙酯提取，脂肪用正己烷去除，经 $C_{18}$ 净化，BSTFA＋TMCS(99＋1)衍生后，用 NCI 源选择 $m/z$ 为 466 的特征离子为目标离子，在 SIM 模式下进行 GC-MS 测定。

### 3.2　试剂和材料

若无特别说明，所用试剂均为分析纯，所用水应符合 GB/T 6682 的要求。

3.2.1　氯霉素：标准品，纯度≥99%。

3.2.2　甲醇：色谱纯。

3.2.3　三氯甲烷。

3.2.4　正己烷：色谱纯。

3.2.5　乙酸乙酯。

3.2.6　无水硫酸钠。

3.2.7　氯化钠。

3.2.8　N、O-双三甲基硅烷三氟乙酰胺(BSTFA)。

3.2.9　三甲基氯硅烷(TMCS)。

3.2.10　丙酮：色谱纯。

3.2.11　甲苯。

3.2.12　甲醇溶液：甲醇＋水＝2＋8。

3.2.13　氯化钠溶液(40 g/L)：称取 4.00 g 氯化钠(3.2.7.7)，用水溶解，定容至 100 mL。

3.2.14　甲醇-氯化钠溶液：量取甲醇溶液(3.2.12)20 mL、氯化钠溶液(3.2.13)80 mL，混匀。

3.2.15　混合衍生剂：N、O-双三甲基硅烷三氟乙酰胺＋三甲基氯硅烷＝99＋1。

3.2.16　氯霉素标准储备溶液($c$＝0.1 mg/mL)：称取氯霉素标准品 0.01 g(精确至 0.000 1 g)，用丙酮溶解并定容至 100 mL。储备液贮存在 4 ℃冰箱中，可使用两个月。

3.2.17　氯霉素标准工作溶液：根据试验需要，用丙酮(2.2.10)稀释标准储备溶液(2.2.17)，配成适当浓度的标准工作溶液。

3.3 **仪器设备**

实验室常规设备及下列仪器。

3.3.1 气相色谱-质谱联用仪(GC-MS)。

3.3.2 分析天平:可准确称重至0.000 1 g。

3.3.3 分析天平:可准确称重至0.01 g。

3.3.4 离心机:5 500 r/min。

3.3.5 涡旋仪。

3.3.6 固相萃取装置。

3.3.7 旋转蒸发仪。

3.3.8 均质器。

3.3.9 振荡器。

3.3.10 机械设备:用于试样的均质。包括:绞肉机、斩拌机等肉类组织粉碎机。

3.3.11 氮吹仪。

3.3.12 具塞离心管:50 mL、10 mL。

3.3.13 $C_{18}$固相萃取柱或相当者:200 mg,3 mL。

3.4 **分析步骤**

3.4.1 **试样液制备**

3.4.1.1 **试样的制备**

按GB/T 9695.19规定的方法取样。至少取有代表性的试样200 g,使用适当的机械设备(3.3.10)将试样均质。均质后的试样尽快分析,否则,应密封低温贮存,防止试样变质或成分发生变化。贮存的试样在启用时,应重新混匀。

3.4.1.2 **提取**

称取10 g样品(精确至0.01 g)置于50 mL具塞离心管中,加入少量无水硫酸钠和30 mL乙酸乙酯均质1 min,以5 000 r/min离心5 min后,用吸管吸出上层乙酸乙酯于浓缩瓶中,残渣再加入乙酸乙酯15 mL重复提取样品,合并提取液。提取液在50 ℃水浴中旋转蒸发,除去乙酸乙酯,加入1 mL甲醇-氯化钠溶液(3.2.14)和4 mL正己烷,充分振摇后,转移至10 mL具塞离心管中,用1 mL甲醇-氯化钠溶液(3.2.14)清洗浓缩瓶,合并清洗液于10 mL具塞离心管中。涡旋0.5 min,经3 000 r/min离心3 min后,用吸管吸去正己烷,加入4 mL正己烷重复上述操作。然后在离心管中加入4 mL乙酸乙酯,涡旋1 min,经3 000 r/min离心3 min后,用吸管吸出乙酸乙酯,加入4 mL乙酸乙酯重复上述操作,合并乙酸乙酯于浓缩瓶中,在50 ℃水浴中旋转浓缩至近干,用5 mL水溶解残渣。

3.4.1.3 **净化**

依次用5 mL甲醇、5 mL三氯甲烷、5 mL甲醇、5 mL水活化$C_{18}$固相萃取柱(3.3.14),然后加入上述步骤得到的提取液,加5 mL甲醇+水(3.2.12)淋洗色谱柱,用25 mL甲醇洗脱于浓缩瓶中,洗脱液在50 ℃下浓缩至近干。用100 μL甲醇溶解残渣,并转移至10 mL具塞离心管中,再用甲醇冲洗浓缩瓶,合并洗液,于50 ℃下用氮气吹干。

3.4.1.4 **衍生化**

于吹干的试样残渣中加入100 μL甲苯和100 μL混合衍生剂(3.2.15),盖紧塞后,涡旋混匀1 min,60 ℃下反应30 min,然后在50 ℃下用氮气吹干,加入1 mL正己烷溶解残渣。

3.4.2 **标准工作液制备**

配制好的标准工作液按3.4.1.4步骤进行操作。

3.4.3 **空白液制备**

除不称取试样外,均按3.4.1步骤进行操作。

3.4.4 测定

3.4.4.1 气相色谱-质谱法测定条件

色谱柱：DB-5MS(30 m×0.25 mm×0.25 μm)石英毛细管柱或相当者；

载气：氦气，纯度≥99.999%；

流速：1.65 mL/min；

进样口温度：250 ℃；

进样量：1 μL；

进样方式：无分流(保持 1 min)进样；

柱温程序：初始 55 ℃，保持 1 min，以 25 ℃/min 速度升至 280 ℃，保持 6 min；

NCI 源：70 eV；

离子源温度：150 ℃；

接口温度：280 ℃；

溶剂延迟：7 min；

反应气：甲烷，纯度≥99.99%；

选择离子检测：

| 保留时间/min | 目标物 | 检测离子 $m/z$ |
|---|---|---|
| 12.58 | CAP-TMS | 466,468,376,378 |

3.4.4.2 定性测定

进行样品测定时，如果检出的色谱峰保留时间与标准样品相一致，并且在扣除背景后的样品质谱图中，所选择的离子均出现，而且所选择的离子比与标准样品衍生物的离子比相一致(各相关离子比在相关标准品的 10%之内)，则可判断样品中存在氯霉素。

3.4.4.3 定量测定

吸取 1 μL 衍生的试样液、标准液或空白液注入气相色谱-质谱联用仪中，以 $m/z$ 466 为定量离子，标准工作液中氯霉素的浓度为横坐标，峰面积为纵坐标，绘制标准曲线。根据试样液的峰面积，从标准曲线上查出溶液中对应的氯霉素浓度值。用标准工作曲线对试样进行定量，样品溶液中氯霉素衍生物的响应值均应在仪器测定的线性范围内。

在上述色谱条件下，氯霉素衍生物的参考保留时间为 12.58 min。氯霉素标准物质衍生物总离子流图和质谱图以及氯霉素标准物质衍生物选择离子质谱图参见附录 A 中的图 A.1、图 A.2、图 A.3。

3.4.5 平行试验

按以上步骤，对同一试样进行平行试验测定。

3.5 结果计算

按式(1)计算样品中氯霉素的含量：

$$X = \frac{(c - c_0) \times V \times 10^{-3}}{m \times 10^{-3}} \quad \cdots\cdots (1)$$

式中：

$X$——试样中氯霉素的含量，单位为微克每千克(μg/kg)；

$c$——从标准工作曲线上查得试样液中氯霉素的浓度，单位为纳克每毫升(ng/mL)；

$c_0$——从标准工作曲线上查得空白液中氯霉素的浓度，单位为纳克每毫升(ng/mL)；

$V$——试样定容体积，单位为毫升(mL)；

$m$——称取试样的质量，单位为克(g)。

结果取算术平均值，保留三位有效数字。

3.6 精密度

在重复性条件下获得的两次独立测定结果的绝对差值不得超过算术平均值的 10%。

## 4 酶联免疫法(ELISA 筛选法)

### 4.1 原理

采用间接竞争 ELISA 方法,在酶标板微孔条上包被偶联抗原,样本中残留的氯霉素和微孔条上包被的偶联抗原竞争抗氯霉素抗体,加入酶标二抗后,加入底物显色,样本吸光值与其残留物氯霉素的含量成负相关,与标准曲线比较再乘以其对应的稀释倍数,即可得出样品中氯霉素的含量。

### 4.2 试剂

若无特别说明,所用试剂均为分析纯,所用水应符合 GB/T 6682 的要求。

4.2.1 乙酸乙酯。

4.2.2 正己烷。

4.2.3 氯霉素酶联免疫试剂盒:2 ℃～8 ℃冰箱中保存。

注:试剂盒应选用国家有关行政管理部门备案的生产商的合格产品。

4.2.3.1 酶标板:8 孔×12 条,包被有偶联抗原。

4.2.3.2 氯霉素系列标准液:0 μg/L、0.05 μg/L、0.15 μg/L、0.45 μg/L、1.35 μg/L、4.05 μg/L。

4.2.3.3 酶标二抗。

4.2.3.4 抗体工作液。

4.2.3.5 底物液(A 液)。

4.2.3.6 底物液(B 液)。

4.2.3.7 终止液。

4.2.3.8 洗涤液(浓缩液)。

4.2.3.9 复溶液(浓缩液)。

4.2.3.10 复溶工作液:将浓缩复溶液 20 mL 用水稀释至 40 mL。

4.2.3.11 洗涤工作液:将浓缩洗涤液 40 mL 用水稀释至 800 mL。

### 4.3 仪器设备

实验室常规设备及下列仪器。

4.3.1 酶标仪:配备 450 nm、630 nm 滤光片。

4.3.2 微量移液器:单道 20 μL～200 μL、100 μL～1 000 μL,多道 250 μL。

4.3.3 恒温箱。

4.3.4 离心管:50 mL。

### 4.4 分析步骤

#### 4.4.1 样本制备

样本用均质器均质后,称取 3.0 g±0.05 g 至 50 mL 离心管中,加入 6 mL 乙酸乙酯(4.2.1),用振荡器振荡 10 min,于室温(20 ℃～25 ℃)、5 500 r/min 离心 10 min,移取 4 mL 上层有机相至 10 mL 干净的玻璃试管中,于 50 ℃～60 ℃水浴氮气流下吹干,加入 1 mL 正己烷(4.2.2),用涡旋仪涡动 30 s,再加 1 mL 复溶工作液(4.2.3.10),用涡旋仪涡动 1 min,于室温(20 ℃～25 ℃)、5 500 r/min 离心 15 min;除去上层有机相,取下层 100 μL 用于分析。稀释倍数为 0.5 倍。

#### 4.4.2 空白对照样本

取空白试样,按 4.4.1 步骤进行操作。

#### 4.4.3 测定步骤

4.4.3.1 微孔板及试剂的准备:从冷藏环境中取出需要数量的微孔板和其他所需试剂,置于室温(20 ℃～25 ℃)平衡 30 min 以上,并将不用的微孔板放入自封袋中,保存于 2 ℃～8 ℃。

4.4.3.2 编号:将样本、标准品、空白对照样本对应微孔按序编号,记录样本孔、标准孔和空白样本孔所在的位置。注意所有试剂及样本溶液使用前均应摇匀。

4.4.3.3 加样：加 100 μL 标准品、样本、空白样本到对应的微孔中，再加入抗体工作液（3.2.3.4）50 μL/孔，轻轻振荡混匀，用盖板膜盖板后置 25 ℃避光环境中反应 30 min。

4.4.3.4 洗板：小心揭开盖板膜，将孔内液体甩干，用洗涤工作液（3.2.3.11）250 μL/孔，充分洗涤 4 次～5 次，每次间隔 10 s，用吸水纸拍干。

4.4.3.5 加酶标二抗：加入酶标二抗（3.2.3.3）100 μL 孔，轻轻振荡混匀，用盖板膜盖板后置 25 ℃避光环境中 30 min，取出重复洗板步骤（3.5.4）。

4.4.3.6 显色：加入底物液 A 液（3.2.3.5）50 μL/孔，再加底物液 B 液（3.2.3.6）50 μL/孔，轻轻振荡混匀，用盖板膜盖板后置 25 ℃避光环境反应 15 min。

4.4.3.7 测定：加入终止液（3.2.3.7）50 μL/孔，轻轻振荡混匀，设定酶标仪 450 nm 及 630 nm 双波长检测，测定每孔的吸光度值。

### 4.5 结果计算

按式(2)计算百分吸光度值：

$$\text{相对吸光度值} = \frac{B}{B_0} \times 100\% \qquad (2)$$

式中：

$B$——标准溶液或样本溶液的平均吸光度值；

$B_0$——0ppb 标准溶液的平均吸光度值。

将式(2)计算得到的相对吸光度值(%)对应氯霉素(μg/L)的自然对数，作半对数坐标校正曲线，根据样本的相对吸光度值，从校正曲线上查出溶液中对应的氯霉素浓度值。

按式(3) 计算样品中氯霉素的含量：

$$X = \frac{(A - A_0) \times f}{m \times 1\,000} \qquad (3)$$

式中：

$X$——试样中氯霉素的含量，单位为微克每千克(μg/kg)；

$A$——试样的相对吸光度值(%)对应的氯霉素含量，单位为微克每升(μg/L)；

$A_0$——空白样本的相对吸光度值(%)对应的氯霉素含量，单位为微克每升(μg/L)；

$f$——试样稀释倍数；

$m$——称取试样的质量，单位为克(g)。

结果保留三位有效数字。阳性结果应经过气相色谱-质谱法确证。

### 4.6 精密度

在重复性条件下获得的两次独立测定结果的绝对差值不得超过算术平均值的 20%。

# 附 录 A
# （资料性附录）
# 标准物质衍生物总离子流图、质谱图和选择离子质谱图

A.1 氯霉素标准物质衍生物的总离子流，见图 A.1。

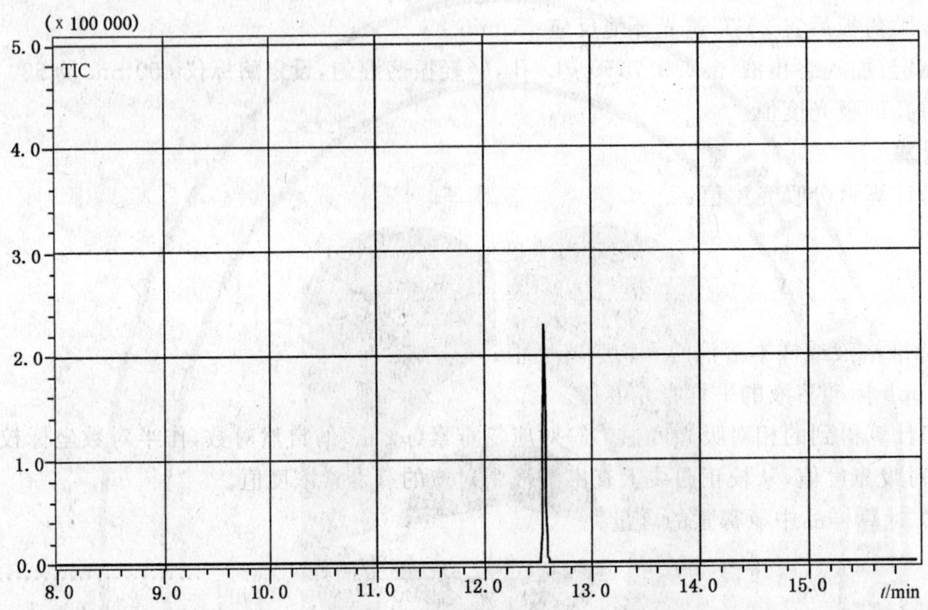


图 A.1

A.2 氯霉素标准物质衍生物的质谱图，见图 A.2。

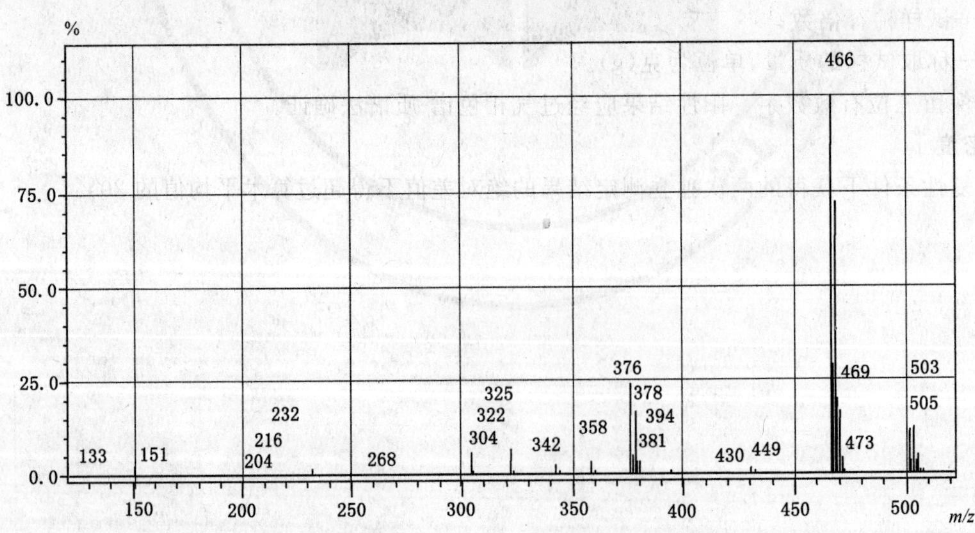


图 A.2

**A.3** 氯霉素标准物质衍生物的选择离子质谱图,见图 A.3。

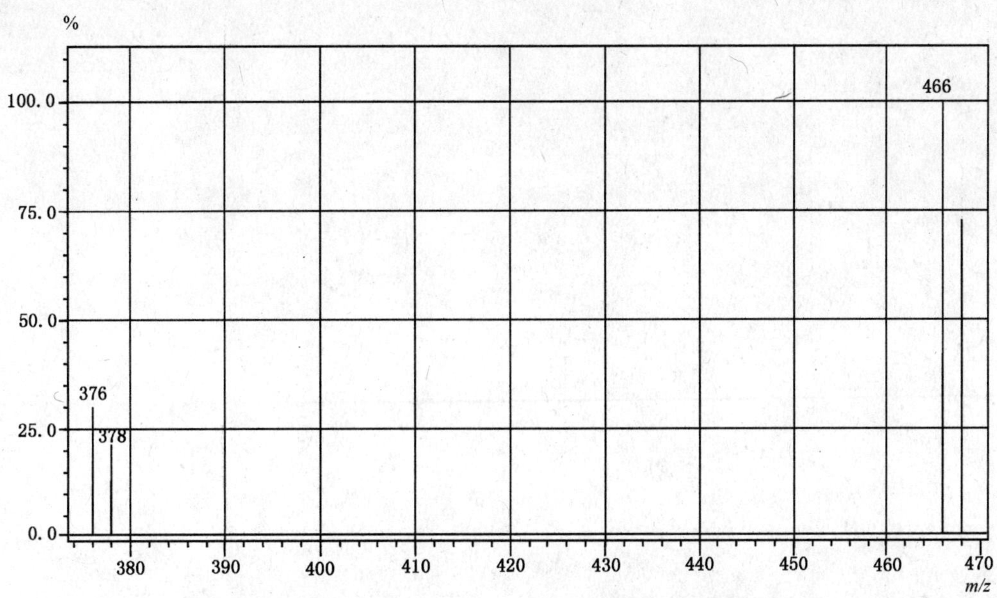


**图 A.3**

ICS 59.140.20
B 45

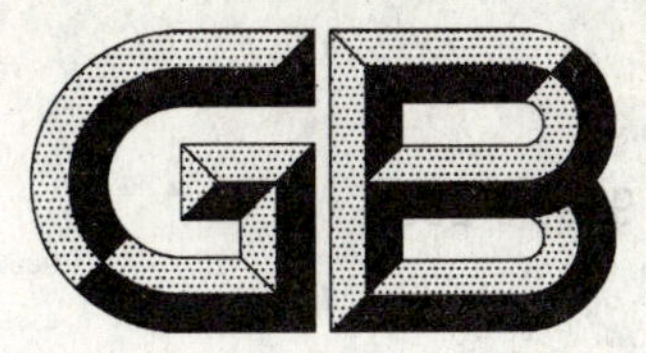

# 中华人民共和国国家标准

GB/T 9699—2009
代替 GB/T 9699—1988

## 小湖羊皮检验方法

## Inspection method of raw Chekiang lamb skin

2009-05-26 发布　　　　2009-10-01 实施

中华人民共和国国家质量监督检验检疫总局
中国国家标准化管理委员会　发布

# 前 言

本标准代替 GB/T 9699—1988《出口小湖羊皮检验方法》。

本标准与 GB/T 9699—1988 相比，主要变化如下：

a) 增加了“规范性引用文件”、“定义和术语”、“结果判定”、“检验有效期”内容；

b) 修改了“范围”、“抽样”内容；

c) 修改了标准名称。

本标准由国家认证认可监督管理委员会提出并归口。

本标准起草单位：中华人民共和国上海出入境检验检疫局。

本标准主要起草人：陆解旗、竺燕娟。

本标准所代替标准的历次版本发布情况为：

——GB/T 9699—1988。

# 小湖羊皮检验方法

## 1 范围

本标准规定了生小湖羊皮检验的抽样、检验方法及检验结果的判定。

本标准适用于各等级小湖羊皮的检验。

## 2 规范性引用文件

下列文件中的条款通过本标准的引用而成为本标准的条款。凡是注日期的引用文件，其随后所有的修改单(不包括勘误的内容)或修订版均不适用于本标准，然而，鼓励根据本标准达成协议的各方研究是否可使用这些文件的最新版本。凡是不注日期的引用文件，其最新版本适用于本标准。

GB/T 2828.1 计数抽样检验程序 第1部分：按接受质量限(AQL)检索的逐批检验抽样计划(GB/T 2828.1—2003,ISO 2859-1:1999,IDT)

## 3 术语和定义

下列术语和定义适用于本标准。

3.1

**检验批 inspecting lot**

以在同一条件下加工的同一品种、或同一报检批为一检验批。

3.2

**折痕 break grain**

表皮层形成断裂条痕，有损皮质。

3.3

**水损 damage by water**

加工不当，用水清洗鲜皮，不易晾干常使皮张受闷有损皮质。

3.4

**虫蚀 wormed**

毛皮被虫蛀成小洞或弯曲沟道，使毛绒成片脱落或出现断毛者称为虫蚀。

## 4 抽样

### 4.1 数量

#### 4.1.1 抽样方案

按GB/T 2828.1中一般检查水平Ⅱ，一次抽样方案确定抽样数。

#### 4.1.2 抽样表

抽样数量见表1。

表1

| 批量 $N$/(张) | 抽验数 |
| --- | --- |
| 51～90 | 13 |
| 91～150 | 20 |

表 1（续）

| 批量 $N$/(张) | 抽验数 |
|---|---|
| 151～280 | 32 |
| 281～500 | 50 |
| 501～1 200 | 80 |
| 1 201～3 200 | 125 |
| 3 201～10 000 | 200 |
| 10 001～35 000 | 315 |

## 4.2 方法

4.2.1 对成箱或成包的皮张，按（箱、包数）$^{1/2}$ 确定开箱数，从堆放不同部位的箱或包内，随机抽取样品。

4.2.2 对不成箱或不成包的皮张，按上中下、左中右或四角和中间的部位随机抽取样品。

# 5 检验

## 5.1 工具

工作台、直尺或钢卷尺、蓖梳。

## 5.2 条件

检验场地的光线要适宜，避免阳光直射和光线过暗。

## 5.3 程序

先看毛面，后看板面，然后测量面积，结合伤残情况综合评定。

## 5.4 方法

### 5.4.1 毛面

将皮张毛面朝上平放在工作台上，一手拿住颈部，另一手用蓖梳顺毛向梳松毛被。验看毛面是否干净、洁白、光润，花纹清晰度，花型及其分布面积。然后一手捺住臀部，另一手拿住颈部，利用腕力上下抖动，验看花纹坚实程度，用手指在毛面局部轻摸看毛绒粗细、长短及疏密程度，注意颈部有无粘脖。

### 5.4.2 板面

验看板面形状是否完整，用手摸试皮板，感觉厚薄和弹性强弱，有无折痕、折痕（裂筋）、水损、霉变、虫蛀等缺陷。

### 5.4.3 面积测量

将皮张平放在工作台上，长度从颈部中间至尾根量出，宽度在腰间处量出。

### 5.4.4 面积计算

面积按式(1)计算

$$S = A \times B \qquad \cdots\cdots\cdots\cdots(1)$$

式中：

$S$——面积，单位为平方厘米($cm^2$)；

$A$——长度，单位为厘米(cm)；

$B$——宽度，单位为厘米(cm)。

# 6 结果判定

6.1 等级规定

6.1.1 一级皮:毛小细密;花纹呈波浪状为卷花或片花形,分布面积占全张皮二分之一以上;色泽光润,皮质良好。

6.1.2 二级皮:毛中长;花纹呈波浪状为片花或卷花形,分布面积占全张皮二分之一以上;或毛较短而细,花纹欠明显,色泽光润;或毛略粗花纹明显,皮质良好。

6.1.3 三级皮:毛长而细;卷花欠明显,或呈片花形,分布面积占全张皮二分之一以上;或毛短小,花形隐暗;或毛糙粗,色泽欠光润而皮板尚佳。

6.2 有下列情况之一者判为不合格批:

a) 等级低于6.1规定的皮张数量超过5%;

b) 等级升降互相抵补后,降级率超过5%;

c) 平均面积短少超过5%。

## 7 检验有效期

检验有效期为60天。

ICS 59.140.20
B 45

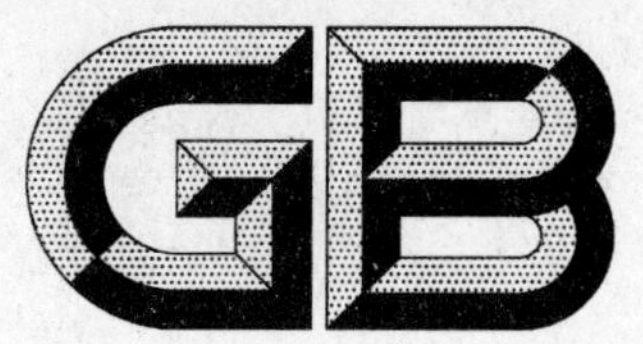

# 中华人民共和国国家标准

GB/T 9700—2009
代替 GB/T 9700—1988

# 盐湿猪皮检验方法

Inspection methods of wet salted pig skin

2009-05-26 发布　　2009-10-01 实施

中华人民共和国国家质量监督检验检疫总局
中国国家标准化管理委员会　发布

# 前言

本标准代替 GB/T 9700—1988《出口盐湿猪皮检验方法》。

本标准与 GB/T 9700—1988 相比，主要变化如下：

——在修订中规定了“术语和定义”；

——增加了“规范性引用文件”、“安全卫生要求”、“检验结果的判定”、“包装、标记、贮存、运输”、“检验有效期”的内容；

——修改了“主要内容与适用范围”、“抽样方案”、“检验”；

——取消了“检验方式”；

——修改了标准名称。

本标准的附录 A 为资料性附录。

本标准由国家认证认可监督管理委员会提出并归口。

本标准起草单位：中华人民共和国河北出入境检验检疫局。

本标准主要起草人：孙静、郑新民、苏荣海、王春良、刘力军、刘锁凯。

本标准所代替标准的历次版本发布情况为：

——GB/T 9700—1988。

# 盐湿猪皮检验方法

## 1 范围

本标准规定了盐湿猪皮的术语和定义、抽样、检验、检验结果判定、包装、标志、贮存及检疫卫生要求。

本标准适用于盐湿猪皮的检验。

## 2 规范性引用文件

下列文件中的条款通过本标准的引用而成为本标准的条款。凡是注日期的引用文件,其随后所有的修改单(不包括勘误的内容)或修订版均不适用于本标准,然而,鼓励根据本标准达成协议的各方研究是否可使用这些文件的最新版本。凡是不注日期的引用文件,其最新版本适用于本标准。

GB/T 2828.1 计数抽样检验程序 第1部分:接受质量限(AQL)检索的逐批检验抽样计划(GB/T 2828.1—2003,ISO 2859-1:1999,IDT)

GB 16548 病害动物和病害动物产品生物安全处理规程

GB/T 16569 畜禽产品消毒规范

## 3 术语和定义

下列术语和定义适用于本标准。

3.1

**缺陷 blemish**

凡是可使生皮价值降低的损伤,均称缺陷。

3.2

**机械伤 mechanical injury**

包括撞击伤、划刺伤、鞭伤、烙印伤、描刀伤、刀洞等。皮子上有机械伤的部分,严重的一般没有毛,成硬疤痕,轻的长有白毛,轻微的划伤不易看出,但在成品上显亮痕。

3.3

**刀伤 butcher cuts**

因剥皮不慎造成的伤残称为刀伤。在板面上深度不超过皮板厚度三分之一的刀痕为描刀,超过三分之二厚度者为刀洞。

3.4

**烙印伤 brand marks**

用烧红的金属标记,烙在皮板上留下的痕迹,称为烙印伤。

3.5

**抵补法 compensative method**

对不规则部分进行适当增减的方法。

3.6

**描刀 knife-cutted wound**

在板面上深度不超过皮板厚度三分之一的刀痕。

3.7

**破洞 damaged hole**

刀伤至皮厚三分之二以上,或挂伤及机械伤加工出现的破洞,主要部位影响制革质量。

3.8

**红斑 erythema**

由于盐湿猪皮受热、受潮，鳕鱼小球菌引起皮板局部发红，皮上形成红斑，有时红色发展成片。

3.9

**霉板 mold skin**

存放不当或未腌制好，热闷受潮出现霉变，严重者失去制革意义。

3.10

**掉毛 hairless spot**

防腐不及时或效果不好，毛局部脱落，露出皮板。

3.11

**胶化腐烂 gel decay**

红斑不及时控制，到了后期发展成紫色或黑色，皮板蛋白质分解腐烂。

3.12

**癣癞 mange**

癣、癞均系皮肤病造成的伤残，破坏毛囊。轻者，毛绒粘乱，带有肤皮的称为癣；重者，毛绒脱落，板面呈凹窝的称为癞。

3.13

**痘痕 blain mark**

猪发生猪痘后在皮肤上留下的疤痕。

3.14

**疮疤 scar**

猪生长期皮肤上痈疮，已愈或未愈，影响制革质量。

3.15

**淤血板 blood-extravasated skin**

板面呈暗红色，枯燥无光泽弹性差。

3.16

**削薄 shave skin thin**

机械性面积性损伤。

3.17

**A 类不合格品 not qualitied product A**

单位产品上出现皮形不整、厚薄不均、描刀、破洞、红斑、霉板、掉毛、胶化腐烂、癣癞、痘痕、疮疤、淤血板、擦伤痕等严重影响制革的外观质量缺陷。

3.18

**B 类不合格品 not qualitied product B**

单位产品上出现厚薄不均、描刀、破洞、红斑、霉板、掉毛、胶化腐烂、癣癞、痘痕、疮疤、淤血板、擦伤痕等影响制革的外观质量缺陷。

## 4 抽样

### 4.1 抽样方案

按照 GB/T 2828.1 正常检查一次抽样方案。

### 4.2 检查水平

按照 GB/T 2828.1 规定，采用一般检查水平Ⅱ。

4.3 合格质量水平 AQL

A类不合格品:AQL=1.0;

B类不合格品:AQL=4.0。

4.4 方案实施

4.4.1 抽样表

抽样数量见表1。

表1 一次正常抽样表

| 批量/N/件(张) | 抽验数 | A类不合格品 AQL=1.0 | | B类不合格品 AQL=4.0 | |
|---|---|---|---|---|---|
| | | 合格 Ac | 不合格 Re | 合格 Ac | 不合格 Re |
| 1～90 | 13 | 0 | 1 | 1 | 2 |
| 91～150 | 20 | 0 | 1 | 2 | 3 |
| 151～280 | 32 | 1 | 2 | 3 | 4 |
| 281～500 | 50 | 1 | 2 | 5 | 6 |
| 501～1 200 | 80 | 2 | 3 | 7 | 8 |
| 1 201～3 200 | 125 | 3 | 4 | 10 | 11 |
| 3 201～10 000 | 200 | 5 | 6 | 14 | 15 |
| 10 001～35 000 | 315 | 7 | 8 | 21 | 22 |

4.4.2 检验批

以同一合同在同一条件下加工的同一品种为一检验批或报检批为一检验批。

4.4.3 抽样数量

根据包装情况及所需抽样数量,以抽样张、件数为准。

## 5 检验

5.1 仪器和工具

工作台,衡器(精确到0.1 kg),量尺(精确到0.01 m)。

5.1.1 条件

检验场地自然光线适宜,避免阳光直射。

5.2 外观质量检验

5.2.1 毛面

抖净浮盐,将皮张颈部朝前,毛面朝上平放在工作台上检验,检验毛的粗细、疏密、光泽度。查看痘疤、癣癞、掉毛(对疑问掉毛处,用手能轻轻拔掉也视为掉毛)、烙印等伤残缺陷。

5.2.2 板面

将皮翻转抖掉皮上的浮盐及污物,验看皮形是否完整,验看全皮的脂肪、肉屑是否去净,盐渍是否腌透均匀,用手摸皮板厚薄及均匀程度,之后,视力集中皮板主要部位(参见图1),由下而上至颈部再转向次要部位,查看刀伤(描刀、破洞)、削薄、红斑(用手指轻刮后红斑仍显露者以红斑计,红斑不显者不以红斑计)、肉面发黑、发紫、腐烂穿洞(对疑问处,以用手能顶破或拉破为准),淤血等伤残缺陷。

5.3 面积

5.3.1 面积测量

板面朝上,长度从颈部中间至尾根量出,宽度选腰间适当部位按抵补法量出,求得每张面积,以此推算全批平均面积。

测量面积采用长乘宽抵补法计算。

5.3.2 面积计算方法

面积按式(1)计算：

$$S = A \times B \qquad (1)$$

式中：

$S$——面积，单位为平方厘米($cm^2$)；

$A$——长度，单位为厘米(cm)；

$B$——宽度，单位为厘米(cm)。

5.4 衡重

5.4.1 实衡毛重

将货物逐件(包、盘、捆)稳放在磅盘上实衡毛重，记录每件毛重，求得全批货物毛重($m_1$)。

5.4.2 实衡皮重

将货物件数的10%拆件，逐张去掉浮盐和杂物，将所有的包装物和浮盐、杂物等堆放在磅盘上，衡取皮重，以此推算全批皮重($m_2$)。

5.4.3 结果计算

净重按式(2)计算：

$$m_3 = m_1 - m_2 \qquad (2)$$

式中：

$m_3$——净重，单位为千克(kg)；

$m_1$——毛重，单位为千克(kg)；

$m_2$——皮重，单位为千克(kg)。

5.5 数量

按GB/T 2828.1抽取货物拆件，逐件清点张数，对照进出口合同、装箱单，记录每件货物的张数。

## 6 检疫卫生要求

6.1 盐湿猪皮来自安全非疫区，炭疽检测阴性。

6.2 检验出炭疽阳性的盐湿猪皮按照GB 16548、GB/T 16569的要求进行无害化处理。

## 7 检验结果的判定

7.1 品质判定

7.1.1 A类、B类不合格品数同时小于等于Ac的数字，则判定为全批合格。

7.1.2 A类、B类不合格品数同时大于等于Re的数字，则判定全批不合格。

7.1.3 当A类不合格品数大于等于Re，不管B类不合格品数是否超出Re，应判定为全批不合格。

7.1.4 当B类不合格品数大于等于Re，A类不合格品数小于Ac，两类不合格品数相加，如小于两类不合格品Re总数，则判定为全批合格，如大于或等于两类不合格Re总数，则判定全批不合格。

7.2 数量判定

合同规定以张计价的，短数不管多少，则判定为全批不合格。

7.3 面积判定

平均面积不符合合同规定，判定为全批面积不符。

7.4 重量判定

低于合同规定重量，短重率超过5%的，判定为全批不合格。

7.5 其他判定

检疫卫生不符合国家要求判定为全批不合格。

## 8 包装、标志、贮存、运输

### 8.1 包装

木(塑料)托盘铁腰扎紧、编织布或麻布包、包装整洁,无破损。

### 8.2 标志

标记清晰端正。

### 8.3 贮存

#### 8.3.1 库房条件

盐湿猪皮应专库专用,定期消毒。保持库内清洁、通风、散热、阴凉。

#### 8.3.2 存放方法

进出口货物应离地面 30 cm 以上,墙距、垛距 50 cm 以上。不同品种、规格应分别放置。

### 8.4 运输

运输箱体要经消毒处理,途中防日晒雨淋,勿与其他货物混装。

## 9 检验有效期

检验有效期 60 天。

## 附 录 A
## （资料性附录）
## 盐湿猪皮主要部位划分图

标准中所规定的主要部位，其划分方法（见图 A.1）为：两肋边缘从乳头算起在 12 cm 以内，颈、尾部拉平计算在 5 cm 以内。

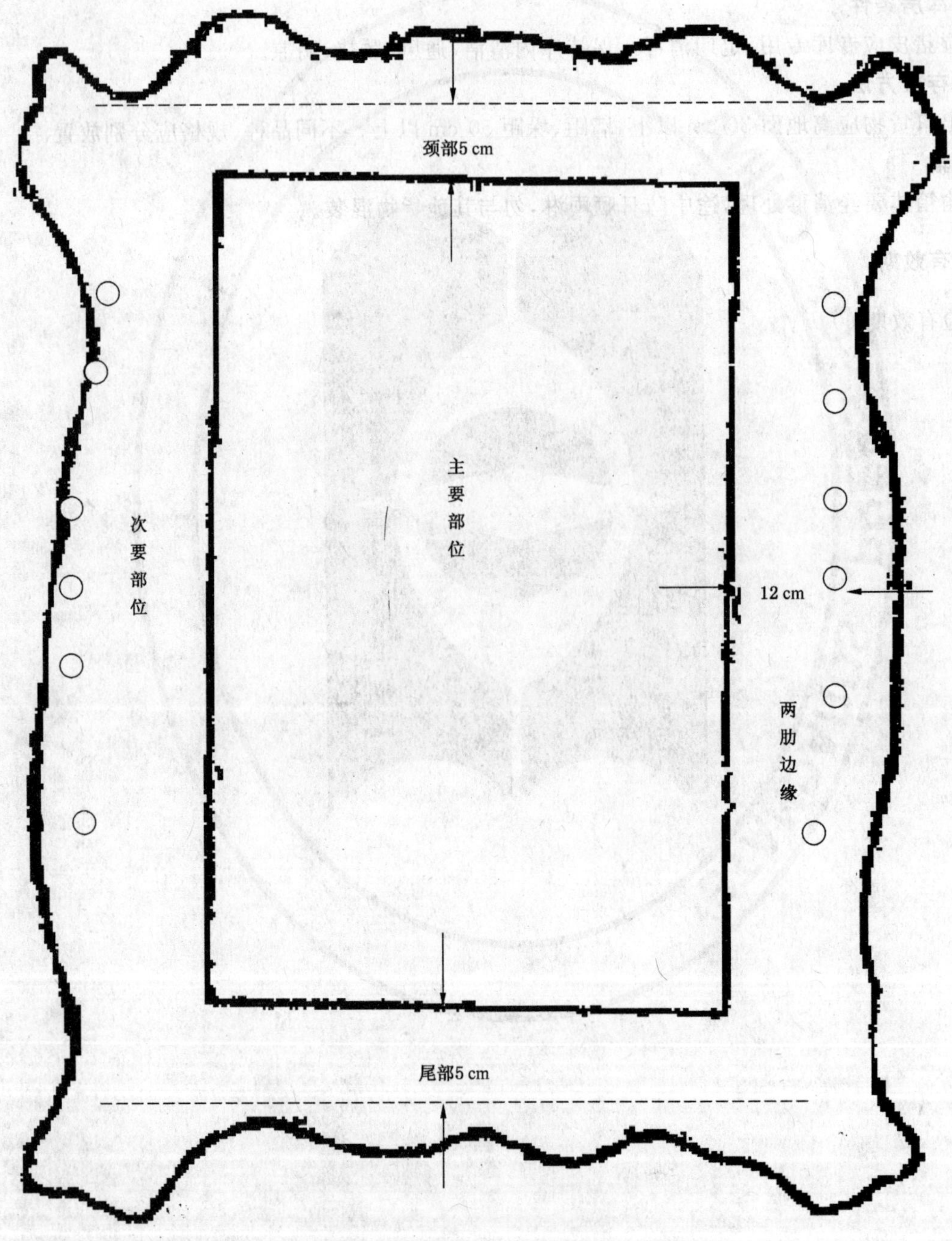


图 A.1 盐湿猪皮主要部位划分图

ICS 59.140.20
B 45

# 中华人民共和国国家标准

GB/T 9703—2009
代替 GB/T 9703—1988

# 生貉子皮检验方法

Inspection method for raw raccoon skin

2009-05-26 发布　　2009-10-01 实施

中华人民共和国国家质量监督检验检疫总局
中国国家标准化管理委员会　发布

# 前　言

本标准代替 GB/T 9703—1988《出口生貉子皮检验方法》。

本标准与 GB/T 9703—1988 相比，主要变化如下：

——对原标准的结构进行了修改，增加了“规范性引用文件”、“术语和定义”、“检疫”以及“包装、标识、贮存及运输”要求、“检验有效期”等；

——“检验”中增加了衡重、数量、检验结果判定等内容；

——对标准名称进行了修改。

本标准由国家认证认可监督管理委员会提出并归口。

本标准起草单位：中华人民共和国北京出入境检验检疫局。

本标准主要起草人：王松、胡雅洁、韩晶。

本标准所代替标准的历次版本发布情况为：

——GB/T 9703—1988。

# 生貉子皮检验方法

## 1 范围

本标准规定了生貉子皮的术语和定义、抽样、检验、检疫及结果判定等。

本标准适用于生貉子皮的检验。

## 2 规范性引用文件

下列文件中的条款通过本标准的引用而成为本标准的条款。凡是注日期的引用文件，其随后所有的修改单(不包括勘误的内容)或修订版均不适用于本标准，然而，鼓励根据本标准达成协议的各方研究是否可使用这些文件的最新版本。凡是不注日期的引用文件，其最新版本适用于本标准。

GB/T 2828.1 计算抽样检验程序 第1部分：按接收质量限(AQL)检索的逐批检验抽样计划(GB/T 2828.1—2003，ISO 2859-1：1999，IDT)

SN 0331 出口畜产品中炭疽杆菌检验方法

## 3 术语和定义

下列术语和定义适用于本标准。

3.1

**蹭裆 bald crotch**

后裆部毛绒磨损。

3.2

**塌脖 sclerothrix necked**

颈部毛绒稀短。

3.3

**擦针 rubbed**

局部毛针被磨损。

3.4

**擦伤 rubbed**

貉与笼、舍摩擦，造成毛绒伤损。

3.5

**缠结毛 matted hair**

毛绒缠结，难以梳通或梳通后而伤毛绒者。

3.6

**流针飞绒 hair slip**

毛被部分针毛脱落，绒毛浮起。

3.7

**疤痕 scar**

患疮疖、疱疹处，板质硬结，毛绒发育不良。

3.8

**毛绒空疏 thin hair**

毛绒明显稀少。

3.9

**撑拉过大 stretched**

上楦时将皮张强行拉长,致使毛绒空疏。

3.10

**油浸板 dermatome were soaked with fat**

高温急热致使皮板脂肪发生氧化酸败释放出的热量使皮纤维变性,板面(肉面)发黑,挂有油垢,皮板脆硬,易于折断。

3.11

**陈板 stale leather**

被毛枯燥,光泽差,板面干枯发黄,弹性差。

## 4 抽样

### 4.1 数量

按照 GB/T 2828.1 中一般检查水平Ⅱ,一次抽样方案确定抽样数量(见表 1)。

**表 1 一次正常抽样表**

| 批量,$N$/件(张) | 抽样数 |
| --- | --- |
| 1~90 | 13 |
| 91~150 | 20 |
| 151~280 | 32 |
| 281~500 | 50 |
| 501~1 200 | 80 |
| 1 201~3 200 | 125 |
| 3 201~10 000 | 200 |
| 10 001~35 000 | 315 |
| 35 000 以上 | 500 |

### 4.2 方法

4.2.1 对成箱或成包的皮张,按(箱、包数)$^{1/2}$确定开箱数,从堆放不同部位的箱或包内,随机抽取样品。

4.2.2 对不成箱或不成包的皮张,按上中下、左中右或四角或中间的部位随机抽取样品。

### 4.3 检验批

以同一要求、在同一条件下加工或同一报检批为一个检验批。

## 5 检验

### 5.1 工具

检验台、钢卷尺、软尺或木尺(精确到 0.01 m)、磅秤(精确到 0.1 kg)。

### 5.2 条件

验货场地要求洁净、光线适宜、避免阳光直射。

### 5.3 检验程序

先看毛面,后验板面、测量面积(筒皮测量长度)、核对数量、结合伤残、综合评定。

5.4 检验方法

5.4.1 毛面

5.4.1.1 片皮:将皮张毛面朝上平放在检验台上,用一只手捏住头部,另一只手捺住臀部,利用腕力上下抖动,使毛绒松散。检验背、颈、臀及侧面毛绒发育情况,看毛绒是否齐全、平顺、灵活和光润。对有疑点处,吹开毛绒,看有无伤残。

5.4.1.2 筒皮:将筒皮放在检验台上,先看背部,后看腹部的毛绒是否齐全、平顺、灵活和光润,有无蹲裆、塌脖,白肷大小,根据颜色确定优劣。

5.4.1.3 用手从臀部向头部推毛绒至颈部,感觉毛绒的厚薄及丰足程度,同时验看毛绒的长短、有无擦针、陷坑、掉毛针及落绒等伤残。

5.4.2 板面

5.4.2.1 片皮:验看皮形是否完整,皮板的肉屑及脂肪是否去净,有无油浸板、陈板等伤残。手感皮板的厚薄、均匀程度、弹性强弱,从板面颜色看季节特征。

5.4.2.2 筒皮:将后裆向外翻开,从皮板的颜色确定季节,看有无伤残。

5.4.3 面积测量与计算

5.4.3.1 面积测量

片皮张板面朝上,自然平放在检验台上。长度从颈部中间适当位置量至尾根,宽度在腰间适当位置量出。

筒皮长度由鼻尖至尾根量出,宽度选腰间适当部位量出乘 2(野生未撑板的貉子皮,长度计算可按国际贸易需要掌握)。

5.4.3.2 面积计算

面积计算见式(1):

$$S = A \times B \qquad \cdots\cdots(1)$$

式中:

$S$——面积,单位为平方厘米($cm^2$);

$A$——长度,单位为厘米(cm);

$B$——宽度,单位为厘米(cm)。

5.5 检验结果判定

5.5.1 品质判定

5.5.1.1 一级皮:皮形完整,毛绒丰厚,针毛齐全,绒毛清晰,色泽光润,无伤残。

5.5.1.2 二级皮:皮形完整,毛绒略空疏,针毛齐全,绒毛清晰,无伤残,或具有一级皮质量,带有下列轻微伤残之一:

a) 下颌和腹部毛绒空疏,两肋或后臀部略显擦伤;

b) 自咬伤,疤痕和破洞;

c) 撑拉过大。

5.5.1.3 三级皮:皮形完整,毛绒空疏或短薄或具有一、二级品质,带有下列伤残之一者:

a) 两肋或臀部毛绒擦伤较重;

b) 腹部无毛或较重塌脖;

c) 流针飞绒。

5.5.1.4 次级皮:不符合一、二、三级品质要求的皮。

5.5.2 有下列情况之一者判定为不合格:

5.5.2.1 等级低于 5.5.1 规定的皮张数量超过 5%;

5.5.2.2 等级升降互相抵补后,降级率超过 5%;

5.5.2.3 平均面积短少超过 5%。

## 6 检疫

### 6.1 检疫卫生要求

6.1.1 生貉子皮应产自安全非疫区，企业生产、加工、存放应符合兽医卫生要求。

6.1.2 生貉子皮应来自无传染病、寄生虫病等的健康貉子。

6.1.3 炭疽杆菌检按 SN 0331 进行实验室炭疽杆菌检测。炭疽杆菌呈阳性的生貉子皮，应立即采取紧急防疫措施。

### 6.2 结果判定

检疫卫生项目不符合有关强制性规定的判定为全批不合格。

## 7 包装、标记、贮存、运输

7.1 包装：包装整洁、无破损。

7.2 标记：标记清晰。

7.3 贮存：存放专库专用，定期消毒。货物存放离地面 30 cm 以上，距墙、垛 50 cm 以上。

7.4 运输：运输工具洁净、干燥，经过消毒处理，运输途中避免雨淋、潮湿、高温、火种。勿与其他货物混装。

## 8 检验有效期

检验有效期为 60 天。

---

ICS 11.040.30
C 41

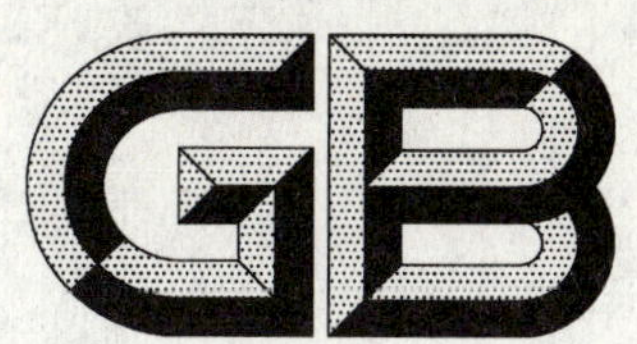

# 中华人民共和国国家标准

GB 9706.4—2009/IEC 60601-2-2:2006
代替 GB 9706.4—1999



# 医用电气设备
# 第 2-2 部分：高频手术设备安全专用要求

**Medical electrical equipment—**
**Part 2-2: Particular requirements for the safety of high frequency surgical equipment**

(IEC 60601-2-2:2006,IDT)

2009-05-06 发布 2010-03-01 实施

中华人民共和国国家质量监督检验检疫总局
中国国家标准化管理委员会 发布

# 前　言

**本部分的全部技术内容为强制性。**

医用电气设备标准为系列标准，该系列标准主要由两大部分组成：

——第1部分：医用电气设备的安全通用要求；

——第2部分：医用电气设备的安全专用要求。

本部分为医用电气设备第2部分中的高频手术设备安全专用要求。本部分应与国家标准GB 9706.1—2007《医用电气设备　第1部分：安全通用要求》配套使用。本部分中的要求优先适用于该标准中的相应条款。

本部分等同采用国际标准IEC 60601-2-2:2006《医用电气设备　第2-2部分：高频手术设备安全专用要求》。

为了便于使用，对IEC 60601-2-2:2006做了下列编辑性修改：

——对于标准中引用的其他国际标准，若已转化为我国标准，将引用的国际标准号替换为相应的国家标准号；

——删除IEC 60601-2-2:2006标准中的封面和前言。

本部分代替GB 9706.4—1999《医用电气设备　第二部分：高频手术设备安全专用要求》。

本部分与GB 9706.4—1999相比较，主要差异包括：

——对术语和定义中的内容进行增补；

——在使用说明书中增加了额定附件电压和可监测中性电极的说明要求；

——在高频漏电流中增加了不同高频患者电路之间的横向耦合要求；

——增加了高频手术设备在单一故障状态下不正确输出的要求；

——对56.11的内容做了重新编排和补充；

——将原标准中第101章更换为第59章，并增加了较大篇幅的内容和要求。

本部分附录L、附录AA、附录BB是资料性附录。

本部分由国家食品药品监督管理局提出。

本部分由全国医用电器标准化技术委员会医用电子仪器标准化分技术委员会归口。

本部分起草单位：上海市医疗器械检测所、上海沪通电子有限公司。

本部分主要起草人：许跃民、陆锷、沈积仁。

本部分所代替标准的历次版本发布情况为：

——GB 9706.4—1992、GB 9706.4—1999。

# 引 言

IEC 60601-2-2 第四版对原先的版本做了广泛的修订,发布这样一个新版本是为了改进可读性和可用性。可以感受到该版提供的技术变化和安全改进范围相当宽广,这对于期望与新版通用标准的协调是十分重要的。

# 医用电气设备
# 第2-2部分:高频手术设备安全专用要求

## 第一篇 概述

除下述内容外,通用标准中本篇适用。

## 1 适用范围和目的

除下述内容外,通用标准中的本章适用。

### 1.1* 适用范围

增补:

本专用标准规定了**高频手术设备**和2.1.110中定义的医用**高频附件**的安全要求,这种设备和附件以下称为**高频手术设备**。

**额定输出功率**不超过50 W的**高频手术设备**(如微型电凝器,或者用于牙科或眼科的设备)被排除于本专用标准的某些要求之外,这些排除会在相关要求中指明。

### 1.2 目的

替换:

本专用标准的目的是规定**高频手术设备**的安全专用要求。

### 1.3 专用标准

增补:

本专用标准对以下一组标准和IEC出版物作了修改和增补:

GB 9706.1—2007 医用电气设备 第1部分:安全通用要求(IEC 60601-1:1988,IDT)

GB 9706.15—2008 医用电气设备 第1-1部分:安全通用要求 并列标准:医用电气系统安全要求(IEC 60601-1-1:2000,IDT)

YY 0505—2005 医用电气设备 第1-2部分:安全通用要求 并列标准:电磁兼容性 要求和试验(IEC 60601-1-2:2001,IDT)

IEC 60601-1-4:1996 修订1(1999) 医用电气设备 第1部分:安全通用要求 4:并列标准:可编程医用电气系统

为简便起见,在本专用标准中GB 9706.1可称为"通用标准"或"通用要求",而GB 9706.15,YY 0505—2005和IEC 60601-1-4称为"并列标准"。

术语"本标准"包含着与通用标准和任何并列标准一道使用的专用标准。

本标准的篇、章、条的编号与通用标准相对应。对通用标准正文的改变,规定使用以下词语:

"替换"表示通用标准的章或条被本标准的文本完全取代。

"增补"表示本标准的文本是对通用标准的增补(或增加)。

"修改"表示通用标准的章或条被修改为本标准文本所表达的内容。

对通用标准增补的条和附图从101开始编号,增补的附录以AA、BB等标号,增补的项目以aa)、bb)等标号。

有理论说明的章和条标以"*"号。这些理论说明可在资料性附录AA中找到。附录AA可用于确定提出的要求之间的关系,但并不用来建立附加的试验要求。

如果通用标准和并列标准中某些篇、章、条在本标准中未相应列出,则表示无改变地适用。如果通用标准或并列标准中的任何部分，尽管可能相关，但并不打算采用，则本标准对其影响作出说明。

如果本标准的一个要求是替换或修改通用标准或并列标准的相应要求，则专用要求优先于通用要求采用。

## 2 术语和定义

除下述内容外，通用标准中的本章适用。

增补：

2.1.101

**手术附件** active accessory

预期由**操作者**使用，以在**患者**的预期部位产生手术效果的**高频附件**，通常由**手术手柄**、**手术电缆**、**手术连接器**和**手术电极**组成。

2.1.102

**手术连接器** active connector

预期连接到一个**手术输出端口**的**手术附件**部件，它可含有将一个**指揿开关**连接到**开关检测器**去的一些附加端子。

2.1.103

**手术电极** active electrode

使**手术手柄**延伸到手术部位的**手术附件**的部件。

2.1.104

**手术手柄** active handle

预期由**操作者**手持的**手术附件**的部件。

2.1.105*

**附属设备** associated equipment

与**高频手术设备**不同，但可同**患者电路**有电气连接且预期不单独使用的**设备**。

2.1.106

**双极电极** bipolar electrode

两只或多只**手术电极**组装于同一支撑物上，在激励时，这种结构使得高频电流主要在两电极之间流动。

2.1.107

**接触质量监测器（CQM）** contact quality monitor

**高频手术设备**或**附属设备**中，预期连接到**可监测的中性电极**上，当**中性电极**与**患者**接触变差时提供报警的线路。

注：只有使用**可监测的中性电极**时，接触质量监测器才能起作用。

2.1.108

**内窥镜用附件** endoscopically used accessory

可能是**医用电气设备**的**应用部分**，但不是**内窥镜设备**，同**内窥镜**一样通过相同的孔道引入**患者**体内的一种附件。

2.1.109

**指揿开关** fingerswitch

通常是包含在一个**手术附件**内的装置，由**操作者**控制可启动高频输出，在释放时能禁止高频输出。

注：预期不用作高频输出启动的类似开关要求还在考虑之中。

2.1.110

**高频附件** HF surgical accessory

预期用于传输、补充或监测从**高频手术设备**向**患者**施加的**高频**能量的附件。

注：**高频附件**包括高频电极，和将它们连接到**高频手术设备**上去的电缆和连接器，以及打算与**高频手术患者电路**相连接的其他**附属设备**。

2.1.111

**可监测中性电极　monitoring NE**

预期与**接触质量监测器**一起使用的**中性电极**。

注：只有同**可监测中性电极**一起使用，**接触质量监测器**才能起作用。

2.1.112

**中性电极连续性监测器　NE continuity monitor**

**高频手术设备**或**附属设备**中，预期连接到一个**中性电极**（**可监测中性电极**除外）的电路，当**中性电极**电缆或其连接器出现电气中断时提供报警。

注：**中性电极连续性监测器**预期只能用于不**可监测中性电极**。

2.1.113

**中性电极(NE)　neutral electrode**

用于同**患者**身体相连接的、具有一个相对较大面积的电极，预期为**高频**电流提供一个低电流密度的返回通道，以防止在人体组织中产生不希望的灼伤这类物理效应。

注：**中性电极**还可称为极板、板电极、负电极、返回电极或分散电极。

2.1.114

**开关检测器　switch sensor**

**高频手术设备**或**附属设备**的一部分，它响应所连接的**指揿开关**或脚踏开关的操作来控制高频输出的启动。

2.2.101*

**高频手术设备　HF surgical equipment**

包括相关**附件**在内的**医用电气设备**，预期利用**高频电流**进行外科手术，如对生物组织**切**（割）或**凝**（固）。

2.3.101

**手术电极绝缘　active electrode insulation**

固定在**手术电极**部件上的电气绝缘材料，预期用来防止对**操作者**或邻近的**患者**组织产生不希望的损伤。

2.4.101*

**最大输出电压　maximum output voltage**

对于每一个可用的**高频手术模式**，在**患者电路**各连接（点）之间出现的最大可能峰值高频输出电压值。

2.4.102

**额定附件电压　rated accessory voltage**

**单极高频附件**和连接到**患者**的**中性电极**之间可被施加的**最大输出电压**。对于**双极高频手术附件**，是施加到相反极性的一对电极之间的**最大输出电压**。

2.7.101

**手术输出端子　active output terminal**

预期用于**手术附件**与**高频手术设备**或**附属设备**相连接并传递高频电流的部件。

2.12.101*

**双极　bipolar**

通过多极**手术电极**向**患者**施加高频输出电流的方法。

2.12.102*

**凝(固)　coagulation**

使用高频电流以提升组织温度,例如减少或中止不期望的出血。

注:凝可以是接触(式)凝或者非接触(式)凝。

2.12.103*

**切(割)　cutting**

利用**手术电极**上的高密度的**高频**电流使人体组织切除或分开。

2.12.104*

**以地为基准的患者电路　earth referenced patient circuit**

**患者电路**中装有为高频电流到地提供低阻通路的元件,如电容。

2.12.105*

**电灼(面凝)　fulguration**

使用较长电火花(≥0.5 mm),且**手术电极**和组织之间无需机械接触,这样来加热组织浅表面的一种凝模式。

2.12.106

**高频绝缘的患者电路　HF isolated patient circuit**

**患者电路**中,没有安装为高频电流提供到地的低阻通路的元件。

2.12.107*

**高频手术模式　HF surgical mode**

**操作者**可选择的一组高频输出特性中的任一种,预期在一个连接的**手术**附件上产生专门指定的手术效果,比如**切**、**凝**等。

注:每一种可用的**高频手术模式**可配备一个**操作者**可调节的输出控制器,以设定希望的手术作用强度或速度。

2.12.108*

**高频(HF)　high frequency**

高于 200 kHz 的频率。

2.12.109*

**单极　monopolar**

高频输出电流通过一个**手术电极**加到**患者**身体然后经一个分开连接的**中性电极**或经患者身体对地电容返回**高频手术设备**的方法。

2.12.110

**额定负载　rated load**

为模拟**患者电路**,使**高频手术设备**每一种**高频手术模式**产生最大高频输出功率的非电抗性负载电阻值。

2.12.111

**额定输出功率　rated output power**

对置于最大输出设定的每一种**高频手术模式**,当可同时启动的所有**手术输出端口**连接**额定负载**时所产生的以"瓦"计的功率。

2.12.112*

**峰值系数　crest factor**

**高频手术设备**输出开路状态下测量的峰值电压除以有效值电压所得到的无量纲比值。

注:计算该值所需的正确测量方法可在附录 AA 中找到专门资料。

## 3　通用要求

除下述内容外,通用标准中的本章适用。

3.6

补充的单一故障状态：

aa） 可能引起安全危险的**中性电极连续性监测器**或**接触质量监测器**故障(参见59.101)；

bb） 引起过量低频患者漏电流的输出开关线路失效(见56.11)；

cc） 引起患者电路非预期激励的任何故障(见59.102)；

dd） 引起输出功率相对于输出设定明显增大的任何故障(见51.5)。

## 4 试验的通用要求

除下述内容外，通用标准中的本章适用。

### 4.7* 供电电压和试验电压、电流类型、电源类别、频率

增补如下：

i） 在测量高频输出时应特别注意保证精度和安全，其指南参见附录AA。

## 5 分类

除下述内容外，通用标准中的本章适用。

### 5.2* 按防电击的程度分类

修改：

删去**B型应用部分**。

## 6 识别、标记和文件

除下述内容外，通用标准中的本章适用。

### 6.1 设备或设备部件的外部标记

l） 分类

增补：

**防除颤应用部分**标识要求的相关符号应附加到前面板上，不要求加到**应用部分**。

**高频手术设备**和**附属设备**上连接**中性电极**引线的连接(点)处应标以下列符号：

图101 用于以地为基准的患者电路的符号

图102 用于高频绝缘的患者电路的符号

注：这两个符号已提交SC 3，拟在IEC 60417中予以认可。

p）* 输出

通用标准该项不适用。

### 6.3* 控制器和仪表的标记

增补项目：

aa） 输出控制器应具有刻度和/或合适的指示器，用来表示**高频**输出的相对强度。指示器不应标有“瓦(W)”，除非在6.8.3中规定的整个负载电阻范围内，指示功率的精度偏差在±20%以内。不应使用数字“0”，除非在这个位置时**手术电极**或**双极电极**释放的功率不超过10 mW。

注：使用第50章的符合性试验验证。

**6.7*　指示灯和按钮**

a)　指示灯的颜色

增补：

如果用灯来指示某些功能，则这些指示灯应具有以下颜色：

绿色　电源开关接通；

红色　故障状态，例如**患者电路**中的故障；

黄色　**切**模式启动；

蓝色　**凝**模式启动。

蓝灯和黄灯不应同时用于“混切”模式。

b)　不带灯按钮的颜色

增补：

**指揿开关**按键或脚踏开关踏板的色彩(符)应与当前被启动的模式指示灯颜色一致。

注：混切输出被看作是一种**切**(割)模式。

**6.8　随机文件**

**6.8.2　使用说明书**

增补项目：

aa)*　对于**高频手术设备**，应包含有选择和使用**高频附件**的资料，以防止不兼容和不安全操作(还可参见56.103)。

应告知**操作者**：要防止高频输出设定使**最大输出电压**[根据6.8.2ee)]超过**额定的附件电压**。

应告知选用一个**可监测中性电极**时，要注意与**操作者**可使用的**接触质量监测器**的兼容性。

bb)*　使用**高频手术设备**的注意事项。这些事项应引起**操作者**对某些警告的注意，这些警告对于减少意外灼伤风险是必要的。如果适用，应特别给出以下忠告：

1)*　**中性电极**整个面积要可靠贴合到**患者**身体上，并且尽可能靠近手术部位(参见注1和注2)。

2)*　**患者**不宜接触接地的或对地具有可观电容的金属物(如：手术台支架等)，为此建议使用抗静电隔板。

3)*　要防止皮肤对皮肤(如**患者**肢体之间)的接触，譬如插入干纱布(参见注1和注2)。

4)*　在同一**患者**身上同时使用**高频手术设备**和生理监护**设备**时，任何监护电极应尽可能远离高频电极，不建议使用针状监护电极。

在所有情况下，建议使用带有高频电流限制装置的监护系统。

5)*　放置手术电极电缆时要防止其与**患者**或其他引线相接触。

暂时不用的**手术电极**要存放于与**患者**隔离的地方。

6)*　对于高频电流可能流经人体较小横截面积部分的外科手术，最好使用**双极**技术，可防止不希望的组织损伤。

7)　对于预期效果，要选择尽可能低的输出功率。某些装置或附件在低功率设定下可出现**安全危险**。例如：在使用氩气束**凝**时，如果高频功率不足以使目标组织上产生一个快速封闭的痂面，则气栓风险就可能出现。

8)*　对于在正常操作设定下正确运行的**高频手术设备**，当出现输出降低或中断时，可表示**中性电极**不正确应用或连接器接触不良。因此，在选择更高输出功率之前，要检查**中性电极**及其连接器的应用情况(参见注1和注2)。

9)　如果在胸部或头部范围进行电外科手术，要防止使用可燃性麻醉剂和氧化性气体如笑气($N_2O$)和氧气，除非(手术前)将这些试剂吸除。

如有可能，宜使用不可燃试剂来清洗和消毒。

可以允许用可燃性试剂来清洗和消毒或用作为粘接剂的溶剂，但在高频手术进行之前要蒸发掉这些试剂。**患者**身体或凹槽（如脐眼）以及腔孔（如阴道）存在积聚可燃性试剂危险。在使用**高频手术设备**之前，宜将任何积聚的液体擦除干净。（还）要注意体内气体点燃危险。某些材料如棉花、毛料和纱布，当充满氧气时，可被**高频手术设备正常使用**时产生的火花所点燃。

10） 对于携带心脏起搏器或其他有源植入物的**患者**，可能存在危险，因为可能会产生对起搏器工作的干扰，或者损坏起搏器。如有疑问，要给出合适有效的建议。

11）* 对于具有46.103b）所述工作模式的**高频手术设备**，应该给出相互影响的警告：来自另一个**手术电极**的输出在使用中可能改变。

注1：该要求不适用于仅配置双极输出的**高频手术设备**。

注2：该要求不适用于预期不使用**中性电极**的**高频手术设备**。

cc） 警告：**高频手术设备**运行时产生的干扰可能对其他电子设备的运行有不利影响。

dd） 建议**使用者**定期检查**附件**，特别是：电极电缆和**内窥镜使用的附件**要检查其可能的损坏。

ee）* 对于**附属设备**和**手术附件**包括单独提供的它们的零部件，要给出**额定的附件电压**。

ff）* 对于**高频手术设备**，每一种**高频手术模式**的**最大输出电压**和关于**额定附件电压**的说明如下：

i） 在**最大输出电压**（$U_{max}$）≤1 600 V情况下，应给出说明，**附属设备**和**手术附件**宜选用的**额定附件电压**≥**最大输出电压**。

ii） 在**最大输出电压**（$U_{max}$）>1 600 V情况下，用公式计算变量$Y$：

$$Y=\frac{U_{max}-400\ \text{V}}{600\ \text{V}}$$

取变量$Y$或6中较小者。如果计算结果$Y$≤该**高频手术模式**的**峰值系数**，应给出说明，**附属设备**和**手术附件**宜选用的**额定附件电压**≥**最大输出电压**。

iii） 在**最大输出电压**（$U_{max}$）>1 600 V情况下，且**峰值系数**<上面计算的变量$Y$，要给予警告：在这种模式或设定下使用的任何**附属设备**和**手术附件**，其额定容量必须能够耐受实际电压和**峰值系数**的组合应力。

如果**最大输出电压**随输出设定而变，则应以图形给出作为输出设定函数的电压值资料。

注：正在考虑建立高频介电强度分级，以便于使用者容易判断附件对输出设定的适应性。

gg）* 警告：**高频手术设备**的故障会引起输出功率非预期的增大。

hh）* 同专用的**可监测中性电极**相容性说明。

警告：如不使用相容的**可监测中性电极**，在**中性电极**与患者之间失去安全接触时，**接触质量监测器**是不会产生可闻报警的。

注1：该要求不适用于仅配置双极输出的**高频手术设备**。

注2：该要求不适用于预期不使用中性电极的**高频手术设备**。

ii） 关于**中性电极**有效期的包装：

——如标以**单次**使用，则要标上有效期。

——防止**中性电极**部位灼伤的必要提醒，例如限制输出设定和/或启动时间。

——如仅打算用于小患者，则要标以公斤（kg）数以指明预期使用的**患者**最大体重。（参见59.104.5）

jj） 关于使用**可监测中性电极**的说明

——对于可监测中性电极，要说明其同专门的**接触质量监测器**的相容性。

kk）* 打算施加患者电流的**高频手术设备**和**高频附件**，如预计电流超过500 mA、持续时间超过2 min，持续率>50%，则应附上一些关于正确使用**中性电极**的说明、警告和提醒。

6.8.3* **技术说明书**

增补项目：

aa)* 功率输出数据——**单极**输出(对于所有可用的**高频手术模式**,任何可调的“混切”控制器设定在最大位置)

1. 表示全输出控制设定和半输出控制设定下,在负载电阻范围至少为 100 Ω 到 2 000 Ω 的功率输出关系图,必要时这个电阻范围应扩展以包含**额定负载**。
2. 表示在上述负载范围内一个规定负载电阻上的功率输出对输出控制设定的关系图。

bb)* 功率输出数据——**双极**输出(对 aa)项规定的所有**高频手术模式**)

1. 表示全输出控制设定和半输出控制设定下,在负载电阻范围至少为 10 Ω 到 1 000 Ω 的功率输出关系图,必要时这个电阻范围应扩展以包含**额定负载**。
2. 表示在上述负载范围内一个规定负载电阻上的功率输出对输出控制设定的关系图。

cc) 电压输出数据——**单极**和**双极**输出(对所有可用的**高频手术模式**)。

按 6.8.2ee)要求的最大电压数据。

dd)* 按本标准 19.3.101设计的**应用部分**

如果规定**高频手术设备**不带**中性电极**使用,对此应加以说明。如果**高频手术设备**或**附属设备**设计成只具有单一的、固定的输出设定,那么就可略去所述“半输出控制设定”。

## 7 输入功率

除下述内容外,通用标准中的本章适用。

7.1

修改：

工作设定应使**高频手术设备**向所有可同时启动的输出端口释放**额定输出功率**。

**高频手术设备**应按 50.1 试验中规定的方法运行。

# 第二篇 环境条件

通用标准中本篇适用。

# 第三篇 对电击危险的防护

除下述内容外,通用标准中本篇适用。

## 14 有关分类的要求

除下述内容外,通用标准中的本章适用。

### 14.6 B 型、BF 型和 CF 型应用部分

替换：

高频手术设备的**应用部分**应是 BF **型**或 CF **型应用部分**。

## 17 隔离

除下述内容外,通用标准中的本章适用。

### 17h)* 除颤防护

修改：

在本条范围内,**高频手术设备**的患者电路应被看作**应用部分**。

仅用通标 17h)和图 50 所述共模试验来检验其符合性,所用试验电压以 2 kV 替代 5 kV。

试验后,**高频手术设备**应能满足本标准的所有要求和试验,并且能执行**随机文件**中所述预期功能。

## 18 保护接地、功能接地和电位均衡

除下述内容外，通用标准中的本章适用。

增补：

aa)* 一般情况下，**保护接地导体**不应携带功能性电流。但是对于**额定输出功率**不超过 50 W 且预期不带**中性电极**使用的**高频手术设备**，网电源电缆中的**保护接地导体**可用作功能性**高频**电流的返回通道。

## 19* 连续漏电流和患者辅助电流

除下述内容外，通用标准中的本章适用。

### 19.1 通用要求

b)

增补：

——以高频输出不工作，但不影响低频**漏电流**的方式试验。

g)*

修改：

这些试验应以**高频手术设备**电源接通而**患者电路**不启动的方式进行。

### 19.2 单一故障状态

a)

增补：

——模拟输出开关电路的故障而引起的**患者漏电流**增加(参见 56.11)。

### 19.3* 容许值

a)和表 4

修改：

与**接触质量监测器**相关的**患者辅助电流**，不应超过 BF 型的允许值。

b)

修改：

10 mA **漏电流**限制不适用于**患者电路**被启动时从**手术电极**和**中性电极**测试的**高频漏电流**(参见 19.3.101)。

增补：

#### 19.3.101 高频漏电流的热作用

为了防止非预期的热灼伤，**患者电路**启动时从**手术电极**和**中性电极**测试的**高频漏电流**，根据其设计，应符合下列要求：

a)* **高频漏电流**

1) **中性电极**以地为基准

**患者电路**对地绝缘，但**中性电极**利用一些元件(如电容)使其在**高频**下以地为基准(参见图 103)，并能满足 BF **型应用部分**要求。当以下述方法试验时，从**中性电极**经一个 200 Ω 无感电阻流向地的**高频漏电流**不应超过 150 mA。

用下面的试验来检验是否符合要求：

试验 1——依次对带有如图 104 所示的电极电缆和电极的**高频手术设备**的每一个输出进行试验。两电缆间隔为 0.5 m，置于离接地导电平面上方 1 m 的绝缘表面上。输出端带 200 Ω 负载，**高频手术设备**每一个工作模式以最大输出设定运行，测量从**中性电极**经 200 Ω 无感电阻流向地的**高频漏电流**。

试验 2——**高频手术设备**如试验 1 布置，但 200 Ω 负载电阻接在**手术电极**和**高频手术设备**的**接地端子**之间，如图 105 所示，测量从**中性电极**流出的**高频漏电流**。

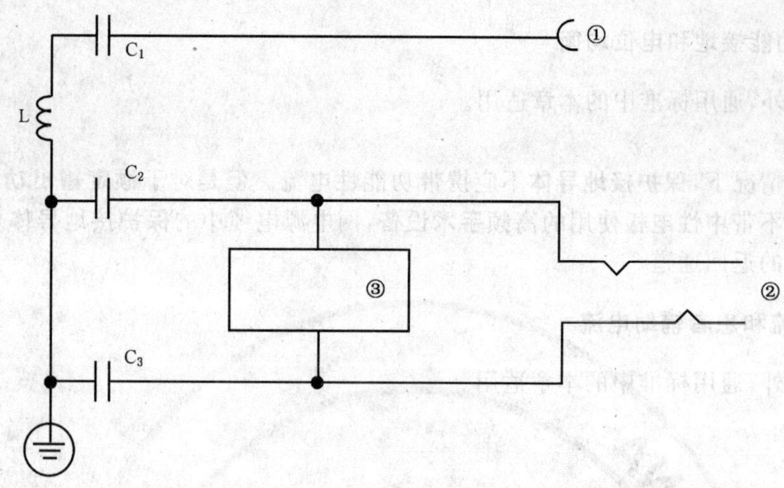


①——手术电极连接器；
②——中性电极连接器；
③——监测器。
$C_1$ 不超过 0.005 μF；
$C_2=C_3$ 不超过 0.025 μF；
$X_{C_2}$ 和 $X_{C_3}$ 在工作频率下不超过 20 Ω；
$Z_L$ 在 50 Hz 下不超过 1 Ω。

**图 103 在工作频率下中性电极以地为基准的患者电路示例**
**（参见 19.3.101a)1)和 59.105）**

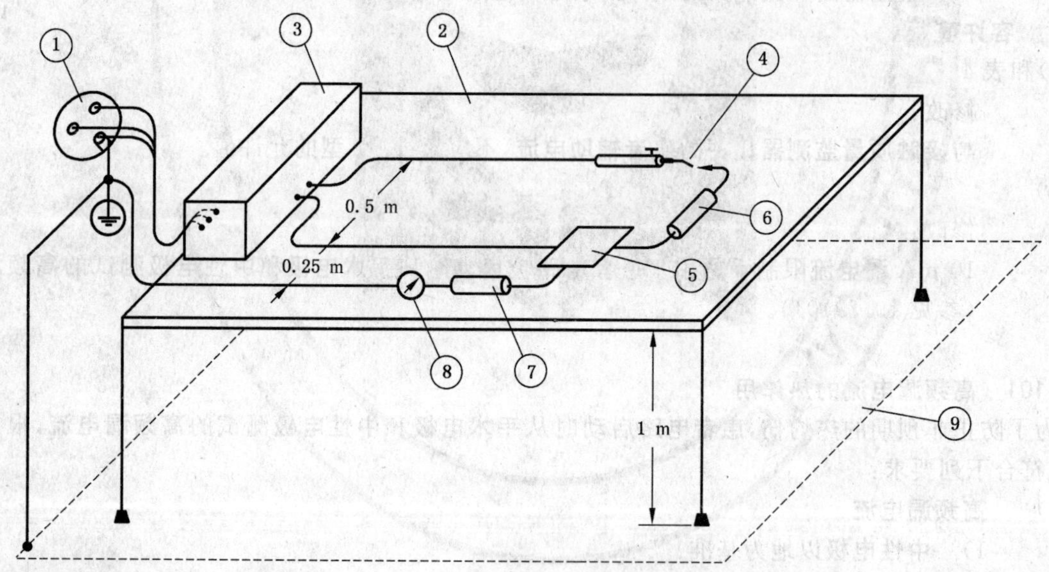


①——网电源；
②——绝缘材料制作的台板；
③——高频手术设备；
④——手术电极；
⑤——中性电极，金属或与同样尺寸的金属箔相接触；
⑥——负载电阻 200 Ω；
⑦——测试电阻 200 Ω；
⑧——高频电流表；
⑨——接地的导电平面。

**图 104 中性电极以地为基准、电极之间加载时测量高频漏电流**

2) **中性电极**在**高频**时与地隔离

无论在高频还是在低频下,**患者电路**均对地绝缘,并且这种绝缘在进行下述试验时,每一个电极经 200 Ω 无感电阻流向地的**高频漏电流**不应超过 150 mA。

用下述试验来检验是否符合要求:

**高频手术设备**如 19.3.101a)1)试验 1 所述布置,输出不加载或加**额定负载**。

Ⅱ类和**内部电源**供电的**高频手术设备**的任何金属**外壳**应接地。具有绝缘**外壳**的**高频手术设备**在进行该试验(参见图 106)时,应放在面积至少应等于设备底板的接地金属(板)上。在**高频手术设备**每一个**高频手术模式**最大输出设定下依次测量每一个电极的**高频漏电流**。

注:以上要求不适用于**额定输出功率**不超过 50 W 且预期不带**中性电极**使用的**高频手术设备**。

3)* **双极**应用

专门设计作**双极**应用的**患者电路**,无论在高频还是低频下,都应与地及其他**应用部分**绝缘。

在所有输出控制设定为最大值时,从**双极**输出的任一极到地和到**中性电极**分别经 200 Ω无感电阻流通的**高频漏电流**,在 200 Ω 无感电阻上形成的功率不应超过最大**双极额定输出功率**的 1%。

用下面的试验来检验是否符合要求:

**高频手术设备**如图 107 所示布置,用制造商提供或建议的**双极**和**中性电极**(如适用)引线对**双极**输出的一个电极端进行试验。输出端先不加载然后再加**额定负载**重复试验。测得的电流平方乘上 200 Ω 应不超出上面的要求。最后再对**双极**输出的另一电极端重复以上试验。

Ⅱ类和**内部电源**供电的**高频手术设备**的任何金属**外壳**应接地。具有绝缘**外壳**的**高频手术设备**在进行该试验时,应放在面积至少等于**高频手术设备**底板的接地金属(板)上。

在**高频漏电流**的所有测量中,**高频手术设备**的**电源电缆**应折扎成长度不超过 40 cm 的线束。

注:以上 1)、2)和 3)的要求对具有 BF 型和 CF 型**应用部分**的**高频手术设备**均适用。**高频外壳漏电流**的要求在考虑之中。

b)* 直接在**高频手术设备**端口测量的**高频漏电流**

当直接在**高频手术设备**端口测量**高频漏电流**时,前面的 a)中 1)和 2)的限值改变为 100 mA,而 3)的在 200 Ω 上的**双极额定输出功率**的 1%的限制不变,且不得超过 100 mA。用类似于 19.3.101a)所述的试验测量来检验是否符合要求,但不带电极电缆,试验中用于将负载电阻、测试电阻和电流测量仪表连接到**高频手术设备**上去的引线要尽可能短。

c) 不同**高频患者电路**之间的横向耦合

1) 一个未启动的**单极患者电路**分别经 200 Ω 负载到地和到**中性电极**均不应产生 150 mA 以上**高频**电流。

2) 一个未启动的**双极患者电路**在跨接于两输出端上的 200 Ω 负载上,或者两输出端子短接后各经一个 200 Ω 负载分别到地和到**中性电极**不应产生 50 mA 以上的高频电流(两个电流应相加,参见图 107)。

此时,其他**患者电路**应以所有可用工作模式在最大输出设定下启动。

用 19.3.101b)中所述试验安排和如图 105(**单极**)或图 107(**双极**)所示的**高频手术设备**布置进行测量来检验是否符合要求。

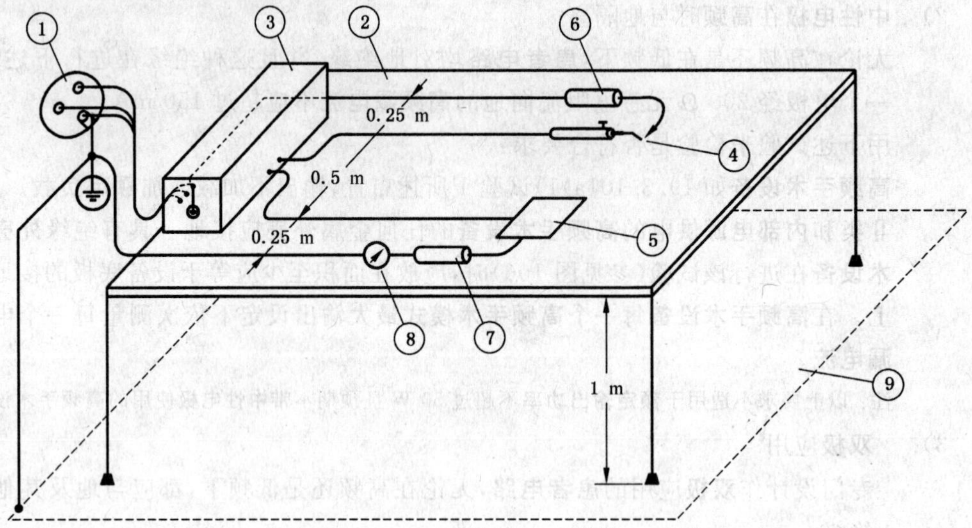


①——网电源；
②——绝缘材料制作的台板；
③——高频手术设备；
④——手术电极；
⑤——中性电极，金属或与同样尺寸的金属箔相接触；
⑥——负载电阻 200 Ω；
⑦——测试电阻 200 Ω；
⑧——高频电流表；
⑨——接地的导电平面。

**图 105 中性电极以地为基准，手术电极到地加载时测量高频漏电流**

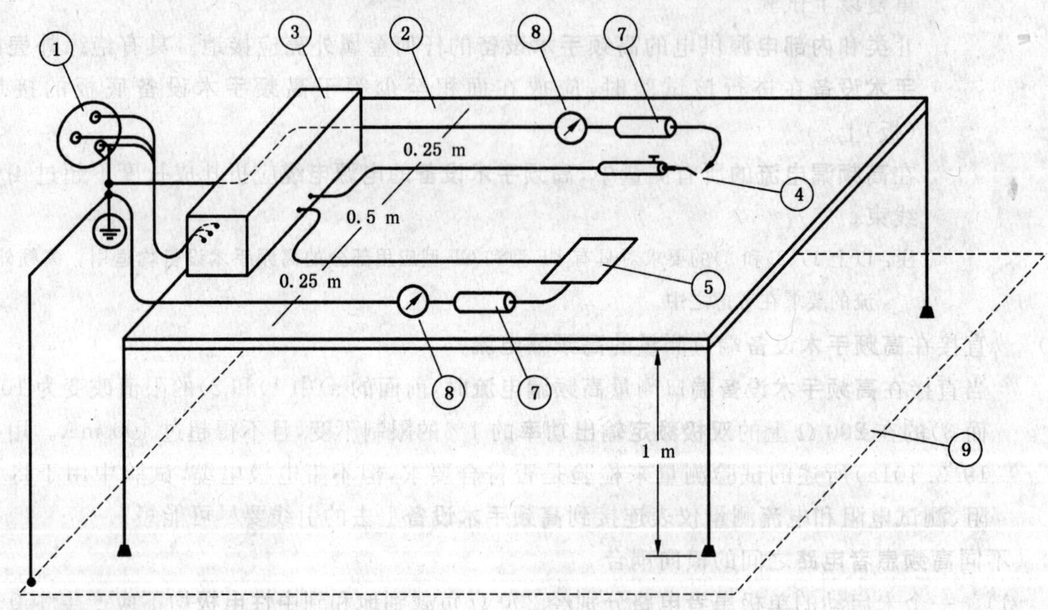


①——网电源；
②——绝缘材料制作的台板；
③——高频手术设备；
④——手术电极；
⑤——中性电极，金属或与同样尺寸的金属箔相接触；
⑦——测试电阻 200 Ω；
⑧——高频电流表；
⑨——接地的导电平面。

**图 106 高频下中性电极与地绝缘时测量高频漏电流［参见 19.3.101a)2)］**

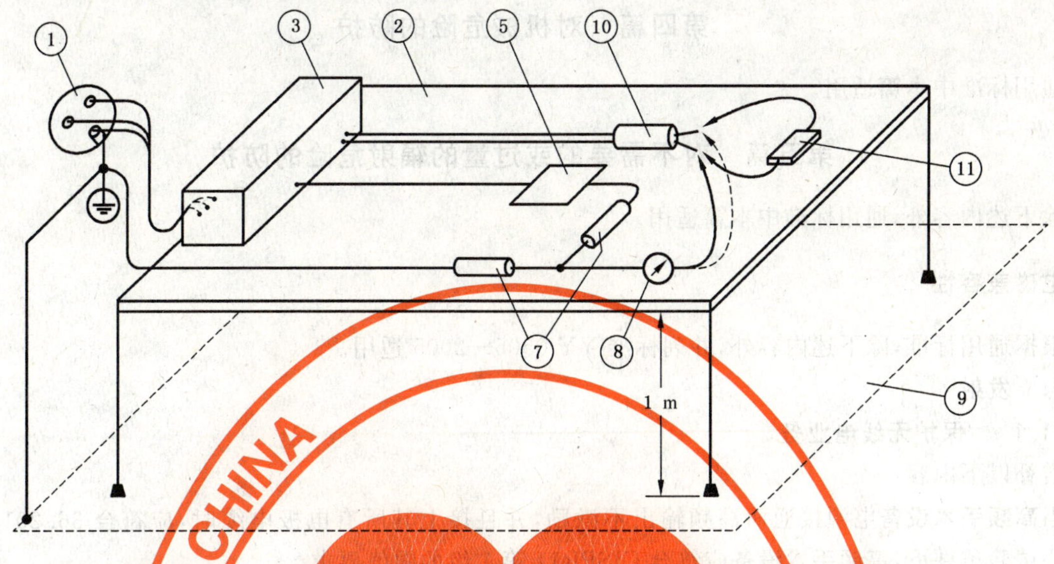


①——网电源；

②——绝缘材料制作的台板；

③——高频手术设备；

⑤——中性电极，金属或与同样尺寸的金属箔相接触；

⑦——测试电阻 200 Ω；

⑧——高频电流表；

⑨——接地的导体平面；

⑩——启动的双极电极；

⑪——负载电阻，如要求，可带高频功率测量装置。

**图 107　测量双极电极的高频漏电流[参见 19.3.101a)3)]**

## 20* 电介质强度

除下述内容外，通用标准中的本章适用。

修改：

对**高频附件**的要求和试验在 59.103 和 59.104 中给出。

对**内窥镜用附件**的要求和试验在 GB 9706.19 中给出。

### 20.2* 对有应用部分的设备的要求

对于**高频手术设备**和**附属设备**，隔离 B-e 不需试验(可参见 57.10)。当检查 B-e 的绝缘而不是隔离时，可在一个大于 960 hPa 的标准大气压力下进行试验，这可以使大气绝缘性能固定。

### 20.3 试验电压值

表 5，注 2：替换：

对于**应用部分**的试验电压，基准电压(*U*)应通过测量峰值高频电压来确定：，计算出具有相同峰值电压的网电源频率下的正弦波有效值，用这个计算值作为表 5 中的基准电压(*U*)。但是，基准电压(*U*)最小应为 250 V。

### 20.4* 试验

增补项目：

aa) 在试验 B-a 项时，如果在 57.10 中规定的**电气间隙**上经大气产生击穿或闪弧，可插入一绝缘层来防止这种击穿，因此经保护的绝缘就能试验了。

在试验 B-a 项时，如果在 57.10 中规定的**爬电距离**上出现击穿或闪弧，那么应对为 B-a 提供绝缘的那些元件如变压器、继电器、光耦合器或印板上的**爬电距离**等进行试验。

## 第四篇　对机械危险的防护

通用标准中本篇适用。

## 第五篇　对不需要的或过量的辐射危险的防护

除下述内容外，通用标准中本篇适用。

### 36　电磁兼容性

根据通用标准，除下述内容外，并列标准 YY 0505—2005 适用。

#### 36.201　发射

#### 36.201.1*　保护无线电业务

增补以下内容：

当**高频手术设备**电源接通而高频输出不激励，并且接上其所有电极电缆时，应符合 36.201 要求。在这些试验条件下，**高频手术设备**应符合 CISPR11 第 1 组的限值要求。

#### 36.202　抗扰(性)

#### 36.202.1　通用性

j)　符合性规则：

在 j)末尾增补：

以下现象应被看作可接受的性能降格：

——**高频手术设备**操作面板上清晰指明了的高频功率输出中断或复位到待机状态；

——释放的输出功率变化在 50.2 允许范围内。

## 第六篇　对易燃麻醉混合气点燃危险的防护

除下述内容外，通用标准中本篇适用。

### 39　对 AP 型和 APG 型设备的共同要求

除下述内容外，通用标准中的本章适用。

#### 39.3　静电预防

增补：

#### 39.3.101　脚踏开关

脚踏开关与导电性地板之间的导电通道应具有不超过 10 MΩ 的电阻。

## 第七篇　对超温和其他安全方面危险的防护

除下述内容外，通用标准中本篇适用。

### 42*　超温

除下述内容外，通用标准中的本章适用。

对于 42.1 到 42.3 的符合性试验

3)　持续率

替换：

用电极电缆将**高频手术设备**的**额定输出功率**加到一个电阻性负载上，以制造商规定的**持续率**运行 1 h，但运行时间不少于 10 s，间歇时间不多于 30 s[参见通用标准 6.1m)]。

## 44 溢流、液体泼洒、泄漏、受潮、进液、清洗、消毒、灭菌和相容性

除下述内容外，通用标准中的本章适用。

### 44.3* 液体泼洒

替换：

**高频手术设备**和**附属设备**的**外壳**结构应制成在**正常使用**时不会因液体泼洒而弄湿电气绝缘和那些一旦弄湿可能影响**高频手术设备**和**附属设备**安全的其他元器件。

用下述试验来检验是否符合要求：

在 15 s 中内将 1 L 水匀速地倒在**高频手术设备**和**附属设备**顶盖中央。预期要装入墙上或箱内的**高频手术设备**和**附属设备**，在按建议的那样安装到位后再试验，水应倒在控制面板上方的墙壁上。如此处理后，高频手术设备和**附属设备**应能承受第 20 章中规定的介电强度试验，并且检查可能进入**机壳**的水对**高频手术设备**和**附属设备**安全应不会产生不利影响，特别是那些按通用标准 57.10 规定了**爬电距离**的绝缘上不应有水迹。

### 44.6* 进液

增补：

aa)* 预期在手术室中使用的**高频手术设备**和**附属设备**的脚踏开关，其电气开关部件应能防止液体进入的影响，这可能引起**应用部分**意外激励。

用下述试验来检验是否符合要求：

将整个脚踏开关在 0.9%盐水、150 mm 深度下浸没 30 min，在浸没状态下，将脚踏开关连接到与**正常使用**相对应的**开关检测器**上并操作 50 次，脚踏开关每释放一次，**开关检测器**都应指示不启动状态。

注：将浸入试验修改成取消功能检查和介电强度试验还在研究中。现行 IEC 60529 中没有试验适用于这种预期手术治疗环境。

bb)* **指揿开关**的电气部件应能防止进液影响，进液可能引起**应用部分**被意外激励（还可参见 59.103.2）。

用以下试验来检验是否符合要求：

应在**手术连接器**的每一个开关端子上用频率至少为 1 kHz、电压不超过 12 V(的电源)测量其交流阻抗。**手术电极**手柄水平支撑起来至少 50 mm，其最上面的开关启动部件应高于任何表面。在 15 s 内将 1 L 0.9%盐溶液匀速地倒在**手术电极**手柄上，并要弄湿**手术电极**手柄整个长度。允许溶液自由滴离。开关端子上的交流阻抗应保持在 2 000 Ω 以上。

此后立即对每一个**指揿开关**操作和释放 10 次，在每一次释放后 0.5 s 内开关端子上的交流阻抗应超过 2 000 Ω。

### 44.7* 清洗、消毒和灭菌

增补：

除非标记为仅使用一次，**手术附件**及其所有可拆卸部件，(不用工具可从电缆上拆卸下来的**手术连接器**除外)，经过通用标准该条规定的试验后，都应符合本标准的要求。

## 46 人为差错

除下述内容外，通用标准中的本章适用。

增补：

46.101* 如果使用一个双踏板脚踏开关组件来选择**切**和**凝**输出模式，则应设计成：按**操作者**方向观察，左踏板启动**切**，右踏板启动**凝**。

通过目测来检验是否符合要求。

46.102* 如果在一个**手术手柄**上装有独立而分开的**指撳开关**来选择性地启动**切**和**凝高频手术模式**，那么启动**切**的开关应比另一个开关更靠近**手术电极**。

通过目测来检验是否符合要求。

46.103* 应不能同时激励一个以上**手术输出端口**，除非：

a) 每一个**手术输出端口**具有独立的控制装置来选择**高频手术模式**、高频输出设定和**开关检测器**，或者

b) 两个**单极手术输出端口**具有各自的**开关检测器**并且分担一个公用的**电灼**(面凝)输出。

同时启动时的提示声响应不同于单个启动时的声响(还可参见59.102)。除了被**操作者**启动的那个**患者电路**之外，任何其他的**患者电路**绝对不应被激励到19.3.101c)中规定的水平之上。

通过目测和功能试验来检验是否符合要求。

46.104*

a) **高频手术设备**和**附属设备**上的**手术输出端口**在结构、外型上应明显不同，以使**单极手术附件**、**中性电极**和**双极手术附件**不能错误连接，参见附录AA。

b) 具有一个以上插脚的**手术连接器**应有固定的脚距，禁止“飞线”连接。

c) 仅有一个插脚的**手术连接器**不需考虑。

通过目测来检验是否符合要求。

46.105 如果多于一个**高频手术模式**可被单个**开关检测器**激励，在被激励输出前，应提供一个指示以表明被选中的**高频手术模式**。

通过目测和功能试验来检验是否符合要求。

46.106* 与专用的**高频手术模式**相关的操作控制器、输出端口、指示灯[参见6.7a)]、踏板(参见46.101)和**指撳开关**按钮(参见46.102)应规定使用以下色符：

黄色用于**切**；

蓝色用于**凝**。

通过目测来检验是否符合要求。

## 第八篇　工作数据的准确性和危险输出的防止

### 50　工作数据的准确性

除下列内容外，通用标准的本章适用。

#### 50.1　控制器件和仪表的标记

替换：

50.1.101* 对于每一个**单极高频手术模式**，除了6.8.2bb)7)所提要求外，**高频手术设备**应配备一个装置(输出控制器)以使输出功率可降到**额定输出功率**的5%或10 W以下，取其较小者(还可参见6.3)，对于一些特定的负载电阻值，输出功率不应随输出控制设定的下降而升高(参见6.8.3aa)和图108)。

通过以下试验来检验是否符合要求：

在包括100 Ω，200 Ω，500 Ω，1 000 Ω，2 000 Ω和**额定负载**等至少为5个特定负载电阻值上，测量作为输出控制设定函数的输出功率。应使用与**高频手术设备**一起提供的**手术附件**和**中性电极**，或者使用3 m长绝缘导线来连接负载电阻。

注：如果需要，**指撳开关**的操作可用不长于100 mm的**绝缘跨接线**来进行模拟启动。

50.1.102 对于每一个**双极高频手术模式**，除了6.8.2bb)7)所提要求外，**高频手术设备**还应配备一个装置(输出控制器)以使输出功率降低到**额定输出功率**的5%或10 W以下，取其较小者(参见6.3)。对于一些特定的负载电阻值，输出功率不应随输出控制设定的降低而升高(参见6.8.3bb)和图109)。

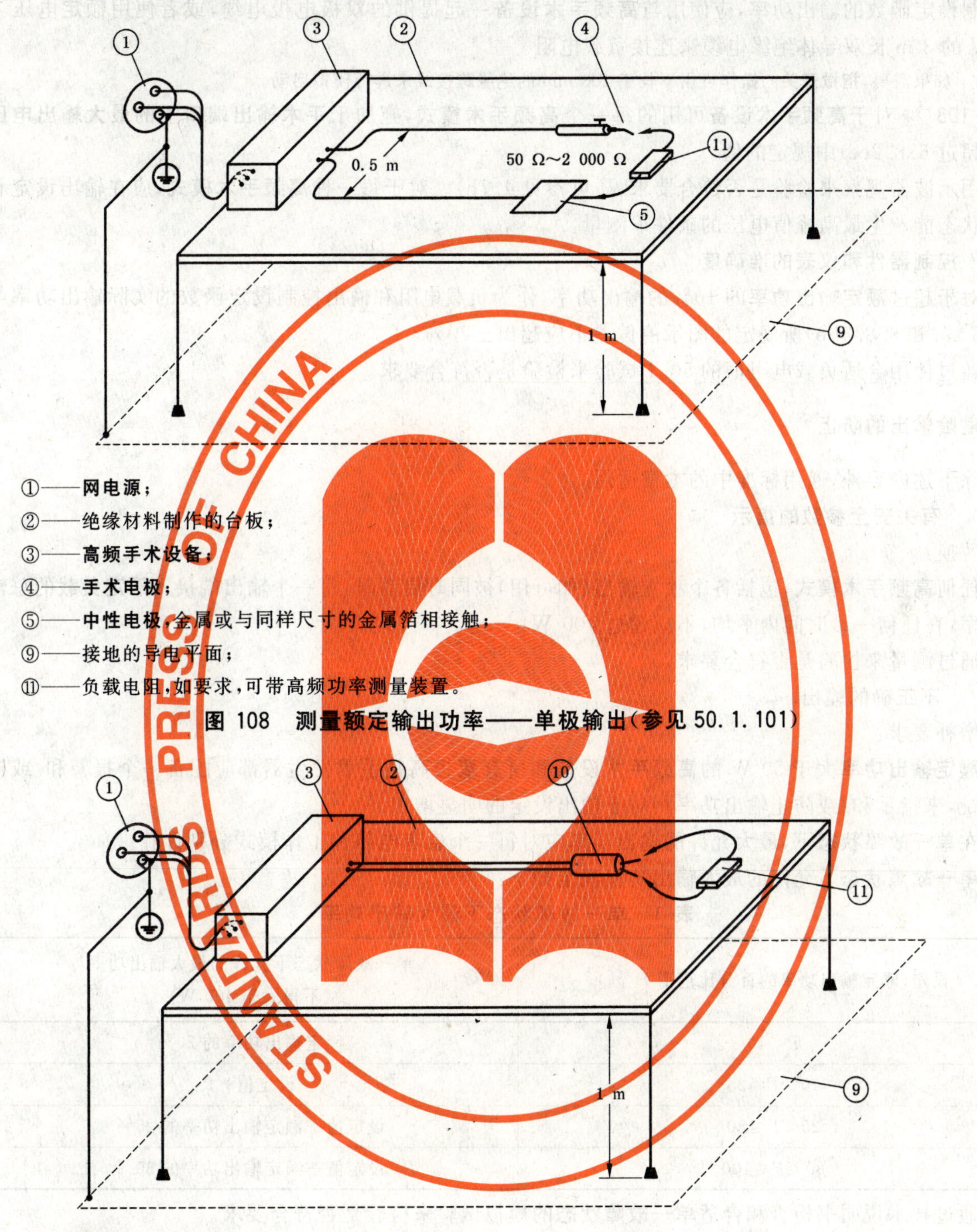




①——网电源；

②——绝缘材料制作的台板；

③——**高频手术设备**；

④——**手术电极**；

⑤——**中性电极**，金属或与同样尺寸的金属箔相接触；

⑨——接地的导电平面；

⑪——负载电阻，如要求，可带高频功率测量装置。

**图 108 测量额定输出功率——单极输出（参见 50.1.101）**

①——网电源；

②——绝缘材料制作的台板；

③——**高频手术设备**；

⑨——接地的导电平面；

⑩——启动的**双极电极**；

⑪——负载电阻，如要求，可带高频功率测量装置。

**图 109 测量额定输出功率——双极输出（参见 50.1.102）**

通过以下试验来检验是否符合要求：

在包括 10 Ω，50 Ω，200 Ω，500 Ω，1 000 Ω 和**额定负载**等至少 5 个特定负载电阻值上，测量作为输出控制设定函数的输出功率，应使用与**高频手术设备**一起提供的**双极**电极电缆，或者使用**额定**电压≥600 V的3 m长双导体绝缘电缆来连接负载电阻。

注：如果需要，**指揿开关**的操作可用不长于100 mm的绝缘跨接线来进行模拟启动。

50.1.103* 对于**高频手术设备**可用的每一个**高频手术模式**，施加于**手术输出端口**上的**最大输出电压**不应超过6.8.2ee)中规定的值。

用示波器观察来检验是否符合要求，还可参见4.7h)。对于每一种**高频手术模式**，应在输出设定和负载状态能产生最高峰值电压的条件下测量。

### 50.2 控制器件和仪表的准确度

对于超过**额定输出功率**的10%的输出功率，作为负载电阻和输出控制设定函数的实际输出功率与6.8.3 aa)和6.8.3bb)所规定的图示值偏差不应超出±20%。

通过使用合适负载电阻值的50.1试验来检验是否符合要求。

## 51 危险输出的防止

除下述内容外，通用标准中的本章适用。

### 51.2* 有关安全参数的指示

替换：

任何**高频手术模式**，包括各个独立输出(如可用)被同时启动时，每一个输出端接入**额定负载**的总输出功率，在任何一秒时间内平均，不应超过400 W。

通过测量来检验是否符合要求。

### 51.5* 不正确的输出

增补要求：

**额定输出功率**大于50 W的**高频手术设备**和所有**双极**高频手术发生器都应配备一个报警和/或连锁系统，来指示和/或防止输出功率相对于输出设定的明显增加。

在**单一故障状态**下，最大允许的输出功率应对每一个**患者电路**和工作模式分别计算。

**单一故障状态**下允许的最大输出功率规定如下：

**表1 单一故障状态下最大输出功率**

| 设定(**额定输出功率**的百分比范围 $P$/%) | **单一故障状态**下允许的最大输出功率(不得大于400 W) |
|---|---|
| $P<10$ | **额定输出功率**的20% |
| $10\leqslant P\leqslant 25$ | 设定值×2 |
| $25<P\leqslant 80$ | 设定值+**额定输出功率**的25% |
| $80<P\leqslant 100$ | 设定值+**额定输出功率**的30% |

通过技术说明书检查和合适**单一故障状态**的模拟试验来检验是否符合要求。

增补：

51.101 当**高频手术设备**电源关断再接通，或者网电源中断再恢复时，

——输出控制器一个给定设定下的输出功率不应增加20%以上，

——除了不产生功率输出的待机状态之外，原来选择的**高频手术模式**不应改变。

通过以下操作，测量1 s内的平均功率和观察工作模式来检验是否符合要求。

a) 反复操作**高频手术设备**的电源开关；

b) **高频手术设备**电源开关处于接通位置，中断和恢复网电源。

51.102* 对于可同时启动多于一个以上**患者电路**(参见46.103)的**高频手术设备**，当这些**患者电路**在任何可用的**高频手术模式**组合下同时启动时，其释放的输出功率不应超过50.2规定的偏差20%。

任何单独启动的**患者电路**应符合 50.2。

通过以下试验(参见图 110)来检验是否符合要求。

对于 46.103a)所定义的**高频手术设备**:

被试输出以 20%**额定输出功率**启动,并记下此时的输出高频电流读数,然后任何其他输出在最大功率下启动,被试输出电流不应增加 10%以上。

对于 46.103b)所定义的**高频手术设备**:

被试输出分别以 50%和 100%输出设定启动,记下输出电流值,当另一输出也启动时,被试输出电流不应增大 10%以上。

对于可以在任一时刻一道启动输出的所有可能组合,重复进行这些试验。

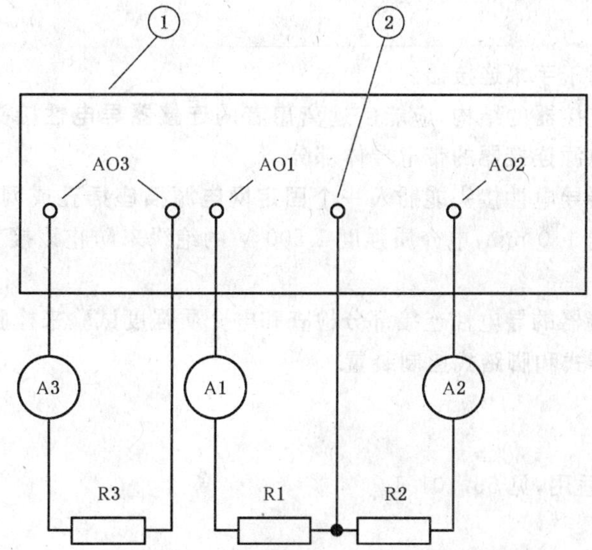


①——**高频手术设备**;

②——**中性电极**连接器;

R1——手术输出的**额定负载**;

R2——手术输出的**额定负载**;

R3——手术输出的**额定负载**;

A01——**单极**手术输出;

A02——**单极**手术输出;

A03——**双极**手术输出。

**图 110 同时启动的手术输出之间相互影响的试验方法**

## 第九篇 不正常的运行和故障状态;环境试验

除下述内容外,通用标准中本篇适用。

### 52 不正常的运行和故障状态

除下述内容外,通用标准中的本章适用。

增补:

**52.101* 电极短路影响的防止**

**高频手术设备**在最大输出设定下激励时,应能无损伤地承受输出开路和短路的影响。

通过以下试验来检验是否符合要求:

将 50.1.101 和 50.1.102 中所述 3 m 导线连接到**患者电路**连接(点)上,对于每一种**高频手术模式**,将输出控制器设定在最大位置。然后启动输出,让一对启动导线远端短路 5 s,然后开路 15 s,再停止输出 1 min。重复循环 10 次。

该试验后，**高频手术设备**应符合本标准的所有要求。

## 第十篇　结构要求

除下述内容外，通用标准中本篇适用。

### 56　元器件和组件

除下述内容外，通用标准中的本章适用。

#### 56.3　连接——概述

c)*

修改：

该要求应不适用于**手术连接器**。

任何**中性电极**连接器的结构，应能使远离**患者**的**连接器导电性**接头无法接触到**固定网电源插座插孔**或**网电源连接器**的带电导体部分。

如果所述连接器导电性接头能插入一个**固定网电源插座插孔**或**网电源连接器**中，则要用至少具有**爬电距离** 1.0 mm，电介质强度 1 500 V 的绝缘来防止该接头与带有网电源电压的部分接触。

*通过对以上连接器的导电性连接部分检查和电介质强度试验来检验是否符合要求。*

#### 56.11　有电线连接的手持式和脚踏式控制装置

a)　工作电压的限制

修改：

通用标准该项不适用，见 56.101.1。

d)　进液

修改：

通用标准该项不适用，见 44.6。

e)　连接用电线

修改：

通用标准该项不适用于**手术附件**电缆的固定，见 56.102 中适用内容。

增补：

除了 56.101.2 中所述之外，预期用于激励**患者电路**的任何控制器，应要求能被**操作者**连续启动。

#### 56.101*　开关检测器

#### 56.101.1*　概述

除了 56.101.2 中所述之外，**高频手术设备**和可用**附属设备**都应配置一个**开关检测器**，以便即时响应开关的通断动作而使相应**手术输出端子**受激或停激。

**开关检测器**的供电电源应与**网电源部分**和地绝缘，如果它与**应用部分**有**导电连接**时，供电电压不超过 12 V，无导电连接时供电电压不超过交流 24 V 或直流 34 V。

注：该要求(也)适用于**开关检测器**中出现的电压，共模高频电压可以忽略。

在**单一故障状态**下，**开关检测器**不应引起低频**患者漏电流**超过允许限值[见 19.3a)]。

*通过检查、功能试验以及电压和漏电流测量来检验是否符合要求。*

如果**开关检测器**具有预期连接外部电气开关触点的输入端口，当这些端口上跨接一个≥1 000 Ω 电阻时，应不能启动**高频手术设备**的任何输出。

*通过功能试验来检验是否符合要求。*

每一个**开关检测器**应只能启动预期的单一**手术输出端口**，而且不能控制多于一个的**高频手术模式**。

注：为满足该要求，一个翘板式开关的两臂被看作是两个独立开关。

56.101.2 非连续启动

**开关检测器**的非连续启动方式如要被接受，只有当：

a) **高频手术设备**根据设备的专门用途自动停止输出；

b) 提供一个指示灯向**操作者**指明**高频手术设备设置**于这种专门应用方式，以及

c) 具有手动停止输出功能。

通过检查**随机文件**和功能试验来检验是否符合要求。

56.101.3 用阻抗检测方法启动

只有对**双极凝**，**开关检测器**方可根据**双极手术输出端子**上呈现的阻抗来启动高频输出。

如果这种阻抗敏感**开关检测器**具有其他用途或附加到一个触点闭合敏感**开关检测器**上，那么：

a) 当网电源中断并恢复时，这种检测器在任何情况下应不能单独激励高频输出；

b) 只有当**操作者**专门选中时，阻抗检测启动才能起作用，以及

c) 对这种选择应向**操作者**提供可见指示。

阻抗敏感**开关检测器**不应用于**单极**输出启动，本条要求并不适用于根据专门应用方式只能自动终止高频输出的**开关检测器**[参见 56.101.2a)]。

通过检查随机文件和功能试验来检验是否符合要求。

56.101.4 脚踏开关

脚踏开关应符合下述要求(还可参见 44.6 和 46.101)：

启动开关所要求的力不应小于 10 N，该力施加于脚踏开关操作表面上任何 625 $mm^2$ 面积上。

通过测量启动力来检验是否符合要求。

56.102* 手术附件电缆的固定

**手术附件**电缆的固定结构应设计成能防止由于电缆扭曲和过分拉扯引起的导体和绝缘损坏，从而能使**患者**和**操作者**受到的风险最小化。

通过检查和下述试验来检验是否符合要求：

**手术手柄**和**手术连接器**分别试验一次。

被试**手术手柄**或**手术连接器**固定于如图 111 所示类似装置上，当装置的摆杆处于摆程中间位置即与电缆同轴时，在垂直方向上将被试件沿轴线向下放，穿过一个离摆动轴心 300 mm 的小孔，一个等于**手术附件**电缆和连接器总重的重物固定于小孔以下的电缆上，以对电缆施加张力，小孔直径最大不宜超过电缆直径的 2 倍。

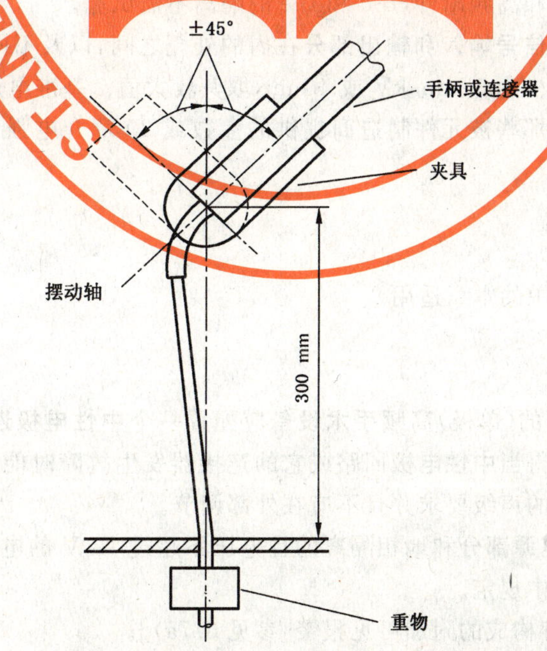


图 111 手术附件电缆固定装置的试验布置

如果被试**手术手柄**或**手术连接器**装有两根或多根电缆，它们应一起试验，加到固定装置上的总重量应是每一根电缆单独要加的重量之和。

摆动杆以90°角摆动(垂直方向上每边45°)。

**手术手柄**的电缆固定装置应以大约每分钟30次速率摆动1 000次(标记为单次使用的**手术附件**摆动200次)，**手术连接器**的电缆固定装置应以大约每分钟30次速率摆动5 000次(标记为单次使用的**手术附件**摆动100次)。

试验后，电缆不应失效也无可见损伤。对于多芯电缆，各芯线不应出现短路，施加张力的重物应增加到1 kg，并用不超过1 A的直流电流检查其电气连续性。

**56.103* 具有可拆卸手术电极的手术附件**

**56.103.1 第三方提供的手术电极的互换性**

a) 带有可拆卸**手术电极**的**手术附件**制造商应对预期加接到**手术附件**上去的任何**手术电极**配件给出尺寸及其精度要求。

通过对**随机文件**的检查来检验是否符合要求。

b) 带有可拆卸**手术电极**的**手术附件**制造商应在**随机文件**中规定预期可互换的**手术电极**。

通过一致性演示来检验是否符合本标准所有相关要求。

**56.103.2 可拆卸手术电极的拆卸力**

可拆卸**手术电极**制造商应在**手术附件**的**随机文件**中规定其预期配用的**手术附件**。

a) 可拆卸**手术电极**应能牢固地装入规定的**手术附件**。

通过检查和下述试验来检验是否符合要求：

将可拆卸**手术电极**在规定的**手术附件**中插拔10次，再插入后，沿插入轴方向用等于**手术电极**10倍重量的拉力(最大10 N)，在1 min内应不能拔出该电极。

b) 在可拆卸**手术电极**插入规定的**手术附件**的情况下，其组件应符合本标准其他所有适用的要求。

**57.10 爬电距离和电气间隙**

a)* 数值

修改：

对于**高频手术设备**和高频附件，B-d和B-e的隔离不需试验。

在应用部分与包括**信号输入**和**输出部分**在内的外壳之间，以及不同**患者电路**之间，其**爬电距离**和**电气间隙**应至少为3 mm/kV或4 mm，取其较大值。基准电压应是最大峰值电压。

这个要求不适用于那些被元件制造商提供的参数或20章介电强度试验证明具有足够额定容量的元器件。

## 59 结构和布线

除下述内容外，通用标准中的本章适用。

增补：

**59.101* 中性电极监测电路**

**额定输出功率**大于50 W的(单极)**高频手术设备**应配置一个**中性电极连续性监测器**和/或一个**接触质量监测器**，这样的配置使得当**中性电极**回路或它的连接器发生故障时能使输出停激并发出可闻报警。可闻报警应满足59.102的声级要求并且不应在外部调节。

监测电路应由一个与**网电源部分**和地相隔离的且电压不超过12 V的电源供电。**接触质量监测器**的监测电流的限值已在19.3中规定。

宜提供一个由红色指示灯构成的附加可见报警[参见6.7a)]。

将**高频手术设备**接入图112所示电路，在各种工作模式最大输出控制设定下运行，来检验**中性电极**

**连续性监测器**是否符合要求。图中开关闭合和打开各5次,开关每次打开时,**高频**输出应被禁止且发出报警声响。

**接触质量监测器**符合性试验:接通**高频手术设备**的网电源,并设置其控制器于**单极**工作模式,但不启动。然后将一个合适的可**监测中性电极**[按6.8.2gg)建议选择]连接到**接触质量监测器**的**中性电极**连接器上。

再按使用说明书所述方法放置**中性电极**,使之完全同人体目标或合适代用品表面接触,**接触质量监测器**如说明书规定进行设置,然后启动**高频手术设备**的一个**单极高频手术模式**,此时应无报警声,且有**高频**输出;让**高频手术设备**起动着,逐渐减少**中性电极**和人体目标或合适代用品表面之间的接触面积直到出现报警。记下剩余的接触面积(报警面积)Aa,以便接下来按59.104.5进行温升试验,并且当尝试启动时应无高频输出产生。

用至少三只合适的**可监测中性电极**样品在两个轴向上重复这个试验。

注:要注意,在**正常状态**下,监测电路不得在**中性电极**上引起任何干扰电压(如网电源频率或其谐波),这可能对任何**患者**监护**设备**的运行产生不利影响。

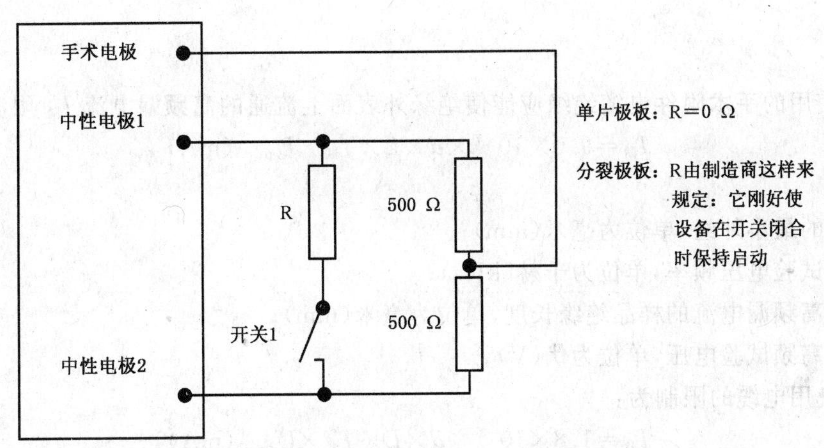


注:分裂成两部分以上的**中性电极**也要进行相应试验。

**图112 适用于59.101符合性试验的电路**

## 59.102 输出指示器

**高频手术设备**应配备一指示器,当任何输出电路由于一个**开关检测器**的工作或者因一个**单一故障状态**而被激励时提供一个可闻的(声响提示)信号。声音输出的主要能量应包含在100 Hz到3 000 Hz的频段内,根据制造商规定的方向上离**高频手术设备** 1 m距离处,声源产生的声级至少应为65 dB(A计权)。可配备一个可触及的声级控制器,但不应将声级降到40 dB(A计权)以下。对于模拟启动,还可参见46.103。

为了使**操作者**能区分59.101所述可闻报警和以上规定的可闻信号,应将前者制成脉动式的或者使用两种不同的频率。

通过功能检查和声级测量来检验是否符合要求。

## 59.103* 手术附件绝缘

**手术附件**及**手术附件**的电缆应有足够的绝缘,以减轻正常使用时对**患者**和**操作者**非预期热灼伤风险。

通过以下试验来检验是否符合要求:

无**单次使用**标记的试样应经过44.7消毒试验。

除**手术手柄**和**手术连接器**之外的所有**手术附件**绝缘部分,应浸入0.9%盐水中至少12 h但不超过24 h进行预处理。在试验制备中剥露的工作导体以及**手术附件**的电缆端部100 mm范围内的绝缘应防止接触盐水,一旦完成这个预处理程序,应用抖、甩的方法或用干纱布揩擦,将表面和孔腔中过多的盐水去除。

在盐水预处理后立即按以下顺序进行合适的电气试验：

——**高频**泄漏(59.103.5)；

——**高频**介电强度(59.103.6)；

——**工频**介电强度(59.103.7)。

59.103.1

不采用。

59.103.2

不采用。

59.103.3

不采用。

59.103.4

不采用。

增补：

59.103.5*

预期**单极**使用的**手术附件**电缆绝缘应能使绝缘外表面上流通的**高频**漏电流 $I_{漏}$ 限制于：

$$I_{漏}=9.0\times10^{-7}\times d\times L\times f_{试}\times U_{p}\quad(\text{mA})$$

式中：

$d$——绝缘的最小外经，单位为毫米(mm)；

$f_{试}$——**高频**试验电压频率，单位为千赫(kHz)；

$L$——流通**高频**漏电流的样品绝缘长度，单位为毫米(mm)；

$U_{p}$——峰值**高频**试验电压，单位为伏(V)。

预期**双极**使用电缆的限制为：

$$I_{漏}=1.8\times10^{-6}\times d\times L\times f_{试}\times U_{p}\quad(\text{mA})$$

通过以下试验来检验是否符合要求：

除了离两端剥露导体各 10 mm 绝缘之外，试样绝缘的全部长度(不超过 300 mm)应浸入 0.9%盐溶液中或者包扎于浸过盐溶液的透水布中，所有工作内导体一起连接于一个高频电压源的一个极上，该电压源具有频率为 300 kHz 到 1 000 kHz 的近似正弦波形。**高频**电压源的另一极接到一个导电电极上，该电极浸于盐溶液中或者接到包扎于浸过盐溶液的透水布中段的金属箔上，用合适仪表串接在**高频**电压源输出中，监测高频漏电流 $I_{漏}$。在**高频**电压源两输出极上监测**高频**试验电压 $U_{p}$。

提升**高频**试验电压 $U_{p}$，直到峰值电压等于**额定附件**电压和 400 V 两个值中的较小值，测得的**高频**漏电流 $I_{漏}$ 不应超过规定限值。

59.103.6* **高频电介质强度**

**手术附件**所用绝缘应能承受 1.2 倍**额定附件电压**的**高频**电压。

通过以下试验来检验是否符合要求：

应在与**额定附件电压**〔由**高频附件**制造商在使用说明书中规定(见 6.8.2ee)〕相关联的一个电压下进行试验，该试验电压如以下试验方法中所详述。对于**手术附件**和**手术电极**电缆，经盐水预处理过的绝缘部分，在不损坏试样外表情况下，用一段直径为 0.4 mm(1±10%)裸导线以节距至少为 3 mm，在电缆绝缘上绕最多 5 圈。如有必要防止意外弧光放电，该裸导线与**手术电极**工作导体部分之间的爬电距离可用绝缘来增加到 10 mm。附加绝缘的厚度不应超过 1 mm，并且覆盖到**手术电极绝缘**上的附加绝缘不应超过 2 mm。**高频**试验电压源的一个极应连接到试验用裸导线上，另一个极应连接到被试样品的所有工作导体上。

**手术电极**手柄连同任何可拆卸电缆和可拆卸**手术电极**，按规定组合在一起，用在 0.9%盐溶液中浸泡过的透水布包起来，整个手柄外表面应包复，包布应延伸到电缆表面至少 150 mm，延伸到**手术电极绝缘**至少 5 mm。如果必要，包布和裸露的工作导体部分之间的爬电距离可如前面一样被绝缘起来。浸盐水布上包复金属箔并连接到高频试验电压源的一个电极上，所有被试样品的工作导体包括**手术电极**工作(刀)头应同时连接到另一个极上。

在**高频**电压源输出电极上监测峰值高频试验电压。然后**高频**试验电压源升压至其峰值电压达到 1.2 倍**额定附件电压**，并保持 30 s，以对被试样品绝缘施加应力。绝缘材料不应出现击穿(现象)，接着对同一绝缘按 59.103.7 进行工频试验。

注：蓝色电晕是正常的，不属于绝缘击穿。

被试样品正常使用时未绝缘部分，在预处理时应充分防止同盐溶液接触，试验时该防护应从原来位置去掉。

试验：

使用频率为 400 kHz±100 kHz 近似正弦连续波形，或者调制波形(调制频率高于 10 kHz)，其峰值电压等于**高频附件**制造商规定的**额定附件电压**的 1.2 倍，试验的峰值系数($C_{试}$)如下述规定：

对于**额定附件电压**≤1 600 V：

$C_{试} \leqslant 2$

对于**额定附件电压**>1 600 V 而≤4 000 V：

$$C_{试} = \frac{V_{acc} - 400\ \mathrm{V}}{600\ \mathrm{V}} \pm 10\%$$

式中：

$V_{acc}$——**额定附件电压**，单位为伏(V)。

对于**额定附件电压**>4 000 V：

$C_{试} = 6 \pm 10\%$

要求专门验证的、预期需要使用某些特定**高频手术模式**或输出设定的**手术附件**，应能承受这种**高频手术模式**或输出设定的 1.2 倍峰值输出电压。在上述同样条件下，但要用该种高频手术模式或输出设定时的实际峰值系数来进行试验[参见 6.8.2ff)iii)]。

**59.103.7*　工频电介质强度**

用于**手术附件**的绝缘，包括按 59.103.6 **高频**试验过的绝缘部分，应能承受比**高频手术附件**制造商规定的**额定附件电压**高 1 000 V 的直流或工频峰值电压。

通过以下试验来检验是否符合要求：

试验电压源应能产生一个直流或工频信号，对于**手术手柄**和**手术连接器**，试验持续时间应为 30 s；对于**手术附件**电缆，试验持续时间应为 5 min。虽然可能出现电晕放电，但不应出现绝缘击穿或闪弧。该电介质强度试验后立即操作所装**指揿开关** 10 次，用欧姆表检查开关结构应能如预期的那样动作，以保证：当其连接到**高频手术设备**上去的时候，**指揿开关**的释放可使输出失励。

**手术连接器**上的离裸露的工作导体 10 mm 以上爬电距离的绝缘部分，包上浸过 0.9%盐水的透水布，再在布的中间缠上金属箔，试验电压就加在该金属箔和**手术连接器**所有工作接头上。

**手术附件**电缆绝缘的整个长度，包括前面已按 59.103.6 经过**高频**试验的那部分(但不包括端部 100 mm)，应浸入 0.9%盐浴中，在一个浸于盐浴的导电体与被试电缆所有导线之间施加试验电压。

接好可拆卸电极的**手术手柄**，用 59.103.6 所述同样方法进行试验准备和连接到试验电压源上。试验所用的透水布和金属箔可保留在原位来进行了本试验，不过要注意：保留的透水布应仍然是足够潮湿的。

**59.104　中性电极**

**59.104.1***　除了只打算与一个**双极电极**连接的任何**患者电路**之外，**额定输出功率**超过 50 W 的**高频手术设备**应当配备一个**中性电极**。

通过目测来检验是否符合要求。

59.104.2* **中性电极**应与其电缆牢固连接，除了可**监测中性电极**以外，用于电极电缆及其连接器的电气连续性监测的电流应流过电极的截面。

通过下述试验来检查是否符合要求：

使用至少 1 A，但不大于 5 A 且开路电压不大于 6 V 的直流或工频电流来进行电气连续性试验，电气连续性电阻应≤1 Ω。

59.104.3* 用于**中性电极**电缆与可拆卸中性电极连接的电气接头应设计成：在与**中性电极**意外分离事件中，接头的导电部分应不能接触到**患者**人体。

通过下述试验来检查是否符合要求：

让**中性电极**电缆拆离**中性电极**，用**通用标准**图 7 所示标准试验指检查，电缆连接器的导电部分不得被触及。

59.104.4* **中性电极**电缆的绝缘应足以防止对**患者**和**操作者**产生灼伤危险

通过下述试验步骤来检查是否符合要求。

——根据 59.103.5 以 400V 峰值电压进行**高频**漏电流试验，**高频漏电流** $I_{漏}$ 不得超过：$1.8\times10^{-6}\times d\times L\times f_{试}\times U$ [mA]

——根据 59.103.6 以 500 V 峰值**高频**试验电压进行**高频**电介质强度试验，不得出现绝缘击穿现象。

——根据 59.103.7 以 2 100 V 峰值试验电压进行工频电介质强度试验，不得出现绝缘击穿现象。

59.104.5* 按使用说明书在**正常使用**状态下应用时，**中性电极**不应使**患者**接触部位受到热损伤风险。

通过下述试验来检查是否符合要求：

对于带有如下表所示**患者**重量标记的**中性电极**，施加规定的试验电流 $I_{试}$ 60 s 后立即测量，同**患者**接触的任何 1 $cm^2$ 面积或 1 cm 范围内，最大温升不应超过 6 ℃。

**表 2 按体重范围使用的试验电流**

| 患者体重范围 | $I_{试}$/mA |
|---|---|
| ＜5 kg | 350 |
| 5 kg～15 kg | 500 |
| ＞15 kg 或未标记 | 700 |

对于所有**可监测中性电极**，试验接触面积应是如 59.101 符合性试验中求得的 Aa(报警面积)。

对于所有其他的**中性电极**，试验接触面积应根据使用说明书所指定的应用面积。

对于预期用于小患者的**中性电极**，这些试验可在成人对象上进行。所用被试**中性电极**的试验表面应是人类皮肤，或电热等效代用品或试验装置。应最少使用四个不同样品对人体对象重复这些试验。如果使用代用品或试验装置，则应试验至少 10 只不同**中性电极**样品。

用代用品或试验装置时，**中性电极**和试验表面的初始温度应为(23±2)℃，试验表面的基准温度应在**中性电极**加到试验表面上之前即时记录。除了接触面积为 Aa 之外，应根据提供的使用说明书将**中性电极**加到试验表面上。在施加试验电流之前**中性电极**应在一个稳定温度环境下静置于试验表面 30 min。如果使用电热等效代用品或试验装置，一旦达到热平衡就可开始试验。

加到待试**中性电极**上的试验电流 $I_{试}$，应是近似的**高频**正弦波，并且必须在试验开始的 5 s 内施加电流，该电流在 100%～110%的 $I_{试}$ 范围内保持(60±1)s。

试验表面的第二次温度检查，应在试验电流终止后 15 s 之内完成，同基准温度相比较，任何 1 $cm^2$ 面积上的温升不应超过 6 ℃。

温度测量指示精度应优于 0.5 ℃，并且至少一只样品要在整个**中性电极**接触面积加上该面积边缘 1 cm 范围内的面积上具有 1 $cm^2$ 的空间分辨率，基准温度检查和第二次温度检查之间的部位偏差应在

±1.0 cm 之内。

在使用人体对象时,至少应由不同皮肤组织形态的(例:皮下脂肪层薄的、中等的和厚的等)男性和女性各 5 人组成。

任何代用品或试验装置应当提供经文件证实的数据,表明它产生的温升不低于至少 20 个人体对象上获得的原始数据。

**59.104.6*** 在**中性电极**使用部位表面和电缆连接器之间的电气接触阻抗应足够低,以防止流通**高频**手术电流时产生欧姆热引起灼伤**患者**的风险。

在 200 kHz～5 MHz 频率范围内,导电性**中性电极**接触阻抗应不超过 50 Ω,电容性**中性电极**接触电容应不低于 4 nF。

注:在本标准中,除制造商另有规定,导电性**中性电极**在 200 kHz 下,接触阻抗具有的相位角应<45°,而电容性**中性电极**在 200 kHz 下,接触阻抗具有的相位角应>45°。

随意抽取至少 10 只待试**中性电极**样品进行下述试验来检查是否符合要求。

**中性电极**全部面积稳固地置于 20 cm×30 cm 金属平板上。一个真有效值响应的交流电压表接在金属平板和**中性电极**电缆导体之间,以测量试验电压 $U_{试}$,该电压表在 200 kHz～5 000 kHz 范围内,应具有 2 kΩ 以上输入阻抗和优于 5%的精度。在**中性电极**电缆导体和金属平板之间,通入试验频率在 200 kHz～5 000 kHz 范围内,基本是正弦波的 200 mA 试验电流 $I_{试}$,并用合适的真有效值交流电流表监视。

记录 $f_{试}$=200 kHz,500 kHz,1 000 kHz,2 000 kHz 和 5 000 kHz 时的 $U_{试}$ 和 $I_{试}$,对每一个 $f_{试}$ 计算接触阻抗 $Z_c$:

$$Z_c=\frac{U_{试}}{I_{试}}$$

计算接触电容 $C_c$:

$$C_c[\text{nF}]=\frac{I_{试}\times 10^6}{2\pi\times f_{试}\times U_{试}}$$

式中:

$I_{试}$——有效值**高频**试验电流,单位为安(A);

$U_{试}$——有效值**高频**试验电压,单位为伏(V);

$f_{试}$——**高频**试验电压频率,单位为千赫(kHz)。

**59.104.7*** 对于**中性电极**,除可监测的和标记用于患者重量小于 15 kg 的**中性电极**之外,如果使用说明书指明要粘贴到**患者**身上,粘胶剥离强度在预期的使用状态下应足以保证接触的安全程度。

通过下述试验来检查是否符合要求。

预期用于小患者的**中性电极**可用成人对象进行试验。可以使用被证明等效于人体对象的代用品试验表面。

a) 持粘力试验:

每个试验对象至少用两只待试**中性电极**样品,按使用说明书加到至少 10 个男性和 10 个女性对象的适宜部位,静置 5 min～10 min。对于预期用于成人患者的**中性电极**,在**中性电极**电缆连接点处,沿着与皮肤表面平行的每个坐标轴方向,对连接的**中性电极**电缆施加 10 N 的力 10 min。在该连接点处,至少一个轴应具有较小尺寸。至少 90%的试验中,**中性电极**粘胶面积不应有 5%以上脱离皮肤表面。

b) 柔顺性试验:

被试**中性电极**加到 5 个男性和 5 个女性人体对象的近似圆柱形部位,如四肢,该部位周长应是**中性电极**主轴方向长度的 1.0～1.25 倍,**中性电极**主轴包裹于该部位。贴好 1 h 中,不应有 10%以上的粘胶面积脱离皮肤表面。

注:如果使用说明书中指明中性电极贴于手术患者朝下的一面,则不要求进行柔顺性试验。

c) 液体耐受试验：

**中性电极**置于至少 5 个男性和 5 个女性人体对象身上，如果**中性电极**预期使用可重复使用电缆，则要用合适连接器连接**中性电极**。在 5 s～15 s 内，将 1 L 0.9％盐水从 300 mm 高度直接倒向**中性电极**，泼洒盐水后 15 min 内，不应有 10％以上粘胶面积同皮肤表面分离。

59.104.8* 标记为一次性使用的**中性电极**在 6.1v)规定的有效期内，应符合 59.104.5～59.104.7 中的要求。试样可根据其使用说明书从实际贮存正好要到期的**中性电极**中抽取，或者通过一个被证明等效于建议贮存条件的加速老化循环获得。

通过对有效期到期前或者加速老化完成后的 30 d 内的**中性电极**进行试验来检查是否符合要求。

59.104.9* 对于使用大电流和/或加长起动时间的**中性电极**要求正在考虑中。

注：还可参见 6.8.2kk)。

**59.105* 神经肌肉刺激**

为了使神经肌肉刺激的可能性降到最低程度，**患者电路**中应装入一个电容，使之有效地与**手术电极**或**双极电极**的一个导体相串联。这个电容在**单极患者电路**中应不超过 5 000 pF，在**双极患者电路**中应不超过 50 nF。在**手术电极**和**中性电极**端口之间，或者在**双极**输出电路的两个端口之间的直流电阻应不小于 2 MΩ。作为例子，可参见图 103 中的电容 $C_1$。

通过检查线路布局和测量输出端之间的直流电阻来检验是否符合要求。

除下述内容外，通用标准中的附录适用。

## 附　录　L
## （资料性附录）
## 参考文献——本标准中涉及的出版物

除下述内容外，通用标准中的附录L适用。

增补

IEC标准/国家标准：

YY 0505—2005　医用电气设备　第1-2部分：安全通用要求　并列标准：电磁兼容性　要求和试验(IEC 60601-1-2:2001,IDT)

IEC 60601-2-2:1998　医用电气设备　第2-2部分：高频手术设备安全专用要求

GB 9706.8—2009　医用电气设备　第2-4部分：心脏除颤器安全专用要求(IEC 60601-2-4:2005, IDT)

GB 9706.19—2000　医用电器设备　第2部分：内窥镜设备安全专用要求(idt IEC 60601-2-18:1996)

IEC 60601-2-34:2000　医用电气设备　第2-34部分：侵入式血压监护设备的安全及主要性能专用要求

IEC 61000-4-3:2006　电磁兼容性(EMC)　第4-3部分：试验和测量方法　辐射、射频电磁场的抗扰性试验

IEC 61000-4-6:2003(修订1:2004)　电磁兼容性(EMC)　第4-6部分：试验和测量方法　射频场引起的传导性干扰

GB 4824—2004　工业、科学和医疗(ISM)射频设备电磁骚扰特性　限值和测量方法(CISPR11:2003,IDT)

CISPR 16-2:2003　无线电骚扰和抗扰测量装置和方法规范　第2-1部分：干扰和抗扰测量方法　传导性骚扰测量

其他标准：

ANSA/AAMI HF18:2001(电外科装置)

# 附 录 AA
## (资料性附录)
## 特殊章和条的导则和原理

本附录对本标准的一些重要要求给出简要的原理说明,预期提供给那些熟悉该标准议题而未参与标准拟制的人们。研究主要要求的原理对于正确使用标准是重要的。此外,随着临床实践和技术的变化,相信现有要求的原理说明将会促进因这种进步而必须对标准实施的修订。

**AA.1.1**

本标准适用范围不包括烙烧术**设备**,例如:用电热金属棒或线环来进行医疗处理的**设备**。为了扩展的可能,本版专标为**高频手术设备**和**高频附件**提供了单独的要求和试验,而不管制造商是谁。**附属设备**被包含于附件定义中。

**AA.2.1.105**

附属设备的例子有"氩气(流)控制装置(仪)、辅助泄漏监测器、**中性电极**接触监测器等。"单独使用"表示该装置在连接到**高频手术设备**上才可使用。

**AA.2.2.101**

为了扩展的可能,本版专用标准为**手术附件**设置了不同于**高频手术设备**的一些要求,而不管制造商是谁。这就使得能安全有效地使用任何适合于合适**高频手术设备**相配用的**高频附件**。通常,**高频手术设备**制造商提供的脚踏开关在整个使用寿命期内可与设备相连接,并作为设备的一部分处理。作为例子,一个**高频**手术系统的这些不同部件参见下面的图 AA.101。

**AA.2.4.101**

这个参数预期被**操作者**用来与**额定附件电压**相比对以保证**安全**。

**AA.2.12.101**

该术语预期等同适用于**设备**和**附件**,因此它与现有 2.1.106(**双极电极**)是有区别的,也可能代替 2.1.106。

**AA.2.12.102**

在过去的廿年中,临床应用的和**高频手术设备**上标记的**高频手术模式**已从过去的两只有了扩展。使用公认现代词汇是恰当的。因此第 2 章中有了这个新定义。

**AA.2.12.103**

人们通常认为**高频**手术切(割)包括显微镜下细胞消融,这是**手术电极**与组织之间的小电火花产生的。

**AA.2.12.104**

为符合本标准,该通道上的阻抗在最低**高频**工作频率下为 10 Ω 或更小,可参见图 103。

**AA.2.12.105**

**电灼**通常需要**高频**峰值输出电压至少 2 kV,以便点燃和维持长的火花。这种模式还被称为面凝(喷凝)或非接触**凝**,结合惰性气流如氩气还可以增强。

**AA.2.12.107**

术语"**高频手术模式**"可以同 5.6 和 6.1m)中对操作持续率所用"运行方式"相区别。

**AA.2.12.108**

0.2 MHz 以上频率宜被用来防止不希望的神经肌肉刺激,这种刺激在使用低频电流时可以产生。名义上高于 5 MHz 的频率不被采用,是为了使与**高频**漏电流相关的问题最小化。但是,较高的频率可用于**双极**技术。一般公认 10 mA 是对组织产生热效应的下限。

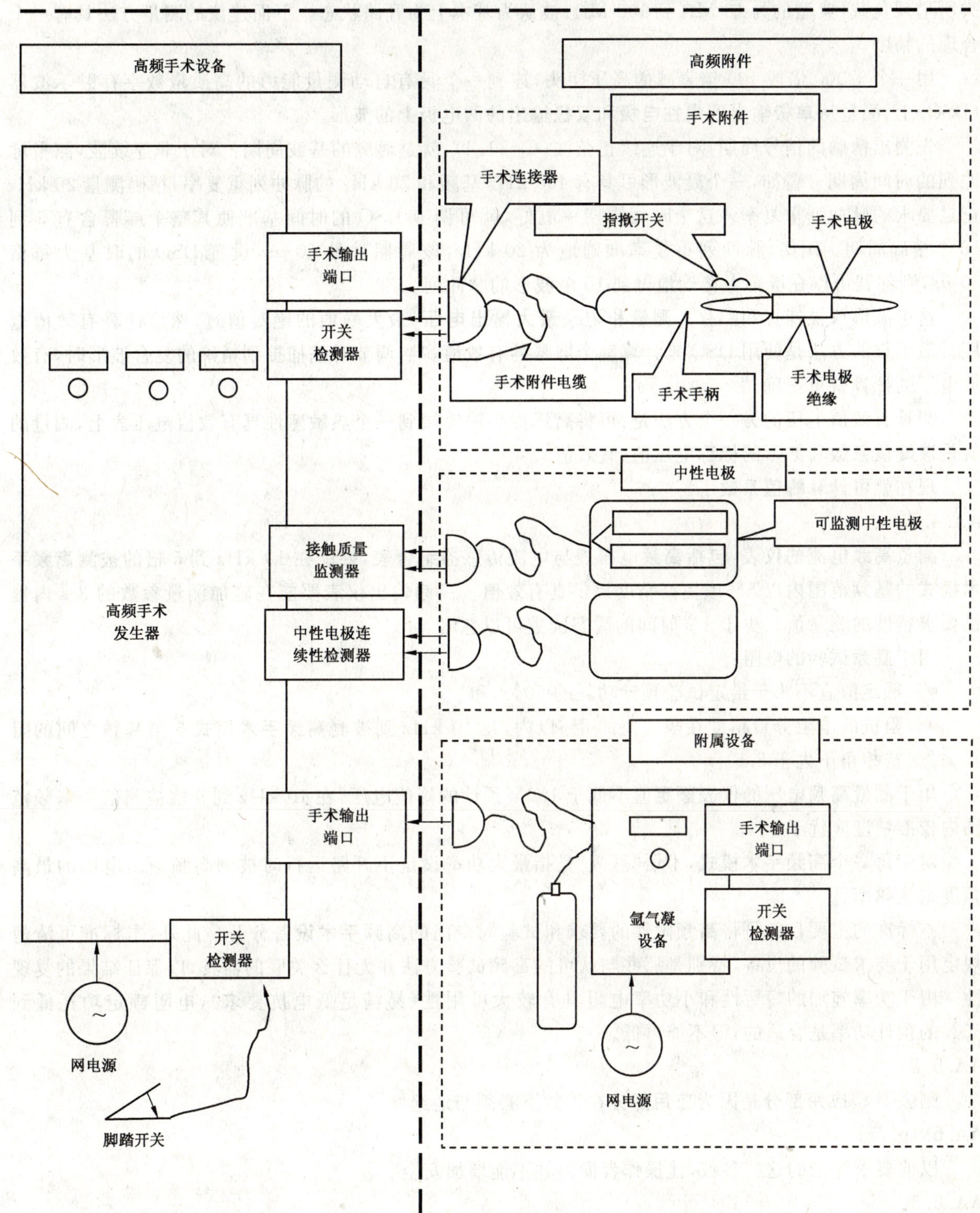


图 AA.101 一个高频手术系统各种部件的示例(参见 AA.2.2.101)

**AA.2.12.109**

这个定义预期等同适用于**设备**和**附件**,因此它与现有 2.1.103(**手术电极**)是有区别的。

**AA.2.12.112**

**峰值系数**在数学上是简单的,但要可靠进行测量却又是困难的,有效值电压特别难以测量。定义中提出宜在开路状态下测量,这表示在**高频手术设备**输出端是没有正常负载的。测量这些电压的高压探头所呈现负载(典型的为 10 MΩ 到 100 MΩ)被认为基本上为开路状态。下面建议的测量方法具有一个合理的精度。

用一个 1 000 倍或 100 倍衰减的高压探头,连到一个具有自动测量能力的高质量数字存贮示波器(DSO)上,测量从**单极**输出到**中性电极**和**双极**输出的两电极上的波形。

先测出精确的信号周期,对于连续正弦波($C_f=1.4$),就是对应的基波周期。对于非连续波,测量脉冲列的时间周期。譬如,一个凝波形可具有 400 kHz 基频和 20 kHz 的脉冲列重复率,精确测量 20 kHz 正是要求的脉冲列重复率。这个时间周期一测好,就可调节 DSO 的时间基准使其整个屏幕含有 5 到 10 个精确周期。例如,脉冲列重复率准确地为 20 kHz,该周期就是 50 μs,设置 DSO 的时基为每格 50 μs,则你就可以在屏幕上精确地得到 10 个波形的脉冲列。

这个波形可被捕捉和贮存。测量和记录**最大输出电压**(最大峰值的绝对值)。然后计算有效值电压。最可靠的方法是使用 DSO 来计算整个屏幕的有效值。当调节时基捕捉到精确的复合波形时,有效值电压的计算就可正确。

测量有效值电压的另一个方法是:可将高压探头输出接到一个热敏感性真有效值电压表上,测量的就是该**峰值系数**和波形的**标称**电压值(有效值)。

现在就可计算**峰值系数**了。

**AA.4.7i)**

测量**高频**电流的仪表,包括**高频**电压表与电流传感器组合表,要能在 10 kHz 到 5 倍的被测**高频手术模式**的**基频**范围内以 5%或更高精度提供真有效值。**高频**输出仪表要能在施加测量参数的 3 s 内提供要求精度的测量值。少于 1 s 时间的瞬态读数可以忽略。

用于**高频**试验的电阻:

- **额定**值宜不小于给定试验预计功耗的 50%,和
- 阻抗的电阻分量精度在规定值的 3%以内,在 10 kHz 到被测**高频手术模式** 5 倍基频之间的阻抗相角不大于 8.5°。

用于测量**高频**电压的仪表**额定**值不低于 150%预计的峰值电压,在 10 kHz 到 5 倍被测信号基频范围内校准精度应优于 5%。

对于每一个**高频手术模式**,术语“基频”是指最大功率设定下开路运行时被测高频输出电压的最高幅度谱线频率。

本标准的主要目的是将**高频附件**的要求和试验同专门的**高频手术设备**分开。此外,本标准可清楚规定用于要求试验的设备,特别是那些与认可的**高频**试验方法并无什么关联的器具,以保证结果的复现性。由于功率施加的短暂性和小功率电阻具有较大可用性(易满足低电抗要求),电阻额定功耗低到 50%的预计功率是合适的,但不能再低。

**AA.5.2**

删去 B 型**应用部分**是因为**应用部分**在工频下必须与地绝缘。

**AA.6.1p)**

以前要求标记的这些参数,让**操作者**懂得并不能增加安全。

**AA.6.3**

以相对值对释放到相关负载电阻上的功率进行分度是必要的。但是,如果输出指示给出以“瓦”计的实际输出功率,则在负载电阻整个范围内都应准确,否则释放到**患者**身上的功率不同于指示值,从而产生**危险**。如果显示数字“0”,那么**操作者**可能以为在这个控制位置上输出为零。

**AA.6.7**

指示灯颜色的规范化被认为是一种安全性能。规范的颜色和意义与通标一致。

黄色指示灯多年来被用来指明**高频手术设备**上的切模式被选中或者在使用中。“混切”模式主要用于附加有不同程度**凝血**效果的**切割**手术。因“混切”主要功能是“切”,因此认为,当使用“混切”时,黄灯

是最合适的。

AA.6.8.2aa)

一些**操作者**认为:**接触质量监测器**(CQM)无论是监测器还是**可检测中性电极**始终具有固有(安全)特性,这是错误的。**操作者**必须研究所有相关要求才能实现 CQM 功能。

AA.6.8.2bb)

关于防止不希望灼伤的建议是基于经验,特别是:

1) 使**中性电极**与手术部位间距最小化可降低负载电阻、要求功率以及跨接于**患者**身上的**高频**电压,因此可减少不希望灼伤的危险。

2) 同**高频**下对地具有低阻抗的物体的小面积接触,可形成高电流密度而产生不希望的灼伤。

3) **患者**身体这些部位之间可能存在**高频**电位差,会形成不希望的电流流通。

4) 流向监护**设备**引线的电流可能引起监护电极部位灼伤。

5) 电极电缆和**患者**之间的电容可以引起局部高电流密度。

6) 特别是牵涉到具有相当高电阻的粗大骨架和关节的手术,**双极**技术可以防止不希望的组织损伤。

8) 对于这种情况,在设定一个更大输出功率之前,要检查**中性电极**及其连接器的使用状态。

如果可用的仅是**双极**输出或者**额定输出功率**不超过 50 W 且不带**中性电极**的输出,则并不是所有建议都必须。

11) 某些装置或附件在低功率设定下可能存在**安全危险**。譬如:使用氩气凝时,如果没有足够的高频功率使目标组织产生快速封闭的痂层,则会增加气栓风险。

AA.6.8.2ee)和 ff)

**附件**额定电压资料,可使**操作者**根据**附件**绝缘质量来选用与**高频手术设备**或其输出设定相符合的专用**附件**。

GB 9706.19 中含有这样的要求:**内窥镜用附件**制造商应在这些**附件**的**随机文件**中规定其能适应的最大允许**高频**峰值电压。

但 IEC 60601-2-18 修订 1(2000)中,要求一个"复现的**额定**峰值电压"以及"预期使用的模式"。人们感到:这些资料一方面是不恰当的,象预期使用模式如"面凝",在技术上没有明确规定,并且不同品牌和型号的**高频手术设备**之间差别很大,另一方面,向设备操作者给出过于复杂的信息是不实用的。

因此,更实际的是向使用者仅提供**额定附件电压**和任何输出设定的**最大输出电压**,以使使用者能判断:是否任何**高频应用附件**或**附属设备**均可安全地同发生器的任何给定输出设定一道使用。

**高频**下绝缘的稳定性受到介质发热影响,因此**最大输出电压**和**峰值系数**之间的关系是重要的。

此外,应考虑到:所有现在知道的品牌型号发生器,在产生较高输出电压的模式和设定中,**峰值系数**总是随电压增加而增加。因而,给出输出电压和**峰值系数**的一个通用关系如图 AA.102。

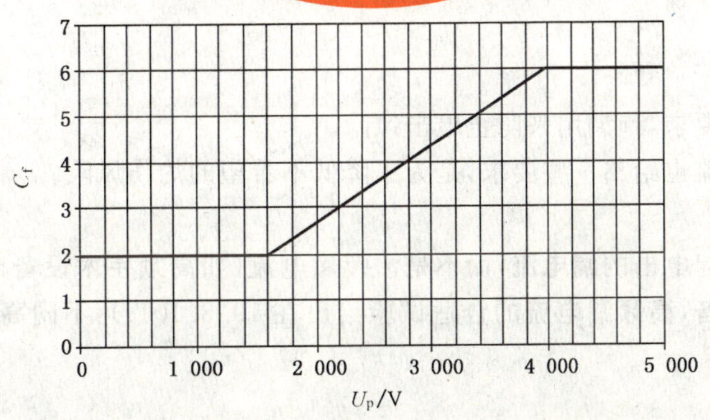


**图 AA.102 峰值系数与峰值电压的关系曲线**

不管**额定附件电压**是否与**高频手术设备**的输出电压相匹配,**峰值系数**等于或大于曲线值时都属安全状态。由于**高频附件**和**附属设备**必须满足已考虑**峰值系数**影响的 59.103.6 中要求,故**额定附件电压**必须不低于**最大输出电压**。

如果一个发生器设置得具有**最大输出电压**而对应**峰值系数**落在图 AA.102 曲线之下,则要采取预防措施。在这种情况下,为保证安全,**额定附件电压**必须足够高,以保证在特定**高频手术设备**的特定**高频手术模式**和特定输出设定下使用的**高频附件**和**附属设备**无绝缘击穿。为考虑到低**峰值系数**波形时介质发热影响,这种注意是必要的。**额定附件电压**的安全值必须用**高频手术设备**对**高频附件**和**附属设备**进行验证来找出。

**AA.6.8.2gg)**

**操作者**必须懂得:**可检测中性电极**配上 CQM 才是安全有效的。许多**操作者**认为:随着 CQM 的出现,手术中对**中性电极**接触程度的监视不再必要,这是错误的。

**AA.6.8.2hh)**

随弃式**中性电极**的导电性和粘贴性一般均随时间减弱,婴幼儿**中性电极**只能接受更少的热量,因此必须更加小心。**操作者**必须知道:CQM 只能同给定(可监测)**中性电极**一道使用。只要**使用者**能懂得,要用各种方式对相容性进行说明(譬如:在下述条件下,CQM 系统发出报警声响的阻抗……,在下列设备表中可找到 CQM 系统……,从下列制造商处可获得 CQM 系统……,以及其他方式)。

**AA.6.8.2kk)**

对于在这些条件下使用**高频手术器具**的系统,人们日益关心**中性电极**灼伤事故。

**AA.6.8.3**

某些特殊的**高频手术设备**并不具有**操作者**可调节的输出设定装置。

**AA.6.8.3aa),bb)**

这些图形可使**操作者**能判别一个**高频手术设备**对特定用途的适应性。如果**高频手术设备**具有不连续的混切选择(例混 1、混 2 等),则每个分立的混切模式均要作图。如果**高频手术设备**具有可连续调节的可变化混切控制器要置于可提供最大止血效果的混切设定上。

**AA.6.8.3dd)**

要让**操作者**明白:高频下,**应用部分**是对地完全悬浮的还是以地为基准的。

**AA.17h)**

测量表明:通常临床实践中,一个 5 kV 的除颤脉冲在中性电极和**手术电极**部位引起的电压不超过 1 kV。2 kV 试验脉冲已具有安全裕量。通标图 50 中的电感值将使试验脉冲具有比通常更快的上升时间。这是为了在试验中对绝缘增加应力。

**AA.18aa)**

这对于不带**中性电极**使用的低功率**单极高频手术设备**是公认的,人们认为这并不产生任何安全问题。

**AA.19**

通标规定的**漏电流**要求,预期用来防止电击风险。

本标准对**高频漏电流**也给出一些要求,是为了降低不希望的灼伤风险。

**AA.19.1g)**

该条关心的是可引起电击的**漏电流**,而不是治疗用电流(如**高频手术设备**产生的)。对于具有多个**患者电路**的**高频手术设备**,**高频漏电流**的合适试验给出在 19.3.101c):不同**高频患者电路**之间的横向耦合。

**AA.19.3a)**

人们认为仅在分裂式**中性电极**之间流动的监测电流不需按 CF **型应用部分**来限制,不管防电击程度如何(CF 型还是 BF 型应用部分),因为可以预期这些电流绝不会流过心脏。

**AA. 19. 3. 101a)**

设计为不带**中性电极**使用的**高频手术设备**排除在要求之外,是因为这种**高频手术设备**的功能电流和**高频漏电流**是区分不开的,因而,测量功能电流和**高频漏电流**是无意义的。

与通标中(低频)**漏电流**测量不一样,这里规定用一个 200 Ω 测量电阻来模拟在实际状态下占优的负载阻抗,这可以给出最大的泄漏功率。规定的高频漏电流限值产生的功率为 4.5 W,这被认为是合理的。

以地为基准的情况中,规定试验 2 是为了检查**高频**下对地阻抗必须足够低。

在绝缘台板下面的一个接地导电电平面以及电源电缆折扎成束而不是缠绕成卷,可显著改善测量的复现性。

**AA. 19. 3. 101a)3)**

**双极高频手术设备**的试验经验表明:这些限制是合理的,试验也是容易的。

**AA. 19. 3. 101b)**

在输出端口上直接置放负载电阻和测量器具,很容易在**高频**下对**高频手术设备**进行绝缘试验。在这种情况下规定限额为 100 mA,是因为没有包含引线影响。但是为了保证计入引线和**附件**(例带有指揿开关的**手术电极**)产生的复杂阻抗影响,本标准还包含有 19.3.101a)中的试验。

**AA. 20**

第 59 章被调整,以适合**高频附件**的单独要求和试验。

**AA. 20. 2**

通用标准第 20 章引言中说:"只有同安全功能相关的绝缘才需要经受试验"。对**高频手术设备 F 型应用部分**的要求就是为了防止:某些其他外部故障使**患者**身上出现危险电压,从而经高频手术设备到地产生过多**患者漏电流**。这些罕见和短时的故障完全可被 20.3 规定的基准电压下的 B-d **基本绝缘**试验所覆盖。没有证据证明:按 B-d 要求试验过的现有**高频手术设备**是不满意的或不安全的。**应用部分**和**外壳**之间出现高频击穿的事情是不大可能的,对**患者**也不产生**安全危险**。

空气的绝缘性质随大气压力改变,在固态绝缘试验之前,空气先击穿,使得某些试验很难完成。20.4 允许在固态绝缘介电试验中,使用附加绝缘层来阻止空气击穿。最小大气压力限额使试验具有更大伸缩性,使不同地点试验时具有更好的复现性。没有这个限额,高海拔试验地点可能使试验达到比本条所述更困难的地步。

**AA. 20. 4**

本条目的是试验元器件上固态绝缘的安全性。试验时加到保护性绝缘上的电压比元器件额定值高得多。当**爬电距离**或**电气间隙**上出现击穿时,允许使用一个绝缘层在进行全部试验时对保护性绝缘进行保护。57.10 规定的**爬电距离**和**电气间隙**,是为了防止未绝缘导体间沿绝缘表面或空气产生击穿。

**AA. 36. 201. 1**

**高频**手术历史很长,人们熟知它在启动时具有固有的干扰。由于**高频手术设备**的临床利益大于干扰风险,且**高频手术设备**通常仅以短时间工作,因此这种**设备**启动时,被排除于 36.201.1 要求之外。

**高频手术设备**通过使用射频能量来执行**切**和**凝**功能,并且**高频发射**经常高于 CISPR 11 现有限制。**高频手术设备**输出的功率水平和谐波含量对于有效地执行临床功能是必要的。

**发射**强烈依赖于手术电缆和中性电极电缆的布置和长度,还依赖于工作模式(有无拉弧)以及许多其他工作条件。此外,很多诊断、监护、麻醉和输液**设备**具有的**应用部分**或**患者**电路同**患者**直接连接着。

对于这样的**设备**,模拟与**高频手术设备患者电路**直接连接的专门试验安排,对**电磁兼容性发射**试验是必要的(参见 36.202.7 和 IEC 60601-2-34 中图 108 和图 109),这被看作保证**高频手术设备**和在它附近使用的某些其他医用装置之间的电磁兼容性是最好的方法。

对于用于这些试验的标准电磁干扰源，IEC 60601-2-34 中规定了下述条件：

“**高频手术设备**应符合 GB 9706.4，应具有最小切功率 300 W、最小凝功率 100 W 和工作频率 400 kHz ±50 kHz。”

但是，**高频手术设备**在待命状态下应可长时间通电，并符合 EMC 要求，这被看作是必要的。

在按 IEC 61000-4-3 和 IEC 61000-4-6 进行的抗干扰试验中，制造商需规定如何检查同标准的符合性。这包括注意保证高频手术设备的持续率不被超过，以及测定输出功率时如何进行骚扰。

关于**高频手术设备**产生的电磁**发射**，可在附录 BB 中找到一些附加信息。

**AA.42**

这里规定的运行条件被认为是实际使用中可能出现的最恶劣情况。

**AA.44.3**

1 L 试验量代表一瓶液体（例一次输液），这被认为在手术室中是可能存在的。

**AA.44.6aa)**

脚踏开关在一些手术中可以暴露于可观数量的水或其他液体中，在清洗时，还可整个浸入水中，因此要求防水。

**AA.44.6bb)**

对指揿开关一定程度的防水要求，是为了防止导电性液体浸入时无意地启动输出。该试验可与专门**高频手术设备**分开进行。1 kHz 交流阻抗测量是为防止可跨接于开关触点之间的盐溶液的极性影响，所用**安全特低电压**（SELV）与 56.101.1 相一致。

所选阻抗上限是 56.101.1 规定阈值的两倍。

**AA.44.7**

本版对所有**附件**所加专门要求是合适的。这些要求代替 59.103.2 中**指揿开关**的消毒要求。规定部件既可能在手术现场消毒也可能在每次使用后再次消毒，这种情况可合理地引导出其他一些试验和要求，但这里未给出。

人们认为标记为“一次性使用”的**手术附件**是不适合再消毒的，因此，排除于本要求之外。

**AA.46.101 和 AA.46.102**

要求起动控制器位置的规范化是为了减少人为差错。不是启动**切**和**凝**的功能控制器也可出现在**手术手柄**上。

**AA.46.103**

如果只配有一个输出开关和控制装置，用来同时启动一个以上**手术输出端口**，其在临床应用中的配合问题会产生不可接受的**危险**。

**AA.46.104**

清单中加入**双极手术附件**并明确结构布置（设计）责任是为了防止与**设备**发生错误连接。飞线难以防止不正确连接。单脚**附件**的错误连接不存在可想象的**危险**。

符合本要求的**双极手术连接器**示例还在考虑中。

**AA.46.105**

用同一输出开关可同时激励的输出和/或功能（例：**切**或**凝**）的预指示是一个重要的安全性能。

**AA.46.106**

与规定的指示灯相同的色彩可用于其他地方是为了防止混淆。

**AA.50.1.101**

实际使用中通常占优势的负载电阻范围中，降低输出设定绝不能引起输出功率增加。

**AA.50.1.103**

最大峰值电压可能不在最大输出设定和开路时出现。

AA.51.2

灼伤危险随功率增加而增加，规定的最大功率对绝大多数手术是足够的。

在多于一个**单极**电路的情况下，总输出功率限制于 400 W 是为了保证**中性电极**一侧的电流密度处于一个安全水平。

AA.51.5

尽管对**额定输出**功率不超过 50 W 的**单极高频手术设备**不要求，但仍建议要符合该条。这个要求预期适用于具有**双极**输出的所有**高频手术设备**，而不仅仅是针对**双极**。

AA.51.102

各个独立输出必须只释放它们的预期输出功率以防危险，特别是一个输出比另一个输出的设定水平要低得多且两者同时启动时，更应如此。

单个模式的输出功率被多个输出分配时（例：同时是**凝**），如果一个输出释放出比预期更多的功率或者所有同时启动的输出释放的功率总和超出预期值，危险就可能存在。

AA.52.101

某些**附件**，如内镜切电极或**双极电极**，在正常使用时可能使输出短路，输出电路在开路时也常常被激励。**高频手术设备**确实要设计成：在短时间内反复短路、开路不得损坏。（第三版）文本修改是为了消除这样的疑问：一个**双极**输出端子怎么可称为**中性电极**以及该条是否适用于**双极**输出。

AA.56.3c)

通用标准该条目的是防止**患者**同地或危险电压连接。该条假定这种连接可在任何时刻出现，且与**患者**的连接是持续的或者是失控的。

电手术**应用部分**的状态很不一样，因为这种**设备**预期是在医生或经培训的医护人员的控制下使用。本标准该条覆盖的可能危险状态，是在可能将**中性电极**连接器插入网电源连接器譬如可拆卸网电源电缆插孔或插座中时才会出现。

不象心电图监护电极可由未经电气危险培训的**操作者**使用，**高频手术设备**和**附件**只接受高素质的且经培训的**操作者**在限制接触场所使用。

**手术**和**双极电极**只在医生的直接控制下使用，医生可在**患者**一个极轻微的非预期反应信号下终止电极与**患者**接触。

AA.56.11

要求输出开关必须是即动型的，是为了防止无意地激励输出。要求使用绝缘的极低电压是考虑到这些脚踏开关、指揿开关及其电缆的使用环境。防止进液影响已在 44.6 中规定。

AA.56.101

该条假定**设备**是通电的。

AA.56.101.1

一般认为：如果一个医生不熟悉使用的系统，则使用一个**指揿开关**来选择多个功能，如**切**或**凝**，有可能出现混淆和潜在危险。一个例子是：轻按开关给出**凝**，重按开关给出**切**。

AA.56.102

规定 56.102 的要求（引自 IEC 60601-2-4）是因为**手术附件**及其电缆在使用中会受到可观应力，同时一些典型故障方式对工作人员和/或**患者**可能引起危险。一旦电缆疲劳，普通的故障就是过载，要么自身着火，要么引起附近物质着火，从而危及工作人员和患者。这些要求将给出这些电缆一个参考寿命。

AA.56.103

56.103.1 和 56.103.2 中要求规定了**手术附件**可拆卸部分的互换性。这对于由第三方提供的附件十分重要，否则引起临床应用时的操作困难，从而延误或中断手术。

许多**手术手柄**可配用任何一种规范的、**操作者**可选择的、可拆卸的**手术电极**。不同制造商的**手术手**

柄之间还没有一个电极介面规范。大家知道,虽然一个制造商提供给**操作者**的**手术电极**,可以适合另一家制造商提供的**手术手柄**,但仍会因某些不相容对**患者**不利,如:

- **手术手柄**——**手术电极**介面的导电部件和**患者**组织之间不合适的间距;
- 预期要电气连接的部分之间气隙中出现拉弧,从而引起熔融和/或绝缘着火;
- **手术电极**中引起不足的机械固紧力,很热的电极可能落进**患者**体腔内。

**AA.57.10a)**

这些要求降低被认为是合适的,因为高频下"绝缘的电压应力……"(参见通标 20.2B-e)以及安全危险在绝缘变差时比低频下要小得多,B-e 距离开头已经规定。

**AA.59.101**

**高频手术设备**中,若不对**中性电极**电缆中断事故或者**中性电极**与**患者**不充分的电气接触进行监测,可导致某些灼伤。因此,作为一个最低要求,对**额定输出功率**超过 50 W 的这种**高频手术设备**,应监测**中性电极**电路及其连接的故障。

修改该条标题是为了与**高频手术设备**中可能存在的其他各种监测电路相区别,譬如输出功率故障监测等。

一个**接触质量监测器**,在配用相容的**可监测中性电极**时,可有效地指示功能(是否正常)。与**中性电极**发热状况的新要求相结合,就可有效减轻**中性电极**部位灼伤风险。由于涉及现有 CQM 方案的技术差异和专利权问题,还不能给出一个全面的单独的和强制性的**附件**要求。

完全接触意味着按使用说明书将中性电极导电部分无任何障碍或间隙地尽可能紧密地施加到人体对象(或合适代用品表面)上。作为评价合适代用品表面的一个导则,建议参考下述文献:

测量科学评论,卷 3,第 2 篇(NESSLER N.,REISCHER W.,SALCHNER M. Measurement Science Review,Volume 3,Section 2,2003)

BEMS 第 17 次年会:电手术接地电极下人体皮肤中的电流密度分布(NESSLER N.,Current Density distribution in Humen skin under the Grounding electrode of Electrosurgery,BEMS 17th Annual Meeting,Boston,MA.,1995)

高频外科手术中性电极安全性测试仪,生物医学科技 1993 第 38 期 第 5-9 页(NESSLER N.,HUTER H.,WANG L. Sicherheitstester für HF-Chirurge-Neutralelektroden,Biomedizinische Technik,1993,Vol. 38,P5-9)

电子皮肤-电手术电极试验装置(NESSLER N.,REISCHER W.,SALCHNER M. Electronic Skin-Test Device For Electrosurgical Electrodes. 12th IMEKO TC4 International Symposium,Zagreb 2002)

**AA.59.103**

**高频手术设备**产生的高压可出现在**高频附件**(与其他部分绝缘)的导电部分。这些附件的绝缘必须能承受这种电压应力,并且限制出现在暴露表面上的**高频**漏电流,以便减轻不希望的**患者**和**操作者**灼伤风险。实际使用中,这些绝缘受到相当大的应力,因此要求留有安全裕量。在长时间暴露于导电液体和反复消毒(预计一次性使用的附件除外)之后,加在**手术附件**任何部分的绝缘必须保持足够的介电强度。

注:该条整个地重新拟制,以仅仅覆盖**手术附件**各部分绝缘的介电强度,而与任何**高频手术设备**无关。同时,以前的 59.103.1 到 59.103.4 表达为"不采用",修改后的**手术附件绝缘**要求和试验,现放到 59.103.5 到 59.103.7 中。为了协调一致,修改的要求和符合性试验引自 ANSI/AAMI HF-18 和 GB 9706.19 的现行版本。

**中性电极**要求现编于 59.104 中。

**AA.59.103.5**

**高频**泄漏要求的依据是 ANSI/AAMI HF18:2000,4.2.5.2 条。这些要求的原理说明如下。为了使用通用国际单位制(SI units),规范性术语和原理说明使用的文字和公式都与原来有所不同。

1 000 kHz 工作频率和**额定附件电压**,在试验限额与可能产生 100 mA/cm$^2$ 电流密度之间也留有一个可观的裕量。

所有配合选值允许一个等价的电流密度 11.46 mA/cm²,它与判定灼伤的阈值 100 mA/cm²(持续 10 s)相差近一个数量级。因此,可以证明,即使在极端临床条件下电流密度高出 1 到几倍,要求中给出的安全裕量也被认为是足够的。

**中性电极**电缆比**手术附件**电缆允许的泄漏大一倍,是因为中性电极电缆导体与患者皮肤之间出现的电压水平要低得多。**双极**附件比**单极**电缆允许的泄漏也大一倍,是因为**双极**使用的电压比**单极**模式低得多。

本标准允许的下述限额可使用普通**高频手术设备**来产生试验电压。

**单极附件**允许的试验电压范围可超过帕斯更(Paschen)最小值 280 V,以允许电晕产生,但不需超过典型的切电压(约 1 000 V)。峰值试验电压也不要超过**额定附件电压**。

为了与 ANSI/AAMT HF18 相一致,如下式调整**高频**漏电流符合限额:

$I_{漏}=9.0\times10^{-7}\times d\times L\times f_{试}\times U_{p}$

而对于**双极**电缆和中性电极电缆,**高频**漏电流可加倍:

$I_{漏}=1.8\times10^{-6}\times d\times L\times f_{试}\times U_{p}$

因**手术电极绝缘**和**中性电极**电缆绝缘与**手术附件**电缆是相串联的,故其**高频**漏电风险也具有“串联”性质(即较小),因而这些要求中已包含了手术电极绝缘和中性电极电缆绝缘。

注:基于电容测量的其他要求和符合性试验,正在由 MT17 专家进行等效试验证明和考虑之中。

其他**高频**泄漏试验(考虑中):

ANSI/AAMI HF18 的**高频**泄漏通道等效电容推导如下:

给定

$$I_{漏}[A]=\frac{U_{试}(V)}{X_{漏}(\Omega)}$$

和

$$X_{漏}[\Omega]=\frac{1}{2\pi f_{试}[Hz]\times C[F]}$$

那么

$$I_{漏}[mA]\times10^{-3}=U_{试}[V]\times f_{试}[kHz]\times10^{3}\times2\pi\times C[pF]\times10^{-12}$$

从而

$$C[pF]=\frac{I_{漏}[mA]\times10^{6}}{\{2\pi\times U_{试}\times f_{试}[kHz]\}}$$

一个正弦波试验电压的有效值等于:

$$U=\frac{U_{p-p}}{2\sqrt{2}}=0.353\,6U_{p-p}$$

高频泄漏试验用的常量:

$U_{试}=800[V]$;

$U_{p-p}=282.8[V]$;

$f_{试}=1\,000[kHz]$;

$I_{漏}=3.6d\times L[mA]$。

按 AA.1 式就得到电容量限额:

$C=2.026d\times L[pF]$

适用于**双极手术附件**和**中性电极**电缆之外的所有附件绝缘。而双极附件和中性电极电缆,使用 400 V 电压,得到:

$C=4.052d\times L[pF]$。

为了符合本标准,这两组电容值应分别降低到 $2d\times L$ 和 $4d\times L[pF]$以下。

AA.59.103.6

由于介电应力实际上是在**高频**下发生的,因此要求附加**高频**试验。一个盐水试验电极可合理地模拟手术部位或靠近手术部位潮湿的**患者**和**操作者**组织。绕在绝缘上的细导线是为了引起电晕放电故障,这可在接下来的工频介电强度试验中监测到。

这些要求和试验与 GB 9706.19 可能的扩展相一致。

AA.59.103.7

大家知道,高于 120%的**高频手术设备**产生的**高频**试验电压是难以达到的,升压变压器会使高频波形畸变,而且被试介质电容会使试验电压源加载,为了使绝缘具有一个可接受的较大裕量,就要求一个直流或工频试验,这个试验在**高频**介电强度试验之后用来监测电晕引起的缺陷。

介电应力产生的温升可能改变**高频附件**的内部结构。手术附件上带有的任何**指揿开关**,在全部介电强度试验后,功能会不可靠以至不能随意地启动输出。

注:用于符合性试验的金属箔要具有高导电性。

AA.59.104.1

对于低功率**高频手术设备**(例牙科用的),经验表明:输出回路的中性端接地这种结构是可行的。**患者高频**电流是通过电容实现返回到(例如)接地的牙科座椅。这种**高频手术设备**常被排除于**中性电极**要求之外。

AA.59.104.2

**中性电极电缆**到与**患者**接触的**中性电极**部分的电气连接,除了**可监测中性电极**之外,应配备**中性电极连续性监测器**来检测连接的任何中断。排除**可监测中性电极**是因为:这种中断与**中性电极**同**患者**接触面积出现下降时是类似的。

通标 18f)的试验方法适合于检测那些正常使用中可以熔断的连接器,但是用在这里的电流不希望超出 1 A 过多。

AA.59.104.3

在**中性电极**电缆拆离**中性电极**情况下,**中性电极连续性监测器**或**接触质量监测器**不能有监测电流流经患者,否则会产生一个**中性电极**贴放正确的伪指示。

AA.59.104.4

尽管**中性电极**在**患者**身上使用部位和**中性电极**电缆导体之间的电位差很小,但靠近手术部位的**患者**人体上可出现明显的电压梯度,特别是在较大**高频**手术电流时。因此当**中性电极**电缆接触到**患者**的较靠近手术部位时,就存在灼伤风险。采用 59.103.5 中**高频**漏电流要求可降低这个风险,当预期必定出现低电压时,才可认为较大漏电流是可接受的。

**中性电极**电缆绝缘的介质击穿可对**患者**和**操作者**产生类似风险,因此认为**高频**和工频介电强度要求是必须的。试验电压值与本标准前一版一样。

**分散电极**电缆的泄漏允许比手术**附件**电缆加倍,是因为分散电极电缆导体和患者皮肤之间出现的电压水平一般是很低的。

AA.59.104.5

作为合适代用品表面评价的指南,建议参阅下述文件:

测量科学评论,卷 3,第 2 篇(NESSER N.,REISCHER W.,SALCHNER M. Measurement Science Review,Volume 3,Section 2,2003)

BEMS 第 17 次年会:电手术接地电极下人体皮肤中的电流密度分布(NESSER N.,Current Dencity distribution in Human skin under the Grounding electrode of Electrosurgery,BEMS 17th Annual Meeting,Boston,MA.,1995)

高频外科手术中性电极安全性测试仪,生物医学科技 1993 第 38 期 第 5-9 页(NESSER N.,HUTER H.,WANG L. Sicherheitstester für HF-Chirurgie-Neutralelektroden. Biomedizinische technik,1993,Vol.38,p5-9)

电子皮肤　电手术电极试验装置(NESSER N.,REISCHER W.,SALCHNER M. Electronic Skin-Test Device For Electrosurgical Electrodes. 12th IMEKO TC4 International Symposium,Zagreb 2002)

本要求来自 ANS1/AAM1 HF18:2000 的 4.2.3.1,这个要求的原理说明也引入如下,只是为了与本标准一致,一些词句和条款名称稍许改变:

在**单极**电外科手术中使用**中性电极**的目的是:以最小的皮肤温升来可靠传导要求的**高频**手术电流。

使用金属块(莫利兹和亨利奇,1947 年)和携带**高频**手术电流的小环形电极(皮尔斯莱,1983 年)的测量表明:皮肤短时和长时接受的最高的安全温度是 45 ℃,被试皮肤正常温度范围约 29 ℃到 33 ℃,与室温和湿度相关。因此,**中性电极**引起的温升约 12 ℃时,就不能认为是安全的。6 ℃代表着一个保守的安全系数 2,是一个可接受的**中性电极**所允许的最大温升。当在要求的试验电流和试验时间内出现温升超过 6 ℃时,这个**中性电极**就是不可接受的。

使用人体对象来评价**中性电极**是否符合本标准要求,在许多试验室可能是麻烦和被禁止的,但是,规定的性能试验是基于大量的人体试验数据,它们是若干制造商和试验室自 1980 以来用 10 μm(波长)红外成像仪收集和证实得到的。虽然允许使用一些能产生等效结果的介质和器具,但等效性的证明文件必须恰当。因此,各种人体对象使用**中性电极**部位的电热特性的最坏情况可作为参考标准,据此,可考核代用品和其他各种温升试验装置的精度。

由于**中性电极**部位的灼伤可限制于很小的面积,验证性测量必须具有充分的空间采样频次,以保证不可接受的**中性电极**不漏检。每 $cm^2$ 采样是最低要求,现行技术可对每 $cm^2$ 进行很多次采样。但是由于热探测器中的噪声可产生明显的伪影,就好象是过热,因此要使用一个统计平均方法来确定任何一个平方厘米面积上的温升。中性电极加到人体皮肤上时的初始温度,在所有试验中必须相同,以使所有结果可进行比较。

通**高频**电流 60 s 一结束,立即将**中性电极**移离试验表面,测量最终温度。

**高频**手术电流通常以可变的幅值和时间间隔短时突发性送出,最大电流和启动(持续)时间与各自使用的技术及外科手术类型相关。适应性试验电流预期以一个较大的安全系数用来模拟最坏的一次(持续)启动。估算合适电流和持续时间最大值的方法源于两种资料:

1. 1973《保健器械技术》发布的关于在所有手术研究中得到的平均电流、电压、阻抗和分钟计持续率方面的数据(ECRI,1973)
2. 米利根(Milligan)及其同事们提供的关于在各个手术研究中得到的最大的、最小的和平均的电流及持续时间方面未发布的数据。

这些数据可用来估算整体偏差。在这两个研究中发现:经尿道(TUR 膀胱镜)手术中用的电流最大,持续时间最长。ECRI 研究表明,TUR 手术中,平均电流**切**为 680 mA,**凝**为 480 mA;持续率平均 15%,最大 45%。Milligan 研究了由 13 个医生在 8 个医院用 5 台电手术设备进行的 25 次 TUR 手术这样一个较小样本。

其所有膀胱镜(TUR)手术报告的数据汇总于表 AA.1 中。平均值和标准偏差(α)是在 25 种情况下估算出的。这些数据为测量的电流和持续时间提供了有用的平均值和偏差估算。

**表 AA.1　25 次膀胱镜手术测得的电流和时间集总**

| | 平均值 | 标准偏差 |
|---|---|---|
| 手术时间/h | 0.86 | 0.49 |
| 启动次数/(次/h) | 225 | 105 |
| 切电流 | | |
| 　最大电流/mA | 407 | 297 |

**表 AA.1（续）**

| | 平均值 | 标准偏差 |
|---|---|---|
| 平均电流/mA | 297 | 200 |
| 最长持续时间/s | 3.8 | 2.3 |
| 平均持续时间/s | 2.1 | 0.7 |
| 凝电流 | | |
| 最大电流/mA | 339 | 130 |
| 平均电流/mA | 258 | 88 |
| 最长持续时间/s | 5.7 | 7.6 |
| 平均持续时间/s | 2.0 | 0.7 |

**中性电极**使用部位耗散的总能量：

$$E = (I_{\mathrm{rms}})^2 \times R \times t$$

式中：

$E$——耗散能量，单位为焦耳(J)；

$I_{\mathrm{rms}}$——**中性电极**电流，单位为安(A)；

$t$——电流流动的持续时间，单位为秒(s)；

$R$——**中性电极**部位阻抗的实数部分，单位为欧(Ω)。

阻抗 $R$ 一般是不确定的，因为它取决于中性电极设计和安放中性电极部位的组织解剖学结构。可定义一个“发热因子”$\Theta$ 用来描述中性电极上受到的“应力”：

$$\Theta = I^2 t(\mathrm{A^2 s})$$

发热因子的意思是每欧姆阻抗耗散的能量。**中性电极**应能够控制代表典型外科手术的 $\Theta$ 值。700 mA 电流施加 60 s 产生 $\Theta = 30\ \mathrm{A^2 s}$，该值远远超过一个膀胱镜(TUR)手术中最大可能的电流和持续时间。这个最大可能的发热因子 $\Theta$ 值是这样得到的：用 ECRI(1973)和最大可能电流 0.68 A 加上一个由米利根(Milligan)提供的标准偏差 0.2 A，平方后乘上最大可能的持续时间 5 s(平均值)与米利根提供的标准偏差 7.6 s 之和，从而给出

$$\Theta = 8.7\ \mathrm{A^2 s}$$

因此 30 $\mathrm{A^2 s}$ 可用作一个保守的试验判据。

标记为“婴儿”用**中性电极**也可推导出一个类似的保守试验判据。因为婴儿不会进行膀胱镜(TUR)手术，用普外手术中得到的电流和持续时间数据可作为一个合理的近似，由皮尔斯(1981)报告的这些数据见表 AA.2：

**表 AA.2 普外手术测得的电流和持续时间集总**

| | 平均值 | 标准偏差 |
|---|---|---|
| 手术时间/h | 1.56 | 0.84 |
| 启动次数/(次/h) | 63 | 84 |
| 切电流 | | |
| 最大电流/mA | 340 | 101 |
| 平均电流/mA | 281 | 147 |
| 最长持续时间/s | 7.6 | 11 |
| 平均持续时间/s | 2.2 | 1.8 |

表 AA.2(续)

| | 平均值 | 标准偏差 |
|---|---|---|
| 凝电流 | | |
| 最大电流/mA | 267 | 157 |
| 平均电流/mA | 198 | 114 |
| 最大持续时间/s | 11 | 7.5 |
| 平均持续时间/s | 6.5 | 5.2 |

使用普外手术数据,最大可能电流与一个标准偏差之和,平方后乘上最大可能持续时间与一个标准偏差之和,得到:

$$\Theta = 4.7\ \mathrm{A^2s}$$

因此

$$\Theta = 15\ \mathrm{A^2s}$$

就是一个保守的试验判据,用 500 mA 电流和 60 s 持续时间很容易得到。

这些 $\Theta$ 值所固有的安全容量,即使在**中性电极**与**患者**皮肤之间接触面积一次意外的部分减少事件中,预计仍保持着一个合理的安全余地。如果用的不是**可监测中性电极**,按 6.8.2gg)建议**操作者**,对于防止接触面积减少的危险仍是必要的。然而,如果使用**接触质量监测器**和**可监测中性电极**,**操作者**可免除监察**中性电极**接触状态的麻烦,而完全依赖**接触质量监测器**在接触面积下降到危险程度之前来警告**操作者**。因此,**可监测中性电极**要以引起**接触质量监测器**产生声响警报的面积减少来进行试验。

**参考资料:**

紧急处理研究院:临床研究,保健器械,……(EMERGENCY CARE RESEARCH INSTITUTE:Clinical studies. Health Devices,1973,Vol. 2,nos. 8-9,P. 194-195)

紧急处理研究院:非植入性医疗器械的环境要求和试验方法研究(EMERGENCY CARE RESEARCH INSTITUTE:Development of Environmental Requirements and Test Methods for Non-implantbal Medical Devices(contract No. FDA-74-230). Plymouth Meeting,PA:ECRI,April 1978)

紧急处理研究院:非植入性医疗器械的环境试验方法研究,最终报告(EMERGENCY CARE RESEARCH INSTITUTE:Development of Environmental Test Methods for Non-implantbal Medical Devices,Final Report(Contract No. 223-77-5035). Plymouth Meeting,PA:ECRI,April 1979)

热损伤研究:Ⅱ.皮肤灼伤起因中时间和表面温度的相关重要性(MORITZ,AR,HENRIQUES,FC,Studies in thermal injury:II. The relative importance of time and surface temperature in the causation of cutaneous burn. Amer J Path,1947,vol. 23,no. 5,p. 695-720)

电手术调查和研究(PEARCE,JA,FOTER,KS,MULLIKIN,JC,GEDDES,LA. Investigations and studies on Electrosurgery)

电手术引起的皮肤灼伤(HHS publication FDA 84-4186). Rockville,MD:U. S. Food and Drug Administration,1981. PEARCE,JA,GEDDES,LA,VAN VLEET,JF,FOSTER,K,ALLEN,J. Skin burns from electrosurgical cerrent. Med Instrum,1983,vol. 17,no. 3,p. 225-231. ……

**AA.59.104.6**

该要求引自 ANSI/AAMI HF18:2000,4.2.3.2,开发了一个 200 kHz 相角判据用于区分导电性和电容性**中性电极**,但无论何时何处都没有明确公开的定义。

ANSI/AAMI HF18:2000,A.4.2.3.2 原理说明也引用在下面,本标准只对一些字句和条款名称做了稍许变动。

接触阻抗必须足够低,以使**中性电极**成为最佳的电流通道。**高频手术设备**在具有**以地为基准的患者电路**情况下,这使得除**中性电极**之外的其他电流返回通道可能性最小。当按 ANSI/AAMI HF18:

2000 用人体对象测量时,对于导电性**中性电极**认为 75 Ω 是一个可接受的最大接触阻抗。但是,那个标准强制规定:用一块金属板代替人体对象时,50 Ω 阻抗是极限,这种降低可由较深皮下组织阻抗份额来补偿,因为在测量**中性电极**接触阻抗时,皮下组织会成为阻抗的一部分。

因为电容性**中性电极**的阻抗随频率反比例地改变,用“电容”来表述它们的阻抗特性是合适的。规定 4 nF(4 000 pF)作为最低可接受的电容,是因为这与多年来市售的且临床上可接受的大多数电容性**中性电极**特性相一致。

200 mA 试验电流代表上面列举的两个研究中获得的平均电流下限。组织——**中性电极**阻抗通常随电流下降而上升,这使得采用下限是可取的。200 kHz 到 5 MHz 被认为包涵了**单极高频手术设备**产生主要能量水平的频率范围。

试验板尺寸代表一个小的手术**患者**与手术台垫之间的接触面积(估算)。

电容性**中性电极**允许较高阻抗是因为它们不发热。

**AA.59.104.7**

这个要求引自 ANSI/AAMI HF18:2000,4.2.3.3。

**不可监测中性电极**要选择安放部位,以使常规使用时给以一定应力,即使受到无意拉扯,或者同预处理溶液或生理液体接触时,仍能保持在原位。对预期用于脆弱的婴幼儿皮肤上的**中性电极**,规定一个较小的持粘(拉)力,是因为不能期望婴幼儿使用的**中性电极**粘贴得与成人用**中性电极**一样牢固。

**可监测中性电极**排除这个要求的原因是:粘贴故障使接触面积下降,预期可引起**接触质量监测器**报警,这就防止了**患者**灼伤。

**AA.59.104.8**

单次使用的**中性电极**上的粘胶和导电胶即使按说明书规定存放,也会随时间退化。因而有必要规定:这些器件存放到寿命期了时,性能还应是符合要求的。

**AA.59.104.9**

最近开展的**高频**外科手术,如前列腺和子宫内膜滚球消融,使用的**高频**电流明显超过 59.104.5 的 700 mA 试验值。即使合适的**中性电极** 100%与**患者**接触,在这些手术中,患者也会受到热损伤。

**AA.59.105**

由于**手术电极**和组织之间的电弧具有整流作用,可能产生的直流或低频成分会引起神经肌肉刺激。使用合适的串联电容和分流电阻可有效扼制这种不希望的刺激。

# 附 录 BB
# （资料性附录）
# 高频手术设备产生的电磁骚扰

## BB.1 范围和目的

外科手术中使用的医疗器械会遭遇各种类型**发射源**，从而引起**电磁骚扰**（EMD）。最普通的骚扰源是用于组织切、凝的**高频手术设备**。尽管许多类型电子骚扰都有标准，但关于**高频手术设备**产生的**发射**仅有很少的资料可用。

本附录的目的就是为医疗器械制造商提供一些由**高频手术设备**产生的特殊形式和程度的**发射**方面的信息。本附录还包含一些试验，便于制造商用以确定他们的设计是否能承受这些类型的**发射**。

## BB.2 术语和定义

在本附录中，以黑体字出现的术语的定义来自于本标准及其1.3中列出的标准。

注：电磁骚扰和发射的定义可在YY 0505中找到。

**BB.2.1**

**电场**

来自**高频手术设备**的电流流动引起的电场。

**BB.2.2**

**磁场**

来自**高频手术设备**的电流流动引起的磁场。

## BB.3

### BB.3.1 关于高频手术设备的一般信息（概述）

手术中，**高频能量**用来**切割**组织或实施止血（**凝**），这种能量由**高频手术设备**产生，并用各种无菌**附件**释放到手术部位。典型的**高频能量**主频率在200 kHz到1 MHz之间。这些频率高得足以使人体组织不可能对之响应，而从未出现或极少出现刺激。所有手术效果都是由产生**高频**能量的电流密度引起。

**高频**能量可由两种方式释放到手术部位。其一叫**单极**，这意味着单只电极在医生控制下产生手术效果。**高频手术设备**产生的能量经电缆传递到医生手持**附件**，再经过患者，最后被一个大面积的患者返回电极（**中性电极**）收集而返回到**高频手术设备**。正是**附件手术电极**尖端的电流密度引起了局部的手术效果。电流进入患者身体之后就分散开，从而限制住手术效应范围。患者返回电极（**中性电极**）设计成具有大的表面积，是为了保证电流密度低到防止发热或其他的组织效应。患者返回电极是电路的辅助性电极。最普通的**单极附件**是高频手术笔，如此称呼是因为它形似于医生手持的一支粗笔。

其二叫**双极**，医生用的手术**附件**具有两个电极，每个电极表面积都很小。**高频手术设备**产生的**高频**能量送入一个电极，经过（患者）组织再进入另一个电极，最后返回到**高频手术设备**。两电极及其之间的组织面积均较小，因此电流密度就高，这样只在两电极夹持的组织中出现手术效应，不需要患者返回电极。最普通的**双极附件**是**高频**手术镊子。

大部分**高频手术设备**允许使用者控制输出功率，以作为手术效应深度和速度的控制手段。输出电压和电流可随功率设定和**高频手术设备**所加负载而改变。

使用电压在200 V到1 200 V之间的正弦波一般均可实现**切**手术效果，电极尖端的电流密度立即引起电极附近细胞成分发热，细胞成分转化为蒸汽，细胞壁破裂。电极在这个蒸汽层中移动，电极尖端和组织之间出现很小弧光。纯粹的正弦波切割时，很少或没有止血效果。如果用断续型正弦波，除了**切**

割作用，还可实现不同程度的止血效果，占空比愈低，则止血效果愈甚。但是，降低占空比还要求增加有效电压，才能实现相同的输出功率。用于切割模式的功率水平范围在 10 W 到 300 W 之间。

使用几种不同方法可达到**凝**手术效果。一个低于 200 V 电压的纯正弦波不切割组织但可使组织除湿和凝固，这种波形不产生弧光，无论在**单极**模式还是**双极**模式，它都可用于接触**凝**。当医生需要对出血组织进行不接触式凝固时，通常使用一个高压断续型正弦波形，该波形（峰值）电压可在 1 200 V 到 4 600 V 之间。用于**单极凝**模式的功率范围为 10 W 到 120 W。**双极凝**模式的功率范围为 1 W 到 100 W。

**高频手术设备**产生**发射**的最坏情况出现在最大功率设定下启动时对组织或金属拉弧的**凝**模式。

**BB.3.2 高频手术设备产生的发射类型**

**BB.3.2.1 辐射**

手术中，**高频**手术设备的治疗电流经**附件**电缆流向患者，再经**附件**电缆返回设备。这些线路具有不同形式、尺寸和布局。电流的流动就会产生**辐射电场**和**磁场**。这些电场和磁场会耦合到其他**设备**使用的**附件**或**电源电缆**中。**电场**耦合的最恶劣情况出现在**高频附件**电缆紧挨着并平行于其他的**附件**电缆，如果临床环境下进行拉弧操作，则**电场**耦合还要厉害。

**磁场**耦合的最恶劣情况出现在**高频**手术回路散得很开而形成一个大环，且其他的**附件**电缆又接触到处于环路中的患者时。就产生发射的严重程度而言，**电场**耦合在较高频率（几十兆赫到几百兆赫）下更甚，**磁场**耦合在较低频率（几十千赫到几百千赫）下更甚。

**BB.3.2.2 经网电源电缆传导**

在**高频手术设备**启动时，**高频**输出以及当产生**高频**输出时才工作的高压电源两者与网**电源电缆**之间的内部耦合，将增大经网电源电缆传导的电磁噪音（传导骚扰）。

**BB.3.2.3 经患者传导**

为**切**和**凝**而用于患者的治疗电流会在患者身上产生一个电压，这个电压可耦合到其他**设备**上。这种耦合可以是直接的也可以是容性的。直接耦合可加到测量患者电压的设备（如 ECG、EEG、EMG、位移电势监护设备）的输入端。当**设备**电缆或传感器（如脉冲式血氧计探头、侵入式血压变送器、温度探头、摄像系统）密切接触患者时可出现容性耦合。这两种耦合方式还可能组合在一起。加到患者身上的电压值强烈依赖于所用**高频手术模式**。**双极**模式使用的峰-峰值电压为几十到几百伏，并且不产生火花或只产生一点点火花。**切**模式使用的峰-峰值电压从几百到几千伏，并且产生很小火花。（单极）**凝**模式使用的峰-峰值电压从几千伏到一万四千伏并且经常希望带有较大火花。通常只有一部分**高频**电压耦合进其他**设备**，但对于那些毫伏或微伏测量电压来说，那就是一个问题了。

**BB.3.3 测量技术**

本附录中，测量使用的方法应能产生手术时**医用电气设备**可能碰到的最坏情况骚扰值。

下面报告的测量，使用所有可用的输出模式和设备能产生的最大输出功率进行了许多次，模拟了四种不同临床环境，它们是：开路启动，在**高频手术设备额定负载**（产生最大输出功率的负载）下启动，对金属打火、对浸盐海绵打火（模拟对组织打火）。

用各类制造商生产的**高频手术设备**多次进行了所有这些测量。得到的数据用来产生 BB.3.4.4 中最坏情况骚扰值。

**BB.3.3.1 电场测量**

一只置于地平面上方 1 m 的不导电台板用来安放被试**高频手术设备**的**附件**电缆。布置如图 BB.1 所示。记录在 30 MHz 到 1 GHz 范围内出现的峰值或准峰值。

**BB.3.3.2 磁场测量**

一只置于地平面上方 1 m 的不导电台板，用来安置被试**高频手术设备**的**附件**电缆，布置如图 BB.2 所示。记录在 10 kHz 到 30 MHz 范围内出现的峰值或准峰值。

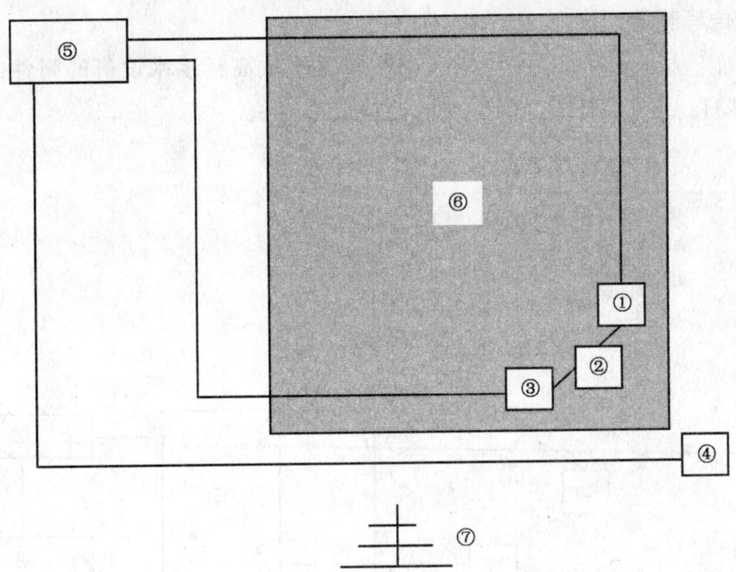


①——**手术附件**；

②——负载；

③——**中性电极**或浸盐海绵；

④——脚踏开关；

⑤——**高频手术设备**；

⑥——不导电台板；

⑦——天线—10 m 距离，垂直极性。

**图 BB.1 电场发射实验布置**

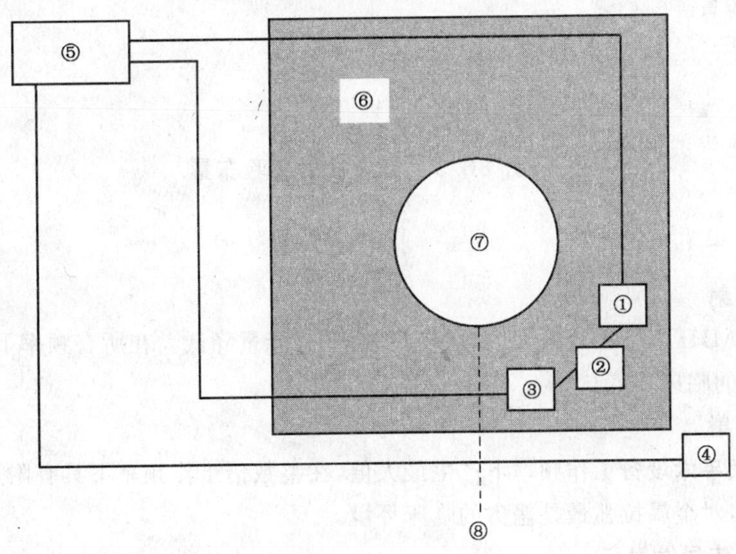


①——**手术附件**；

②——负载；

③——**中性电极**或浸盐海绵；

④——脚踏开关；

⑤——**高频手术设备**；

⑥——不导电台板；

⑦——天线；

⑧——连到测量设备的电缆。

**图 BB.2 磁场发射实验布置**

**BB.3.3.3 网电源传导测量**

一只置于地平面上方 1 m 的不导电台板，用来安置被试**高频手术设备**的**附件**电缆，布置如图 BB.3 所示。记录在 150 kHz 到 30 MHz 之间出现的峰值或准峰值。

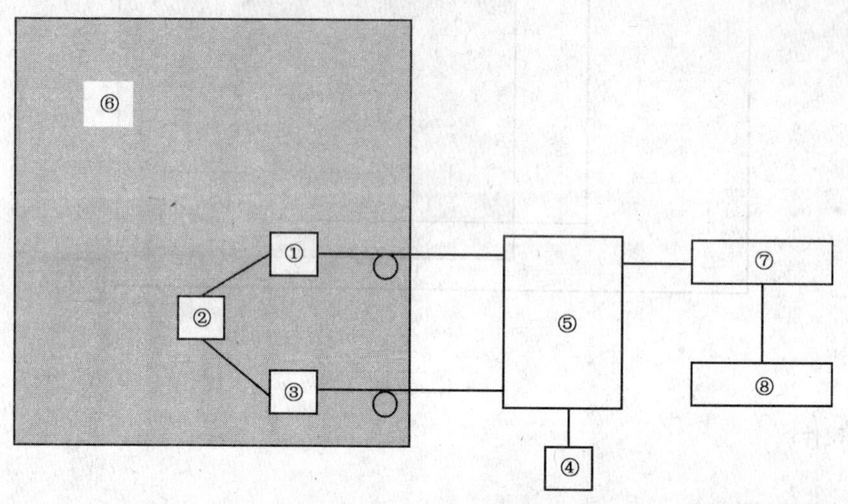


①——**手术附件**；

②——负载；

③——**中性电极**或浸盐海绵；

④——脚踏开关；

⑤——**高频手术设备**；

⑥——不导电台板；

⑦——测试设备；

⑧——分析仪。

**图 BB.3 传导发射实验布置**

**BB.3.4 数据汇总**

**BB.3.4.1 电场发射**

典型的，在 50 MHz 以下出现最大值，在较高频率下，能量降低。在所有频率下拉弧使能量增加，对金属拉弧是最恶劣的临床环境。

**BB.3.4.2 磁场发射**

典型的，在**高频手术设备**工作频率下产生最大值，在整数倍工作频率下具有附加峰值。在所有频率下拉弧会增加能量，对金属拉弧最是恶劣的临床环境。

**BB.3.4.3 网电源传导发射**

典型的，在**高频手术设备**工作频率下产生最大值，在整数倍工作频率下具有附加峰值。在所有频率下拉弧会增加能量，对金属拉弧是最恶劣的临床环境。

**BB.3.4.4 高频手术设备的最大发射电平**

火花隙设备(例 77 型)产生的**发射**电平最高，这种形式的**高频手术设备**尽管长久未见销售，但在一些医院仍可找到。它们由于具有非常高的输出电压和使用间隙放电来产生**凝**波形，因而可引起最恶劣的**电磁骚扰**(EMD)环境，使用火花隙导致高频下产生高得多的**发射**电平，最恶劣情况**发射**值见表 BB.1 和 BB.2。

表 BB.1 火花隙型高频手术设备最恶劣情况发射值

| 发射类型 | 不拉弧 | 对盐水拉弧 | 对金属拉弧 |
|---|---|---|---|
| 电场 | 92 dBμV/m(40 mV/m) | 80 dBμV/m(10 mV/m) | 95 dBμV/m(56 mV/m) |
| 磁场 | 96.47 dBμA/m(67 mA/m) | 99.47 dBμA/m(94 mA/m) | 96.47 dBμA/m(67 mA/m) |
| 网电源传导 | 117 dBμV(708 mV) | 未测量 | 未测量 |

表 BB.2 火花隙型高频手术设备最恶劣情况发射值

| 发射类型 | 不拉弧 | 对盐水拉弧 | 对金属拉弧 |
|---|---|---|---|
| 电场 | 78 dBμV/m(8 mV/m) | 77 dBμV/m(7 mV/m) | 83 dBμV/m(14 mV/m) |
| 磁场 | 61.47 dBμA/m(1.1 mA/m) | 63.47 dBμA/m(1.5 mA/m) | 62.47 dBμA/m(1.3 mA/m) |
| 网电源传导 | 97 dBμV(71 mV) | 未测量 | 100 dBμV(100 mV) |

## BB.4 建议的试验

下面的资料描述一些特定试验，它们被**设备**制造商用来确定他们的产品是否能承受**高频手术设备**产生的**发射**。这些试验只预期作为指南使用，可根据设备与**高频手术设备**的位置配放作一些调整。下面的试验设计用于模拟紧挨**高频手术设备**放置(外壳和电缆)的两类设备。正如 YY 0505 所述，**设备**制造商可以在试验前决定对这个试验的什么响应是可接受的。

**BB.4.1** 布置待试**设备**，将**单极高频附件**电缆至少绕两圈在待试**设备**上，如图 BB.4 所示。

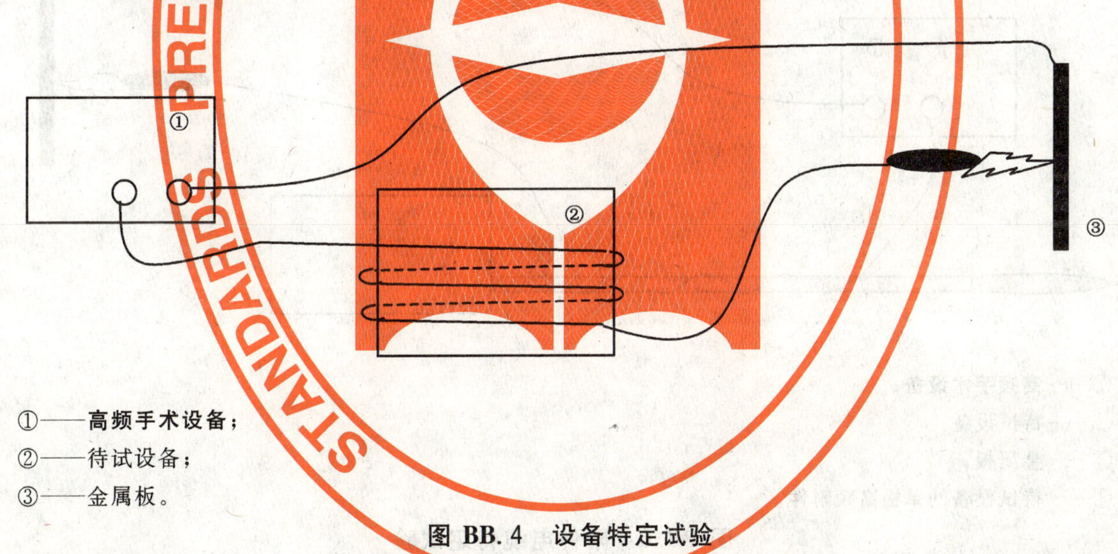


①——**高频手术设备**；
②——待试设备；
③——金属板。

**图 BB.4 设备特定试验**

用一根电缆(线)，其一端接到**高频手术设备**的**中性电极**连接器(机上插孔)上，另一端接到一块金属板上，让**高频手术设备**在每一个可用的输出模式下启动并使**单极高频附件**对金属板拉弧。对于每一个输出模式，调整**高频手术设备**设定以产生最高的峰值输出电压。

这个试验要在可能的最大频率范围内产生强**电场**和强**磁场**。

**BB.4.2** 使**单极高频附件**同金属板(接触)短路(不是拉弧)，重复 BB.4.1 试验。**高频手术设备**要对每一个输出模式调节到最大输出功率。

这个试验可产生最大输出电流，因此产生最强的**磁场**，在工作频率下这个试验还可产生较强**电场**。

**BB.4.3** 将**单极高频附件**电缆如图 BB.5 那样绕在待试设备网电源电缆上，重复进行 BB.4.1 和 BB.4.2 试验。

这个试验是为了模拟经网电源电缆耦合进**设备**的噪声。

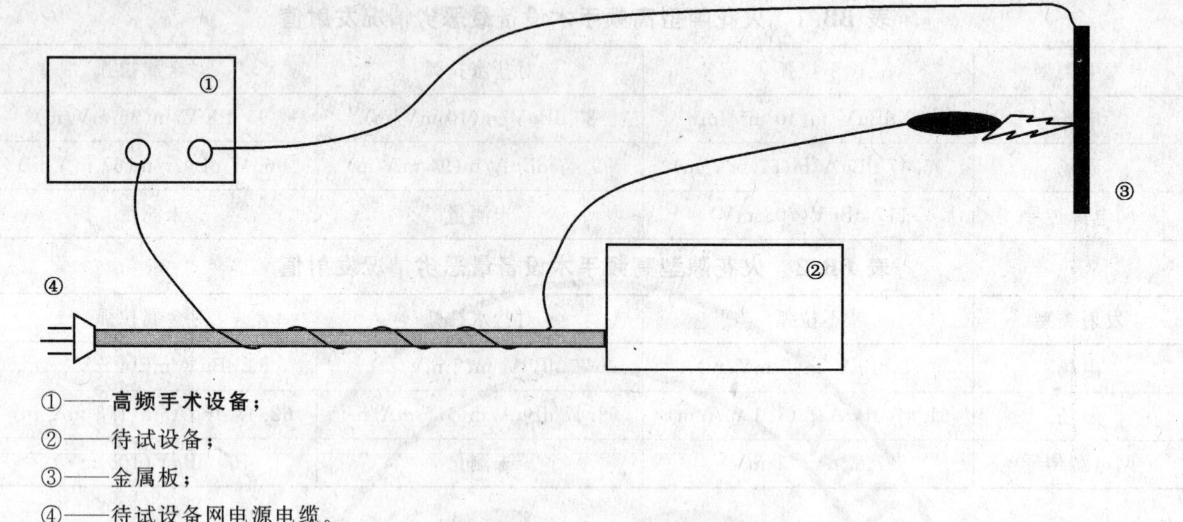


①——**高频手术设备**；

②——待试设备；

③——金属板；

④——待试设备网电源电缆。

**图 BB.5 电源电缆特定试验**

**BB.4.4** 如果**设备**有电缆进入消毒部位，这些电缆和**单极高频附件**电缆之间也会出现耦合。为了试验这种可能性，可将**单极高频附件**电缆如图 BB.6 绕在待试设备**附件**电缆上，重复 BB.4.1 和 BB.4.2 试验。

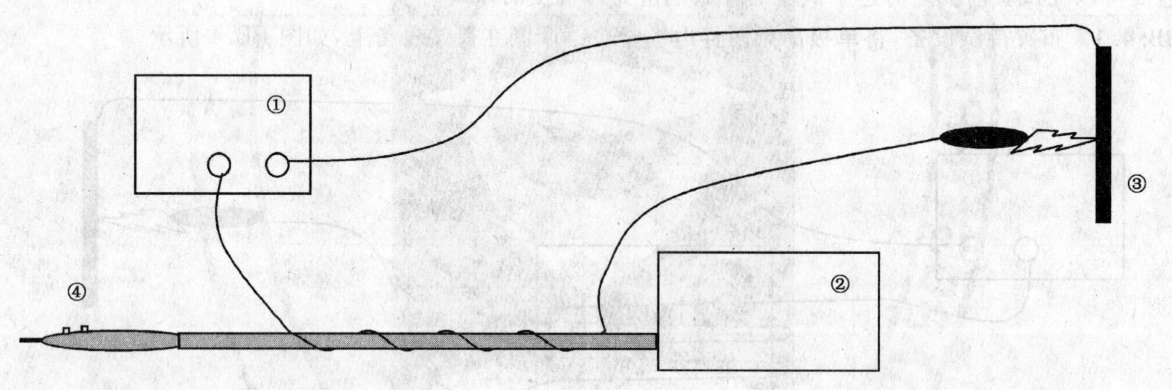


①——**高频手术设备**；

②——待试设备；

③——金属板；

④——待试设备的**单极高频附件**。

**图 BB.6 附件电缆特定试验**

**BB.4.5** 为了确定经患者传导的**发射**影响，可根据待试**设备**与患者的耦合程度对试验作较大调整。要求读者查阅相关设备的专用标准以获得更多信息，许多专用标准早就包含了这种试验。

ICS 11.040.10
C 39

# 中华人民共和国国家标准

GB 9706.8—2009/IEC 60601-2-4:2002
代替 GB 9706.8—1995

# 医用电气设备 第2-4部分：心脏除颤器安全专用要求

Medical electrical equipment—Part 2-4:
Particular requirements for the safety of cardiac defibrillators

(IEC 60601-2-4:2002,IDT)

2009-05-06 发布 2010-03-01 实施

中华人民共和国国家质量监督检验检疫总局
中国国家标准化管理委员会 发布

# 前言

本专用标准的全部技术内容为强制性。

医用电气设备标准为系列标准,该系列标准主要由两大部分组成:

——第1部分:医用电气设备的安全通用要求;

——第2部分:医用电气设备的安全专用要求。

本专用标准为医用电气设备第2部分中的:心脏除颤器安全专用要求。本专用标准与GB 9706.1—2007《医用电气设备 第1部分:安全通用要求》配套一起使用。

本专用标准等同采用国际电工委员会IEC 60601-2-4:2002《医用电气设备 第2-4部分:心脏除颤器安全专用要求》。

对IEC 60601-2-4:2002,本专用标准做了下列编辑性修改:

——删除了IEC 60601-2-4:2002标准中的封面、前言和引言;

——对于标准中引用的国际标准,若我国有已转换成国内的标准,则改为引用我国标准;

——对IEC 60601-2-4:2002标准中大写字母表示的术语,本标准用黑体字表示。

本专用标准代替GB 9706.8—1995《医用电气设备 第二部分:心脏除颤器和心脏除颤器监护仪的专用安全要求》。

本专用标准与GB 9706.8—1995相比主要差异如下:

——增加了对自动体外除颤器的要求;

——增加了电磁兼容的要求。

本专用标准自实施之日起代替并废止GB 9706.8—1995。

本专用标准的附录L为规范性附录,附录AA、附录BB为资料性附录。

本专用标准由国家食品药品监督管理局提出。

本专用标准由全国医用电器标准化技术委员会医用电子仪器标准化分技术委员会归口。

本专用标准起草单位:上海市医疗器械检测所、深圳迈瑞生物医疗电子股份有限公司。

本专用标准主要起草人:俞及、周赛新。

本专用标准所代替标准的历次版本发布情况为:

——GB 9706.8—1995。

# 医用电气设备　第 2-4 部分：心脏除颤器安全专用要求

## 第一篇　概　　述

除下述内容外，通用标准中本篇适用。

## 1　范围和目的

除下述内容外，通用标准的本章适用。

### 1.1* 范围

增补：

本专用标准规定了在 2.1.101 中定义的**心脏除颤器**的安全要求，本文此后称**心脏除颤器**为**设备**。

本专用标准不适用于植入式除颤器、遥控**除颤器**、体外经皮起搏器、分开单立的**心脏监护仪**（符合 GB 9706.25）。使用分开的心电监护电极的心脏监护仪不在本标准适用范围内，除非其被作为自动体外除颤器（AED）心律识别检测或同步心电复律的心搏检测的唯一基准使用。

除颤波形技术发展迅速。文献研究表明了不同波形的有效性。本标准的适用范围特意不包括特殊波形的选择，它包括波形形状、释放能量、功效和安全性。

然而，由于治疗波形其重要性是非常关键的，所以原理说明中增加了注释，解释如何考量波形的选择。

### 1.2　目的

替换：

本专用标准的目的是建立在 2.1.101 中定义的**心脏除颤器**的安全专用要求。

### 1.3　专用标准

增补：

本专用标准引用 GB 9706.1—2007《医用电气设备　第 1 部分：安全通用要求》。

在本专用标准中简称第 1 部分为“通用标准”或“通用要求”。

本专用标准的各篇、章和条的编号均与通用标准对应，对通用标准条文的变动用下列用语表示：

“替换”表示通用标准的章或条款完全被本专用标准条文所取代。

“增补”表示本专用标准的条文是对通用标准要求的增加。

“修改”表示按本专用标准的条文对通用标准的章或条款进行修改。

对通用标准增加的条款或图从 101 开始数字编号，增加的附录字母编号为 AA、BB 等，增加的项目为 aa）、bb）等。

术语“本标准”用来指通用标准和本专用标准的合称。

当通用标准的篇、章和条款（即使是可能不相关的）在本专用标准中无相应的篇、章和条款，则无更改地适用。

当通用标准的任一部分预期不被引用时（即使是可能相关的），本专用标准给出不适用的陈述。

本专用标准的要求优先于通用标准的相应要求。

### 1.5　并列标准

增补：

下列并列标准适用：

GB 9706.15—2008　医用电气设备　第 1-1 部分：安全通用要求　并列标准：医用电气系统安全要

求(IEC 60601-1-1:2000，IDT)

YY 0505—2005　医用电气设备　第1-2部分:安全通用要求　并列标准:电磁兼容　要求和试验(IEC 60601-1-2:2001，IDT)

IEC 60601-1-4:1996　医用电气设备　第1-4部分:安全通用要求　并列标准:可编程医用电气系统

## 2　术语和定义

除下述内容外,通用标准的本章适用。

增补定义:

2.1.101

**心脏除颤器　cardiac defibrillator**

通过电极将电脉冲施加在**患者**的皮肤(体外电极)或暴露的心脏(体内电极),用来对心脏进行除颤的**医用电气设备**。可称它为**除颤器**或**设备**。

注:这类**设备**也可包括其他监护或治疗功能。

2.1.102

**监视器　monitor**

是除颤器的一部分,它提供**患者**心脏活动的视觉显示。

注:此术语在本专用标准中是用来区分**监视器**与分开的**设备**,即使该设备是分开单立的**监护仪**,它能给**除颤器**提供同步信号,作为自动体外除颤器的心律识别检测的基准或给**除颤器**提供控制信号。

2.1.103

**充电回路　charging circuit**

**除颤器**内用来对**能量储存装置**充电的回路。该回路包括在充电时与**能量储存装置**有电气连接的所有部分。

2.1.104

**除颤器电极　defibrillator electrodes**

用作向**患者**释放电脉冲以达到心脏除颤目的的电极。

注:**除颤器电极**也可提供其他监视(例如,心电获取)或治疗(例如,经皮起搏)功能,以及它可以一次性使用或重复使用的。

2.1.105

**放电回路　discharge circuit**

**除颤器**内连接**能量储存装置**至**除颤器电极**的回路。该回路包括装置与**除颤器电极**之间的所有开关连接。

2.1.106

**放电控制回路　discharge control circuit**

包括手动操作的放电控制和所有与之电气连接的部分的回路。

2.1.107

**内部放电回路　internal discharge circuit**

**除颤器**内不经过**除颤器电极**使**能量储存装置**放电的回路。

2.1.108

**同步器　synchronizer**

使**除颤器**放电与心脏周期中特定相位同步的装置。

2.1.109

**自动体外除颤器(AED)　automated external defibrillator (AED)**

一旦由**操作者**启动,分析通过放置在胸部体表电极获得的心电图(ECG),识别可电击心脏节律,当检测到可电击心律时自行操作的**除颤器**,下文简称 AED。

注:AED 可提供不同的自动控制等级,它们有不同的称谓。见附录 BB。

2.1.110

**能量储存装置　energy storage device**

可被充以对**患者**释放电除颤脉冲所必需能量的部件(例如一个电容器)。

2.1.111

**分开的监视电极　separate monitoring electrodes**

为监视**患者**目的应用于**患者**的电极。这些电极不用来对**患者**释放除颤脉冲。

2.1.112

**心律识别检测器(RRD)　rhythm recognition detector (RRD)**

分析心电图并识别一个心脏节律是否为可电击的系统。在 AED 中其设计的算法是为了在临床中检测到需要除颤电击的失常心律,及其敏感度和特异性。可称作 RRD。

2.12.101

**释放能量　delivered energy**

通过**除颤器电极**释放,并且耗散于**患者**或者规定阻值的电阻中的能量。

2.12.102

**待机状态　stand-by**

**设备**已运行而**能量储存装置**尚未充电的工作方式。

2.12.103

**储存能量　stored energy**

储存在**除颤器能量储存装置**中的能量。

2.12.104

**虚构器件　dummy component**

用于模拟变压器、半导体等模制器件的测试替代品。**虚构器件**在几何上等于测试中将被替代的器件。成型体积不是原部件(半导体硅晶圆,变压器磁芯和绕组)局部的直接表现。在不超过被替代部件内部最大电压的情况下,**虚构器件**用正确的几何尺寸使得测试爬电、间隙和电介质强度成为可能。

2.12.105

**能量计/除颤器测试仪　energy meter/defibrillator tester**

当产生一个模拟心电输出到**心脏除颤器**时,能够测量**心脏除颤器**输出能量的仪器。

2.12.106

**预置能量　selected energy**

由手动设置或自动治疗方案(protocol)确定的除颤器预期释放的能量。

2.12.107

**频繁使用　frequent use**

用于描述设计的除颤器保证能进行超过 2 500 次放电的术语(见第 103 章)。

2.12.108

**非频繁使用　infrequent use**

用于描述设计的除颤器保证能进行少于 2 500 次放电的术语(见第 103 章)。

2.12.109

**手动除颤器　manual defibrillator**

能够由**操作者**手动选择能量、充电和放电的**除颤器**。

## 4　试验的通用要求

除下述内容外,通用标准的本章适用。

## 4.5* 环境温度、湿度、大气压

增补：

aa) 102.2 和 102.3 中要求的试验应在环境温度 0 ℃±2 ℃条件下进行。

## 4.6 其他条件

增补项：

aa) 除非本标准中另有规定，所有试验适用于所有类型的除颤器（手动、AED、频繁使用和非频繁使用除颤器）。

## 4.11 试验顺序

增补：

第 103 章要求的持久性试验，应在超温试验（见通用标准第 C20 章）后进行。

第 101 章、第 102 章、第 104 章、第 105 章和第 106 章要求的试验，应在通用标准附录 C 的第 C35 章试验后进行。

# 5* 分类

除下述内容外，通用标准的本章适用。

## 5.2 按防电击的程度分类

修改：

删除 **B 型应用部分**。

# 6 识别、标记和文件

除下述内容外，通用标准的本章适用：

## 6.1 设备或设备部件的外部标记

j)* 输入功率

替换（段开头为“若**设备**标称值为……”）：

电网供电的**设备**，其**额定**输入功率应为任何 2 s 时间内输入功率平均的最大值。

增补：

aa)* 简明操作说明

应通过清晰易读的标志或者清楚易懂的声音这样方式给出操作说明，用于除颤和有关的**患者**心电监视的操作。

应通过下列试验之一来检验是否符合要求：

标记在 100 lx 环境照明和 1 m 远的距离条件下对于正常视力的人应是清晰、易读的。通过标准视力表或其他等效方法如 Titmus 视力测试序列确定观查者视力，其视力不低于 20/40 或矫正视力不低于 20/40。

声音指令在 65 dB 环境白噪声和 1 m 远的距离条件下对于正常听力的人应是清楚、易懂的。环境白噪声的声级是用一个 A 加权的类型 2 的声级计（见 IEC 60651）测量的，白噪声的定义为在 100 Hz 到 10 kHz 范围是±10%平坦度的。

bb)* 内部电源**设备**

**内部电源设备**和任何分离式电池充电器，按适用性，应标记电池再充电或更换的简要说明。若**设备**还能接至**供电网**或分离的电池充电器，则**设备**应有标记用来指示连接时的任何操作限制。这些指示应包括针对已耗尽的电池或未装电池的情况。

cc) 一次性使用**除颤器**电极

电极包装随附的标签至少应包括以下信息：

1) 符号（符合 YY 0466）或陈述指明电极的失效日期（如：“在……之前使用”）和生产批号或

生产日期；

2) 适当的警示和警告，若适用，包括电极使用时的限制和不是立即使用的情况时不应打开包装的警示信息；

3) 适当的使用指导，包括使用前的皮肤准备；

4) 若适用，有关储存条件要求的指示。

## 6.3 控制器和仪表的标记

增补：

aa)* **除颤器**应具备选择**预置能量**的控制器，除非**设备**提供了**预置能量**的自动治疗方案。

**预置能量**(包括所有通过可编程模式/菜单方式)或相应的指示，应以焦耳为单位和按对 50 Ω 阻性负载进行的标称**释放能量**，来表达其值。

当达到预置能量时，除颤器应给出明确指示。

应通过检查来检验是否符合要求。

## 6.8 随机文件

### 6.8.2 使用说明书

*e)、f)、g)和 h)用下文替换：

e) 对任何可充电电池的充电程序的完整详细说明；

f) 对原电池或可充电电池的更换周期的建议；

g) 在 20 ℃的环境温度时，充满电的新电池能够提供有效的最大能量的放电次数(对 AED 是指预设定的次数)；

h) 对于既能接至**供电网**又能接至分离的电池充电器的**设备**，当接成某种连接时，所有使用限制性信息。这些信息应包括电池已放完电或未装电池的情况。

增补：

aa) 使用说明书增补内容

使用说明书还应包含以下内容：

1)* 警告在除颤时不要触及患者。

2)* 除了有关**除颤器电极**应与其他电极或与**患者**接触的金属物保持足够距离的显眼的警告外，还应说明在使用时正确的**除颤器电极**类型和持握**除颤器电极**的方法。还应告知**操作者**其他无**除颤防护**应用部分的**医用电气设备**在除颤期间应与**患者**断开。

3) 告知**操作者**，避免**患者**身体的某部分(如头部或肢体的裸露的皮肤)和导电液体(如导电膏、血液和盐溶液)与金属物体接触(如床架或担架)，因为金属物体会导致非预期的除颤电流旁路。

4)* 临使用之前的有关**设备**存放的所有环境限制要求(如在恶劣气候条件下的车辆或救护车中)。

5) 在说明使用**分开的监视电极**进行监视的方法中，应有这些电极放置位置的说明。

6)* 提醒**操作者**注意，不管**设备**使用与否，都需定期维护保养，特别是：

——可重复使用的**除颤器电极**和手柄绝缘部分的清洁；

——对所有可重复使用**除颤器电极**或手柄灭菌程序，若适用，包括推荐灭菌方法和最大灭菌周期；

——所有可重复使用监视电极的清洁；

——所有一次性使用**除颤器电极**和所有一次性使用监视电极的包装检查，确认密封完好并且处于有效期内；

——电缆和电极手柄可能缺陷的检查；

——功能检查；

——如果是一种要求定期充电的(如电解电容或聚偏氟乙烯(PVDF)电容)**能量储存装置**,则对它进行充电。

7)* 说明对完全放电的**能量储存装置**,当**除颤器**设定为最大能量时的充电时间,

a) 在**额定**的**网电源电压**时;对**内部电源**的**除颤器**,在新电池充足电时;

b) 按照a)所述,但在**网电压**的**额定**值的90%时;对**内部电源**的**除颤器**,对**频繁使用**的**除颤器**经过15次或对**非频繁使用**的**除颤器**经过6次最大能量放电以后时;

c) 按照b)所述,但测量从接通电源开关开始到最大能量充电完成所需时间。

8) 对AED,说明从心律分析开始到放电准备就绪所需最大时间,

a) 在**额定**的**网电源电压**时;对**内部电源**的**除颤器**,在新电池充足电时;

b) 按照a)所述,但在**网电压**的**额定**值的90%时;对**内部电源**的**除颤器**,对**频繁使用**的**除颤器**经过15次或对**非频繁使用**的**除颤器**经过6次最大能量放电以后时;

c) 按照b)所述,但测量从接通电源开关开始到最大能量充电完成所需时间。

9) 对AED,说明在**心率识别检测器**已经检测到可电击心律之后,它是否继续分析心电;是否**除颤器**充电和准备电击;是否在这种情况下导致AED进入禁止除颤状态。

10) 警告在有易燃媒介物或富氧气体的环境下使用除颤器存在爆炸和失火的危险。

11) 对预期**非频繁使用**的**设备**,应明确地声明其预期用途和正确描述**设备**的局限性。还应给出建议或要求对设备进行状况检查或预防性维护。

12) 对按照预置治疗方案释放能量的**设备**,有关**释放能量**自动选择的信息和治疗方案重置的条件在使用说明书中应有描述。如适用,使用说明书中还应包括如何变更治疗方案的相关信息。

### 6.8.3 技术说明书

增补:

aa)* 技术说明书还应提供:

1) 除颤的基本性能数据:

a) 按时间与电流或电压的关系,以图形方式绘制释放脉冲的波形。这些波形依次是**除颤器**在连接阻性负载为25 Ω、50 Ω、75 Ω、100 Ω、125 Ω、150 Ω和175 Ω电阻时,以及设置为最大输出时或若适用按照一个自动治疗方案确定的**预置能量**下进行的;

b) 对50 Ω电阻负载,**释放能量**的能量精度;

c) 如果**除颤器**具有当**患者**阻抗超过某限值时禁止输出的机制时,公布这些限值;

2) **同步器**的基本性能数据,包括:

a) 显示的同步或标记脉冲的含义;

b) 每当输出启动后,同步脉冲与能量释放之间的最大延迟时间,包括如何测量延迟时间,以及

c) 有关取消同步模式的条件的说明;

3) **心律识别检测器**的基本性能数据,包括:

a) 心电数据库试验报告

用于确认心律识别性能的心电数据库至少应包括:不同幅度室颤(VF)心律,不同频率和QRS波宽度室性心动过速(VT)心律,各种窦性心律包括室上性心动过速,房颤和房扑,具有PVC(心室期外收缩)特征窦性心律,停搏和起搏器心律。所有心律应按被检测识别算法类似的心电导联方式和心电信号处理特性进行归类,并有使检测系统能做出判断的适当长度。

试验报告应描述记录方法、心律来源、心律选择基准,并且应提供评注方法和基

准。检测器性能的结果报告应包括特异性、真实预报价值、敏感度和假阳性率，如下表：

表 101　心律识别检测器分类

| | VF 和 VT | 全部其他心电节律 |
|---|---|---|
| 电击 | A | B |
| 未电击 | C | D |

真阳性(A)是对一个可电击心律的正确分类。真阴性(D)是对未电击显示所有心律的正确分类。假阳性(B)是将一个组合心律或融合节律或停搏不正确地分类为可电击心律。假阴性(C)是将一个与心搏停止相联系的 VF 或 VT 不正确地分类为非可电击心律。

可电击心律识别的敏感度是指 A/(A+C)。真实预报价值表示为 A/(A+B)。非可电击心律识别特异性是指 D/(B+D)。假阳性率表示为 B/(B+D)。

检测报告应清晰概述检测 VF 的敏感度，及那些针对 VT 所设计的识别方案检测 VT 的敏感度。对那些针对室性心动过速(VT)所设计的识别方案应包括指明 VT 为可电击性心律要求的描述。还应报告识别策略的阳性预报精度、假阳性率和整体特异性。推荐但不要求报告针对每一非可电击心律组合(如：正常窦性心律，室上性心律，例如：房颤和房扑、心室异位、实行心律及停搏)给出识别方案的特异性。

在无干扰(如由心肺复苏引起的)情况下，当最大幅度峰峰值为不低于 200 μV 时，识别 VF 的识别方案的敏感度应超过 90%。这些检测 VT 的识别方案，其敏感度应超过 75%。在正确分辨非可电击心律方面检测器的特异性，无人为干预时应超过 95%。

b) 检测器分析心律无论是自动开始的或者是由**操作者**启动的，都应予以描述。

c) 如果**除颤器**包含了一个检测、分析除心电之外其他生理信息系统，为了提高 AED 敏感度和特异性，技术描述应解释这个系统的操作方法和推荐电击释放的基准。

**6.8.101　有关电磁兼容性的随机文件**

依照 YY 0505，制造商应提供与电磁兼容性有关的信息。在使用说明书中特别应提供表 201、表 202 和表 203，以及与 6.8.2.201 要求相一致的适用性陈述。

## 第二篇　环境条件

除下述内容外，通用标准中本篇适用。

**10　环境条件**

除下述内容外，通用标准的本章适用。

**10.2*　运行**

**10.2.1　环境**

修改：

a) 环境温度范围：0 ℃～+40 ℃。

b) 相对湿度范围：30%～95%，无冷凝。

## 第三篇　对电击危险的防护

除下述内容外，通用标准中本篇适用。

## 14 有关分类的要求

除下述内容外，通用标准的本章适用。

### 14.6 B型、BF型和CF型应用部分

增补：

aa)* 监视心电的构成**分开的监视电极**的任何应用部分应为**CF型**。

## 17* 隔离

除下述内容外，通用标准的本章适用。

h)* 第一个破折号

增补：

其他**患者电路**的**应用部分**

修改：

删除第六个破折号（"**设备**不应接通电源；"）。

用下列内容替换倒数第二段（"改变 $V_T$ 极性，重复进行上述每项试验。"）：

每一项试验依次在**设备**通电和不通电两种状态下进行，并且对每种状态下，$V_T$ 反相后重复进行上述每项试验。

增补：

aa) **除颤器电极**与其他部分的隔离应设计成当**能量储存装置**放电时，下列部分不出现危险的电能：

1) 外壳；

2) 属于其他**患者电路**的所有**患者连接**；

3) 所有**信号输入部分**和/或所有**信号输出部分**；

4) **设备**放置其上且至少等于**设备**（**Ⅱ类设备**或**带内部电源的设备**）底部面积的金属箔。

应通过下列试验检查符合性：

**除颤器**按图101连接，放电后在 $Y_1$ 和 $Y_2$ 两点间的峰值电压不超过1 V，则符合上述要求。在能量放电期间会有瞬态信号干扰测量，这些瞬态信号在测量结果中应被排除。这个电压相当于从被测部分流出100 μC电荷。

当带电信号输出部分将影响 $Y_1$ 和 $Y_2$ 两点电压的测量，测量不涉及该信号输出端口。然而应测量上述信号输出端口的参考地。

当按图101连接测量电路至一个输入/输出端口将导致仪器功能完全失效，测量不涉及该输入/输出端口。然而应测量上述输入/输出端口的参考地。

对**放电回路**的输出需要存在一定范围内阻抗的**除颤器**，试验时连接50 Ω阻性负载。对需要检测到可电击心电才可释放电击的**除颤器**，可使用带50 Ω阻性负载的心电模拟器。

应在装置的最大能量下进行测量。

**Ⅰ类设备**受试时应接保护接地。

可以不用**供电网**的**Ⅰ类设备**，如有内部电池，还应在无保护接地连接的情况下受试。

所有接至**功能接地端子**的连接应拆除。

应将接地连接换至另一个**除颤器电极**上重复这一试验。

bb)* 所有非**除颤器电极**的**应用部分**应为**防除颤应用部分**，除非制造商采取措施能防止同一**除颤器**进行除颤的同时使用它们。

cc)* 对**防除颤应用部分**按照本章要求进行试验时，不应产生**能量储存装置**非预期充电。

## 19 连续漏电流和患者辅助电流

除下述内容外,通用标准的本章适用。

### 19.1* 通用要求

b) 第三破折号

增补:

在测量患者漏电流或患者辅助电流时,设备应依次运行于:

a) 待机状态;

b) 在能量储存装置正在被充电至最大能量时;

c) 最大能量在能量储存装置中被保持至自动进行内部能量放电,或 1 min;

d) 对 50 Ω 负载输出脉冲开始后 1 s 算起的 1 min 内(不包括放电时间)。

e)

增补:

对除颤器电极,通用标准中的要求用下文替换:

患者漏电流应在除颤器电极接至 50 Ω 负载条件下测量,测量应是每一个除颤器电极至地,下述各部分连接在一起并接地:

a) 导电的可触及部分;

b) 设备放置其上并且面积至少等于设备底部面积的金属箔;

c) 正常使用时可以接地的所有信号输入部分和信号输出部分。

### 19.2 单一故障状态

b) 第二破折号

增补:

对除颤器电极,通用标准中的要求用下文替换:

——用最高额定网电源电压的 110% 的电压,依次施加在:地与连接在一起的体外除颤器电极之间和地与连接在一起的体内除颤器电极之间,而裹在电极手柄上并与手柄紧密接触的金属箔接至地并与本专用标准 19.1e)那些部分连接。

### 19.3* 容许值

增补:

aa)* 对除颤器 CF 型应用部分,网电源电压施加在除颤器电极之间的单一故障状态下患者漏电流容许值为 0.1 mA。

## 20* 电介质强度

除下述内容外,通用标准的本章适用。

### 20.2 对有应用部分的设备的要求

和

### 20.3 试验电压值

修改:

对于除颤器高压回路(如除颤器电极、充电回路和开关装置)应对通用标准中的绝缘类别 B-a 增加下列要求和试验,以及替换通用标准中的绝缘类别 B-b、B-c、B-d 和 B-e 的那些试验。

上述回路的绝缘应能承受一个直流试验电压,该电压是在任一正常操作模式下放电时间内出现在有关部分之间的最高峰值电压 $U$ 的 1.5 倍。上述绝缘的绝缘阻抗应不低于 500 MΩ。

应通过下列电介质强度和绝缘阻抗相结合的试验来检验是否符合要求。

外部直流试验电压施加在:

试验 1：启动放电回路的开关装置，在连在一起的每对**除颤器电极**和连在一起的所有下列部分之间：

a) 导电的**可触及部分**；

b) Ⅰ**类设备**的**保护接地端子**，或放置在Ⅱ**类设备**或带**内部电源**的**设备**下的金属箔；

c) 与在**正常使用**时可能被握住的非导电部分紧密接触的金属箔；及

d) 所有隔离的**放电控制回路**和所有隔离的**信号输入部分**或**信号输出部分**。

如果**充电回路**是浮动的并在放电时是与**除颤器电极**隔离的，试验期间应将其与除颤器电极连接起来。

应用**虚拟部件**替换**除颤器**和其他**患者电路**之间形成隔离的所有电阻。

在本试验时，所有其他**患者连接**，它们的电缆和附属连接器应与设备断开。

用来与其他**患者**回路隔离的**除颤器**高压回路的所有开关装置，除了那些在**正常使用**时通过它们各自电缆和**患者连接**的连接而启动的之外，都应处于开路位置。

所有在试验时跨接在被测绝缘的电阻(如测量回路的器件)，如果试验配置中它们的实际值不低于 5 MΩ，在试验中用虚拟部件替换。已知不承受 $1.5U$ 试验电压的所有器件，当被本条最后的试验证明是安全的，应被认可符合本条要求。

注："对"在这里指**正常使用**时任何两个同时使用的**除颤器电极**。

较新的**除颤器**电路拓扑结构，会造成执行上述试验的困难。器件额定值不是 $1.5U$ 或已知在低于 $1.5U$ 时失效，如果通过了下述试验，器件是可接受的。通过电路分析确定最高峰值电压 $U$，分析时不考虑电路器件误差。被测器件击穿电压的分布，由供应商提供，或通过足够样品量的击穿试验确定(器件在电压 $U$ 下以 90%置信度)其失效概率低于 0.000 1。另外，制造商应通过故障模式影响分析(见 IEC 60300-3-9)认证所实现的电路布局，在**单一故障状态**和确保**操作者**已经知道这样的故障状态下，不会引起**安全方面危险**。

试验 2：在每一对除颤器电极之间——依次对体外电极和体内电极进行——当：

a) **能量储存装置**被断开，

b) **放电回路**开关装置受激励，

c) 用来隔离**除颤器**高压回路与其他**患者电路**的所有开关装置处于开路位置，和

d) 在本试验中会在**除颤器电极**之间提供导电旁路的所有器件被断开。

较新的**除颤器**电路拓扑结构，会造成执行上述试验的困难。器件额定值不是 $1.5U$ 或已知在低于 $1.5U$ 时失效，如果通过了下述试验，器件是可接受的。通过电路分析确定最高峰值电压 $U$，分析时不考虑电路器件误差。被测器件击穿电压的分布，由供应商提供，或通过足够样品量的击穿试验确定(器件在电压 $U$ 下以 90%置信度)其失效概率低于 0.000 1。另外，制造商应通过故障模式影响分析(见 IEC 60300-3-9)认证所实现的电路布局，在**单一故障状态**和确保**操作者**已经知道这样的故障状态下，不会引起**安全方面危险**。

试验 3：在**放电回路**和**充电回路**的每一开关装置的两端。

对连续的操作当作单一功能集时，其预期进行测试的**放电回路**开关，应进行下列试验：

a) 在与**能量储存装置**极性一致的每个功能集两端施加试验电压，并核实对本篇每一规定直流承受能力。

b) 断开**能量储存装置**，并接入上述每一项结果的试验电压源装置，其极性与**能量储存装置**一致。

通过短路功能集，依次模拟各系列功能开关组合级联失效。在模拟级联失效状态下，证明不会发生对**患者**连接的能量放电。

试验 4：当放电回路的开关装置受激励时，在网电源部分和连接在一起的**除颤器**电极之间。

注：激励开关装置至一个延长的时间周期也许不可行。在这种情况下，本试验中可模拟开关过程。

如果网电源部分与包含**除颤器**电极的应用部分之间，通过保护接地的屏蔽或保护接地的中间回路能有效地隔离，则本试验可以不进行。

当隔离的有效性有疑问时(如保护屏蔽不完善)，应断开屏蔽并进行电介质强度试验。

试验电压初始时设置为$U$，并测量电流值。在不小于10 s时间内将电压升至1.5$U$，然后保持此电压1 min，试验过程中应无击穿或闪烁现象发生。

电流应正比于所施加的试验电压，偏差在±20%之内。由于试验电压增加的非线性引起的任何电流的瞬态增大应忽略。绝缘阻抗应按最大电压和稳态电流计算。

在进行通用标准中针对绝缘类别B-a的规定试验时，在充电回路或放电回路中的所有开关装置两端出现的那部分试验电压，应限制为不超出等于上述规定的直流试验电压的一个峰值电压。

**20.4 试验**

a)，第一个破折号

修改：

将“**设备**升温至工作温度”改为“**设备**通过运行于待机状态达到稳态温度”。

## 第四篇 对机械危险的防护

通用标准中本篇的章、条适用。

## 第五篇 对不需要的或过量的辐射危险的防护

除下述内容外，**并列标准** YY 0505—2005中本篇适用。

**36* 电磁兼容性(EMC)**

替换：

**36.201 发射**

当**除颤器**处于充电/放电周期时，放弃这些要求。

**36.201.1 无线电业务的保护**

a) 要求

在所有配置和工作模式下，**除颤器**应符合GB 4824，1组的要求。为确定所适用的GB 4824的要求，**除颤器**分类为B类设备。距离设备10 m处测量的发射电平，在30 MHz～230 MHz范围内应不超过30 dB μV/m，在230 MHz～1 000 MHz范围内应不超过37 dB μV/m。

b) 试验

依照GB 4824试验方法来检验是否符合要求。

替换：

**36.202.2 静电放电(ESD)**

a) 要求

以4 kV对空气放电和以2 kV接触放电，**操作者**应观察不到任何**设备**运行时的变化。**设备**应工作在其正常指标的容限内。不允许系统性能降低或功能失效。然而，在ESD放电时，心电的毛刺、起搏脉冲的检测、显示的瞬间干扰或发光二极管(LED)的短时闪光是被接受的。

以8 kV对空气放电或以6 kV接触放电，**设备**可暂时性功能丢失，但应在**无操作者**干预下2 s内恢复。不应出现非预期的能量释放，不安全的失效状况，或存储数据的丢失。

b) 试验

按GB/T 17626.2所规定的试验方法和仪器进行下列增补试验：

在**操作者**或**患者**可触及表面的任一点上，用正和负两种极性，以8 kV对空气放电或以6 kV

接触放电对**设备**进行试验。

**36.202.3 辐射的 RF 电磁场**

a) 要求

设备在下列特性的调制射频场中进行试验：

——场强：10 V/m；

——载波频率范围：80 MHz～2.5 GHz；

——5 Hz 的 80％调幅系数的 AM 调制。

b) 试验

按 GB/T 17626.3 所规定的试验方法和**仪器**进行下列修改试验：

进行下列试验来检验是否符合要求：

在**除颤器电极**间接入模拟**患者**的负载(1 kΩ 电阻与 1 μF 电容并联)。被测**设备**的所有表面顺序地朝向射频场。在 10 V/m 场强下，不应发生无意的放电或其他非预期的状态改变。不应有心律识别检测器(RRD)(假阳性)的无意启动。在 20 V/m 场强下，不允许无意的能量释放。某些**患者**电缆配置会导致不符合这些抗干扰要求。在这种情况下，制造商应公开其所满足的降低了的抗干扰电平。

**36.202.4 电快速瞬变脉冲群**

a) 要求

可接网电源的**设备**在网电源插座上应用电平 3 进行试验。只允许瞬时的功能失效。不允许无意的能量释放或其他非预期的状态改变。设备应在无**操作者**干预下恢复其脉冲测试前的状态。

b) 试验

按 GB/T 17626.4 所规定的试验方法和**仪器**进行试验。

**36.202.5 浪涌**

a) 要求

应按第 3 章对可接网电源的**设备**进行试验。符合性准则：不允许无意的能量释放或其他非预期的状态改变。设备应在无**操作者**干预下恢复其测试前的状态。

b) 试验

按 GB/T 17626.5 所规定的试验方法和**仪器**进行试验。

**36.202.6 RF 场感应的传导骚扰**

a) 要求

试验期间不应产生无意的放电或其他非预期的状态改变。不允许功能失效。

b) 试验

按 GB/T 17626.6 所规定的试验方法和**仪器**进行下列修改试验：

对既能使用电网电源也能使用电池运行的**除颤器**，从电源软电线(不是在信号输入端)注入具有下列特性的射频电压：

——射频电压幅度：3 V(有效值)；

——载波频率：150 kHz～80 MHz；

——5 Hz 的 80％调幅系数的 AM 调制。

**36.202.8 磁场**

a) 要求

试验期间不应产生无意的放电或其他非预期的状态改变。允许一些显示抖动，然而应可读取显示信息并且应不丢失或破坏存储的数据。

b) 试验

按 GB/T 17626.8 所规定的试验方法和**仪器**进行下列试验：

让**设备**在所有轴向上承受磁场。设备上的心电导联线和电极短路。

## 第六篇　对易燃麻醉混合气点燃危险的防护

通用标准中本篇适用。

## 第七篇　对超温和其他安全方面危险的防护

除下述内容外，通用标准中本篇适用。

### 42* 超温

除下述内容外，通用标准的本章适用。

42.3

3)持续率

替换：

在**待机状态**下**设备**运行到温度达到平衡。对**手动除颤器**，**除颤器**以每分钟 3 次的速率对 50 Ω 阻性负载按其最大能量交替进行充电和放电 15 次。对 AED，放电次数和速率应为制造商对正常操作所规定的最大值。

### 44 溢流、液体泼洒、泄漏、受潮、进液、清洗、消毒、灭菌和相容性

除下述内容外，通用标准的本章适用。

#### 44.6* 进液

替换：

**设备**的结构应在液体泼洒时(意外地弄潮)，不导致**安全方面危险**。

应通过下列试验检查符合性：

**设备**处于**正常使用**时最不利的位置，同时**除颤器电极**处于存放位置。然后**设备**承受从其顶部上方 0.5 m 高处垂直降下的 3 mm/min 人工降雨持续 30 s。本试验中不应对**设备**供电。本试验中，**患者**电缆、网电源电缆等应放置在最不利位置。

试验装置见 GB 4208 中图 3 所示。

可用截断装置确定试验的持续时间。

在 30 s 人工降雨后立即除去**外壳**上可见水分。上述试验后立即对**除颤器**以每分钟 3 次的速率对 50 Ω 阻性负载按其最大能量交替充电和放电 15 次。对 AED，最大放电次数和放电速率可为制造商对正常操作所规定的极限值。

应核实进入**设备**的所有水分不会导致**安全方面危险**。特别是**设备**应能满足电介质强度试验 A-a1、A-a2。对非**除颤器电极**的**应用部分**，**设备**应能满足通用标准中 20.1～20.3 所规定的电介质强度试验 B-a 和 B-d。

试验后拆开**除颤器**，检验进水情况。**设备**应无电气绝缘受潮迹象，这些液体很可能对绝缘有不利影响。同样在高压电路应无水迹。

**设备**应功能正常。

#### 44.7* 清洗、消毒和灭菌

增补：

体内**除颤器电极**包括手柄、任何与其构成一体的控制器或指示器以及连带电缆应能进行灭菌。见 6.8.2 aa)6)对使用说明书的要求。

## 46 人为差错

除下述内容外,通用标准的本章适用。

### 46.101* 电极供能控制

a) **设备**应设计成能够防止对体外**除颤器电极**和体内**除颤器电极**同时供能。

通过检验和功能试验检查符合性。

b) **除颤器放电回路**的触发装置应设计成使得无意操作的可能性最小化。

允许的布置方式有:

1) 对前-前**除颤器电极**,两个瞬时开关,每个**除颤器电极**手柄上放置一个;

2) 对前-后**除颤器电极**,一个单一的瞬时开关放置在前电极手柄上;

3) 对体内**除颤器电极**,一个单一的瞬时开关放置在任一电极手柄上,或者一个或两个单一瞬时开关仅仅放置在面板上;

4) 对体外自粘**除颤器电极**,一个或两个单一瞬时开关仅仅放置在面板上。

不应用脚踏开关来触发除颤脉冲。

应通过检验和功能试验检查符合性。

### 46.102 信号显示

**除颤器**不应同时显示超过一个输入的信号,除非明确地标示信号来源。

应通过检验检查符合性。

### 46.103* 能量释放前的听觉警告

**除颤器**能量释放前应给出针对**操作者**的听觉警告。至少在下列时刻,应提供声音或听觉音调(警告可以是连续的或间歇的):

a) 对 AED,当**心律识别检测器**确定检测到可电击心律时;

b) 对具有由**操作者**启动放电控制的**除颤器**,当装置准备就绪由**操作者**进行放电时。

c) 对具有自动放电控制的 AED,在能量释放前至少有 5 s 时。

# 第八篇 工作数据的准确性和危险输出的防止

除下述内容外,通用标准中本篇适用。

## 50* 工作数据的准确性

除下述内容外,通用标准的本章适用。

### 50.1* 控制器件和仪表的标记

替换:

如果**除颤器**提供了连续的或有级的**预置能量**选择的方法,那就应配有以焦耳为单位的**预置能量**指示,指示值是对 50 Ω 阻性负载的**释放能量**标称值,并以焦耳为单位表示。

可选的是,**除颤器**可以是释放单个的预置能量或按照在使用说明书中阐述的预置治疗方案释放一个能量序列。如果**除颤器**设计为提供单个能量或一个可编程的能量序列,则不要求有能量选择的方法。

通过检查来检验是否符合要求。

### 50.2* 控制器件和仪表的准确度

替换:

应规定对 25 Ω、50 Ω、75 Ω、100 Ω、125 Ω、150 Ω 和 175 Ω 负载的额定**释放能量**(按照设备设置)。对这些负载电阻,在所有能级上,所测量的**释放能量**与那个负载下的额定的**释放能量**值的偏差应不超过 ±3 J 或 ±15%(取两者的较大值)。

通过测量在上述的能级上对 25 Ω、50 Ω、75 Ω、100 Ω、125 Ω、150 Ω 和 175 Ω 负载电阻的**释放能量**,或先测量**除颤器**输出回路的内部电阻然后计算出**释放能量**,来检验是否符合要求。

## 51 危险输出的防止

除下述内容外，通用标准的本章适用。

### 51.1* 有意地超过安全极限

增补：

输出控制范围：

a) **预置能量**应不超过 360 J。

b) 对内部**除颤器电极**，**预置能量**应不超过 50 J。

应通过检查和功能试验来检验是否符合要求。

增补：

51.101* 在 175 Ω 负载电阻两端，**除颤器**输出电压应不超过 5 kV。

应通过测量来检验是否符合要求。

51.102* **设备**应设计成当供电中断(不管是网电源供电还是内部电源供电)或当**设备**电源切断时，不应在**除颤器**电极有非预期的能量输出。

应通过功能试验来检验是否符合要求。

51.103* **除颤器**应提供一个内部放电回路，使**储存能量**因某种原因不能通过**除颤器**电极释放时而能通过它被消耗掉。

注：这一**内部放电回路**可和 51.102 所要求的设计合并。

应通过功能试验来检验是否符合要求。

# 第九篇 不正常的运行和故障状态；环境试验

除下述内容外，通用标准中本篇适用。

## 52 不正常的运行和故障状态

增补：

52.4.101* 能量储存装置的无意地充电或放电。

# 第十篇 结 构 要 求

除下述内容外，通用标准中本篇适用。

## 56* 元器件和组件

除下述内容外，通用标准的本章适用。

增补：

### 56.101* 除颤器电极及其电缆

a) 所有**除颤器电极**手柄应没有导电的**可触及部分**。

这一要求不适用于小金属件，例如在绝缘材料内或穿过绝缘材料的螺钉，这些小金属件在单一故障状态下不会带电。

应通过检查和电介质强度试验(见 20.2 中试验 1)来检验是否符合要求。

b)* **除颤器电极**电缆和电缆的固定装置应可以顺利通过下述的试验。此外可重复使用的**除颤器电极**的固定装置应满足通用标准的 57.4 a)中第 1～4 个破折号所描述的对**电源软电线**的要求。对一次性使用电缆或电缆/电极组合，在试验 2 中摆动弯曲次数应除以 100。针对**除颤器电极**，至**设备/除颤器电极**的每一电缆和至**设备/除颤器电极**连接器的每一电缆，当相关时，应依次进行试验，除非两个或更多连接器有相同的结构(此情况下，应仅对其一个连接器进行试验)。当一个连接器配接两个或更多的电缆时,这些电缆应一同进行试验,在连接器上的张力是各适于每一电缆的张力的总和(见附录AA和图107要求进行试验的固定装置的识别指导)。

应通过下列检查和试验来检验是否符合要求:

试验1:

对可重新接线电缆,把导线伸入**除颤器电极**的接线端子,把端子螺钉旋紧到刚能防止导线轻易移动。按正常方式紧固电缆固定装置。对所有电缆,为测量纵向位移,在电缆上距离电缆固定装置约2 mm处做上记号。

然后立即使电缆承受30 N的拉力,或使连接器脱开前的所能施加的(或使电极拉离患者,如适用)最大力,至少持续1 min。在这一试验末尾,电缆纵向位移应不大于2 mm。对可重新接线电缆,导线在接头处移动应不大于1 mm,并且当拉力仍然施加时导线不应有可察觉的变形。对非可重新接线电缆,导线应不超过总股数10%的线股断裂。

试验2:

将一个**除颤器电极**固定在类似图102所示的装置上,固定时应使该装置的摆动杆在其行程当中时,从电极或电极手柄处引出的电缆轴线垂直并且通过摆动轴线。按下列方法对电缆施加张力。

1) 对可延伸的电缆,施加张力等于使电缆伸展至其自然(未伸展)长度的3倍所需的张力,或相当于一个**除颤器电极**重量的张力,取较大的值,在离摆动轴300 mm处将电缆固定。
2) 对非可延伸的电缆,电缆穿过一离摆动轴300 mm的小孔,在小孔下方的电缆上固定一个重量等于**除颤器电极**的重物,或5 N,取较大的值。

摆动杆摆动的角度为:

——180°(垂线两侧各90°)用于体内电极;

——90°(垂线两侧各45°)用于体外电极。

摆动总次数应是10 000次,以每分钟30次的速度进行。摆动5 000次后,**除颤器电极**绕电缆进线处中心线转动90°,余下的5 000次在同一平面上完成。

本试验后,除了允许有不超过导线总股数10%的线股断裂外,电缆不应松动,并且电缆固定装置或电缆都不应有任何损坏。

c) **除颤器电极**的最小面积

**除颤器电极**的每个电极的最小面积应是:

——50 $cm^2$,为成人体外使用;

——32 $cm^2$,为成人体内使用;

——15 $cm^2$,为儿童体外使用;

——9 $cm^2$,为儿童体内使用。

## 57 网电源部分、元器件和布线

除下述内容外,通用标准的本章适用。

### 57.10 爬电距离和电气间隙

增补:

aa)* 在**除颤器电极**的**带电**部分与在**正常使用**中很可能接触的手柄和开关或控制器之间,**爬电距离**应至少有50 mm,**电气间隙**应至少有25 mm。

bb)* 除了元器件额定值的裕量能证实外(例如从元器件制造商的额定值或通过第20章电介质强度试验),高压回路与其他部分之间以及高压回路各部分之间绝缘的**爬电距离**和**电气间**

隙应至少为 3 mm/kV。

这个要求还应适用于**除颤器**的高压电路与其他**患者电路**之间的隔离方法。

应通过测量来检验是否符合要求。

cc)* 非可重复使用的**除颤器电极**不要求满足 bb)中对爬电距离和电气间隙的要求，不要求满足第 20 章中对电介质强度的要求。

dd)* 连接**除颤器**和**除颤器电极**的电缆应具有双重绝缘(两层分别铸造的绝缘)。对非可重复使用的电缆包括非可重复使用的**除颤器电极**，当非可重复使用的电缆长度小于 2 m，不要求双重绝缘。电缆的绝缘阻抗应不小于 500 MΩ。电缆的电介质强度应按下面描述的，在所有正常操作模式下**除颤器电极**之间的最高电压的 1.5 倍电压值进行试验：

用导电金属箔包裹电缆外部 100 mm 长度。在高电压导线和外部导电包裹层之间施加试验电压。将电压在不小于 10 s 的时间内升至 1.5*U*，保持稳定持续 1 min，不应产生击穿或闪烁。测量高电压导体与包裹层之间的漏电流，证实绝缘阻抗超过 500 MΩ。

## 第一百零一篇　与安全有关的补充要求

### 101*　充电时间

### 101.1*　对频繁使用的手动除颤器的要求

a)* 对完全放电的**能量储存装置**充电至最大能量的时间，在下列状态下应不大于 15 s：

- 当**除颤器**运行在 90%额定网电源电压；
- 用已经过 15 次最大能量放电消耗过的电池。

b) 从接通电源开关开始，或从**操作者**进入设定方式开始，到最大能量充电完成的时间不应超过 25 s。这一要求应适用于在下列状态时对完全放电的**能量储存装置**充电至最大能量：

- 当**除颤器**运行在 90%额定网电源电压；
- 用已经过 15 次最大能量放电消耗过的电池。

应通过测量来检验是否符合 101.1 a)和 b)的要求。对**内部电源设备**，本试验开始时应使用一个新的并充满电的电池。对还能连接至网电源或一个分离的电池充电器，进行对**能量储存装置**充电的设备，则设备连接至供电网或电池充电器进行试验，检验是否符合要求。对已用完电的电池和未装电池的状态，检验其状态是否与 6.1 bb)所要求提供的标记相符。

用不可充电电池的**除颤器**，本试验应使用经过制造商所规定的充电/放电循环次数消耗过的电池开始试验，或当**设备**指示需要更换电池时，取先来者。

### 101.2*　对非频繁使用的手动除颤器的要求

a) 下列是充电时间的要求：

- 当**除颤器**运行在 90%额定网电源电压，对完全放电的**能量储存装置**充电至最大能量的时间应不超过 20 s。
- 用已经过 6 次最大能量放电消耗过的电池，对完全放电的**能量储存装置**充电至最大能量的时间应不超过 20 s。
- 用已经过 15 次最大能量放电消耗过的电池，对完全放电的**能量储存装置**充电至最大能量的时间应不超过 25 s。

b) 从接通电源开关开始，或从**操作者**开始设定模式，到最大能量充电完成的时间，适用下列要求：

- 当**除颤器**运行在 90%额定网电源电压，从接通电源开关开始，或从**操作者**开始设定模式，到最大能量充电完成的时间，应不超过 30 s。
- 用已经过 6 次最大能量放电消耗过的电池，从接通电源开关开始，或从**操作者**开始设定模式，到最大能量充电完成的时间，应不超过 30 s。

- 用已经过 15 次最大能量放电消耗过的电池,从接通电源开关开始,或从**操作者**开始设定模式,到最大能量充电完成的时间,应不超过 35 s。

应通过测量检验是否符合 101.2a)和 b)的要求。对**内部电源设备**,本试验开始时应使用一个新的并充满电的电池。对还能连接至网电源或一个分离的电池充电器,进行对**能量储存装置**充电的设备,则设备连接至供电网或电池充电器进行试验,检验是否符合要求。对已用完电的电池和未装电池的状态,检验其状态是否与 6.1bb)所要求提供的标记相符。

用不可充电电池的**除颤器**,本试验应使用经过制造商所规定的充电/放电循环次数消耗过的电池开始试验,或当**设备**指示需要更换电池时,取先来者。

**101.3* 对频繁使用的自动体外除颤器的要求**

a) 从**心律识别检测器**启动到**除颤器**最大能量准备放电的最大时间,在下列状态下应不超过 30 s:
- 当 AED 运行在 90%额定网电源电压
- 用已经过 15 次最大能量放电消耗过的电池

b)* 从接通电源开关开始,或从操作者开始设定模式,到**除颤器**最大能量完成的时间应不超过 40 s。这一要求应适用于在下列状态,对完全放电的**能量储存装置**充电至最大能量:
- 当 AED 运行在 90%额定网电源电压
- 用已经过 15 次最大能量放电消耗过的电池

**101.4* 对非频繁使用的自动体外除颤器的要求**

a) 对**非频繁使用的自动体外除颤器**的充电时间适用下列要求:
- 当 AED 运行在 90%额定网电源电压,从**心律识别检测器**启动到最大能量准备放电的最大时间,应不超过 35 s。
- 用已经过 6 次最大能量放电消耗过的电池,从**心律识别检测器**启动到最大能量放电准备好的最大时间,应不超过 35 s。
- 用已经过 15 次最大能量放电消耗过的电池,从**心律识别检测器**启动到最大能量放电准备好的最大时间,应不超过 40 s。

b) 对从接通电源开关开始,或从操作者开始设定模式,到最大能量充电完成的时间,适用下列要求:
- 当 AED 运行在 90%额定网电源电压,从接通电源开关开始,或从操作者开始设定模式,到最大能量充电完成的时间,应不超过 45 s。
- 用已经过 6 次最大能量放电消耗过的电池,从接通电源开关开始,或从操作者开始设定模式,到最大能量充电完成的时间,应不超过 45 s。
- 用已经过 15 次最大能量放电消耗过的电池,从接通电源开关开始,或从操作者开始设定模式,到最大能量充电完成的时间,应不超过 50 s。

应通过下列试验检验是否符合 101.3a)和 b)以及 101.4a)和 b)的要求。

由制造商规定的模拟**患者**的可电击心律信号,接入到**分开的监视电极**之间或**除颤器电极**之间。**除颤器**随后应给出视觉和听觉提示。充电时间测量是指从 RRD 启动[对 101.3 a)和 101.4 a)]或通电开始[对 101.3 b)和 101.4 b)]到放电准备好。

对**内部电源设备**,本试验开始时应使用一个新的并充满电的电池。对还能连接至网电源或一个分离的电池充电器,进行对**能量储存装置**充电的设备,则设备连接至供电网或电池充电器进行试验,检验是否符合要求。对已用完电的电池和未装电池的状态,检验其状态是否与 6.1bb)所要求提供的标记相符。

用不可充电电池的**除颤器**,本试验应使用经过制造商所规定的充电/放电循环次数消耗过的电池开始试验,或当**设备**指示需要更换电池时,取先来者。

具有**操作者**或**使用者**不能改变的预置能量设定序列的**设备**,其电池最大能量放电消耗的要求,放宽到预置能量设定序列的放电次数。对**操作者**或**使用者**能改变的预置能量设定序列,其电池最大能量放电消耗的要求,放宽到按可选的能量设定序列在最不利条件下的放电次数。

## 102 内部电源

### 102.1 概述

不论**设备**是否使用网电源,本章要求适用。

### 102.2* 对手动除颤器的要求

一个新的充满电的电池容量,应使**设备**在0 ℃时至少能提供20次的除颤放电,每次放电应达到**设备**的**最大释放能量**,按1 min放电三次和1 min停歇的周期方式进行。对**非频繁使用**的**手动除颤器**,周期方式应为90 s放电三次和1 min停歇。

当**设备**可有多个由操作者随意选择插入的电池时,对20次放电的要求是指当**除颤器**配备最多电池时得到的放电总次数。

如果备用电池不与**除颤器**实际配接,该备用电池应不包括在本试验中。

应通过在0 ℃±2 ℃下功能试验检验是否符合要求,**设备**首先做下列准备:

a) 在环境温度20 ℃±2 ℃下,按照制造商的说明对电池充满电(或直到**设备**指示电池已经充满电),或按制造商依照10.2的要求所规定的运行环境条件,取其中最严酷的条件。

b) **设备**包括电池冷却至0 ℃±2 ℃,直至达到热平衡。

### 102.3* 对自动体外除颤器的要求

102.3.1 对**频繁使用**的AED,一个新的充满电的电池容量,应使**设备**在0 ℃时至少能提供20次**最大释放能量的**除颤放电,AED按105 s放电三次和1 min停歇的周期方式进行。

当**频繁使用**的AED能够在同一时间由操作者随意选择接入多个电池时,对20次放电的要求是指当**除颤器**配备最多电池时得到的放电总次数。

如果备用电池不与**除颤器**实际配接,该备用电池应不包括在本试验中。

具有**操作者**或**使用者**不能改变的预置能量设定序列的AED,AED应能提供20次按预置设定的除颤放电。对**操作者**或**使用者**能改变的预置能量设定序列,AED应能提供20次按可选的最大能量设定序列的除颤放电。

102.3.2 对**非频繁使用**的AED,一个新的充满电的电池容量,应使**设备**至少能提供20次最大释放能量的除颤放电,**设备**按135 s放电三次和1 min停歇的周期方式进行。

具有**操作者**或**使用者**不能改变的预置能量设定序列的**非频繁使用**的AED,AED应能提供20次按预置设定的除颤放电。对**操作者**或**使用者**能改变的预置能量设定序列,AED应能提供20次按可选的最大能量设定序列的除颤放电。

应通过在0 ℃±2 ℃下功能试验检验是否符合102.3.1和102.3.2的要求,**设备**首先做下列准备:

a) 在环境温度0 ℃±2 ℃、20 ℃±2 ℃和40 ℃±2 ℃下,按照制造商的说明对电池充满电(或直到**设备**指示电池已经充满电),或按制造商依照10.2的要求所规定的运行环境条件,取其中最严酷的条件。

b) **设备**包括电池冷却至0 ℃±2 ℃,直至达到热平衡。

将可电击心律信号接入**分开的监视电极**之间或**除颤器电极**之间。**除颤器**随后应给出视觉或听觉提示以确保按照上述规定的周期方式进行**除颤器**放电。

当**设备**可能含有(在同一时间操作者能随意选择插入的)多个电池时,对20次放电的要求是指当**除颤器**配备最多电池时得到的放电总次数。

如果备用电池不与**除颤器**实际配接,该备用电池应不包括在本试验中。

### 102.4* 当非可充电电池需要更换或可充电电池需要充电时,应有手段提供明确的提示。这些手段应不使**设备**无法运行,并且一旦给出这些提示后,**设备**应仍能提供三次最大能量放电的释放。

具有**操作者**或**使用者**不能改变的预置能量设定序列的**设备**，一旦给出提示后，AED 应能提供 3 次按预置设定的除颤放电。对**操作者**或**使用者**能改变的预置能量设定序列，AED 应能提供 3 次按可选的最大能量设定序列的除颤放电。

应通过检查和在 20 ℃±2 ℃下功能试验检验是否符合要求。

102.5 当可充电电池正在充电时，应有手段提供明确的提示。

应通过检查和功能试验检验是否符合要求。

102.6* 所有可充电新电池应能使**设备**通过下列试验：

a) 对**手动除颤器**的试验要求

电池充满电后，将**设备**关闭并储存在 20 ℃±5 ℃温度和 65%±10%相对湿度下 168 h(7 天)。然后**设备**以最大**释放能量**对 50 Ω 负载以每分钟一次充放电的速率进行充电和放电 14 次。第 15 次充电时间应不超过 15 s(25 s 对**非频繁使用**的**手动除颤器**)。

如果**除颤器**在关闭时可以进行按预先选定的间隔自动启动唤醒自检，应以可能的最小间隔启动唤醒自检进行本试验。

b) 对自动体外除颤器的试验要求

电池充满电后，将设备关闭并储存在 20 ℃±5 ℃温度和 65%±10%相对湿度下 168 h(7 d)。然后**设备**以最大**释放能量**对 50 Ω 负载以每分钟一次充放电的速率进行充电和放电 14 次。测量第 15 次的从可电击心脏节律输入到**除颤器**放电准备就绪的时间，该时间应不超过：

——30 s，对**频繁使用 AED**；

——40 s，对**非频繁使用 AED**。

具有**操作者**或**使用者**不能改变的预置能量设定序列的**设备**，对电池提供最大能量放电消耗的要求放宽到预置能量设定序列的放电次数。**操作者**或**使用者**能改变的预置能量设定序列，对电池提供最大能量放电消耗的要求放宽到按可选的最大能量设定序列的放电次数。

如果当**除颤器**关闭时，**除颤器**可进行按预先选定的间隔自动启动唤醒自检，应以最小的可能间隔启动唤醒自检进行本试验。

## 103 持久性

**设备**应能够在本标准第 42 章规定的超温试验后满足下列持久性试验：

a) **频繁使用**的**除颤器**应能对 50 Ω 负载按最大能量或按设定的能量治疗方案，充电和放电 2 500 次。预期**非频繁使用**的**除颤器**应能对 50 Ω 负载按最大能量或按设定的能量协议，充电和放电 100 次。在本试验中，允许对设备和负载施加强制性冷却。加速试验过程时应不产生超过第 42 章试验所得到的温度。本试验中，**内部电源设备**可使用外部电源供电。

b) 把除颤器两电极短路，对除颤器按最大能量或按内部治疗方案，充电和放电 10 次。连续放电的间隔应不超过 3 min。

当短路放电不可能时，本试验不适用。

c) 然后，把**除颤器电极**开路，其中一个电极与导电的**外壳**相连接并接地，除颤器按最大能量充电和放电 5 次。接着，换成另一个电极与该**外壳**相连接并接地，重复本试验。如果**外壳**不导电，各电极依次接至接地的金属物，金属物上按正常使用方式放置**设备**。该接地的金属物面积应至少等于**设备**底部面积。

连续放电的间隔应不超过 3 min。

当开路放电不可能时，本试验不适用。

d) 对**频繁使用**的**除颤器**，每一**内部放电回路**按最大**储存能量**试验 500 次。对**非频繁使用**的**除颤器**的**内部放电回路**按最大**储存能量**试验 20 次。在本试验中，允许对**设备**和负载进行强制性冷却。加速试验过程时应不产生超过第 42 章试验所得到的温度。本试验中，**内部电源设备**可使用外部电源供电。

在这些试验完成后，**设备**应符合本标准中所有其他要求。

## 104* 同步器

具有**同步器**的设备，应满足下列要求：

a) 当**除颤器**处于同步模式时，应通过视觉和(非强制性的)听觉信号提供明确的提示。

b) 在放电控制装置启动下，应只有当同步脉冲出现时才发生除颤脉冲。

c) 从 QRS 波顶点或外部触发脉冲的上升沿到**除颤器**输出波形的顶点的最大时间延迟应为：

  1) 60 ms，当心电信号来自于应用部分或**除颤器**的**信号输入部分**，或

  2) 25 ms，当同步触发信号(不是心电信号)来自于**信号输入部分**。

d) **除颤器**开机时或从其他模式选择到除颤模式时，不应默认为同步模式。

## 105* 除颤后监视器/心电输入的恢复

### 105.1 来自于除颤器电极的心电信号

当**除颤器**按照以下描述进行测试时，在**除颤器**脉冲之后最长 10 s 的时间以后，在监视器显示屏(如果适用)上应见到测试信号，并且信号显示的峰-谷幅度值偏离原幅度应不大于 50%。

除上述要求外，如果存在**心律识别检测器**，它应在除颤脉冲 20 s 后能够检测到可电击心律。这种情况下，输入到**除颤器电极**的信号应为除颤器可识别的可电击信号。

应通过使用如图 103 所示的下列装置的试验检查符合性。自粘性电极粘在金属板上。如果需要，可在电极表面上涂制造商提供的导电膏，施加适当的力将电极表面压在金属板上。

通过**使用者**可选择的灵敏度控制器，设置**监视器**的灵敏度为 10 mm/mV。对可影响监视器频率响应的控制器，将其设置到最宽频率响应。

当 $S_1$ 接通，信号发生器输出调节到提供一个在**监视器**显示屏(如果适用)上峰-谷值为 10 mm 的显示信号。对具有**心律识别检测器的除颤器**，输入的可电击心律信号幅度应调节到使得**除颤器**能够检测可电击心律。

当 $S_1$ 断开，释放最大能量脉冲至试验装置。立即接通 $S_1$ 并观察**监视器**显示屏。上述规定的 10 s 时间是从 $S_1$ 接通开始计时的。另外，(如果相关)心电**心律识别检测器**应在 $S_1$ 接通后 20 s 之内检测到可电击心律。

### 105.2 来自于任一分开的监视电极的心电信号

使用制造商所规定的电极，将**分开的监视电极**粘在金属板上进行 105.1 中的试验，并采用相同的符合性准则。

### 105.3 来自于非重复使用的除颤器电极的心电信号

当**除颤器**按照下面描述的进行测试时，在除颤脉冲之后最长 10 s 的时间以后，在**监视器**显示屏上应见到心电信号，并且信号显示的峰-峰幅度值偏离原幅度应不大于 50%。对不具有**监视器**的但其**心律识别检测器**使用心电输入信号的**除颤器**，在除颤脉冲之后的 20 s 内，心电**心律识别检测器**应能正确地识别该心电信号。

应通过以下描述的试验检查符合性。

将一对制造商推荐类型的非重复使用**除颤器电极**背对背(导电表面面对导电表面)连接。**电极**与带有心电模拟器的能量计/除颤器测试仪以串联方式连接到**除颤器**。心电模拟器输出设置为心室纤维性颤动。设备以最大能量输出释放 10 个能量脉冲，或按照设备所具备的固定能量治疗方案。以设备能达到的最高速率释放能量脉冲。

## 106* 充电或内部放电对监视器的干扰

注：本章对不具备**监视器**的**除颤器**不适用。

在**能量储存装置**充电或内部放电期间，监视器显示灵敏度设置为 10 mm/mV，±20%：

a) 在**监视器**上显示的任何可见的干扰峰-谷值应不超过 0.2 mV，和

b) 峰-谷值 1 mV 的 10 Hz 正弦波输入的显示幅度变化应不大于 20%。

应忽略总时间小于 1 s 的任何干扰。只要显示屏上仍可见到整个信号，应忽略基线漂移。

当**监视器**输入从如图 106 所示获得，应满足上述要求：

a) 从所有**分开的监视电极**；

b) 从**除颤器电极**，所有**分开的监视电极**被断开；

c) 从**除颤器电极**，所有**分开的监视电极**接至**设备**，如果适用。

应通过测量检查符合性。

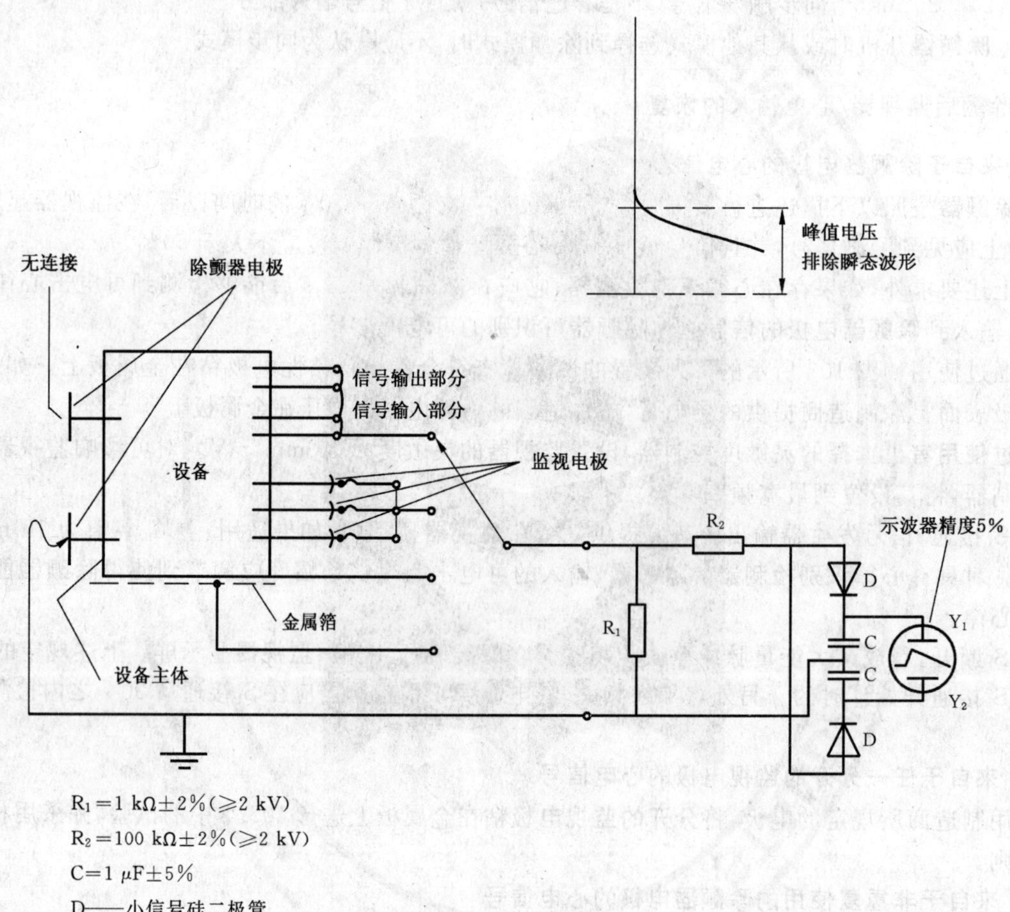


$R_1 = 1\ k\Omega \pm 2\%(\geqslant 2\ kV)$

$R_2 = 100\ k\Omega \pm 2\%(\geqslant 2\ kV)$

$C = 1\ \mu F \pm 5\%$

D——小信号硅二极管

**图 101 对设备不同部分与除颤器电极之间能量限值的测试[见第 17 章 aa)]**

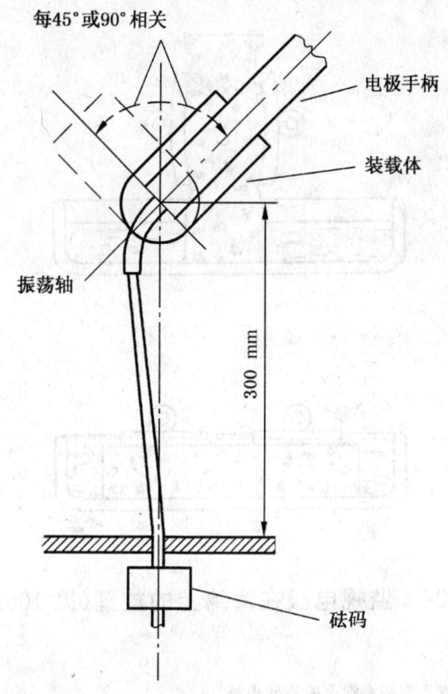


图 102 软电线及其固定装置的试验装置[见 56.101 中 b)试验 2]

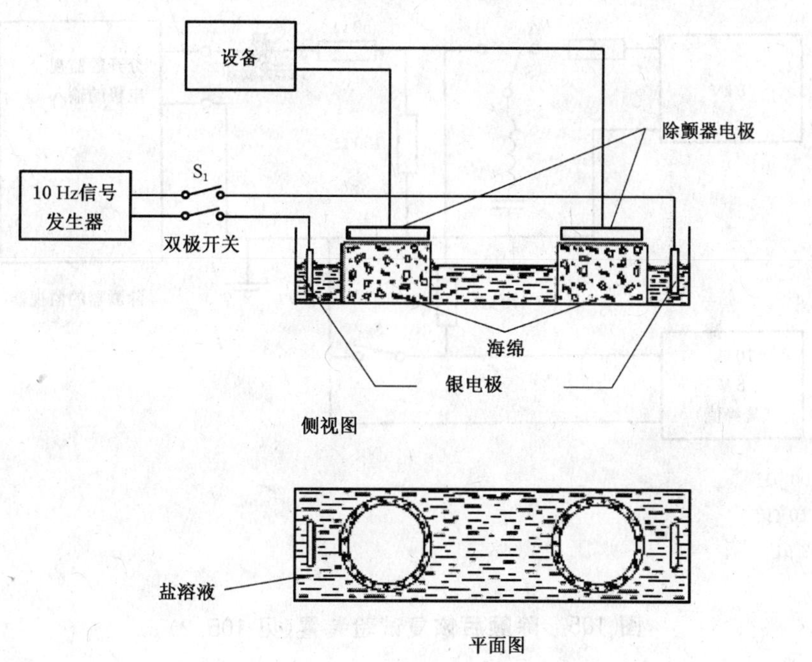


图 103 除颤后恢复试验装置(见 105.1)

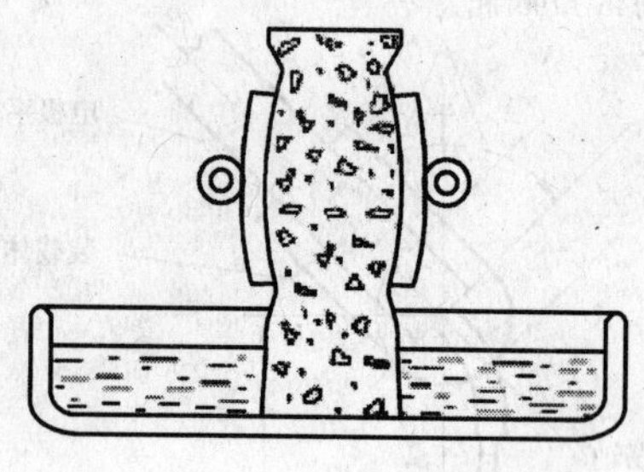

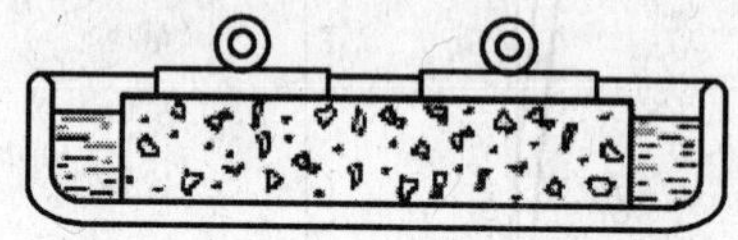

图 104 监视电极在海绵上的放置(见 105.2)

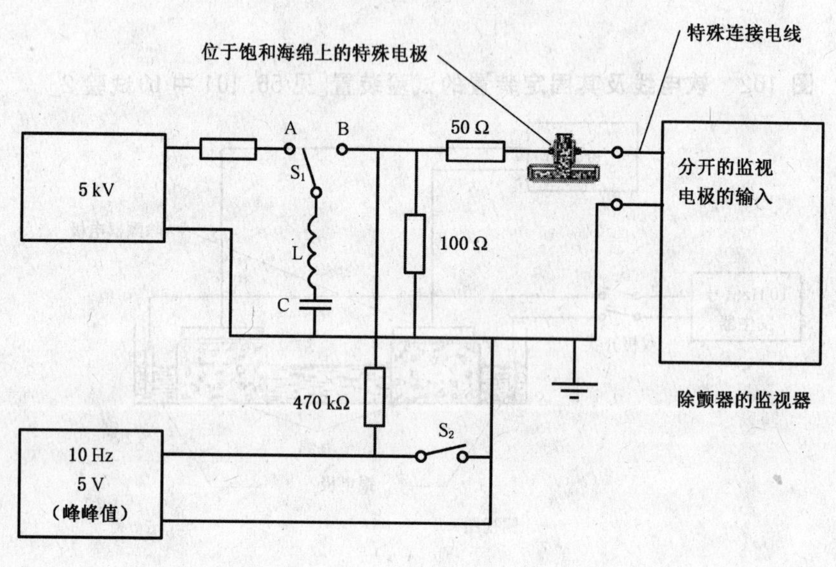


L=500 μH

$R_L$≤10 Ω

C=32 μF

图 105 除颤后恢复试验装置(见 105.2)

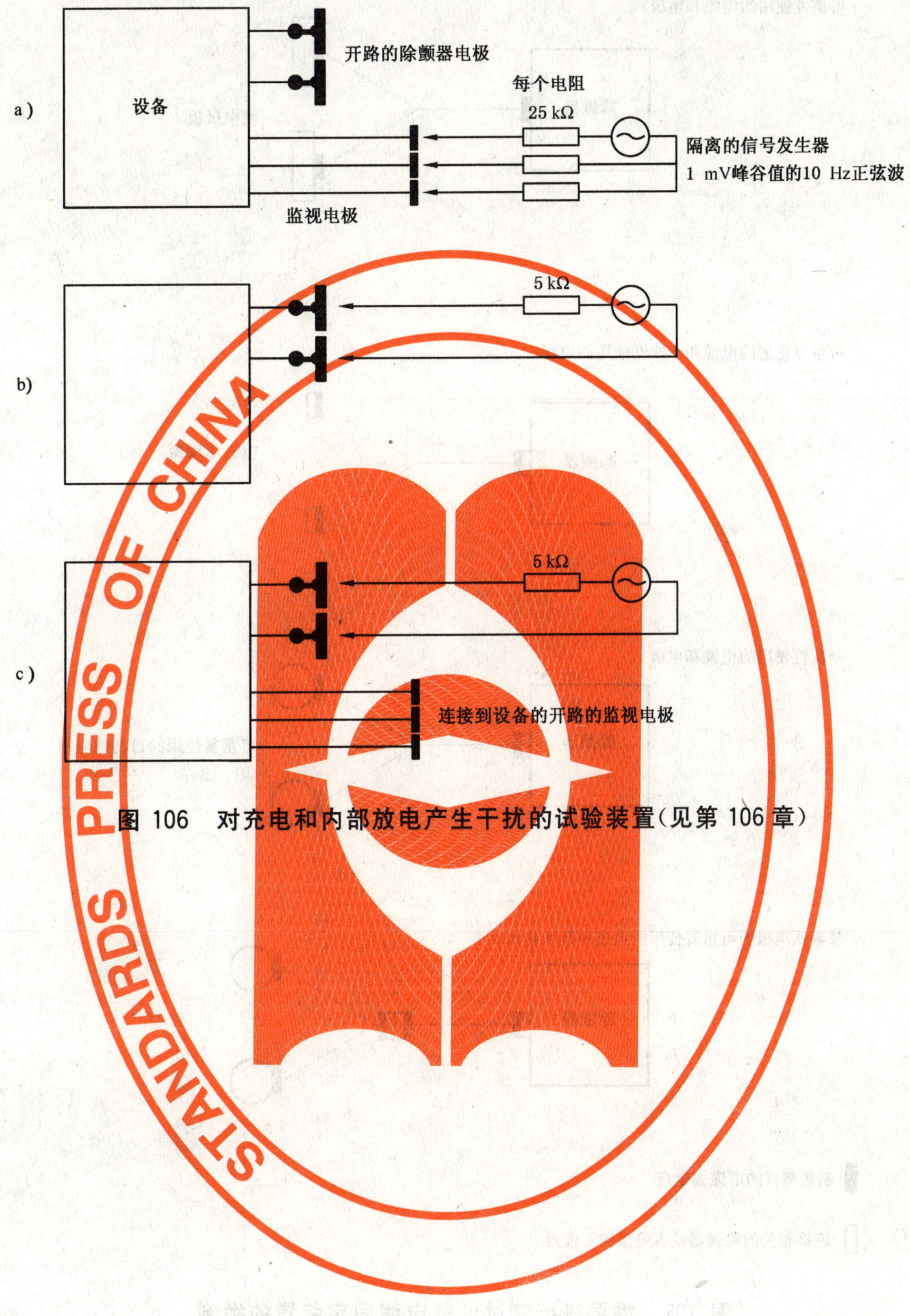


图 106　对充电和内部放电产生干扰的试验装置(见第 106 章)

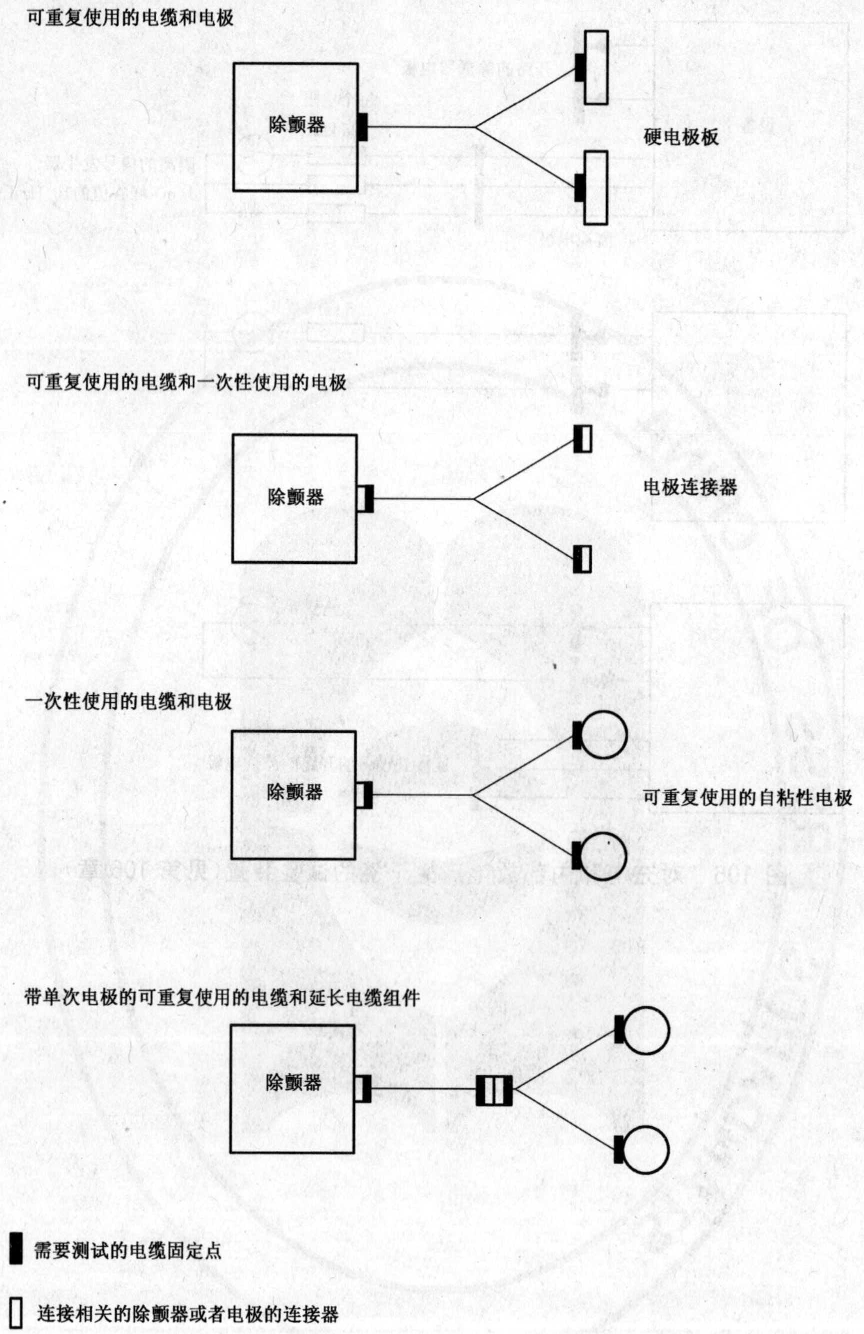

可重复使用的电缆和电极

除颤器

硬电极板

可重复使用的电缆和一次性使用的电极

除颤器

电极连接器

一次性使用的电缆和电极

除颤器

可重复使用的自粘性电极

带单次电极的可重复使用的电缆和延长电缆组件

除颤器

需要测试的电缆固定点

连接相关的除颤器或者电极的连接器

图 107　需要进行测试的软电线固定装置的举例

# 附 录 L
# （规范性附录）
# 规范性引用文件

增补：

参考：本标准中涉及的出版物

除下列内容外，通用标准本附录适用：

IEC 60300-3-9 可信性管理 第3部分：应用指南 第9节：技术的系统风险分析

GB 9706.25 医用电气设备 第2-27部分：心电监护设备安全专用要求（IEC 60601-2-27）

IEC 60651 声强计

GB/T 17626.2 电磁兼容 试验和测量技术 静电放电抗扰度试验（IEC 61000-4-2）

GB/T 17626.3 电磁兼容 试验和测量技术 射频电磁场辐射抗扰度试验（IEC 61000-4-3）

GB/T 17626.4 电磁兼容 试验和测量技术 电快速瞬变脉冲群抗扰度试验（IEC 61000-4-4）

GB/T 17626.5 电磁兼容 试验和测量技术 浪涌（冲击）抗扰度试验（IEC 61000-4-5）

GB/T 17626.6 电磁兼容 试验和测量技术 射频场感应的传导骚扰抗扰度（IEC 61000-4-6）

GB/T 17626.8 电磁兼容 试验和测量技术 工频磁场抗扰度试验（IEC 61000-4-8）

YY 0466 医疗器械 用于医疗器械标签、标记和提供信息的符号（ISO 15223）

# 附 录 AA
# （资料性附录）
# 通用指南和原理说明

本附录预期为那些熟悉本标准主题但未参与标准拟定工作的人士，对本标准中重要的要求提供了简要的原理说明。对提出主要要求的理由的认识是正确应用本标准的基础。而且随着临床实践和技术的发展，相信对现在要求的合理性说明将促进本标准的必要修改。

从安全性立场出发，**心脏除颤器**所造成的特定问题，不仅因为有可能对**操作者**造成电击危险，而且因为**除颤器**即使在长期不使用后应当仍能释放选定输出，否则**患者**的安全性会处于危险状态。这样**心脏除颤器**就要求有高等级的可靠性。

本标准所规定的安全性和可靠性的最低要求，在考虑了操作中的安全和使用中的可靠性后，被认为是一个可接受的要求等级。

**1.1 适用范围**

本标准所规定的要求，是针对具备或不具备**监视器**的通常使用的**除颤器**，这就是，一个**设备**包含作为**能量储存装置**的电容。该电容被充电至**高电压**并且直接或者通过级联指示器或电阻连接到输出电极。

本标准第一版，对**除颤器**和**除颤器**-监视器作出了区分。这是由于同时并行拟定后者和**除颤器**规范草案，两者规范在后期草案中合并。在本版本中，这样的区分不再必要并予以取消。

本专用标准没有提出对可植入**除颤器**的要求，因考虑到有太多差异所以区别对待。

本标准第一版发布后，**自动体外除颤器**(AEDs)已经广泛应用。为标准化这些设备，本标准中修改或提出了新的若干要求。

各种治疗波形应用于去除心脏纤维性颤动，它包括正弦衰减、双相波和指数截尾。**除颤器**设计者、**使用者**和评估者应当深入考虑，已被临床研究所证明，纤维性颤动去除功效随波形形状而变化较大，其他参数也类似，包括：电压幅度、**释放能量**、倾斜度和总持续时间。波形技术发展迅速。这些不包括在本标准特定安全性要求中。然而，由于功效对这些参数变化的敏感性，适当的临床确认应考虑为必需的。特别应注意给出对电流不足或持续时间延长的波形功效的确认，以及给出过大峰值电流波形的安全性确认。

**4.5 环境温度、相对湿度、大气压**

根据环境条件(见10.2)，电池供电**设备**还必须在0 ℃下对所有与温度相关的特性进行型式试验，揭示可能对安全不利的影响。

如果**设备**需要更大的环境温度范围(如在救护车和直升飞机中使用)，需要由制造商和**操作者**达成专门协定。

## 5 分类

删除了**B型应用部分**，是因为输出回路必须与地隔离以避免当**患者**另外接地时非预期电流旁路。一个隔离的输出回路对**操作者**的安全也是必需的。

6.1 j) 输入功率

当**除颤器**充电时，可能从**网电源**吸取大的浪涌电流。**操作者**应当在合适的**额定**网电源线路中操作设备。这对于**直流供电电网**是一个显著的问题。

6.1 aa) 简明操作说明

因为**除颤器**经常需要在紧急情况下使用，必须提供基本操作信息，不应求助于使用说明书。

6.1 bb) 内部电源设备

在这里 6.1aa)的理由解释同样适用。此外,标记应指明是否**除颤器**在电池已放完电和未装电池时,能以内置的或独立的电池充电器有效工作。

6.3 aa)

文献报道临床条件下**患者**电阻值变化范围从 25 Ω 到 175 Ω。**储存能量**的有效部分应耗散在**放电回路**电阻或可能留存在储能电容。这里使用的 50 Ω 表示适当的参考值,而不是指正常值或典型值。

为了不给设计带来不必要的约束,不对步进次数规定较严格的要求。为了简易和安全使用,要求所有**设备**的**释放能量**应按焦耳校准。另外,具备通过基于**患者**阻抗测量的波形调整优化除颤性能的许多新的**除颤器**得到认可。不仅仅总能量,还有许多除颤波形参数被认为能够影响除颤功效。

在**患者**和设备都处在正常位置的距离下,或在典型的环境噪声中,**操作者**能够清晰地看到或听到充电准备好的提示,这是一个最基本的安全功能。推荐**设备**提供听觉和视觉双重提示。

6.8.2 e)、f)、g)、h)

可充电电池使用的寿命是有限的,应该定期更换。

6.8.2 aa) 使用说明书增补内容

1)和 2) 这些信息对保护**操作者**和**患者**以及其他**医用电气设备**是必需的。作为防止不适当电击的安全性技术措施,许多 AED 包含了允许只有在阻性负载落在预置范围内才能除颤的功能。

4) 即将使用前的不利环境条件会影响**设备**的可靠运行。

6) **除颤器**功能的可靠对**患者**安全是最基本的,这一维护保养被认为是重要的。检查重复使用的电极包装是必需的,因为所规定的条件能引起电极阻抗增加,这会导致**除颤器**的性能降低。

7) 了解在最好和最坏状态下的充电时间被认为是最基本的要求。

6.8.3 aa)

1) 因**患者**阻抗易发生变化,所以**操作者**需要知道波形细节和负载阻抗变化产生的影响。

2) 所列**同步器**的性能数据要求是基于实践中发生的问题。

3) **心律识别检测器**的基本性能已经成为值得临床/专题研究通力合作攻关的主题,并已产生有效的、有见地的和统计意义的方法,用来规范这些系统的性能。本标准仅仅是采用了这些努力的结果:

《供公共场所除颤使用的自动体外除颤器:心律失常算法性能规范和报告推荐,结合新的波形,以及增强安全性》是给卫生专业人员的综述,来自于美国心脏协会 AED 安全和有效性分委员会的自动体外除颤专门工作组。

10.2 **运行**

要求扩大温度和相对湿度范围,因为网电源供电和**内部电源供电除颤器**有可能在医用房间之外使用。这里规定的要求用来覆盖大多数实际使用中碰到的环境条件,但是对一些特殊场合,设备有更宽的温度范围会是必须的。

14.6 aa)

CF 型要求是必须的,因为提供**分开的监视电极**连接的**除颤器**会用于体内心脏监视。

17 h)

当使用**除颤器**的其他**患者电路和**用另一台除颤器进行治疗**患者**时,必须适用 17bb)中的要求。通用标准中给出的对**除颤防护应用部分**的要求,对特别包括在除颤器内的其他**患者电路**按常规提供了适当的防护。这里给出的修改考虑到其他**应用部分**可能接至设备但不接至**患者**,除了断开电源进行测试外,还应接通电源处于正常运行状态下进行测试。

17 bb)

当除颤时触及了**可触及部分**的人遭到电击的严重程度,被限制到可感觉不舒服但不至于危险的一个值。这包括**信号输入部分**和**信号输出部分**,因为至遥控记录设备和其他设备的信号线可能携带电压浪涌，这些电压浪涌会导致从此类设备引起电击。

17 cc)

当制造商使得在进行除颤的同时不能使用一个**应用部分**，该**应用部分**不必是**除颤防护应用部分**。

19.1 **通用要求**

由于**除颤器**的**应用部分**与其他部分(可能接地)之间的耦合电容，不可避免有一定量的**漏电流**。当放电时，**漏电流**可能较高，但应远小于预期除颤脉冲电流并且不应出现对**患者**或**操作者**的**安全方面危险**。选择免除 1 s 的时间，是为了包括所有可能的波形并允许所有机械接触器复位。

19.3 **允许值**

鉴于体内**除颤器电极**有相对较大的面积，通用标准中所规定的较小的限制值对小面积心肌接触是合理的。此外在**单一故障状态**，即**网电源电压**施加在**患者**上，适用这一值，当进行开胸外科时它未必可能产生。

## 20 电介质强度

**网电源**上的电压尖峰不会明显地影响能量储存电容上的电压；因此一个适度的试验电压被认为是充分的。在通用标准中**患者**接地不作为故障状态；因此，必须包括应用部分的一边连接至地的状态。

与其他绝缘要求一起的高绝缘阻抗防止在导电的**可触及部分**出现危险电压。对大部分绝缘材料，在击穿前有电流非线性增加。

跨接这些绝缘的电阻应有足够高的阻抗，不与**除颤器应用部分**的隔离目的相冲突。

试验 1 的目的是为了检查**除颤器**高电压回路与其他**可触及部分**之间的绝缘。

试验 2 的目的是为了检查基本布线与**除颤器**高电压回路导电部分之间的隔离。

试验 3 的目的是为了检查是否**充电回路**和**放电回路**部件两端的隔离可以应付**除颤器**内出现的电压水平。

**除颤器**高压开关单元在能量储存单元和**患者**之间提供了一个屏障，特别设计本篇是为了保证这些开关单元的完整性。保证不因无意能量放电危及**患者**的安全是必需的要求。

对许多传统**除颤器**设计，试验中的开关只是继电器，它能通过高电压试验或者不通过。然而，新的**除颤器**设计可能包含更复杂的开关方法。这些方法允许，例如新的除颤波形发生及提供改进能力监测内部系统完整性。

在这些新的系统中，级联开关装置提供了有效的设计优势，但必须小心保证在任一开关单元失效时不导致危及安全性。因此，这一要求的目的是使**除颤器**开关系统在连接处于单一故障状态时承受过电压应力。制造商必须证明利用新的开关技术获得多功能性的同时，即使是失效时也不能危及患者的安全。

## 36 电磁兼容性(EMC)要求

**除颤器**是挽救生命的**设备**并经常应用于野外或救护车中，这些地方的电磁环境可能特别恶劣。为了合理地确保在所有预期使用时**除颤器**可以安全和有效地进行除颤，有必要扩大 YY 0505 通用要求的范围。

对辐射射频场的抗扰，通常通过当暴露于 3 V/m 场强时设备满足其所有规范来保证，在医院中很少超过这一场强。可是，在运送过程和救护车中使用的**除颤器**，很可能在附近有大功率射频源(如：移动无线电、蜂窝电话等)的场合中使用，其场强可达到或超过 10 V/m。一个 8 W GSM 发射机(作为例子)，在 1 m 远处可产生强度为 20 V/m 的场。目前技术发展的水平不能保证处在调制 10 V/m 射频场的环境中**除颤器**满足所有规范，但最低的安全要求是在这样强度的场中不能导致**安全方面危险**。

**安全方面危险**的例子包括：涉及运行状态改变的失效(如：非预期充电或放电)，不可对存储数据的丢失恢复或变更，控制软件临床性严重错误(如：在放电能量水平非预期改变)。

**42 超温**

在42.3中规定的运行条件，考虑到了代表在实践中很可能出现的最恶劣运行条件。

**44.6 进液**

**设备**很可能被携带并使用于医用房间之外，因此相信对降雨和液体泼洒有一定程度的防护是必须的。当**除颤器**进行功能试验时，允许次要功能(如记录仪)在试验后不运行，只要它对除颤功能没有不利影响。

尤其对AED，要求声音提示功能(若适用)在试验后应仍然有效。

对一些设备，**正常使用**有好几个位置。

**44.7 清洗、消毒和灭菌**

因开胸外科手术时使用体内**除颤器电极**，相信这一要求是必需的。

46.101 a)

同时对两对电极供能将造成**安全方面危险**。

46.101 b)

这一安全要求可通过使用凹进按钮或类似装置设计来实现。考虑到对电极手柄上含有瞬态开关的体内**除颤器电极**进行灭菌的困难，相信面板上的按钮是满足要求的。因此，当进行开胸手术时可能需要助手进行操作。脚踏开关意外操作的风险被认为不可接受。范例4提到了自本专用标准第一版之后自粘**除颤器电极**的出现，并提出其存在与范例2同样的安全程度。

46.103

放电前对操作者适当的警告是重要的。然而，即使不马上放电，还是有可能进行安全地充电。因为充电可能是设备内部"后台"功能，更为重要的是应告知**操作者**即将发生的外部事件，如能量释放。与操作者密切相关的有：

a) **除颤器**检出一个"可电击"心律并达成一个"电击"判定。这一判定必须通过声音或其他听觉或视觉警告的方式告知**操作者**。这一警告使得**操作者**及任一旁观者能为电击做好准备。

b) 如果**除颤器**是"顾问"性，当**除颤器**充满电并且准备电击时，需要更进一步的听觉警告。

c) 如果**除颤器**是完全自动，在放电前至少有5 s时间提供声音或警告声报警，使得能停止触及患者。

**50 工作数据的准确性**

许多差异相当大的波形目前用于心脏节律性失常治疗。这些不同波形所使用的能量水平也相差很大，并且目前医疗领域没有就**心脏除颤器**电输出最佳形式达成全面一致。因此本标准不规定输出参数的任何细节。

**50.1 控制器件和仪表的标记**

某些待用**除颤器**是简单的、单一能量设备。只要设备的精度在本标准的规定之内，定量释放能量指示器对**操作者**没有益处。另外，大多数AED具有能量设置可编程序列，当对**患者**使用时阻止了**操作者**进行能量选择。因此，**预置能量**控制不适用。

**50.2 控制器件和仪表的准确度**

所规定的精度考虑了适当性和现有技术的可行性。应注意精度的容差对低预置能量是相当宽的(即：<10 J)。重要的是预置能量的增加(或减少)导致相应的释放能量增加或减少。释放能量的绝对精度重要性相对较低。决定释放电击前，经过**使用者**短暂的等待后，**除颤器**仍应满足输出精度的要求。

当首次起草标准时，大多数除颤器使用交流正弦波形。因此，释放的能量会随着范围在25 Ω到175 Ω内的患者阻抗增加而增加。例如，对内部阻抗为10 Ω的**除颤器**，如对50 Ω释放能量为$ED_{50}$，则对25Ω释放能量为0.86$ED_{50}$，对100 Ω释放能量为1.09$ED_{50}$，对175 Ω释放能量为1.135$ED_{50}$。如果

**除颤器**内部阻抗为 15 Ω,相应的范围将为 0.81$ED_{50}$到 1.20$ED_{50}$,即±20% $ED_{50}$。这种变异是系统性的、可重复的、容易计算的和可核实的。因此在上一版标准中要求能量精度在 50 Ω 为±15%,对阻抗全范围为±30%,不是因为**除颤器**精度低,而是为了适应已知的随阻抗变化而变化的**释放能量**。

当前标准采用了更为合理的方法。要求针对公布的整个患者阻抗范围(25 Ω 到 175 Ω)**释放能量**,对任一阻抗精度要求为±3 J 或±15%,取其中较大者;即对任一阻抗实际**释放能量**必须对该阻抗**释放能量**预期(标称)在±15%范围内。作为一个例子,假如**释放能量**为 200 J(在 50 Ω **患者**),如**患者**具有较低的 25 Ω 阻抗,我们知道**释放能量**应为 172 J,我们要求实际**释放能量**必须在±15%之内,即 172±26 J。

**51.1 有意地超过安全极限**

因为非常高的输出电流或电压可能导致对心肌的不可逆损害,应通过增加安全预警避免无意使用。除颤的必要能量水平与之相应的对心脏可能造成损害的问题,是目前医学文献正在研究和讨论的课题。

51.101

当使用**除颤器**时,为了降低与**患者**连接的其他**医用电气设备**对其所造成的风险,已经考虑把上限值叠加到输出电压的峰值上。

51.102

为了防止当**供电网**恢复或者**设备**再次接通时有非预期能量存在,本要求是必须的。

51.103

例如,对储能电容充电后,如果希望减小已经选定的**释放能量**时,那么**内部放电回路**是必须的。

52.4.101

如果产生故障状态的可能性很小,则无意放电可以被接受。例如,在贴于**患者**的自粘电极准备期间,通过触发 46.101b)4)中描述的放电回路的短路,导致**除颤器**无意放电。

**56 元器件和组件**

**除颤器电极**任一连接器应承受住**正常使用**时所期望的拉力。

**56.101 除颤器电极及其电缆**

体外**除颤器电极**手柄应该设计为尽可能减少电极与**操作者**在**正常使用**时的接触。应该考虑到电极胶的使用。控制器应该构造和放置为不太可能无意操作。

56.101 b)

规定这些要求是因为在实践中电缆及其固定装置应承受相当可观的应力。体外电极电缆具有多条导线;因此,如果要求满足对内部电缆的试验,它们可能变粗及丧失弹性。

57.10 aa)

规定了相当大的距离,是为了容许可能的导电胶蔓延。

57.10 bb)

**网电压**上的电压尖峰对储能电容器上的电压影响不大;因此应考虑以相对小的距离提供足够的安全。

57.10 cc)

非重复性使用的**除颤器电极**不要求满足上述 bb)中对爬电距离和电气间隙的要求,并且不要求满足第 20 章中对电介质强度的要求。

57.10 dd)

重复使用电缆随着时间和粗暴使用有可能损坏,双重绝缘对防止**操作者**接触高压提供了安全余量。对于适中长度的一次性电缆,这种危险是可能性极小的,不做要求。

**101 充电时间**

电击释放的延迟是不希望的:即使在不利条件下,过分长的充电时间是不可接受的。当接通电源时自诊断耗时过多和检查过多部件，尤其在系统重新启动时会重复进行这些操作，所以从接通电源到使指定能量准备好的时间成为重要问题。从任一**使用者**设定模式(例如，一旦开始调节滤波器设置)到返回正常状态，如果软件操作需要一个较长程序，这可能导致进一步的延迟。

101.1～101.4

当**设备**已经指示需要更换不可重复充电电池，**除颤器**应能够满足第101.1章～第101.4章中的规定要求。

101.3～101.4

对全**自动体外除颤器**由于要求在能量释放前有一个5 s的听得见的音调或声音预警(见46.101c))，在101.3和101.4中所要求的充电时间实际上使得对全**自动体外除颤器**的要求更严。

101.3 b)

40 s 的要求来自以下假设:10 s自检+15 s心电分析+15 s充电时间。在许多情况下，后台分析需要手动确认激活分析周期，当手动启动分析时**能量储存装置**同时启动充电。

102.2～102.3

这一最低电池容量是充电次数和便携性的折衷。

本试验假定操作的**设备**在室温下正常储存和充电，但有可能必须在低温条件下使用。电池供电**设备**应在0 ℃下试验，为了揭示依赖温度的缺陷，在环境条件中规定了最低温度(见10.2)。

在当对电池按10.2.1中所规定的最低和最高温度下充电后(最低0 ℃～40 ℃或按照随机文件中制造商使用说明书)，应满足这些要求。这是由于在不同温度下对电池充电可接受的事实。有理由期望电池在0 ℃到40 ℃(或在由制造商设定的界限)环境变化中充电。

102.2 对手动除颤器的要求

对**非频繁使用除颤器**不能要求1 min内完成三次除颤，因为从第7次到第5次放电后的充电时间应在25 s内(见101.2)。90 s将保证在三次放电之间有一个暂停"恢复"电池。

102.3 对自动体外除颤器的要求

这一测量是查明一个**AED**电击到电击之间循环时间的最好方法，因为心电分析周期总是包括在一次除颤所需总时间之内。因此为了模拟**患者**仍处于室颤相对手动**除颤器**对**AED**修改1 min到105 s和135 s，该**AED**尽可能快重复分析并且释放电击(达3次)。要求缩短"充电到电击"的时间是与**AED**操作相矛盾的，因为心电分析必须是完成过程的一部分。1 min间歇周期是与目前美国心脏协会心肺复苏指南相一致的。

102.4

这一要求规定了避免非预期电池损耗。

102.6

可重复充电电池在储存一周后不重复充电应提供符合要求的放电次数。这一要求规定了避免非预期电池损耗。

## 103 持久性

因为**设备**可靠性具有重要的安全含义，持久性试验是必要的。

**除颤器**对开路和短路电极放电考虑为误用。然而它由可能在实际使用中发生，因此**除颤器**应能够承受住有限次此类操作。当此类误用是不可能时，相应的短路和/或开路试验是不必要的。

## 104 同步器

因为存在不同的同步系统，只规定了影响安全的特征：

1) 如果**除颤器**处于同步模式必须明确提示；否则紧急状态下延迟操作。

2) 放电必须处于**操作者**完全控制之下。

3） 这一要求基于 ANSI/AAMI DF2—1989（4.3.17）。对心电来自另一个**设备**可降低时间要求，对**除颤器**发信号之前的处理/检测时间允许上限为 35 ms。

4） 作为安全特性，**除颤器**应在接通电源或当从非除颤模式转到除颤模式时，总是进入同步禁止模式。

**除颤器**和监护仪一般需要完成同步心电复律。强烈推荐除颤器、监视器集成于单一仪器以保证适当的接口。可是这样的集成仪器不可能在任何地方得到应用，分开的除颤器和监视器单机不可避免地在许多情况下使用。在这种情况下，**使用者**有责任相当仔细检查并保证两台仪器正确地连接以及满足心电复律安全时间要求。

## 105 除颤后监视器/心电输入的恢复

为了尽快确定对**患者**除颤尝试的成功或失败，需要从放大器过载及脉冲导致的电极极化中迅速恢复。这一要求适用于心电信号来自于**除颤电极**或任何**分开的监视电极**。

## 106 充电或内部放电对监视器的干扰

这一要求允许一定水平的干扰，这些干扰不太可能引起解释心电显示的困难。

# 附 录 BB
（资料性附录）
自动体外除颤器：背景和原理说明

自从20世纪80年代**自动体外除颤器(AED)**被首次投放市场后，已经销售了近4万台。假定目前对AED扩大应用的可能性的研究评估已完成，AED的潜在市场将是几十万，远大于常规**除颤器**的市场。

使用AED的人，通常没有或很少接受过培训或具有医学技能，因此特别需要通过标准设定要求来保证AED的有效性和安全性。

## 不同类型AED的原理说明

在美国每年心脏骤停(SCA)侵袭着近35万人，同时在欧洲也有相当的数字。心脏停搏，血流停止，5 min～10 min后，脑部由于缺氧受到严重损害，10 min～20 min后导致死亡。心肺复苏(CPR)可以加倍这一时间，但不能改变结果。除颤是唯一治疗由于室性纤颤(VF)导致停搏的方法并且复苏血流，以及有效的**除颤器**已经商业应用达30年。我们无法预知或防止心脏骤停，它在一天中任何时间无警告地发出侵袭(虽然很可能在早晨)，在家中、在工作中、在户外等远离医院的地方。

常规**除颤器**只能够由具备医学专业技能的人员使用，他们能依据对心电图的分析决定是否应该对**患者**进行除颤。在20世纪60年代就已经派遣救护车到估计是心脏停搏患者的事发地，如果证实心脏停搏，患者将接受药物和心肺复苏治疗并转送到医院进行除颤。心脏停搏时间非常长，生存率非常低，1%～3%，使得心脏停搏成为30岁到60岁成年人首位死亡原因。

在20世纪70年代已经明确在室颤发生1 min～2 min内实施除颤，生存率非常高(平均60%到80%)，但随着室颤时间的增加，生存率迅速降低，不进行心肺复苏大约每分钟降低7%，进行心肺复苏每分钟降低3%到4%。

在20世纪80年代提出了“生存链”的概念，指出提高心脏骤停的生存率需要：

- 早识别，早救治；
- 早进行心肺复苏；
- 早除颤；
- 早采取先进心脏生命支持。

为了达到第三条并且是关键措施的早除颤，在20世纪70年代初允许资深受过训练的护理人员实施除颤。几年后，急救医学技师(EMT)接受特定培训，以便他们能够分析心电图并且使用常规**除颤器**进行除颤。

接着，为了实现尽早除颤，提倡研制便捷的**除颤器(AED)**，它能够分析心电图并且确定是否需要进行除颤，因此容许没有接受过心电图培训的人员可以使用。AED可以放置在救护车和交通工具中，由“第一响应者”使用，如消防员或警察等。美国心脏协会(AHA)1991年公布了这些规范。

为了实现尽早除颤，AHA认可所有急救人员应接受并允许使用适当维护的**除颤器**，救治在他们专业活动中需要他们响应的发生心脏停搏的人员。这包括所有第一响应急救人员，同样包括医院和非医院(如急救医学技师、非急救第一响应人员、救火员、志愿急救人员、医生、护士和护理人员)。

为进一步方便尽早除颤，急救人员在救治心脏停搏人员时能够立即获得**除颤器**是一个基本要求。因此，响应转运心脏病人的所有救护车和其他急救交通工具，应配备**除颤器**。

从1993年，AHA在尽早除颤方面开始推进最终的步骤，“公众实施除颤”(PAD)，非常简单、低成本、直观使用、全自动的AED配置于各类办公建筑、工厂、购物商场、音乐厅等地，可由任何旁观者或可能发生心脏停搏目击者在需要时使用。这些是人在扩展观念尚未贯彻，但受到AHA的支持，在3 a到

5 a 内大规模贯彻 PAD 的期望是有可能的。

这些讨论已经明确需要 3 类自动体外除颤器：

1) 医院和急救车所需 AED，可能由受过训练的医护人员使用，使用频率相当高（可能是每周几次）。可能是复杂，功能非常强。可能提供几种操作模式和多种功能。需要确认而不是自动。由于复杂和经常使用，需要操作者定期检测和定期预防维护。

2) 消防人员、警察、保安等第一响应人员使用的 AED，使用频率较低（每月几次或更少）。这些 AED 在推荐实施电击方面必须可靠，并且由于它们有可能应用于医院外各种环境，不太复杂。它们在使用方面必须非常简单，以便于尽可能多的急救人员在最短时间内接受培训并且保持技能。它们应能定期自动完成自检，证实使用的适宜性，并且最大限度降低和/或自动维护。

3) PAD 使用 AED 或放置于心脏停搏或心脏病发作高风险生还者所在房间的除颤器。这些设备可能非常少使用（可能每年一次），必须非常便宜并且最好非常轻便，必须足够简单便于卧倒者使用，是全自动的，具备全自动功能检测精密程序，需要维护和校准。

明确了这三类自动体外除颤器在设计和特征方面的差别，有必要在本标准的不同部分提出不同要求。主要的差别是与使用的频率和使用者的技能有关。

---

ICS 11.040.60
C 43

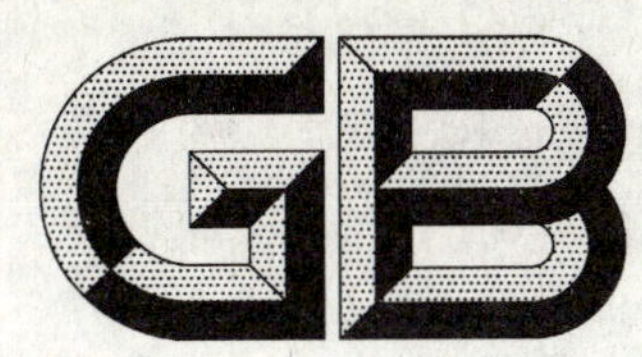

# 中华人民共和国国家标准

GB 9706.17—2009/IEC 60601-2-11:1997
代替 GB 9706.17—1999

# 医用电气设备
# 第2部分:γ射束治疗设备安全专用要求

**Medical electrical equipment—**
**Part 2:Particular requirements for the safety of gamma beam therapy equipment**

(IEC 60601-2-11:1997,IDT)



2009-11-15 发布 2010-12-01 实施

中华人民共和国国家质量监督检验检疫总局
中国国家标准化管理委员会 发布

# 前　　言

**本部分的全部技术内容为强制性。**

《医用电气设备》的安全系列标准由两部分构成：

——第1部分：安全通用要求；

——第2部分：安全专用要求。

本部分为安全专用要求，是GB 9706的第17部分。

本部分等同采用IEC 60601-2-11:1997《医用电气设备　第2部分：γ射束治疗设备安全通用要求》及Amd1:2004。

为便于使用，本部分做了下列编辑性修改：

——删除国际标准的前言；

——对于标准中引用的其他国际标准，若已转化为我国标准，本部分用我国标准号替换相应的国际标准号；

——用小数点"."代替小数点"，"。

本部分代替GB 9706.17—1999《医用电气设备　第2部分：γ射束治疗设备安全专用要求》。

本部分与GB 9706.17—1999相比主要变化如下：

——增加了附录性质的说明。

——将GB 9706.17—1999文中"必须(原文shall)"译为"应"及其他一些编辑性修改。

——将IEC 60601-2-11 Amd1:2004中的内容加入本部分中。

本部分的附录L为规范性附录，附录AA为资料性附录。

本部分由国家食品药品监督管理局提出。

本部分由全国医用电器标准化技术委员会(SAC/TC 10)归口。

本部分起草单位：北京市医疗器械检验所。

本部分主要起草人：章兆园、王培臣、陈静、缪斌。

本部分所代替标准的历次版本发布情况为：

——GB 9706.17—1999。

# 引　言

使用以放射治疗为目的的γ射束治疗设备，如果这种为患者放射出所需剂量的设备发生故障或者如果这种设备的设计不能满足电气和机械的安全标准，就可能会使患者遭受到损害。如果设备本身的故障包含有足够的辐射和(或)治疗室的设计不适当，设备也可能会使附近的人员受到损害。

本部分确定的要求作为制造商在γ射束治疗设备的设计和制造方面的依据。为了避免不安全状态而中断或终止辐照，联锁装置应防止超出第29章规定的容差极限。型式试验由制造厂完成，现场检验并非对规定的每一要求都应由制造商完成。

第29章并没有试图确定用于放射治疗的γ射束设备的最佳性能要求，其目的在于确定在当今所认为的对于此种设备的安全运行所必不可少的这些设计特性。它限制在其所能推测到的施加一个故障条件时设备性能的降低。例如当一个构件发生故障，于是在那里的一个联锁装置动作以防止设备的继续运行。

在安装设备之前，应充分理解制造商所能提供的仅与型式试验有关的合格证明书。由现场检验中得到的数据应以现场检验报告的形式写入随机文件中，通过这些检验以后再安装设备。

IEC 60601-2-11 Amd1:2004 适用于多源立体定向放射外科和放射治疗(MSSR)。尽管 IEC 60601 包括了多源立体定向放射治疗设备，但一些需求和定义并不适合当前一些特殊类型的设备。这次修改引入了一些新的术语。

本部分4.1aa)的注中指出:“γ射束治疗设备的辐射安全检验要求，在某些国家已列入法规”。在我国，γ射束治疗设备的辐射安全检验要求属于强制性标准范畴。

本部分中29.4.5c)所提及的“如……用‘Decon F5 或 RBS 25’……”，在实施该标准时可用“乙二胺钠盐(EDTA)”代替。

本部分中29.5.5.1和29.5.5.2，对于不使用均整过滤器的设备不适用。

与本部分相关的 IEC 60601-1(包括修订文件)和并列标准如1.3中所述。

# 医用电气设备
# 第2部分:γ射束治疗设备安全专用要求

## 第一篇 概述

除下述内容外,《通用标准》该篇中的章、条适用。

## 1 范围和目的

除下述内容外,《通用标准》的该章适用。

### 1.1 范围

补充:

aa) 本专用标准规定了在人类医学实践中用于放射治疗目的的γ射束治疗设备的安全要求,它包括由可编程电子系统PES(programmable electronic system)控制选择和显示操作参数的设备;

bb) 本专用标准适用于使用密封放射源在正常治疗距离(NTD)大于5 cm处提供γ射束的设备,当设备在更近距离工作时,可能需要特殊的预防措施;

本专用标准也适用于多源立体定向放射外科和放射治疗(MSSR)设备,该设备同时用多于一个的密封放射源对一个等中心进行辐照。源可以是静止的,也可以是移动的;

cc) 本专用标准适用于:

——在经授权人员或合格人员的监督下,由具有特殊医疗应用技能并按使用说明进行工作的操作人员使用的设备;

——在预定周期内维修的设备;

——由用户进行常规检验的设备;

——有特殊规定的临床应用的设备,如:固定放射治疗或移动束放射治疗设备;

dd) 根据型式试验和现场检验各自要求,本专用标准适用于γ射束治疗设备的制造和安装;

ee) 本专用标准仅规定了对设备的要求,对放射源的要求不作规定。

### 1.2 目的

补充:

aa) 本专用标准规定了在人类医学实践中使用的γ射束治疗设备的辐射安全要求,以确保设备的辐射安全、增强设备的电气和机械方面的安全性,同时还规定了验证设备是否与这些专用安全要求相符的试验;

bb) 本专用标准所限定的设备的型式,其吸收剂量[1]由辐照时间控制。本部分不包括用其他方法控制吸收剂量所产生的容差。

### 1.3 专用标准

补充:

本专用标准是对GB 9706.1—2007《医用电器设备 第1部分:安全通用要求》的修改和补充。

GB 9706.1—2007作为《通用标准》,本专用标准同《通用标准》一样,符合性验证试验放在要求之后。"本部分"是指《通用标准》和本专用标准。

本专用标准的篇、章、条的编号与《通用标准》的相一致。对于《通用标准》文本的变更,规定使用下

1) 在本专用标准中,所有提到的吸收剂量值是指在水中最大建成深处的吸收剂量。

列各词:

“代替”,指《通用标准》中的章或条完全由本专用标准的章或条代替。

“补充”,指本专用标准的条文补充到《通用标准》的要求中。

“修改”,指《通用标准》中的章或条正如本专用标准条文所表示的那样做了修改。

对于补充到《通用标准》中的条款或图从101开始编号,补充的附录用字母AA、BB等标明,补充的项目用aa)、bb)等表示。

在本专用标准中没有相应的篇、章或条之处,则《通用标准》中的篇、章或条适用,不做更改。

本部分连同并列标准YY 0505一起理解、使用,除此之外,没有其他适用的并列标准。

需要指出的是,《通用标准》中的任何不适用的部分,在本专用标准中已给出了说明,尽管这些部分可能与本专用标准相对应。

若本专用标准中的某一要求对《通用标准》中的某些要求做了代替或更改,则它优先于《通用标准》中的那些要求。

## 2 术语和定义

补充:

注:附录AA按英文字母顺序列出了定义的术语及其出处。

补充的定义:

2.101

**关束 beam off**

辐射源被完全屏蔽的状态,而且也是处于安全防护的位置。

2.102

**出束 beam on**

辐射源处于完全暴露进行放射治疗的状态。

2.103

**控制计时器 controlling timer**

简称:计时器 abbreviation:timer

用于测量辐照时间的装置,并且在达到预定时间时终止辐照。

2.104

**野尺寸 field size**

辐射野尺寸的简称。

2.105

**机架 gantry**

支撑并使辐射头完成各种可能的运动的设备的部件。

2.106

**几何野尺寸 geometrical field size**

从辐射源前表面的中心看,在垂直于辐射束轴的平面上,限束装置末端的几何投影。辐射野的形状与限束装置的孔径相同。可在距辐射源的任何距离处定义几何野的尺寸。

2.107

**辐照的中断或中断辐照 interruption(of irradiation)/to interrupt (irradiation)**

辐照的停止或停止辐照,在没有重新选择操作条件下(即返回到准备状态下),仍有可能继续辐照和运动。

2.108

**正常治疗距离 normal treatment distance**

沿辐射束轴从辐射源到等中心的距离。或对非等中心设备来说,到某一规定平面的距离。

2.109

**主/次(计时器)组合　primary/secondary (timer)combination**

两道计时器的组合,一道用作主计时器,另一道用作次级计时器。

2.110

**主计时器　primary timer**

当达到时间预选值时,用来终止辐照的控制计时器。

2.111

**可编程电子系统(缩略词:PES)　programmable electronic system (abbreviation:PES)**

包含一个范围很广的可编程设备,它包括微处理机、可编程控制器、可编程逻辑控制器以及其他计算机基础部件在内,这些设备还可以包含与传感器以及(或者)传动装置相连接的中央处理单元,用于控制、保护或监测。

2.112

**合格人员　qualified person**

由主管机关认可的具有能完成规定职责的必要知识和经过训练的人员。

2.113

**冗余(计时器)组合　redundant (timer) combination**

两道计时器的组合,当时间选择值到达时,两道计时器都能终止辐照。

2.114

**相对表面剂量　relative surface dose**

在模体表面在某一特定距离上,在模体中测到的沿辐射束轴 0.5 mm 深度处的吸收剂量与辐射束轴上最大的吸收剂量之比。

2.115

**次计时器　secondary timer**

当主计时器发生故障时,用来终止辐照的控制计时器。

2.116

**现场检验　site test**

在设备安装以后,对设备或设备的某个部件或进行检验,验证是否符合规定的标准。

2.117

**(辐照的)终止或终止(辐照)　termination (of irradiation)/to terminate (irradiation)**

辐照的终止或终止辐照,如果不重新选择所有的运行条件(即重新回到或回到准备状态),辐照不可能重新启动:

——当经过的时间到达预选值时;

——或由人为的手动操作;

——或由联锁的作用;

——或在移动束放射治疗中由于机架角位到达预选值时。

2.118

**治疗　treatment**

用于治疗的目的,实施处方规定的某一过程或其中的一部分。

2.119

**治疗野　treatment field**

在放射治疗中,患者表面需要辐照的区域。

2.120

**型式试验　type test**

由制造商对仪器或设备的一个专门设计所做的试验,用以确定该设计是否符合规定的标准。

2.121

**零限束器　zero applicator**

在设备中都设置有不加限束器即防止辐照发生的联锁，零限束器即是对这种联锁起旁路作用的装置。

2.122

**头盔　helmet**

在 MSSR 中用于治疗头部的三维多源等中心限束系统(MIBLS)。

2.123

**重新摆位　repositioning**

相对于 MIBLS，移动和调节立体定向框架以改变欲治疗的区域。

2.124

**重新摆位点　repositioning point**

能够对框架重新摆位的 MIBLS 缩回的位置。

2.125

**重新摆位时间　repositioning time**

设备从出束状态移动到重新摆位点完成重新摆位，然后从重新摆位点返回到出束状态所需要的时间。

2.126

**立体定向　stereotaxis，stereotactic**

用外部三维框架作为基准定位人体内点的方法。

2.127

**传输时间　transition time**

在快门打开到 MIBLS 或者载源器处于治疗位置之间以及在 MIBLS 或者载源器处于治疗位置到快门关闭的时间。

2.128

**传输剂量　transition radiation**

在传输时间内接收的剂量。

## 4　试验的通用要求

除下述内容外，《通用标准》的该章适用。

### 4.1　试验

补充：

aa)

本部分所述检验方法通常分为三级，其要求如下：

A 级：

在型式试验的情况下：对满足设备要求的工作原理和构成方法进行设计分析，如有关规定的辐射安全预防措施等，其结果应在随机文件中给予说明。

在现场检验的情况下：检验随机文件所要求的资料。

B 级：

对设备的直观检查或功能检验或测量，检验应按本部分规定的方法，而且应在运行状态(包括故障状态)不干预设备的电路或结构的前提下完成的。

C 级：

设备的功能检验或测量，检验应按本部分规定的原则，在技术说明书中应包括现场检验方法。

当该方法所包含的工作状态需要干预设备的电路或结构时,检验应由制造商或在制造商直接监督下进行。

本专用标准不规定γ射束治疗设备在工作寿命内,周期检验的检验方法和检验周期。

注:γ射束治疗设备的辐射安全检验要求,在某些国家已列入法规。

### 4.6 其他条件

补充:

aa)

在技术说明书中应提供现场检验的资料,它包括下述内容:

——A级型式试验的结果;

——B级和C级型式试验的结果和细则;

——C级现场检验的特殊方法和检验条件;

——说明怎样产生一个描述的故障状态,或者,如果产生不了所描述的故障状态,则说明怎样产生一个与发生故障时所产生的故障信号紧密相关的检验信号,并验证该检验信号模拟了特定故障状态下的故障来源;

注:在某些情况下,检验信号可以模拟一种以上的故障状态。

——说明在现场检验结束后,如何将设备恢复到正常使用状态,并说明如何验证该状态。

通过检查随机文件,检验其是否符合要求。

负责现场检验的人员应在报告中记录检验结果,并将它作为随机文件中的一部分。此外,现场检验报告至少应含下述内容:

a) 用户现场的名称和地址;

b) 设备型号或型号参数和系列号;

c) 所有参加检验人员的姓名、部门、地址和日期;

d) 环境条件和电源条件;

e) 当检验条件、方法或装置与制造商的规定不同,或者不能从本专用标准中得到相关资料时的实际情况。

注:现场检验不必由制造商完成。

### 4.8 预处理

补充:

aa)

本项试验条件只适用于已按4.10规定做过潮湿预处理试验的设备部件。

### 4.10 潮湿预处理

补充:

aa)

随机文件应表明设备的下述部件:

——易受潮湿预处理所模拟的气候条件影响的部件;

——已经在本条款条件下试验过的部件。

通过检查随机文件,检验其是否符合要求。

## 5 分类

代替:

设备应按第6章中所述的分类进行标记和(或)识别。

### 5.1 按对电击防护的类型分:

符合本部分的设备应是Ⅰ类设备。

5.2 按对电击防护的程度分：

除 MSSR 外，符合本部分的设备应为 B 型设备，MSSR 设备应为 B 型或者 BF 型。

5.3 按对有害进液的防护程度分：

除非另有规定，符合本部分的设备应是普通设备（即不防进液的封闭设备）。

5.4 按制造商推荐使用的消毒或灭菌方法分：

除非另有规定，符合本部分的设备应是可消毒设备（或部件）。

5.5 按在有易燃的麻醉气和与空气或与氧或氧化亚氮的混合气情况下使用的安全程度分：

符合本部分的设备应属于不适用于在有易燃的麻醉气和与空气或与氧或氧化亚氮的混合气情况下使用的设备。

5.6 按工作制分：

除非另有规定，符合本部分的设备应属于间歇加载和连续运行的设备。

## 6 识别、标记和文件

除下述内容外，《通用标准》的该章适用。

### 6.1 设备或设备的外部标记

z） 可拆卸的保护装置

补充：

aa）

在通过正常安装来满足本条款要求的地方进行检查，检验其是否符合要求。现场检验报告中应包括该检验结果。

### 6.2 设备或设备部件内部的标记

补充：

aa）

取下辐射头罩壳，应露出《通用标准》的附录 D 中表 D.1 第 14 号符号，含义为“注意！查阅随机文件”。

### 6.3 控制器件和仪表的标记

补充：

aa）

有关运动部件刻度和指示的规定：

1） 每一运动应提供机械刻度或数字指示，此规定也适用于 MSSR，但不包括治疗患者时所用的治疗床；

2） 所有运动的刻度应符合 GB/T 18987 的要求，对于 MSSR，适用时应采用 GB/T 18987；

3） 应提供光野和辐射束轴的指示，本规定不适用于 MSSR；

4） 应提供源—皮距的刻度或数字的指示，本规定不适用于 MSSR。

### 6.7 指示灯和按钮

a） 指示灯的颜色

补充：

aa）

治疗控制台或其他控制台上的指示灯，其颜色应符合下述规定：

——需紧急终止一个非预期的运行状态用红色；

——出束辐照用黄色[2)]；

——准备状态用绿色[2)]；

——预置状态用其他颜色。

2） 在治疗室内或其他场所，上述标有“2)”的状态可能要求采取紧急动作或引起注意；在上述场所可能使用与《通用标准》中表 3 所规定的颜色不同。

红色发光二极管(LEDS)在下述情况下不作为红色指示灯考虑：

——在任意一台治疗控制台上，对于无专用颜色要求的所有指示均由同样颜色的发光二极管给出；

——对于有专用颜色要求的指示应能清楚地加以识别。

## 6.8 随机文件

### 6.8.1 概述

修改：

第三段修改如下：

在随机文件中应完全包括 6.1 和制造商说明书中对第 10 章所规定的所有标记。

### 6.8.2 使用说明书

a) 一般资料

补充：

aa)

使用说明书应包括下述内容：

1) 所有联锁装置和其他辐射安全装置的功能一览表及其说明；

2) 检验其运行的说明；

3) 推荐进行此类检验的周期；

4) 使用设备时所必需的尺寸图；

5) 紧急状态时，使装置进入关束状态的方法说明(见 29.1.1.3)；

6) 从关束到出束状态和从出束到关束状态的传输时间以及传输时间中辐射源进行照射的时间(见 29.1.3.3)；

7) 主计时器的功能说明，在冗余计时器组合的情况下，应给出两计时器的功能(见 29.1.3.3)；

8) 在进行特殊治疗时，若次级计时器能终止辐照，则应说明次级计时器的功能(见 29.1.3.5)；

9) 对于制造商提供的任何辅助设备，在辐射束轴上的相对表面吸收剂量水平若超过 29.2 的规定时，则应加以说明；

10) 对非正方形野，若已超出 29.3 的规定，则应说明周围情况和预期水平，本要求不适用于 MSSR；

11) 设备外壳的泄漏辐射吸收剂量值超过 29.3.2 的规定水平的部位应给予说明，并说明其预期水平；

12) 当快门或载源器驱动机构发生故障时，所应采取的应急措施(见 29.4.4.1)的说明；

13) 对设备可采用的辐射源源室尺寸及辐射源外形尺寸的说明；

14) 对辐射头上可进行擦拭试验的部位以及制造商进行该项试验的结果的说明(见 29.4.4.5)；

15) 如同 29.4.5 的要求，在设备结构中使用放射性材料方面的资料。

bb)

使用说明书应对任何具有安全功能的部件推荐其检验或更换周期。这些部件在设备正常使用期间，易受电离辐射影响，引起电介质强度和(或)机械强度上损伤。

cc)

为了安全和正确地运行，如果γ射束治疗设备或某一附件需要以一定速率散热，使用说明书中应对冷却要求给出说明，并包含下列适当内容：

——每个功耗在 100 W 以上并分别独立安装的部件对周围空气的最大散热速率；

——在所述最大的散热速率时强迫空气冷却系统内的气流速率及温升；

——当以最大散热速率向除空气之外的任何冷却介质散热时，介质允许的最高温度、最小流动速率以及最小压力；

——其他基本要求，如在规定地点允许的最高温度。

6.8.3 **技术说明书**

a) 概述

补充：

aa)

为了帮助用户考虑辐射防护，应提供下述资料：

a) 专用设备设计使用的放射性核素；

b) 设备能满足本部分的要求的每种放射性核素的最大放射源活度。最大放射源活度取决于源的几何条件及其结构；

c) 满足本部分要求的每种放射性核素，在距放射源 1m 处辐射束最大横截面上的最大的吸收剂量率；对于 MSSR，满足本部分要求的每种放射性核素，在等中心处或者所有辐射束所确定的总体积中心处的辐射束最大横截面的最大吸收剂量率；

d) 在出束和关束状态下，以辐射头上某一可触及的点作为参考点辐射源前表面中心的位置；本条款不适用于 MSSR；

e) 正常治疗距离和在正常治疗距离处可得到的最大几何野尺寸；

f) 辐射束的可利用方向；

g) 从关束到出束状态和从出束到关束状态传输时间以及在传输时间中辐射源进行照射的时间；

h) 对于 MSSR，出束和关束状态的辐射水平的矩阵测量点，在地面处和距地面 0.5 m、1.0 m、1.5 m、2.0 m 处测量(见图 105)。

## 第二篇　环境条件

除下述内容外，《通用标准》该篇中的各章、条适用。

### 10 环境条件

除下述内容外，《通用标准》的该章适用。

#### 10.1 运输和贮存

补充：

aa) 在制造商规定的条件下和预期的使用期间内，设备的性能和特性应不受影响。

#### 10.2 运行

代替：

除非在随机文件中另有说明，设备应符合《通用标准》的要求。

## 第三篇　对电击危险的防护

除下述内容外，《通用标准》该篇中的各章、条适用。

### 16 外壳和防护罩

除下述内容外，《通用标准》的该章适用：

补充：

在通过正常安装来满足《通用标准》第 16 章要求的地方，应在每次安装时对这些装置的有效性进行验证。

### 18 保护接地、功能接地和电位均衡

除下述内容外，《通用标准》的该章适用。

代替 b)：

b）γ射束放射治疗设备每个部件的保护接地端子应借助于一个固定的永久性安装的保护接地导体系统与外部保护接地系统相连。该保护接地导体系统应足以通过可能发生的最大故障电流。

现场检验——B级——方法：通过检查保护接地导体长度和横截面积，检验其是否符合标准。

## 19 连续漏电流和患者辅助电流

除下述内容外，《通用标准》的该章适用。

代替：

### 19.1 对地漏电流

将可以同时发生的电控运动进行组合，在最不利的状态下，在下述a)试验中所测得的值和在b)试验中所测得的最大值均不得超过19.3中给出的容许值。

现场检验——B级——方法：对地漏电流连续值应在设备通过一个永久性安装电源电路供电的情况下测量：

a） 在每个电控运动工作的预置状态下；

b） 在下述条件下，以最大输出功率运行：

——设备处于正常工作温度；

——通过对与设备各部件互连的任何非永久性安装单相电源极性的正接和反接。

### 19.2 外壳漏电流

下述试验测出的值不得超过19.3中给出的容许值。

现场检验——B级——方法：外壳漏电流应在下述位置间测量：

——设备外壳每一部分之间(若存在)，包括未与设备保护接地导体相连的附件；

——设备外壳各部分之间(若存在)，包括未与设备保护接地导体相连的附件。

### 19.3 容许值

连续漏电流的容许值为：

对地漏电流：10 mA；

外壳漏电流：0.5 mA。

### 19.4 测量装置

《通用标准》中的19.4e)适用。

## 20 电介质强度

除下述内容外，《通用标准》的该章适用。

补充：

如果设备结构中使用的材料，其电介质强度易受辐射影响，则制造商应声明在设备预期使用期内能够满足本篇的要求。否则，制造商应在随机文件中对设备的这些特定部件规定检查或更换的周期。

# 第四篇 对机械危险的防护

除下述内容外，《通用标准》该篇中的各章、条适用。

## 21 机械强度

除下述内容外，《通用标准》的该章适用。

补充：

如果设备结构中使用的材料，其机械强度易受辐射影响，则制造商应声明在设备预期使用期内能够满足本篇的要求。否则，制造商应在随机文件中对设备的这些特定部件规定检查或更换的周期。

## 22 运动部件

除下述内容外，《通用标准》的该章适用。

22.4 代替：

a) 除了在移动束治疗期间，设备或设备部件的机械运动会使患者身体受到伤害时，操作者应连续按住两个开关才能启动。每个开关应能独立地中断设备的运动，其中一个开关作为控制设备各种运动的总开关。

注：对于 MSSR，应需要操作者按住两个开关才能移动治疗床进入治疗位置。治疗完成或者单一故障发生时，应不需要手动动作，所以不使用开关。

除 MSSR 外，至少应有一组开关以便操作者在患者附近观察设备可观察到的运动部件。

现场检验——B级——方法：通过检查，检验其是否符合要求。并且通过独立操纵各开关，检查其中断设备运动的能力。

b) 辐射头可配备一装置，用于在正常使用时减少辐射头与患者碰撞的危险。随机文件中应对该装置的操作和限定范围进行说明。

c) 当电源失效或切断电源时，设备的机械旋转运动应在 2°以内停止，设备的机械直线运动应在 10 mm 内停止。

现场检验——B级——方法：当设备以最大速度运动时，断开电源并测出停止距离。检验其是否符合要求。

启动中断辐照或终止辐照电路，应使设备停止运动。设备的机械旋转运动应在 2°以内停止；设备的机械直线运动应在 10 mm 内停止。

d) 在机架和治疗床机械运动情况下：

——各种运动中至少有一种旋转速度不得超过 1°/s，所有旋转速度不得超过 7°/s。当运动部件以接近但不超过 1°/s 的速度旋转时，在按动停止运动控制器的瞬间，其初始位置与最终位置之间的角度不得超过 0.5°，当运动部件以最高转速旋转时，按动停止运动控制器瞬间，其初始位置与最终位置之间的角度不得超过 2°。

——辐射头沿方向 12 或 13[见 6.3aa)]作直线运动时，应至少有一种的速度不得超过 10 mm/s。所有直线运动速度不得超过 50 mm/s。

当辐射头以最大速度运动时，在按动停止运动控制器的瞬间，其初始位置与最终位置之间的距离不得超过 10 mm。

——治疗床的各种运动(6.3 中方向 9，10，11)中，应至少有一种的速度不得超过 10 mm/s。所有运动速度不得超过 50 mm/s。

当治疗床以最大速度运动时，在按动停止运动控制器的瞬间，其初始位置与最终位置之间的距离不得超过 10 mm。

e) 如果设备在正常使用中因机械运动失效，存在使患者陷于困境的可能性，则应提供措施使患者得以从困境中解脱。

现场检验——B级——方法：通过直观检查并用适当的仪器测量运动的速度和停止距离，检验其是否符合要求。在测定停止距离时应进行 5 次单独的测试。每次测试时，运动部件应在容许的距离内停止。

f) 应提供联锁装置或者机械装置以防止患者被 MSSR 的快门碰撞或者挤住。

g) 如果治疗床不能从 MSSR 的出束状态下移开，应提供机械装置解脱患者。

## 27 气动和液压动力

除下述内容外，《通用标准》的该章适用。

补充：

设备运动的气压或液压动力一旦发生变化而导致危险时，设备对应的旋转运动应在2°内停止，直线运动应在10 mm内停止。

型式试验——C级——原则：通过检查气动或液压动力系统可能存在的危险和防护装置，检验其是否符合要求，通过模拟一个故障状态并测量设备以最大速度运动时的停止距离来检查保护装置的功能。

## 28 悬挂物

除下述内容外，《通用标准》的该章适用。

补充：

若设备提供了允许附件(特别是辐射束成形附件)在其上安装的装置，该装置应设计成在正常使用的所有条件下保持附件的安全。

型式试验——A级——原则：在考虑到附件运行加速和被制动的情况下，通过对所使用的安全装置进行分析和检查，检验其是否符合要求，以便确定是否需要这些装置，这些装置的安全是否充分。

现场检验——B级——方法：检验所有附件安装是否安全。

如用户要求，制造商应制定有关设计计算方面的资料，特别是所采用的安全系数方面的资料。

# 第五篇 对不需要的或过量的辐射危险的防护

除下述内容外，《通用标准》该篇中的各章、条适用。

## 29 X辐射

代替：

29 辐射安全要求

注：本部分给出了有助于确保设备安全的导则：

——在设备运动时及电源发生故障时维护患者的安全；

——提供预选的吸收剂量；

——按照患者所预选的辐射束的特性，通过固定放射治疗、移动束放射治疗、射束调整装置等方法提供辐照。这些方法对患者、操作人员、其他人员或者周围环境不会引起不必要的伤害。

为满足本部分的辐射安全要求，设备及检验方法应与第29章和下列条款一致：1.1 范围；1.2 目的；4.1 试验 aa)；4.6 其他条件 aa)；6.3 控制器件和仪表标记 aa)；6.7aa)指示灯的颜色；6.8.2 使用说明书 aa)和 bb)；以及 6.8.3 技术说明书 aa)。

### 29.1 防止患者在治疗体积内受到不恰当的吸收剂量的防护

本条中对选择及显示的要求是按手动控制设备考虑的。对于自动控制设备，这些要求也应满足或者应提供与其等效的预设参数自动控制。例如，采用自动比较要求值与实际值的方法。

#### 29.1.1 载源器或快门

29.1.1.1 设备提供的使载源器或快门返回到关束状态的装置应始终(即在关束状态和出束状态时)有效，它与辐射头的位置无关，也不受外部驱动系统(如电压)的影响。

型式试验——A级——原则：对使载源器或快门回到关束状态的机械装置进行设计分析。

现场试验——C级——方法：在下述条件下：

——机架角度为0°、90°、180°、270°；

——辐射头仰角为0°、45°、90°；

——辐射头旋转角度为0°。

使用正常的关束控制和产生外驱动系统的故障(例如：断开电源电压)进行“出束返回到关束”状态的功能检验。

29.1.1.2 从关束状态到出束状态和从出束状态到关束状态的传输持续时间不得超过 5 s，对 MSSR 不超过 60 s。

注：在 MSSR 中，传输时间是从快门打开时，治疗床系统从关束位置到出束位置的机械运动时间，包括当源处于防护状态和快门关闭时，治疗床从出束位置到关束位置的返回时间。

现场检验——B 级——方法；通过传输时间的测量验证功能的正确性。

如果从关束状态到出束状态的传输持续时间超过 3 s，则辐射源应立即返回到关束状态。

下列要求针对 MSSR：

如果从关束状态到出束状态的传输时间超过 40 s，应立即把患者移动到关束位置。

应在随机文件中给出在最大标称活度和 BLD 完全打开的情况下，在关束状态到出束状态传输期间以及从出束状态到关束状态的传输期间患者接受的吸收剂量，单位为 mGy。

型式试验——A 级——原则：对使辐射源返回关束状态的装置进行设计分析。

现场检验——C 级——原则；产生或模拟一个超过 3s 的传输时间，验证使辐射源返回到关束状态的装置的功能是否正确。

29.1.1.3

a) 应设置能直接操作载源器或快门的手动装置，使设备在紧急情况下回到关束状态；

b) 随机文件应包含对该方法的说明；

c) 无论辐射头在任何临床位置或者 MSSR 的任何运行状态，都应能操作此手动装置；

d) 应使操作者在使用手动装置时能免受辐射束照射。该手动装置应置于紧靠治疗室内的控制台或治疗室的入口。

通过以下试验，检验其是否符合要求：

a)型式试验——A 级——原则：为操作载源器或快门的手动装置进行的设计分析验证。

b)、c)、d)现场检验——B 级——方法：检验随机文件中所要求的说明。验证当辐射头处于任何临床位置时，操作人员在不受辐射束照射的情况下可接近手动装置，且手动装置在一个适当的位置上。

c)、d)型式试验——C 级——原则：在辐射头未装辐射源时验证手动装置功能的正确性。

29.1.1.4 按 29.1.1.3 所述使用应急手动装置，不得妨碍此后任何时候从辐射头中取出辐射源。

型式试验——A 级——原则：对载源器或快门进行设计分析。

**29.1.2 关束状态和出束状态**

**29.1.2.1 治疗控制台关束状态和出束状态的显示**

治疗控制台上应有指示灯。电源接通时，应能指示下述三种状态：

a) 关束（绿色）；

b) 出束（黄色或橙色）；

c) 快门或载源器在中间位置（红色）。

控制显示的开关应有快门或载源器直接控制操作。

型式试验——A 级——原则：设计分析，验证载源器或快门是否能直接控制操作开关。

现场检验——B 级——方法：在关束、出束及快门或载源器在中间位置三种状态下验证指示灯的正确性。

**29.1.2.2 MSSR 关束状态和出束状态的显示**

电源接通时，治疗控制台上应有指示灯，指示下列状态：

a) 关束（绿色）；

b) 出束（黄色或橙色）；

c) 黄灯闪烁指示处于传输和重新摆位状态；

d) 如果传输时间或者重新摆位时间超过 29.1.1.2 和 29.1.11j）中的限制，红灯应该亮。

设备状态也应通过除颜色指示以外的方式，如形状、位置或者随行文字表示。

用于控制显示的开关应由快门或 MIBLS 直接控制。

型式试验——A 级——原则:设计分析,验证快门或 MIBLS 是否能直接控制操作开关。

现场检验——B 级——方法:在关束、出束和传输时间或者重新摆位时间超过时间限制四种状态下验证指示灯的正确性。

#### 29.1.3 辐照的控制

##### 29.1.3.1 辐照时间的选择

终止辐照后在治疗控制台上未重新选好辐照时间时,绝不能再进行辐照。

现场检验——B 级——方法:终止辐照后,未经选定辐照时间尝试进行一次新的辐照。

##### 29.1.3.2 预选时间的显示

在治疗控制台上应能显示预选时间,直至为下一次辐照而重新设置。

现场检验——B 级——方法:选定某一辐照时间进行辐照并验证预选时间的显示,直至为下一次辐照重新设置仍能保留。

显示应以相同的方式刻度,如同时间显示一样(见 29.1.3.4),即单位时间和单位一致。

现场检验——B 级——方法:目力检验。

##### 29.1.3.3 辐照时间的测定

a) 为了测量和控制辐照时间,应备有两个计时器。设计上应保证当一个系统不正常时不得影响另一个系统的正确功能。

   现场检验——C 级——原则:通过产生或模拟任何一个计时器失效来验证另外一个计时器功能的正确性。

b) 设计应确保当两个计时器所共用的任一元件失效时终止辐照。

   型式试验——A 级——原则:设计分析,确定两个计时器的共用元件并且用试验说明当这些共用元件中的任一元件失效时终止辐照。

   现场检验——C 级——原则:通过产生或模拟每个共用元件失效来验证辐照能否被终止。

c) 设计应确保任一计时器的供电发生故障时将终止辐照。

   现场检验——C 级——原则:通过产生或模拟计时器电源发生故障来验证辐照能否被终止。

d) 两个计时器应设计成冗余组合或主-次组合。在冗余计时器组合情况下,制造商应在随机文件中说明两个计时器的性能,在主-次组合情况下,至少主计时器的性能应给予说明。

   型式试验——A 级——原则:分析计时器的设计。

   现场检验——B 级——方法:对于 2 min 的辐照时间,用一校准过的秒表检验两个计时器的精度并与制造商的说明相比较。

e) 两个计时器的启动和停止应由操纵快门或载源器的开关进行控制。

   型式试验——A 级——原则:设计分析,验证通过载源器或快门对两计时器开关进行控制操作。

   对于 MSSR,用“MIBLS”代替“载源器”或者“快门”。

f) 当快门或载源器到达(以及当其离开)出束位置时,控制主计时器的开关或控制冗余组合的两个计时器中的每一个计时器的开关,应各自分别动作。

   型式试验——A 级——原则:设计分析,验证开关控制计时器能否正确地工作。

   对于 MSSR,用“MIBLS”代替“载源器”或者“快门”。

g) 在主/次计时器组合的情况下,当载源器或快门离开(或当它到达)辐射源恰好处于几何屏蔽的位置(即在或靠近关束位置)时,控制次计时器的开关应动作。这样,在终止辐照的装置发生故障时能够真实的记录辐照时间。

   型式试验——A 级——原则:设计分析,验证控制计时器开关动作的正确性。

   对于 MSSR,用“MIBLS”代替“载源器”或者“快门”。

h) 制造商应在随机文件中说明从关束状态到出束状态和从出束状态到关束状态的传输时间以及传输时间中辐射源进行照射的时间。如果这些时间超过 0.5 s,则制造商应说明这一时间内在正常的治疗距离处辐射束轴上预期的吸收剂量。

对于 MSSR:

制造商应规定从出束状态到重新摆位点的时间和从重新摆位点到出束状态的时间,还要说明在重新摆位时间内患者暴露在辐射源下的时间。

制造商应规定在重新摆位时间内患者接收的传输剂量和吸收剂量。

现场检验——A 级——原则:检验随机文件中所需的资料和测试结果。

**29.1.3.4 辐照时间的显示**

a) 各计时器的显示,其设计应是相同的。为了便于比较,各计时器与预选时间的显示(29.1.3.2)尽可能靠近。

现场检验——B 级——方法:目力检查。

b) 两计时器的显示在辐照中断或终止后应能保留其读数。

现场检验——B 级——方法:验证在辐照中断和终止后,显示是否能保留其读数。

c) 辐照终止后应将显示值重新置零。当电源发生故障时,则故障时所显示的数据应至少在某一系统中贮存并可以恢复,其贮存时间至少为 20 min。

现场检验——B 级——方法:

——在未使显示重新设置前,尝试启动辐照不能启动;

——计数器有读数时切断电源,验证所显示的数据是否能保留至少 20 min。

d) 显示值应以"min"和"min"的十进制分数(十分之一和百分之一)或以"s"为单位表示,但不得用两者相混合表示。读数应随时间延长而增大,以便任何超时辐照也能给出读数,并有足够的读数范围以适应可预见到的故障状态。

现场检验——C 级——方法:在辐照期间,包括超时辐照情况下,目力检查读数显示,并验证在随机文件中所规定的计时范围。

e) 主计时器和次计时器的显示应清晰易辨。

现场检验——C 级——方法:目力检查。

**29.1.3.5 辐照时间的控制**

a) 两计时器中的每一个都应能独立地终止辐照。

型式试验——A 级——原则:对两计时器进行设计分析。

b) 当到达预选时间时,主计时器或冗余组合情况下的两计时器都应能终止辐照。当超过预选时间,并且最多不超过 10%(用百分比表示)或 0.1min(用固定时间表示),主/次级组合中的次级计时器应终止辐照。

现场检验——C 级——方法:在任一计时器失效情况下,通过另一计时器来验证终止辐照功能的正确性。

c) 如果采用特殊治疗方式,如移动束治疗,次级计时器可先于主计时器终止辐照,这种情况应在随机文件中加以说明并给出必要的警告。

型式试验——A 级——方法:检验随机文件中所需的资料。

d) 应提供联锁装置,以确保未终止辐照的系统在下次辐照之前经受检验,以验证其终止辐照的能力。

型式试验——A 级——原则:分析联锁装置的电路设计,确保在下次辐照之前,所要求的终止辐照的能力得以验证。

现场检验——C 级——方法:验证联锁装置功能的正确性。

29.1.3.6 移动束放射治疗时辐照时间的控制

在移动束放射治疗中，通过自动调节移动速度达到预选时间，并且当达到预选位置时，通过动作开关来终止辐照，在这种情况下，当超过预选时间，并且最多不超过10%（用百分数表示）或0.1min（用固定时间表示）时，主计时器或组合计时器应终止辐照。

型式试验——A级——原则：设计分析，确保所要求的终止辐照的能力得以验证。

现场检验——C级——方法：通过产生或模拟规定的故障状态，验证其终止辐照功能的正确性。

29.1.4 固定放射治疗和移动束放射治疗

29.1.4.1 固定放射治疗和移动束放射治疗的选择

在既能进行固定放射治疗又能进行移动束放射治疗（即机架、治疗床或限束装置可运动）的设备中：

a) 在治疗控制台上预选好固定放射治疗或移动束放射治疗之前，应不能辐照。每次辐照之前应重新选择固定放射治疗或移动束放射治疗方式。

现场检验——B级——方法：在下述情况下尝试启动辐照：

1) 在没有预选固定的或移动束放射治疗时；

2) 每次辐照前没有重新选定固定的或移动束放射治疗时。

b) 在进行固定束放射治疗时，如果移动束放射治疗中的任何移动操作起动，则应提供一个联锁装置终止辐照。

c) 在进行移动束放射治疗时，如果发生运动部件不启动或意外停止时，则应提供一个联锁装置终止辐照。联锁装置应在5 s内动作。

b)和c)

现场检验——C级——方法：在规定的故障状态下，验证联锁功能的正确性。

d) 如果在治疗室内进行的任何选择操作与治疗控制台上进行的选择操作不一致，应提供一个联锁装置防止辐照。

现场检验——B级——方法：验证联锁装置对所有非一致选择操作防止辐照发生功能的正确性。

e) 在移动束放射治疗期间，如果规定的治疗弧度超出预选限定角度5°以上时，应提供装置停止辐照和机架的运动。

现场检验——C级——方法：通过产生或模拟一个故障状态，在机架为90°和270°，以最大和最小的额定速度在正反两个方向旋转（若可行）时，验证功能的正确性。

f) 在移动束放射治疗时，设备上应指示出从开始到结束的角度或位置的方向。

现场检验——B级——方法：验证指示功能的正确性。

29.1.4.2 固定放射治疗或移动束放射治疗的显示

对于既能进行固定放射治疗又能进行移动束放射治疗的设备，应在治疗控制台上显示其工作方式。要求在治疗室内和治疗控制台上预选操作的地方，当两处所需要的选择操作还没有完成时，其中一处的选择不得在另一处显示。

现场检验——B级——方法：对规定的选择操作，验证其显示功能的正确性。

29.1.5 束分布系统

29.1.5.1 野均整过滤器的选择

使用可更换野均整过滤器的设备，应考虑下述规定：

a) 如果能使用一个以上的过滤器，则在治疗控制台上选择特定的野均整器之前，应终止辐照。

现场检验——B级——方法：在治疗控制台上不选择好规定的过滤器尝试启动辐照。

b) 如果过滤器的位置不正确，应提供一联锁装置防止辐照的发生。

现场检验——C级——方法：验证联锁装置防止辐照的发生功能的正确性。

c) 如果在治疗室内进行的任何选择操作与在治疗控制台上进行的选择操作不一致时，应提供一联锁装置,防止辐照的发生。

现场检验——B级——方法:对于所有非一致选择的操作,验证联锁装置防止辐照功能的正确性。

### 29.1.5.2 野均整过滤器的显示

如果能使用多于一个的过滤器,所用过滤器的识别应显示在控制台上。

现场检验——B级——方法:验证显示功能的正确性。

如果使用手动装卸的任何过滤器,其识别应清晰地标记在过滤器上。在要求操作者在治疗室和治疗控制台上选择任何操作条件的地方,直到两处所需要的选择操作完成之前,一处的选择不得在另一处给出显示。

现场检验——B级——方法:目力检查过滤器,对规定的选择操作的显示,验证其功能的正确性。

### 29.1.6 楔形过滤器

### 29.1.6.1 楔形过滤器的标记

设备配备的楔形过滤器应清楚地标记其给定的楔形过滤器的角度和最大几何野尺寸(在正常的治疗距离处)。

现场检验——B级——方法:验证每个楔形过滤器的识别标记。

### 29.1.6.2 楔形过滤器的选择

在配备有楔形过滤器系统的设备中:

a) 在治疗控制台上未选好特定楔形过滤器或零过滤器时,绝不可能进行辐照;

b) 如果预选的楔形过滤器被不正确地插入,应提供一联锁装置防止辐照的发生;

c) 如果在治疗室进行的任何选择操作与在治疗控制台上所进行的选择操作不一致时,应提供一联锁装置,防止辐照的发生。

a)、b)和 c)

现场检验——B级——方法:按下述方法尝试启动辐照:

1) 在治疗控制台上不选择一楔形过滤器(或零过滤器);

2) 将楔形过滤器不正确地插入;

3) 对所有非一致选择的操作。

d) 应给出楔形过滤器薄端相对于辐射野的指示,当楔形过滤器就位后,其指示应清晰可见。

现场检验——B级——方法:目力检查,验证楔形过滤器薄端的指示是否清晰可见。

### 29.1.6.3 楔形过滤器的显示

配备有楔形过滤器系统的设备,应在治疗控制台上对使用中的过滤器(或零过滤器)给出显示。当要求操作者在治疗室里和治疗控制台上进行预选时,两处所需要的选择未全部完成时,其中一处的选择不得在另一处给出显示。

现场检验——B级——方法:对适用的选择操作,验证其显示功能的正确性。

### 29.1.7 限束器

### 29.1.7.1 限束器的标记

限束器应清楚地标注以下数据:

a) 出束位置时,辐射源表面至限束器出口端的距离;

b) 在规定源-皮距处治疗野的尺寸。应在靠近限束器的末端标注辐射束轴的位置。

a)和 b):

现场检验——B级——方法:目力检查每个限束器的标记。

### 29.1.7.2 限束器的插入

在配备了限束器的设备中,如果限束器(或零限束器)被不正确地插入,应提供一联锁系统,防止辐照的发生。

现场检验——B级——方法:当限束器被不正确地插入时,尝试启动辐照。

**29.1.8 启动辐照的装置**

应只有在治疗控制台上才可能启动辐照;

型式试验——A级——原则:设计分析,验证只有在治疗控制台上才能启动辐照。

**29.1.9 中断辐照的装置**

在任何时刻都应能从治疗控制台上中断辐照和各种运动。

辐照中断后,不对29.1.3～29.1.7规定的操作条件进行重新预选,应能重新启动辐照,但仅限于在治疗控制台上进行操作。

如果在中断期间预选值发生任何变化,则设备应进入终止状态。

现场检验——B级——方法:验证下述情况下功能的正确性:

——中断;

——重新启动辐照;

——转换到终止状态。

**29.1.10 终止辐照的装置**

a) 在任何时刻都应能从治疗控制台上终止辐照和各种运动。

现场检验——B级——方法:对固定放射治疗和移动束放射治疗,从治疗控制台上验证终止辐照和各种运动功能的正确性。

b) 辐照期间,如果29.1.3～29.1.7中规定的预选条件发生任何变化,则设备应进入辐照的终止状态。

现场检验——B级——方法:在辐照期间,当改变29.1.3～29.1.7中任一操作选择时,验证终止辐照功能的正确性。

c) 设备应有连接附加外部安全联锁装置,以便容许从治疗控制台以外的地方终止辐照。

现场试验——B级——方法:通过附加外部安全联锁装置的连接装置,验证终止辐照功能的正确性。

d) 在任何时刻,应能在治疗控制台上从一个中断状态进入到一个终止状态。

现场检验——B级——方法:按规定条件验证转换到终止状态功能的正确性。

e) 终止辐照后,应在治疗控制台上重新选择必要的全部操作条件。

现场检验——B级——方法:进行一次辐照,在治疗控制台上没有重新选择全部操作条件的情况下,尝试启动一次新的辐照。

**29.1.11 辐照的意外终止**

如果通过一个事件而不是通过主计时器(或冗余组合情况下任一计时器的动作)或者达到预选位置(见29.1.3.6)来终止辐照,则应在治疗控制台上给出该状态的显示。

现场检验——C级——方法:通过每个联锁装置的动作引起辐照的意外终止,验证显示功能的正确性。

在下述任何一种情况发生时,应有联锁装置防止继续辐照:

a) 任何一个计时器的电源发生故障(见29.1.3.3);

b) 主/次计时器组合中用次级计时器终止辐照(见29.1.3.3);

c) 冗余组合中的某一计时器不工作;

d) 辐照启动后3s内载源器或快门未到达出束状态;对于MSSR,辐照开始后40 s内MIBLS没有到达出束状态(见29.1.1.2);

e) 辐照终止或中断后3s内载源器或快门未到达关束状态;对于MSSR,辐照终止或中断后40 s内MIBLS仍没有到达关束状态;

f) 固定放射治疗期间,辐射头发生移动[见29.1.4.1b)];

g) 移动束放射治疗期间,辐照启动后 5 s 内预期的运动不启动,或者在辐照期间移动停止[见 29.1.4.1c)];

h) 在移动束放射治疗期间,超出预选角度 5°以上[见 29.1.4.1e)];

i) 按 29.1.3.6 运行的设备中,用其中一个计时器终止辐照;

j) 对于 MSSR:从出束状态到重新摆位点的时间和从重新摆位点到出束状态的时间都不能超出制造商所规定时间的 25%[见 29.1.3.3h)]。

型式试验——A 级——原则:对联锁装置电路进行设计分析。

现场检验——C 级——原则:用产生或模拟每一种规定的意外终止辐照条件,验证联锁装置功能的正确性。

应用专用工具才能使该联锁装置复位。

现场检验——B 级——方法:不用专用工具复位时,尝试启动辐照。

**29.1.12 检验联锁系统的装置**

应提供本部分所要求的所有联锁装置的检验装置。

如果制造商推荐的任何测试或维修程序需要将 29.1 中所述的任何联锁装置或监测系统不起作用或被旁路,则应提供装置使这种情况在按键控制的方式下进行或给出该状态的显示。

注:对一般联锁装置的检验要求参见 4.1aa)和 4.6aa)。

现场检验——B 级——方法:当采用制造商推荐的试验或维修程序,使 29.1 中所述的任何联锁装置不起作用或被旁路时,验证功能的正确性,同时对所要求的按键或所给出的显示进行验证。

**29.2 对患者辐射束内杂散辐射的防护**

**29.2.1 相对表面吸收剂量**

在辐射束轴上的相对吸收剂量不得超过下述值:

a) 正常治疗距离不小于 30 cm,时:

辐射野尺寸为 10 cm×10 cm 时,用钴-60 辐照,在 0.5 mm 处的吸收剂量不得超过在 5 mm 深度处吸收剂量的 70%;

对最大的辐射野尺寸,用钴-60 辐照,在 0.5 mm 处的吸收剂量不得超过在 5 mm 深处吸收剂量的 90%;

对最大的辐射野尺寸,用铯-137 辐照,在 0.5 mm 处的吸收剂量不得超过在 2 mm 深处吸收剂量的 100%。

对于 MSSR:

对于最大辐射野尺寸,用钴-60 辐照,在 0.5 mm 处的吸收剂量不得超过在 5 mm 深处吸收剂量的 70%。

对于最大辐射野尺寸,用铯-137 辐照,在 0.5 mm 处的吸收剂量不得超过在 2 mm 深处吸收剂量的 95%。

b) 正常治疗距离在 10 cm~30 cm 之间:

对最大的辐射野尺寸,用钴-60 辐照,在 0.5 mm 处的吸收剂量不得超过在表面以下 5 mm 深处吸收剂量的 100%。

c) 正常治疗距离在 5 cm~10 cm 之间:

对最大的辐射野尺寸,用钴-60 辐照,在 0.5 mm 处的吸收剂量不得超过在表面以下 5 mm 深处吸收剂量的 130%。

注:钴-60 和铯-137 设备的限束装置和快门,其次级电子发射可导致相对表面吸收剂量的明显增高。因此,可对这些次级电子进行充分屏蔽,例如用几毫米厚的聚甲基丙烯酸酯-甲基板或用其他适当的材料的板靠紧限束器系统,以便满足上述的容差。

如果使用制造商提供的任何附件或去掉电子过滤器,使表面吸收剂量超过上述水平,那么预期的水平应在随机文件中说明。

型式试验——B级——方法:应用模体进行测量,模体的入射表面应在正常治疗距离处且垂直于辐射束轴,所用的方法应能外推出表面吸收剂量。

模体入射表面的尺寸至少比辐射野各边尺寸大5 cm,模体厚度至少比测量深度大5 cm。所有不用工具即可拆卸的束调整装置应从辐射束中去掉。

现场检验——A级——原则:检验随机文件中所要求的资料。

**29.3 对患者辐射束外的辐射防护**

**29.3.1 辐照期间透过限束装置的泄漏辐射**

**29.3.1.1** 应配备可调节的或可互换的限束装置。在束控机械装置处于出束位置情况下,对所有尺寸的辐射野,限束装置应能使辐射衰减到在正常治疗距离处由限束装置防护区域内的任何一处的吸收剂量不超过在相同距离上,辐射野为10 cm×10 cm时,在辐射束轴上所测得的最大吸收剂量的2%。

对于MSSR:应配备可调节的或可互换的限束装置。在束控机械装置处于出束位置情况下,对所有尺寸的辐射野,限束装置应能使辐射衰减到在正常治疗距离处由限束装置防护区域内任何一处的吸收剂量不超过最大吸收剂量深度处的最大吸收剂量的2%。

型式试验——B级——方法:按下述检验条件用X射线摄影胶片进行测量:

——在正常治疗距离处,垂直于辐射束轴的平面上;

——对每一限束装置,在非重叠的限束装置情况下,用最小辐射野尺寸;在重叠的限束装置情况下,用最小乘最大和最大乘最小辐射野,在互换限束装置情况下;

——用至少两个十分之一值层的吸收材料堵住限束装置的剩余开孔(如果有);

——机架、辐射头、限束装置的角位置任选。

求出射线胶片上对最大泄漏辐射点的位置,用辐射探测器在该点测量。测量时使用下述附加试验条件:

——用最大截面为1 $cm^2$ 的指型辐射探测器;

——在空气中在最大的建成条件下测量。

**29.3.1.2** 对于在正常治疗距离处,辐射束的最大野尺寸超过500 $cm^2$ 的设备,下述附加限制应适用:

对于任何尺寸的方形野,透过限束装置的泄漏辐射平均吸收剂量与限束装置所能防护的最大区域的乘积不得超过10 cm×10 cm野尺寸的辐射束轴上的最大吸收剂量与辐射束面积乘积的十分之一。所有吸收剂量和面积的数值,均相对于正常治疗距离而言。

现场检验——B级——方法:采用与上述相同的试验条件,在按下述各点进行上述辐射探测器测量:

——在两主轴上距辐射束轴1/3$R$处的四个点;

——在两主轴及两对角线上距离辐射束轴2/3$R$处的八个点($R$见图102)。

对于非方形辐射野,如果超过上述规定的水平,应说明出现该情况的详细情况和预期水平。

泄漏辐射平均百分率与最大辐射野尺寸的关系曲线见图101。

注:如果$M$是在正常的治疗距离处,限束装置所能防护的以平方厘米为单位的最大面积(包括所使用的辐射野的面积),而$DL$是由于透过限束装置的泄漏辐射所引起的平均吸收剂量,那么:

$$DL \times M < 0.1 \times 100\% \times 100\ \text{cm}^2$$

此处,$DL$以辐射束轴上最大吸收剂量的百分率表示。

现场检验——A级——方法:检查随机文件所要求的资料。

**29.3.2 最大辐射束以外的泄漏辐射**

设备应提供辐射防护屏蔽,使得在束控机械装置就位情况下,而不是在关束位置,把辐射衰减到满足下述条件的程度:

a) 束控机械装置处于出束状态:

1） 在正常治疗距离处，以辐射轴线为中心且垂直辐射束轴半径为 2 m 的圆平面中的最大辐射束以外的区域内，由于泄漏辐射引起的吸收剂量率的最大值不得超过辐射束轴与 10 cm×10 cm 辐射野平面交点处测得的最大吸收剂量率的 0.2%，平均值不得超过 0.1%。

对于 MSSR：用“最大辐射野”代替“10 cm×10 cm 的野”。制造商应在随机文件中给出地面水平、地面以上 0.5 m 处、1.0 m 处、1.5 m 处和 2 m 处关束状态和出束状态的泄漏辐射图，如图 105 所示。如果用 BLD 防止辐射源的辐照，最大泄漏辐射不应超过最大吸收剂量率的 0.2%。

现场检验——B 级——方法：应在限束装置完全关闭和用三个十分之一值层的适当吸收材料对最大辐射束区域屏蔽（以避免透过限束装置的泄漏影响测量结果）的条件下进行测量。测量应在最大的建成条件下，在不超出 100 $cm^2$ 的面积上取平均值。

通过下述 X 射线摄影胶片的测量结果，来确定辐射探测器的最大泄漏辐射测量点。

从紧靠最大辐射野的边缘向机架及相反方向取长 $B$=8 cm、宽 $A$=40 cm 的两区域内进行检查（限束器的角位置为零），这两个区域见图 103 的阴影部分。

如果治疗床在正常使用中绕垂直的辐射束轴旋转（台的等中心旋转），当测试平面绕垂直的辐射轴旋转到 45°、90°、135°时，对应图 103 所示的这些区域应另加测量。

平均泄漏辐射应在或靠近图 102 所示的 16 个点测量。

2） 距辐射源 1 m 处测得的由于泄漏辐射引起的吸收剂量率不得超过辐射束轴上距辐射源 1 m 处测得的最大吸收剂量率的 0.5%。

型式试验——B 级——方法：按照 a）1）“现场检验”第一段中所述的条件进行测量，用 X 射线摄影胶片找出最大泄漏辐射点，并用辐射探测器在这些点进行测量，以确定是否符合所规定的泄漏辐射的限值。

现场检验——B 级——方法：用辐射探测器在下述设置的 13 个点进行测量：

通过以辐射源为中心、半径为 1 m 的球面的极点（除去辐射束轴上的一个极点）和球面赤道上四个相等间隔的点，确定 13 个基本的测试点中的前 5 个点，其余的 8 个点位于从两极点到赤道上的 4 个点的连线与赤道线所围成的 8 个球面三角形的中心（见图 104）。

b） 束控机械装置处于从关束状态到出束状态和从出束状态到关束状态的传输过程中：

距辐射源 1 m 处辐射束最大截面之外的吸收剂量率，不得超过距辐射源 1 m 处辐射束轴上吸收剂量率的 0.5%。

型式试验——C 级——原则：在辐射源处于最不利位置时，测量泄漏辐射吸收剂量率。

c） 制造商应在随机文件中说明设备外壳的哪部分在束控机械装置处于除关束位置以外的任何位置时，距设备外壳 5 cm 处由于泄漏辐射引起的吸收剂量率可能超过在正常治疗距离处辐射束轴上最大吸收剂量率的 0.5%。在随机文件中，制造商应给出有关这些地方预期的吸收剂量水平的资料。

现场检验——A 级——原则：检验随机文件所要求的资料。

**29.4 患者以外其他人员的辐射安全**

**29.4.1 关束状态或出束状态的显示**

**29.4.1.1 电控的显示**

应在辐射头上或靠近辐射头位置配备指示灯以指示束控装置是在关束位置还是离开关束位置。应由载源器或快门直接操作的开关来控制这些指示灯。关束状态应用绿色指示灯，关束状态以外的其他任何状态均用红色指示灯。

型式试验——A 级——原则：设计分析，验证这些指示灯是否由载源器或快门直接操作。

现场检验——B 级——方法：目力检查并验证指示灯功能的正确性（如用电视系统观察）。

应在其他位置提供这些开关是在关束状态还是不在关束状态的指示的装置。

型式试验——A级——原则:设计分析,验证是否提供了所要求的装置。

制造商应在治疗室内提供一个与辐照音响报警相连的装置。该报警由一开关控制,当辐射束控机械装置在关束位置以外的任何位置时,启动该开关。

型式试验——A级——原则:设计分析,验证是否提供了所要求的装置。

29.4.1.2 **非电控的显示**

无论载源器或快门处于关束位置、出束位置或二者之间的位置,都应在辐射头、机架或其他部件上清楚地指示。指示器应用机械方法连接到载源器或快门上。

注:该机械连接是为了要保证当载源器或快门操纵系统失灵的情况下(如:电源故障),仍将保持对载源器或快门位置的指示。

如果束控机械装置位置的指示是可见的,且使用几种颜色,则应以绿色表示关束状态,关束状态以外的其他任何状态用红色表示。见表1。

**表 1**

| 位置 | 辐射头 | | 治疗控制台 | 其他位置 |
|---|---|---|---|---|
| | 电控显示 | 非电控显示 | | |
| 关束位置 | 绿 | 绿 | 绿 | 绿 |
| 中间位置 | 红 | 红 | 红 | 红 |
| 出束位置 | 红 | 红 | 黄/橙 | 红 |

型式试验——A级——原则:设计分析,验证用机械方法连接到载源器或快门的指示。

现场检验——B级——方法:目力检查指示(如通过一个带有电视系统的设备)。

29.4.2 **关束状态下的杂散辐射**

防护屏蔽应将辐射衰减到如下程度,使得束控机械装置在关束位置时,距辐射源1 m处测得的由于杂散辐射(包括辐射源之外的其他放射性材料引起的辐射)引起的吸收剂量率不超过0.02 mGy/h的水平。测量结果应是在最大不超过100 $cm^2$ 的表面区域上获得的平均值。

在距防护屏蔽表面5 cm任一易接近的位置,由于杂散辐射引起的吸收剂量率不得超过0.2 mGy/h。测量应是在最大不超过10 $cm^2$ 的表面区域上获得的平均值。

这些限值应适用于最大额定放射性活度的放射源。

对于MSSR,用"多个辐射源"代替"单个辐射源"。

现场检验——B级——方法:按29.4.2所述的要求测量杂散辐射引起的吸收剂量率,并将结果换算到最大放射源放射性活度时的水平,验证是否符合所规定的限值。

29.4.3 **设定工作状态下的安全**

29.4.3.1 只有在通过安装在治疗控制台的按钮或其他编码开关才能让设备进入预备状态,预备状态应显示在治疗控制台上。

应提供一电路以便连接外部的联锁装置(例如对治疗室的门),该电路与29.1所述的联锁一起应结合成一个联锁系统,除非此联锁系统得到满足,并且全部选择操作都已完成,否则应不能辐照。当满足这些条件后,设备即处于准备状态。

现场检验——B级——方法:验证在治疗控制台上按钮或编码开关以及准备状态显示功能的正确性。验证用于外部联锁专用电路功能的正确性。

29.4.3.2 准备状态应在治疗控制台指示,且应尽可能地将该指示传送到其他地方。为了治疗室内人员的防护,在设备中应有与附加的外部安全联锁装置相连的装置防止进到准备状态。

现场检验——B级——方法:验证指示器功能的正确性。验证用于连接外部联锁装置的方法的有效性。

29.4.3.3 从准备状态进入出束状态的过程，在治疗控制台上应有一单独的动作。

现场检验——B级——方法：验证是否符合要求。

**29.4.4 辐射源和辐射头**

29.4.4.1 设备应设计成允许辐射源从运输容器输送至设备的辐射头内，而后再将辐射源送回至运输容器中而使有关人员接受到辐照的有效剂量当量不超过1 mSv。

在随机文件中，制造商应提供包括由合格人员监视该操作所推荐的方法。这些说明还应包括当载源器或快门操纵系统失灵后所应采取的措施。

型式试验——C级——原则：采用所推荐的方法将一个具有最大允许活度的辐射源从运输容器送到辐射头并从辐射头再送回到运输容器内时，验证操作人员受到的总剂量当量是否超过1 mSv。

现场检验——A级——原则：检验随机文件并分析所推荐的方法。

29.4.4.2 在准许使用和正常工作条件下，一个远距离的辐射治疗设备的辐射源应可靠地装在辐射头内，确保不会脱离。应只能用专用工具才能装卸。

型式试验——A级——原则：对辐射头进行设计分析。

29.4.4.3 如果用于设备结构的材料，其辐射防护性能可能会受到辐射影响，则制造商应声明在设备的预期寿命期间满足29.3、29.4的要求。否则，制造商应在随机文件中推荐对设备特定部件的检查或更换周期。

现场检验——A级——原则：检验随机文件中所要求的资料。

29.4.4.4 辐射头外表面上应清晰地、永久性地标有按ISO 361规定的辐射警告标记。

现场检验——B级——方法：目力检查辐射头。

29.4.4.5 制造商应在随机文件中说明辐射头上可进行检测辐射源任何泄漏的揩擦试验的各个位置。

现场检验——A级——原则：检验随机文件中所要求的资料。

**29.4.5 在设备结构中使用的放射性材料**

制造商应在随机文件中说明设备结构中是否使用了放射性材料。如已使用，则制造商还应在随机文件中说明放射性材料的类型及位置。如果有任何这样的放射性材料，制造商应做到：

a) 如果暴露表面的剂量当量水平超过1 mSv/h，则应在随机文件中加以说明；

b) 在随机文件中说明是否应进行揩擦试验，以检测来自此材料污染的结果；

c) 承担揩擦试验，并将结果告之用户。

所有放射性材料的暴露表面，试验时应使用高湿性且具有高吸收性的适当材料，蘸过不会伤及表面的液体（如：泡沫橡胶用夹具或钳子夹紧后，用Decon F5[3)]或RBS 25[3)]沾湿）加以彻底擦拭。

型式试验——B级——原则：宜测量吸收材料所擦拭的放射性，并与擦拭面积关联。测量值宜不超过3.7 $Bq \cdot cm^{-2}$（$10^{-4}$ $\mu Ci \cdot cm^{-2}$）。

现场检验——A级——原则：检查随机文件中有关辐射水平和擦拭试验方面的资料。

**29.4.6 环境保护**

应提供装置使联锁装置防止辐射指向未进行适当防护的区域。

型式试验——A级——原则：对提供安装联琐装置的装置进行设计分析。

现场检验——B级——方法：如果已安装好联琐装置，则验证其功能的正确性。

在配备了辐射束挡板以降低结构屏蔽要求的地方，挡板所透射的辐射量应小于辐射束的0.5%。

型式试验——B级——方法：在下述条件下，用辐射探测器进行测量，验证辐射束挡板的透射不超过所规定的水平：

——最大辐射野尺寸；

---

3) DeconF5和RBS25是产品的商品名称。该资料是为了本国际标准用户的方便而提供的，产品的命名并非由IEC的某一机构所认可。如果能证明可得到同样的结果，那么也可使用同等的产品。

——最大建成条件；
——辐射束轴挡板之外 10 cm；
——限束系统在 0°和 45°处。

## 第六篇　对易燃麻醉混合气点燃危险的防护

《通用标准》中本篇的各章、条适用。

## 第七篇　对超温和其他安全方面危险的防护

《通用标准》中本篇的各章、条适用。

## 第八篇　工作数据的准确性和危险输出的防止

《通用标准》中本篇的各章、条适用。

## 第九篇　不正常的运行和故障状态；环境试验

《通用标准》中本篇的各章、条适用。

## 第十篇　结构要求

除下述内容外，《通用标准》中本篇的各章、条适用。

### 57　网电源部分、元器件和布线

#### 57.1　与供电网的分断

a)　分断

修改：

以下所述代替第 2 次修订的文本：

——除了由于安全原因应保留的那些电路外（如室内照明和某些安全联锁装置），分断装置应接在设备内部，或接在经考虑需要安装的外部多个地方。在这样的装置是通过安装来全部或部分地得到满足的地方，其要求应包括在技术说明书中。

通过检查，检验是否符合要求。在这样的装置是通过安装来全部或部分地得到满足的地方，其检查结果应包括在现场检验报告中。

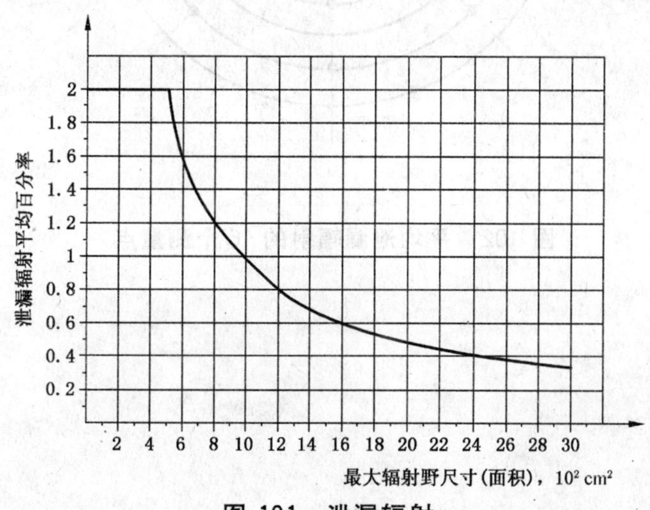


图 101　泄漏辐射

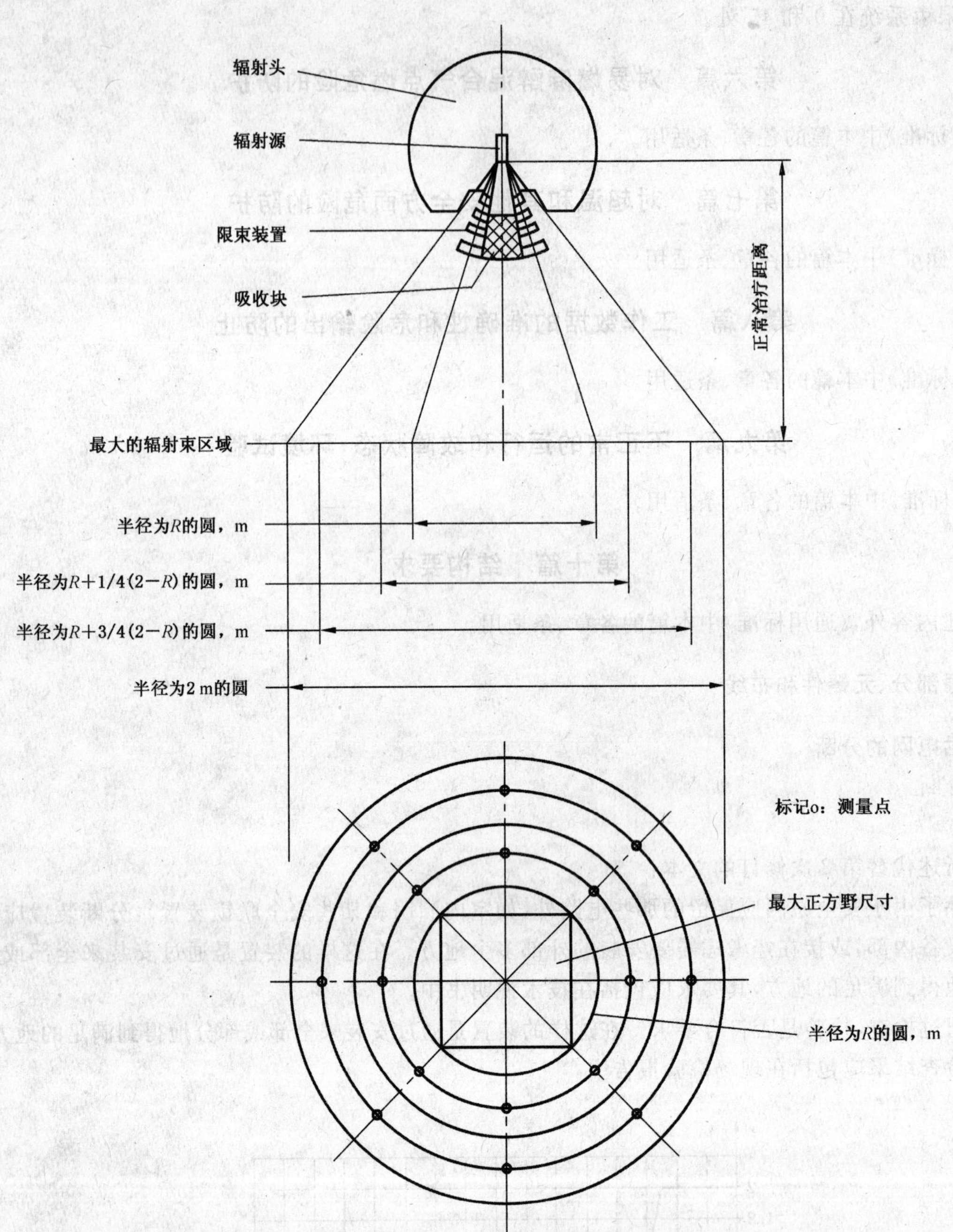


图 102　平均泄漏辐射的 16 个测量点

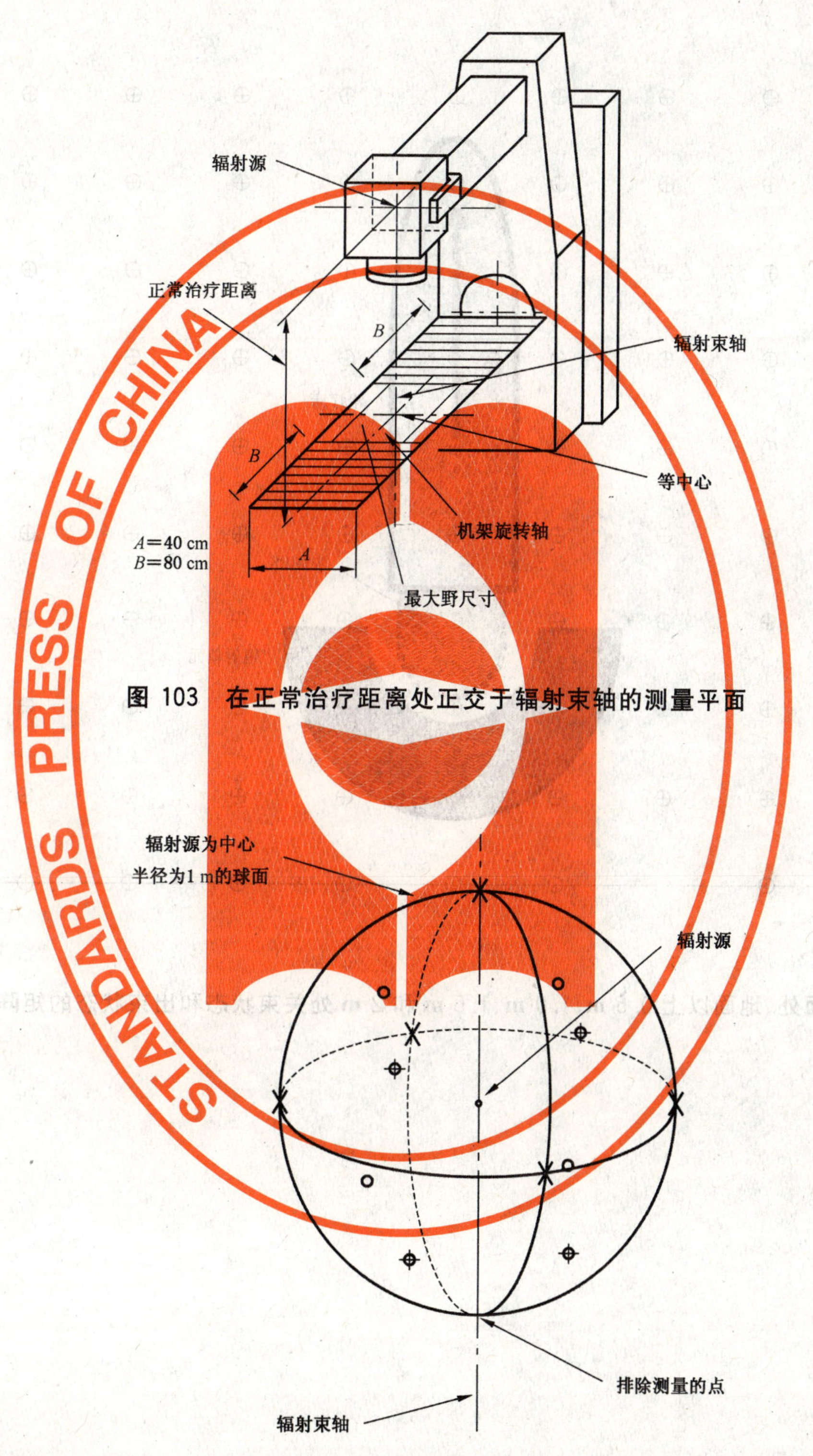


图 103　在正常治疗距离处正交于辐射束轴的测量平面



X——5 个初始测量点；

⊕(可见)和○(不可见)——8 个球面三角形的中心。

图 104　29.3.2a)2)现场检验测量点的位置

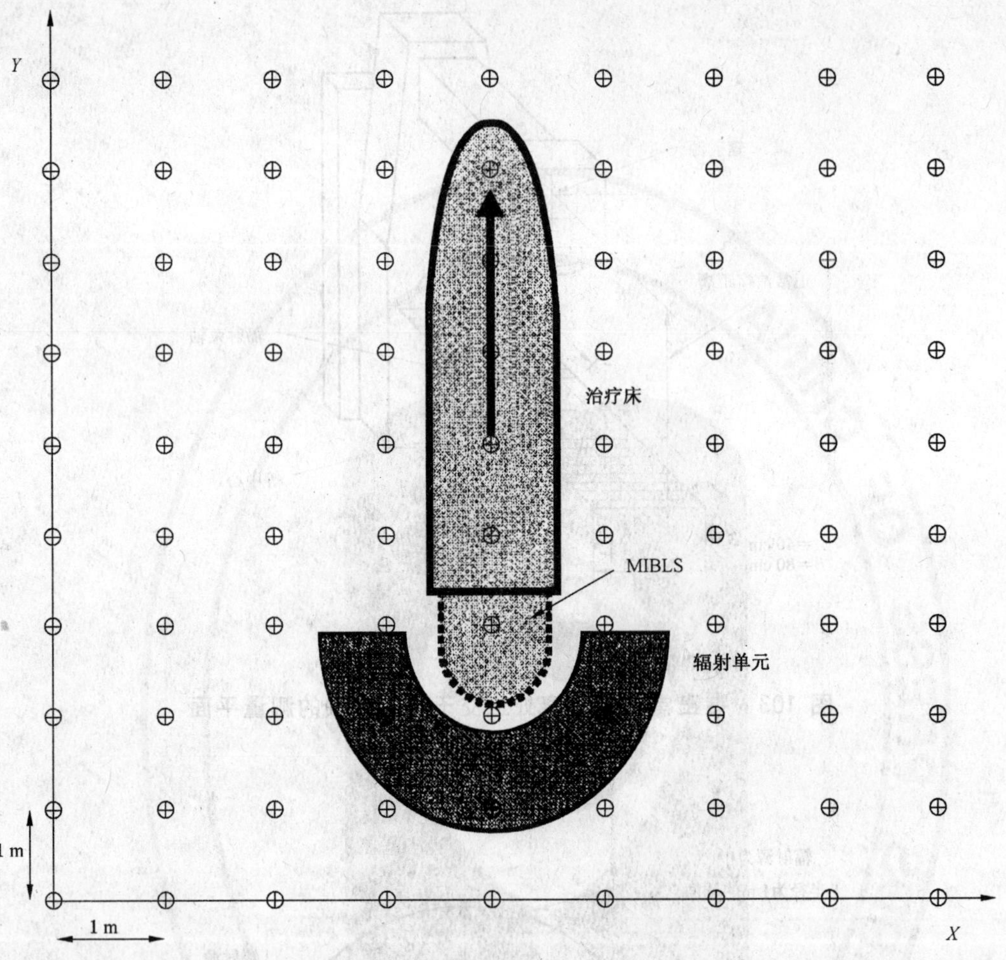


图 105　地面处、地面以上 0.5 m、1.0 m、1.5 m 和 2 m 处关束状态和出束状态的矩阵测量点

## 附 录

除下述附录外,《通用标准》中的附录均适用。

## 附 录 L
(规范性附录)
规范性引用文件

下列文件中的条款通过GB 9706本部分的引用而成为本部分的条款。凡是注日期的引用文件,其随后所有的修改单(不包括勘误的内容)或修订版均不适用于本部分,然而,鼓励根据本部分达成协议的各方研究是否可使用这些文件的最新版本。凡是不注日期的引用文件,其最新版本适用于本部分。

GB/T 18987 放射治疗设备 坐标系、运动与刻度

YY 0505 医用电气设备 第1-2部分:安全通用要求 并列标准:电磁兼容 要求和测试

# 附 录 AA
（资料性附录）
## 术语索引

ICS 83.160.20
G 41

# 中华人民共和国国家标准

GB 9745—2009
代替 GB 9745—1995

## 航空轮胎

Aircraft tyres

(ISO 3324-1:1997 Aircraft tyres and rims—Part 1:Specifications,NEQ)

2009-12-15 发布　　2010-10-01 实施

中华人民共和国国家质量监督检验检疫总局
中国国家标准化管理委员会　发布

# 前　言

**本标准第4章和第7章为强制性的，其余为推荐性的。**

本标准代替GB 9745—1995《航空轮胎》。

本标准与ISO 3324-1:1997《航空轮胎　第1部分：规范》、美国联邦航空管理局技术标准规定TSO-C62e《航空轮胎》的一致性程度为非等效。

本标准与GB 9745—1995相比主要变化如下：

——修改了适用范围(1995年版的第1章；本版的第1章)；

——增加了1项定义(本版的第3章)；

——增加了对装在有防滑齿轮辋上的有内胎轮胎胎圈密合压力的要求及其试验方法(本版的4.5和5.5)；

——删去了对材料适用性、材料耐高低温、轮胎重量和物理性能的要求及其试验方法(1995年版的4.2、4.4、4.10、4.14、5.2和5.9)；

——修改了对轮胎静平衡差度的要求(1995年版的4.12；本版的4.6)；

——将第6章调整为资料性附录A(1995年版的第6章；本版的第6章)；

——删去了包装条款(1995年版的7.2)；

——修改了轮胎标志、贮存与使用(1995年版的第7章；本版的第7章)。

本标准的附录A为资料性附录。

本标准由中国石油和化学工业协会提出。

本标准由全国轮胎轮辋标准化技术委员会航空轮胎分技术委员会归口。

本标准起草单位：中橡集团曙光橡胶工业研究设计院。

本标准主要起草人：邓海燕、周碧蓉、张虹、齐立平。

本标准所代替的历次版本发布情况为：

——GB 9745—1988、GB 9745—1995。

# 航 空 轮 胎

## 1 范围

本标准规定了航空斜交轮胎的要求、试验方法、检验规则、标志、贮存与使用。

本标准适用于各类民用新航空斜交轮胎。

## 2 规范性引用文件

下列文件中的条款通过本标准的引用而成为本标准的条款。凡是注日期的引用文件，其随后所有的修改单(不包括勘误的内容)或修订版均不适用于本标准，然而，鼓励根据本标准达成协议的各方研究是否可使用这些文件的最新版本。凡是不注日期的引用文件，其最新版本适用于本标准。

GB/T 6326 轮胎术语及其定义(GB/T 6326—2005,ISO 4223-1:2002,NEQ)

GB/T 9746 航空轮胎系列

GB/T 9747 航空轮胎试验方法

GB/T 13652 航空轮胎表面质量

HG 2195 航空轮胎使用与保养

## 3 术语和定义

GB/T 6326 确立的以及下列术语和定义适用于本标准。

3.1

**额定充气内压 rated inflation pressure**

轮胎在额定负荷条件下，对应于静负荷半径的充气内压值。

## 4 要求

### 4.1 规格尺寸、额定值和静负荷半径

4.1.1 规格表达式、新轮胎充气尺寸、额定负荷、额定充气内压和静负荷半径应符合 GB/T 9746 的规定。GB/T 9746 没有的规格或无规定胎肩尺寸的轮胎，其最大胎肩尺寸应按式(1)和式(2)确定：

$$W_S = 0.9W \quad \cdots\cdots(1)$$

$$H_S = 0.9H \quad \cdots\cdots(2)$$

式中：

$W_S$——充气轮胎最大胎肩宽；

$W$——充气轮胎最大断面宽[1]；

$H_S$——充气轮胎最大胎肩高；

$H$——充气轮胎最大断面高。

4.1.2 普通航空轮胎用于直升机时，其额定负荷以普通航空轮胎额定负荷乘以 1.50 确定，充气内压也应相应地乘以 1.50，无需进行任何附加鉴定试验。

### 4.2 动态性能

4.2.1 低速轮胎应通过 200 次着陆试验，其中低速着陆试验和高速着陆试验各 100 次。

4.2.2 高速轮胎应通过 50 次额定负荷起飞试验，1 次 1.5 倍额定负荷超载起飞试验，10 次滑行试验，

1) 最大断面宽包括胎侧上的标志、防擦线及装饰线等的凸起高度，但不包括前轮轮胎导水胶棱的高度。

其中 8 次额定负荷滑行试验和 2 次 1.2 倍额定负荷滑行试验。

4.2.3 轮胎试验结束后，应满足下列要求：

当动力试验结束时，任何一处掉块的面积不能超过 6.25 $cm^2$ 或掉块深度不大于花纹沟深度的 75%；每 2.50 $cm^2$ 至 6.25 $cm^2$ 的面积内掉块不能多于 3 处；10 处掉块部位的累计面积不能超过 25.00 $cm^2$。全橡胶胎面花纹沟不能有裂口。织物补强胎面轮胎花纹沟基部帘线的断裂和损伤不应出现表 1 中规定的任何一项。花纹沟下部不能有割口。

**表 1 胎面补强帘线断裂和损伤的允许范围**

| 序号 | 名 称 | 断裂和损伤的帘线占花纹沟的条数 | 占轮胎圆周的百分数/% |
|---|---|---|---|
| 1 | 帘线断裂 | 帘线断裂在一条花纹沟内 | 30 |
| 2 | 帘线断裂 | 帘线断裂在两条以上花纹沟内全部累计 | 40 |
| 3 | 帘线损伤 | 帘线损伤在一条花纹沟内 | 65 |
| 4 | 帘线损伤 | 帘线损伤在两条以上花纹沟内全部累计 | 95 |
| 5 | 帘线断裂和损伤 | 帘线断裂和损伤在一条花纹沟内 | 65 |
| 6 | 帘线断裂和损伤 | 帘线断裂和损伤在两条以上花纹沟内全部累计 | 95 |

### 4.3 超压性能

轮胎在充气至 4 倍额定内压并保持压力 3 s 不应爆破、鼓泡、脱层、钢丝或帘线断裂。

### 4.4 无内胎轮胎气密性能

轮胎安装在规定的轮辋上，充气至额定充气内压，在室温下停放至少 12 h，再调整至额定充气内压，在室温下再停放至少 24 h 后，其充气内压的下降率不应超过额定充气内压的 5%。

### 4.5 装在有防滑齿轮辋上的有内胎轮胎的胎圈密合压力

额定充气内压小于或等于 275 kPa 的轮胎，胎圈密合压力值应达到 170 kPa～280 kPa；

额定充气内压为 275 kPa～690 kPa 的轮胎，胎圈密合压力值应达到 170 kPa 至额定内压；

额定充气内压为 690 kPa 以上的轮胎，胎圈密合压力值应达到 350 kPa 以上，但不应超过轮胎额定充气内压值。

### 4.6 静平衡差度

主轮胎的最大静平衡差度 $M$ 不应超过式(3)的计算值：

$$M = 0.003\,83D^2 \qquad (3)$$

辅助轮胎的最大静平衡差度 $M$ 不应超过式(4)的计算值：

$$M = 0.002\,74D^2 \qquad (4)$$

式中：

$M$——规定的轮胎静平衡差度值，单位为牛顿厘米(N·cm)；

$D$——轮胎的最大充气外直径，单位为厘米(cm)。

### 4.7 表面质量

轮胎表面质量应符合 GB/T 13652 的规定。

### 4.8 内部缺陷

轮胎内部不应存在气泡、脱层、钢丝断裂、帘线断裂等缺陷。

## 5 试验方法

### 5.1 规格尺寸和静负荷半径

#### 5.1.1 轮胎尺寸

充气轮胎外缘尺寸按 GB/T 9747 进行测量。

5.1.2　静负荷半径

静负荷半径按 GB/T 9747 进行测量。

5.2　动态性能

动态性能按 GB/T 9747 进行试验。

5.3　超压性能

超压性能按 GB/T 9747 进行试验。

5.4　无内胎轮胎气密性能

无内胎轮胎的气密性能按 GB/T 9747 进行试验。

5.5　装在有防滑齿轮辋上的有内胎轮胎胎圈密合压力

装在有防滑齿轮辋上的有内胎轮胎的胎圈密合压力按 GB/T 9747 进行试验。

5.6　静平衡差度

静平衡差度按 GB/T 9747 进行试验。

5.7　表面质量

通过目测以及钢板尺、金属卷尺(不带弧度,精度±1.0 mm)和游标卡尺(精度±0.02 mm)等器具对轮胎进行检测。

5.8　内部缺陷

内部缺陷按 GB/T 9747 进行检测。

## 6　检验规则

参见附录 A。

## 7　标志、贮存与使用

### 7.1　标志

7.1.1　跑气孔

无内胎轮胎和充气内压高于 686 kPa 的有内胎轮胎应有跑气孔标志,标志颜色为非红色。无内胎轮胎的跑气孔眼深度不应到达气密层。

7.1.2　平衡标志

轮胎应有平衡标志。在轮胎轻点部位紧靠胎圈的胎侧上打上一红点作为平衡标志。该标志在轮胎的贮存期和原胎面胶使用期内应保持清晰。

7.1.3　其他标志

除跑气孔标志和平衡标志外,轮胎的胎侧上至少还应具有下列标志,其中 a)～j)项为永久性标志:

a)　规格;

b)　层级(或实际层数);

c)　制造日期和产品序号;

d)　无内胎轮胎应标记“无内胎”字样;

e)　织物补强胎面应标记“补强胎面”字样;

f)　额定速度、额定负荷和模型花纹深度;

g)　制造厂名称和商标;

h)　执行标准号;

i)　零部件号;

j)　检验印章。

### 7.2　贮存与使用

轮胎应按 HG 2195 规定贮存和使用;从制造之日起,轮胎贮存与使用时间之和不应超过 5 年。

# 附 录 A
(资料性附录)
# 检 验 规 则

## A.1 产品组批

轮胎按规格和层级组批。凡在连续生产日期内、生产条件基本相同的条件下，同一规格、相同层级的轮胎以 500 条或 1 000 条组成一批，超过 500 条或 1 000 条的则另行组批。

## A.2 检验分类

检验分为出厂检验和型式检验两类。出厂检验是指产品交货时应进行的各项检验。型式检验是指对产品质量进行全面考核，即对本标准规定的要求全部进行检验。

## A.3 型式检验

有下列情况之一时，应进行型式检验：

——新产品投产或老产品转厂生产的试制定型鉴定；

——正式生产后，如结构、主要材料、工艺有较大改变时；

——出厂检验结果与上次型式检验结果有较大差异时；

——国家质量监督机构提出进行型式检验的要求时。

## A.4 出厂检验

出厂检验由全数检验和抽样检验构成。

### A.4.1 全数检验项目

a) 静平衡差度；

b) 表面质量。

### A.4.2 抽样检验项目

a) 充气轮胎外缘尺寸(不包括胎肩尺寸)；

b) 超压性能；

c) 装在有防滑齿轮辋上的无内胎轮胎气密性能；

d) 有内胎轮胎的胎圈密合压力；

e) 内部缺陷。

## A.5 抽样方案

按随机抽样方法抽取试样，以保证样本与整体的一致性。对于有表面缺陷但不影响试验结果的产品允许参与抽样，但不得指定为试样。

### A.5.1 型式检验

抽取 2 条轮胎，1 条进行轮胎动态性能试验，另 1 条进行其他规定项目的检验。如果试样数量不足以进行全部项目试验，可双倍取样。

### A.5.2 出厂检验

轮胎内部缺陷检验的试样按每批产品的 5%～10% 抽取；其他抽样检验项目的试样按每批抽取 1 条轮胎进行试验。

**A.6 复验规则**

抽样检验中发现不合格品时，允许再抽取双倍试样进行复验。复验规则如下：

a) 充气轮胎外缘尺寸、无内胎轮胎气密性能、轮胎超压性能等检验项目，可在同批产品中再随机抽取 2 条试样进行复验。2 条试样的试验结果均合格时，则该批产品可判为通过检验，否则应为未通过检验；

b) 轮胎内部缺陷检验经取双倍试样进行复验后，仍未通过的，应进行全数检查。

ICS 87.040
G 51

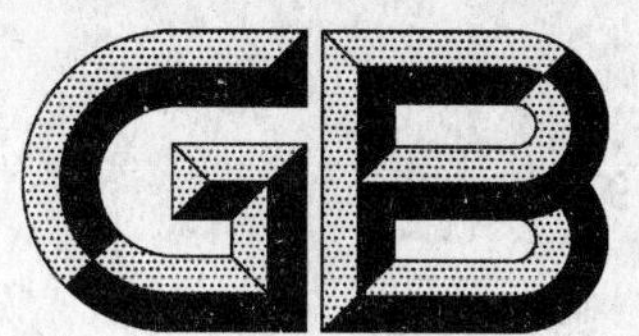

# 中华人民共和国国家标准

GB/T 9756—2009
代替 GB/T 9756—2001

# 合成树脂乳液内墙涂料

## Synthetic resin emulsion coatings for interior wall

2009-06-02 发布　　　　2010-02-01 实施

中华人民共和国国家质量监督检验检疫总局
中国国家标准化管理委员会　发布

# 前言

本标准参考了日本工业标准 JIS K 5663—2003《合成树脂乳液涂料》。

本标准代替 GB/T 9756—2001《合成树脂乳液内墙涂料》。

本标准与 GB/T 9756—2001 的主要技术差异是：

——增加了合成树脂乳液内墙底漆的要求；

——试验底材石棉水泥板改为无石棉纤维水泥平板；

——耐洗刷性指标提高。

本标准附录 A 为规范性附录。

本标准由中国石油和化学工业协会提出。

本标准由全国涂料和颜料标准化技术委员会归口。

本标准主要起草单位：中海油常州涂料化工研究院、中国建筑科学研究院、立邦涂料（中国）有限公司、江苏大象东亚制漆有限公司、广东华润涂料有限公司、广东嘉宝莉化工有限公司、三棵树涂料股份有限公司、深圳市广田环保涂料有限公司、卜内门太古漆油（中国）有限公司、中华制漆（深圳）有限公司。

本标准参加起草单位：常州光辉化工有限公司、南京天祥涂料有限公司、罗门哈斯（中国）投资有限公司、南京龙虎涂料有限公司、广东巴德士化工有限公司、上海中南建筑材料公司、长兴科技（上海）有限公司、新欧宝化工（上海）有限公司、巴斯夫（中国）有限公司 、东莞大宝化工制品有限公司、昆山市世名科技开发有限公司 、上海市建筑科学研究院。

本标准主要起草人：苏春海、马捷、唐磊、杨少武、寇辉、王代民、罗启涛、胡基如、陈玲、邢俊、曹玉峰、李洪金、杨卫疆、方智环、李金明、王大期、徐正林、曾一文、赵晓霞、黄建华、石一磊、杨勇、陈刚。

本标准所代替标准的历次版本发布情况为：

——GB/T 9756—1988、GB/T 9756—1995 、GB/T 9756—2001。

# 合成树脂乳液内墙涂料

## 1 范围

本标准规定了合成树脂乳液内墙涂料的产品分类、分等、要求、试验方法、检验规则及标志、包装和贮存等要求。

本标准适用于以合成树脂乳液为基料、与颜料、体质颜料及各种助剂配制而成的、施涂后能形成表面平整的薄质涂层的内墙涂料，包括底漆和面漆。

## 2 规范性引用文件

下列文件中的条款通过本标准的引用而成为本标准的条款。凡是注日期的引用文件，其随后所有的修改单(不包括勘误的内容)或修订版均不适用于本标准，然而，鼓励根据本标准达成协议的各方研究是否可使用这些文件的最新版本。凡是不注日期的引用文件，其最新版本适用于本标准。

GB/T 1250 极限数值的表示方法和判定方法

GB/T 1728—1979 漆膜、腻子膜干燥时间测定法

GB/T 1766 色漆和清漆 涂层老化的评级方法

GB/T 1910 新闻纸

GB/T 3186 色漆、清漆和色漆与清漆用原材料 取样(GB/T 3186—2006,ISO 15528:2000,IDT)

GB/T 6750 色漆和清漆 密度的测定 比重瓶法(GB/T 6750—2007,ISO 2811-1:1997,Paints and varnishes—Determination of density—Part 1:Pyknometer method,IDT)

GB/T 9265 建筑涂料 涂层耐碱性的测定

GB/T 9266 建筑涂料 涂层耐洗刷性的测定

GB/T 9268—2008 乳胶漆耐冻融性的测定

GB/T 9271 色漆和清漆 标准试板(GB/T 9271—2008,ISO 1514:2004,MOD)

GB/T 9278 涂料试样状态调节和试验的温湿度(GB/T 9278—2008,ISO 3270:1984,Paint and varnishes and their raw materials—Temperatures and humidities for conditioning and testing,IDT)

GB/T 9750 涂料产品包装标志

GB/T 13491 涂料产品包装通则

GB/T 15608 中国颜色体系

HG/T 3001—1999 铁蓝颜料(eqv ISO 2495:1972)

JC/T 412.1—2006 纤维水泥平板 第1部分:无石棉纤维水泥平板

## 3 产品分类、分等

产品分为两类:合成树脂乳液内墙底漆(以下简称内墙底漆)、合成树脂乳液内墙面漆(以下简称内墙面漆)。

内墙面漆分为三个等级:合格品、一等品、优等品。

## 4 要求

4.1 内墙底漆应符合表1的要求。

表 1 内墙底漆的要求

| 项 目 | | 指 标 |
|---|---|---|
| 容器中状态 | | 无硬块，搅拌后呈均匀状态 |
| 施工性 | | 刷涂无障碍 |
| 低温稳定性(3 次循环) | | 不变质 |
| 涂膜外观 | | 正常 |
| 干燥时间(表干)/h | ≤ | 2 |
| 耐碱性(24 h) | | 无异常 |
| 抗泛碱性(48 h) | | 无异常 |

4.2 内墙面漆应符合表 2 的要求。

表 2 内墙面漆的要求

| 项 目 | | 指 标 | | |
|---|---|---|---|---|
| | | 合格品 | 一等品 | 优等品 |
| 容器中状态 | | 无硬块，搅拌后呈均匀状态 | | |
| 施工性 | | 刷涂二道无障碍 | | |
| 低温稳定性(3 次循环) | | 不变质 | | |
| 涂膜外观 | | 正常 | | |
| 干燥时间(表干)/h | ≤ | 2 | | |
| 对比率(白色和浅色[a]) | ≥ | 0.90 | 0.93 | 0.95 |
| 耐碱性(24 h) | | 无异常 | | |
| 耐洗刷性/次 | ≥ | 300 | 1 000 | 5 000 |
| [a] 浅色是指以白色涂料为主要成分，添加适量色浆后配制成的浅色涂料形成的涂膜所呈现的浅颜色，按 GB/T 15608 中规定明度值为 6～9 之间(三刺激值中的 $Y_{D65}$≥31.26)。 | | | | |

## 5 试验方法

### 5.1 取样

产品按 GB/T 3186 的规定进行取样。取样量根据检验需要而定。

### 5.2 试验的一般条件

#### 5.2.1 试验环境

试板的状态调节和试验的温湿度应符合 GB/T 9278 的规定。

#### 5.2.2 试验样板的制备

5.2.2.1 所检产品未明示稀释比例时，搅拌均匀后制板。

5.2.2.2 所检产品明示了稀释比例时，除对比率外，其余需要制板进行检验的项目，均应按规定的稀释比例加水搅匀后制板，若所检产品规定了稀释比例的范围时，应取其中间值。

5.2.2.3 本标准中检验用底材对比率使用聚酯膜(或卡片纸)；抗泛碱性使用无石棉纤维增强水泥中密度板；其余项目所用底材采用符合 JC/T 412.1—2006 中 NAF H Ⅴ级要求的无石棉水泥平板，厚度为(4 mm～6 mm)。水泥板表面处理按 GB/T 9271 中的规定进行。

5.2.2.4 内墙底漆采用刷涂法制板。每个样品按照 GB/T 6750 的规定先测定密度 $D$，按式(1)计算出刷涂质量：

$$m = D \times S \times 80 \times 10^{-6} \qquad \cdots\cdots (1)$$

式中：

m——湿膜厚度为 80 μm 的一道刷涂质量，单位为千克(kg)；

D——按规定的稀释比例稀释后的样品密度，单位为千克每立方米(kg/m³)；

S——试板面积，单位为平方米(m²)。

每道刷涂质量：计算刷涂质量±0.1 g。

部分内墙底漆由于粘度过低，无法按计算刷涂量制板的，可适当减少刷涂质量，应在报告中注明；部分内墙底漆由于粘度过高，无法按计算刷涂量制板的，应适当加水稀释，应在报告中注明稀释比例。

5.2.2.5 内墙面漆采用由不锈钢材料制成的线棒涂布器制板。线棒涂布器是由几种不同直径的不锈钢丝分别紧密缠绕在不锈钢棒上制成，其规格为 80、100、120 三种，线棒规格与缠绕钢丝之间的关系见表 3。

**表 3 线棒**

| 规格 | 80 | 100 | 120 |
|---|---|---|---|
| 缠绕钢丝直径/mm | 0.80 | 1.00 | 1.20 |

注：以其他规格形式表示的线棒涂布器也可使用，但应符合本标准中表 3 的技术要求。

5.2.2.6 内墙底漆各检验项目的试板尺寸、数量、养护期及底漆涂布量按表 4 规定执行。

**表 4 内墙底漆制板要求**

| 检验项目 | 试板尺寸/mm×mm×mm | 试板数量 | 底漆涂布量刷涂(湿膜厚度)/μm | 试板养护期/d |
|---|---|---|---|---|
| 干燥时间 | 150×70×(4～6) | 1 | 80 | — |
| 施工性、涂膜外观 | 430×150×(4～6) | 1 | — | — |
| 耐碱性 | 150×70×(4～6) | 3 | 80 | 7 |
| 抗泛碱性 | 150×70×6 | 5 | 80 | 7 |

5.2.2.7 内墙面漆各检验项目的试板尺寸、采用的涂布器规格、涂布道数和养护时间应符合表 5 的规定。涂布两道时，两道间隔 6 h。

**表 5 内墙面漆试板要求**

| 检验项目 | 制板要求 | | | |
|---|---|---|---|---|
| | 尺寸/mm×mm×mm | 线棒涂布器规格 | | 养护期/d |
| | | 第一道 | 第二道 | |
| 干燥时间 | 150×70×(4～6) | 100 | — | — |
| 施工性、涂膜外观 | 430×150×(4～6) | — | — | — |
| 对比率 | — | 100 | — | 1[a] |
| 耐碱性 | 150×70×(4～6) | 120 | 80 | 7 |
| 耐洗刷性 | 430×150×(4～6) | 120 | 80 | 7 |

[a] 根据涂料干燥性能不同，干燥条件和养护时间可以商定，但仲裁检验时为 1 d。

### 5.3 容器中状态

打开包装容器，搅拌时无硬块，易于混合均匀，则评定为合格。

### 5.4 施工性

#### 5.4.1 内墙底漆施工性

用刷子在试板平滑面上刷涂试样，刷子运行无困难，则评定为“刷涂无障碍”。

5.4.2　内墙面漆施工性

用刷子在试板平滑面上刷涂试样，涂布量为湿膜厚约 100 μm。使试板的长边呈水平方向，短边与水平面成约 85°竖放。放置 6 h 后再用同样方法涂刷第二道试样，在第二道涂刷时，刷子运行无困难，则可评定为“刷涂二道无障碍”。

5.5　低温稳定性

按 GB/T9268—2008 中 A 法进行。

5.6　涂膜外观

将 5.4 试验结束后的试板放置 24 h，目视观察涂膜，若无显著缩孔，涂膜均匀，则评定为“正常”。

5.7　干燥时间

按 GB/T 1728—1979 中表干乙法的规定进行。

5.8　耐碱性

按 GB/T 9265 的规定进行，如三块试板中有两块未出现起泡、掉粉等涂膜病态现象，可评定为“无异常”，如出现以上病态现象，按 GB/T 1766 进行描述。

5.9　抗泛碱性

抗泛碱性的测试见附录 A。

5.10　对比率

5.10.1　在无色透明聚酯薄膜(厚度为 30 μm～50 μm)上，或者在底色黑白各半的卡片纸上按 5.2.2 规定均匀地涂布被测涂料，在 5.2.1 规定的条件下至少放置 24 h。

5.10.2　用反射率仪(精度：1.5%)测试涂膜在黑白底面上的反射率。

5.10.2.1　如用聚酯薄膜为底材制备涂膜，则将涂漆聚酯膜贴在滴有几滴 200 号溶剂油(或其他适合的溶剂)的仪器所附的黑白工作板上，使之保证无气隙，然后在至少四个位置上测量每张涂漆聚酯膜的反射率，并分别计算平均反射率 $R_B$(黑板上)和 $R_W$(白板上)。

5.10.2.2　如用底色为黑白各半的卡片纸制备涂膜，则直接在黑白底色涂膜上各至少四个位置测量反射率，并分别计算平均反射率 $R_B$(黑板上)和 $R_W$(白板上)。

5.10.3　对比率计算：对比率 $=R_B/R_W$。

5.10.4　平行测定两次。如两次测定结果之差不大于 0.02，则取两次测定结果的平均值。

5.10.5　黑白工作板和卡片纸的反射率为：

黑色：不大于 1%；白色：(80±2)%。

5.10.6　仲裁检验用聚酯膜法。

5.11　耐洗刷性

按 GB/T 9266 规定进行。

## 6　检验规则

6.1　检验分类

产品检验分出厂检验和型式检验。

6.1.1　出厂检验项目

内墙底漆包括容器中状态、施工性、涂膜外观、干燥时间。

内墙面漆包括容器中状态、施工性、干燥时间、涂膜外观、对比率。

6.1.2　型式检验项目

包括本标准所列的全部技术要求。在正常生产情况下，低温稳定性、耐碱性、抗泛碱性、耐洗刷性为一年检验一次。

6.2　检验结果的判定

6.2.1　检验结果的判定按 GB/T 1250 中修约值比较法进行。

6.2.2 应检项目的检验结果均达到本标准要求时,该试验样品为符合本标准要求。

## 7 标志、包装和贮存

### 7.1 标志

按 GB/T 9750 的规定进行。如需加水稀释,应明确稀释比例。

### 7.2 包装

按 GB/T 13491 中二级包装要求的规定进行。

### 7.3 贮存

产品贮存时应保证通风、干燥,防止日光直接照射,冬季时应采取适当防冻措施。产品应根据乳液类型定出贮存期,并在包装标志上明示。

# 附 录 A
## (规范性附录)
## 抗泛碱性试验方法

### A.1 主要材料及仪器设备

#### A.1.1 PVA-铁蓝水溶液的配制

##### A.1.1.1 配制2% PVA(粉状聚乙烯醇1788)水溶液

按计算量将水加入容器中,在高速搅拌下缓慢加入粉状聚乙烯醇(1788),待聚乙烯醇加完后,继续在高速搅拌下充分搅拌(至少搅拌1 h),溶液中如无团、块状物存在时可出料,177 μm滤网过滤后,于标准5.2.1规定的试验环境下静置备用,贮存期不超过1个月。

##### A.1.1.2 PVA-铁蓝水溶液的配制

按计算量将2% PVA水溶液(A.1.1.1)加入容器中,边搅拌边缓慢加入符合HG/T 3001—1999要求的LA09-03铁蓝颜料,2% PVA水溶液(A.1.1.1)与铁蓝颜料的质量比为4∶1,高速搅拌约(10~15)min至均匀,出料后于标准5.2.1规定的试验环境下静置12 h后使用,贮存期不超过1个月。铁蓝颜料宜统一供应,以确保其质量。

#### A.1.2 2% NaOH水溶液

试验前一天配制完成并放置于密闭容器中,在标准5.2.1规定的试验环境下放置过夜,保证溶液温度达到标准条件。

#### A.1.3 试验用底材

底材采用无石棉纤维增强水泥中密度平板,试板密度$(1.2\pm0.1)\times10^3$ kg/m$^3$,试板厚度为$(6\pm0.5)$mm,无石棉纤维增强水泥中密度平板宜统一供应,以确保其质量。清除表面浮灰,试板浸水7 d后取出,在标准5.2.1规定的试验环境下至少放置7 d。

#### A.1.4 试验容器

试验在不加盖的平底箱(塑料或其他耐碱材质)中进行,箱的参考尺寸为$(600\pm50)$mm×$(400\pm50)$mm×$(250\pm50)$mm,箱内底部放置多孔(孔隙率大于50%)隔板(塑料或其他耐碱材质),多孔隔板应垫起,垫起的高度为(10~15)mm。如图A.1所示。

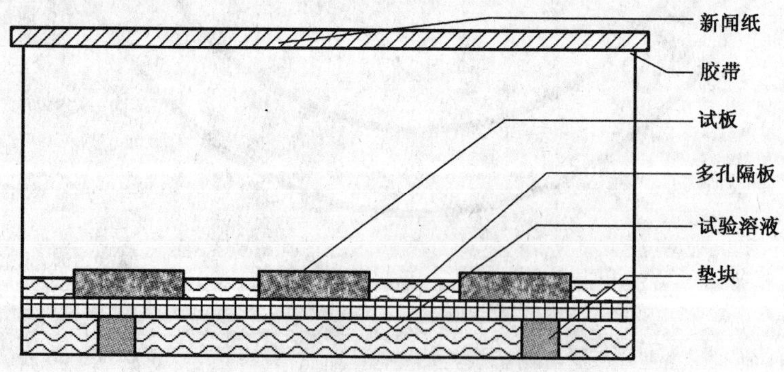


图A.1 试验容器剖面示意图

### A.2 试板的制备

按照5.2.2.4的要求制备试板,制备好的试板应在标准条件下养护7 d,在第6天采用石蜡封边(两道)并在底漆表面刷涂A.1.1配制的PVC-铁蓝水溶液,刷涂质量为$(0.4\pm0.1)$g。

石蜡封边时应注意控制蜡温不要过高,宜采用浸涂方式,但浸涂面积不要过大,且注意石蜡不能沾污试板表面，完成后应仔细检查封闭处是否还有孔洞或缺陷，如果有应再次封闭。

## A.3 试验步骤

**A.3.1** 将2% NaOH水溶液（A.1.2）加入试验容器（A.1.4）中，溶液液面略高于垫起的多孔隔板高度。

**A.3.2** 将试板（A.2）小心放入容器中，涂刷有铁蓝的底漆面向上，试验溶液浸没试板的高度应大于试板厚度的二分之一，确保在试验周期内试板底面均被试验溶液充分浸润。用符合GB/T 1910规定的密度为（0.045～0.051）$kg/m^2$的新闻纸将箱口覆盖并用胶带沿周边密封好。

**A.3.3** 每个样品平行制备5块，按表1规定的试验时间进行，试验结束后取出试板，试板应立放，保证试板通风并完全干燥，在5.2.1规定的试验环境下放置24 h后观察结果。

在试验周期内注意不要触碰试验箱（可置于不易被碰触的位置），一旦溶液漫过试板表面，该次试验作废。放置试板至溶液中时，注意溶液不要沾污试板表面，如果有小面积沾污应及时用记号笔画圈标记，试验完成后该位置不予观察。试验周期内不得揭开封盖的报纸。完成试验取出试板时应注意试验溶液不要沾污试板表面，如果有小面积沾污应及时用记号笔画圈标记，试板干燥后该位置不予观察。

## A.4 结果判定

判定时观察试板中间区域，观察面积为（110×50）$mm^2$（以试板的长边向内各扣除10 mm，短边向内各扣除20 mm的面积为准），视铁蓝变色（由蓝色变为棕黄色）面积的百分比，五块试板中有三块试板变色面积不大于10%则判定为“无异常”。

---

ICS 83.160.01
G 41

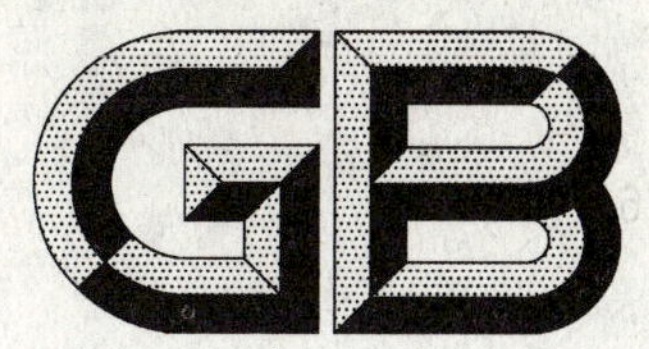

# 中华人民共和国国家标准

GB 9764—2009
代替 GB 9764—1997

## 轮胎气门嘴芯腔

## Tyre valve—Core chambers

(ISO 20562:2004,Tyre valves—ISO core chambers No.1,
No.2 and No.3,MOD)

2009-12-15 发布　　2010-10-01 实施

中华人民共和国国家质量监督检验检疫总局
中国国家标准化管理委员会　发布

# 前言

**本标准第4章为强制性的，其余为推荐性的。**

本标准修改采用ISO 20562:2004《轮胎气门嘴——ISO 1号芯腔、2号芯腔和3号芯腔》(英文版)。

本标准根据ISO 20562:2004重新起草。为了方便比较，在附录A中列出了本标准与国际标准的章条编号对照一览表。

根据我国气门嘴生产和使用的实际情况，在采用ISO 20562:2004时，本标准还作了一些修改。有关技术性差异已编入正文中并在它们所涉及的条款的页边空白处用垂直单线标识。在附录B中给出了这些技术性差异及其原因的一览表以供参考。

为了便于使用，对于ISO 20562:2004本标准还作了以下编辑性修改：

——“本国际标准”改为“本标准”；

——用小数点“.”代替作为小数点的逗号“,”；

——删除了国际标准前言。

本标准代替GB 9764—1997《轮胎气门嘴芯腔》。

本标准与GB 9764—1997的主要差异：

——修改了1A号芯腔尺寸，由$\phi$2.5～$\phi$3.2改为$\phi$3.2(最大)(前版的4.1中图1，本版的4.1中图1)。

本标准的附录A、附录B均为资料性附录。

本标准由中国石油和化学工业协会提出。

本标准由全国轮胎轮辋标准化技术委员会归口。

本标准起草单位：山东高天金属制造有限公司、公主岭中大股份有限公司、天津自行车二厂二分厂。

本标准主要起草人：冯林、韩发瑞、刘海彦。

本标准所代替标准的历次版本发布情况为：

——GB 9764—1988、GB 9764—1997。

# 轮胎气门嘴芯腔

## 1 范围

本标准规定了轮胎气门嘴芯腔的类型、结构型式和主要尺寸。

本标准适用于使用 GB 1796.6 所规定气门芯的轮胎气门嘴芯腔。

## 2 规范性引用文件

下列文件中的条款通过本标准的引用而成为本标准的条款。凡是注日期的引用文件，其随后所有的修改单(不包括勘误的内容)或修订版均不适用于本标准，然而，鼓励根据本标准达成协议的各方研究是否可使用这些文件的最新版本。凡是不注日期的引用文件，其最新版本适用于本标准。

GB 9765　轮胎气门嘴螺纹(GB 9765—2009，ISO 4570:2002，MOD)

## 3 类型

轮胎气门嘴芯腔分为1号和2号两类，其中1号芯腔分为1A号和1B号两种型式。

## 4 结构型式和主要尺寸

本标准中所有线性尺寸单位均为 mm。

4.1　芯腔的结构型式和主要尺寸应符合图1～图3的规定。

单位为毫米

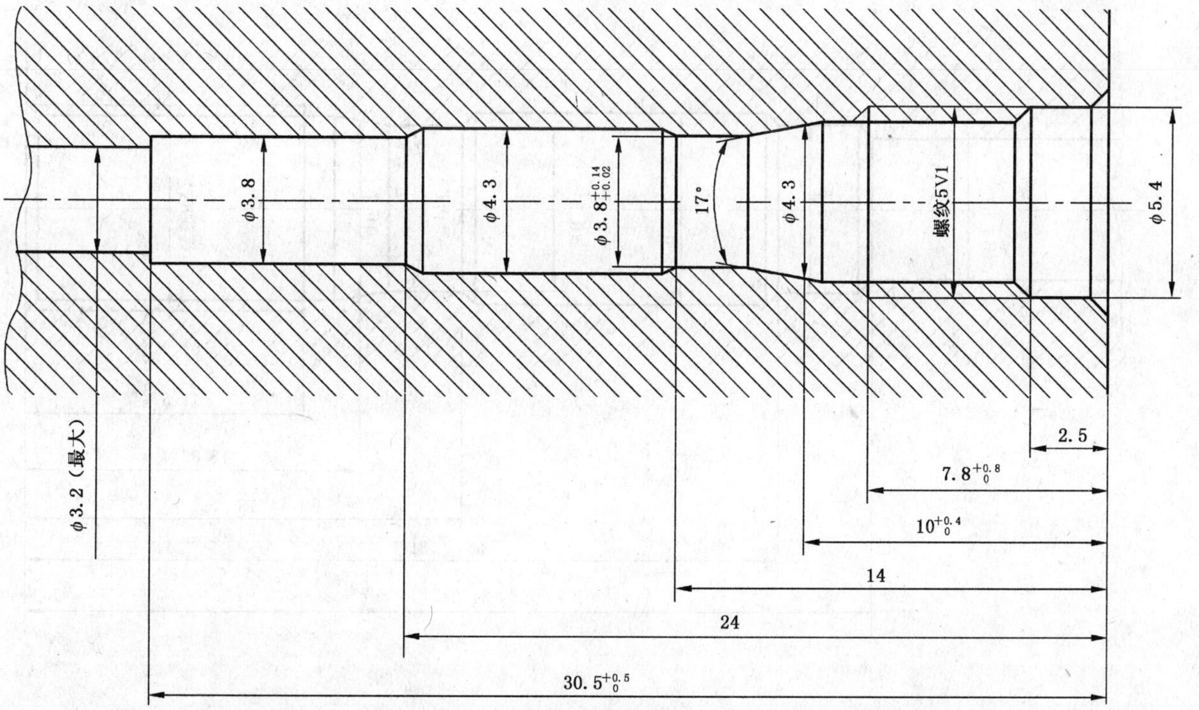

φ3.8　φ4.3　$\phi 3.8^{+0.14}_{+0.02}$　17°　φ4.3　螺纹5V1　φ5.4　φ3.2(最大)　2.5　$7.8^{+0.8}_{0}$　$10^{+0.4}_{0}$　14　24　$30.5^{+0.5}_{0}$

注1：扩口 φ5.4×2.5 可以没有，而直接把芯腔螺纹加工到嘴口。

注2：螺纹的长度用通端螺纹塞规确定。该尺寸以量规端面为基准，包括0.5个螺距的倒角在内。

图1　1A号芯腔

单位为毫米

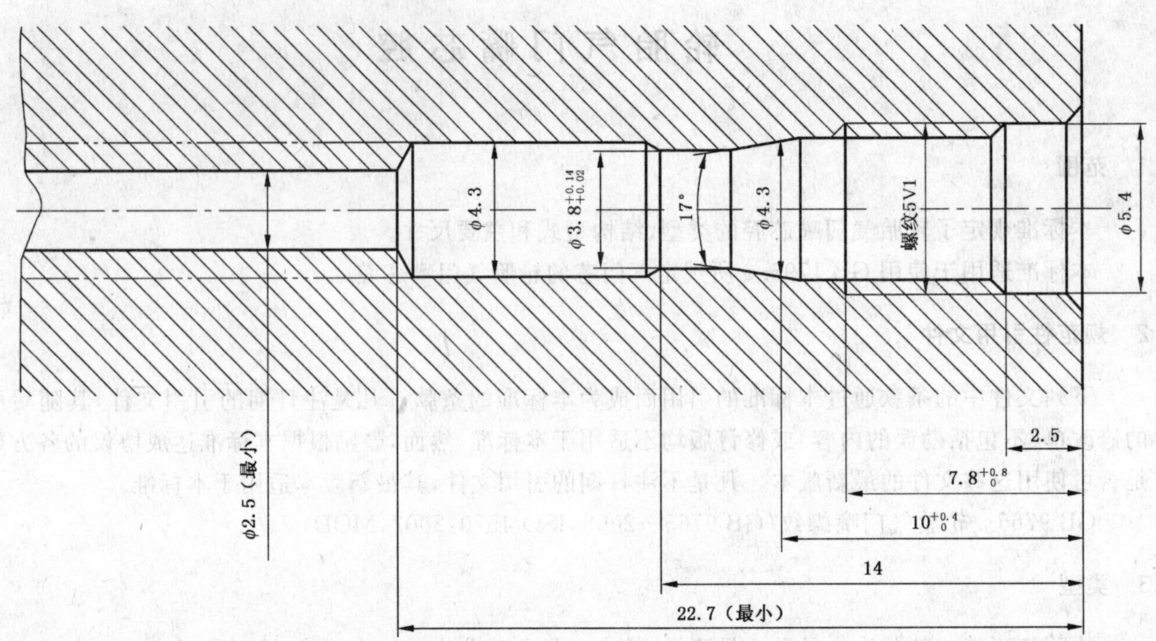


注1：扩口 φ5.4×2.5 可以没有，而直接把芯腔螺纹加工到嘴口。

注2：φ2.5 为最小孔径，可以加工到与孔 φ4.3 尺寸相同，如图中双点划线所示。

注3：螺纹的长度用通端螺纹塞规确定。该尺寸以量规端面为基准，包括 0.5 个螺距的倒角在内。

图2　1B 号芯腔

单位为毫米

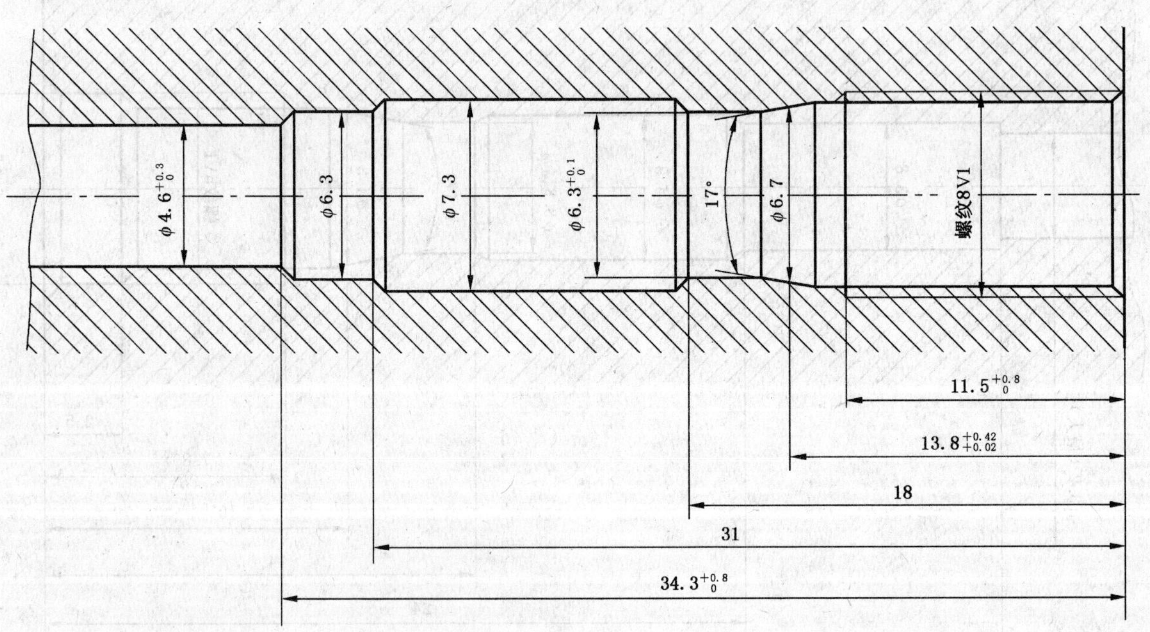


注：螺纹的长度用通端螺纹塞规确定。该尺寸以量规端面为基准，包括 0.5 个螺距的倒角在内。

图3　2号芯腔

4.2　芯腔中的螺纹应符合 GB 9765 的规定。

# 附 录 A
（资料性附录）
## 本标准章条编号与 ISO 20562:2004 章条编号对照

表 A.1 给出了本标准章条编号与 ISO 20562:2004 章条编号一览表。

表 A.1 本标准章条编号与 ISO 20562:2004 章条编号对照

| 本标准章条编号 | ISO 20562:2004 章条编号 |
| --- | --- |
| 1 | 1 |
| 2 | 2 |
| 3 | — |
| 4.1 中图 1 | 3 中图 1、表 1 |
| 4.1 中图 2 | 5 中图 5、表 3 |
| 4.1 中图 3 | 4 中图 3、表 2 |
| 4.2 | — |

# 附 录 B
（资料性附录）
## 本标准与 ISO 20562:2004 技术性差异及其原因

表 B.1 给出了本标准与 ISO 20562:2004 的技术性差异及其原因的一览表。

**表 B.1 本标准与 ISO 20562:2004 技术性差异及其原因**

| 本标准的章条编号 | 技术差异 | 原 因 |
|---|---|---|
| 1 | 增加了轮胎气门嘴芯腔的内容。 | 根据我国气门嘴标准的叙述习惯进行了重新编写。 |
| 2 | 删除 ISO 20562 中引用标准 ISO 1502、ISO 9413。 | 正文中未引用。 |
| 3 | ISO 20562 中 1 号芯腔改为本标准的 1A 号芯腔，3 号芯腔改为本标准的 1B 号芯腔。 | 适应我国的习惯，便于使用。 |
| 4.1 中图 1、图 2 | 删除 ISO 20562 图 1、图 5 中 $\phi F$ 的尺寸范围，并改为尺寸 $\phi 4.3$，未注公差。 | $\phi 4.3$ 尺寸已能满足气门嘴的使用性能。按公差与配合标准规定标注 $\phi 4.3$ 只允许取加，不能取减。 |
| | 删除 ISO 20562 图 1、图 5 中 $\phi F$ 和 $\phi F$ 后 $\phi E$ 的尺寸公差。 | 这样规定已能满足气门嘴的使用，加严无意义；并且此尺寸难以检查。 |
| | 删除 ISO 20562 附录 A 中空刀尺寸公差。 | 不影响气门嘴的使用，加严无意义。 |
| 4.1 中图 2 | 删除 ISO 20562 图 5 中 $\phi G$ 的尺寸范围，并改为尺寸 $\phi 2.5$ 最小。 | 适应我国气门嘴生产使用的需要。 |
| 4.1 中图 3 | 删除 ISO 20562 图 3 中 $\phi F$ 的尺寸范围，只标注尺寸 $\phi 7.3$。 | $\phi 7.3$ 尺寸已能满足气门嘴的使用性能。按公差与配合标准规定标注 $\phi 7.3$ 只允许取加，不能取减。 |
| | 删除 ISO 20562 图 3 中 $\phi F$ 后 $\phi E$ 尺寸公差。 | 这样规定已能满足气门嘴的使用，加严无意义；并且此尺寸难以检查。 |
| 4.2 | 增加了芯腔中的螺纹应符合 GB 9765 的规定。 | 与 GB/T 3934 螺纹检验保持一致性。 |

# 参 考 文 献

[1] GB 1796.6—2008 轮胎气门嘴 第6部分:气门芯

ICS 83.160.01
G 41

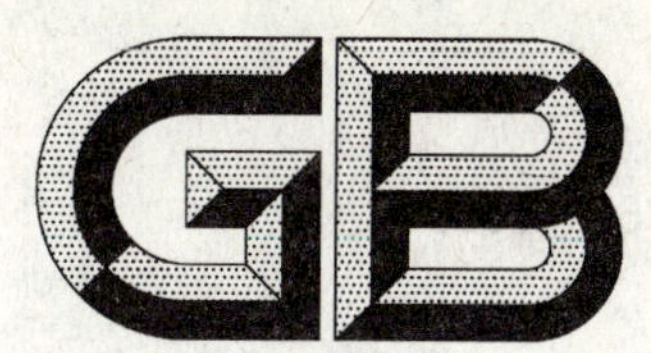

# 中华人民共和国国家标准

GB 9765—2009
代替 GB 9765—1997

# 轮胎气门嘴螺纹

Tyre valve threads

(ISO 4570:2002,MOD)

2009-12-15 发布

2010-10-01 实施

中华人民共和国国家质量监督检验检疫总局
中国国家标准化管理委员会
发布

# 前言

**本标准的第4章为强制性的，其余为推荐性的。**

本标准修改采用ISO 4570:2002《轮胎气门嘴螺纹》(英文版)。

本标准根据ISO 4570:2002重新起草。为了方便比较，在附录A中列出了本标准与国际标准的章条编号对照一览表。

根据我国气门嘴生产和使用的实际情况，在采用ISO 4570:2002时，本标准还做了一些修改。有关技术性差异已编入正文中并在它们所涉及条款的页边空白处用垂直单线标识。在附录B中给出了这些技术性差异及其原因一览表以供参考。

为了便于使用，对于ISO 4570:2002本标准还做了以下编辑性修改：

——“本国际标准”改为“本标准”；

——用小数点“.”代替作废小数点“,”；

——删除了国际标准前言。

本标准代替GB 9765—1997《轮胎气门嘴螺纹》。

本标准与GB 9765—1997的主要差异：

——修改了5V2外螺纹小径尺寸，由最大4.200改为最大4.300(1997版的4.1中表2，本版的4.1中表2)；

——增加了气门嘴螺纹5CV、8CV的螺蚊代号、螺纹牙型、极限尺寸及公差(本版的表1、图2、表2)。

本标准的附录A、附录B均为资料性附录。

本标准由中国石油和化学工业协会提出。

本标准由全国轮胎轮辋标准化技术委员会归口。

本标准起草单位：山东高天金属制造有限公司、宁波豪锋思科汽配有限公司、宁波市鄞州曙光机电有限公司。

本标准主要起草人：李卫东、李云祥、张浩波。

本标准所代替标准的历次版本发布情况为：

——GB 9765—1988、GB 9765—1997。

# 轮胎气门嘴螺纹

## 1 范围

本标准规定了轮胎气门嘴螺纹代号、牙型、极限尺寸及公差和螺纹检验。

本标准适用于轮胎气门嘴螺纹和轮胎气门芯螺纹。

## 2 规范性引用文件

下列文件中的条款通过本标准的引用而成为本标准的条款。凡是注日期的引用文件，其随后所有的修改单(不包括勘误的内容)或修订版均不适用于本标准，然而，鼓励根据本标准达成协议的各方研究是否可使用这些文件的最新版本。凡是不注日期的引用文件，其最新版本适用于本标准。

GB/T 196—2003 普通螺纹 基本尺寸(ISO 724:1993,ISO general purpose metric screw threads—Basic dimensions,MOD)

GB/T 197—2003 普通螺纹 公差(ISO 965-1:1998,ISO general purpose metric screw threads—Tolerances—Part 1:Principles and basic data,MOD)

GB/T 3934—2003 普通螺纹量规 技术条件(ISO 1502:1996,ISO general-purpose metric screw threads—Gauges and gauging,MOD)

## 3 螺纹代号

气门嘴螺纹代号见表1。

**表1 螺纹代号**

| 螺纹代号 | 公称尺寸/mm | 每25.4 mm牙数 | 螺纹代号 | 公称尺寸/mm | 每25.4 mm牙数 |
|---|---|---|---|---|---|
| 5V1 | 5.2×0.705 | 36 | 13V2 | 12.7×0.794 | 32 |
| 5V2 | 5.2×1.058 | 24 | 15V1 | 15×1.00 | — |
| 6V1 | 6×0.80 | — | 16V1 | 15.8×0.941 | 27 |
| 8V1 | 7.7×0.794 | 32 | 17V1 | 17×1.00 | — |
| 8V2 | 7.9×1.058 | 24 | 17V2 | 17.5×1.058 | 24 |
| 9V1 | 9.4×0.794 | 32 | 17V3 | 17.5×1.588 | 16 |
| 10V1 | 9.6×1.00 | — | 19V1 | 19×1.588 | 16 |
| 10V2 | 10.3×0.907 | 28 | 20V1 | 20.5×1.00 | — |
| 11V1 | 11.1×1.270 | 20 | 5CV | 5.1×1.058 | 24 |
| 12V1 | 12.2×0.977 | 26 | 8CV | 8.1×0.847 | 30 |
| 13V1 | 12.6×1.270 | 20 | | | |

## 4 牙型、极限尺寸及公差

4.1 气门嘴螺纹的牙型、极限尺寸及公差应符合表2和图1、图2的规定;5CV、8CV基本尺寸按GB/T 196—2003中的公式计算。

4.2 螺纹的牙底形状应符合GB/T 197—2003中第7章的规定。

**表 2 极限尺寸及公差**

单位为毫米

| 螺纹代号 | 公称尺寸 ($d \times P$) | 外螺纹 | | | | | | | 内螺纹 | | | | | | |
|---|---|---|---|---|---|---|---|---|---|---|---|---|---|---|---|
| | | 大径 $d$ | | | 中径 $d_2$ | | | 小径 $d_1$ | 大径 $D$ | 中径 $D_2$ | | | 小径 $D_1$ | | |
| | | 最大 | 公差 $Td$ | 最小 | 最大 | 公差 $Td_2$ | 最小 | 最大 | 最小 | 最大 | 公差 $TD_2$ | 最小 | 最大 | 公差 $TD_1$ | 最小 |
| 5V1 | 5.2×0.705 | 5.232 | 0.203 | 5.029 | 4.775 | 0.101 | 4.674 | 4.496 | 5.334 | 5.004 | 0.135 | 4.869 | 4.801 | 0.204 | 4.597 |
| 5V2 | 5.2×1.058 | 5.220 | 0.180 | 5.040 | 4.705 | 0.150 | 4.555 | 4.300 | 5.370 | 4.865 | 0.105 | 4.760 | 4.600 | 0.200 | 4.400 |
| 6V1 | 6×0.80 | 6.030 | 0.200 | 5.830 | 5.670 | 0.150 | 5.520 | 5.385 | 6.160 | 5.830 | 0.105 | 5.725 | 5.540 | 0.100 | 5.440 |
| 8V1 | 7.7×0.794 | 7.747 | 0.203 | 7.544 | 7.239 | 0.159 | 7.080 | 6.909 | 7.798 | 7.468 | 0.184 | 7.284 | 7.239 | 0.203 | 7.036 |
| 8V2 | 7.9×1.058 | 7.909 | 0.182 | 7.727 | 7.221 | 0.093 | 7.128 | 6.611 | 7.938 | 7.371 | 0.121 | 7.250 | 7.035 | 0.253 | 6.782 |
| 9V1 | 9.4×0.794 | 9.423 | 0.152 | 9.271 | 8.981 | 0.129 | 8.852 | 8.527 | 9.525 | 9.121 | 0.111 | 9.010 | 8.865 | 0.204 | 8.661 |
| 10V1 | 9.6×1.00 | 9.650 | 0.100 | 9.550 | 9.310 | 0.100 | 9.210 | 8.552 | 9.800 | 9.480 | 0.100 | 9.380 | 8.900 | 0.150 | 8.750 |
| 10V2 | 10.3×0.907 | 10.312 | 0.212 | 10.100 | 9.760 | 0.184 | 9.576 | 9.180 | 10.414 | 9.940 | 0.125 | 9.815 | 9.550 | 0.200 | 9.350 |
| 11V1 | 11.1×1.270 | 11.079 | 0.205 | 10.874 | 10.254 | 0.107 | 10.147 | 9.522 | 11.113 | 10.424 | 0.137 | 10.287 | 10.033 | 0.304 | 9.729 |
| 12V1 | 12.2×0.977 | 12.243 | 0.213 | 12.030 | 11.614 | 0.159 | 11.455 | 10.990 | 12.319 | 11.794 | 0.125 | 11.669 | 11.379 | 0.203 | 11.176 |
| 13V1 | 12.6×1.270 | 12.667 | 0.206 | 12.461 | 11.841 | 0.109 | 11.732 | 11.110 | 12.700 | 12.017 | 0.142 | 11.875 | 11.608 | 0.280 | 11.328 |
| 13V2 | 12.7×0.794 | 12.674 | 0.151 | 12.523 | 12.159 | 0.089 | 12.070 | 11.701 | 12.700 | 12.298 | 0.113 | 12.185 | 12.039 | 0.202 | 11.837 |
| 15V1 | 15×1.00 | 14.900 | 0.105 | 14.795 | 14.310 | 0.105 | 14.205 | 13.552 | 15.137 | 14.485 | 0.105 | 14.380 | 13.950 | 0.200 | 13.750 |
| 16V1 | 15.8×0.941 | 15.847 | 0.170 | 15.677 | 15.235 | 0.097 | 15.138 | 14.694 | 15.875 | 15.389 | 0.126 | 15.263 | 15.088 | 0.229 | 14.859 |
| 17V1 | 17×1.00 | 16.900 | 0.105 | 16.795 | 16.310 | 0.105 | 16.205 | 15.552 | 17.137 | 16.485 | 0.105 | 16.380 | 15.950 | 0.200 | 15.750 |
| 17V2 | 17.5×1.058 | 17.432 | 0.182 | 17.250 | 16.743 | 0.100 | 16.643 | 16.134 | 17.463 | 16.906 | 0.131 | 16.775 | 16.560 | 0.253 | 16.307 |
| 17V3 | 17.5×1.588 | 17.426 | 0.237 | 17.189 | 16.395 | 0.121 | 16.274 | 15.478 | 17.463 | 16.588 | 0.156 | 16.432 | 16.103 | 0.355 | 15.748 |
| 19V1 | 19×1.588 | 19.011 | 0.237 | 18.774 | 17.980 | 0.126 | 17.854 | 17.063 | 19.050 | 18.183 | 0.164 | 18.019 | 17.678 | 0.355 | 17.323 |
| 20V1 | 20.5×1.00 | 20.400 | 0.110 | 20.290 | 19.810 | 0.110 | 19.700 | 19.052 | 20.642 | 19.995 | 0.110 | 19.885 | 19.450 | 0.200 | 19.250 |
| 5CV | 5.1×1.058 | 5.050 | 0.280 | 4.770 | 4.360 | 0.140 | 4.220 | 3.750 | 5.200 | 4.950 | 0.180 | 4.410 | 4.210 | 0.260 | 3.950 |
| 8CV | 8.1×0.847 | 7.960 | 0.230 | 7.730 | 7.410 | 0.130 | 7.280 | 6.920 | 8.100 | 7.720 | 0.170 | 7.550 | 7.340 | 0.160 | 7.180 |

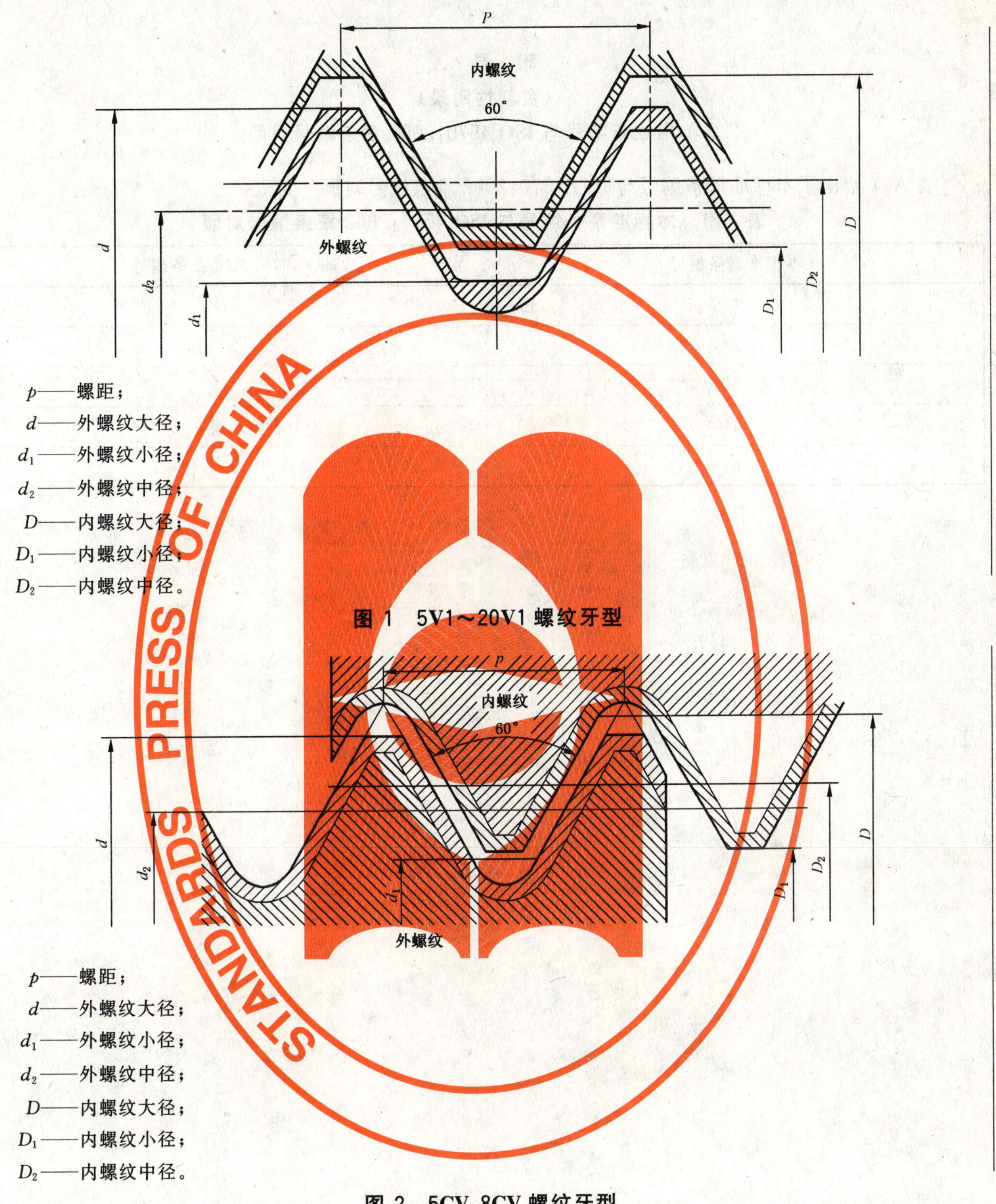


p——螺距；
d——外螺纹大径；
$d_1$——外螺纹小径；
$d_2$——外螺纹中径；
D——内螺纹大径；
$D_1$——内螺纹小径；
$D_2$——内螺纹中径。

**图 1 5V1～20V1 螺纹牙型**



p——螺距；
d——外螺纹大径；
$d_1$——外螺纹小径；
$d_2$——外螺纹中径；
D——内螺纹大径；
$D_1$——内螺纹小径；
$D_2$——内螺纹中径。

**图 2 5CV、8CV 螺纹牙型**



## 5 螺纹检验

轮胎气门嘴螺纹检验原则，应符合 GB/T 3934—2003 的规定。

# 附 录 A
（资料性附录）
## 本标准章条编号与 ISO 4570:2002 章条编号对照

表 A.1 给出了本标准章条编号与 ISO 4570:2002 章条编号对照一览表。

**表 A.1 本标准章条编号与 ISO 4570:2002 章条编号对照**

| 本标准章条编号 | ISO 4570:2002 章条编号 |
|---|---|
| 1 | 1 |
| 2 | 2 |
| 3 | 3 |
| 4.1、4.2 | 4 中表 2 和表 3、图 1 |
| 5 | 5 |

# 附 录 B
## （资料性附录）
## 本标准与 ISO 4570:2002 技术性差异及其原因

表 B.1 给出了本标准与 ISO 4570:2002 的技术性差异及其原因的一览表。

**表 B.1 本标准与 ISO 4570:2002 技术性差异及其原因**

| 本标准的章条编号 | 技术性差异 | 原 因 |
| --- | --- | --- |
| 1 | 增加了轮胎气门嘴螺纹的内容 | 按我国气门嘴标准的叙述习惯进行了重新编写 |
| 2 | 引用了和 ISO 4570:2002 的引用文件没有对应关系的标准 GB/T 196—2003、GB/T 197—2003。删除了 ISO 9413 | 根据我国的现实情况螺纹牙底形状采用了 GB/T 197—2003，有利于我国气门嘴的生产和使用 |
| 3 | 螺纹代号中增加了“每 25.4 mm 牙数”一栏 | 为适应我国气门嘴生产和使用的实际情况 |
| | 删除 ISO 4570:2002 表 1 中的注 | 此注为旧标，国家标准前版已取消，保留无意义 |
| 4.1 | 删除了 ISO 4570:2002 表 2 和表 3 中的注 | 表中尺寸能够满足气门嘴螺纹配合的需求，加注无意义 |
| 4.2 | 螺纹牙底形状按 GB/T 197—2003 中第 7 章的规定做了修改 | 因 GB/T 3934—2003 是修改采用 ISO 1502 制定的，它适应于检验 GB/T 197—2003 用的螺纹量规，所以 GB 9765 中的螺纹牙型应与螺纹量规检验一致 |
| 5 | 用轮胎气门嘴螺纹检验原则应符合 GB/T 3934—2003 的规定代替螺纹测量原则按照 ISO 1502 | 因螺纹牙底形状采用了 GB/T 197—2003，GB/T 3934—2003 是修改采用 ISO 1502 制定的，它适应于检验 GB/T 197—2003 用的螺纹量规，所以螺纹检验原则也使用了与之对应的 GB/T 3934—2003 |

ICS 83.160.01
G 41

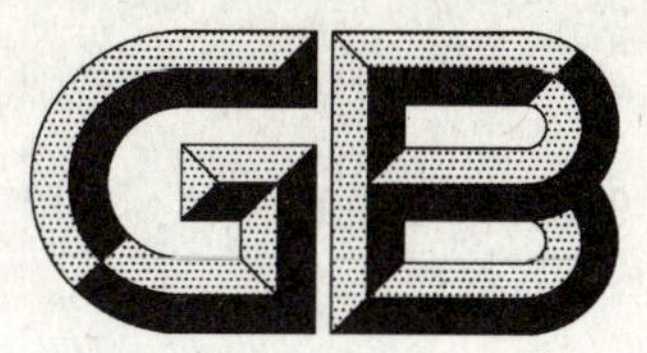

# 中华人民共和国国家标准

GB/T 9766.4—2009
部分代替 GB 12836.2—2003

# 轮胎气门嘴试验方法 第4部分:压紧式无内胎气门嘴试验方法

**Test method for tyre valve—Part 4: Test methods for clamp-in tubeless valves**



2009-12-15 发布　　2010-06-01 实施

中华人民共和国国家质量监督检验检疫总局
中国国家标准化管理委员会　发布

# 前言

GB/T 9766《轮胎气门嘴试验方法》分为七个部分：

——第1部分：压紧式内胎气门嘴试验方法；

——第2部分：胶座气门嘴试验方法；

——第3部分：卡扣式气门嘴试验方法；

——第4部分：压紧式无内胎气门嘴试验方法；

——第5部分：大芯腔气门嘴试验方法；

——第6部分：气门芯试验方法；

——第7部分：零部件试验方法。

本部分为GB/T 9766的第4部分。

本部分代替GB 12836.2—2003《无内胎气门嘴　第二部分：压紧式无内胎气门嘴》中的试验方法部分。

本部分与GB 12836.2—2003相比主要变化如下：

——增加了“术语和定义”(本版第3章)；

——增加了“试验设备、仪器仪表”(本版第4章)；

——修改了试验板、孔尺寸(前版7.2.2,本版第5章)；

——增加了“气门嘴和气门嘴孔常温气密性试验”(本版6.2.1)；

——增加了“六角螺母和嘴体或嘴座的装配扭矩试验”(本版第7章)；

——增加了“耐腐蚀能力试验”(本版第8章)；

——删除了“耐臭氧能力的试验”(GB 12836.2—2003的7.3)。

本部分由中国石油和化学工业协会提出。

本部分由全国轮胎轮辋标准化技术委员会(SAC/TC 19)归口。

本部分主要起草单位：上海保隆汽车科技股份有限公司、宁波豪锋思科汽配有限公司。

本部分参加起草单位：杭州万通气门嘴有限公司、山东高天金属制造有限公司、江阴博尔汽配工业有限公司、宁波四明汽配有限公司、国家橡胶机械质量监督检验中心。

本部分主要起草人：王贤勇、杨期新、顾一柱、李峰、唐建兰、毛乾方、蒙义。

本部分所部分代替标准的历次版本发布情况为：

——GB 12836.2—2003。

# 轮胎气门嘴试验方法
# 第4部分:压紧式无内胎气门嘴试验方法

## 1 范围

GB/T 9766的本部分规定了压紧式无内胎气门嘴(以下简称气门嘴)试验的术语和定义、试验设备、仪器仪表、试验板、孔尺寸、密封性试验、六角螺母与嘴体或嘴座的装配扭矩试验、耐腐蚀能力试验。

本部分适用于摩托车、轿车、轻型载重汽车、载重汽车及客车轮胎用气门嘴的试验。

本部分不适用于航空轮胎气门嘴的试验。

## 2 规范性引用文件

下列文件中的条款通过GB/T 9766的本部分的引用而成为本部分的条款。凡是注日期的引用文件,其随后所有的修改单(不包括勘误的内容)或修订版本均不适用于本部分,然而,鼓励根据本部分达成协议的各方研究是否可使用这些文件的最新版本。凡是不注日期的引用文件,其最新版本适用于本部分。

GB 1796.4　轮胎气门嘴　第4部分:压紧式无内胎气门嘴

GB 1796.6　轮胎气门嘴　第6部分:气门芯(GB 1796.6—2008,ISO 9413:1998,Tyre valves-Dimensions and designation,NEQ)

GB/T 10125　人造气氛腐蚀试验　盐雾试验

GB/T 12839　轮胎气门嘴术语及其定义(GB/T 12839—2005,ISO 3877-2:1997,Tyres,valves and tubes-List of equivalent terms-Part 2: Tyre valves,NEQ)

## 3 术语和定义

GB/T 12839确立的术语和定义适用于GB/T 9766的本部分。

## 4 试验设备、仪器仪表

4.1 盐雾试验箱:箱内温度为(10～50)℃,盐雾沉降率:(1～2)mL/(80 $cm^2$ · h)。

4.2 高温试验箱:箱内温度可达200 ℃以上,温度波动±2 ℃。

4.3 低温试验箱:箱内温度可达−40 ℃以下,温度波动±2 ℃。

4.4 压力表:示值为(0～2 500)kPa,精度等级为1.5级。

4.5 秒表。

4.6 专用扭矩扳手:精度等级为5%。

4.7 气门嘴和气门芯密封性试验装置(见图1)。

4.8 气门嘴和气门嘴孔密封性试验装置(见图2)。

## 5 试验板、孔尺寸

试验板的气门嘴孔应加工成(0.3～0.4)mm×45°倒角或圆角,并建议试验装置使用实际轮辋常用的材料。试验板、孔的尺寸见表1。

表 1　试验板、孔尺寸

单位为毫米

| 型　号 | 试验孔径 $D$ | 试验板厚 $\delta$ |
|---|---|---|
| CQ08 | $11.7_{-0.05}^{0}$ | $1.78_{0}^{+0.05}$ |
| CR03 | | |
| CR04～CR11、DR04～DR07 | $16.1_{-0.05}^{0}$ | $3.96_{0}^{+0.05}$ |
| DR09～DR11 | | $4.75_{0}^{+0.05}$ |
| CR12 | | $3.56_{0}^{+0.05}$ |
| DR12～DR14 | | $5.36_{0}^{+0.05}$ |
| CP01C～CP05C、DP01C～DP10C | $10.0_{-0.05}^{0}$ | $5.54_{0}^{+0.05}$ |
| CP01、CP06C、DP01～DP05、DP11C～DP14C | | $3.00_{0}^{+0.05}$ |
| CQ07 | $11.7_{-0.05}^{0}$ | $1.80_{0}^{+0.05}$ |
| CM01、CM02、CM03C | $8.6_{-0.05}^{0}$ | $1.50_{0}^{+0.05}$ |
| DQ01C、CQ10C、DQ03C～DQ05C | $11.7_{-0.05}^{0}$ | $1.78_{0}^{+0.05}$ |
| DQ02C | $16.1_{-0.05}^{0}$ | $1.78_{0}^{+0.05}$ |
| DR01、DR02 | | $3.5_{0}^{+0.05}$ |

## 6　密封性试验

### 6.1　气门嘴和气门芯密封性试验

#### 6.1.1　室温试验

在室温下，用专用扭矩扳手将符合 GB 1796.6 的 H01 型气门芯，以(0.17～0.34)N·m 的扭矩安装在图 1 所示充气装置的试验气门嘴芯腔内，将充气装置放入水中，使气门嘴的嘴口向上，气门嘴的嘴口距水面 20 mm，按 GB 1796.4 规定的最大使用压力通入压缩空气，在 60 s 内，观察气门嘴嘴口处是否有气泡逸出。

安装过程中的夹附气体不视为泄漏。

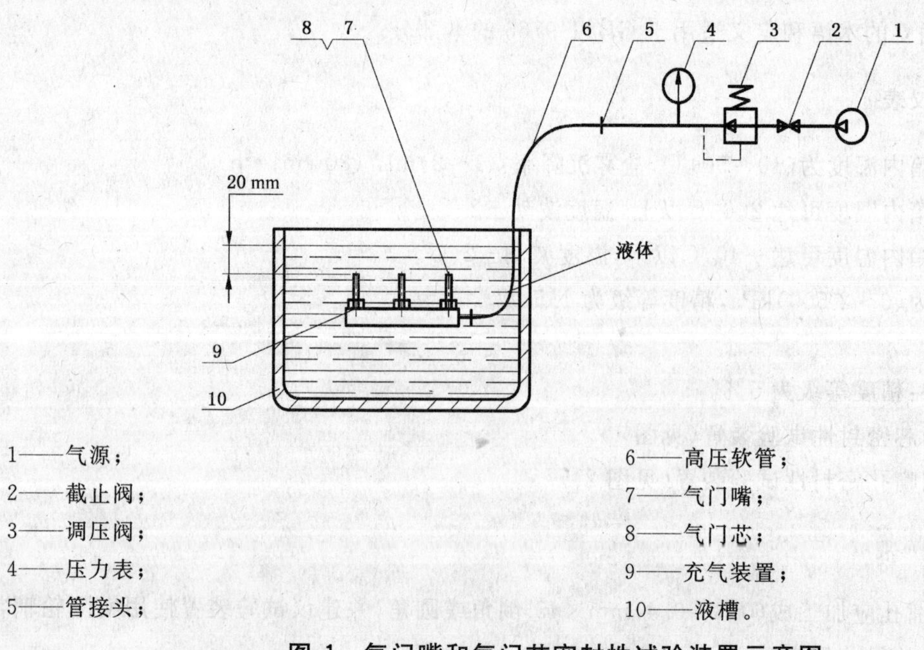


1——气源；
2——截止阀；
3——调压阀；
4——压力表；
5——管接头；
6——高压软管；
7——气门嘴；
8——气门芯；
9——充气装置；
10——液槽。

图 1　气门嘴和气门芯密封性试验装置示意图

6.1.2 低温试验

将 6.1.1 试验合格的气门嘴，连同充气装置一起放入 $-40_{-5}^{0}$℃的低温试验箱内的乙醇中，使气门嘴嘴口向上，距液面 20 mm，通入 850 kPa 的压缩空气，保持 24 h，打开试验箱，在 60 s 内，观察并记录气门嘴嘴口处是否有气泡逸出。

6.1.3 高温试验

将 6.1.2 试验合格的气门嘴，恢复室温后，连同充气装置一起放入 $100_{0}^{+5}$℃的高温试验箱内，保持 24 h，取出后立即浸入(60±5)℃水中，使气门嘴的嘴口向上，距水面 20 mm，通入 850 kPa 的压缩空气，在 60s 内，观察并记录气门嘴嘴口处是否有气泡逸出。

6.2 气门嘴和气门嘴孔的密封性试验

6.2.1 室温试验

试验在橡胶硫化后停放 24 h 以上进行。

在室温下，用专用扭矩扳手将符合 GB 1796.6 的 H01 型气门芯，以(0.17～0.34)N·m 的扭矩安装在试验气门嘴芯腔内，再将气门嘴按 GB 1796.4 规定的装配扭矩安装在图 2 所示的模拟轮辋装置上，将模拟轮辋装置浸入水中。然后按 GB 1796.4 规定的最大使用压力通入压缩空气，在 60s 内，观察并记录气门嘴孔密封处是否有气泡逸出。

安装过程中的夹附气体不视为泄漏。

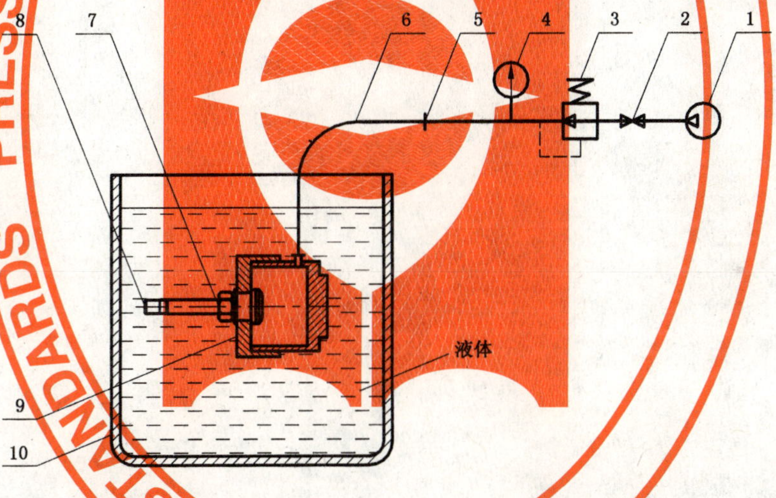

1——气源；
2——截止阀；
3——调压阀；
4——压力表；
5——管接头；
6——高压软管；
7——气门嘴；
8——气门芯；
9——模拟轮辋装置；
10——液槽。

图 2 气门嘴和气门嘴孔的密封性试验装置示意图

6.2.2 低温试验

将经过 6.2.1 试验后的模拟轮辋装置放置于(－40±3)℃的环境中至少 24 h，然后按 GB 1796.4 规定的最大使用压力通入压缩空气，将模拟轮辋装置浸入(－40±3)℃的乙醇中。在 60s 内，观察并记录气门嘴孔密封处是否有气泡逸出。

### 6.2.3 高温试验

将经过6.2.2试验后的模拟轮辋装置放入(100±3)℃的高温箱中72 h。取出后立即浸入(66±3)℃水中,然后按GB 1796.4规定的最大使用压力通入压缩空气。在60 s内,观察并记录气门嘴孔密封处是否有气泡逸出。

## 7 六角螺母与嘴体或嘴座的装配扭矩试验

将气门嘴按GB 1796.4规定的最大推荐安装扭矩值的1.2倍扭矩,安装在符合表1规定的试验板上,观察并记录六角螺母与气门嘴嘴体或嘴座是否有开裂或滑牙。

## 8 耐腐蚀能力试验

将气门嘴总成按照GB/T 10125要求进行72 h中性盐雾试验。试验完成后,观察并记录各零件是否可以正常拆卸。

ICS 83.160.01
G 41

# 中华人民共和国国家标准

GB/T 9766.5—2009
部分代替 GB 12837—1999

# 轮胎气门嘴试验方法 第5部分:大芯腔气门嘴试验方法

Test method for tyre valve—
Part 5:Test methods for tyre valves for large core chamber

2009-12-15 发布　　2010-06-01 实施

中华人民共和国国家质量监督检验检疫总局
中国国家标准化管理委员会　发布

# 前言

GB/T 9766《轮胎气门嘴试验方法》分为七个部分：

——第1部分：压紧式内胎气门嘴试验方法；

——第2部分：胶座气门嘴试验方法；

——第3部分：卡扣式气门嘴试验方法；

——第4部分：压紧式无内胎气门嘴试验方法；

——第5部分：大芯腔气门嘴试验方法；

——第6部分：气门芯试验方法；

——第7部分：零部件试验方法。

本部分为GB/T 9766的第5部分。

本部分代替GB 12837—1999《大芯腔轮胎气门嘴》中的试验方法部分。

本部分与GB 12837—1999相比主要变化如下：

——增加了“术语和定义”（本版的第3章）；

——增加了“试验设备、仪器仪表”（本版的第4章）；

——增加了气门嘴与气门芯高、低温密封性试验（本版的5.1.2、5.1.3）；

——增加了耐腐蚀能力试验（本版的第6章）；

——增加了六角螺母与嘴体或嘴座的装配扭矩试验（本版的第7章）。

本部分由中国石油和化学工业协会提出。

本部分由全国轮胎轮辋标准化技术委员会（SAC/TC 19）归口。

本部分主要起草单位：江西气门芯厂、山东高天金属制造有限公司。

本部分参加起草单位：上海保隆汽车科技股份有限公司、杭州万通气门嘴有限公司、宁波市鄞州曙光机电有限公司、江阴博尔汽配工业有限公司、宁波豪锋思科汽配有限公司、国家橡胶机械质量监督检验中心。

本部分主要起草人：王刚、李峰、王贤勇、顾一柱、张浩波、唐建兰、杨期新、沈杰。

本部分所部分代替标准的历次版本发布情况为：

——GB 12837—1991、GB 12837—1999。

# 轮胎气门嘴试验方法 第5部分：大芯腔气门嘴试验方法

## 1 范围

GB/T 9766的本部分规定了大芯腔气门嘴(以下简称气门嘴)试验的术语和定义、试验设备、仪器仪表、密封性试验、耐腐蚀能力试验、六角螺母与嘴体或嘴座的装配扭矩试验。

本部分适用于重型自卸车、装载机、挖掘机、铲运机、压路机和平地机等大型工程机械充气轮胎用气门嘴的试验。

## 2 规范性引用文件

下列文件中的条款通过GB/T 9766的本部分的引用而成为本部分的条款。凡是注日期的引用文件，其随后所有的修改单(不包括勘误的内容)或修订版均不适用于本部分，然而，鼓励根据本部分达成协议的各方研究是否可使用这些文件的最新版本。凡是不注日期的引用文件，其最新版本适用于本部分。

GB 1796.5 轮胎气门嘴 第5部分：大芯腔气门嘴

GB 1796.6 轮胎气门嘴 第6部分：气门芯(GB 1796.6—2008, ISO 9413:1998, Tyre valves—Dimensions and designation, NEQ)

GB/T 10125—1997 人造气氛腐蚀试验 盐雾试验

GB/T 12839 轮胎气门嘴术语及其定义(GB/T 12839—2005, ISO 3877-2:1997, Tyres, valves and tubes—List of equivalent terms—Part 2: Tyre valves, NEQ)

## 3 术语和定义

GB/T 12839确立的术语及其定义适用于GB/T 9766的本部分。

## 4 试验设备、仪器仪表

4.1 高温试验箱：箱内温度可达200 ℃以上，温度波动±2 ℃。

4.2 低温试验箱：箱内温度可达−40 ℃以下，温度波动±2 ℃。

4.3 压力表：示值为(0～2 500)kPa，精度等级为1.5级。

4.4 秒表。

4.5 专用扭矩扳手：精度等级为5%。

4.6 气门嘴与气门芯密封性试验装置(见图1)。

4.7 气门嘴与气门嘴孔密封性试验装置(见图2)。

4.8 盐雾试验箱：箱内温度为(10～50)℃，盐雾沉降率：(1～2)mL/(80 $cm^2$·h)。

## 5 密封性试验

### 5.1 气门嘴与气门芯密封性试验

#### 5.1.1 气门嘴与气门芯室温密封性试验

在室温下，用专用扭矩扳手将符合GB 1796.6的H02型气门芯，以(0.34～0.56)N·m的扭矩安装在图1所示充气装置的试验气门嘴芯腔内，将充气装置放入水中，使嘴座轴线和气门芯的轴线保持在同一水平位置,距水面 30 mm,按 GB 1796.5 规定的最大使用压力通入压缩空气,在 60 s 内,观察并记录气门嘴嘴口处是否有气泡逸出。

安装过程中的夹附气体不视为泄漏。

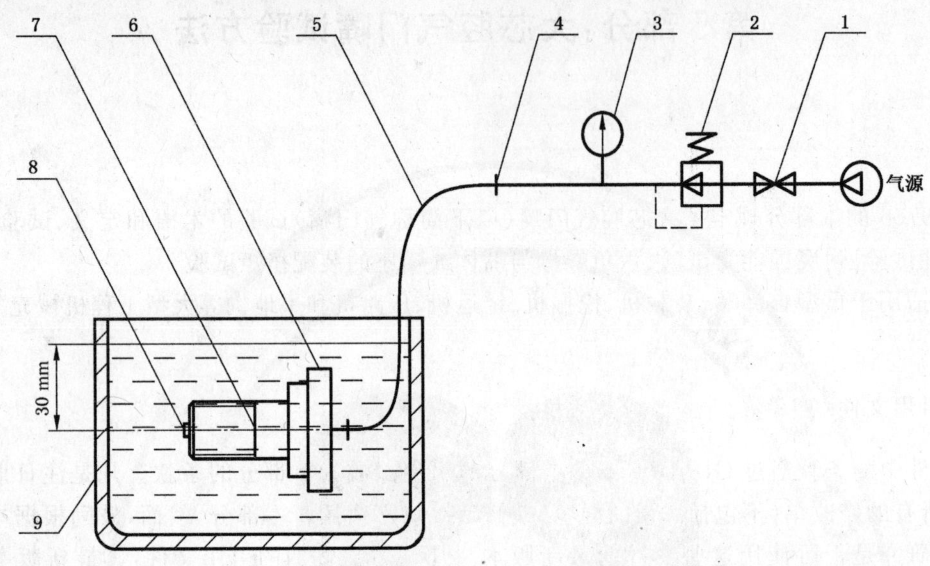


1——截止阀;

2——调压阀;

3——压力表;

4——软管接头;

5——高压软管;

6——充气装置;

7——气门嘴;

8——气门芯;

9——液槽。

**图 1　气门嘴与气门芯密封性试验装置示意图**

### 5.1.2　气门嘴与气门芯低温密封性试验

将 5.1.1 试验合格的气门嘴,连同充气装置浸入乙醇中,一起放入 $-40_{-5}^{\ 0}$℃的低温试验箱内,使嘴座轴线和气门芯的轴线保持在同一水平位置,距液面 30 mm,通入 850 kPa 的压缩空气,保持 24 h,打开试验箱,在 60 s 内,观察并记录气门嘴嘴口处是否有气泡逸出。

### 5.1.3　气门嘴与气门芯高温密封性试验

将 5.1.2 试验合格的气门嘴,恢复室温后,连同充气装置一起放入 $100_{\ 0}^{+5}$℃的高温试验箱内,保持 24 h,取出后立即浸入(60±5)℃水中,使嘴座轴线和气门芯的轴线保持在同一水平位置,距液面 30 mm,通入 850 kPa 的压缩空气,在 60 s 内,观察并记录气门嘴嘴口处是否有气泡逸出。

## 5.2　无内胎气门嘴与气门嘴孔密封性试验

### 5.2.1　气门嘴与气门嘴孔室温密封性试验

试验在橡胶硫化后停放 24 h 以上进行。

在室温下,用专用扭矩扳手将符合 GB 1796.6 的 H02 型气门芯,以(0.34~0.56)N·m 的扭矩安装在试验气门嘴芯腔内,再将气门嘴按 GB 1796.5 规定的装配扭矩安装在图 2 所示的模拟轮辋装置上,使模拟轮辋装置浸入水中。然后按 GB 1796.5 规定的最大使用压力通入压缩空气,在 60 s 内,观察并记录气门嘴孔密封处是否有气泡逸出。

安装过程中的夹附气体不视为泄漏。

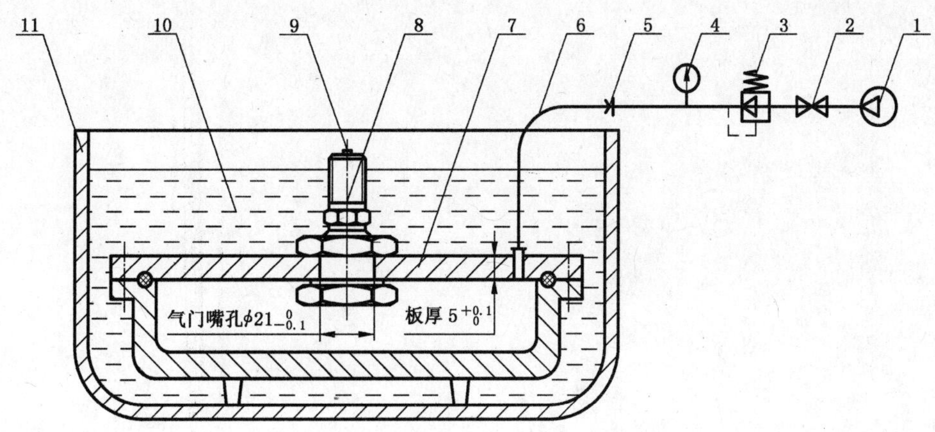


1——气源；
2——截止阀；
3——调压阀；
4——压力表；
5——接头；
6——高压软管；
7——模拟轮辋装置；
8——气门嘴；
9——气门芯；
10——液体；
11——液槽。

图 2　气门嘴与气门嘴孔密封性试验装置示意图

### 5.2.2　气门嘴与气门嘴孔低温密封性试验

将 5.2.1 试验后的模拟轮辋装置放置于(−40±2)℃的环境中至少 24 h，再将模拟轮辋装置浸入(−40±2)℃的乙醇中。然后按 GB 1796.5 规定的最大使用压力通入压缩空气，在 60 s 内，观察并记录气门嘴孔密封处是否有气泡逸出。

### 5.2.3　气门嘴与气门嘴孔高温密封性试验

将经过 5.2.2 试验后的模拟轮辋装置放置于(100±2)℃的高温箱中 72 h，取出后浸入(66±3)℃水中。然后按 GB 1796.5 规定的最大使用压力通入压缩空气，在 60 s 内，观察并记录气门嘴孔密封处是否有气泡逸出。

## 6　耐腐蚀能力试验

将气门嘴总成，按照 GB/T 10125—1997 要求进行 72 h 中性盐雾试验。试验完成后，观察并记录气门嘴各零件是否可以正常拆卸。

## 7　六角螺母与嘴体或嘴座的装配扭矩试验

将气门嘴按 GB 1796.5 规定的最大装配扭矩值的 1.2 倍扭矩，安装在孔径为 $\phi 21_{-0.1}^{0}$ mm，板厚为 $5_{0}^{+0.1}$ mm 的试验板上，观察并记录六角螺母与气门嘴嘴体或嘴座是否有开裂或滑牙。

ICS 83.160.01
G 41

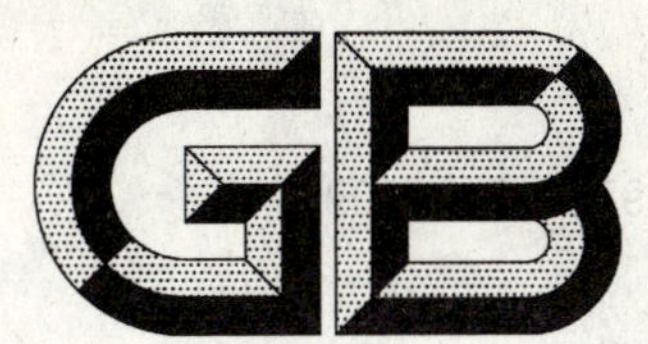

# 中华人民共和国国家标准

GB/T 9766.7—2009
部分代替 GB/T 9766—2002

# 轮胎气门嘴试验方法 第7部分:零部件试验方法

Test method for tyre valve—Part 7: Test methods for components

2009-12-15 发布　　2010-06-01 实施

中华人民共和国国家质量监督检验检疫总局
中国国家标准化管理委员会　发布

# 前 言

GB/T 9766《轮胎气门嘴试验方法》分为七个部分：

——第 1 部分：压紧式内胎气门嘴试验方法；

——第 2 部分：胶座气门嘴试验方法；

——第 3 部分：卡扣式气门嘴试验方法；

——第 4 部分：压紧式无内胎气门嘴试验方法；

——第 5 部分：大芯腔气门嘴试验方法；

——第 6 部分：气门芯试验方法；

——第 7 部分：零部件试验方法。

本部分为 GB/T 9766 的第 7 部分。

本部分代替 GB/T 9766—2002《轮胎气门嘴试验方法》的“3.2；3.4～3.8”。

本部分与 GB/T 9766—2002 相比主要变化如下：

——增加了“术语和定义”(本版的第 3 章)；

——增加了“密封帽的密封性试验”(本版的第 5 章)；

——增加了“六角螺母的装配扭矩试验”(本版的第 6 章)；

——增加了“密封垫和 O 形密封圈的耐臭氧能力试验”(本版的第 7 章)。

本部分由中国石油和化学工业协会提出。

本部分由全国轮胎轮辋标准化技术委员会(SAC/TC 19)归口。

本部分主要起草单位：江阴博尔汽配工业有限公司、山东高天金属制造有限公司。

本部分参加起草单位：宁波四明汽配有限公司、宁波市鄞州曙光机电有限公司、宁波豪锋思科汽配有限公司、国家橡胶机械质量监督检验中心。

本部分主要起草人：唐建兰、王晓静、毛乾方、张浩波、杨期新、蒙义。

本部分所部分代替标准的历次版本发布情况为：

——GB/T 9766—1988、GB/T 9766—1994、GB/T 9766—2002。

# 轮胎气门嘴试验方法
# 第7部分:零部件试验方法

## 1 范围

GB/T 9766的本部分规定了轮胎气门嘴零部件(以下简称零部件)试验的术语和定义、试验设备、仪器仪表、密封帽的密封性试验、六角螺母的装配扭矩试验、密封垫和O形密封圈的耐臭氧能力试验。

本部分适用于轮胎气门嘴用零部件的试验。

## 2 规范性引用文件

下列文件中的条款通过GB/T 9766的本部分的引用而成为本部分的条款。凡是注日期的引用文件,其随后所有的修改单(不包括勘误的内容)或修订版均不适用于本部分,然而,鼓励根据本部分达成协议的各方研究是否可使用这些文件的最新版本。凡是不注日期的引用文件,其最新版本适用于本部分。

GB 1796.7 轮胎气门嘴 第7部分:零部件

GB 9764 轮胎气门嘴芯腔(GB 9764—2009,ISO 20562:2004,Tyre valves—ISO core chambers No.1,No.2 and No.3,MOD)

GB 9765 轮胎气门嘴螺纹(GB 9765—2009,ISO 4570:2002,Tyre valve threads,MOD)

GB/T 12839 轮胎气门嘴术语及其定义(GB/T 12839—2005,ISO 3877-2:1997,Tyres,valves and tubes—List of equivalent terms—Part 2:Tyre valves,NEQ)

## 3 术语和定义

GB/T 12839确立的术语及其定义适用于GB/T 9766的本部分。

## 4 试验设备、仪器仪表

4.1 压力表:示值为(0~2 500)kPa,精度等级为1.5级。

4.2 秒表。

4.3 专用扭矩板手:精度等级为5%。

4.4 密封性试验装置(见图1)。

4.5 调压阀:(0~2 500)kPa,精度等级为1.5级。

4.6 高温试验箱:箱内温度可达200 ℃以上,温度波动为±2 ℃。

4.7 5倍放大镜。

## 5 密封帽的密封性试验

在室温下,如图1所示,将I01、I02、I01C型防护帽或I04、I05、I06型防护帽分别按GB 1796.7规定的最小装配扭矩,安装在带有符合GB 9764规定的1号芯腔或2号芯腔的气门嘴嘴体的充气装置上,将充气装置放入水中,使密封帽顶面向上,并距水面20 mm,按GB 1796.7规定的最大密封压力通入压缩空气,在60 s内,观察并记录密封帽是否有气泡逸出。

安装过程中的夹附气体不视为泄漏。

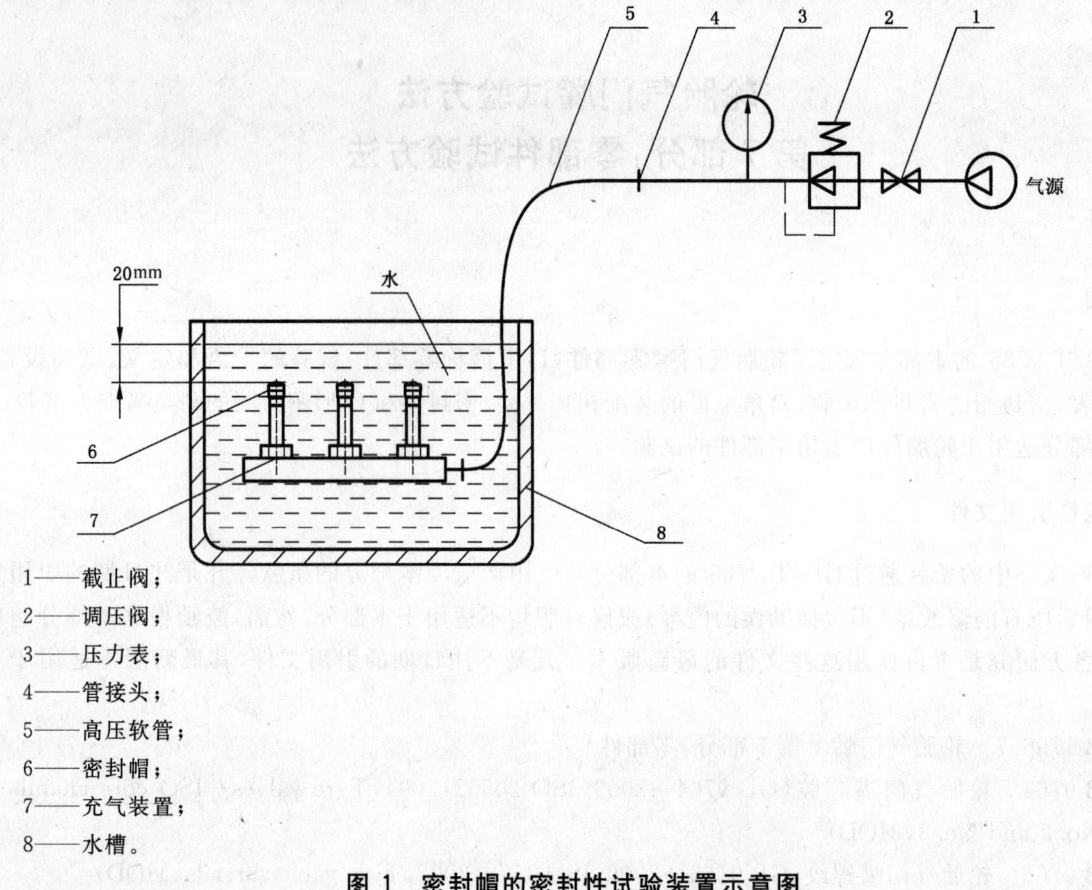


1——截止阀；
2——调压阀；
3——压力表；
4——管接头；
5——高压软管；
6——密封帽；
7——充气装置；
8——水槽。

**图 1 密封帽的密封性试验装置示意图**

## 6 六角螺母的装配扭矩试验

将六角螺母装配在符合 GB 9765 规定螺纹的嘴体上，按 GB 1796.7 规定的装配扭矩值的 1.2 倍扭矩拧紧，在此过程中观察并记录六角螺母是否滑牙或开裂。

## 7 密封垫和 O 形密封圈的耐臭氧能力试验

7.1 将硫化后停放 24 h 以上，未经使用过的密封垫和 O 形密封圈放在(100±3)℃的高温试验箱中进行 72 h 老化试验。

7.2 将老化试验后的密封垫和 O 形密封圈在常温下至少停放 8 h，然后安装在相应的比气门嘴嘴体或嘴座安装密封垫和 O 形密封圈部位直径大 10％的试验装置上。

7.3 将安装有密封垫和 O 形密封圈的试验装置置于臭氧循环室进行试验，臭氧浓度$(100\pm5)\times10^{-8}$，温度(38±3)℃，时间 72 h，然后将试验装置从臭氧室中取出，在 5 倍放大镜下观察并记录密封垫和 O 形密封圈表面是否有裂纹。

ICS 91.100.40
Q 14

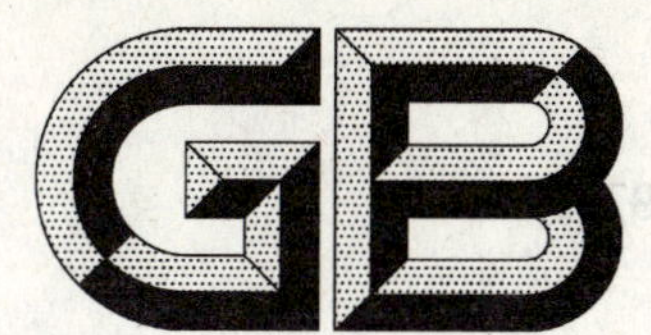

# 中华人民共和国国家标准

GB/T 9772—2009
代替 GB/T 9772—1996

# 纤维水泥波瓦及其脊瓦

## Fiber cement corrugated sheets and ridge tile

(ISO 9383:1995, Products in fibre-reinforced cement—Shot corrugated or asymmetrical section sheets and fittings for roofing; ISO 9933:1995, Products in fibre-reinforced cement—Long corrugated or asymmetrical section sheets and fittings for roofing and cladding, NEQ)

2009-03-09 发布 2009-11-05 实施

中华人民共和国国家质量监督检验检疫总局
中国国家标准化管理委员会 发布

# 前　言

本标准与 ISO 9933—1995《纤维增强水泥制品　屋面和覆盖用大波瓦或非对称截面瓦和配件》、ISO 9383—1995《纤维增强水泥制品　屋面用小波瓦或非对称截面瓦和配件》的一致性程度为非等效。

本标准代替 GB/T 9772—1996《石棉水泥波瓦及其脊瓦》。

本标准与 GB/T 9772—1996 相比主要差异为：

——修改了标准名称；

——明确了标准的适用范围；

——扩大了增强纤维的品种；

——对波瓦的波高进行了重新划分，与国际标准接轨(原标准 3.3，新标准 3.3)；

——形状与尺寸偏差指标作了修改，增加了对角线差项目；

——根据抗折强度分为三个强度等级，取消优等品、一等品、合格品质量等级(原标准 3.2，新标准 3.2)；

——执行现行的 GB/T 7019—1997《纤维水泥制品试验方法》规定的试验方法。

本标准由中国建筑材料联合会提出。

本标准由全国水泥制品标准化技术委员会(SAC/TC 197)归口。

本标准负责起草单位：苏州混凝土水泥制品研究院、苏州中材建筑建材设计研究院有限公司。

本标准参加起草单位：株洲纤维水泥制品厂、广州市广易实业有限公司、河南建喜建筑材料有限公司、河南省信阳市上游石棉水泥制品厂、安徽省宁国华普建材有限公司、四川嘉华企业(集团)股份有限公司、湖北省黄石市华新纤维水泥制品有限公司。

本标准主要起草人：冯立平、吴楠峰、黄裕慰、刘剑清、靳留海、邹泽民。

本标准 1988 年首次发布，1996 年第一次修订，本次为第二次修订。

# 纤维水泥波瓦及其脊瓦

## 1 范围

本标准规定了纤维水泥波瓦(以下简称波瓦)及其脊瓦的分类与代号、等级、形状与规格、标记、原材料、要求、试验方法、检验规则、标志与合格证明书、包装、运输与贮存等。

本标准适用于以矿物纤维、有机纤维或纤维素纤维作为增强纤维,以通用硅酸盐水泥为胶凝材料、采用机械化生产工艺制成的建筑用波瓦及与之配套使用的脊瓦。

## 2 规范性引用文件

下列文件中的条款通过本标准的引用而成为本标准的条款。凡是注日期的引用文件,其随后所有的修改单(不包括勘误的内容)或修订版均不适用于本标准,然而,鼓励根据本标准达成协议的各方研究是否可使用这些文件的最新版本。凡是不注日期的引用文件,其最新版本适用于本标准。

GB 175 通用硅酸盐水泥

GB/T 7019—1997 纤维水泥制品试验方法

GB 8071 温石棉

FZ/T 52008 维纶短纤维

JC/T 572 耐碱玻璃纤维无捻粗纱

JC/T 574 海泡石

JGJ 63 混凝土用水标准

## 3 分类与代号、等级、形状与规格、标记

### 3.1 分类与代号

3.1.1 波瓦按增强纤维成分分为无石棉型(NA)及温石棉型(A)。

3.1.2 波瓦按波高尺寸分为:大波瓦(DW)、中波瓦(ZW)、小波瓦(XW)。

3.1.3 脊瓦代号(JW)。

注1:无石棉型:增强纤维中不含石棉纤维。

注2:温石棉型:增强纤维中含有温石棉纤维。

### 3.2 等级

根据波瓦抗折力分为五个强度等级:Ⅰ级、Ⅱ级、Ⅲ级、Ⅳ级、Ⅴ级。

注:Ⅳ级、Ⅴ级波瓦仅适用于使用期五年以下的临时建筑。

### 3.3 形状与规格

3.3.1 波瓦的形状见图1、图2、图3,规格见表1。

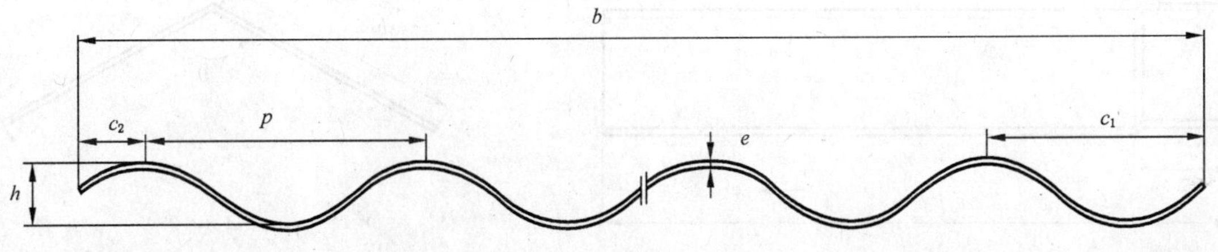


图1 大波瓦示意图

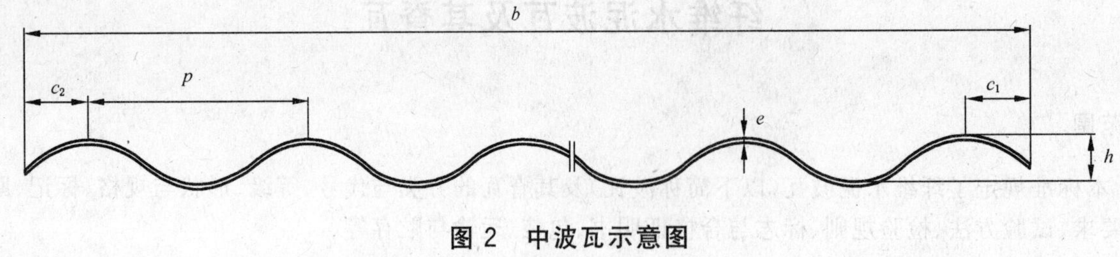


图 2　中波瓦示意图

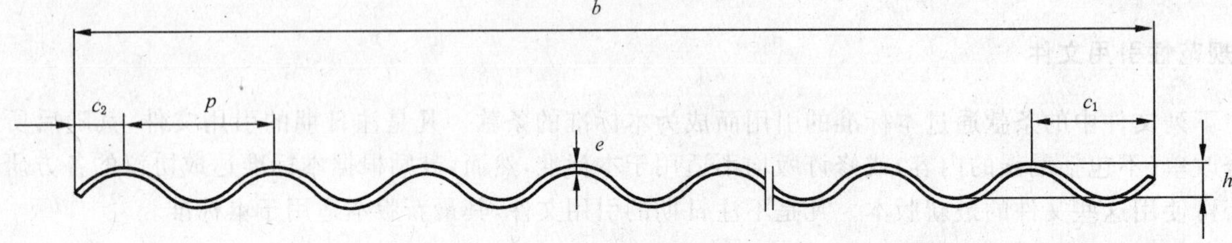


图 3　小波瓦示意图

表 1　波瓦规格尺寸

单位为毫米

| 类别 | 长度 $l$ | 宽度 $b$ | 厚度 $e$ | 波高 $h$ | 波距 $p$ | 边距 $c_1$ | 边距 $c_2$ |
|---|---|---|---|---|---|---|---|
| 大波瓦 | 2 800 | 994 | 7.5 | ≥43 | 167 | 95 | 64 |
| | | | 6.5 | | | | |
| 中波瓦 | 1 800 | 745<br>1 138 | 6.5 | 31～42 | 131 | 45 | 45 |
| | | | 6.0 | | | | |
| | | | 5.5 | | | | |
| 小波瓦 | 1 800 | 720 | 6.0 | 16～30 | 64 | 58 | 27 |
| | | | 5.5 | | | | |
| | | | 5.0 | | | | |
| | ≤900 | | 4.2 | 16～20 | | | |

注：根据合同要求也可生产其他规格的波瓦。

3.3.2　脊瓦的形状见图 4、规格尺寸见表 2。

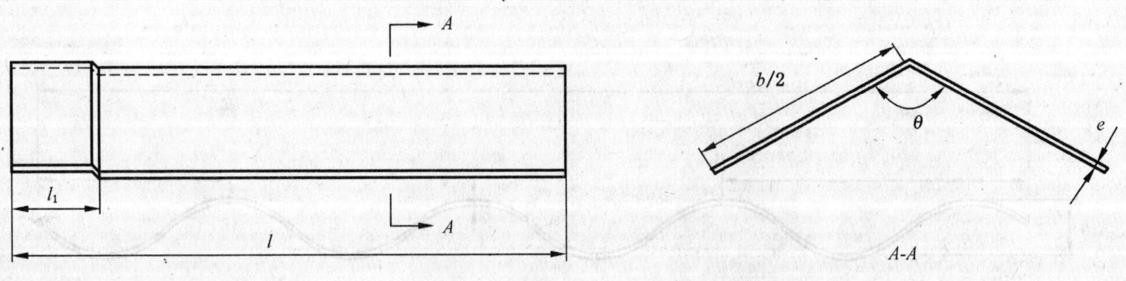


图 4　脊瓦示意图

表 2　脊瓦规格尺寸

<table>
<tr><th colspan="2">长度/mm</th><th rowspan="2">宽度 b/mm</th><th rowspan="2">厚度 e/mm</th><th rowspan="2">角度 θ/(°)</th></tr>
<tr><th>搭接长 $l_1$</th><th>总长 $l$</th></tr>
<tr><td rowspan="2">70</td><td rowspan="2">850</td><td>460</td><td>6.0</td><td rowspan="3">125</td></tr>
<tr><td>360</td><td>5.0</td></tr>
<tr><td>60</td><td>700</td><td>280</td><td>4.2</td></tr>
<tr><td colspan="5">注：根据合同要求也可生产其他规格的脊瓦。</td></tr>
</table>

### 3.4　标记

3.4.1　波瓦标记按产品分类、等级、规格(长度×宽度×厚度)标准编号顺序进行标记。

示例：温石棉型　中波瓦Ⅱ级　长度 1 800 mm、宽度 745 mm、厚度 6.0 mm，表示方法为：

A ZW Ⅱ 1 800×745×6.0　GB/T 9772—2009

3.4.2　脊瓦标记按产品分类、等级、规格(长度×宽度×厚度)标准编号顺序进行标记。

示例：温石棉型　脊瓦　长度 850 mm、宽度 460 mm、厚度 6.0 mm，表示方法为：

A JW 850×460×6.0　GB/T 9772—2009

## 4　原材料

### 4.1　石棉

应采用符合 GB 8071 规定的温石棉。

### 4.2　海泡石

应采用符合 JC/T 574 规定的海泡石。

### 4.3　维纶纤维

应采用符合 FZ/T 52008 规定的维纶纤维。

### 4.4　其他增强纤维和外加材料

具有可分散性和吸附性。

### 4.5　水泥

应符合 GB 175 的要求。

### 4.6　水

宜使用符合 JGJ 63 规定的拌合用水或生产过程中经过沉淀的循环水。

### 4.7　玻璃纤维

应符合 JC/T 572 规定的耐碱玻璃纤维短切纱。

## 5　要求

### 5.1　外观质量

波瓦外观质量应符合表 3 的规定。

表 3　外观质量

<table>
<tr><th>项　目</th><th>大　波　瓦</th><th>中　波　瓦</th><th>小　波　瓦</th></tr>
<tr><td>掉角/mm</td><td>沿瓦长度方向≤100<br>沿瓦宽度方向≤50</td><td>沿瓦长度方向≤50<br>沿瓦宽度方向≤35</td><td>沿瓦长度方向≤50<br>沿瓦宽度方向≤20</td></tr>
<tr><td>掉边/mm</td><td>≤15</td><td>≤10</td><td>≤10</td></tr>
<tr><td>裂纹/mm</td><td>正表面：宽度≤1.0<br>单条长度≤75</td><td>正表面：宽度≤1.0<br>单条长度≤75</td><td>正表面：宽度≤1.0<br>单条长度≤75</td></tr>
<tr><td>断裂</td><td colspan="3">不允许</td></tr>
<tr><td>分层</td><td colspan="3">不允许</td></tr>
</table>

**5.2 形状与尺寸偏差**

5.2.1 波瓦的形状与尺寸偏差应符合表4的规定。

5.2.2 脊瓦的形状与尺寸偏差应符合表5的规定。

**5.3 物理性能**

波瓦及脊瓦的物理性能应符合表6的规定。

**5.4 力学性能**

5.4.1 波瓦的力学性能应符合表7的规定。

5.4.2 脊瓦的破坏荷载不得低于600 N。

**表4 波瓦形状与尺寸偏差**

单位为毫米

| 项目 | | 形状与尺寸偏差 |
|---|---|---|
| 长度 | | ±10 |
| 宽度 | 大波瓦、中波瓦 | ±10 |
| | 小波瓦 | ±5 |
| 厚度 | 7.5 | ±0.5 |
| | 6.5 | +0.5<br>−0.3 |
| | 6.0 | |
| | 5.5 | +0.5<br>−0.2 |
| | 5.0 | |
| | 4.2 | +0.5<br>−0 |
| 波高 | 大波瓦 | ±3 |
| | 中波瓦、小波瓦 | ±2 |
| 波距 | 大波瓦、中波瓦 | ±3 |
| | 小波瓦 | ±2 |
| 边距 | 大波瓦、中波瓦 | ±5 |
| | 小波瓦 | ±3 |
| 对角线差 | 大波瓦 | ≤10 |
| | 中波瓦、小波瓦 | ≤5 |

**表5 脊瓦形状与尺寸偏差**

| 项目 | | 形状与尺寸偏差 |
|---|---|---|
| 长度/mm | 搭接长 $l_1$ | ±5 |
| | 总长 $l$ | ±10 |
| 厚度 $e$/mm | 6.0 | +0.5<br>−0.3 |
| | 5.0<br>4.2 | +0.5<br>−0.2 |
| 宽度 $b$/mm | | 总宽±10 |
| 角度 $\theta$/(°) | | ±5 |

表 6 物理性能

| 类 别 | 吸水率/% | 抗冲击性 | 不透水性 | 抗冻性 |
|---|---|---|---|---|
| 大波瓦 | ≤28 | 冲击 1 次后被击处背面不得出现裂纹、剥落。 | 24 h 检验后不得出现水滴，但允许反面出现湿痕。 | 经 25 次冻融循环，不得出现分层。 |
| 中波瓦 | ≤28 | | | |
| 小波瓦 | ≤26 | | | |
| 脊瓦 | ≤28 | — | — | |

表 7 力学性能

| 等级 | 抗折力 | 大波瓦 | 中波瓦 | | | 小波瓦 | | |
|---|---|---|---|---|---|---|---|---|
| | | | 6.5 | 6.0 | 5.5 | 6.0<br>5.5 | 5.0 | 4.2 |
| Ⅰ | 横向/(N/m) | 3 800 | 4 200 | 3 800 | 3 500 | 2 800 | — | — |
| | 纵向/N | 470 | 350 | 330 | 320 | 350 | — | — |
| Ⅱ | 横向/(N/m) | 3 300 | 3 800 | 3 400 | 3 000 | 2 700 | 2 400 | — |
| | 纵向/N | 450 | 320 | 310 | 300 | 340 | 310 | — |
| Ⅲ | 横向/(N/m) | 2 900 | 3 600 | 3 200 | 2 800 | 2 600 | 2 300 | 2 000 |
| | 纵向/N | 430 | 310 | 300 | 290 | 330 | 300 | 260 |
| Ⅳ | 横向/(N/m) | — | 3 200 | 2 800 | 2 400 | 2 300 | 2 000 | 1 800 |
| | 纵向/N | — | 290 | 280 | 270 | 300 | 270 | 250 |
| Ⅴ | 横向/(N/m) | — | 2 800 | 2 400 | 2 000 | 2 000 | 1 800 | 1 600 |
| | 纵向/N | — | 270 | 260 | 250 | 270 | 250 | 240 |
| 注 1：蒸气养护制品试验龄期不小于 7 d，自然养护试验龄期不小于 28 d。<br>注 2：上述指标为表 8 统计法评定时的标准值 $L$。 | | | | | | | | |

## 6 试验方法

6.1 对角线差：用分度值为 1 mm 的钢卷尺，测量波瓦对角线长度，取二个对角线长度之差为对角线差，修约至 1 mm。

6.2 其他项目按 GB/T 7019—1997 规定进行试验。

## 7 检验规则

### 7.1 检验分类

检验分为出厂检验和型式检验。

7.1.1 产品出厂前均应进行出厂检验。

7.1.2 有下列情况之一时应进行型式检验：

a) 新产品或老产品转厂生产的试制定型鉴定；

b) 生产中如原材料品种、配合比、工艺有较大改变时；

c) 正常生产时，每 12 个月进行一次；

d) 出厂检验结果与上次型式检验结果有较大差异时；

e) 停产达 6 个月，恢复生产时；

f) 国家质量监督部门提出进行型式检验的要求时。

### 7.2 出厂检验

#### 7.2.1 检验项目

出厂检验项目为：外观质量、形状与尺寸偏差、抗折力。

#### 7.2.2 组批

应由同类别、同规格、同等级的产品组成，每检验批以 3 000 张为一批，如不足 3 000 张，但大于 200 张时也可组成为一批。

#### 7.2.3 抽样

##### 7.2.3.1 外观质量、形状与尺寸偏差

从检验批中随机抽取 5 张作为必检样品。复检样品在同一批产品中抽取双倍数量 10 张。

##### 7.2.3.2 抗折力

在检验批产品中抽取 1 张；复检样品在同一批产品中抽取双倍数量 2 张。

#### 7.2.4 判定

##### 7.2.4.1 外观质量、形状与尺寸偏差

a) 当厚度项目不合格时，判该样品不合格；

b) 其他项目中当出现一项不合格时，判该样品合格；当出现二项或二项以上项目不合格时，判该样品不合格；

c) 若检验样中仅出现 1 张不合格时，应对复检样品进行不合格项目复检，复检仍出现不合格品时，判该项目不合格。当 2 张或 2 张以上不合格时，判该项目不合格。

##### 7.2.4.2 抗折力

当抽取的样品不合格时，应对复检样品进行复检，复检仍出现不合格时，判该项目不合格。

##### 7.2.4.3 综合判定

当上述各项目均合格时，判该批产品合格。

### 7.3 型式检验

#### 7.3.1 检验项目

本标准第 6 章规定的全部技术要求。

#### 7.3.2 组批

每检验批应由同类别、同规格、同等级的波瓦组成。检验批大小见表 8。

#### 7.3.3 抽样

##### 7.3.3.1 外观质量、形状与尺寸偏差

根据每检验批产品数量的大小，按表 8 第 2 列的规定数量抽样。

##### 7.3.3.2 抗折力

每检验批产品数量的大小，按表 8 第 7 列的规定数量抽样。

##### 7.3.3.3 物理性能

每个项目从检验批中随机抽取 2 张试样，按 GB/T 7019—1997 规定的要求制作试件。吸水率、抗冻性试样也可从做完抗折力试验的样品上切割，切割区域不包括瓦边缘的一个整波。

#### 7.3.4 判定规则

##### 7.3.4.1 单项判定

##### 7.3.4.2 外观质量、形状与尺寸偏差

a) 单张样品判定：按 7.2.4.1a)、b)；

b) 当样品中不合格品数量等于或小于表 8 中第 3 列所表示的可接收数量 $A_{c1}$ 时，则判定该检验批该项日合格。

c) 当样品中不合格品数量等于或大于表 8 中第 4 列所表示的拒收数量 $R_{e1}$ 时，则判定该检验批该项目不合格。

d) 当样品中不合格品数量在可接收数量 $A_{c1}$ 和拒收数量 $R_{e1}$（表 8 中第 3 列和第 4 列）之间时，应进行第 2 次抽样，抽取与第一次相等数量的样品进行试验：

——第二次抽取的试样，应按第 6 章规定的方法进行检验；

——应将第一次取样中不合格的样品数与第二次取样中的不合格样品数相加得出不合格样品总数；

——当不合格样品总数等于或小于表 8 中第 5 列规定的可接收总数 $A_{c2}$ 时，则判定该检验批该项目合格；

——当不合格样品总数等于或大于表 8 中第 6 列规定的第二个拒收数 $R_{e2}$ 时，则判定该检验批该项目不合格。

**表 8　抽样与评定方案**

| 1 | 2 | 3 | 4 | 5 | 6 | 7 | 8 | 9 |
|---|---|---|---|---|---|---|---|---|
| | 外观质量、形状与尺寸偏差 | | | | | 力学性能 | | |
| | | 第一次取样 | | 第一次+第二次取样 | | | | |
| 检验批的产品数量 | 品质法检验取样数量 | 可接收的数量 $A_{c1}$ | 拒收的数量 $R_{e1}$ | 可接收的数量 $A_{c2}$ | 拒收的数量 $R_{e2}$ | 变量法检验取样数量 | 可接收系数 $K$ | 变量法评定 |
| ≤150 | 3 | 0 | 1 | 不适用 | 不适用 | 3 | 0.502 | $AL=L+KR$<br>式中：<br>$AL$——可接收极限(N)；<br>$L$——标准值(N)；<br>$K$——可接收系数；<br>$R$——样品中最大最小之差(N)。 |
| 151～280 | 8 | 0 | 2 | 1 | 2 | 3 | 0.502 | |
| 281～500 | 8 | 0 | 2 | 1 | 2 | 4 | 0.450 | |
| 501～1 200 | 8 | 0 | 2 | 1 | 2 | 5 | 0.431 | |
| 1 201～3 200 | 8 | 0 | 2 | 1 | 2 | 7 | 0.405 | |
| 3 201～10 000 | 13 | 0 | 3 | 3 | 4 | 10 | 0.507 | |

**7.3.4.3　抗折力**

按表 8 第 9 列进行评定，当样品平均值 $\overline{X} \geqslant AL$ 时，判该抗折力项目合格；当样品平均值 $\overline{X} < AL$ 时，判该抗折力项目不合格。

**7.3.4.4　物理性能**

a) 当样品的全部检验项目均合格时，判该样品合格；当出现一项或一项以上不合格时，判该样品不合格；

b) 当 2 张样品均合格时，判该检验批该项目合格；

c) 当 2 张样品均不合格时，判该检验批该项目不合格；

d) 2 张样品中的 1 张不合格，可从同批产品中取加倍数量（4 张）样品进行不合格项目的复检，若仍有试件不合格，则判定该检验批该项目不合格。

**7.3.4.5　综合判定**

上述单项全部合格时，判该检验批产品该等级合格；其中任何一项不合格时，判该检验批产品该等级不合格。

## 8　标志与合格证明书

### 8.1　标志

——波瓦外表面用不掉色的颜色注明产品标记、生产厂名、生产日期；

——标记也可标注在产品外包装上。

### 8.2 合格证明书

发货时须将合格证明书随同发货单发给用户，其中注明：

a) 批量、批号；

b) 生产厂名及厂址；

c) 标准号、产品名称、类别、规格及出厂日期；

d) 产品性能检验结果；

e) 生产厂检验部门盖章与检验员签名或盖章。

## 9 包装、运输与贮存

### 9.1 包装

波瓦可采用木架、木箱或集装箱包装。

### 9.2 运输

人力搬运时，应侧立搬运；整垛搬运时应用叉车提起运输；长途运输时，运输工具应平整，减少震动，垛高不超过 150 张，防止碰撞；装卸时严禁抛掷。

### 9.3 贮存

堆放场地须坚实平坦，不同规格、类别的应分别堆放，平面堆放时高度不超过 1.5 m。

ICS 37.040.20
G 81

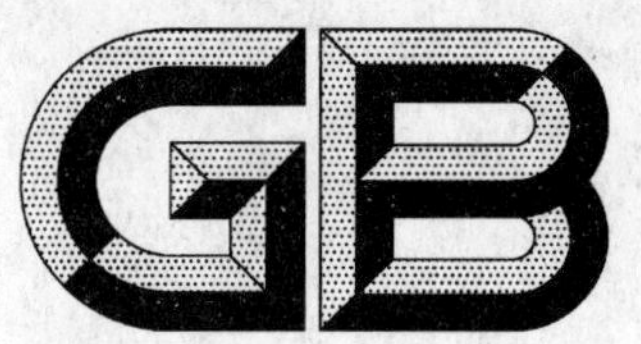

# 中华人民共和国国家标准

GB/T 9858—2009
代替 GB/T 9858—1988

# 片基与胶片耐折度的测定方法

## Method for determining the folding endurance of photographic film and film base

2009-12-15 发布　　2010-06-01 实施

中华人民共和国国家质量监督检验检疫总局
中国国家标准化管理委员会　发布

# 前　言

本标准代替 GB/T 9858—1988《片基与胶片耐折度的测定方法》。

本标准与 GB/T 9858—1988 相比，主要变化如下：

——将“主题内容与适用范围”更改为“范围”(本版的第 1 章，1988 年版的第 1 章)；

——“引用标准”更改为“规范性引用文件”一章(本版的第 2 章，1988 年版的第 2 章)；

——“术语”更改为“术语和定义”(本版的第 3 章，1988 年版的第 3 章)；

——对第 6 章“环境条件”参照 GB/T 2918 进行了明确规定(本版的第 6 章)；

——第 7 章“试样准备”将“剪取全宽 30 cm 作为样品”改为“沿片基纵向取全宽 30 cm 样品一条”(本版的第 7 章)。

本标准由中国石油和化学工业协会提出。

本标准由全国感光材料标准化技术委员会(SAC/TC 102)归口。

本标准起草单位：中国乐凯胶片集团公司。

本标准主要起草人：李彦英、孙志英、张少杰。

本标准所代替标准历次版本发布情况为：

——GB/T 9858—1988。

# 片基与胶片耐折度的测定方法

## 1 范围

本标准规定了片基与胶片耐折度测定(MIT 耐折仪方法)的原理、仪器和试验步骤。

本标准主要适用于三醋酸纤维素酯片基或聚酯片基以及以这些片基为支持体的感光胶片(带背层或不带背层、加工过或未加工过)的耐折度测定。

## 2 规范性引用文件

下列文件中的条款通过本标准的引用而成为本标准的条款。凡是注日期的引用文件,其随后所有的修改单或修订版均不适用于本标准,然而,鼓励根据本标准达成协议的各方研究是否可使用这些文件的最新版本。凡是不注日期的引用文件,其最新版本适用于本标准。

GB/T 2918 塑料试样状态调节和试验的标准环境

ISO 5626:1993 纸耐折度的测定

## 3 术语和定义

下列术语和定义适用于本标准。

3.1

**耐折度 folding endurance**

宽度为 15 mm 的片基或胶片,在一定张力下所能承受 135°的往复折叠的能力,以往复折叠的次数表示。

## 4 方法概要

在规定的试验条件下,用 MIT 耐折仪,使宽度为 15 mm 的片基或胶片试样,受到一定的张力,在一定的速度下,作 135°往复折叠,直至断裂时,从计数器得到往复次数的读数,再计算出片基或胶片的耐折度。

## 5 试验设备

### 5.1 MIT 耐折仪

仪器的技术要求应符合 ISO 5626:1993 的有关规定。主要技术要求如下:

a) 张力调节范围:4.91 N～14.72 N;

b) 折叠角度:135°±2°;

c) 折叠速度:(175±10)次/min;

d) 折叠头宽度:19 mm;

e) 折口圆弧半径:(0.38±0.02)mm;

f) 折叠夹头缝口距离:(0～0.25)mm。

### 5.2 专用裁纸刀

裁切样品宽度(15.0±0.1)mm、长度 120 mm。

## 6 环境条件

测试前,样品应在制造商推荐的条件下存放一段时间。如果产品没有推荐存放条件,应遵照

GB/T 2918的规定在23 ℃±2 ℃和相对湿度50%±5%环境下进行平衡，平衡时间一般为15 h～24 h。然后在此条件下裁切、测试。

## 7 试样准备

7.1 样品应具有代表性。取样时，对成轴片基、胶片应先弃去外层2～3层，然后沿片基纵向取全宽30 cm样品一条；对其他产品可直接取样。

7.2 在温度23 ℃、相对湿度约50%下，用专用精密切刀从片基或胶片样片中切取标准试样(不少于10条)，试样的长度方向应与片基流延或胶片涂布方向一致。对成轴产品应沿样品全宽方向。必要时，试样的长度方向可与片基流延或胶片涂布的垂直方向一致。

7.3 试样表观应无折痕、划伤、气泡、异物、水斑等弊病，切边应光滑、无毛刺、无缺口。

7.4 在试样的准备与测试过程中，操作者应带上手套，并避免直接对准试样呼吸。

## 8 试验步骤

8.1 校准仪器(见图1)水平。用手调节摆动头，明确下夹头第一次摆动的方向，并使夹缝处于垂直位置。

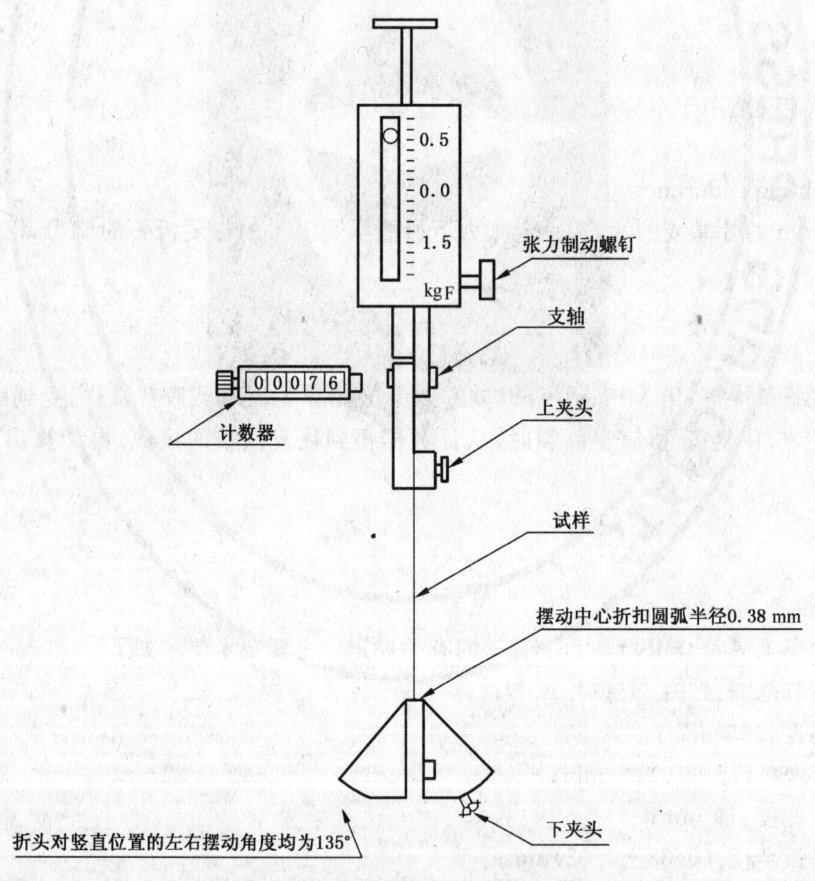


图1 MIT耐折仪工作机理图

8.2 压下张力杆，调节所需的弹簧张力(通常采用9.81 N)，同时旋紧制动螺钉。当耐折度小于10或大于1 000时，可减少或增加张力。

8.3 使计数器置零。

8.4 将试样片条平直地夹紧于上下夹头之间，若试样是胶片，必须使乳剂面处于第一次被凸折位置；若试样是带背层的片基，则必须使背层面处于第一次被凸折位置。

8.5 松开制动螺钉,使试样受到张力,并观察张力指针是否仍在所需位置,如有位差,应重新调整。

8.6 打开开关,电机运转,试样被往复折叠,直至断裂为止。同时,计数器自动停止。记录试样被折断时的次数。

8.7 在试验过程中,如果出现下列现象之一者,其测定结果应予剔除,重新取样试验。

a) 试样从夹头中滑脱或断裂偏离折叠线;

b) 试样的断裂裂口部位有涂层或脱膜现象。

## 9 试验结果

### 9.1 试验结果的表示

取各个试样测试结果(不少于10个)的算术平均值,作为片基或胶片的耐折度(次)。

### 9.2 方法的重复性

同一操作者,在同一实验室,用本方法对同一试样在正常和正确的操作下,进行多次(不少于10次)测定,所得结果的相对标准偏差不大于3%。

### 9.3 试验报告

报告应包括以下内容:

a) 有关试样的全部资料,如生产厂家、产品名称、品种、批号、涂层情况、生产日期、取样地点、测定日期等;

b) 试样平衡条件和试验条件;

c) 试样的厚度;

d) 试样第一次被凸折的面;

e) 试样在折叠时所受的张力;

f) 测得的各次试验数据和计算结果;

g) 对试验中发现的异常现象的说明。

ICS 47.020.20
U 44

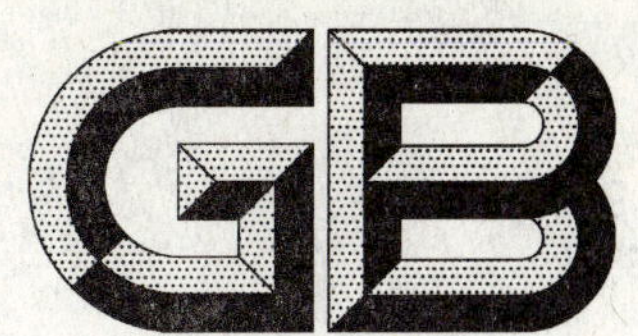

# 中华人民共和国国家标准

GB/T 9911—2009
代替 GB/T 9911—1988

# 船用柴油机辐射的空气噪声测量方法

## Measure method of airborne noise emitted by marine diesel engine

2009-03-09 发布　　　　2009-11-01 实施

中华人民共和国国家质量监督检验检疫总局
中国国家标准化管理委员会　发布

# 前　言

本标准代替 GB/T 9911—1988《船用柴油机辐射的空气噪声测量方法》。

本标准与 GB/T 9911—1988 的主要技术差异如下：

——取消了原标准中“准工程法”；

——补充规定了大型船用柴油机的测点数目及其在测量表面上的位置。

本标准的附录 A 为规范性附录。

本标准由中国船舶重工集团公司提出。

本标准由全国船用机械标准化技术委员会柴油机分技术委员会归口。

本标准起草单位：中国船舶重工集团公司第七一一研究所。

本标准主要起草人：贺林、朱震海、季文、陶龙海。

本标准所代替标准的历次版本发布情况为：

——GB/T 9911—1988。

# 船用柴油机辐射的空气噪声测量方法

## 1 范围

本标准规定了船用柴油机(以下简称柴油机)在规定的稳态工况运转时,在包络柴油机的假想矩形六面体测量表面上测量声压级和确定噪声声功率的工程法和简易法。

本标准适用于柴油机台架试验时辐射的空气噪声测量。

## 2 规范性引用文件

下列文件中的条款通过本标准的引用而成为本标准的条款。凡是注日期的引用文件,其随后所有的修改单(不包括勘误的内容)或修订版均不适用于本标准,然而,鼓励根据本标准达成协议的各方研究是否可使用这些文件的最新版本。凡是不注日期的引用文件,其最新版本适用于本标准。

GB/T 3241 倍频程和分数倍频程滤波器(GB/T 3241—1998,eqv IEC 61260:1995)

GB/T 3785—1983 声级计的电、声性能及测试方法

GB/T 3947 声学名词术语

GB/T 4129 声学 用于声功率级测定的标准声源的性能与校准要求(GB/T 4129—2003,ISO 6926:1999,IDT)

CB/T 3253 船用柴油机技术条件

CB/T 3254.2 船用柴油机台架试验 试验方法

## 3 术语

GB/T 3947 确立的以及下列术语和定义适用于本标准。

3.1

**柴油机辐射的空气噪声 airborne noise emitted by marine diesel engine**

柴油机结构表面向空气中辐射的噪声。包括装有规定的空气滤清器或进气消声器时的进气噪声。不包括被测柴油机通过外接的进气管由舱外进气时的进气噪声,也不包括排气噪声和试验中与被测柴油机相连的齿轮箱及任何被驱动机械所辐射的噪声。

3.2

**背景噪声 background noise**

在测量表面上测点位置处的由被测柴油机之外的声源所产生的噪声。

3.3

**基准体 reference box**

包络被测柴油机并终止在反射平面上的假想最小矩形六面体。

3.4

**测量表面 measurement surface**

包络被测柴油机并在其上布置测点的假想矩形六面体表面。

3.5

**测量距离 measurement distance**

测量表面与基准体对应表面间的距离。

## 4 测定的量及测量不确定度

### 4.1 测定的量

工程法需测定的量是A计权声功率级和倍频带或1/3倍频带声功率级；简易法测定的量只是A计权声功率级。

### 4.2 测量不确定度

声功率级测量结果的不确定度以标准偏差表示，其最大值如表1所列。

**表1 声功率级测量结果标准偏差最大值**

单位为分贝

<table>
<tr><td rowspan="2">使用方法</td><td colspan="5">倍频带中心频率/Hz</td><td rowspan="2">A计权</td></tr>
<tr><td>31.5～63</td><td>125</td><td>250～500</td><td>1 000～4 000</td><td>8 000</td></tr>
<tr><td>工程法</td><td>5</td><td>3</td><td>2</td><td>1.5</td><td>2.5</td><td>2</td></tr>
<tr><td rowspan="2">简易法</td><td colspan="5">声源产生的声音具有明显的离散声</td><td>5</td></tr>
<tr><td colspan="5">声源产生的声音在有意义的频率范围内均匀分布</td><td>4</td></tr>
<tr><td colspan="7">注1：如用本标准所规定的方法来比较同类机器全向辐射宽带噪声的声功率级，只要在相同环境下，用相同形状的测量表面进行测量，则用标准偏差表示这种比较所得结果的不确定度小于表1所列的值。<br>注2：表1所列的标准偏差反映了测量不确定度的所有产生因素的累积效应，但不包括逐次测试中可能由诸如声源的安装条件或运转工况改变所引起的声功率级的变化。测试结果的再现性和重复性可比表1所列不确定度表明的要好得多(即标准偏差较小)。</td></tr>
</table>

## 5 声学测试环境

### 5.1 对测试环境的要求

#### 5.1.1 适用于本标准的测试环境

理想的测试环境应只有一个反射平面(地面)，别无其他反射物。

本标准的测试环境为：

a) 提供一个反射平面上方自由场的试验室，如半消声室；

b) 满足5.1.2和5.2要求的试验车间。

当实际测试环境偏离理想情况时，需按附录A规定的方法确定环境修正值$K_2$，并对测量所得的声压级进行修正。

#### 5.1.2 测试环境合适性评判标准

工程法和简易法的选用应根据附录A对实际测试环境的鉴定结果决定。

对于工程法，要求环境修正$K_{2A}$小于或等于2 dB，频谱测量时，在测试的频率范围内每个频带上$K_2$均应小于或等于2 dB。

对于简易法，要求环境修正$K_{2A}$小于或等于7 dB。

### 5.2 对背景噪声的要求

对于工程法，背景噪声级至少比被测柴油机运转时各点测得的声压级低6 dB。

对于简易法，背景噪声级至少比被测柴油机运转时各点测得的声压级低3 dB。

## 6 测试仪器

### 6.1 仪器精度要求

工程法的测试仪器应使用GB/T 3785—1983中规定的Ⅰ型或Ⅰ型以上的声级计，允许使用精度相当的其他测试仪器。声级计或其他测试仪器和传声器之间宜使用延伸电缆或延伸杆。用于频谱分析的倍频程或1/3倍频程滤波器应符合GB/T 3241要求。简易法允许使用Ⅱ型声级计。

### 6.2 校准

每次测量前后需用精度优于±0.5 dB的声级校准器在一个或多个频率上对整个测试系统(包括电缆)进行校准。

## 7 柴油机安装和运转条件

### 7.1 安装条件

被测柴油机宜安装在弹性支承上;对于非弹性安装场合,应把由于结构振动引起的基础辐射噪声作为外加噪声看待,并使其影响最小。

被测柴油机应在进气口处装有规定的空气滤清器或消声器(见3.1)。如果进气噪声不包括在被测噪声内(例如,当柴油机通过外接的进气管由舱外进气时),则应在测试报告中说明。对于小型船用柴油机,如果排气噪声包括在被测噪声之内,也应在测试报告中说明。

被测柴油机相连的齿轮箱和任何被驱动机械辐射的噪声作外加噪声看待,必要时需要采取适当降噪措施,以保证这些噪声对被测声压级没有明显影响,并在测试报告中加以说明。

### 7.2 运转条件

被测柴油机应按照CB/T 3253及CB/T 3254.2中相关规定,在标定工况下稳定连续运转。

## 8 声压级测量

### 8.1 基准体

在确定基准体大小时,柴油机上的凸出部件,只要不是明显的声能辐射体可不予考虑。为安全起见,基准体需要足够大,以便将危险区域(如运动部件)包含在内。

### 8.2 测量表面

各测量表面分别与基准体表面平行,对应面之间的垂直距离即测量距离 $d$。测量表面与墙面及其他大型机器边界的距离至少为 $2d$。

### 8.3 测量距离

测量表面与基准体之间的测量距离 $d$ 应为1.0 m,如果受到环境条件的限制,测量距离可以适当缩短,但不得小于0.5 m。当测试环境条件满足5.1.2和5.2中规定的环境条件时,大于1.0 m的测量距离也可以采用。

### 8.4 测点位置

测点的数目及其在测量表面上的位置取决于基准体尺寸(即取决于柴油机尺寸)和辐射噪声的空间均匀性。测点数目及位置的规定见表2。

**表2 被测柴油机基准体尺寸和测点规定**

| 长 $l_1$/m | 宽 $l_2$/m | 高 $l_3$/m | 测点数目 | 布置图 |
|---|---|---|---|---|
| ≤2 | ≤2 | ≤2.5 | 9 | 图1 |
| >2~4 | ≤15 | ≤2.5 | 12 | 图2 |
| >4~15 | ≤15 | ≤2.5 | 15 | 图3 |
| >4~15[a] | ≤15 | >2.5 | 19 | 图4 |
| >15 | 无限制 | 无限制 | 34 | 图5 |

[a] 用简易法进行测量时,对 $l_1$ 的尺寸无限制。

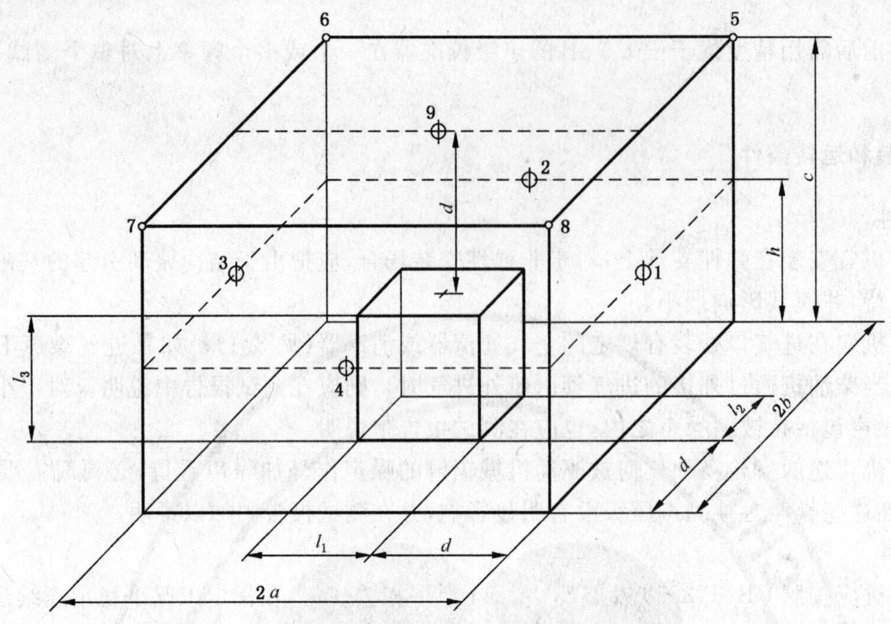


$a=l_1/2+d;b=l_2/2+d;c=l_3/2+d;h=c/2$

**图 1 基准体尺寸 $l_1\leqslant 2$ m,$l_2\leqslant 2$ m,$l_3\leqslant 2.5$ m 时 9 个测点的布置和测量表面**

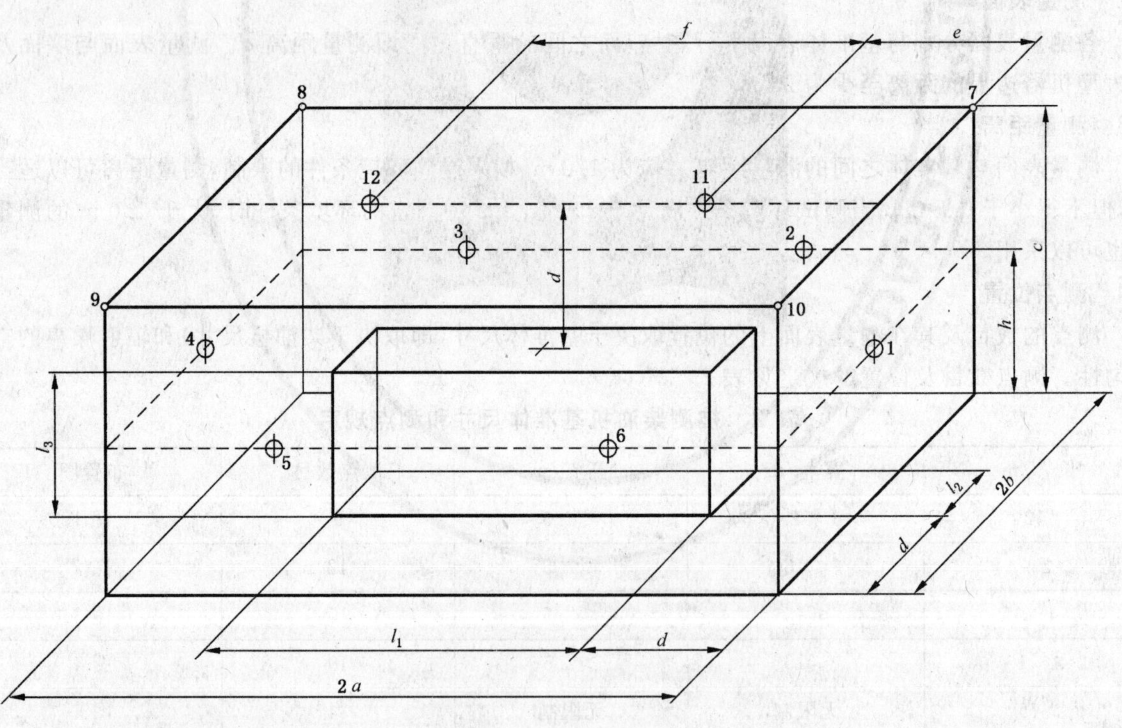


$a=l_1/2+d;b=l_2/2+d;c=l_3/2+d;h=c/2;e=a/2;f=2e$

**图 2 基准体尺寸 2 m $<l_1\leqslant 4$ m,$l_2\leqslant 15$ m,$l_3\leqslant 2.5$ m 时 12 个测点的布置和测量表面**

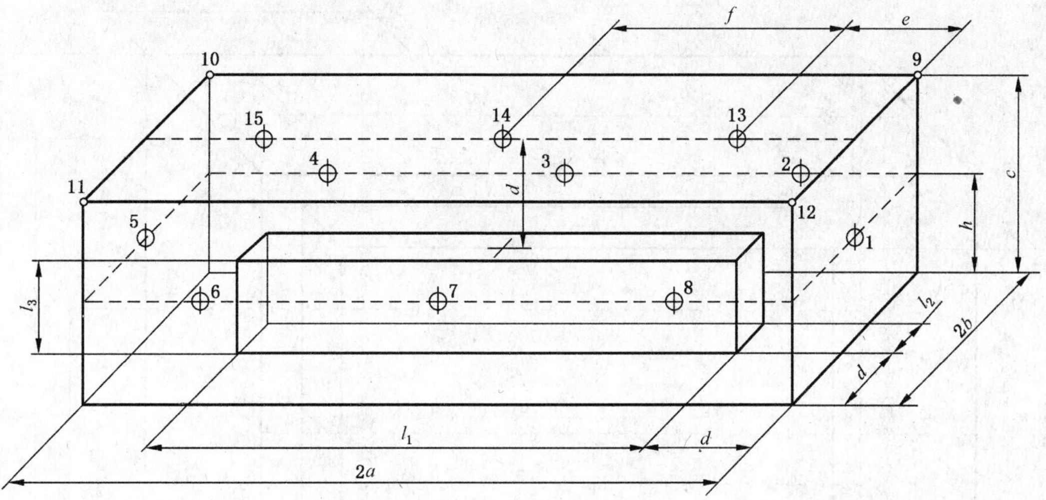


$a=l_1/2+d;b=l_2/2+d;c=l_3/2+d;h=c/2;e=a/3;f=2e$

图 3　基准体尺寸 4 m$<l_1\leqslant$15 m，$l_2\leqslant$15 m，$l_3\leqslant$2.5 m 时 15 个测点的布置和测量表面

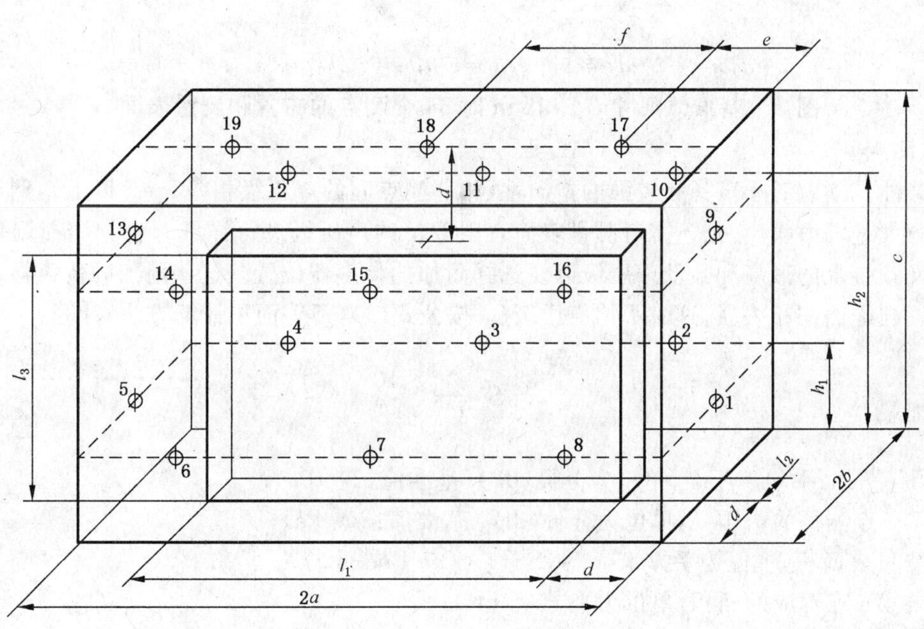


$a=l_1/2+d;b=l_2/2+d;c=l_3+d;h_1=c/4;h_2=3c/4;e=a/3;f=2e$

图 4　基准体尺寸 4 m$<l_1\leqslant$15 m，$l_2\leqslant$15 m，$l_3>$2.5 m 时 19 个测点的布置和测量表面

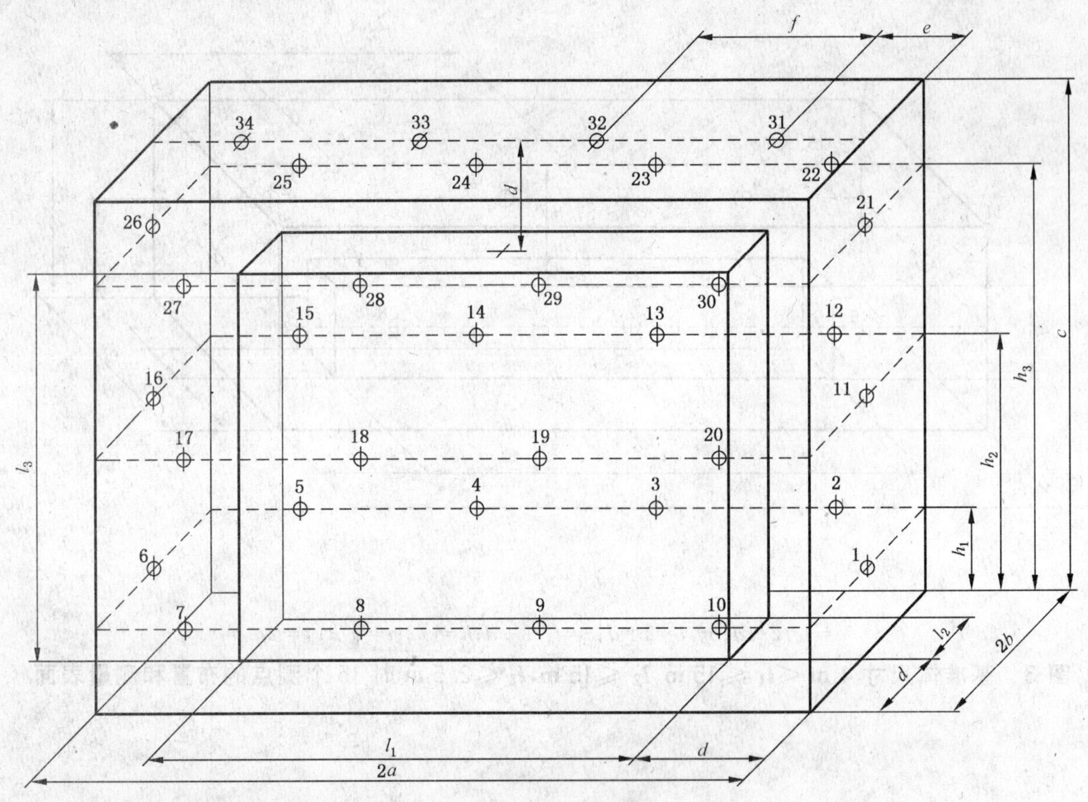


$a=l_1/2+d;b=l_2/2+d;c=l_3+d;h_1=c/6;h_2=c/2;h_3=5c/6;e=a/4;f=2e$

**图 5　基准体尺寸 $l_1>15$ m 时 34 个测点的布置和测量表面**

## 8.4.1　附加测点

若被测柴油机辐射的噪声具有较强的指向性(相邻测点间的声压级相差 5 dB 以上),例如只从柴油机的一小部分大量辐射噪声,则还需对测量表面有限部位的声压级进行详细调查。详细调查的目的是要测定有意义频带上的最高和最低声压级以便选择附加的传声器位置。这些附加的传声器位置一般在测量表面上不与等面积相关联,这时平均声压级$\overline{L}_p$ 按公式(1)(不等面积计算方法)计算:

$$\overline{L}_p = 10\lg\frac{1}{S}\left[\sum_{i=1}^{N} S_i 10^{0.1L_{pi}}\right] \qquad \cdots\cdots(1)$$

式中:

$\overline{L}_p$——测量表面平均声压级,单位为分贝(dB)(基准值:20 μPa);

$L_{pi}$——第 $i$ 点测得的声压级,单位为分贝(dB)(基准值:20 μPa);

$S$——测量表面积,单位为平方米($m^2$),$S=4\times(ab+bc+ca)$;

$S_i$——与第 $i$ 点对应的面积,单位为平方米($m^2$);

$N$——测点总数。

## 8.4.2　测点位置的更改

如某个位置因机械障碍(如:传动轴、从动机械等)、安全原因或受冷却气流的不利影响而不允许测量,则应另选一个可行的接近规定的位置,并将传声器位置的变动记录在报告中[见 10.5c)]。

## 8.5　测量

## 8.5.1　一般要求

应正确选择或布置传声器以避免环境条件可能对测量用传声器产生的不利的影响(如强电场或强磁场、风、高温或低温),并且还应遵循测量仪器制造厂对不利环境条件的提示。

为了尽量减少观测者对测量的影响,传声器宜安装在刚性机架或支座上(该刚性机架或支座不能与振动表面相联),并用至少长 2 m 的电缆接到声级计上。

8.5.2 柴油机运转时的测量

被测柴油机应在标定工况下稳定连续运转。测量用的传声器需正对柴油机噪声源方向。声级计读数时应采用时间计权特性“慢”档。若声级计读数波动小于±3 dB,则认为被测噪声是稳态的,读数取观察周期内波动的平均值。对于非稳态噪声应采用具有较长时间常数的积分声级计进行测量。

各点测量的观测周期至少应为 4 s。

8.5.3 柴油机不运转时的测量

测点位置、测量要求及观测时间与柴油机运转时相同,测量结果作为柴油机运转时的背景噪声数据。

注:这样测得的背景噪声未包括有被驱动机械和基础振动产生的外加噪声。

## 9 测量表面平均声压级和声功率级计算

### 9.1 背景噪声修正

测得的柴油机运转时各测点上的声压级应按照表 3 对背景噪声的影响进行修正。



**表 3 背景噪声修正值**

单位为分贝

| 柴油机运转时测得的声压级与背景噪声声压级之差 | 应减去的修正值 $K_1$ | |
|---|---|---|
| 3 | 3 | 简易法 |
| 4 | 2.2 | |
| 5 | 1.7 | |
| 6 | 1.3 | 工程法和简易法 |
| 7 | 1 | |
| 8 | 0.7 | |
| 9 | 0.6 | |
| 10 | 0.5 | |
| >10 | 0 | |

### 9.2 测量表面平均声压级 $\overline{L}_p$ 的计算

测量表面平均声压级 $\overline{L}_p$ 用公式(2)计算:

$$\overline{L}_p = 10\lg\left[\frac{1}{N}\sum_{i=1}^{N}10^{0.1L_{pi}}\right] - K \qquad \cdots\cdots(2)$$

式中:

$\overline{L}_p$——A 计权和倍频带或 1/3 倍频带表面声压级,单位为分贝(dB)(基准值:20 μPa);

$L_{pi}$——背景噪声修正后第 $i$ 个测点处的 A 计权和倍频带或 1/3 倍频带声压级,单位为分贝(dB)(基准值:20 μPa);

$N$——测点总数;

$K$——测量表面的平均环境修正值,单位为分贝(dB)。

对具体试验环境和试验用测量表面的 $K$ 值已在确定试验环境的适用性时(见 5.1)测得。

### 9.3 声功率级 $L_W$ 的计算

被测柴油机的声功率级 $L_W$ 按照公式(3)计算:

$$L_W = \overline{L}_p + 10\lg(S/S_0) \qquad \cdots\cdots(3)$$

式中:

$L_W$——A 计权和倍频带或 1/3 倍频带声功率级,单位为分贝(dB)(基准值:1 pW);

$\overline{L}_p$——A 计权和倍频带或 1/3 倍频带表面声压级，单位为分贝(dB)(基准值：20 μPa)；

$S_0$——基准面积，1 $m^2$；

$S$——测量表面面积，按照公式(4)计算，单位为平方米($m^2$)：

$$S = 4 \times (ab + bc + ca) \quad \cdots\cdots\cdots\cdots (4)$$

式中：

$a = l_1/2 + d$；

$b = l_2/2 + d$；

$c = l_3 + d$。

其中 $l_1$、$l_2$、$l_3$ 为矩形六面基准体尺寸，见 8.4。

## 10 报告内容

10.1 报告中应指明采用的测量方法(工程法或简易法)，并说明已完全按本标准的程序测定 A 计权和倍频带或 1/3 倍频带声功率级。报告中还应说明声功率级均以分贝为单位。下列内容如适用，应按本标准要求进行测量，根据需要收集并记录。报告只需提供最终用户所需的数据。

10.2 报告中被测柴油机应包括以下内容：

a) 被测柴油机的型号、出厂编号、制造厂、尺寸、安装的从属辅助设备；

b) 封装说明(如有)；

c) 进气滤清器和排气消声器的型号及安装位置；

d) 柴油机运转时的环境条件，包括大气压、空气温度、相对湿度和增压空气冷却介质温度；

e) 噪声测试时的柴油机功率、转速；

f) 柴油机喷油定时(静态和动态)；

g) 安装条件，包括曲轴距离反射平面的高度；

h) 所用燃油类型及其辛烷值或十六烷值。

10.3 报告中测试的声学环境应包括以下内容：

a) 室内测量：应说明墙壁、天花板和地面的物理处理情况，包括表示声源和室内陈列物的位置的草图；

b) 按附录 A 的规定对测试环境的声学鉴定过程。

10.4 报告中测量仪器应包括以下内容：

a) 测量用设备，包括名称、型号、出厂编号和制造厂；

b) 频率分析仪的频带宽度(仅工程法)；

c) 仪器系统的频率响应；

d) 传声器及其他系统部件校准的方法、日期和地点。

10.5 报告中声学数据应包括以下内容：

a) 测量方法；

b) 传声器位置数和布置(必要时可绘出草图)及测量距离；

c) 修改后的传声器位置(见 8.4.2)；

d) 测量表面面积 $S$；

e) 各测点位置上的 A 计权声压级和用于工程法的倍频带或 1/3 倍频带声压级 $L_{pi}$，单位为分贝(dB)；

f) 各测点位置上背景噪声 A 计权声压级和用于工程法的倍频带或 1/3 倍频带声压级及相应修正值(如有)；

g) 按附录 A 计算的环境修正值 $K_2$；

h) A 计权声压级和用于工程法的倍频带或 1/3 倍频带声压级$\overline{L}_p$，单位为分贝(dB)；

i) A计权声功率级和用于工程法的倍频带或1/3倍频带声功率级 $L_W$,单位为分贝(dB);

j) 对噪声主观印象的评价(可听离散声、脉冲特性、频谱成分、瞬时特性等)。

10.6 报告中应包含的其他内容:

测量单位、测量人员、测量地点和测量日期。

# 附 录 A
## （规范性附录）
## 测试环境的鉴定

### A.1 概述

为了使柴油机噪声测量结果符合本标准要求，应提供一个反射平面上方为自由场的测试环境，这个环境可以是半消声室、户外宽阔场地或满足本附录要求的试验车间。测试场地要足够大，使测量表面位于被测柴油机声源的近场以外，并且处于一个没有来自试验车间边界及其他物体反射的声场中。

对于坚硬平坦的户外测试场地，如果在从声源出发三倍于声源中心至较远测点最大距离的范围以内没有声反射障碍物，则可以认为环境修正值 $K_2 \leqslant 0.5$ dB，因而忽略不计。

当试验车间不满足上述要求时，应按照本附录规定的方法测定环境修正值 $K_2$，并对环境影响加以修正。$K_2$ 可用绝对比较测试法（见 A.3.1）、混响时间测试法（见 A.3.2）或吸声量 A 估算法（见 A.3.3）求得。

### A.2 环境条件

#### A.2.1 反射平面特性

反射平面在所研究的频率范围内应当近似为完全的声反射面。一般平坦的混凝土、沥青地面均能满足上述要求。

#### A.2.2 反射平面尺寸

反射平面边界至测量表面在反射平面上投影的距离应当大于 $\lambda/2$，其中，$\lambda$ 为所测试频率范围内最低频率对应的波长。

### A.3 试验车间环境修正值 $K_2$ 的求法

#### A.3.1 绝对比较测试法

##### A.3.1.1 方法

将符合 GB/T 4129 要求的标准声源放在与被测柴油机基本相同的位置上，测量表面与柴油机运转时的测量表面相同，按照本标准第 8 章和第 9 章的方法在无环境修正（即假定 $K_2=0$）的条件下确定标准声源的声功率级 $L_W$。试验车间的环境修正值 $K_2$ 按公式（A.1）确定：

$$K_2 = L_W - L_{Wr} \qquad \text{(A.1)}$$

式中：

$L_W$——用第 8 章和第 9 章的方法［在公式（A.1）中设 $K_2=0$］在现场测得的标准声源的声功率级，单位为分贝（dB）（基准值：1 pW）；

$L_{Wr}$——标准声源在半自由场条件下标定的声功率级，单位为分贝（dB）（基准值：1 pW）。

##### A.3.1.2 标准声源在测试环境中的位置

标准声源的位置分替代法和并列法两种，当被测柴油机能从现场移开时，应使用替代法。只要被测柴油机的长度与其宽度之比小于 2，就可将标准声源放置在与被测柴油机相同的位置上，即放在柴油机基准体在反射面上矩形投影的几何中心位置上，当被测柴油机长度与宽度之比大于 2 时，标准声源要放置 4 个位置，即在被测柴油机的基准体反射面上投影的四条矩形边的中点上，每个测点上的声压级都要按公式（1）对四个声源位置求得平均值。当被测柴油机不能从现场移开时，应使用并列法，即把标准声源放置在被测柴油机上表面上或靠近被测柴油机四个侧面的多个位置上进行测量。本方法不适用于具有高吸声表面的柴油机。

**A.3.2 混响时间测试法**

本方法用于比较有规则的房间，环境修正值 $K_2$ 按公式(A.2)求得：

$$K_2 = 10\lg\left(1+\frac{4}{A/S}\right) \quad \cdots\cdots(A.2)$$

式中：

$A$——试验车间的吸声量，单位为平方米($m^2$)；

$S$——被测柴油机的测量表面面积，单位为平方米($m^2$)。

其中吸声量 $A$ 值根据测试车间 A 计权或频带混响时间的测量结果，按公式(A.3)确定：

$$A = 0.16(V/T) \quad \cdots\cdots(A.3)$$

式中：

$V$——试验车间体积，单位为立方米($m^3$)；

$T$——A 计权或频带混响时间，单位为秒(s)。

对于直接从 A 计权测量值确定 $K_{2A}$，建议使用中心频率为 1 kHz 的频带混响时间。

本方法不适用于实验室性质的半消声室，经强吸声处理的房间或室外测量。

**A.3.3 吸声量 A 的估算法**

环境修正值 $K_2$ 按公式(A.2)求得。

其中吸声量 $A$ 根据表 A.1 查得的试验车间表面平均吸声系数 $\alpha$，按公式(A.4)确定：

$$A = \alpha \cdot S_V \quad \cdots\cdots(A.4)$$

式中：

$\alpha$——表 A.1 给出的试验车间的 A 计权平均吸声系数；

$S_V$——试验车间边界表面的总面积(包括墙壁、天花板和地面)，单位为平方米($m^2$)。

**表 A.1 平均吸声系数 $\alpha$ 的近似值**

| 平均吸声系数 | 房间特征 |
|---|---|
| 0.05 | 房间几乎全空，墙壁平滑坚硬，材料为混凝土、砖、灰泥面或瓷砖贴面 |
| 0.1 | 房间部分空，墙壁平滑 |
| 0.15 | 带家具的房间；矩形机器间；矩形工业厂房 |
| 0.2 | 带家具的不规则形状的房间，不规则形状的机器间或工业厂房 |
| 0.25 | 带装饰性家具的房间，天花板或墙面装有少量吸声材料的机器间或工业厂房(例如局部吸声的天花板) |
| 0.35 | 房间的天花板和墙壁均装有吸声材料 |
| 0.5 | 房间的天花板和墙壁装有大量吸声材料 |

**A.4 合格要求**

试验车间测试环境应符合 5.1.2 和 5.2 的要求，在上述要求得不到满足时可缩小测量距离，但不应小于 0.5 m。另一种方法是通过增加试验车间的吸声系数来加大吸声量 $A$，使 $A/S$ 值增大，以满足要求。

ICS 77.140.50
H 46

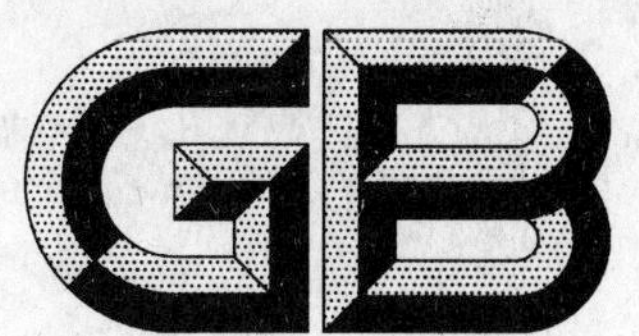

# 中华人民共和国国家标准

GB/T 9941—2009
代替 GB/T 9941—1988

# 高速工具钢钢板

## High speed tool steel sheets and plates

2009-10-30 发布 2010-05-01 实施

中华人民共和国国家质量监督检验检疫总局
中国国家标准化管理委员会 发布

# 前言

本标准代替 GB/T 9941—1988《高速工具钢钢板技术条件》。

本标准与 GB/T 9941—1988 相比，主要变化如下：

——标准名称修改为《高速工具钢钢板》；

——增加了“订货内容”条款；

——增加了“冶炼方法”条款；

——热轧钢板的最小宽度及最小长度调整为 500 mm；

——增加了“根据需方要求，并在合同中注明，钢板可酸洗交货”；

——增加了 W6Mo5Cr4V2Co5 牌号及相关技术要求；

——布氏硬度检验规格由厚度大于 1.3 mm 调整为厚度大于 1.5 mm；

——增加了电渣钢的组批规则及取样数量和取样部位的规定。

本标准由中国钢铁工业协会提出。

本标准由全国钢标准化技术委员会归口。

本标准主要起草单位：重庆东华特殊钢有限责任公司、浙江缙云韩立锯业有限公司、河冶科技股份公司、冶金工业信息标准研究院。

本标准主要起草人：李庆艳、谢静红、陈立田、潘伟华、吴立志、刘宝石。

本标准所代替标准的历次版本发布情况为：

——GB/T 9941—1988。

# 高速工具钢钢板

## 1 范围

本标准规定了高速工具钢钢板的订货内容、尺寸、外形及允许偏差、技术要求、试验方法、检验规则、包装、标志及质量证明书。

本标准适用于厚度不大于 4 mm 的冷轧钢板和厚度不大于 10 mm 的热轧钢板。

## 2 规范性引用文件

下列文件中的条款通过本标准的引用而成为本标准的条款。凡是注日期的引用文件，其随后所有的修改单(不包括勘误的内容)或修订版均不适用于本标准，然而，鼓励根据本标准达成协议的各方研究是否可使用这些文件的最新版本。凡是不注日期的引用文件，其最新版本适用于本标准。

GB/T 223.5 钢铁 酸溶硅和全硅含量的测定 还原型硅钼酸盐分光光度法

GB/T 223.8 钢铁及合金化学分析方法 氟化钠分离-EDTA 滴定法测定铝量

GB/T 223.11 钢铁及合金 铬含量的测定 可视滴定或电位滴定法

GB/T 223.13 钢铁及合金化学分析方法 硫酸亚铁铵滴定法测定钒含量

GB/T 223.19 钢铁及合金化学分析方法 新亚铜灵-三氯甲烷萃取光度法测定铜量

GB/T 223.20 钢铁及合金化学分析方法 电位滴定法测定钴量

GB/T 223.22 钢铁及合金化学分析方法 亚硝酸 R 盐分光光度法测定钴量

GB/T 223.23 钢铁及合金 镍含量的测定 丁二酮肟分光光度法

GB/T 223.26 钢铁及合金 钼含量的测定 硫氰酸盐分光光度法

GB/T 223.28 钢铁及合金化学分析方法 α-安息香肟重量法测定钼量

GB/T 223.43 钢铁及合金 钨含量的测定 重量法和分光光度法

GB/T 223.53 钢铁及合金化学分析方法 火焰原子吸收分光光度法测定铜量

GB/T 223.54 钢铁及合金化学分析方法 火焰原子吸收分光光度法测定镍量

GB/T 223.58 钢铁及合金化学分析方法 亚砷酸钠-亚硝酸钠滴定法测定锰量

GB/T 223.59 钢铁及合金 磷含量的测定 铋磷钼蓝分光光度法和锑磷钼蓝分光光度法

GB/T 223.60 钢铁及合金化学分析方法 高氯酸脱水重量法测定硅含量

GB/T 223.62 钢铁及合金化学分析方法 乙酸丁酯萃取光度法测定磷量

GB/T 223.63 钢铁及合金化学分析方法 高碘酸钠(钾)光度法测定锰量

GB/T 223.64 钢铁及合金 锰含量的测定 火焰原子吸收光谱法

GB/T 223.65 钢铁及合金化学分析方法 火焰原子吸收光谱法测定钴量

GB/T 223.66 钢铁及合金化学分析方法 硫氰酸盐-盐酸氯丙嗪-三氯甲烷萃取光度法测定钨量

GB/T 223.67 钢铁及合金 硫含量的测定 次甲基蓝分光光度法

GB/T 223.68 钢铁及合金化学分析方法 管式炉内燃烧后碘酸钾滴定法测定硫含量

GB/T 223.69 钢铁及合金 碳含量的测定 管式炉内燃烧后气体容量法

GB/T 223.72 钢铁及合金 硫含量的测定 重量法

GB/T 223.76 钢铁及合金化学分析方法 火焰原子吸收光谱法测定钒量

GB/T 224 钢的脱碳层深度测定法

GB/T 226 钢的低倍组织及缺陷酸蚀检验法

GB/T 231.1 金属布氏硬度试验 第 1 部分：试验方法(GB/T 231.1—2002，eqv ISO 6506-1：1999)

GB/T 247　钢板和钢带检验、包装、标志及质量证明书的一般规定

GB/T 708　冷轧钢板和钢带的尺寸、外形、重量及允许偏差

GB/T 709—2006　热轧钢板和钢带的尺寸、外形、重量及允许偏差

GB/T 9943　高速工具钢

GB/T 14979　钢的共晶碳化物不均匀度评定法

GB/T 17505　钢及钢产品交货一般技术条件

GB/T 20066　钢和铁　化学成分测定用试样的取样和制样方法(GB/T 20066—2006,ISO 14284:1996,IDT)

GB/T 20123　钢铁　总碳硫含量的测定　高频感应炉燃烧后红外吸收法(常规方法)

## 3　订货内容

按本标准订货的合同或订单应包括以下内容:

a)　产品名称;

b)　牌号;

c)　标准号;

d)　规格;

e)　重量(或数量);

f)　加工用途;

g)　交货状态;

h)　其他。

## 4　尺寸、外形及允许偏差

4.1　冷轧钢板的尺寸、外形及允许偏差应符合 GB/T 708 的规定。

4.2　厚度 3 mm～10 mm 热轧钢板的尺寸、外形及允许偏差应符合 GB/T 709—2006 的规定,热轧单轧钢板的厚度允许偏差未注明时按 A 类偏差,但钢板的最小宽度为 500 mm,最小长度为 500 mm。

4.3　厚度小于 3 mm 热轧钢板的尺寸及允许偏差应符合表 1 的规定。

表 1

单位为毫米

| 公称厚度 | 在下列宽度时的厚度允许偏差 | | |
|---|---|---|---|
| | 500～750 | >750～1 000 | >1 000～1 500 |
| >0.35～0.50 | ±0.07 | ±0.07 | — |
| >0.50～0.60 | ±0.08 | ±0.08 | — |
| >0.60～0.75 | ±0.09 | ±0.09 | — |
| >0.75～0.90 | ±0.10 | ±0.10 | — |
| >0.90～1.10 | ±0.11 | ±0.12 | — |
| >1.10～1.20 | ±0.12 | ±0.13 | ±0.15 |
| >1.20～1.30 | ±0.13 | ±0.14 | ±0.15 |
| >1.30～1.40 | ±0.14 | ±0.15 | ±0.18 |
| >1.40～1.60 | ±0.15 | ±0.15 | ±0.18 |
| >1.60～1.80 | ±0.15 | ±0.17 | ±0.18 |
| >1.80～2.00 | ±0.16 | ±0.17 | ±0.18 |
| >2.00～2.20 | ±0.17 | ±0.18 | ±0.19 |
| >2.20～2.50 | ±0.18 | ±0.19 | ±0.20 |
| >2.50～<3.00 | ±0.19 | ±0.20 | ±0.21 |

4.4 经供需双方协议,可供应其他尺寸的钢板。

4.5 经供需双方协议,并在合同中注明,可供应更高轧制精度的钢板。

4.6 不平度

钢板的不平度应符合表2的规定。

表2

单位为毫米

| 公称厚度 | 不平度<br>每米不大于 | |
|---|---|---|
| | 热轧钢板 | 冷轧钢板 |
| <3 | 20 | 15 |
| 3～4 | 15 | 15 |
| >4～10 | 15 | — |

## 5 技术要求

### 5.1 牌号和化学成分

5.1.1 钢板由下列牌号的钢制成:W6Mo5Cr4V2、W9Mo3Cr4V、W6Mo5Cr4V2Al、W6Mo5Cr4V2Co5、W18Cr4V。

5.1.2 钢的化学成分(熔炼成分)和成品钢板的化学成分允许偏差应符合GB/T 9943的规定。

### 5.2 冶炼方法

钢应用电炉或电渣重熔方法冶炼。当要求采用电渣重熔冶炼时,应在合同中注明。

### 5.3 交货状态

5.3.1 钢板以退火状态交货。

5.3.2 根据需方要求,并在合同中注明,钢板可酸洗交货。

### 5.4 硬度

5.4.1 钢板交货状态布氏硬度值应符合表3的规定。

表3

| 牌号 | 交货状态硬度,HBW,不大于 |
|---|---|
| W6Mo5Cr4V2、W9Mo3Cr4V、W18Cr4V | 255 |
| W6Mo5Cr4V2Al、W6Mo5Cr4V2Co5 | 285 |

5.4.2 厚度不大于1.5 mm的钢板,供方能保证交货状态硬度符合表3的规定时,可不检验交货状态硬度。

### 5.5 共晶碳化物不均匀度

钢板的共晶碳化物不均匀度按GB/T 14979所附评级图进行评定,检验结果应符合表4的规定。要求按1组交货时,应在合同中注明,未注明时按2组规定。

表4

| 组别 | 共晶碳化物不均匀度/级,不大于 |
|---|---|
| 1组 | 2 |
| 2组 | 3 |

### 5.6 脱碳

5.6.1 冷轧钢板的总脱碳层(铁素体+过渡层)深度,每面不大于公称厚度的2%。

5.6.2 热轧钢板的总脱碳层(铁素体+过渡层)深度,每面不大于公称厚度的4%。

### 5.7 低倍组织

钢板或钢坯的酸浸低倍组织不应有目视可见的缩孔残余、裂纹和夹杂。

### 5.8 表面质量

5.8.1 钢板不应有分层，表面不应有气泡、夹杂、结疤和裂纹。

5.8.2 热轧钢板表面允许有深度在公差范围内，且不使钢板小于允许最小厚度的麻点、压痕、划伤和薄层氧化铁皮。

5.8.3 冷轧钢板表面允许有深度不超过公差之半，且不使钢板小于允许最小厚度麻点、小划痕、压痕、个别凹坑和辊印。

5.8.4 钢板的局部缺陷允许清理，清理深度不应使钢板小于允许最小厚度。

## 6 试验方法

每批钢板的检验项目、取样数量、取样部位及试验方法应符合表5的规定。

表5

| 序号 | 检验项目 | 取样数量/个 | 取样部位 | 试验方法 |
|---|---|---|---|---|
| 1 | 化学成分 | 1/炉 | GB/T 20066 | GB/T 223、GB/T 20123 |
| 2 | 硬度 | 2 | 不同张钢板或7.3.4 | GB/T 231.1 |
| 3 | 脱碳 | 2 | 不同张钢板或7.3.4 | GB/T 224 |
| 4 | 共晶碳化物不均匀度 | 2 | 不同张钢板或7.3.4 | GB/T 14979 |
| 5 | 低倍组织 | 2 | 不同张钢板上或7.3.4或靠近钢锭帽口端的板坯上 | GB/T 226 |
| 6 | 尺寸 | 逐张 | 整张钢板 | 千分尺、样板 |
| 7 | 表面 | 逐张 | 整张钢板 | 目视 |

## 7 检验规则

### 7.1 检查和验收

7.1.1 钢板出厂的检查和验收由供方质量技术监督部门进行。

7.1.2 供方必须保证交货的钢板符合本标准或合同的规定，必要时，需方有权对本标准或合同所规定的任一检验项目进行检查和验收。

### 7.2 组批规则

钢板应按批进行检查和验收，每批钢板应由同一牌号、同一炉号、同一厚度、同一热处理炉次的钢板组成。采用电渣重溶冶炼的钢，在工艺稳定且能保证各项要求的条件下，允许以自耗电极的熔炼母炉号组批交货，含Al钢只能按电渣炉号组批。

### 7.3 取样数量及取样部位

7.3.1 电炉钢，每批钢板的取样数量及取样部位应符合表5的规定。

7.3.2 电渣钢按熔炼母炉号组批时，每个电渣炉号化学成分合格时，任取一个电渣锭化学成分报出，代表整个母炉化学成分(含Al钢除外)，其他项目取样数量和取样部位按表5规定。

7.3.3 电渣钢按电渣炉号组批时，化学成分按每个电渣炉号取1个试样，其他项目按母炉组批，取样数量及取样部位应符合表5的规定。

7.3.4 成垛热处理的钢板，每批在一垛的上部和下部各取一张检验用钢板，从其任一端各取一个试样；当厚度不大于4 mm的钢板批量不超过20张以及厚度大于4 mm的钢板批量不超过10张时，每批只取一张检验用钢板，在其两端各取一个试样。

7.3.5 检验用试样距钢板边缘应不小于 40 mm。

## 7.4 复验与判定规则

钢板的复验与判定规则应符合 GB/T 17505 的规定。

# 8 包装、标志和质量证明书

钢板的包装、标志和质量证明书应符合 GB/T 247 的规定。

ICS 67.220.20
X 41

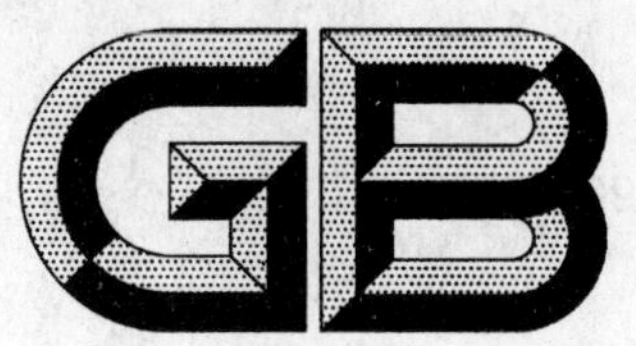

# 中华人民共和国国家标准

GB 9990—2009
代替 GB 9990—1988

# 食品营养强化剂 煅烧钙

**Food nutritional fortification substance—Calcined calcium**

2009-01-19 发布 2009-08-01 实施

中华人民共和国国家质量监督检验检疫总局
中国国家标准化管理委员会
发布

# 前言

**本标准的第3章为强制性的，其余为推荐性的。**

本标准代替GB 9990—1988《食品强化剂　活性钙》。

本标准与GB 9990—1988相比主要变化如下：

——将标准名称改为“食品营养强化剂　煅烧钙”。

本标准由中国轻工业联合会提出。

本标准由全国食品添加剂标准化技术委员会和全国食品发酵标准化中心归口。

本标准主要起草单位：中国食品发酵工业研究院。

本标准主要起草人：李惠宜、柴秋儿。

本标准所代替标准的历次版本发布情况为：

——GB 9990—1988。

# 食品营养强化剂　煅烧钙

## 1　范围

本标准规定了食品营养强化剂煅烧钙的技术要求、试验方法、检验规则、标志、包装、运输、贮存及保质期。

本标准适用于由牡蛎壳或贝壳经高温煅烧、水解而制得的制品。

## 2　规范性引用文件

下列文件中的条款通过本标准的引用而成为本标准的条款。凡是注日期的引用文件，其随后所有的修改单(不包括勘误的内容)或修订版均不适用于本标准，然而，鼓励根据本标准达成协议的各方研究是否可使用这些文件的最新版本。凡是不注日期的引用文件，其最新版本适用于本标准。

GB/T 601　化学试剂　标准滴定溶液的制备

GB/T 602　化学试剂　杂质测定用标准溶液的制备(GB/T 602—2002,ISO 6353-1:1982,NEQ)

GB/T 603　化学试剂　试验方法中所用制剂及制品的制备(GB/T 603—2002,ISO 6353-1:1982,NEQ)

GB/T 5009.3　食品中水分的测定

GB/T 5009.15　食品中镉的测定

GB/T 5009.75　食品添加剂中铅的测定

GB/T 5009.76　食品添加剂中砷的测定

GB/T 6682　分析实验室用水规格和试验方法(GB/T 6682—2008,ISO 3696:1987,MOD)

## 3　技术要求

### 3.1　感官要求

白色无臭粉末。

### 3.2　理化要求

应符合表1的规定。

**表1　理化指标**

| 项　目 | | 指　标 |
|---|---|---|
| 钙含量(Ca)/% | ≥ | 50.0 |
| 水分/% | ≤ | 1.0 |
| 细度(100目筛通过率)/% | ≥ | 98.5 |
| 砷(以 As 计)/(mg/kg) | ≤ | 1 |
| 铅(以 Pb 计)/(mg/kg) | ≤ | 1 |
| 镉(以 Cd 计)/(mg/kg) | ≤ | 1 |
| 盐酸不溶物/% | ≤ | 0.10 |
| 钡(以 Ba 计)/% | ≤ | 0.03 |

## 4 试验方法

除非另有说明,在分析中仅使用确认为分析纯的试剂和GB/T 6682中规定的水。分析中所用标准滴定溶液、杂质测定用标准溶液、制剂及制品,在没有注明其他要求时,均按GB/T 601、GB/T 602、GB/T 603的规定制备。本标准所用溶液在未注明用何种溶剂配制时,均指水溶液。

### 4.1 感官检验

将样品置于清洁、干燥的白瓷盘中,在自然光线下,观察其外观,并嗅其味。

### 4.2 钙含量(Ca)

#### 4.2.1 试剂与溶液

a) 盐酸溶液:盐酸∶水=1∶1(体积比)。

b) 酒石酸铵溶液:质量分数为10%。

c) 三乙醇铵溶液:三乙醇铵∶水=1∶2(质量比)。

d) 氰化钾溶液:质量分数为5%。

e) 氢氧化钠溶液:质量分数分别为10%和20%。

f) 乙二胺四乙酸二钠标准溶液:0.02 mol/L。

g) 钙红指示剂:称取0.5 g钙红($C_{20}H_{14}N_2O_7S$),加入干燥后的50 g氯化钠,于研钵中充分研磨成均匀粉末,放入棕色瓶中保存。

#### 4.2.2 分析步骤

称取约2 g样品,精确至0.000 1 g,加25 mL水。缓慢滴加盐酸溶液至完全溶解,加热驱除二氧化碳,冷却后置于容量瓶中加水稀释至250 mL。用移液管吸取25 mL混匀的溶液于250 mL容量瓶中,加水稀释至刻度。再用移液管吸取上述溶液25 mL于锥形瓶中,加入2.5 mL 10%酒石酸铵溶液和5 mL三乙醇胺溶液。混匀后再加10 mL 20%氢氧化钠溶液、5 mL 5%氰化钾溶液和0.2 g钙红指示剂,用0.02 mol/L乙二胺四乙酸二钠标准溶液滴定至溶液由酒红色变为纯蓝色。

#### 4.2.3 结果计算

钙含量(Ca)的质量分数按式(1)计算:

$$X_1 = \frac{40.08 \times c \times V}{1\,000m} \times 100 \qquad \cdots\cdots(1)$$

式中:

$X_1$——样品中的钙含量(Ca)的质量分数,%;

$c$——乙二胺四乙酸二钠标准溶液的浓度,单位为摩尔每升(mol/L);

$V$——滴定消耗乙二胺四乙酸二钠标准溶液的体积,单位为毫升(mL);

$m$——样品质量,单位为克(g)。

#### 4.2.4 允许差

检测结果以两次平行测定结果的算术平均值为准。在重复性条件下获得的两次独立测定结果的绝对差值不得超过算术平均值的0.2%。

### 4.3 水分

按GB/T 5009.3规定的方法测定。

### 4.4 细度

#### 4.4.1 仪器和设备

标准筛:100目。

#### 4.4.2 分析步骤

准确称取约10 g样品,精确至0.01 g,过100目筛,称筛上物质量。

4.4.3 结果计算

样品细度的质量分数按式(2)计算：

$$X_2 = \frac{m_2 - m_1}{m_2} \times 100 \qquad \cdots\cdots\cdots\cdots(2)$$

式中：

$X_2$——样品细度的质量分数，%；

$m_2$——筛前样品质量，单位为克(g)；

$m_1$——筛上物质量，单位为克(g)；

4.5 砷

按 GB/T 5009.76 规定的方法测定。

4.6 铅

按 GB/T 5009.75 规定的方法测定。

4.7 镉

按 GB/T 5009.15 规定的方法测定。

4.8 盐酸不溶物

4.8.1 试剂与溶液

a) 盐酸溶液：盐酸：水＝1：1(体积比)。

b) 硝酸银溶液：质量分数为1%。

4.8.2 分析步骤

称取约 5 g 样品，精确至 0.000 1 g，置于 500 mL 高型烧杯中。加水湿润后，渐渐加入 25 mL 盐酸溶液。加热至沸，趁热用中速滤纸过滤，再用热水洗涤沉淀物至滤液无氯离子(用1%硝酸银溶液检查)。将滤纸及沉淀物移入已恒重的坩埚中炭化后，在 850 ℃～900 ℃下灼烧至前后两次质量之差不得超过 0.000 3 g。

4.8.3 结果计算

样品中盐酸不溶物的质量分数按式(3)计算：

$$X_3 = \frac{m_5 - m_4}{m_3} \times 100 \qquad \cdots\cdots\cdots\cdots(3)$$

式中：

$X_3$——样品中盐酸不溶物的质量分数，%；

$m_5$——灼烧后坩埚及不溶物质量，单位为克(g)；

$m_4$——坩埚质量，单位为克(g)；

$m_3$——样品质量，单位为克(g)。

4.8.4 允许差

检测结果以两次平行测定结果的算术平均值为准。在重复性条件下获得的两次独立测定结果的绝对差值不得超过算术平均值的5%。

4.9 钡

4.9.1 试剂与溶液

a) 无水乙酸钠。

b) 盐酸溶液：质量分数为10%。

c) 冰乙酸溶液：质量分数为10%。

d) 铬酸钾溶液：质量分数为5%。

e) 钡标准溶液：0.1 mg/mL。

4.9.2 分析步骤

称取约 1 g 样品，精确至 0.01 g，置于 100 mL 烧杯中。加水湿润后，缓慢加入 10 mL 10%盐酸溶液，使其全部溶解。加热至沸，冷却后加入 1.2 g 无水乙酸钠和 1 mL 10%冰乙酸溶液，用中速滤纸滤至 25 mL 比色管中。加水稀释至刻度，加 0.5 mL 5%铬酸钾溶液，放置 15 min。与标准管比较，其浊度不得超过标准管。

标准管为取 3 mL 0.1 mg/mL 钡标准溶液，加 2 mL 10%盐酸溶液。从加入无水乙酸钠开始，以下操作与样品同时同样处理。

## 5 检验规则

### 5.1 批次的确定

由生产单位的质量检验部门按照其相应的规则确定产品的批号，经最后混合且有均一性质量的产品为一批。

### 5.2 取样方法和取样量

在每批产品中随机抽取样品，每批按包装件数的 3%抽取小样，每批不得少于三个包装，每个包装抽取样品不得少于 100 g。将抽取试样迅速混合均匀，分装入两个洁净、干燥的容器或包装袋中。注明生产厂、产品名称、批号、数量及取样日期，一份作检验，一份密封留存备查。

### 5.3 出厂检验

5.3.1 出厂检验项目包括钙含量(Ca)、水分、细度和盐酸不溶物。

5.3.2 每批产品须经生产厂检验部门按本标准规定的方法检验，并出具产品合格证后方可出厂。

### 5.4 型式检验

本标准技术要求中规定的所有项目均为型式检验项目。型式检验每半年进行一次，或当出现下列情况之一时进行检验：

——原料、工艺发生较大变化时；

——停产后重新恢复生产时；

——出厂检验结果与平常记录有较大差别时；

——国家质量监督检验机构提出时。

### 5.5 判定规则

对全部技术要求进行检验，检验结果中若有一项指标不符合本标准要求时，应重新双倍取样进行复检。复检结果即使有一项不符合本标准，则整批产品判为不合格。

如供需双方对产品质量发生异议时，可由双方协商选定仲裁机构，按本标准规定的检验方法进行仲裁。

## 6 标志、包装、运输、贮存和保质期

### 6.1 标志

食品添加剂应有包装标志和产品说明书，标志内容可包括：品名、产地、厂名、卫生许可证号、生产许可证号、规格、生产日期、批号或者代号、保质期限等，并在标志上明确标示“食品添加剂”字样。

### 6.2 包装

产品包装应采用国家批准的、并符合相应食品包装用卫生标准的材料。

### 6.3 运输

产品在运输过程中不得与有毒、有害及污染物质混合载运，避免雨淋日晒等。

### 6.4 贮存

产品应贮存在通风、清洁、干燥的地方，不得与有毒、有害及有腐蚀性等物质混存。

6.5 **保质期**

产品自生产之日起,在符合上述贮运条件、包装完好的情况下,保质期应不少于12个月。

---

ICS 01.080.10
A 22

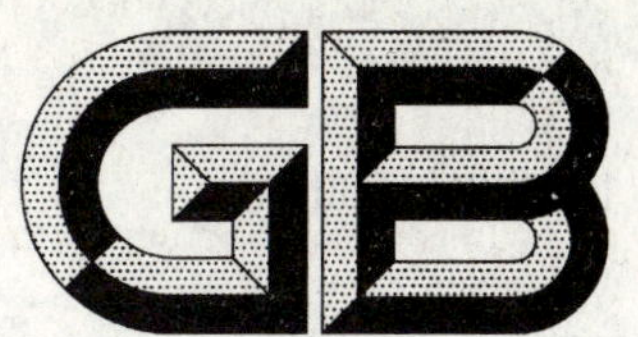

# 中华人民共和国国家标准

GB/T 10001.4—2009
代替 GB/T 10001.4—2007

# 标志用公共信息图形符号 第4部分:运动健身符号

Public information graphical symbols for use on sign—
Part 4:Symbols for recreation sport

2009-09-30 发布　　2010-02-01 实施

中华人民共和国国家质量监督检验检疫总局
中国国家标准化管理委员会　发布

# 前　言

GB/T 10001《标志用公共信息图形符号》分为以下部分：

——第 1 部分：通用符号；

——第 2 部分：旅游休闲符号；

——第 3 部分：客运与货运符号；

——第 4 部分：运动健身符号；

——第 5 部分：购物符号；

——第 6 部分：医疗保健符号；

…………

——第 9 部分：无障碍设施符号。

本部分为 GB/T 10001 的第 4 部分。

本部分代替 GB/T 10001.4—2007《标志用公共信息图形符号　第 4 部分：体育运动符号》，与 GB/T 10001.4—2007 的主要区别为：

——修改 5 个符号：台球、拳击、攀岩、潜水、冰球。

——增加 71 个符号。

本部分由全国图形符号标准化技术委员会(SAC/TC 59)提出并归口。

本部分起草单位：中国标准化研究院、国家体育总局、清华大学美术学院。

本部分主要起草人：张亮、白殿一、安枫、何洁、何忠、陈永权、安姚舜、邹传瑜。

本部分于 2003 年首次发布，2007 年第一次修订，本次为第二次修订。

# 标志用公共信息图形符号
# 第4部分:运动健身符号

## 1 范围

GB/T 10001的本部分规定了体育比赛、训练及大众运动、娱乐、健身方面的标志用公共信息图形符号(以下简称图形符号)。

本部分适用于各类体育运动场馆及相关场所,健身娱乐中心、宾馆饭店、公园景点等公共场所,也适用于运输工具和其他服务设施,具体用于公共信息导向系统中的位置标志、导向标志、平面示意图、信息板、街区导向图等导向要素的设计。本部分也适用于出版物及其他信息载体中尺寸大于10 mm×10 mm的图形标志。

## 2 规范性引用文件

下列文件中的条款通过GB/T 10001的本部分的引用而成为本部分的条款。凡是注日期的引用文件,其随后所有的修改单(不包括勘误的内容)或修订版均不适用于本部分,然而,鼓励根据本部分达成协议的各方研究是否可使用这些文件的最新版本。凡是不注日期的引用文件,其最新版本适用于本部分。

GB/T 10001(所有其余部分) 标志用公共信息图形符号

GB/T 15565(所有部分) 图形符号 术语

GB/T 20501(所有部分) 公共信息导向系统 要素的设计原则与要求

## 3 术语和定义

GB/T 15565确立的术语和定义适用于GB/T 10001的本部分。

## 4 图形标志

运动健身符号见表1。

## 5 应用

5.1 本部分应与GB/T 10001.1配合使用。应用中,如还需使用其他符号,则应从GB/T 10001的其他部分中选取。

5.2 在实际应用中,应根据实际场景的情况或与之组合使用的箭头的方向,使用表1中的符号或其镜像符号。

5.3 图形符号的颜色应符合GB/T 20501.1的要求。

5.4 表1图形符号栏中的正方形边线不是图形符号的组成部分,仅是制作图形标志的依据。应用时,应使用由该符号形成的图形标志。在使用本部分的图形符号设计导向要素时,应符合GB/T 20501的要求。

5.5 本部分中图形符号的含义仅为该图形符号的广义概念。应用时,可根据所要表达的具体对象给出相应名称,如:含义为“篮球”的图形符号,可给出“篮球馆”、“篮球场”、“篮球项目”、“篮球检录处”等具体名称,同时英文亦应根据具体的中文名称做相应的调整。

表 1 运动健身符号

| 序 号 | 图形符号 | 含 义 | 说 明 |
| --- | --- | --- | --- |
| 01 |   | 田径<br>Athletics | 表示田径比赛、训练、娱乐的运动场所，也表示田径项目 |
| 02 |   | 跑步<br>Running | 表示跑步比赛、训练、娱乐的运动场所 |
| 03 |   | 竞走<br>Race Walk | 表示竞走比赛、训练、娱乐的运动场所，也表示竞走项目 |
| 04 |   | 跨栏跑<br>Hurdles | 表示跨栏跑比赛、训练、娱乐的运动场所，也表示跨栏跑项目 |

表 1（续）

| 序　号 | 图形符号 | 含　义 | 说　明 |
|---|---|---|---|
| 05 |   | 铅球<br>Shot Put | 表示铅球比赛、训练、娱乐的运动场所，也表示铅球项目 |
| 06 |   | 铁饼<br>Discus Throw | 表示铁饼比赛、训练、娱乐的运动场所，也表示铁饼项目 |
| 07 |   | 标枪<br>Javelin Throw | 表示标枪比赛、训练、娱乐的运动场所，也表示标枪项目 |
| 08 |   | 链球<br>Hammer Throw | 表示链球比赛、训练、娱乐的运动场所，也表示链球项目 |

表 1（续）

| 序　号 | 图形符号 | 含　义 | 说　明 |
|---|---|---|---|
| 09 |  | 跳高<br>High Jump | 表示跳高比赛、训练、娱乐的运动场所，也表示跳高项目 |
| 10 |  | 撑杆跳高<br>Pole Vault | 表示撑杆跳高比赛、训练、娱乐的运动场所，也表示撑杆跳高项目 |
| 11 |  | 跳远<br>Long Jump | 表示跳远比赛、训练、娱乐的运动场所，也表示跳远项目 |
| 12 |  | 足球<br>Football | 表示足球比赛、训练、娱乐的运动场所，也表示足球项目 |

表 1（续）

| 序 号 | 图形符号 | 含 义 | 说 明 |
|---|---|---|---|
| 13 | | 篮球<br>Basketball | 表示篮球比赛、训练、娱乐的运动场所，也表示篮球项目 |
| 14 | | 排球<br>Volleyball | 表示排球比赛、训练、娱乐的运动场所，也表示排球项目 |
| 15 | | 橄榄球<br>Rugby | 表示橄榄球比赛、训练、娱乐的运动场所，也表示橄榄球项目 |
| 16 | | 手球<br>Handball | 表示手球比赛、训练、娱乐的运动场所，也表示手球项目 |

表 1（续）

| 序 号 | 图形符号 | 含 义 | 说 明 |
| --- | --- | --- | --- |
| 17 |   | 羽毛球<br>Badminton | 表示羽毛球比赛、训练、娱乐的运动场所，也表示羽毛球项目 |
| 18 |   | 网球；软式网球<br>Tennis；Soft Tennis | 表示网球或软式网球比赛、训练、娱乐的运动场所，也表示网球或软式网球项目 |
| 19 |   | 壁球<br>Squash；Racket Ball | 表示壁球比赛、训练、娱乐的运动场所，也表示壁球项目 |
| 20 |   | 乒乓球<br>Table Tennis | 表示乒乓球比赛、训练、娱乐的运动场所，也表示乒乓球项目 |

表 1（续）

| 序 号 | 图形符号 | 含 义 | 说 明 |
|---|---|---|---|
| 21 |  | 曲棍球<br>Hockey | 表示曲棍球比赛、训练、娱乐的运动场所，也表示曲棍球项目 |
| 22 |  | 棒球；垒球<br>Baseball；Softball | 表示棒球比赛、训练、娱乐的运动场所，也表示棒球项目 |
| 23 |  | 高尔夫球<br>Golf | 表示高尔夫球比赛、训练、娱乐的运动场所，也表示高尔夫球项目 |
| 24 |  | 保龄球<br>Bowling | 表示保龄球比赛、训练、娱乐的运动场所，也表示保龄球项目 |

表 1（续）

| 序号 | 图形符号 | 含义 | 说明 |
|---|---|---|---|
| 25 |  | 掷球<br>Toss | 表示掷球比赛、训练、娱乐的运动场所，也表示掷球项目 |
| 26 |  | 台球<br>Billiards | 表示台球比赛、训练、娱乐的运动场所，也表示台球项目<br>替代 GB/T 10001.4—2007(13) |
| 27 |  | 藤球<br>Spike | 表示藤球比赛、训练、娱乐的运动场所，也表示藤球项目 |
| 28 |  | 毽球<br>Shuttlecock | 表示毽球比赛、训练、娱乐的运动场所，也表示毽球项目 |

表 1（续）

| 序　号 | 图形符号 | 含　义 | 说　明 |
| --- | --- | --- | --- |
| 29 |  | 门球<br>Gateball | 表示门球比赛、训练、娱乐的运动场所，也表示门球项目 |
| 30 |  | 飞镖<br>Dart | 表示飞镖比赛、训练、娱乐的运动场所，也表示飞镖项目 |
| 31 |  | 射击<br>Shooting | 表示射击比赛、训练、娱乐的运动场所，也表示射击项目 |
| 32 |  | 手枪射击<br>Pistol Shooting | 表示手枪射击比赛、训练、娱乐的运动场所，也表示手枪射击项目 |

表 1（续）

| 序号 | 图形符号 | 含义 | 说明 |
| --- | --- | --- | --- |
| 33 |  | 飞碟射击<br>Trap Shooting | 表示飞碟射击比赛、训练、娱乐的运动场所，也表示飞碟射击项目 |
| 34 |  | 射箭<br>Archery | 表示射箭比赛、训练、娱乐的运动场所，也表示射箭项目 |
| 35 |  | 击剑<br>Fencing | 表示击剑比赛、训练、娱乐的运动场所，也表示击剑项目 |
| 36 |  | 铁人三项<br>Triathlon | 表示铁人三项比赛、训练、娱乐的运动场所，也表示铁人三项项目 |

表 1（续）

| 序 号 | 图形符号 | 含 义 | 说 明 |
| --- | --- | --- | --- |
| 37 |  | 现代五项<br>Modern Pentathlon | 表示现代五项比赛、训练、娱乐的运动场所，也表示现代五项项目 |
| 38 |  | 马术；骑马<br>Equestrian；Horse Riding | 表示马术及骑马比赛、训练、娱乐的运动场所，也表示马术项目 |
| 39 |  | 自行车<br>Cycling | 表示自行车比赛、训练、娱乐的运动场所，也表示自行车项目 |
| 40 |  | 摩托车<br>Motorcycle | 表示摩托车比赛、训练、娱乐的运动场所，也表示摩托车项目 |

表 1（续）

| 序 号 | 图形符号 | 含 义 | 说 明 |
|---|---|---|---|
| 41 |  | 卡丁车<br>Go-karting | 表示卡丁车比赛、训练、娱乐的运动场所 |
| 42 |  | 汽车<br>Automotive | 表示汽车比赛、训练、娱乐的运动场所，也表示汽车项目 |
| 43 | 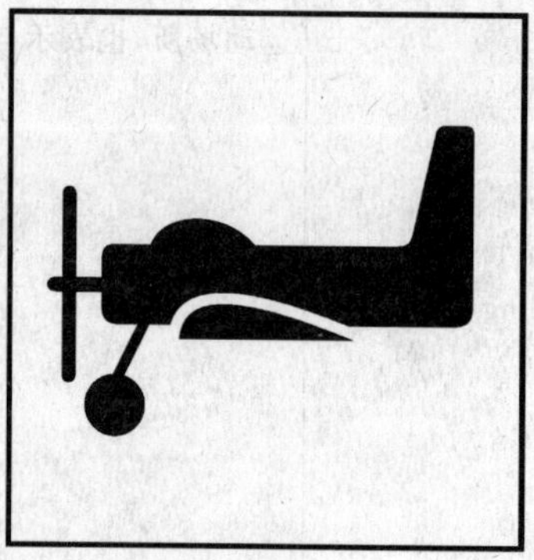 | 运动飞机<br>Aircraft Movements | 表示运动飞机比赛、训练、娱乐的运动场所，也表示运动飞机项目 |
| 44 |  | 举重<br>Weightlifting | 表示举重比赛、训练、娱乐的运动场所，也表示举重项目 |

表 1（续）

| 序号 | 图形符号 | 含义 | 说明 |
|---|---|---|---|
| 45 |  | 拳击<br>Boxing | 表示拳击比赛、训练、娱乐的运动场所，也表示拳击项目<br>替代 GB/T 10001.4—2007(18) |
| 46 |  | 柔道<br>Judo | 表示柔道比赛、训练、娱乐的运动场所，也表示柔道项目 |
| 47 |  | 摔跤<br>Wrestling | 表示摔跤比赛、训练、娱乐的运动场所，也表示摔跤项目 |
| 48 | 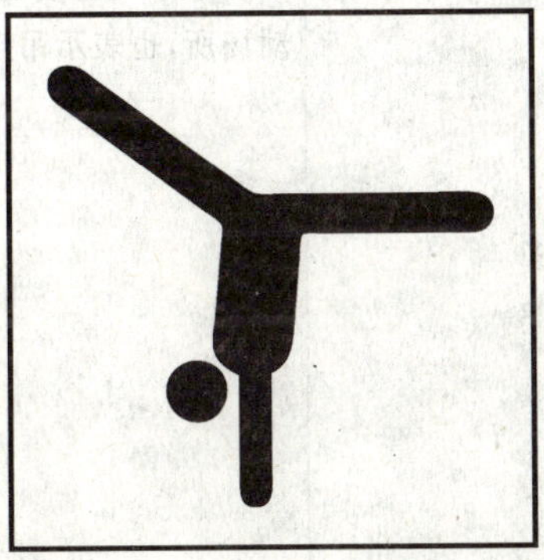 | 体操<br>Artistic Gymnastics | 表示体操比赛、训练、娱乐的运动场所，也表示体操项目 |

表 1（续）

| 序 号 | 图形符号 | 含 义 | 说 明 |
| --- | --- | --- | --- |
| 49 |  | 单杠<br>Horizontal Bar | 表示单杠比赛、训练、娱乐的运动场所，也表示单杠项目 |
| 50 |  | 高低杠<br>Uneven Bars | 表示高低杠比赛、训练、娱乐的运动场所，也表示高低杠项目 |
| 51 |  | 双杠<br>Parallel Bars | 表示双杠比赛、训练、娱乐的运动场所，也表示双杠项目 |
| 52 | 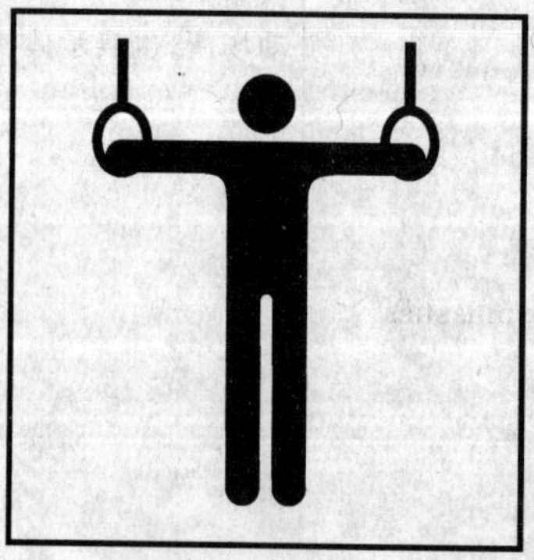 | 吊环<br>Rings | 表示吊环比赛、训练、娱乐的运动场所，也表示吊环项目 |

表 1（续）

| 序 号 | 图形符号 | 含 义 | 说 明 |
| --- | --- | --- | --- |
| 53 |  | 鞍马<br>Pommel Horse | 表示鞍马比赛、训练、娱乐的运动场所，也表示鞍马项目 |
| 54 |  | 跳马<br>Vault | 表示跳马比赛、训练、娱乐的运动场所，也表示跳马项目 |
| 55 |  | 平衡木<br>Balance Beam | 表示平衡木比赛、训练、娱乐的运动场所，也表示平衡木项目 |
| 56 |  | 艺术体操<br>Rhythmic Gymnastics | 表示艺术体操比赛、训练、娱乐的运动场所，也表示艺术体操项目 |

表 1（续）

| 序　号 | 图形符号 | 含　义 | 说　明 |
| --- | --- | --- | --- |
| 57 | | 蹦床<br>Trampoline | 表示蹦床比赛、训练、娱乐的运动场所，也表示蹦床项目 |
| 58 | | 武术<br>Wushu | 表示武术比赛、训练、娱乐的运动场所，也表示武术项目 |
| 59 | | 跆拳道<br>Taekwondo | 表示跆拳道比赛、训练、娱乐的运动场所，也表示跆拳道项目 |
| 60 | | 健身气功<br>Health Qigong | 表示健身气功比赛、训练、娱乐的运动场所，也表示健身气功项目 |

表 1（续）

| 序 号 | 图形符号 | 含 义 | 说 明 |
|---|---|---|---|
| 61 | | 健身<br>Body Fitness | 表示健身比赛、训练、娱乐的运动场所 |
| 62 | | 健美<br>Bodybuilding | 表示健美比赛、训练、娱乐的运动场所，也表示健美项目 |
| 63 | | 健美操<br>Aerobics | 表示健美操比赛、训练、娱乐的运动场所，也表示健美操项目 |
| 64 | | 体育舞蹈<br>Dance Sport | 表示体育舞蹈比赛、训练、娱乐的运动场所，也表示体育舞蹈项目 |

表 1（续）

| 序号 | 图形符号 | 含义 | 说明 |
|---|---|---|---|
| 65 |  | 技巧<br>Skills | 表示技巧比赛、训练、娱乐的运动场所，也表示技巧项目 |
| 66 |  | 拔河<br>Tug of War | 表示拔河比赛、训练、娱乐的运动场所，也表示拔河项目 |
| 67 |  | 舞龙舞狮<br>Dragon and Lion | 表示舞龙舞狮比赛、训练、娱乐的运动场所，也表示舞龙舞狮项目 |
| 68 |  | 围棋<br>GO | 表示围棋比赛、训练、娱乐的运动场所，也表示围棋项目 |

表 1（续）

| 序 号 | 图形符号 | 含 义 | 说 明 |
|---|---|---|---|
| 69 |  | 中国象棋<br>Chinese Chess | 表示中国象棋比赛、训练、娱乐的运动场所，也表示中国象棋项目 |
| 70 |  | 国际象棋<br>Chess | 表示国际象棋比赛、训练、娱乐的运动场所，也表示国际象棋项目 |
| 71 |  | 桥牌<br>Bridge | 表示桥牌比赛、训练、娱乐的运动场所，也表示桥牌项目 |
| 72 |  | 登山<br>Mountaineering | 表示登山比赛、训练、娱乐的运动场所，也表示登山项目 |

表 1（续）

| 序号 | 图形符号 | 含义 | 说明 |
| --- | --- | --- | --- |
| 73 |  | 攀岩<br>Rock Climbing | 表示攀岩比赛、训练、娱乐的运动场所，也表示攀岩项目<br>替代 GB/T 10001.4—2007(25) |
| 74 |  | 蹦极<br>Bungee Jump | 表示蹦极比赛、训练、娱乐的运动场所 |
| 75 |  | 滑索<br>Tightrope | 表示滑索比赛、训练、娱乐的运动场所 |
| 76 |  | 冰壶<br>Curling | 表示冰壶比赛、训练、娱乐的运动场所，也表示冰壶项目 |

表 1（续）

| 序 号 | 图形符号 | 含 义 | 说 明 |
|---|---|---|---|
| 77 | | 沙壶球<br>Shuffleboard | 表示沙壶球比赛、训练、娱乐的运动场所，也表示沙壶球项目 |
| 78 | | 定向<br>Orienteering | 表示定向比赛、训练、娱乐的运动场所，也表示定向项目 |
| 79 | | 跳伞<br>Parachute Jumping | 表示跳伞比赛、训练、娱乐的运动场所，也表示跳伞项目 |
| 80 | | 滑翔<br>Paraglider | 表示滑翔比赛、训练、娱乐的运动场所，也表示滑翔项目 |

表 1（续）

| 序 号 | 图形符号 | 含 义 | 说 明 |
| --- | --- | --- | --- |
| 81 |  | 热气球<br>Ballooning | 表示热气球比赛、训练、娱乐的运动场所，也表示热气球项目 |
| 82 | 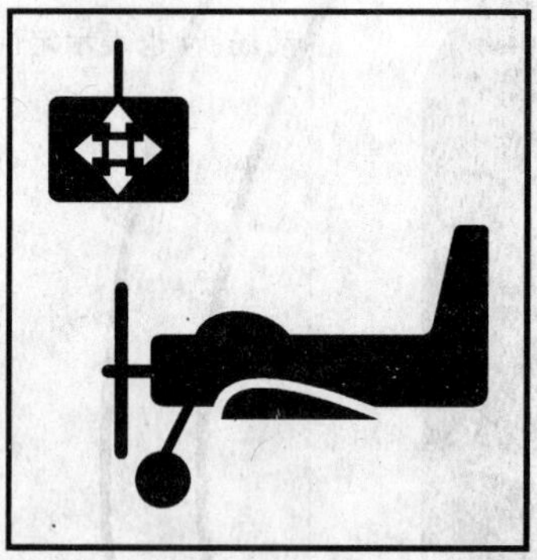 | 航空模型<br>Model Airplane | 表示航空模型比赛、训练、娱乐的运动场所，也表示航空模型项目 |
| 83 | 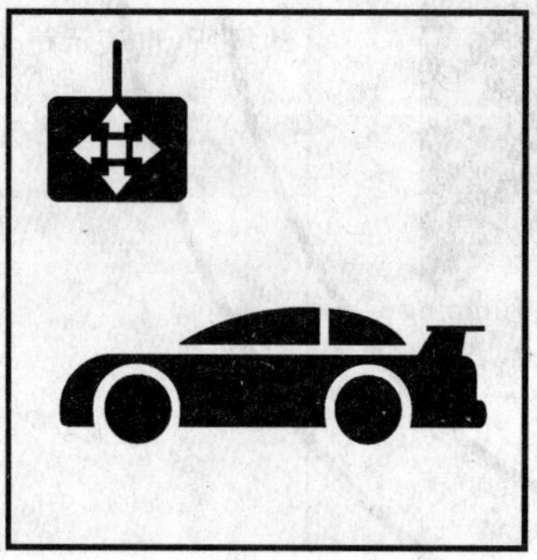 | 车辆模型<br>Model Vehicles | 表示车辆模型比赛、训练、娱乐的运动场所，也表示车辆模型项目 |
| 84 |  | 航海模型<br>Marine Model | 表示航海模型比赛、训练、娱乐的运动场所，也表示航海模型项目 |

表 1（续）

| 序 号 | 图形符号 | 含 义 | 说 明 |
|---|---|---|---|
| 85 |   | 业余无线电<br>Amateur Radio | 表示业余无线电比赛、训练、娱乐的运动场所，也表示业余无线电项目 |
| 86 |   | 电子竞技<br>E-sports | 表示电子竞技比赛、训练、娱乐的运动场所，也表示电子竞技项目 |
| 87 |   | 风筝<br>Kite | 表示风筝比赛、训练、娱乐的运动场所，也表示风筝项目 |
| 88 |   | 信鸽<br>Pigeon | 表示信鸽比赛、训练、娱乐的运动场所，也表示信鸽项目 |

表 1（续）

| 序　号 | 图形符号 | 含　　义 | 说　　明 |
|---|---|---|---|
| 89 |   | 救生<br>Rescue | 表示救生比赛、训练、娱乐的运动场所，也表示救生项目 |
| 90 |   | 钓鱼<br>Angling | 表示钓鱼比赛、训练、娱乐的运动场所，也表示钓鱼项目 |
| 91 |   | 游泳<br>Swimming | 表示游泳比赛、训练、娱乐的运动场所，也表示游泳项目 |
| 92 | 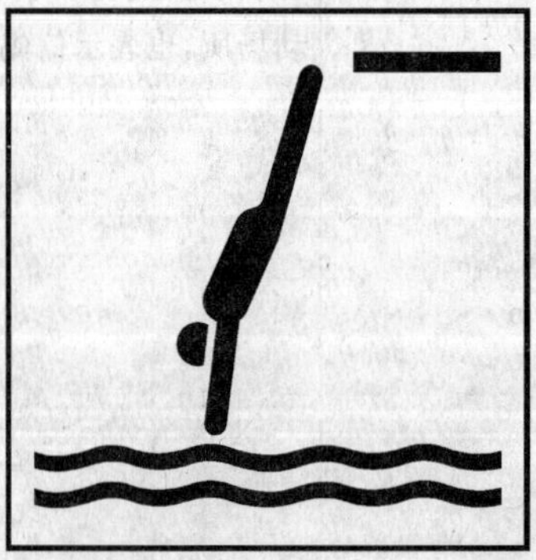  | 跳水<br>Diving | 表示跳水比赛、训练、娱乐的运动场所，也表示跳水项目 |

表 1（续）

| 序 号 | 图形符号 | 含 义 | 说 明 |
|---|---|---|---|
| 93 |  | 水球<br>Water Polo | 表示水球比赛、训练、娱乐的运动场所，也表示水球项目 |
| 94 |  | 花样游泳<br>Synchronized Swimming | 表示花样游泳比赛、训练、娱乐的运动场所，也表示花样游泳项目 |
| 95 |  | 帆船<br>Sailing | 表示帆船比赛、训练、娱乐的运动场所，也表示帆船项目 |
| 96 |  | 滑水<br>Water Skiing | 表示滑水比赛、训练、娱乐的运动场所，也表示滑水项目 |

表 1（续）

| 序　号 | 图形符号 | 含　　义 | 说　　明 |
| --- | --- | --- | --- |
| 97 |  | 摩托艇<br>Motorboat | 表示摩托艇比赛、训练、娱乐的运动场所，也表示摩托艇项目 |
| 98 |  | 牵引伞<br>Extraction Parachute | 表示牵引伞比赛、训练、娱乐的运动场所 |
| 99 |  | 皮划艇<br>Canoe;Kayak | 表示皮划艇比赛、训练、娱乐的运动场所，也表示皮划艇项目 |
| 100 |  | 赛艇<br>Rowing | 表示赛艇比赛、训练、娱乐的运动场所，也表示赛艇项目 |

**表 1（续）**

| 序 号 | 图形符号 | 含 义 | 说 明 |
|---|---|---|---|
| 101 |  | 划船<br>Rowing | 表示划船比赛、训练、娱乐的运动场所 |
| 102 |  | 龙舟<br>Dragon Boat | 表示龙舟比赛、训练、娱乐的运动场所，也表示龙舟项目 |
| 103 |  | 漂流<br>River Drifting | 表示漂流比赛、训练、娱乐的运动场所 |
| 104 |  | 冲浪<br>Surfing | 表示冲浪比赛、训练、娱乐的运动场所 |

表 1（续）

| 序 号 | 图形符号 | 含 义 | 说 明 |
|---|---|---|---|
| 105 | 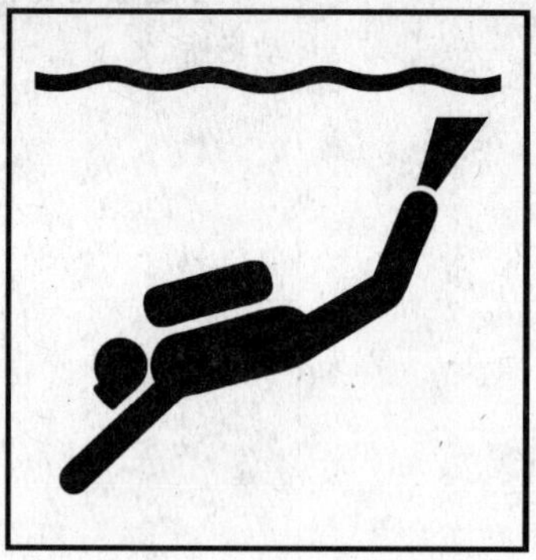 | 潜水<br>Diving | 表示潜水比赛、训练、娱乐的运动场所，也表示潜水项目<br>替代 GB/T 10001.4—2007(36) |
| 106 |  | 轮滑<br>Roller Skating | 表示轮滑比赛、训练、娱乐的运动场所，也表示轮滑项目 |
| 107 |  | 滑冰<br>Skating | 表示滑冰比赛、训练、娱乐的运动场所，也表示滑冰项目 |
| 108 |  | 花样滑冰<br>Figure Skating | 表示花样滑冰比赛、训练、娱乐的运动场所，也表示花样滑冰项目 |

表 1（续）

| 序 号 | 图形符号 | 含 义 | 说 明 |
|---|---|---|---|
| 109 | | 速度滑冰<br>Speed Skating | 表示速度滑冰比赛、训练、娱乐的运动场所，也表示速度滑冰项目 |
| 110 | | 冰球<br>Ice Hockey | 表示冰球比赛、训练、娱乐的运动场所，也表示冰球项目<br>替代 GB/T 10001.4—2007(31) |
| 111 | | 滑雪；滑草<br>Skiing;Grass Skiing | 表示滑雪比赛、训练、娱乐的运动场所，也表示滑雪项目 |
| 112 | | 坡地滑行<br>Slope Sliding | 表示坡地滑行比赛、训练、娱乐的运动场所，如：滑道、滑沙等 |

**表 1（续）**

| 序 号 | 图形符号 | 含 义 | 说 明 |
|---|---|---|---|
| 113 |   | 跳台滑雪<br>Ski Jumping | 表示跳台滑雪比赛、训练、娱乐的运动场所，也表示跳台滑雪项目 |
| 114 |   | 冬季两项<br>Biathlon | 表示冬季两项比赛、训练、娱乐的运动场所，也表示冬季两项项目 |

# 索　引

**中文含义** **序号**

**中文含义** **序号**

**英文对应词** **序号**

| 英文对应词 | 序号 |
|---|---|
| Grass Skiing | 111 |
| Hammer Throw | 08 |
| Handball | 16 |
| Health Qigong | 60 |
| High Jump | 09 |
| Hockey | 21 |
| Horizontal Bar | 49 |
| Horse Riding | 38 |
| Hurdles | 04 |
| Ice Hockey | 110 |
| Javelin Throw | 07 |
| Judo | 46 |
| Kayak | 99 |
| Kite | 87 |
| Long Jump | 11 |
| Marine Model | 84 |
| Model Airplane | 82 |
| Model Vehicles | 83 |
| Modern Pentathlon | 37 |
| Motorboat | 97 |
| Motorcycle | 40 |
| Mountaineering | 72 |
| Orienteering | 78 |
| Parachute Jumping | 79 |
| Paraglider | 80 |
| Parallel Bars | 51 |
| Pigeon | 88 |
| Pistol Shooting | 32 |
| Pole Vault | 10 |
| Pommel Horse | 53 |
| Race Walk | 03 |
| Racket Ball | 19 |
| Rescue | 89 |
| Rhythmic Gymnastics | 56 |
| Rings | 52 |
| River Drifting | 103 |
| Rock Climbing | 73 |
| Roller Skating | 106 |
| Rowing | 101 |
| Rowing | 100 |
| Rugby | 15 |
| Running | 02 |
| Sailing | 95 |

| 英文对应词 | 序号 |
|---|---|
| Shooting | 31 |
| Shot Put | 05 |
| Shuffleboard | 77 |
| Shuttlecock | 28 |
| Skating | 107 |
| Ski Jumping | 113 |
| Skiing | 111 |
| Skills | 65 |
| Slope Sliding | 112 |
| Soft Tennis | 18 |
| Softball | 22 |
| Speed Skating | 109 |
| Spike | 27 |
| Squash | 19 |
| Surfing | 104 |
| Swimming | 91 |
| Synchronized Swimming | 94 |
| Table Tennis | 20 |
| Taekwondo | 59 |
| Tennis | 18 |
| Tightrope | 75 |
| Toss | 25 |
| Trampoline | 57 |
| Trap Shooting | 33 |
| Triathlon | 36 |
| Tug of War | 66 |
| Uneven Bars | 50 |
| Vault | 54 |
| Volleyball | 14 |
| Water Polo | 93 |
| Water Skiing | 96 |
| Weightlifting | 44 |
| Wrestling | 47 |
| Wushu | 58 |

ICS 83.140.40;11.040.30
G 33

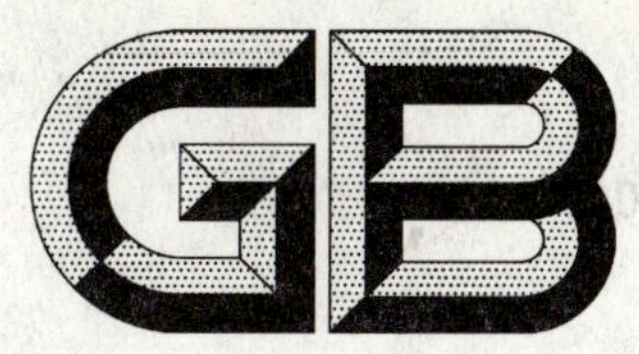


# 中华人民共和国国家标准

GB 10010—2009
代替 GB 10010—1988

# 医用软聚氯乙烯管材

**Plasticized polyvinyl chloride(PVC) tubing for medical uses**

2009-09-30 发布　　　　2010-06-01 实施

中华人民共和国国家质量监督检验检疫总局
中国国家标准化管理委员会　发布

# 前　言

**本标准的3.4、3.5为强制性，其余为推荐性。**

本标准代替GB 10010—1988《医用软聚氯乙烯管材》。

本标准与GB 10010—1988的主要差异如下：

——删除了抗蒸汽性、抗干热性、低温性能、密度、吸水率、水压试验、永久变形；

——删除了化学性质中的醚溶性提取物、锌含量。

本标准中化学性能的项目参考了医药行业标准YY 1048—2007《人工心肺机体外循环管道》。

本标准由中国轻工业联合会提出。

本标准由全国塑料制品标准化技术委员会归口。

本标准负责起草单位：天津市塑料研究所。

本标准参加起草单位：扬州凯尔化工有限公司、广东盛恒昌化学工业有限公司、江苏凯寿医用器材有限公司。

本标准主要起草人：曹常在、马力、强萱、夏袖民、罗崇远、衡建华。

本标准所代替标准的历次版本发布情况为：

——GB 10010—1988。

# 医用软聚氯乙烯管材

## 1 范围

本标准规定了医用软聚氯乙烯管材的要求、试验方法、检验规则、标志、包装、运输和贮存。

本标准适用于以聚氯乙烯树脂为主要原料，在医疗相关领域内，用于输送流动介质——气体、液体(如血液、药液、营养液、排泄物液体等)，邵氏(A)硬度在40～90范围内的聚氯乙烯管材(以下简称管材)。

## 2 规范性引用文件

下列文件中的条款通过本标准的引用而成为本标准的条款。凡是注日期的引用文件，其随后所有的修改单(不包括勘误的内容)或修订版均不适用于本标准，然而，鼓励根据本标准达成协议的各方研究是否可使用这些文件的最新版本。凡是不注日期的引用文件，其最新版本适用于本标准。

GB/T 191 包装储运图示标志(GB/T 191—2008，ISO 780:1997，MOD)

GB/T 1040.2—2006 塑料 拉伸性能的测定 第2部分：模塑和挤塑塑料的试验条件(ISO 527-2:1993，IDT)

GB/T 2411 塑料和硬橡胶 使用硬度计测定压痕硬度(邵氏硬度)(GB/T 2411—2008，ISO 868:2003，IDT)

GB/T 2828.1—2003 计数抽样检验程序 第1部分：按接收质量限(AQL)检索的逐批检验抽样计划(ISO 2859-1:1999，IDT)

GB/T 4615—2008 聚氯乙烯树脂 残留氯乙烯单体含量的测定 气相色谱法(ISO 6401:1985，NEQ)

GB/T 14233.1—1998 医用输液、输血、注射器具检验方法 第1部分：化学分析方法

GB/T 16886.1 医疗器械生物学评价 第1部分：评价与试验(GB/T 16886.1—2001，idt ISO 10993-1:1997)

## 3 要求

### 3.1 规格尺寸

管材的规格尺寸由供需双方商定，极限偏差应符合表1的规定。

表1 管材的极限偏差

| 项 目 | 极限偏差 |
|---|---|
| 外 径 | ±15% |
| 内 径 | |
| 壁 厚 | |
| 长 度 | ±5% |
| 注：有特殊要求的，由供需双方商定。 | |

### 3.2 感官

管材应塑化良好，无异嗅，无气泡，不扭结，不变形，内外管壁应光滑洁净，无污染。

### 3.3 物理力学性能

管材的物理力学性能应符合表2规定。

表 2 物理力学性能

| 项　目 | 指　标 |
|---|---|
| 拉伸强度/MPa | ≥12.4 |
| 断裂拉伸应变/% | ≥300 |
| 压缩永久变形/% | ≤40 |
| 邵氏(A)硬度 | $N\pm3$ |
| 注：不同管材所要求的邵氏硬度不同，$N$ 为管材标称的邵氏(A)硬度。 | |

### 3.4 化学性能

#### 3.4.1 还原物质

20 mL 检验液与同批空白对照液所消耗的高锰酸钾溶液[$c(\mathrm{KMnO_4})=0.002$ mol/L]的体积之差不超过 1.5 mL。

#### 3.4.2 重金属

检验液中重金属的总含量应不超过 1.0 μg/mL，镉、锡不应检出。

#### 3.4.3 酸碱度

检验液与空白液对比，pH 值之差不得超过 1.0。

#### 3.4.4 蒸发残渣

50 mL 检验液蒸发残渣的总量应不超过 2.0 mg。

#### 3.4.5 氯乙烯单体

氯乙烯单体的含量应不大于 1.0 μg/g。

### 3.5 生物性能

管材的生物性能应符合国家相应生物学的评价要求。

## 4 试验方法

### 4.1 管材规格尺寸与极限偏差

管材的外径、内径、壁厚采用投影仪或精度不小于 0.01 mm 的仪器测量，长度用分度值为 1 mm 的量具测量。

### 4.2 感官

在室内自然光线下检查。

### 4.3 物理力学性能

#### 4.3.1 状态调节与试验环境

试样应在(23±2)℃，相对湿度 45%～55%环境中至少放置 4 h，并在此条件下进行试验。

#### 4.3.2 拉伸强度、断裂拉伸应变

内径小于或等于 8 mm 的管材，取管材直接测试，试样总长度为 120 mm，有效长度为 50 mm；内径大于 8 mm 的管材，采用 GB/T 1040.2—2006 图 A.2 中 5A 型试样；试验速度 100 mm/min，其余按 GB/T 1040.2—2006 规定进行。

#### 4.3.3 压缩永久变形

##### 4.3.3.1 器具

夹板、垫块、精度不低于 0.02 mm 的游标卡尺。

##### 4.3.3.2 试样

每组三段试样，每段 50 mm。

##### 4.3.3.3 试验步骤

测量试样外径，将试样夹在垫有厚度为外径二分之一的垫块的夹板中，在 23 ℃±2 ℃环境中放置

24 h,取出试样,放置 1 h,测量受压方向外径尺寸,按式(1)计算压缩永久变形,结果取三个试样中的最大值,精确至 0.1%。

$$q = \frac{D_0 - D_1}{D_0} \times 100 \quad \cdots\cdots(1)$$

式中：

$q$——压缩永久变形,%;

$D_0$——受压前试样外径,单位为毫米(mm);

$D_1$——受压后试样受压方向外径,单位为毫米(mm)。

#### 4.3.4 邵氏硬度

##### 4.3.4.1 试样制备

将管材粉碎料或原料混合后在温度为(165±5)℃的开炼机上炼塑 5 min～10 min,再在温度为(165±5)℃的液压机中按不加压预热、加热加压、加压冷却的顺序压制 15 min～20 min 出模。

试片应平整,厚度不小于 5 mm。

##### 4.3.4.2 试验步骤

按 GB/T 2411 的规定进行检验。

### 4.4 化学性能

#### 4.4.1 检验液制备

取样品切成 1 cm 长的段,加入玻璃容器中,按样品内外总表面积($cm^2$)与水(mL)的比为 2∶1 的比例加水,加盖后,在 37 ℃±1 ℃下放置 24 h,将样品与液体分离,冷却至室温,作为检验液。

取同体积水于玻璃容器中,同法制备空白液。

#### 4.4.2 还原物质

按 GB/T 14233.1—1998 中 5.2.2 的规定进行检验。

#### 4.4.3 重金属

重金属的总含量按 GB/T 14233.1—1998 中 5.6.1 的规定进行检验。

镉、锡的含量检验按 GB/T 14233.1—1998 中 5.9.1 的规定进行检验。

#### 4.4.4 酸碱度

按 GB/T 14233.1—1998 中 5.4.1 的规定进行检验。

#### 4.4.5 蒸发残渣

按 GB/T 14233.1—1998 中 5.5 的规定进行检验。

#### 4.4.6 氯乙烯单体

按 GB/T 4615—2008 的规定进行检验。

### 4.5 生物性能

按 GB/T 16886.1 的规定进行生物学性能的评价。

## 5 检验规则

### 5.1 检验分类

#### 5.1.1 出厂检验

出厂检验项目为感官、规格尺寸、拉伸强度、断裂拉伸应变、邵氏(A)硬度、化学性能中的还原物质、重金属的总含量、酸碱度。

#### 5.1.2 型式检验

型式检验项目为 3.1～3.4,一般情况下每年进行一次检验。

有下列情况之一时应进行型式检验:

a) 新产品或老产品转厂生产时;

b) 正式生产后，如原材料、工艺有较大改变，可能影响产品性能时；

c) 产品停产半年以上，恢复生产时；

d) 出厂检验结果与上次型式检验结果有较大差异时；

e) 国家质量监督机构提出进行型式检验的要求时。

#### 5.1.3 生物学性能检验

生物学性能的检验一般情况下每四年进行一次检验。

有下列情况之一时应进行生物学性能的检验：

a) 新产品或老产品转厂生产时；

b) 正式生产后，如原材料、工艺有较大改变，可能影响产品性能时。

### 5.2 组批与抽样

#### 5.2.1 组批

用同一原料、配方和工艺生产的同一规格、同一批号的管材作为一批，每批数量不超过 20 000 m，当不足 20 000 m 时，以连续 7 d 生产的管材为一批。

#### 5.2.2 抽样

感官、规格尺寸检验按 GB/T 2828.1—2003 规定，采用正常检查一次抽样方案，取一般检查水平Ⅱ，接收质量限(AQL)4.0，抽样方案见表 3。管材的物理力学性能、化学性能和生物性能的检验，应从外观、规格尺寸检验合格的样本中随机抽取足够数量的样品。

**表 3 抽样方案**

单位为米

| 批量范围<br>*N* | 样本大小<br>*n* | 接收数<br>Ac | 拒收数<br>Re |
|---|---|---|---|
| 3～15 | 3 | 0 | 1 |
| 16～25 | 5 | 0 | 1 |
| 26～50 | 8 | 1 | 2 |
| 51～90 | 13 | 1 | 2 |
| 91～150 | 20 | 2 | 3 |
| 151～280 | 32 | 3 | 4 |
| 281～500 | 50 | 5 | 6 |
| 501～1 200 | 80 | 7 | 8 |
| 1 201～3 200 | 125 | 10 | 11 |
| 3 201～10 000 | 200 | 14 | 15 |
| 10 001～35 000 | 315 | 21 | 22 |

### 5.3 判定规则

感官、规格尺寸按表 3 判定。

管材物理力学性能和化学性能的测试结果中，若有不合格项时，应从原批中随机抽取双倍样品，对该项目进行复验，复验结果全部合格，则判该批管材合格。管材的生物性能如有不合格项时，则判该批管材不合格。

## 6 标志、包装、运输和贮存

### 6.1 标志

每个包装袋内应有检验合格证、检验日期和检验员代号。

产品的内包装袋上应有产品规格、数量、标称硬度、出厂批号、生产厂名称、商标等标志。

产品的外包装上应有下列标志：

a） 产品名称、型号、数量；

b） 产品出厂批号；

c） 生产厂名称、地址；

d） 毛重；

e） 体积；

f） “小心轻放”、“怕湿”、“怕热”等图示标志应符合 GB/T 191 的规定。

**6.2 包装**

**6.2.1 内包装**

产品宜用聚乙烯薄膜进行双层密封包装。

**6.2.2 外包装**

外包装宜用纸箱，每箱质量不宜超过 16 kg。

**6.3 运输**

产品在装卸时需轻拿轻放，运输过程中应防晒、防雨淋、防重压，并保持包装完整。

**6.4 贮存**

应放置在阴凉、干燥、通风良好、无腐蚀性气体的仓库内贮存，距离墙壁和地面至少 200 mm，贮存期为一年。

---

ICS 37.020
N 30

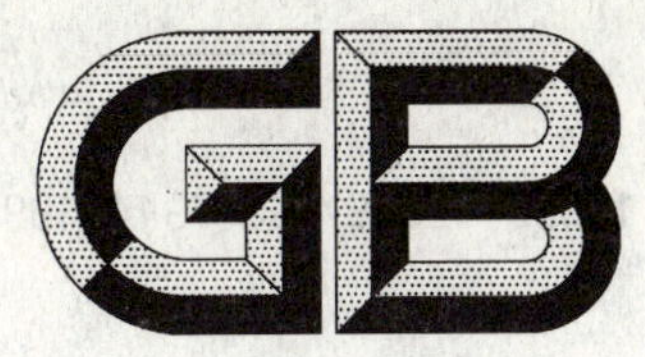

# 中华人民共和国国家标准

GB/T 10050—2009/ISO 7944:1998
代替 GB/T 10050—1988

## 光学和光学仪器 参考波长

## Optics and optical instruments—Reference wavelengths

(ISO 7944:1998,IDT)

2009-09-30 发布　　2009-12-01 实施

中华人民共和国国家质量监督检验检疫总局
中国国家标准化管理委员会　发布

# 前言

本标准等同采用 ISO 7944:1998《光学和光学仪器　参考波长》。

本标准等同翻译 ISO 7944:1998。

为便于使用，本标准还做了下列编辑性修改：

——“本国际标准”一词改为“本标准”；

——删除国际标准的前言。

本标准代替 GB/T 10050—1988《光学和光学仪器　参考波长》。

本标准与 GB/T 10050—1988 的主要差异为：

——第 1 章“范围”中增加了眼镜镜片的参考波长；

——增加了 2.1 总则的内容；

——将 GB/T 10050—1988 中的 3.1 并入第 2 章的表 2 中；

——表 3 中增加了氦氖激光器 He-Ne 的波长；

——删去了 GB/T 10050—1988 3.2 中的钕(Nd)1 060.0 nm，将 GB/T 10050—1988 3.2 中氦-氖(He-Ne)632.8 nm 并入第 2 章的表 3 中。

本标准由中国机械工业联合会提出。

本标准由全国光学和光子学标准化技术委员会(SAC/TC 103)归口。

本标准负责起草单位：上海理工大学。

本标准参加起草单位：南京江南永新光学有限公司、宁波永新光学股份有限公司、苏州一光仪器有限公司。

本标准主要起草人：冯琼辉、章慧贤。

本标准所代替标准的历次版本发布情况为：

——GB/T 10050—1988。

# 光学和光学仪器　参考波长

## 1　范围

本标准规定了两种用于表示光学材料、光学系统和光学仪器以及眼镜镜片的参考波长，并规定了主折射率、主色散以及两种参考波长和主色散的阿贝数。

## 2　参考波长、主色散和阿贝数

### 2.1　总则

参考波长为汞 e 线 546.07 nm 和氦 d 线 587.56 nm。对于非眼科用途的参考波长应为汞 e 线。可用作参考波长的其他一些波长见表 1、表 2 和表 3。

注：将来甚至为了眼科用途只规定一个参考波长。

### 2.2　汞 e 线 546.07 nm

主折射率 $n_e$ 是绿色汞 e 线的折射率，主色散为 $n_{F'}-n_{C'}$，其中：$n_{F'}$ 为蓝色镉 F′线的折射率，$n_{C'}$ 为红色镉 C′线的折射率。

该参考波长和主色散的阿贝数 $v_e$ 按式(1)计算：

$$v_e=\frac{n_e-1}{n_{F'}-n_{C'}} \qquad (1)$$

### 2.3　氦 d 线 587.56 nm

主折射率 $n_d$ 是黄色氦 d 线的折射率，主色散为 $n_F-n_C$，其中：$n_F$ 为蓝色氢 F 线的折射率，$n_C$ 为红色氢 C 线的折射率。

该参考波长和主色散的阿贝数 $v_d$ 按式(2)计算：

$$v_d=\frac{n_d-1}{n_F-n_C} \qquad (2)$$

表 1　参考波长和在可见紫外光谱范围内的推荐波长

| 所用谱线 | 紫外汞 i | 紫汞 h | 蓝汞 g | 蓝镉 F′ | 蓝氢 F | 绿汞 e | 黄氦 d | 红镉 C′ | 红氢 C | 红氦 r |
|---|---|---|---|---|---|---|---|---|---|---|
| 元素 | Hg | Hg | Hg | Cd | H | Hg | He | Cd | H | He |
| 波长/nm | 365.01[a] | 404.66 | 435.83 | 479.99 | 486.13 | 546.07 | 587.56 | 643.85 | 656.27 | 706.52 |
| 参考波长/nm | — | — | — | — | — | 546.07 | 587.56 | — | — | — |
| 主折射率 | — | — | — | — | — | $n_e$ | $n_d$ | — | — | — |

a　使用 Hg 三重态的单线。

表 2　推荐红外光谱波段内波长

| 元素 | Rb 铷 | Cs 铯 | Hg 汞 | Hg 汞 | Hg 汞 | Hg 汞 | Hg 汞 | Hg 汞 | Hg 汞 |
|---|---|---|---|---|---|---|---|---|---|
| 波长/nm | 780.0 | 852.11[a] | 1 013.98[b] | 1 128.66 | 1 395.1 | 1 529.6 | 1 813.1 | 1 970.1 | 2 325.4 |

a　铯 s；

b　汞 g。

**表 3　推荐激光波长**

| 现有装置 | 氦氖激光器<br>He-Ne | 氦氖激光器<br>He-Ne | 钕钇铝石榴石晶体激光器<br>Nd:YAG |
|---|---|---|---|
| 波长/nm | 543.5 | 632.8 | 1 064.1 |

ICS 91.140.90
Q 78

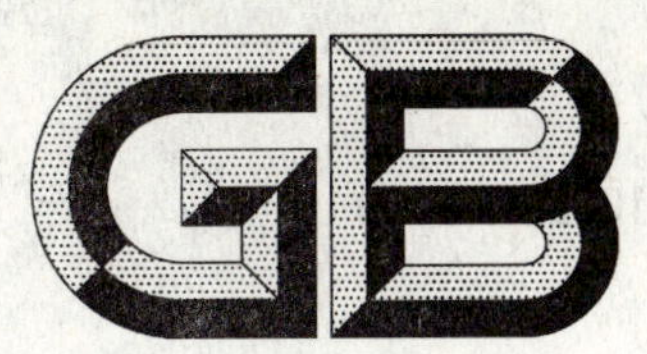


# 中华人民共和国国家标准

GB/T 10058—2009
代替 GB/T 10058—1997

# 电梯技术条件

## Specification for electric lifts

2009-09-30 发布　　2010-03-01 实施

中华人民共和国国家质量监督检验检疫总局
中国国家标准化管理委员会　发布

# 前　言

本标准代替 GB/T 10058—1997《电梯技术条件》。

本标准与 GB/T 10058—1997 相比主要变化如下：

——适用范围从 GB/T 10058—1997 的 2.5 m/s 扩大到 6.0 m/s；

——基于 GB 7588—2003 修改了有关电梯安全的内容；

——根据 GB/T 24474—2009《电梯乘运质量测量》全面修改了电梯整机性能参数；

——增加了与无机房电梯相关的技术要求；

——增加了电梯能耗的计算和测量方法；

——增加了电梯无障碍设计的附加要求；

——增加了电梯抗震设计的基本要求。

本标准的附录 B 为规范性附录，附录 A 为资料性附录。

本标准由全国电梯标准化技术委员会(SAC/TC 196)提出并归口。

本标准负责起草单位：中国建筑科学研究院建筑机械化研究分院。

本标准参加起草单位：上海三菱电梯有限公司、日立电梯（中国）有限公司、奥的斯电梯（中国）投资有限公司、上海永大电梯设备有限公司、上海交通大学、通力电梯有限公司、西子奥的斯电梯有限公司、华升富士达电梯有限公司、广州广日电梯工业有限公司、上海房屋设备有限公司、宁波宏大电梯有限公司、大连星玛电梯有限公司、上海市特种设备监督检验技术研究院。

本标准主要起草人：陈凤旺、顾鑫、朱武标、鲁国雄、蒋青、王伟峰、冯宏景、袁柳琴、温爱民、庞秀玲、张研、周仲达、郝殿勇、高长德、陈志华。

本标准所代替标准的历次版本发布情况为：

——GB 10058—1988、GB/T 10058—1997。

# 电梯技术条件

## 1 范围

本标准规定了乘客电梯和载货电梯的技术要求、检验规则以及标志、包装、运输与贮存等要求。

本标准适用于额定速度不大于6.0 m/s的电力驱动曳引式和额定速度不大于0.63 m/s的电力驱动强制式的乘客电梯和载货电梯。对于额定速度大于6.0 m/s的电力驱动曳引式乘客电梯和载货电梯可参照本标准执行，不适用部分由制造商与客户协商确定。

本标准不适用于液压电梯、杂物电梯和家用电梯。

## 2 规范性引用文件

下列文件中的条款通过本标准的引用而成为本标准的条款。凡是注日期的引用文件，其随后所有的修改单(不包括勘误的内容)或修订版均不适用于本标准，然而，鼓励根据本标准达成协议的各方研究是否可使用这些文件的最新版本。凡是不注日期的引用文件，其最新版本适用于本标准。

GB 7588—2003 电梯制造与安装安全规范(EN 81-1:1998,EQV)

GB 8903—2005 电梯用钢丝绳(ISO/FDIS 4344:2003,MOD)

GB/T 10059 电梯试验方法

GB/T 10060 电梯安装验收规范

GB 14048.1—2006 低压开关设备和控制设备 第1部分:总则(IEC 60947-1:2001,MOD)

GB/T 20645—2006 特殊环境条件 高原用低压电器技术要求

GB/T 22562—2008 电梯T型导轨(ISO 7465:2007,IDT)

GB/T 24474—2009 电梯乘运质量测量(ISO 18738:2003,IDT)

GB/T 24478—2009 电梯曳引机

GB/T 24477—2009 适用于残障人员的电梯附加要求(EN 81-70:2003,IDT)

GB/T 24479—2009 火灾情况下的电梯特性(EN 81-73:2005,IDT)

GB 50310—2002 电梯工程施工质量验收规范

GA 109—1995 电梯层门耐火试验方法

EN 81-1:1998/A2:2004 电梯制造与安装安全规范 第1部分:电梯 第2号修改件:机器和滑轮空间(Safety rules for the construction and installation of lifts—Part 1:Electric lifts—A2:Machinery and pulley spaces)

## 3 技术要求

### 3.1 基本要求

3.1.1 电梯及其所有零部件应设计正确、结构合理，并应遵守机械、电气及建筑结构的通用技术要求。

3.1.2 制造电梯的材料应具有足够的强度和良好的质量，不应使用有害材料(如石棉等)。

3.1.3 电梯整机和零部件应有良好的维护，使其保持正常的工作状态。

3.1.4 需要润滑的零部件应有良好的润滑。

### 3.2 正常使用条件

3.2.1 安装地点的海拔高度不超过1 000 m。

注：对于海拔高度超过1 000 m的电梯，其曳引机应按GB/T 24478—2009对电梯曳引机的要求进行修正；对于海

拔高度超过 2 000 m 的电梯，其低压电器的选用应按 GB/T 20645—2006 的要求进行修正。

3.2.2 机房内的空气温度应保持在＋5～＋40 ℃之间。

3.2.3 运行地点的空气相对湿度在最高温度为＋40 ℃时不超过 50%，在较低温度下可有较高的相对湿度，最湿月的月平均最低温度不超过＋25 ℃，该月的月平均最大相对湿度不超过 90%。若可能在电器设备上产生凝露，应采取相应措施。

3.2.4 供电电压相对于额定电压的波动应在±7%的范围内。

3.2.5 环境空气中不应含有腐蚀性和易燃性气体，污染等级不应大于 GB 14048.1—2006 规定的 3 级。

### 3.3 整机性能

3.3.1 当电源为额定频率和额定电压时，载有 50%额定载重量的轿厢向下运行至行程中段(除去加速和减速段)时的速度，不应大于额定速度的 105%，宜不小于额定速度的 92%。

3.3.2 乘客电梯起动加速度和制动减速度最大值均不应大于 1.5 $m/s^2$。

3.3.3 当乘客电梯额定速度为 1.0 m/s＜$v$≤2.0 m/s 时，按 GB/T 24474—2009 测量，A95 加、减速度不应小于 0.50 $m/s^2$；当乘客电梯额定速度为 2.0 m/s＜$v$≤6.0 m/s 时，A95 加、减速度不应小于 0.70 $m/s^2$。

3.3.4 乘客电梯的中分自动门和旁开自动门的开关门时间宜不大于表 1 规定的值。

**表 1 乘客电梯的开关门时间**

单位为秒

| 开门方式 | 开门宽度($B$)/mm | | | |
|---|---|---|---|---|
| | $B$≤800 | 800＜$B$≤1 000 | 1 000＜$B$≤1 100 | 1 100＜$B$≤1 300 |
| 中分自动门 | 3.2 | 4.0 | 4.3 | 4.9 |
| 旁开自动门 | 3.7 | 4.3 | 4.9 | 5.9 |

注 1：开门宽度超过 1 300 mm 时，其开门时间由制造商与客户协商确定。

注 2：开门时间是指从开门启动至达到开门宽度的时间；关门时间是指从关门启动至 GB 7588—2003 7.7.3.1、7.7.4、8.9 证实层门锁紧装置、轿门锁紧装置(如果有)以及层门、轿门关闭状态的电气安全装置的触点全部接通的时间。

3.3.5 乘客电梯轿厢运行在恒加速度区域内的垂直($Z$ 轴)振动的最大峰峰值不应大于 0.30 $m/s^2$，A95 峰峰值不应大于 0.20 $m/s^2$。

乘客电梯轿厢运行期间水平($X$ 轴和 $Y$ 轴)振动的最大峰峰值不应大于 0.20 $m/s^2$，A95 峰峰值不应大于 0.15 $m/s^2$。

注：按 GB/T 24474—2009 测量，用计权的时域记录振动曲线中的峰峰值。

3.3.6 电梯的各机构和电气设备在工作时不应有异常振动或撞击声响。乘客电梯的噪声值应符合表 2 规定。

**表 2 乘客电梯的噪声值**

单位为 dB(A)

| 额定速度 $v$/(m/s) | $v$≤2.5 | 2.5＜$v$≤6.0 |
|---|---|---|
| 额定速度运行时机房内平均噪声值 | ≤80 | ≤85 |
| 运行中轿厢内最大噪声值 | ≤55 | ≤60 |
| 开关门过程最大噪声值 | ≤65 | |

注：无机房电梯的“机房内平均噪声值”是指距离曳引机 1 m 处所测得的平均噪声值。

3.3.7 电梯轿厢的平层准确度宜在±10 mm 范围内。平层保持精度宜在±20 mm 范围内。

3.3.8 曳引式电梯的平衡系数应在 0.4～0.5 范围内。

3.3.9 电梯应具有以下安全装置或保护功能，并应能正常工作：

a) 供电系统断相、错相保护装置或保护功能。电梯运行与相序无关时,可不设置错相保护装置。

b) 限速器-安全钳系统联动超速保护装置,监测限速器或安全钳动作的电气安全装置以及监测限速器绳断裂或松弛的电气安全装置。

c) 终端缓冲装置(对于耗能型缓冲器还包括检查复位的电气安全装置)。

d) 超越上下极限工作位置时的保护装置。

e) 层门门锁装置及电气联锁装置:

1) 电梯正常运行时,应不能打开层门;如果一个层门开着,电梯应不能起动或继续运行(在开锁区域的平层和再平层除外);

2) 验证层门锁紧的电气安全装置;证实层门关闭状态的电气安全装置;紧急开锁与层门的自动关闭装置。

f) 动力操纵的自动门在关闭过程中,当人员通过入口被撞击或即将被撞击时,应有一个自动使门重新开启的保护装置。

g) 轿厢上行超速保护装置。

h) 紧急操作装置。

i) 滑轮间、轿顶、底坑、检修控制装置、驱动主机和无机房电梯设置在井道外的紧急和测试操作装置上应设置双稳态的红色停止装置。如果距驱动主机 1 m 以内或距无机房电梯设置在井道外的紧急和测试操作装置 1 m 以内设有主开关或其他停止装置,则可不在驱动主机或紧急和测试操作装置上设置停止装置。

j) 不应设置两个以上的检修控制装置。

若设置两个检修控制装置,则它们之间的互锁系统应保证:

1) 如果仅其中一个检修控制装置被置于“检修”位置,通过按压该检修控制装置上的按钮能使电梯运行;

2) 如果两个检修控制装置均被置于“检修”位置:

Ⅰ) 在两者中任一个检修控制装置上操作均不能使电梯运行;或

Ⅱ) 同时按压两个检修控制装置上相同功能的按钮才能使电梯运行。

k) 轿厢内以及在井道中工作的人员存在被困危险处应设置紧急报警装置。当电梯行程大于 30 m 或轿厢内与紧急操作地点之间不能直接对话时,轿厢内与紧急操作地点之间也应设置紧急报警装置。

l) 对于 EN 81-1:1998/A2:2004 中 6.4.3 工作区域在轿顶上(或轿厢内)或 EN 81-1:1998/A2:2004 中 6.4.4 工作区域在底坑内或 EN 81-1:1998/A2:2004 中 6.4.5 工作区域在平台上的无机房电梯,在维修或检查时,如果由于维护(或检查)可能导致轿厢的失控和意外移动或该工作需要移动轿厢可能对人员产生人身伤害的危险时,则应有分别符合 EN 81-1:1998/A2:2004 中 6.4.3.1、6.4.4.1 和 6.4.5.2b)的机械装置;如果该操作不需要移动轿厢,EN 81-1:1998/A2:2004 中 6.4.5 工作区域在平台上的无机房电梯应设置一个符合 EN 81-1:1998/A2:2004 中 6.4.5.2a) 规定的机械装置,防止轿厢任何危险的移动。

m) 停电时,应有慢速移动轿厢的措施。

n) 若采用减行程缓冲器,则应符合 GB 7588—2003 中 12.8 的要求。

### 3.4 外观质量要求

3.4.1 轿门、层门及可见部分的表面及装饰应平整;涂漆部分应光洁、色泽均匀、美观,漆层不应出现漆膜脱落;粘接部位应有足够的粘接强度,不应出现开裂现象。

3.4.2 信号显示应清晰、正确,各种标志应清晰。

3.4.3 焊接部位的焊缝应均匀一致;铆接部位应牢固可靠。

3.4.4 所有紧固件不应脱落或松动。

3.4.5 电梯安装后应保证各部位的位置正确;活动部位应运转灵活,相对位置及间隙应在规定的范围内;各部件应处于正常工作状态。

### 3.5 驱动主机

3.5.1 驱动主机应符合 GB 7588—2003 中第 12 章的规定。

3.5.2 制动系统应具有一个机-电式制动器(摩擦型)。

a) 当轿厢载有 125%额定载重量并以额定速度向下运行时,操作制动器应能使曳引机停止运转。轿厢的减速度不应超过安全钳动作或轿厢撞击缓冲器所产生的减速度。所有参与向制动轮(或盘)施加制动力的制动器机械部件应分两组装设。如果一组部件不起作用,则应仍有足够的制动力使载有额定载重量以额定速度下行的轿厢减速下行。

b) 被制动部件应以机械方式与曳引轮或卷筒、链轮直接刚性连接。

3.5.3 驱动主机在运行时不应有异常的振动和异常的噪声。制动器线圈和电动机定子绕组的温升及驱动主机减速箱体内的油温均不应大于 GB/T 24478—2009 中 4.2.3.2 的规定。

3.5.4 驱动主机减速箱箱体分割面、观察窗(孔)盖等处应紧密连接,不允许渗漏油。电梯正常工作时,减速箱轴伸出端每小时渗漏油面积不应超过 GB/T 24478—2009 中 4.2.3.8 的规定。

3.5.5 驱动主机装配后应按 GB/T 24478—2009 进行检验。

### 3.6 限速器

3.6.1 操纵轿厢安全钳的限速器的动作速度不应低于电梯额定速度的 115%,且应小于下列数值:

a) 对于不可脱落滚柱式以外的瞬时式安全钳为 0.8 m/s;

b) 对于不可脱落滚柱式瞬时式安全钳为 1.0 m/s;

c) 对于电梯额定速度小于或等于 1.0 m/s 的渐进式安全钳为 1.5 m/s;

d) 对于电梯额定速度大于 1.0 m/s 的渐进式安全钳为 $1.25v+\frac{0.25}{v}$(m/s)。

3.6.2 对于额定速度大于 1.0 m/s 的电梯,宜选用接近 3.6.1 所规定的上限值的动作速度。

3.6.3 对于额定载重量大、额定速度低的电梯,应专门为此设计限速器,并宜选用接近 3.6.1 所规定的下限值的动作速度。

3.6.4 限速器动作速度调定后,其调节部位应加封记。

3.6.5 限速器动作时,限速器绳的张力不应小于安全钳起作用时所需提拉力的 2 倍,且不小于 300 N。对于仅靠摩擦力来产生张力的限速器,其槽口应经过附加的硬化处理或具有一个符合 GB 7588—2003 中 M2.2.1 要求的切口槽。

3.6.6 限速器应是可接近的,以便于检查和维护。若限速器装在井道内,则应能从井道外接近它或满足下列条件:

a) 能够从井道外用远程控制(除无线方式外)的方式来实现 GB 7588—2003 中 9.9.9 所述的限速器动作,这种方式不应造成限速器的意外动作,且对于未经授权的人员,远程控制的操纵装置是不可接近的;

b) 能够从轿顶或从底坑接近限速器进行检查和维护;

c) 限速器动作后,提升轿厢或对重(或平衡重)能使限速器自动复位。

如果从井道外用远程控制的方式使限速器的电气部分复位,则不应影响限速器的正常功能。

3.6.7 检查或测试时,应有可能在一个比 3.6.1 规定值低的速度下,通过某种安全的方式使限速器动作来使安全钳动作。

3.6.8 对重(或平衡重)安全钳的限速器动作速度应大于轿厢安全钳的限速器动作速度,但不应超过轿厢安全钳的限速器动作速度的 10%。

3.6.9 在轿厢上行或下行速度达到限速器动作速度之前,限速器上或其他装置上应有一个符合 GB 7588—2003 中 14.1.2 规定的电气安全装置使电梯驱动主机停止运转。但是,对于额定速度不大于

1.0 m/s 的电梯，此电气安全装置最迟可在限速器达到其动作速度时起作用。

3.6.10 如果安全钳释放后，限速器未能自动复位，则在限速器未复位时，一个符合 GB 7588—2003 中 14.1.2 规定的电气安全装置应防止电梯的启动。

3.6.11 限速器绳断裂或过分伸长，应通过一个符合 GB 7588—2003 中 14.1.2 规定的电气安全装置的作用，使电动机停止运转。

3.6.12 限速器动作前的响应时间应足够短，不允许在安全钳动作前达到危险的速度。

3.7 安全钳

3.7.1 轿厢应装有能在下行时动作的安全钳。在达到限速器动作速度时，甚至在悬挂装置断裂的情况下，安全钳应能夹紧导轨使载有额定载重量的轿厢制停并保持静止状态。

3.7.2 安全钳的使用条件：

3.7.2.1 应根据电梯额定速度($v$)选用轿厢安全钳，即：

a) $v > 0.63$ m/s，应采用渐进式安全钳；

b) $v \leqslant 0.63$ m/s，可用瞬时式安全钳。

3.7.2.2 若轿厢装有数套安全钳，则均应是渐进式的。

3.7.2.3 若额定速度大于 1.0 m/s，则对重(或平衡重)安全钳也应是渐进式的；其他情况下可以是瞬时式的。

3.7.3 不应采用电气、液压或气动操纵的装置来操纵安全钳。

3.7.4 在载有额定载重量的轿厢自由下落的情况下，渐进式安全钳制动时的平均减速度应为 $0.2g_n$～$1.0g_n$。

3.7.5 轿厢空载或载荷均匀分布的情况下，安全钳动作后轿厢地板的倾斜度不应大于其正常位置的 5%。

3.7.6 如果轿厢或对重(或平衡重)之下确有人能够到达的空间，对重(或平衡重)上应装有安全钳。如果对重缓冲器安装于(或平衡重运行区域下面是)一直延伸到坚固地面上的坚固桩墩，则可以不装安全钳。

3.7.7 轿厢安全钳应装有一个符合 GB 7588—2003 中 14.1.2 的电气安全装置，在安全钳动作之前或同时使电梯驱动主机停转。

3.8 缓冲器

**3.8.1 适用范围**

a) 蓄能型缓冲器(包括线性和非线性)适用于额定速度 $v \leqslant 1.0$ m/s 的电梯；

b) 耗能型缓冲器适用于任何额定速度的电梯。

**3.8.2 蓄能型缓冲器**

**3.8.2.1 线性蓄能型缓冲器**

a) 线性蓄能型缓冲器可能的总行程应至少等于相应于 115% 额定速度的重力制停距离的 2 倍，即 $\frac{(1.15v)^2}{2g_n} \times 2 \approx 0.135v^2$ (m)，且不应小于 65 mm。

b) 线性蓄能型缓冲器设计时，应能在静载荷为轿厢质量与额定载重量之和的 2.5～4 倍或为对重质量的 2.5～4 倍时达到 3.8.2.1 规定的行程。

**3.8.2.2 非线性蓄能型缓冲器**

当载有额定载重量的轿厢自由下落并以 115% 额定速度撞击轿厢缓冲器时，应满足下列要求：

a) 缓冲器作用期间的平均减速度不应大于 $1g_n$；

b) $2.5g_n$ 以上的减速度时间不大于 0.04 s；

c) 轿厢反弹的速度不应超过 1.0 m/s；

d) 缓冲器动作后，应无永久变形。

3.8.3 耗能型缓冲器

3.8.3.1 耗能型缓冲器可能的总行程应至少等于相应于115%额定速度的重力制停距离，即：$\frac{(1.15v)^2}{2g_n} \approx 0.067\,4v^2$ (m)。

3.8.3.2 当载有额定载重量的轿厢自由下落并以115%额定速度撞击缓冲器时，应满足下列要求：

a) 缓冲器作用期间的平均减速度不应大于 $1g_n$；

b) $2.5g_n$ 以上的减速度时间不应大于0.04 s；

c) 缓冲器作用后应无永久变形。

3.8.3.3 当按GB 7588—2003中12.8的要求对电梯在其行程末端的减速进行监控时，对于按照3.8.3.1规定计算的缓冲器行程，可采用轿厢(或对重)与缓冲器刚接触时的速度取代公式中115%额定速度。但行程不应小于：

a) 当额定速度小于或等于4.0 m/s时，按3.8.3.1计算行程的50%。但在任何情况下，行程不应小于0.42 m；

b) 当额定速度大于4.0 m/s时，按3.8.3.1计算行程的1/3。但在任何情况下，行程不应小于0.54 m。

3.8.3.4 缓冲器动作后，只有在缓冲器回复至其正常伸长位置后电梯才能正常运行，为检查缓冲器的正常复位所用的装置应是一个符合GB 7588—2003中14.1.2规定的电气安全装置。

3.9 轿厢上行超速保护装置

3.9.1 轿厢上行超速保护装置包括速度监控和减速元件，应能监测出轿厢上行的速度失控，其下限是电梯额定速度的115%，上限是3.6.8对重安全钳的限速器的动作速度，并应能使轿厢制停，或至少使其速度降低至对重缓冲器的设计范围。该装置使空轿厢制停时，轿厢减速度不应大于 $1g_n$。

3.9.2 轿厢上行超速保护装置应作用于：

a) 轿厢；或

b) 对重；或

c) 钢丝绳系统(悬挂绳或补偿绳)；或

d) 曳引轮(例如直接作用在曳引轮，或作用于最靠近曳引轮的曳引轮轴上)。

3.9.3 轿厢上行超速保护装置动作时，应使一个符合GB 7588—2003中14.1.2规定的电气安全装置动作。该装置释放时，应不需要接近轿厢或对重。

3.10 轿厢、轿门和开门机

3.10.1 轿厢内部净高度及使用人员正常出入轿厢入口的净高度均不应小于2 m。

3.10.2 轿厢的有效面积、额定载重量及乘客人数应符合GB 7588—2003中8.2的规定。

3.10.3 轿厢应完全封闭，仅允许有下列开口：

a) 使用人员正常出入口；

b) 轿厢安全门和轿厢安全窗；

c) 通风孔。

3.10.4 轿壁、轿顶和轿厢地板的机械强度应符合GB 7588—2003中8.3.2的规定。

玻璃轿壁应使用夹层玻璃，应按GB 7588—2003表J1选用或能承受附录J的冲击摆试验。

3.10.5 轿厢地坎下面应设置护脚板，其宽度应等于相应层站入口整个净宽度。护脚板垂直部分的高度不应小于0.75 m，垂直部分以下应成斜面向下延伸，斜面与水平面的夹角应大于60°，该斜面在水平面上的投影深度不应小于20 mm。

注：护脚板垂直部分的高度从轿厢地坎上表面开始测量。

3.10.6 轿门关闭后，门扇之间及门扇与立柱、门楣和地坎之间的间隙应尽可能小。对于乘客电梯，此运动间隙不应大于6 mm；对于载货电梯，此间隙不应大于8 mm。由于磨损，间隙值允许达到10 mm。

如果有凹进部分，上述间隙从凹底处测量。

3.10.7　当轿门处于关闭位置时，轿门应具有如下机械强度：用一个 300 N 的力，沿轿厢内向轿厢外垂直作用于门的任何位置，且均匀分布在 5 $cm^2$ 的圆形或方形面积上时，轿门应：

a）无永久变形；

b）弹性变形不大于 15 mm；

c）试验期间和试验后，门的安全功能不受影响。

玻璃尺寸大于 GB 7588—2003 中 7.6.2 所述的玻璃门时，应采用夹层玻璃，并应按 GB 7588—2003 表 J2 选用或能承受附录 J 的冲击摆试验。

3.10.8　为避免动力驱动的自动滑动门运行中发生剪切危险，轿厢一侧的门表面不应有大于 3 mm 的任何凹进或凸出，这些凹进或凸出部分的边缘应在开门运行方向上倒角。

3.10.9　轿厢的通风应符合 GB 7588—2003 中 8.16 的规定。

3.10.10　轿厢的照明应符合 GB 7588—2003 中 8.17 的规定。

3.10.11　对于动力驱动的自动水平滑动门，阻止关门力不应大于 150 N。该力的测量不应在关门行程开始的 1/3 以内进行。

在轿门关闭过程中，当乘客通过入口被门扇撞击或将被撞击时，一个保护装置应自动地使门重新开启。此保护装置的作用可在每个主动门扇最后 50 mm 的行程中被消除。

3.10.12　垂直滑动门应符合 GB 7588—2003 中 8.7.2.2 要求。

3.10.13　轿门应有符合 GB 7588—2003 中 14.1.2 规定的电气安全装置验证轿门的关闭位置。除了 GB 7588—2003 中 7.7.2.2 情况外，如果一个轿门（或多扇轿门中的任何一扇门）开着，在正常操作情况下，应不能起动电梯或保持电梯的运行。

3.10.14　距离轿顶外侧边缘有水平方向超过 0.30 m 的自由距离时，轿顶应装设符合 GB 7588—2003 中 8.13.3 规定的护栏。

3.10.15　轿顶上的装置应符合 GB 7588—2003 中 8.15 的规定。

## 3.11　层门与门锁

3.11.1　层门的净高度不应小于 2 m。

3.11.2　层门关闭后，门扇之间及门扇与立柱、门楣、地坎之间的间隙应尽可能小，对于乘客电梯，此间隙不应大于 6 mm；对于载货电梯，此间隙不应大于 8 mm。由于磨损，间隙值允许达到 10 mm。如果有凹进部分，上述间隙从凹底处测量。为了避免动力驱动的自动滑动门运行中发生剪切危险，门的外表面不应有大于 3 mm 的任何凹进或凸出，这些凹进或凸出部分的边缘应在开门运行方向上倒角。上述要求不适用于 GB 7588—2003 附录 B 所规定的开锁三角钥匙入口处。

3.11.3　在水平滑动门的开门方向，以 150 N 的人力（不用工具）施加在一个最不利的点上时，其间隙可大于 3.11.2 规定的间隙，但对于旁开门不应大于 30 mm；对于中分门总和不应大于 45 mm。

3.11.4　垂直滑动门应符合 GB 7588—2003 中 7.5.2.2 要求。

3.11.5　装有门锁装置的层门在锁住位置时，层门应具有如下机械强度：用 300 N 的力垂直作用在层门的任何一个面上的任何位置，且均匀分布在 5 $cm^2$ 的圆形或方形面积上时，层门应：

a）无永久变形；

b）弹性变形不大于 15 mm；

c）试验期间和试验后，门的安全功能不受影响。

玻璃尺寸大于 GB 7588—2003 中 7.6.2 所述的玻璃门时，应采用夹层玻璃，并应按 GB 7588—2003 中表 J2 选用或能承受附录 J 的冲击摆试验。

3.11.6　地坎、导向装置和门悬挂机构应符合 GB 7588—2003 中 7.4 的规定。由于磨损、锈蚀或火灾原因可能造成导向装置失效时，应设有应急的导向装置使层门保持在原有位置上。

3.11.7　与动力驱动的层门运动相关的保护要求应符合 GB 7588—2003 中 7.5.2 的规定。

3.11.8 轿厢运动前应将层门有效地锁紧在关闭位置上，只有在锁紧元件啮合不小于 7 mm 时轿厢才能起动。层门的锁紧应由符合 GB 7588—2003 中 14.1.2 要求的电气安全装置来证实。

3.11.9 在型式试验时，门锁装置应能承受一个沿开门方向并作用在门锁高度处的最小为下述规定值的力，而无永久变形。

a) 对滑动门，为 1 000 N；

b) 对铰链门，在锁销上为 3 000 N。

3.11.10 门锁装置应能承受 $1\times10^6$ 次完全循环操作（±1%），其驱动应平滑、无冲击，频率为每分钟 60 次（±10%）。

3.11.11 除了 GB 7588—2003 中 7.7.2.2 情况外，如果一个层门（或多扇层门中的任何一扇门）开着，在正常操作情况下，应不能起动电梯或保持电梯继续运行。

3.11.12 在电梯正常运行时，应不能打开层门（或多扇层门中的任意一扇），除非轿厢在该层门的开锁区域内停止或停站。

3.11.13 在轿门驱动层门的情况下，当轿厢在开锁区域之外时，如层门无论因为任何原因而打开，则应有一种装置（重块或弹簧）能确保该层门自动关闭。

3.11.14 电梯在正常使用中，如果轿厢没有得到运行指令，则经过一段必要的时间后，动力驱动的自动门应被关闭。

3.11.15 如果建筑物需要电梯层门具有防火性能，则该层门应按 GA 109 进行试验。

### 3.12 悬挂装置

3.12.1 悬挂钢丝绳的特性应符合 GB 8903 电梯钢丝绳的有关规定。

3.12.2 钢丝绳最少应有两根，每根钢丝绳应是独立的。

3.12.3 钢丝绳的公称直径不应小于 8 mm。曳引轮或滑轮的节圆直径与钢丝绳公称直径之比不应小于 40。

3.12.4 钢丝绳的安全系数应符合 GB 7588—2003 中 9.2.2 的规定。

3.12.5 钢丝绳与其端接装置的接合处（绳头组合）机械强度，至少应能承受钢丝绳最小破断负荷的 80%。

3.12.6 钢丝绳曳引应满足以下三个条件：

a) 轿厢装载至 125%GB 7588—2003 中 8.2.1 或 8.2.2 规定的额定载重量的情况下应保持平层状态不打滑；

b) 应保证在任何紧急制动状态下，不管轿厢内是空载还是满载，其减速度的值不能超过缓冲器（包括减行程的缓冲器）作用时减速度的值；

c) 当对重压在缓冲器上而曳引机按电梯上行方向旋转时，应不可能提升空载轿厢。

设计方法可参见 GB 7588—2003 中附录 M。

### 3.13 对重和平衡重

对重和平衡重应符合 GB 7588—2003 中 8.18 的规定。

### 3.14 导轨

导轨应符合 GB 7588—2003 中 10.1 和 10.2 的规定，T 型导轨还应符合 GB/T 22562—2008 的规定。

### 3.15 控制柜及其他电气设备

3.15.1 控制柜及电梯的其他电气设备应符合 GB 7588—2003 中第 13 章及第 14 章的有关规定。

3.15.2 控制柜装配后应检查每个通电导体与地之间的绝缘电阻，绝缘电阻的最小值应符合表 3 的规定。

表 3 绝缘电阻的最小值

| 标称电压/V | 测试电压(直流)/V | 绝缘电阻/MΩ |
|---|---|---|
| 安全电压 | 250 | ≥0.25 |
| ≤500 | 500 | ≥0.50 |
| >500 | 1 000 | ≥1.00 |

3.15.3 控制柜耐压检验(25 V 以下的除外),导电部分对地之间施以电路最高电压的 2 倍,再加 1 000 V 交流电压,历时 1 min,不能有击穿或闪络现象。

3.15.4 控制柜装配后应进行功能试验,全部功能应符合设计要求。

3.15.5 安全电路应符合 GB 7588—2003 中 14.1.2.3 的规定。

3.15.6 紧急报警装置

a) 电梯轿厢内应设置乘客易于识别和触及的报警装置;

b) 如果在井道中工作的人员存在被困危险,而又无法通过轿厢或井道逃脱,应在存在该危险处设置报警装置;

c) 该装置应采用一个对讲系统能与救援服务持续联系;

d) 该装置应由符合 GB 7588—2003 中 8.17.4 要求的紧急电源或等效电源供电(轿内电话与公用电话网连接的情况除外);

e) 如果电梯行程大于 30 m,在轿厢和机房(对无机房电梯为紧急操作地点)之间也应设置紧急电源供电的对讲系统或类似装置。

3.15.7 对无机房电梯,在 EN 81-1:1998/A2:2004 中 6.4.3、6.4.4 和 6.4.5 的情况下,应在井道外设置符合 EN 81-1:1998/A2:2004 中 6.6 规定的紧急测试和操作装置。

### 3.16 能耗

电梯的设计应考虑能耗。电梯能耗计算和能耗测量方法可参照附录 A。

### 3.17 无障碍设计的附加要求

对于适用于残障人员使用的电梯,还应符合 GB/T 24477—2009 的要求。

### 3.18 抗震设计的基本要求

电梯的抗震设计应与建筑物抗震设防标准相适应。电梯的抗震设计应满足下列要求:

3.18.1 考虑电梯的抗震设计时,设计用的地震力和其他载荷的组合使设备承受的应力应小于所用材料相应的屈服极限值的 88%。

3.18.2 用来固定机房设备、导轨等的安装支撑件,应有措施防止被支撑物在地震时出现翻倒、脱离以及导致危险的移位。

3.18.3 应采取措施防止对重块不会脱离对重架、对重架及轿厢不会脱离导轨。

3.18.4 应采取措施防止曳引绳不会从绳轮上脱槽。

3.18.5 应采取措施避免随行电缆、补偿链(绳、缆)、限速器钢丝绳等因勾挂或缠绕到井道内凸出物上而造成损伤。井道内凸出物包括导轨支架、井道设备的安装支撑件、层门地坎等。

3.18.6 在地震活动较频繁的地区,可增配电梯的地震操作功能。

### 3.19 交付使用前的运行考核

电梯安装后应进行运行试验:轿厢分别在空载、额定载重量工况下,按产品设计规定的每小时启动次数和负载持续率各运行 1 000 次(每天不少于 8h),电梯应运行平稳、制动可靠、连续运行无故障。

## 4 可靠性

### 4.1 整机可靠性

整机可靠性检验为起制动运行 60 000 次中失效(故障)次数不应超过 5 次。每次失效(故障)修复时间不应超过 1 h。由于电梯本身原因造成的停机或不符合本标准规定的整机性能要求的非正常运行,均被认为是失效(故障)。

### 4.2 控制柜可靠性

控制柜可靠性检验为被其驱动与控制的电梯起制动运行 60 000 次中,控制柜失效(故障)次数不应超过 2 次。由于控制柜本身原因造成的停机或不符合本标准规定的有关性能要求的非正常运行,均被认为是失效(故障)。与控制柜相关的整机性能项目包括:

a) 起动加速度与制动减速度;

b) 最大加、减速度和 A95 加、减速度;

c) 平层准确度。

### 4.3 可靠性检验的负载条件

在整机可靠性检验及控制柜可靠性检验期间,轿厢载有额定载重量以额定速度上行不应少于 15 000 次。

## 5 检验规则

电梯的试验方法应按 GB/T 10059 的规定进行。

电梯的检验包括出厂检验、交付使用前的检验和型式试验。

### 5.1 出厂检验

电梯的出厂检验应按制造商产品标准的规定进行。

### 5.2 交付使用前的检验

电梯交付使用前的检验应按 3.19 和 GB 7588—2003 中附录 D 以及 GB 50310、GB/T 10060 的规定进行。

### 5.3 型式试验

5.3.1 凡属下列情况之一时应进行型式试验:

a) 新产品投产或老产品转厂生产时;

b) 正式生产后,如结构、主要配置和技术参数改变时;

c) 产品停产两年以上恢复生产时;

d) 出厂检验结果与上次型式试验有较大差异时;

e) 国家法律法规有要求时。

5.3.2 电梯的型式试验应按第 3 章、第 4 章的规定进行整机型式试验、主要部件型式试验和安全部件型式试验。其中门锁装置、安全钳、限速器、轿厢上行超速保护装置、缓冲器、含有电子元件的安全电路的型式试验按 GB 7588—2003 中附录 F 的规定进行。

## 6 标志、包装、运输、贮存与技术档案

### 6.1 标志

6.1.1 电梯应设置产品标牌。标牌设置在轿厢内明显的位置。标牌上应采用中文标明:

a) 电梯额定载重量(kg)及乘客电梯的乘客数;

b) 制造商名称或商标。

6.1.2 主要安全部件(如限速器、缓冲器、安全钳、门锁装置及轿厢上行超速保护装置)的标牌应分别按照 GB 7588—2003 中第 15 章的有关规定设置。

6.1.3 曳引机标牌应符合 GB/T 24478—2009 有关规定。

6.1.4 控制柜标牌应标明:型号、规格,制造商名称或商标。

### 6.2 包装与运输

6.2.1 产品的包装运输应符合有关包装储运指示标记的规定。

6.2.2 随机文件：

a) 文件目录；

b) 装箱清单；

c) 产品出厂合格证；

d) 机房、井道布置图；

e) 使用维护说明书(应含救援说明及电梯润滑汇总表)；

f) 动力电路和安全回路电气原理图、电气接线图；

g) 主要部件安装示意图；

h) 安装说明书；

i) 易损件清单；

j) 整机及安全部件型式试验合格证书复印件。

### 6.3 贮存

6.3.1 产品存放于室内时，应有良好的通风及防潮措施；存放于露天时，对包装箱应另设防雨措施，底部应垫以支承物，防止浸于水中。

6.3.2 电气设备应存放于室内。

6.3.3 当存放时间超过 6 个月时，应检查零部件的完好情况。

### 6.4 技术档案

产品销售后制造商应保留的技术档案见附录 B。

# 附　录　A
# （资料性附录）
# 能耗计算与测量[1)]

## A.1　能耗预测计算

本附录给出了一个简单的模型，可用来预测电梯运行时的能耗[见公式(A.1)]，其结果可用于整个建筑物的能耗评估中，但它不适用于较复杂的情况或有专用模型的情况。

$$E_{elevator}=(K_1\times K_2\times K_3\times H\times F\times P)/(V\times 3\,600)+E_{standby} \qquad \cdots\cdots\cdots(A.1)$$

式中：

$E_{elevator}$——电梯使用一年的能耗，单位为千瓦小时每年(kW·h/年)；

$K_1$——驱动系统系数；

$K_1=1.6$(交流调压调速驱动系统时)

$K_1=1.0$(VVVF 驱动系统时)

$K_1=0.6$(带能量反馈的 VVVF 驱动系统时)

$K_2$——平均运行距离系数；

$K_2=1.0$(2 层时)

$K_2=0.5$(单梯或两台电梯并联且多于 2 层时)

$K_2=0.3$(3 台及以上的电梯群控时)

$K_3$——轿内平均载荷系数，$K_3=0.35$；

$H$——最大运行距离，单位为米(m)；

$F$——年启动次数，一般在 100 000 到 300 000 之间；

$P$——电梯的额定功率，单位为千瓦(kW)，且 $P=P_1\times P_0$；

其中：

$P_1$——与平衡系数相关的系数；

$P_1=1.0$(平衡系数为 50%时)

$P_1=0.8$(平衡系数为 40%时)

$P_0=(0.5\times$额定载重量$\times$额定速度$\times g_n)/(1\,000\times n_s\times n_g\times n_m)$

$n_s$——悬挂效率，默认值 $n_s=0.85$；

$n_g$——传动效率；

$n_g=0.75$(蜗轮蜗杆传动系统时)

$n_g=1.0$(无齿轮传动系统时)

$n_m$——电动机效率；

$n_m=0.75$(交流调压调速驱动系统时)

$n_m=0.85$(VVVF 驱动系统时)

$g_n$——标准重力加速度，为 9.81 $m/s^2$；

$V$——额定速度，单位为米每秒(m/s)；

$E_{standby}$——一年内的待机总能耗，单位为千瓦小时每年(kW·h/年)。

## A.2　能耗测量

所有的能耗测量都应保证±5%的精度。

1)　本附录的内容引自 ISO/DIS 25745-1:2008

**A.2.1 主电源能耗——运行**

a) 将电能表连接到主电源所有相的接入点上；

b) 测量并记录主电源电压；

c) 设置电能表用于测量有功电能；

d) 如果可能，将电梯设置为在两端站间自动循环运行的模式；

e) 将轿厢运行到底层端站；

f) 开始测量；

g) 开始端站间循环测量(一个循环是指电梯从底层端站上行至顶层端站，再返回底层端站)；

h) 至少运行10个循环后停止；

i) 测量并记录有功电能数值；

j) 记录循环次数；

k) 用总能耗除以循环次数，得出一个平均值，并记录此数值。

**A.2.2 主电源能耗——待机**

a) 将电能表连接到主电源各相的接入点上；

b) 测量并记录主电源电压；

c) 设置电能表用于测量电能；

d) 保持轿厢停止在底层端站5 min；

e) 开始测量并记录能耗数值和时间；

f) 利用测得的电能计算能耗(单位为kW·h)。

**A.2.3 辅助设备能耗——待机**

a) 将电能表连接到辅助设备电源的接入点上；

b) 测量并记录主电源电压；

c) 设置电能表用于测量电能；

d) 保持轿厢停止在底层端站5 min，或直到电梯达到稳定状态；

e) 开始测量并记录能耗数值和时间；

f) 利用测量的电能计算能耗(单位为kW·h)。

**A.2.4 辅助设备能耗——运行**

a) 将电能表连接到辅助设备电源的接入点上；

b) 测量并记录主电源电压；

c) 设置电能表用于测量有功电能；

d) 如果可能，将电梯设置为在端站间自动循环运行的模式；

e) 将轿厢运行到底层端站；

f) 开始测量；

g) 开始端站间循环测量(一个循环是指电梯从底层端站上行至顶层端站，再返回底层端站)；

h) 至少10个循环后停止；

i) 测量并记录有功电能数值；

j) 记录循环次数；

k) 用总能耗除以循环次数，得出一个平均值，并记录此数值。

# 附 录 B
（规范性附录）
# 产品销售后制造商保留的技术档案

产品销售后制造商保留的技术档案应包括下列全部或部分资料：

## B.1 基本信息

a) 销售后的产权所有者(或用户)和安装单位的名称与地址，以及电梯安装地点；
b) 电梯的型号、额定载重量、额定速度、乘客人数；
c) 电梯的机房、井道布置图；
d) 电梯的行程及服务层站数；
e) 电梯轿厢及对重的质量。

## B.2 悬挂装置的技术参数

a) 曳引钢丝绳的型号、直径、根数，以及曳引能力计算；
b) 补偿链或绳(如果有)的参数；
c) 限速器绳的型号、直径。

## B.3 导轨

导轨的型号、规格、受力计算及磨擦表面的状况。

## B.4 部件

主要部件及限速器、安全钳、缓冲器、门锁装置、轿厢上行超速保护装置、含有电子元件的安全电路及绳头组合的性能检验报告及型式试验合格证书；必要时，还应能提供防爆设备(如果有)的试验合格证书。

## B.5 电气图

电气原理图和电气接线图，以及代号说明。

ICS 91.140.90
Q 78

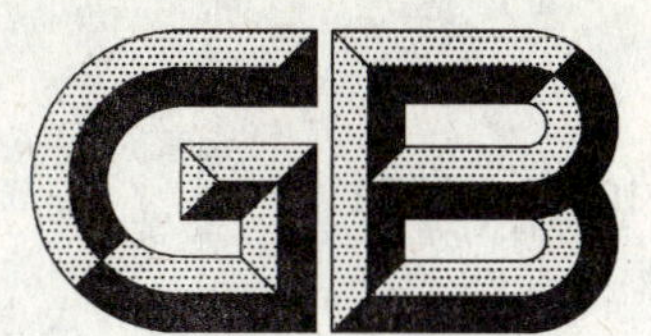

# 中华人民共和国国家标准

GB/T 10059—2009
代替 GB/T 10059—1997

# 电梯试验方法

## Electric lifts—Testing methods

2009-09-30 发布　　2010-03-01 实施

中华人民共和国国家质量监督检验检疫总局
中国国家标准化管理委员会　发布

# 前　言

本标准代替 GB/T 10059—1997《电梯试验方法》。

本标准与 GB/T 10059—1997 的主要差异如下：

——本标准章节划分和架构做了结构性调整和修改。

——本标准的适用范围从 GB/T 10059—1997 的 2.5 m/s 扩大到 6.0 m/s。

——在 3.1“样机”中，增加了电梯整机试验应具备的文件资料要求。

——在 3.3“试验仪器和量具”中，增加了记录设备能检测到 0.01 s 变化的信号要求；将加速度、减速度的仪器精度±5%的要求改为采用 GB/T 24474—2009《电梯乘运质量测量》的要求；增加了振动和噪声测量的精度要求。

——将 GB/T 10059—1997 第 4 章“样机安全装置检验”的内容调整到本标准的 4.1“安全设施或保护功能”中；将 GB/T 10059—1997 第 5 章“整机性能试验”的内容调整到 4.2“电梯性能”中。

——在 4.1“安全设施或保护功能”中，增加了轿厢上行超速保护装置、检修运行控制、紧急报警装置、机-电式制动器、电动机运转时间限制器、曳引能力、对接操作和载重量控制的试验。

——在 4.2“电梯性能”中，删除了 GB/T 10059—1997 平均加速度、平均减速度、外观质量和曳引机渗漏的试验；增加了 A95 加速度、A95 减速度和平层保持精度的试验，对平衡系数试验的载荷做了修改。

——在第 5 章“部件试验”中，增加了轿厢上行超速保护装置、含有电子元件的安全电路、玻璃轿壁、玻璃门和层门的耐火试验，并将 GB/T 10059—1997 的 6.7“绳头组合”改为 5.9“悬挂端接装置”。

本标准附录 A 为资料性附录。

本标准由全国电梯标准化技术委员会(SAC/TC 196)提出并归口。

本标准负责起草单位：国家电梯质量监督检验中心。

本标准参加起草单位：奥的斯电梯(中国)投资有限公司，上海永大电梯设备有限公司，上海三菱电梯有限公司，日立电梯(中国)有限公司，上海交通大学，通力电梯有限公司，西子奥的斯电梯有限公司，上海市特种设备监督检验技术研究院，华升富士达电梯有限公司，大连星玛电梯有限公司。

本标准主要起草人：王衡、蒋青、朱嘉斌、何新民、刘志生、张晓峰、袁柳琴、车运通、杨健、康卫强、王波。

本标准所代替标准的历次版本发布情况为：

——GB 10059—1988、GB/T 10059—1997。

# 电梯试验方法

## 1 范围

本标准规定了乘客电梯和载货电梯整机和部件的试验方法。

本标准适用于额定速度不大于6.0 m/s的电力驱动曳引式和额定速度不大于0.63 m/s的电力驱动强制式的乘客电梯和载货电梯。对于额定速度大于6.0 m/s的电力驱动曳引式乘客电梯和载货电梯可参照本标准执行,不适用部分由制造商与客户协商确定。

本标准不适用于液压电梯、杂物电梯和家用电梯。

## 2 规范性引用文件

下列文件中的条款通过本标准的引用而成为本标准的条款。凡是注日期的引用文件,其随后所有的修改单(不包括勘误的内容)或修订版均不适用于本标准,然而,鼓励根据本标准达成协议的各方研究是否可使用这些文件的最新版本。凡是不注日期的引用文件,其最新版本适用于本标准。

GB 7588—2003 电梯制造与安装安全规范(EN 81-1:1998,EQV)

GB/T 10058—2009 电梯技术条件

GB/T 10060 电梯安装验收规范

GB/T 24474—2009 电梯乘运质量测量(ISO 18738:2003,IDT)

GB/T 24478—2009 电梯曳引机

GA 109—1995 电梯层门耐火试验方法

JG/T 5072.2—1996 电梯T型导轨检验规则

JG/T 5072.3—1996 电梯空心导轨

EN 81-1:1998/A2:2004 电梯制造与安装安全规范 第1部分:电梯 第2号修改件:机器和滑轮空间(Safety rules for the construction and installation of lifts—Part 1: Electric lifts—A2: Machinery and pulley spaces)

## 3 试验前的准备

### 3.1 样机

3.1.1 试验样机应是依据GB 7588—2003、GB/T 10058—2009、GB/T 10060和EN 81-1:1998/A2:2004等标准设计、制造与安装的。

3.1.2 电梯整机试验时应具备的文件资料见GB 7588—2003附录C。

3.1.3 试验样机的技术参数,参照附录A表A.1填写。

### 3.2 试验条件

电梯的试验条件应满足GB/T 10058—2009中3.2的规定。

### 3.3 试验仪器和量具

3.3.1 试验用的仪器和量具应在计量检定合格或校准的有效期内。

3.3.2 试验用仪器的精确度应满足下列测量精度的要求。

a) 对质量、力、距离、速度为±1%;

b) 对电压、电流为±5%;

c) 对温度为±5 ℃;

d) 对记录设备应能检测到0.01 s变化的信号。

3.3.3 电梯加速度、减速度、振动和噪声的试验用仪器的性能应满足 GB/T 24474—2009 中 4.2 和 4.5 的规定。

## 4 整机试验

### 4.1 安全设施或保护功能

#### 4.1.1 供电系统断相、错相保护装置或保护功能

将电源输入线分别断去一相和交换相序后再接通电源，分别用正常或检修速度操纵电梯，电梯应不能运行。

当电梯的运行与相序无关时，不要求错相保护。

#### 4.1.2 限速器-安全钳

##### 4.1.2.1 限速器

1） 人为动作限速器的电气安全装置，检查电梯能否运行；

2） 将限速器绳脱离限速器，宜采用便携式限速器测试仪测量限速器的动作速度。

##### 4.1.2.2 轿厢安全钳

短接限速器的电气安全装置，轿厢下行，人为动作限速器，此时限速器绳应能提拉安全钳，安全钳的电气安全装置动作，电梯停止运行；将安全钳的电气安全装置短接，使轿厢继续下行，安全钳应夹紧导轨，使轿厢制停，电梯驱动主机继续运转直至钢丝绳打滑或松弛。

试验应在下列条件下进行：

1） 对于瞬时式安全钳，轿厢装有均匀分布的额定载重量，安全钳的动作在检修速度下进行；

2） 对于渐进式安全钳，轿厢装有均匀分布的 125％额定载重量，安全钳的动作可在额定速度或检修速度下进行。

对 GB 7588—2003 中 8.2.2 所列特殊情况，轿厢面积超出 GB 7588—2003 中表 1 规定的载货电梯，对瞬时式安全钳，应以轿厢实际载重量达到了轿厢面积按 GB 7588—2003 中表 1 规定所对应的额定载重量进行安全钳的动作试验；对渐进式安全钳，取 125％额定载重量与轿厢实际载重量达到了轿厢面积按 GB 7588—2003 中表 1 规定所对应的额定载重量两者中的较大值，进行安全钳的动作试验。

对 GB 7588—2003 中 8.2.2 所列非商用汽车电梯，则应以 150％额定载重量代替 125％额定载重量进行安全钳的上述试验。

##### 4.1.2.3 对重（或平衡重）安全钳

短接限速器的电气安全装置，对重（或平衡重）下行，人为动作限速器，此时限速器绳应能提拉安全钳并使安全钳动作，夹紧导轨，使对重（或平衡重）制停，电梯驱动主机继续运转直至钢丝绳打滑或松弛。

试验应在下列条件下进行：

1） 对于瞬时式安全钳，轿厢空载，在检修速度下进行；

2） 对于渐进式安全钳，轿厢空载，可在额定速度或检修速度下进行。

##### 4.1.2.4 试验后的检查

试验完成以后，各电气安全装置应恢复正常，检查确认未出现对电梯正常使用不利影响的损坏，必要时可更换摩擦元件。

#### 4.1.3 缓冲器

4.1.3.1 线性蓄能型缓冲器，应以载有额定载重量的轿厢压在缓冲器（或各缓冲器）上，悬挂绳松弛。轿厢离开缓冲器后，缓冲器应恢复正常位置。

4.1.3.2 非线性缓冲器，应以载有额定载重量的轿厢和对重以额定速度撞击缓冲器，轿厢和对重离开缓冲器后，缓冲器应恢复正常位置。

4.1.3.3 耗能型缓冲器，应以载有额定载重量的轿厢和对重以额定速度（或者以减行程设计速度）撞击缓冲器或者以检修速度将缓冲器完全压缩。试验后，缓冲器应无永久变形，完全复位的时间不应大于

120 s。

4.1.3.4 对于 GB 7588—2003 中 8.2.2 所列特殊情况，轿厢面积超出 GB 7588—2003 中表 1 规定的载货电梯，上述试验的额定载重量应用轿厢实际载重量达到了轿厢面积按 GB 7588—2003 中表 1 规定所对应的额定载重量替代。

4.1.3.5 检查耗能型缓冲器复位的电气安全装置动作时，电梯应不能运行。

4.1.3.6 试验后，检查确认未出现对电梯正常使用不利影响的损坏。

**4.1.4 极限开关**

电梯以检修速度点动向上和向下运行。

4.1.4.1 极限开关应在电梯超过上下端站停止位置且轿厢或对重(如有)接触缓冲器之前起作用，并在缓冲器被压缩期间保持动作状态。

a) 对强制驱动的电梯，应采用强制的机械方法直接切断电动机和制动器的供电回路，并应防止电动机向操纵制动器的电气装置馈电；

b) 对曳引驱动的单速或双速电梯，极限开关应能：

1) 按 a)切断电路；或

2) 通过一个电气安全装置切断向两个接触器线圈直接供电的电路；

c) 对于可变电压或连续调速电梯，极限开关应能在与系统相适应的最短时间内使电梯驱动主机停止运转。

4.1.4.2 极限开关动作后，检查电梯能否自动恢复运行。

**4.1.5 层门与轿门的关闭**

4.1.5.1 分别断开层门和轿门的电气安全装置，检查电梯能否启动或继续运行(对接操作、在开锁区域的平层和再平层时除外)。

4.1.5.2 在轿门驱动层门的情况下，当轿厢在开锁区域之外时，检查开启的层门在外力消失后该层门能否自动关闭。

**4.1.6 轿厢上行超速保护装置**

4.1.6.1 轿厢空载，以不低于额定速度上行，人为触发减速元件动作同时切断电动机供电，仅用轿厢上行超速保护装置使轿厢减速。

示例：作用于曳引钢丝绳的钢丝绳制动器。空载轿厢位于最低层站，切断曳引电动机供电，人为打开曳引机制动器，此时轿厢将加速上行，用速度仪监视电梯轿厢运行速度，当电梯速度达到额定速度时，人为触发钢丝绳制动器动作(曳引机制动器始终处于打开状态)使轿厢减速，检测轿厢减速情况。

4.1.6.2 轿厢上行超速保护装置动作的电气安全装置动作时，检查电梯能否启动或继续运行。

**4.1.7 紧急操作**

**4.1.7.1 手动紧急操作装置**

应检查手动紧急操作装置是否齐全和可用。通过该装置手动向上移动载有额定载重量的轿厢，检测操作力。

对于可拆卸的手动紧急操作装置，检查电气安全装置的功能。

**4.1.7.2 紧急电动运行**

紧急电动运行时电梯驱动主机应由正常的电源供电或由备用电源供电(如果有)。现场试验紧急电动运行功能，测量紧急电动运行速度。

**4.1.8 停止装置**

逐一检查停止装置的型式、功能和安装位置。

**4.1.9 检修运行控制**

4.1.9.1 检查检修开关的设置位置、型式和标识。

4.1.9.2 手动试验检修开关的功能，测量检修运行速度。

4.1.10 紧急报警装置

检查报警装置设置的位置、标识。切断主电源和照明电源，检查报警装置能否有效工作。在报警装置设置处与救援服务之间进行实际通话。

4.1.11 机-电式制动器

4.1.11.1 轿厢载有125%额定载重量并以额定速度向下运行时，操作制动器制动，测量轿厢的制动减速度。

4.1.11.2 轿厢载有额定载重量并以额定速度向下运行，使制动器中的一组机械部件不起作用，其余机械部件制动，测量轿厢的制动减速度。

4.1.12 电动机运转时间限制器

4.1.12.1 启动电梯，检查电动机运转时间限制器是否在设定的时间内动作。在现场可通过以下方法模拟时间限制器的动作：

a) 调整时间限制器起作用的设定值；或

b) 降低电梯运行速度；或

c) 其他方法。

4.1.12.2 电动机运转时间限制器动作后，恢复电梯正常运行只能通过手动复位。

4.1.12.3 检查电动机运转时间限制器是否影响到轿厢检修运行和紧急电动运行。

4.1.13 曳引能力

4.1.13.1 在最低层平层位置，轿厢装载至125%额定载重量后，观察轿厢是否保持静止。

对于轿厢面积超出GB 7588—2003中表1规定的载货电梯，轿厢装载至125%轿厢实际载重量达到了轿厢面积按GB 7588—2003中表1规定所对应的额定载重量后，观察轿厢是否保持静止。

对于GB 7588—2003中8.2.2所述的非商用汽车电梯，轿厢装载至150%额定载重量后，观察轿厢是否保持静止。

4.1.13.2 空载轿厢上行，在电梯行程上部范围内以额定速度运行时，切断驱动主机供电，测量电梯停止过程中的减速度；轿厢载有额定载重量下行，在电梯行程下部范围内以额定速度运行时，切断驱动主机供电，测量电梯停止过程中的减速度。

4.1.13.3 当对重压在缓冲器上而曳引机按电梯上行方向旋转时，观察是否能提升空载轿厢。

4.1.14 对接操作

检查对接运行功能，实际进行对接运行试验，测量对接运行速度和对接运行区域。

4.1.15 载重量控制

在装有额定载重量的轿厢内，再加装10%的额定载重量并至少为75 kg，观察电梯的报警、启动、再平层和门的状态。

4.1.16 试验记录

4.1.1至4.1.15的试验结果记入表A.2。

4.2 电梯性能

4.2.1 运行速度和平衡系数

4.2.1.1 正常运行速度

使轿厢载有50%的额定载重量下行至行程中段时，记录电动机转速并按公式(1)计算轿厢运行速度：

$$v_1 = \frac{\pi \times D \times n}{1\,000 \times 60 \times i_1 \times i_2} \qquad \cdots\cdots(1)$$

式中：

$v_1$——轿厢运行速度，单位为米每秒(m/s)；

$D$——曳引轮节径，单位为毫米(mm)；

$n$——实测电机转速,单位为转每分(r/min);

$i_1$——曳引机减速比;

$i_2$——曳引比。

与额定速度的偏差值按公式(2)计算:

$$\Delta v = \frac{v_1 - v}{v} \times 100\% \quad \cdots\cdots\cdots\cdots(2)$$

式中:

$\Delta v$——速度偏差;

$v$——额定速度,单位为米每秒(m/s)。

4.2.1.2 平衡系数

宜在轿厢以额定载重量的30%、40%、45%、50%、60%时上、下运行,当轿厢与对重运行到同一水平位置时,交流电动机仅测量电流,直流电动机测量电流并同时测量电压。

绘制电流(或者电压)-负载曲线,以向上、向下运行曲线的交点来确定平衡系数。

4.2.1.3 速度和平衡系数的试验结果记入表A.3。

**4.2.2 起动加速度、制动减速度和A95加速度、A95减速度**

4.2.2.1 试验工况

试验应在轿厢轻载和额定载重量工况下分别进行一次全程上行和全程下行。

注:轻载是指轿厢内含有最多2名试验人员。

4.2.2.2 试验方法

试验开始前,应按照GB/T 24474—2009中6.1的要求做好试验前的准备工作,加速度传感器应按照GB/T 24474—2009中6.2的要求定位在轿厢地板中央半径为100 mm的圆形范围内,在整个试验过程中传感器与轿厢地板始终保持稳定的接触,传感器的敏感方向应与轿厢地板垂直。

试验时轿厢内应不超过2人,如果测量期间有2人在轿厢内,他们不宜站在造成轿厢明显不平衡的位置。在测量过程中,每个人都应保持静止和安静。为防止任何轿厢地板表面的局部变形而影响测量,任何人都不能把脚放在距离传感器150 mm的范围内。

4.2.2.3 试验结果的计算

对所记录的数据的时域信号进行计算:

a) 起动加速度和制动减速度应按照GB/T 24474—2009中5.2.1的规定进行计算,分别读取电梯起动和制动过程中的加速度和减速度信号中最大绝对值。

b) A95加速度和A95减速度应按照GB/T 24474—2009中5.2.3的规定进行计算。

4.2.2.4 试验结果记入表A.4。

**4.2.3 平层准确度和平层保持精度**

4.2.3.1 平层准确度

轿厢内分别为轻载和额定载重量,单层、多层和全程上下各运行一次。在开门宽度的中部测量层门地坎上表面与轿门地坎上表面间的垂直高度差。

4.2.3.2 平层保持精度

轿厢在底层平层位置加载至额定载重量并保持10 min后,在开门宽度的中部测量层门地坎上表面与轿门地坎上表面间的垂直高度差。

4.2.3.3 试验结果记入表A.5。

**4.2.4 开关门时间**

4.2.4.1 开门时间

宜在控制柜内测量并记录开门启动信号发出到开门到位信号发出的时间。

4.2.4.2 关门时间

宜在控制柜内测量并记录关门启动信号发出到GB 7588—2003中7.7.3.1、7.7.4、8.9证实层门锁紧装置、轿门锁紧装置(如果有)及层、轿门闭合的电气安全装置的触点全部接通时的时间。

4.2.4.3 试验结果记入表 A.6。

4.2.5 **噪声**

4.2.5.1 运行中轿厢内噪声

风扇、空调等轿厢内的附属设备以及可在轿厢内听到的警报、广播等层站附属设备宜处于关闭状态。如有任何一种设备不能关闭,则应在结果中说明。传声器放置在轿厢地板中央半径为 0.10 m 的圆形范围上方 1.50 m±0.10 m 处,沿着水平方向直接对着轿厢主门。取电梯全程上行和全程下行运行过程中以额定速度运行时的最大值。

4.2.5.2 开关门过程噪声

测试时传声器分别从轿内和层站门宽中央水平对着轿门和层门,传声器距门 0.24 m,距地面 1.50 m±0.10 m 处测量。取开、关门过程的最大值。

4.2.5.3 机房噪声

电梯以额定速度运行,取 5 个测点,即距驱动主机前、后、左、右最外侧各 1 m 处的 $(H+1)/2$ 高度上 4 个点($H$ 为驱动主机的顶面高度,m)及正上方 1 m 处 1 个点。受建筑物结构或者设备布置的限制可以减少测点。取每个测点测得的声压修正值的平均值。

4.2.5.4 噪声值的修正

如果所测声源噪声与背景噪声相差不大于 10 dB(A),按表 1 值修正。

**表 1 噪声修正值** dB(A)

| 声源工作时测得的 A 声级与背景噪声 A 声级之差 | 应减去的修正值 |
|---|---|
| 3 | 3.0 |
| 4 | 2.0 |
| 5 | 2.0 |
| 6 | 1.0 |
| 7 | 1.0 |
| 8 | 1.0 |
| 9 | 0.5 |
| 10 | 0.5 |
| >10 | 0 |
| 注:背景噪声是指被测量声源不存在时,周围环境的噪声。 | |

4.2.5.5 试验结果记入表 A.7。

4.2.6 **轿厢振动加速度**

4.2.6.1 轿厢振动加速度按 GB/T 24474—2009 中 5.4、6.1、6.2、6.3 和 6.4 规定的方法进行。

4.2.6.2 试验结果记入表 A.8。

## 5 部件试验

### 5.1 驱动主机

曳引机按照 GB/T 24478—2009 中规定的方法进行试验。

强制驱动主机可参照曳引机标准中规定的方法进行试验。

### 5.2 限速器

按照 GB 7588—2003 中附录 F.4 中规定的方法进行试验。

试验结果计入表 A.9。

## 5.3 安全钳

按照 GB 7588—2003 附录 F.3 中规定的方法进行试验。

瞬时式安全钳试验的试验结果计入表 A.10.1;渐进式安全钳试验的试验结果计入表 A.10.2。

## 5.4 缓冲器

按照 GB 7588—2003 附录 F.5 中规定的方法进行试验。

线性蓄能型缓冲器试验的试验结果计入表 A.11.1;耗能型缓冲器试验的试验结果计入表 A.11.2;非线性缓冲器试验的试验结果计入表 A.11.3。

## 5.5 轿厢上行超速保护装置

按照 GB 7588—2003 中附录 F.7 中规定的方法进行试验。

试验结果计入表 A.12。

## 5.6 含有电子元件的安全电路

按照 GB 7588—2003 中附录 F.6 中规定的方法进行试验。

试验结果计入表 A.13。

## 5.7 门和开门机

### 5.7.1 机械强度试验

a) 试验时层门、轿厢门处于关闭状态,将 300 N 的力通过测力装置垂直作用于层门或轿门的任何部位处,此力应均匀分布在 5 $cm^2$ 的圆形或方形区域内,检查并记录弹性变形。外力消失后,检查层门及轿厢门的永久变形,检查玻璃的固定件是否损坏,检查开门机能否正常工作。

b) 试验时层门、轿厢门处于关闭状态,沿门开启方向,在任一主动门扇上通过测力装置施加 150 N 的力在一个最不利点上,检查门扇与门扇间的缝隙。

### 5.7.2 门运行试验

a) 阻止关门力试验

试验点取在关门行程已超过三分之一以后,距离地面 1.5 m±0.10 m 处,测试当测力计被门顶住,致使门不能继续关闭时的力。

b) 乘客电梯开关门时间试验

试验方法见 4.2.4。

c) 水平滑动门的关门保护试验

在轿门关闭过程中人为使轿门关闭过程中防止乘客被门扇撞击或将被撞击的保护装置动作,观察轿门是否重新开启。试验不应在主动门扇关闭的最后 50 mm 行程中进行。

当轿厢在开锁区域之外时,人为将层门分别开启至三分之一的开门宽度和完全打开,观察当外力消失后该层门是否能够自动关闭。

试验结果计入表 A.14。

## 5.8 门锁

按照 GB 7588—2003 中附录 F.1 中规定的方法进行试验。

试验结果记入表 A.15。

## 5.9 悬挂端接装置

制作两件端接装置,宜在拉力试验机上进行拉力试验。

试验结果记入表 A.16。

## 5.10 导轨

按照 JG/T 5072.2—1996 和 JG/T 5072.3—1996 规定的方法进行试验。

## 5.11 控制柜及其他电气设备

### 5.11.1 绝缘试验

绝缘电阻应测量每个通电导体与地之间的电阻。如果电路中包含有电子装置,测量时应将相线和零线连接起来,且所有电子元件的连接均应断开。绝缘试验的测试电压(直流)应按照表 2 设定。

表 2 绝缘测试电压

| 标称电压/V | 测试电压(直流)/V |
|---|---|
| 安全电压 | 250 |
| ≤500 | 500 |
| ＞500 | 1 000 |

5.11.2 耐压试验

试验时应将其余电路断开,用耐压试验仪检查导电部分对地之间的绝缘。

5.11.3 控制功能试验

按照试验申请方提供的控制功能表,在模拟试验台上或在安装使用的电梯现场逐项试验核实。

对于功能复杂的群控功能,如果在试验台上或在安装使用的电梯现场无法模拟,不宜列入试验项目。

5.11.4 控制柜试验的试验结果记入表 A.17.1;控制功能试验的试验结果计入表 A.17.2。

**5.12 玻璃轿壁和玻璃门**

按照 GB 7588—2003 附录 J 中规定的方法进行试验。

注:对于圆弧型曲面玻璃面板,应把其展开成平面尺寸后按照 GB 7588—2003 附录 J.7“例外情况”规定的平面玻璃面板的尺寸执行。如果需要进行试验,摆锤应从曲面的凹面冲击。

对轿壁使用的玻璃面板,在玻璃类型和厚度相同的情况下,只对内切圆直径最大的玻璃面板进行试验;在玻璃类型和内切圆直径相同的情况下,只对厚度最小的玻璃面板进行试验;在内切圆直径和厚度相同的情况下,只对普通夹层玻璃面板进行试验。对水平滑动门使用的玻璃面板,在玻璃固定方式、类型、厚度和宽度相同的情况下,只对自由门高度最高的玻璃面板进行试验;在玻璃固定方式、类型、厚度和自由门高度相同的情况下,应对宽度最小和最大的玻璃面板进行试验;在玻璃固定方式、类型、宽度和自由门高度相同的情况下,只对厚度最小的玻璃面板进行试验;在玻璃固定方式、厚度、宽度和自由门高度相同的情况下,只对普通夹层玻璃面板进行试验;在玻璃类型、厚度、宽度和自由门高度相同的情况下,只对上部及下部固定的玻璃面板进行试验。

本条文的玻璃宽度是指可见玻璃的宽度。自由门高度是指水平滑动门入口的净高度。

试验结果记入表 A.18。

**5.13 层门的耐火试验**

按照 GA 109—1995 中规定的方法进行试验。

## 6 可靠性试验

**6.1 整机可靠性试验**

6.1.1 试验要求和工况应符合 GB/T 10058—2009 中 4.1 和 4.3 的规定。

整机可靠性试验 60 000 次,除正常维护保养和故障恢复时间之外试验应连续进行,宜在 60 天内完成。

6.1.2 在控制线路中安装计数器,记录电梯运行次数。以电梯每完成一个全过程运行为一次,即启动(关门)—运行—停止(开门)。

6.1.3 试验期间应按照使用说明书的规定每日(班)进行保养。

6.1.4 试验期间不允许电梯带故障运行。

6.1.5 试验结果记入表 A.19。

**6.2 控制柜可靠性试验**

6.2.1 试验可在试验台上进行。

6.2.2 试验要求和工况应符合 GB/T 10058—2009 中 4.2 和 4.3 的规定。

# 附 录 A
（资料性附录）
# 试验记录表

## 表 A.1 试验样机主要技术参数

№：　　　　共　　页第　　页　　　　　　　　　　　　　　　　　　　　日期：

<table>
<tr><td>电梯型式</td><td colspan="3"></td><td>型号名称</td><td colspan="2"></td></tr>
<tr><td>额定速度</td><td colspan="2"></td><td>额定载重量</td><td></td><td>乘客人数</td><td></td></tr>
<tr><td rowspan="7">曳引机</td><td colspan="2">曳引机型号</td><td></td><td>制造商</td><td colspan="2"></td></tr>
<tr><td colspan="2">结构型式</td><td></td><td>曳引机布置型式</td><td colspan="2"></td></tr>
<tr><td colspan="2">曳引轮节径</td><td></td><td>减速比</td><td colspan="2"></td></tr>
<tr><td colspan="2">电机型号</td><td></td><td>制造商</td><td colspan="2"></td></tr>
<tr><td colspan="2">额定功率</td><td></td><td>额定转速</td><td colspan="2"></td></tr>
<tr><td colspan="2">额定电压</td><td></td><td>额定电流</td><td colspan="2"></td></tr>
<tr><td colspan="2">额定频率</td><td></td><td>绝缘等级</td><td colspan="2"></td></tr>
<tr><td rowspan="3">曳引悬挂系统</td><td colspan="2">曳引绳根数</td><td></td><td>悬挂比</td><td colspan="2"></td></tr>
<tr><td colspan="2">曳引绳的结构或型号</td><td colspan="4"></td></tr>
<tr><td colspan="2">单绕或复绕</td><td colspan="4"></td></tr>
<tr><td rowspan="6">拖动及控制系统</td><td colspan="2">控制柜布置区域</td><td colspan="4"></td></tr>
<tr><td colspan="2">控制柜型号</td><td></td><td>制造商</td><td colspan="2"></td></tr>
<tr><td colspan="2">调速器型号</td><td></td><td>制造商</td><td colspan="2"></td></tr>
<tr><td colspan="2">控制器型号</td><td></td><td>制造商</td><td colspan="2"></td></tr>
<tr><td colspan="2">控制装置</td><td></td><td>调速方式</td><td colspan="2"></td></tr>
<tr><td colspan="2">控制方式</td><td></td><td>通讯方式</td><td colspan="2"></td></tr>
<tr><td>门锁</td><td colspan="2">型号</td><td></td><td>制造商</td><td colspan="2"></td></tr>
<tr><td>限速器</td><td colspan="2">型号</td><td></td><td>制造商</td><td colspan="2"></td></tr>
<tr><td>安全钳</td><td colspan="2">型号</td><td></td><td>制造商</td><td colspan="2"></td></tr>
<tr><td rowspan="2">上行超速保护装置</td><td colspan="2">型号</td><td></td><td>制造商</td><td colspan="2"></td></tr>
<tr><td colspan="2">作用方式</td><td colspan="4"></td></tr>
<tr><td rowspan="2">缓冲器</td><td rowspan="2">型号</td><td>轿厢</td><td></td><td>制造商</td><td colspan="2"></td></tr>
<tr><td>对重</td><td></td><td>制造商</td><td colspan="2"></td></tr>
<tr><td rowspan="2">导轨</td><td rowspan="2">型号</td><td>轿厢</td><td></td><td>制造商</td><td colspan="2"></td></tr>
<tr><td>对重</td><td></td><td>制造商</td><td colspan="2"></td></tr>
<tr><td colspan="3">层门/轿门型式</td><td></td><td>开门宽度</td><td colspan="2"></td></tr>
<tr><td>轿厢尺寸</td><td colspan="3"></td><td>井道尺寸</td><td colspan="2"></td></tr>
<tr><td>层/站数</td><td colspan="3"></td><td>电梯行程</td><td colspan="2"></td></tr>
</table>

**表 A.2 安全设施或保护功能试验记录**

№：　　　　　　共　　页 第　　页　　　　　　　　　　　　　　　　日期：

| 序　号 | 项　目 | 试验结果 | 结　论 | 备　注 |
|---|---|---|---|---|
| 1 | 供电系统断相、错相保护装置或保护功能 | | | |
| 2 | 限速器-安全钳 | | | |
| 3 | 缓冲器 | | | |
| 4 | 极限开关 | | | |
| 5 | 层门与轿门的关闭 | | | |
| 6 | 轿厢上行超速保护装置 | | | |
| 7 | 紧急操作 | | | |
| 8 | 停止装置 | | | |
| 9 | 检修运行控制 | | | |
| 10 | 紧急报警装置 | | | |
| 11 | 机-电式制动器 | | | |
| 12 | 电动机运转时间限制器 | | | |
| 13 | 曳引能力 | | | |
| 14 | 对接操作 | | | |
| 15 | 载重量控制 | | | |

**表 A.3 电梯运行试验记录**

№：　　　　　　共　　页 第　　页　　　　　　　　　　　　　　　　日期：

| 项目 | | 上行 | 下行 | 上行 | 下行 | 上行 | 下行 | 上行 | 下行 | 上行 | 下行 |
|---|---|---|---|---|---|---|---|---|---|---|---|
| 载荷 | % | 30 | | 40 | | 45 | | 50 | | 60 | |
| | kg | | | | | | | | | | |
| 电压/V | | | | | | | | | | | |
| 电流/A | | | | | | | | | | | |
| 电机转速 $n$/(r/min) | | | | | | | | | | | |
| 运行速度 $v_1$/(m/s) | | | | | | | | | | | |

**表 A.4 起动加速度、制动减速度和 A95 加速度、A95 减速度试验记录**

No：　　　共　　页　第　　页　　　　　　　　　　　　日期：

m/s²

| 序号 | 1 | 2 | 3 | 4 | 5 | 6 | 7 | 8 |
|---|---|---|---|---|---|---|---|---|
| 工况 | 轻载 | | | | 额载 | | | |
| | 起动加速度 | A95加速度 | 制动减速度 | A95减速度 | 起动加速度 | A95加速度 | 制动减速度 | A95减速度 |
| 全程上行 | | | | | | | | |
| 全程下行 | | | | | | | | |

**表 A.5 平层准确度和平层保持精度试验记录**

No：　　　共　　页　第　　页　　　　　　　　　　　　日期：

mm

| 层站 | 方向 | 轻载 | 额载 |
|---|---|---|---|
| | 上行 | | |
| | 下行 | | |
| | 上行 | | |
| | 下行 | | |
| | 上行 | | |
| | 下行 | | |
| 底层平层保持精度 | | | |

**表 A.6 开关门时间试验记录**

No：　　　共　　页　第　　页　　　　　　　　　　　　日期：

| 开门方式：<br>开门宽度/mm：<br>开关门时间/s：≤ | 开/关门 | 第1次 | 第2次 | 第3次 | 平均 |
|---|---|---|---|---|---|
| | 开门 | | | | |
| | 关门 | | | | |

**表 A.7 噪声试验记录**

No：　　　共　　页　第　　页　　　　　　　　　　　　日期：

dB(A)

| 层站 | 开关门过程 | | | | | | 运行中轿厢内 | | | 机房 | |
|---|---|---|---|---|---|---|---|---|---|---|---|
| | 轿厢内测量 | | | 层站测量 | | | | | | | |
| | 开门 | 关门 | 背景 | 开门 | 关门 | 背景 | 上行 | 下行 | 背景 | 前 | |
| | | | | | | | | | | 后 | |
| | | | | | | | | | | 左 | |
| | | | | | | | | | | 右 | |
| | | | | | | | | | | 上 | |
| | | | | | | | | | | 背景 | |
| | | | | | | | | | | 平均值 | |
| 备注 | | | | | | | | | | | |

**表 A.8 轿厢振动加速度试验记录**

№：　　　　共　　页第　　页　　　　　　　　　　　　　　　　日期：

m/s²

| 工况 | 轻　载 | | | | | | 额　载 | | | | | |
|---|---|---|---|---|---|---|---|---|---|---|---|---|
| | 垂直振动 | | 水平振动 | | | | 垂直振动 | | 水平振动 | | | |
| | *z* 轴 | | *x* 轴 | | *y* 轴 | | *z* 轴 | | *x* 轴 | | *y* 轴 | |
| | 最大值 | A95 值 | 最大值 | A95 值 | 最大值 | A95 值 | 最大值 | A95 值 | 最大值 | A95 值 | 最大值 | A95 值 |
| 全程上行 | | | | | | | | | | | | |
| 全程下行 | | | | | | | | | | | | |

**表 A.9 限速器试验记录**

№：　　　　共　　页第　　页　　　　　　　　　　　　　　　　日期：

设计参数：

限速器的动作速度：__________ m/s

限速器绳的直径和结构：__________ mm，________________

使用本限速器的电梯的最大和最小额定速度：__________ m/s，__________ m/s

限速器动作时所产生的限速器绳的张力的预期值：__________ N

m/s

| 项目 | 序号 | 电气开关动作速度 | | 动作速度 | | 序号 | 电气开关动作速度 | | 动作速度 | |
|---|---|---|---|---|---|---|---|---|---|---|
| | | 上行 | 下行 | 上行 | 下行 | | 上行 | 下行 | 上行 | 下行 |
| 动作速度 | 1 | | | | | 11 | | | | |
| | 2 | | | | | 12 | | | | |
| | 3 | | | | | 13 | | | | |
| | 4 | | | | | 14 | | | | |
| | 5 | | | | | 15 | | | | |
| | 6 | | | | | 16 | | | | |
| | 7 | | | | | 17 | | | | |
| | 8 | | | | | 18 | | | | |
| | 9 | | | | | 19 | | | | |
| | 10 | | | | | 20 | | | | |
| 限速器绳的张力 | | | | | | | | | | |
| 电气安全装置检查 | | | | | | | | | | |

**表 A.10.1 瞬时式安全钳试验记录**

№： 共 页 第 页 日期：

设计参数：

额定速度：____________ m/s 限速器动作速度：____________ m/s

允许质量：____________ kg 导轨导向面宽度：____________ mm

| 项目 | 试验数据 | |
|---|---|---|
| | 弹性极限点 | 最大力 |
| 制动距离/mm | | |
| 制动力/kN | | |
| 吸收能量/J | | |
| 计算的总允许质量/kg | | |
| 总允许质量/kg | | |
| 钳体变形情况 | | |
| 楔块(滚柱)变形情况 | | |
| 导轨变形情况 | | |
| 备注 | | |

**表 A.10.2 渐进式安全钳试验记录**

№： 共 页 第 页 日期：

设计参数：

额定速度：____________ m/s 限速器动作速度：____________ m/s

试验总质量：____________ kg 重块自由降落高度：____________ mm

导轨型号规格：____________

| 序号 | 降落总高度/mm | 限速器绳滑动距离/mm | 弹性元件行程/mm | | 制动距离/mm | | 平均制动距离/mm |
|---|---|---|---|---|---|---|---|
| | | | 左侧 | 右侧 | 左侧 | 右侧 | |
| 1 | | | | | | | |
| 2 | | | | | | | |
| 3 | | | | | | | |
| 4 | | | | | | | |

| 序号 | 减速度最小值 | 最小瞬时制动力/N | 减速度最大值 | 最大瞬时制动力/N | 减速度平均值 | 平均制动力/N | 平均制动力的平均值/N | 允许质量/kg |
|---|---|---|---|---|---|---|---|---|
| 1 | | | | | | | | |
| 2 | | | | | | | | |
| 3 | | | | | | | | |
| 4 | | | | | | | | |

**表 A.11.1 线性蓄能型缓冲器试验记录**

№：　　　　　共　　页第　　页　　　　　　　　　　　　　　　　　　日期：

设计参数：

额定速度：＿＿＿＿＿＿m/s

最小总质量：＿＿＿＿＿＿kg　　　　　　　　　　最大总质量：＿＿＿＿＿＿kg

| 项　　目 | | 单位 | 设计值 | 实测值 | 备注 |
|---|---|---|---|---|---|
| 自由长度 | | mm | | | |
| 试验后残余变形 | | | | | |
| 加力 $P_1$＝　　kN 后压缩变形量 | | | | | |
| 加力 $P_2$＝　　kN 后压缩变形量 | | | | | |
| 加力 $P_3$＝　　kN 后压缩变形量 | | | | | |
| 钢丝直径(内簧/外簧) | | | | | |
| 弹簧中径(内簧/外簧) | | | | | |
| 圈数 | 总圈数(内簧/外簧) | 圈 | | | |
| | 有效圈数(内簧/外簧) | | | | |
| 旋向(内簧/外簧) | | — | | | |

**表 A.11.2 耗能型缓冲器试验记录**

№：　　　　　共　　页第　　页　　　　　　　　　　　　　　　　　　日期：

额定速度：＿＿＿＿＿＿m/s　　　　　　　　　　最大撞击速度：＿＿＿＿＿＿m/s

最小总质量：＿＿＿＿＿＿kg　　　　　　　　　　最大总质量：＿＿＿＿＿＿kg

液体规格和容量：＿＿＿，＿＿＿L　　　　　　　最大允许行程：＿＿＿＿＿＿mm

| 项　　目 | | 试验数据 | |
|---|---|---|---|
| | | 最大总质量试验 | 最小总质量试验 |
| 试验总质量/kg | | | |
| 自由降落高度/mm | | | |
| 最大减速度 | | | |
| 平均减速度 | | | |
| 减速度大于 $2.5g_n$ 的时间/s | | | |
| 试验后缓冲器完全复位时间/s | | | |
| 最大压缩行程/mm | | | |
| 环境温度/℃ | | | |
| 液体温度/℃ | 试验前 | | |
| | 试验后 | | |
| 试验 30 min 后液体损失情况检查 | | | |
| 试验后缓冲器状况检查 | | | |

表 A.11.3 非线性缓冲器试验记录

No：　　共　　页第　　页　　　　日期：

额定速度：________m/s　　最大撞击速度：________m/s

最小总质量：________kg　　最大总质量：________kg

外形尺寸：________mm　　使用的环境条件：________

| 项　目 | 最大总质量试验 | | | 最小总质量试验 | | |
|---|---|---|---|---|---|---|
| | 第1次 | 第2次 | 第3次 | 第1次 | 第2次 | 第3次 |
| 试验总质量/kg | | | | | | |
| 自由降落高度/mm | | | | | | |
| 最大减速度 | | | | | | |
| 平均减速度 | | | | | | |
| 减速度大于 $2.5g_n$ 的时间/s | | | | | | |
| 当缓冲行程等于缓冲器实际高度的50%时，所对应的缓冲力/N | | | | — | — | — |
| 反弹速度/(m/s) | | | | | | |
| 最大压缩行程/mm | | | | | | |
| 环境温度/℃ | | | | | | |
| 缓冲器表面温度/℃ | | | | | | |
| 试验后缓冲器状况检查 | | | | | | |

表 A.12 轿厢上行超速保护装置试验记录

No：　　共　　页第　　页　　　　日期：

作用方式：________　　超速监控装置：________

电梯额定载重量：________kg　　系统总质量：________kg

轿厢自重：________kg　　电梯平衡系数：________

额定速度：________m/s　　动作速度：________m/s

| 项　目 | 动作速度/(m/s) | 最大制动减速度/(m/s$^2$) |
|---|---|---|
| 1 | | |
| 2 | | |
| 3 | | |
| 4 | | |

表 A.13 含有电子元件的安全电路试验记录

No：　　共　　页第　　页　　　　日期：

| 试验项目 | 试验内容 | 试验结果 | 结　论 |
|---|---|---|---|
| 振动试验 | | | |
| 冲击试验 | | | |
| 碰撞试验 | | | |
| 温度试验 | | | |

**表 A.14 门和开门机试验记录**

№：　　　　共　　页 第　　页　　　　　　　　　　　　　　　　　日期：

| 序号 | 试验内容 | | 试验结果 |
|---|---|---|---|
| 1 | 机械强度试验 | 轿门 | |
| | | 层门 | |
| 2 | 门运行试验 | 阻止关门力/N | |
| | | 开关门时间/s | |
| | | 水平滑动门的保护装置 | |

**表 A.15 门锁试验记录**

№：　　　　共　　页 第　　页　　　　　　　　　　　　　　　　　日期：

| 项目 | 试验内容 | 试验结果 | 结论 |
|---|---|---|---|
| 操作试验 | | | |
| 机械试验 | 静态试验 | | |
| | 动态试验 | | |
| | 耐久试验 | | |
| 电气试验 | 触点耐久试验 | | |
| | 电气触点的接通和分断能力试验 | | |
| | 漏电流电阻试验 | | |
| | 门锁装置的电气间隙和爬电距离 | | |
| | 安全触点及其可接近性要求 | | |
| 特定型式锁紧装置的试验 | | | |

**表 A.16 悬挂端接装置试验记录**

№：　　　　共　　页 第　　页　　　　　　　　　　　　　　　　　日期：

| 悬挂装置规格 | 悬挂装置允许破断力/kN | 试验结果/kN | 试验后端接装置状况 | 结论 |
|---|---|---|---|---|
| | | | | |
| | | | | |

**表 A.17.1 控制柜试验记录**

№：　　　　共　　页 第　　页　　　　　　　　　　　　　　　　　日期：

绝缘试验

| 项目 | 电路 | 试验结果 | 结论 |
|---|---|---|---|
| 导体对导体 | 动力电路<br>其他电路 | MΩ<br>MΩ | |
| 导体对地 | 动力电路<br>其他电路 | MΩ<br>MΩ | |

耐压试验

| 项目 | 检测条件 | 试验结果 | 结论 |
|---|---|---|---|
| 导体对地 | 加压值：__________ V<br>加压时间：__________ min | | |

**表 A.17.2 控制功能试验记录**

№： 共 页 第 页 日期：

| 序 号 | 项 目 | 试验结果 | 结 论 |
|---|---|---|---|
| | | | |
| | | | |
| | | | |
| | | | |
| | | | |

**表 A.18 玻璃轿壁和玻璃门试验记录**

№： 共 页 第 页 日期：

| 序 号 | 试验项目 | 试验结果 | 结 论 |
|---|---|---|---|
| 1 | 硬摆锤冲击试验 | | |
| 2 | 软摆锤冲击试验 | | |

**表 A.19 可靠性试验记录**

№： 共 页 第 页 日期：

型号名称：________________ 安装地点：________________

拖动方式：________________ 投入运行时间：________________

控制方式：________________ 可靠性试验起至日期：________________

额定载重量：________________ kg 可靠性试验总次数：________________

额定速度：________________ m/s 层站数：________________

试验人员：________________

| 出现故障时间 | | 故障 | | 总体运行时间/min | 净修复时间/min | 检修人员签字 |
|---|---|---|---|---|---|---|
| 日期 | 运行次数 | 原因 | 排除方法 | | | |
| | | | | | | |
| | | | | | | |
| | | | | | | |
| | | | | | | |
| | | | | | | |
| | | | | | | |
| | | | | | | |
| | | | | | | |
| | | | | | | |
| | | | | | | |

ICS 25.180.10
K 60

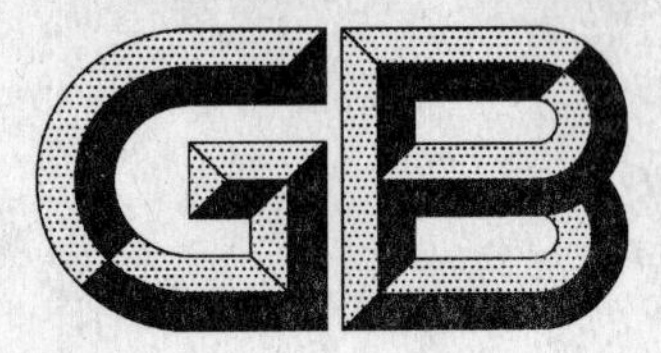

# 中华人民共和国国家标准

GB/T 10066.7—2009/IEC 60703:2008
代替 GB/T 10066.7—2004

# 电热装置的试验方法 第7部分:具有电子枪的电热装置

## Test methods for electroheat installations—Part 7:Electroheating installation with electron guns

(IEC 60703:2008 Test methods for electroheating installations with electron guns,IDT)

2009-09-30 发布 2010-02-01 实施

中华人民共和国国家质量监督检验检疫总局
中国国家标准化管理委员会 发布

# 前　言

GB/T 10066《电热装置的试验方法》现有 13 个部分：

——第 1 部分：通用部分(GB/T 10066.1—2004，IEC 60398:1999，MOD)；

——第 2 部分：有心感应炉(GB/T 10066.2—2004，IEC 60396:1991，MOD)；

——第 3 部分：无心感应炉(GB/T 10066.3—2004，IEC 60646:1992，MOD)；

——第 31 部分：高频感应加热装置发生器输出功率的测定(GB/T 10066.31—2007，IEC 61922:2002，IDT)；

——第 4 部分：间接电阻炉(GB/T 10066.4—2004，IEC 60397:1994，NEQ)；

——第 5 部分：等离子装置(GB/T 13535—1992，neq IEC 60680:1980，IEC 已有 2008 年版本，待转化)；

——第 6 部分：工业微波加热装置输出功率的测定方法(GB/T 10066.6—2008，IEC 61307:2006，IDT)；

——第 7 部分：具有电子枪的电热装置(GB/T 10066.7—2009，IEC 60703:2008，IDT)；

——第 8 部分：电渣重熔炉(GB/T 10066.8—2006，IEC 60779:2005，IDT)；

——第 9 部分：高频介质加热装置输出功率的测定(GB/T 10066.9—2008，IEC 61308:2005，IDT)；

——第 10 部分：直接电弧炉(GB/T 10066.10—2005，IEC 60676:2002，MOD)；

——第 11 部分：埋弧炉(GB/T 10066.11—2005，IEC 60683:1980，MOD)；

——第 12 部分：红外加热装置(GB/T 10066.12—2006，无对应 IEC 标准)。

注：某些现有电热装置的试验方法未采用分部编号(如括号内所示)，在修订时将改为上述规定的分部编号。

本部分为 GB/T 10066 的第 7 部分。

本部分与 IEC 60703:2008《具有电子枪的电热装置的试验方法》同步修订。

IEC 60703:2008 根据本部分同时起草。

为便于使用，对于 IEC 60703:2008，本部分做了下列编辑性修改：

——“本标准”一词改为“本部分”；

——删除国际标准的前言和序言；

——增加 GB 18871—2002《电离辐射防护与辐射源安全基本标准》；

——删除 3.1～3.13 术语定义。

本部分代替 GB/T 10066.7—2004《电热设备的试验方法　第 7 部分：具有电子枪的电热设备》，与后者相比，主要技术变化如下(仅列项目名称)：

——删除 GB/T 3907—1983《工业无线电干扰基本测量方法》和 GB 8703—1988《辐射防护规定》；

——增加 IEC 60204-1:2005《机械安全　机械电气设备　第 1 部分：通用技术条件》和 GB 5226.3—2005《机械安全　机械电气设备　第 11 部分：电压高于 1 000 Va.c.或 1 500 Vd.c.但不超过 36 kV 的高压设备的技术条件》；

——增加 GB 18871—2002《电离辐射防护与辐射源安全基本标准》；

——删除原 3.1～3.5 术语定义；

——增加 3.1～3.7 术语定义；

——更改原：“4 试验项目、5 试验方法和 6 试验间隔”标准结构为：“4 一般试验要求、5 辅助设备试验、6 电子枪系统试验和 7 产品型式试验”；

——增加4.1试验程序；

——增加4.3环境条件；

——增加5.1装配试验；

——增加6.2高压电源及电缆；

——增加6.2.4内部测量系统的校准；

——增加6.3电子束弯曲系统试验；

——增加7.3电子束参数试验；

——增加7.3.2电子束束径。

本部分由中国电器工业协会提出。

本部分由全国工业电热设备标准化技术委员会(SAC/TC 121)归口。

本部分主要起草单位：西安交通大学、西安电炉研究所有限公司。

本部分主要起草人：赵玉清、刘西萍、张英明、赵卫平。

本部分所代替标准的历次版本发布情况为：

——GB/T 7406—1987；

——GB/T 10066.7—2004。

# 电热装置的试验方法
# 第7部分:具有电子枪的电热装置

## 1 范围和目的

GB/T 10066 的本部分适用于具有一支或多支电子枪作为加热源的电热装置。

本部分的目的是使测定具有电子枪的电热装置的基本参数、技术数据和特性的试验方法标准化。

本部分不含强制性的试验项目表,也不具有约束性。试验项目可从建议的项目表中选取。由具有电子枪的电热装置的用户和制造厂商定的技术文件可对本部分内容进行补充,但不应与之抵触。

## 2 规范性引用文件

下列文件中的条款通过 GB/T 10066 的本部分的引用而成为本部分的条款。凡是注日期的引用文件,其随后所有的修改单(不包括勘误的内容)或修订版均不适用于本部分,然而,鼓励根据本部分达成协议的各方研究是否可使用这些文件的最新版本。凡是不注日期的引用文件,其最新版本适用于本部分。

GB/T 2900.23—2008 电工术语 工业电热装置(IEC 60050-841:2004,IDT)

GB 5226.1—2008 机械电气安全 机械电气设备 第1部分:通用技术条件(IEC 60204-1:2005,IDT)

GB 5226.3—2005 机械安全 机械电气设备 第11部分:电压高于1 000 Va.c.或1 500 Vd.c.但不超过36 kV的高压设备的技术条件(IEC 60204-11:2000,IDT)

GB 5959.1—2005 电热装置的安全 第1部分:通用要求(IEC 60519-1:2003,IDT)

GB 5959.7—2008 电热装置的安全 第7部分:对具有电子枪的装置的特殊要求(IEC 60519-7:2008,IDT)

GB/T 10066.1—2004 电热设备的试验方法 第1部分:通用部分 (IEC 60398:1999,MOD)

GB 18871—2002 电离辐射防护与辐射源安全基本标准

## 3 术语和定义

GB/T 2900.23—2008 和 GB 5959.7—2008 确立的以及下列术语和定义适用于本部分。

3.1

**电子束图形 beam patter**

利用电子束位置的循环和扫描功能,形成的位置重叠的图形。

3.2

**最大偏转角 maximum deflection angle**

偏离电子束的中心轴(光轴)的最大角度。

3.3

**偏转极限 deflection limits**

在给定的功率下,电子束处理过程中,对电子枪部件不发生损坏的偏转区域的限定。

3.4

**最大偏转频率 maximum deflection frequency**

一个电子束偏转系统受动态特性影响,引起振幅减小,振幅减小为静态偏转值一半值时对应的频率。

3.5

**束功率　beam power**

电子束电流和加速电压的乘积。

3.6

**阴极电流　cathode current**

流经阴极的电子电流。

注1：如果存在离子轰击，到达工件的电子束电流可能低于阴极电流或超过发射电流最大值的几倍；

注2：在发射电流和环路电流之间可能存在差别，因为阴极电流被空间电荷限制。

3.7

**额定功率(电子枪的)　rated power (of an electron gun)**

加速电压与阴极电流的乘积。

## 4　一般试验要求

### 4.1　试验程序

试验程序包括试验和测量，分为下列部分：

a)　辅助设备试验(第5章)；

b)　电子枪系统试验(第6章)；

c)　产品型式试验(第7章)。

a)部分试验应在b)部分试验之前完成。试验程序应该包括a)和b)部分的所有相关试验。c)部分产品的型式试验仅为推荐，可以根据装置对电子束流的性能要求来确定试验内容。

### 4.2　试验间隔

在下列操作后应立即按试验程序进行试验：

a)　电子枪装置装配完后；

b)　一般的维修后；

c)　电子枪装置发生事故之后；

d)　电热装置进行了改造后。

试验程序至少每年进行一次。如果需要更短的时间周期，制造厂与用户可以根据需要商定。

在一个部件被维修后，也需要进行试验，但可以仅限于与维修部件功能相关的试验。

### 4.3　环境条件

试验将在表1所列条件下进行，除非其他条件被制造厂特别指定。

**表1　试验的环境条件**

| | | |
|---|---|---|
| 环境温度/℃ | 正常 | 20 |
| | 最低 | 15 |
| | 最高 | 40 |
| 相关湿度 /% | 最高 | 85 |
| 海拔高度/ m | 最高 | 1 000 |
| 注：当环境条件超出表中所列值时，这些测量值应按有关规则进行修正。 | | |

环境温度可考虑取平均值。所有依赖温度的量值都参照20 ℃的环境温度，也称其为参考环境温度。

## 5　辅助设备试验

### 5.1　装配试验

应该检查电子枪装置的设备完整性，特别注意以下几点：

a) 安全设置和危险标志；

b) 锁定装置；

c) X 射线屏蔽，包括铅玻璃的观察窗。

### 5.2 电气装置试验

#### 5.2.1 一般试验

包括控制系统的一般电气设备试验应按 GB/T 5226.1—2008、GB/T 10066.1—2004 和 GB 5226.3—2005 进行。

本部分下列条文主要阐述具有电子枪的电热装置的特定试验。对于电子枪和高压电源的特定试验在第 6 章中给出。

#### 5.2.2 回路导线和等电位连线的连接

回路导体和导线的接头应按 GB 5959.1—2005 和 GB 5959.7—2008 的要求，用视觉观察和手拉的方法检查连接紧固度。

应接入一个电流至少为 10 A 的 50 Hz 或 60 Hz 的低压电源来检验连线和回路导线的接头搭接处的连接紧固度，检验时间至少 10 s。在真空室、电子枪和高压电源之间连接情况下，回路导线和等电位连接线的测量电压降不超过 1.0 V。即，按 GB 5226.1—2008 中规定值。

#### 5.2.3 安全联锁和报警系统试验

应按 GB/T 10066.1—2004 进行试验。

特别注意加速电压和自动接地系统(如有的话)的联锁(见 6.2.1 和 6.2.2)。

当进行联锁试验时，仅控制电路保持工作状态。电源电路仅在需要电源电压的监控电路试验时打开。

### 5.3 冷却液系统试验

试验应按 GB/T 10066.1—2004 进行。对于某些不能承受最大压强 1.5 倍的部件和电气元件，例如：双壁真空室、涡轮分子泵、电器柜的热交换器等，应旁路或断开，并按制造厂商的说明书单独试验。

### 5.4 伺服系统试验

电子束装置可以安装不同的伺服系统，如：气动系统、液压系统和电动系统等。这些系统也应按相关的标准和制造厂商的说明书进行试验。

特别要注意：

a) 过载和机械故障保护系统；

b) 防范危险操作，保护人员安全的措施。

### 5.5 真空试验

真空度应用电离真空计测量，被测设备应符合真空卫生要求。

在阴极处于冷态时，电子枪室的真空度应达到 $1\times10^{-2}$ Pa 或更低。进行该测量时，真空室应与电子枪室分离，或若无可能，真空室应空载。

然后阴极应加热至少 30 min，真空室真空度应达到 $5\times10^{-2}$ Pa 或更高。

真空室要求的真空度取决于电子枪室与真空室间的分离形式和过程。在任何情况下，电子枪室的真空度应高于 $5\times10^{-2}$ Pa，同样在这种情况下，真空室内的真空度不应低于半个数量级。

## 6 电子枪系统试验

### 6.1 电子枪

#### 6.1.1 部件的安装条件

应按制造厂商的说明书检查电子枪所有部件的清洁度、紧固度和可调节性。应特别注意检查阴极部件。

#### 6.1.2 可移动部件

若电子枪具有可移动部件,例如:可变阴极或可变阳极,应检查其移动平稳性和限位准确性。

#### 6.1.3 绝缘电阻试验

应按 GB 5226.3—2005 中第 19 章测量高压导线对地的绝缘电阻。

### 6.2 高压电源及电缆

#### 6.2.1 接地线

##### 6.2.1.1 接地棒试验

应仔细检查接地棒、接地电缆以及接地连接部分的所有零件,如有损坏应立即更换。

##### 6.2.1.2 自动接地系统试验

应认真检查连接导线、接触器和控制器件。

除每个接地器件的可靠性操作试验外,必须检查接地连接的监控电路。为了模拟试验结果,可以采用在接头之间放一片纸的方法。这个检错措施仅可在高压电源开关断开时的安全模式下采用。

#### 6.2.2 安全装置

除了每个安全部件的可靠性和正确性操作试验外,无论其他部件是否能够出现单一故障,也必须检查它们的监控电路。这样的故障仿真试验仅可在高压电源断开的安全模式下进行。

#### 6.2.3 高压接头

应按 GB 5226.3—2005 中第 19 章测量高压导线对地的绝缘电阻。测量时,对地连接或其他电位连接临时断开。

应仔细检查连接到高压电源和电子枪的高压电缆接头的正确性和清洁度。

#### 6.2.4 内部测量系统的校准

应定期校准测量电子束加速电压和回路电流的仪器。该仪器准确度应至少达到 0.5 级。若使用分压器和分流器,它们必须具有同样的准确度。

在这种情况下,利用模拟乘法器计算的功率,也应该具有相同的准确度。

注:在大多数情况下,对于高压电源,真实的电子束流是无法测量的,可用回路电流作为等量测量值。

#### 6.2.5 过流保护装置试验

##### 6.2.5.1 短路电流试验

当高压电源产生的电流将增至超过其额定值时,则过流控制装置应在其设定值时动作。完成这个试验的首选方法是使高压电源的输出端短路,采取适当的措施以避免损坏设备和危害人员。

##### 6.2.5.2 过流保护装置的一般功能试验

在额定功率试验前,应首先进行过流保护装置的正常功能试验,按制造厂商说明书,加大发射电流到其设定的额定值以上。

### 6.3 电子束弯曲系统试验

弯曲系统特性的检查可以借助于引用束流图形。该图形在第一次安装期间建立,分别对应于真空室内目标靶(坩埚或工件)固定点。在相似的条件(加速电压、束功率、形成弯转磁场的电流)下,储存引用的图形应作为规则的基准点用以检查弯曲系统的稳定性。

可以选择性地在几个定义的点上(例如在弯曲的电子枪电子运动轴平面的实际光栅)测量磁场。如果磁场由电磁线圈产生,则除测量通过线圈的对应电流外,还应记录这个磁场。

### 6.4 电子束偏转系统试验

在电子枪运行使用前,应检查偏转系统下列特性:

a) 电缆、连接部件和放大器的状况(目视检查);

b) 线圈电阻或电感和绝缘电阻[见 6.5b)];

c) 偏转方向的确定;

d) 偏转角与线圈电流之间的相互关系;

e） 放大器的作用；

f） 偏转系统故障状态下的电子束联锁的作用；

g） 电子束偏转系统的参数应在热态运行条件下试验（见 7.1）。

### 6.5 电子束聚焦系统试验

聚焦系统的试验包括：

a） 电缆、连接部件和放大器的外观检查；

b） 线圈电阻和电感的测量；

c） 线圈对地，以及对偏转系统线圈之间的绝缘电阻测量；

d） 放大器功能的检查；

e） 电阻器的绝缘电阻值应高于 100 kΩ。应仅在外施低电压时进行。

## 7 产品型式试验

### 7.1 束偏转特性

#### 7.1.1 偏转界限

偏转系统应有定义界限的能力，以限定电子束的处理区域。电子束在样品上形成一个适当的可视图形之前，设置一个初步界限，用一个小的处理区域开始试验，在检查电子束偏转界限的有效性后，处理区域可逐步放大。

#### 7.1.2 频率响应

为了检测最大偏转频率，利用电子束轰击一个样品，形成可视的电子束图形。在两个方向偏转的情况下，圆应是首选图形。以一个低的偏转值开始（低于最大期望值的十分之一），然后增加频率，直到图形减小到其尺寸的一半。试验图形的尺寸应是最大偏转角的 10%，除非制造厂商规定其他条件。

#### 7.1.3 偏转角的线性

利用电子束轰击样品，形成可视的电子束图形。在两个方向偏转情况下，圆应是首选图形。用比最大偏转频率低得多的频率绘制图形，振幅在 5 到 10 等步幅内从最大偏转角的 10%增加到 100%。

在设备不允许以最大偏转角进行操作的情况下，由偏转界线决定试验范围。

### 7.2 额定功率试验

额定功率定义为阴极电流与加速电压的乘积。阴极电流作为回路电流，在加速电压源的冷端测量。

为了降低操作人员的操作风险，可使用按 6.2 校验后的高压电源内的一些测量装置检验额定功率。

### 7.3 电子束参数试验

#### 7.3.1 束功率

工件或收集器被绝缘放置在真空室内，通过分路器，用低阻抗导线与回路导线连接。由分路器的电阻与所测量的分路器整个电压降给出束流，束功率是这个电流与加速电压的乘积。

注：一个被损坏的分路器可能会在加工件的连接线上引起危险电压。

#### 7.3.2 电子束束径

##### 7.3.2.1 带有狭缝的收集器

电子束被扫描经由带有狭缝的收集器。当流经收集器的电流小于电子束流的 10%时为一测量周期。在具有放射状安排的狭缝的收集器上画一个圆允许电子束流尺度测量在几个方向。

##### 7.3.2.2 钻孔试验

利用电子束在一个放置在加工件位置的样品上进行钻孔试验。应保证加工件的温度不影响孔的尺寸。

为了检查聚焦的对称性，斑点的形状应可视。

注：束流和真空条件也影响束斑直径。

### 7.4 加热装置的表面温度测量

按 GB/T 10066.1—2004 规定，应用热电偶、阻抗温度计或高温计来测量温度。

### 7.5 热稳态

具有电子枪的装置将在正常条件下运行。

按说明书规定，在至少 30 min 后，阴极系统和电子枪供给的电压和电流应达到其稳定值。

运行 8 h 后，应检查装置的各个部件是否由于热或辐射而引起变形或损坏，应特别关注：

a) 阴极系统状况；

b) 移动部件的灵活性；

c) 真空和水密封；

d) 坩埚、支撑、屏蔽件和相关设备。

### 7.6 X 射线试验

X 射线试验遵照 GB 18871—2002 有关规定进行。

在更换电子枪室和真空室任何与 X 射线防护屏蔽有关的零件后，应重做 X 射线发射试验。

### 7.7 电磁效应试验

电磁兼容问题和电磁场对人身影响的各种测量按 GB 5959.1—2005 中 6.4 要求进行。

---

ICS 03.120.30
A 41

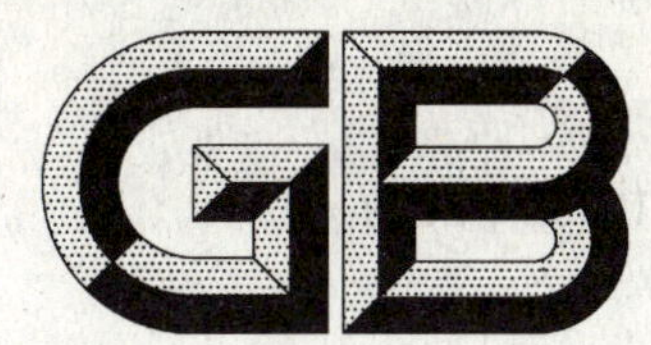

# 中华人民共和国国家标准

GB/T 10092—2009
代替 GB/T 10092—1988

# 数据的统计处理和解释 测试结果的多重比较

Statistical interpretation of data—Multiple comparison for test results



2009-10-15 发布　　　　2009-12-01 实施

中华人民共和国国家质量监督检验检疫总局
中国国家标准化管理委员会　发布

# 前　言

“数据的统计处理和解释”包括以下国家标准：

——GB/T 3359　数据的统计处理和解释　统计容忍区间的确定

——GB/T 3361　数据的统计处理和解释　在成对观测值情形下两个均值的比较

——GB/T 4087　数据的统计处理和解释　二项分布可靠度单侧置信下限

——GB/T 4088　数据的统计处理和解释　二项分布参数的估计与检验

——GB/T 4089　数据的统计处理和解释　泊松分布参数的估计和检验

——GB/T 4882　数据的统计处理和解释　正态性检验

——GB/T 4883　数据的统计处理和解释　正态样本离群值的判断和处理

——GB/T 4885　正态分布完全样本可靠度置信下限

——GB/T 4889　数据的统计处理和解释　正态分布均值和方差的估计与检验

——GB/T 4890　数据的统计处理和解释　正态分布均值和方差检验的功效

——GB/T 8055　数据的统计处理和解释　Γ分布(皮尔逊Ⅲ型分布)的参数估计

——GB/T 8056　数据的统计处理和解释　指数分布样本离群值的判断和处理

——GB/T 6380　数据的统计处理和解释　Ⅰ型极值分布样本离群值的判断和处理

——GB/T 10092　数据的统计处理和解释　测试结果的多重比较

——GB/T 10094　正态分布分位数与变异系数的置信限

本标准代替GB/T 10092—1988《测试结果的多重比较》。

本标准与GB/T 10092—1988相比主要变化如下：

——按GB/T 1.1—2000《标准化工作导则　第1部分：标准的结构和编写规则》的要求对标准格式进行了修订；

——增加了术语和定义；

——将“方差的一致性检验”改为“方差齐性检验”；

——修改了“4.3　方差的一致性检验”部分4.3.2后的注；

——统一将“处理结果的比较”改为“处理的比较”；

——改正了一些错误的公式；

——删去了GB/T 10092—1988中的附录C。

本标准的附录A为规范性附录，附录B为资料性附录。

本标准由全国统计方法应用标准化技术委员会(SAC/TC 21)提出并归口。

本标准起草单位：中国标准化研究院、中国科学院数学与系统科学研究院、深圳计量检测研究院、北京理工大学。

本标准主要起草人：丁文兴、项可风、张鹏、谢田法、于振凡、陈敏、吴国富等。

本标准所代替标准的历次版本发布情况为：

——GB/T 10092—1988。

# 数据的统计处理和解释
# 测试结果的多重比较

## 1 范围

本标准规定了对多种处理的同一单项指标进行多重比较试验及统计分析的基本原则和方法,用以求得比较的结论。

本标准适用于生产和科学实验中的任意同一单项指标(均值)的比较问题。如比较几种产品的质量指标,几种工艺条件或几种试验方法的结果。

注:本标准假设同一种处理的测试结果是来自同一正态总体,参与比较的不同处理的方差基本一致。

## 2 规范性引用文件

下列文件中的条款通过本标准的引用而成为本标准的条款。凡是注日期的引用文件,其随后所有的修改单(不包括勘误的内容)或修订版均不适用于本标准,然而,鼓励根据本标准达成协议的各方研究是否可使用这些文件的最新版本。凡是不注日期的引用文件,其最新版本适用于本标准。

GB/T 3358.1 统计学词汇及符号 第1部分:一般统计术语与用于概率的术语(GB/T 3358.1—2009,ISO 3534-1:2006,IDT)

GB/T 3358.2 统计学词汇及符号 第2部分:应用统计(GB/T 3358.2—2009,ISO 3534-2:2006,IDT)

GB/T 3358.3 统计学词汇及符号 第3部分:实验设计(GB/T 3358.3—2009,ISO 3534-3:1999,IDT)

GB/T 6379.2 测量方法与结果的准确度(正确度与精密度) 第2部分:确定标准测量方法重复性与再现性的基本方法(GB/T 6379.2—2004,ISO 5725-2:1994,IDT)

## 3 术语和定义

GB/T 3358.1、GB/T 3358.2 和 GB/T 3358.3 确立的以及下列术语和定义适用于本标准。

3.1

**测试结果 test results**

按规定的测试方法所获得的特性值。

注1:测试方法宜指明观测是一个还是多个,报告的测试结果是观测值的平均数还是它的其他函数(例如中位数或标准差)。它可以要求按适用的标准进行修正,如气体体积按标准温度和压力进行的修正。因此一个测试结果可以是通过几个观测值计算的结果。在最简单情形,测试结果即为观测值本身。

注2:测试方法在 ISO/IEC 导则 2 中定义为“完成某项测试的规定技术程序”。

3.2

**处理 treatment**

参与比较的各种对象称为处理。

3.3

**参照处理 reference treatment**

在处理的比较中起着基准作用的特殊处理。

3.4

**多重比较 multiple comparison**

同时比较多种处理之间有无显著性差异的统计检验。

3.5

**试样 test sample**

制备所得的可用于一次或数次测试或分析的样本。

3.6

**离群值 outlier**

样本中的一个或几个观测值,它们离开其他观测值较远,暗示它们可能来自不同的总体。

## 4 试验领导小组及其职责

应当有组织有计划地进行多重比较试验,由负责试验的单位或部门组织试验领导小组,该小组至少有一名成员具有统计数据分析知识并且懂得多重比较方法的应用。

领导小组应讨论和确定:

a) 本次试验中处理的具体含义。

b) 本次试验中所比较的单项指标。

c) 应选用哪一种统计方法进行比较;一旦确定以后,就不能随意更改。

d) 每种处理的试验重复次数 $n$ 取多大(见附录A)。

e) 如何安排好试验,保证同一处理的 $n$ 次重复是在基本相同的条件下进行。

f) 如何保证样本抽取的随机性。

g) 在试样的制备、分发、运输、储存及测试等各环节如何保证试样的均匀性。

h) 对测试结果进行统计分析,讨论有关统计分析的报告,做出比较的结论。

## 5 测试结果的整理、计算和检验

### 5.1 测试结果的整理

将测试结果整理成表1的形式。

表1

| 处　理 | 试验重复次数 $n$ | 观测值 $y_{ij}$ | 和 |
|---|---|---|---|
| 1 | $n_1$ | $y_{11}, y_{12}, \cdots, y_{1n_1}$ | $T_1$ |
| 2 | $n_2$ | $y_{21}, y_{22}, \cdots, y_{2n_2}$ | $T_2$ |
| ⋮ | ⋮ | ⋮ | ⋮ |
| $k$ | $n_k$ | $y_{k1}, y_{k2}, \cdots, y_{kn_k}$ | $T_k$ |
| 总和 | $N$ | | $T$ |
| 参照处理 | $n_0$ | $y_{01}, y_{02}, \cdots, y_{0n_0}$ | $T_0$ |
| 总和 | $\tilde{N}$ | | $\tilde{T}$ |

表中:

$y_{ij}$ 为第 $i$ 种处理的第 $j$ 次观测值;

$n_i$ 为第 $i$ 种处理的试验重复次数。在设计试验时,一般要求 $n_i$ 尽可能相同。

$$T_i = \sum_{j=1}^{n_i} y_{ij}$$

$$T = \sum_{i=1}^{k} T_i \qquad \tilde{T} = \sum_{i=0}^{k} T_i$$

$$N = \sum_{i=1}^{k} n_i \qquad \tilde{N} = \sum_{i=0}^{k} n_i$$

## 5.2 计算各处理的平均值和处理的样本方差

按式(1)计算各处理的平均值：

$$\bar{y}_i = \frac{T_i}{n_i}, i = 0,1,\cdots,k \qquad \cdots\cdots(1)$$

按式(2)计算各处理的样本方差：

$$S_i^2 = \frac{1}{n_i - 1}\left[\sum_{j=1}^{n_i}(y_{ij})^2 - \frac{T_i^2}{n_i}\right], i = 0,1,\cdots,k \qquad \cdots\cdots(2)$$

将计算结果整理成表2的形式。

表 2

| 处理 | 试验重复次数 $n$ | 各处理的平均值 $\bar{y}_i$ | 各处理的样本方差 $S_i^2$ |
|---|---|---|---|
| 1 | $n_1$ | | |
| 2 | $n_2$ | | |
| ⋮ | ⋮ | | |
| $k$ | $n_k$ | | |
| 参照处理 | $n_0$ | | |

## 5.3 方差齐性检验

5.3.1 为保证参与比较试验的不同处理的方差基本相等，必须进行方差齐性检验。在检验前首先应要求各处理重复测试结果中没有离群值，为此有必要采用GB/T 6379.2中规定的格拉布斯(Grubbs)检验和狄克逊(Dixon)检验以发现离群值。

5.3.2 本标准规定用科克伦(Cochran)检验法检验各处理的方差齐性。按式(3)计算科克伦检验统计量$C$的数值。

$$C = \frac{S_{\max}^2}{\sum_{i=1}^{k} S_i^2} \qquad \cdots\cdots(3)$$

式中：

$S_{\max}^2$——诸$S_i^2$中的最大值。

科克伦检验的临界值表参见表B.1。表中$n$为试验重复次数。

注：如有些处理的试验重复次数不同时，$n$取大多数处理的重复次数。

若科克伦检验统计量$C$的数值大于0.05(或0.01)临界值，则除去$S_{\max}^2$以后，继续对其余$k-1$个方差中的最大方差进行检验，直到其余方差都满足方差齐性要求为止。

因方差过大而被剔除的处理，不能参与比较，应将其全部数据剔除。

注：本标准规定的科克伦检验是一种单侧方差齐性检验。它只检出最大方差中不满足齐性要求者。实际上可能有的处理方差偏小而不满足齐性要求，本标准没有考虑偏小方差的检验问题。

## 5.4 重新计算处理的平均值并计算公共方差的估计值

经过离群值检验，方差齐性检验和更正或剔除数据之后，处理的个数、各处理的试验重复次数、平均值和处理的样本方差都可能发生变化，因此，应重新计算某些处理的平均值$\bar{y}_i$并计算公共方差的估计值$\hat{\sigma}^2$。

将计算结果整理成表3的形式。为简单起见，表3中符号$k$、$n_i$、$\bar{y}_i$、$S_i^2$的数值可能有变化，但符号仍不变。

表 3

| 处　理 | 试验重复次数 $n$ | 各处理的平均值 $\bar{y}_i$ | 各处理的样本方差 $S_i^2$ | 公共方差估计值 $\hat{\sigma}^2$ |
|---|---|---|---|---|
| 1 | $n_1$ | $\bar{y}_1$ | $S_1^2$ | $\hat{\sigma}^2$ |
| ⋮ | ⋮ | ⋮ | ⋮ | |
| $k$ | $n_k$ | $\bar{y}_k$ | $S_k^2$ | |
| 参照处理 | $n_0$ | $\bar{y}_0$ | $S_0^2$ | |

表中：

$k$ 为科克伦检验后最终保留的处理个数；

$n_i$ 为剔除离群值后第 $i$ 种处理的试验重复次数；

$\bar{y}_i$ 为经离群值检验和更正或剔除数据之后，计算得到的第 $i$ 种处理的平均值，$\bar{y}_i=\frac{T_i}{n_i}$；

$S_i^2$ 为经离群值检验和更正或剔除数据之后，计算得到的第 $i$ 种处理的样本方差；

而 $\hat{\sigma}^2$ 为公共方差的估计值，计算方法如下：

当无参照处理结果时，

$$\hat{\sigma}^2=\frac{\sum_{i=1}^{k}(n_i-1)S_i^2}{\sum_{i=1}^{k}(n_i-1)}=\frac{\sum_{i=1}^{k}\sum_{j=1}^{n_i}y_{ij}^2-\sum_{i=1}^{k}\frac{T_i^2}{n_i}}{f} \quad \cdots\cdots(4)$$

其中 $f=N-k$ 为自由度；

当有参照处理结果时，

$$\hat{\sigma}^2=\frac{\sum_{i=0}^{k}(n_i-1)S_i^2}{\sum_{i=0}^{k}(n_i-1)}=\frac{\sum_{i=0}^{k}\sum_{j=1}^{n_i}y_{ij}^2-\sum_{i=0}^{k}\frac{T_i^2}{n_i}}{\tilde{f}} \quad \cdots\cdots(5)$$

其中 $\tilde{f}=\tilde{N}-(k+1)$ 为自由度。

## 6 多重比较程序

### 6.1 *k* 种处理与参照处理之间的比较

#### 6.1.1 参与比较的 *k* 种处理和参照处理的试验重复次数相等（$n_0=n_1=n_2=\cdots=n_k=n$）的情形（*D* 法）

实施步骤：

a) 按第 5 章的程序，得到表 3 中参照处理和其他 $k$ 种处理的平均值 $\bar{y}_0,\bar{y}_1,\cdots,\bar{y}_k$ 及公共方差的估计值 $\hat{\sigma}^2$。

b) 给定显著性水平 $\alpha$（一般取 $\alpha=0.05$ 或 0.01），计算自由度 $\tilde{f}=\tilde{N}-(k+1)$，根据 $\alpha$，$\tilde{f}$ 查表 B.2，得 $d_\alpha(k,\tilde{f})$ 的值。

注：在此情形可不理会 $d_\alpha(k,\tilde{f})$ 右上角 $q$ 的值。

c) 由以下公式计算 $l_\alpha$ 的值：

$$l_\alpha=d_\alpha(k,\tilde{f})\sqrt{\frac{2\hat{\sigma}^2}{n}} \quad \cdots\cdots(6)$$

d) 结论：在 $\bar{y}_1,\bar{y}_2,\cdots,\bar{y}_k$ 中，凡落在 $(\bar{y}_0-l_\alpha,\bar{y}_0+l_\alpha)$ 区间内的处理，均判在水平 $\alpha$ 下与参照处理无显著差异；凡落在 $(\bar{y}_0-l_\alpha,\bar{y}_0+l_\alpha)$ 区间外的处理，均判在水平 $\alpha$ 下与参照处理有显著差异。

#### 6.1.2 参照处理的试验重复次数大于其他 *k* 种处理的试验重复次数，且其他处理的试验重复次数相等（$n_0>n_1=n_2\cdots=n_k=n$）的情形（*D* 法）

实施步骤：

a） 同 6.1.1a)；

b） 给定显著性水平 $\alpha$（一般取 $\alpha=0.05$ 或 0.01），计算自由度 $\tilde{f}=\tilde{N}-(k+1)$，根据 $\alpha$，$\tilde{f}$ 查表 B.2 得 $d_\alpha(k,\tilde{f})$，其右上角小号数值 $q$ 用于 $n_0>n$ 时计算修正值 $d_\alpha^*(k,\tilde{f})$，公式为：

$$d_\alpha^*(k,\tilde{f})=\left[1+q(1-\frac{n}{n_0})/100\right]d_\alpha(k,\tilde{f}) \quad \cdots\cdots(7)$$

例如：$k=2,n_0=21,n_1=n_2=11,\tilde{f}=40,\alpha=0.05$

查表 B.2 得：$2.29^{1.4}$，即 $d_{0.05}(2,40)=2.29,q=1.4$，则

$$d_{0.05}^*(2,40)=\left[1+1.4\left(1-\frac{11}{21}\right)/100\right]\times 2.29=2.31$$

c） 由以下公式计算 $l_\alpha$ 的值：

$$l_\alpha=d_\alpha^*(k,\tilde{f})\sqrt{(\frac{1}{n_0}+\frac{1}{n})\hat{\sigma}^2} \quad \cdots\cdots(8)$$

d） 同 6.1.1 d)。

### 6.1.3 参照处理的结果为已知的情形

实施步骤：

a） 按第 5 章的程序，得到表 3 中 $k$ 种处理的平均值 $\bar{y}_1,\bar{y}_2,\cdots,\bar{y}_k$ 及公共方差估计值 $\hat{\sigma}^2$ 。

b） 给定显著性水平 $\alpha$，计算自由度 $f=N-k$ 及 $\alpha_k=1-(1-\alpha)^{\frac{1}{k}}$， $p=1-\alpha_k/2$ 。由 $f,p$ 查表 B.3 的 $t$ 分布分位数表，得 $t_p(f)$ 的值。

c） 由以下公式计算的 $l_\alpha(i)$ 值：

$$l_\alpha(i)=t_p(f)\sqrt{\frac{\hat{\sigma}^2}{n_i}},\quad i=1,2,\cdots,k \quad \cdots\cdots(9)$$

d） 结论：分别比较 $k$ 种处理的平均值 $\bar{y}_1,\bar{y}_2,\cdots,\bar{y}_k$ 与参照处理已知值 $y_0$ 之差。凡 $|\bar{y}_i-y_0|\leqslant l_\alpha(i)$ 的处理 $i$ 均判在水平 $\alpha$ 下与参照处理无显著差异，凡 $|\bar{y}_i-y_0|>l_\alpha(i)$ 的处理 $i$ 均判在水平 $\alpha$ 下与参照处理有显著差异。

## 6.2 *k* 种处理的两两比较（*T* 法）

在一些实际问题中，没有参照处理作为比较的基准，而需对 $k$ 种处理中任意两种进行比较。这种两两比较共有 $\frac{k(k-1)}{2}$ 组，可分为以下两种情形：

### 6.2.1 参与比较的 *k* 种处理的试验重复次数相等（$n_1=n_2=\cdots=n_k=n$）的情形

实施步骤：

a） 同 6.1.3a)；

b） 给定显著性水平 $\alpha$，计算自由度 $f=N-k$，由 $\alpha,k,f$ 查表 B.4 得 $q_\alpha(k,f)$ 的值；

c） 由以下公式计算 $l_\alpha$ 的值。

$$l_\alpha=q_\alpha(k,f)\sqrt{\frac{\hat{\sigma}^2}{n}} \quad \cdots\cdots(10)$$

d） 结论：对特定的处理 $i$，凡落在 $(\bar{y}_i-l_\alpha,\bar{y}_i+l_\alpha)$ 区间内的处理，均判在水平 $\alpha$ 下与第 $i$ 种处理无显著差异；凡落在 $(\bar{y}_i-l_\alpha,\bar{y}_i+l_\alpha)$ 区间外的处理，均判在水平 $\alpha$ 下与第 $i$ 种处理有显著差异。

### 6.2.2 参与比较的每种处理的试验重复次数不等的情形

实施步骤：

a） 同 6.1.3a)；

b） 同 6.2.1b)；

c） 由以下公式计算 $l_\alpha$ 的值；

$$l_\alpha(i,j)=q_\alpha(k,f)\sqrt{\frac{1}{2}(\frac{1}{n_i}+\frac{1}{n_j})\hat{\sigma}^2},\quad i=1,2,\cdots,k;j=1,2,\cdots,k;i\neq j \quad \cdots\cdots(11)$$

式中：$n_i$，$n_j$ 分别为所比较的任意两种处理 $i$，$j$ 的试验重复次数。

d） 结论：若 $|\bar{y}_i-\bar{y}_j|\leqslant l_\alpha(i,j)$，则判第 $i$ 种处理与第 $j$ 种处理在水平 $\alpha$ 下无显著差异；若 $|\bar{y}_i-\bar{y}_j|>l_\alpha(i,j)$，则判第 $i$ 种处理与第 $j$ 种处理在水平 $\alpha$ 下有显著差异。

### 6.3 几组处理均值间的比较（*S* 法）

有些实际问题，需要在若干组处理的均值之间进行比较，例如，某种处理的均值与总平均的比较，$k$ 种处理中 $a$ 种处理的均值与 $b$ 种处理的均值之间的比较等，这些比较统称为任意线性比较。本标准对任意线性比较，只规定了以下两种特殊情形：

#### 6.3.1 一种处理的均值与 *k* 种处理的总平均的比较

实施步骤：

a） 按 5.1～5.3 程序，计算第 $i$ 种处理的平均值 $\bar{y}_i$ 和 $k$ 种处理的总平均值 $\bar{y}$ 与公共方差的估计值 $\hat{\sigma}^2$，其中 $\bar{y}=\dfrac{\sum_{i=1}^{k}T_i}{\sum_{i=1}^{k}n_i}$。

b） 给定显著性水平 $\alpha$，由 $\alpha$，$k-1$，$f$，查表 B.5，得 $S_\alpha(k,f)$ 之值。

c） 计算 $\sqrt{(\frac{1}{n_i}-\frac{1}{N})\hat{\sigma}^2}$ 之值。

d） 由以下公式计算 $l_\alpha(i)$ 之值：

$$l_\alpha(i)=S_\alpha(k,f)\sqrt{(\frac{1}{n_i}-\frac{1}{N})\hat{\sigma}^2} \qquad\cdots\cdots(12)$$

e） 结论：凡 $|\bar{y}_i-\bar{y}|\leqslant l_\alpha(i)$，则判第 $i$ 种处理的均值与总平均在水平 $\alpha$ 下无显著差异；凡 $|\bar{y}_i-\bar{y}|>l_\alpha(i)$，则判第 $i$ 种处理的平均值与总平均在水平 $\alpha$ 下有显著差异。

#### 6.3.2 *k* 种处理中任意 *a* 种处理的均值与另外任意 *b* 种处理的均值之间的比较

实施步骤：

a） 按 5.1～5.3 程序，计算 $k$ 种处理中任意 $a$ 种（不妨假定为前 $a$ 种）处理的平均值 $\bar{y}_a$ 和另外任意 $b$ 种（不妨假定为紧接着的后 $b$ 种）处理的平均值 $\bar{y}_b$ 和公共方差的估计值 $\hat{\sigma}^2$。

$$\bar{y}_a=\frac{1}{a}\sum_{i=1}^{a}\bar{y}_i,\quad \bar{y}_b=\frac{1}{b}\sum_{i=a+1}^{a+b}\bar{y}_i,\quad a+b\leqslant k$$

b） 同 6.3.1b）；

c） 计算 $\sqrt{\left[\left(\frac{1}{a^2}\right)\sum_{i=1}^{a}\frac{1}{n_i}+\left(\frac{1}{b^2}\right)\sum_{i=a+1}^{a+b}\frac{1}{n_i}\right]\hat{\sigma}^2}$ 之值；

d） 由以下公式计算 $l_\alpha(a,b)$ 之值：

$$l_\alpha(a,b)=S_\alpha(k,f)\sqrt{\left(\frac{1}{a^2}\sum_{i=1}^{a}\frac{1}{n_i}+\frac{1}{b^2}\sum_{i=a+1}^{a+b}\frac{1}{n_i}\right)\hat{\sigma}^2} \qquad\cdots\cdots(13)$$

e） 结论：若 $|\bar{y}_a-\bar{y}_b|\leqslant l_\alpha(a,b)$，则判 $a$ 种处理的均值与另外 $b$ 种处理的均值在水平 $\alpha$ 下无显著差异；若 $|\bar{y}_a-\bar{y}_b|>l_\alpha(a,b)$，则判 $a$ 种处理的均值与另外 $b$ 种处理的均值在水平 $\alpha$ 下有显著差异。

## 7 应用示例

棉花的色征是评定棉花品级的主要指标之一。在用棉花色泽仪测定棉花的色征时，同时测定反射率 $R_a$ 和黄色深度 $+b$ 两个指标。目前我国棉花标准分为 7 级，自 1 级至 7 级，$R_a$ 值逐渐减小，而 $+b$ 值逐渐增大。人们认为 1、2、3 级之间差异不大。现由 15 个省市各选送 1～7 级的棉样 1～2 套，用色泽仪测得结果如表 4、表 5 所示，试用这批数据比较各级之间有无显著性差异。

分析：(1)这是两项指标($R_a$ 和$+b$)的比较问题，将两项指标分别计算与比较，化作两个单项指标的比较。本次试验中，处理的含义是棉花的不同等级。

(2)根据经验，$R_a$ 和$+b$ 的数值服从正态分布，故不必进行正态性检验。

(3)棉花1～7级的色征差异较大，因此不同级(即不同处理)的方差可能不相等。

多重比较的实施步骤如下：

a) 将15个省(市)的测试结果整理成表4、表5的形式。

分别计算各处理的平均值和处理的样本方差，列成表6、表7的形式。

表 4

| 处理 | 试验重复次数 | 测试结果　反射率 $R_a$ | | | | | | | 和 |
|---|---|---|---|---|---|---|---|---|---|
| 1(级) | 18 | 79.0 | 79.5 | 76.4 | 78.9 | 78.1 | 78.8 | | 1 412.6 |
| | | 76.8 | 74.8 | 77.5 | 78.8 | 78.9 | 78.8 | | |
| | | 78.7 | 75.1 | 78.1 | 82.5 | 82.0 | 79.0 | | |
| 2(级) | 19 | 80.2 | 79.0 | 76.6 | 77.7 | 76.2 | 77.2 | | 1 480.3 |
| | | 75.1 | 77.8 | 76.6 | 77.3 | 77.6 | 77.9 | | |
| | | 77.7 | 78.1 | 75.6 | 78.0 | 80.7 | 81.6 | 79.4 | |
| 3(级) | 19 | 78.8 | 77.5 | 74.8 | 76.8 | 75.9 | 76.4 | 76.0 | 1 467.9 |
| | | 77.2 | 76.2 | 76.1 | 78.5 | 75.6 | 77.1 | 78.3 | |
| | | 75.1 | 77.0 | 80.0 | 81.2 | 79.4 | | | |
| 4(级) | 19 | 76.7 | 71.5 | 73.4 | 75.8 | 74.1 | 74.7 | 73.0 | 1 433.7 |
| | | 76.0 | 73.3 | 73.9 | 75.9 | 77.6 | 76.6 | 75.6 | |
| | | 72.6 | 76.2 | 77.9 | 80.9 | 78.0 | | | |
| 5(级) | 18 | 69.0 | 70.3 | 74.7 | 72.3 | 72.7 | 69.2 | 74.6 | 1 320 |
| | | 69.7 | 72.3 | 74.0 | 76.3 | 72.0 | 73.8 | 71.4 | |
| | | 73.7 | 76.6 | 80.2 | 77.2 | | | | |
| 6(级) | 18 | 67.6 | 65.1 | 71.8 | 69.1 | 66.8 | 64.8 | 71.8 | 1 259.2 |
| | | 68.5 | 68.8 | 70.7 | 72.6 | 68.3 | 73.2 | 68.2 | |
| | | 63.6 | 73.6 | 80.0 | 74.7 | | | | |
| 7(级) | 15 | 64.3 | 64.4 | 70.2 | 66.8 | 59.9 | 62.0 | 71.6 | 997 |
| | | 64.0 | 68.1 | 67.7 | 71.2 | 66.2 | 65.1 | 64.8 | |
| | | 70.7 | | | | | | | |
| 总和 | 126 | | | | | | | | |

表 5

| 处理 | 试验重复次数 | 测试结果　黄色深度$+b$ | | | | | | | | | 和 |
|---|---|---|---|---|---|---|---|---|---|---|---|
| 1(级) | 18 | 8.1 | 8.0 | 9.0 | 8.8 | 8.8 | 8.5 | 8.7 | 8.2 | 8.8 | 155.8 |
| | | 8.0 | 8.5 | 9.1 | 9.2 | 9.0 | 9.2 | 8.1 | 8.4 | 9.4 | |
| 2(级) | 19 | 8.1 | 8.4 | 9.0 | 8.7 | 9.3 | 8.8 | 9.1 | 8.2 | 8.3 | 166.7 |
| | | 8.9 | 8.3 | 8.3 | 9.2 | 9.3 | 9.0 | 9.3 | 8.3 | 8.4 | |
| | | 9.3 | | | | | | | | | |
| 3(级) | 19 | 8.3 | 8.5 | 9.2 | 8.9 | 9.3 | 8.9 | 8.8 | 8.3 | 8.2 | 167.4 |
| | | 9.0 | 8.5 | 9.0 | 9.3 | 9.1 | 9.1 | 9.5 | 8.0 | 8.3 | |
| | | 9.2 | | | | | | | | | |
| 4(级) | 19 | 8.8 | 9.5 | 9.4 | 9.3 | 9.7 | 9.1 | 8.9 | 8.6 | 8.5 | 175.2 |
| | | 10.3 | 9.2 | 9.1 | 9.1 | 9.3 | 9.5 | 9.5 | 9.3 | 8.4 | |
| | | 9.7 | | | | | | | | | |
| 5(级) | 18 | 9.0 | 10.1 | 9.6 | 9.8 | 8.8 | 9.3 | 8.9 | 8.7 | 12.0 | 172.4 |
| | | 10.1 | 9.8 | 9.3 | 9.6 | 9.8 | 10.0 | 9.2 | 8.5 | 9.9 | |

表 5（续）

| 处理 | 试验重复次数 | 测试结果　黄色深度 $+b$ | | | | | | | | | 和 |
|---|---|---|---|---|---|---|---|---|---|---|---|
| 6(级) | 18 | 9.8 | 10.4 | 9.9 | 10.1 | 9.2 | 9.2 | 9.3 | 9.1 | 12.8 | 185.2 |
| | | 11.5 | 9.1 | 9.5 | 9.7 | 10.3 | 13.7 | 11.4 | 9.2 | 11.0 | |
| 7(级) | 15 | 9.9 | 10.4 | 10.5 | 10.1 | 10.3 | 9.5 | 9.7 | 9.3 | 13.9 | 161.2 |
| | | 11.8 | 10.4 | 9.8 | 10.7 | 12.8 | 12.1 | | | | |
| 总和 | 126 | | | | | | | | | | |

表 6

| 处　理 | 试验重复次数 | 各处理平均值 $\bar{y}_{R_i}$ | 各处理样本方差 $S_{R_i}^2$ |
|---|---|---|---|
| 1 | 18 | $\bar{y}_{R_1}=78.48$ | $S_{R_1}^2=3.88$ |
| 2 | 19 | $\bar{y}_{R_2}=77.91$ | $S_{R_2}^2=2.82$ |
| 3 | 19 | $\bar{y}_{R_3}=77.26$ | $S_{R_3}^2=2.95$ |
| 4 | 19 | $\bar{y}_{R_4}=75.46$ | $S_{R_4}^2=5.24$ |
| 5 | 18 | $\bar{y}_{R_5}=73.33$ | $S_{R_5}^2=9.57$ |
| 6 | 18 | $\bar{y}_{R_6}=69.96$ | $S_{R_6}^2=16.33$ |
| 7 | 15 | $\bar{y}_{R_7}=66.47$ | $S_{R_7}^2=11.98$ |

表 7

| 处　理 | 试验重复次数 | 各处理平均值 $\bar{y}_{b_i}$ | 各处理样本方差 $S_{b_i}^2$ |
|---|---|---|---|
| 1 | 18 | $\bar{y}_{b_1}=8.66$ | $S_{b_1}^2=0.202$ |
| 2 | 19 | $\bar{y}_{b_2}=8.77$ | $S_{b_2}^2=0.181$ |
| 3 | 19 | $\bar{y}_{b_3}=8.81$ | $S_{b_3}^2=0.194$ |
| 4 | 19 | $\bar{y}_{b_4}=9.22$ | $S_{b_4}^2=0.212$ |
| 5 | 18 | $\bar{y}_{b_5}=9.58$ | $S_{b_5}^2=0.616$ |
| 6 | 18 | $\bar{y}_{b_6}=10.29$ | $S_{b_6}^2=1.76$ |
| 7 | 15 | $\bar{y}_{b_7}=10.75$ | $S_{b_7}^2=1.741$ |

对各处理重复测试结果进行检验，在表 5 处理 5 检出数据 12.0 为高度显著的离群值（在 1%水平下显著），未查出原因，予以剔除，并相应地在表 9 中修改试验重复次数，处理平均值和处理的样本方差。其他处理均未发现离群值。

对处理的方差齐性进行检验，表 6 中第 5、6、7 种处理，表 7 中 第 6、7 种处理的方差均为显著偏大。将表 6、表 7 中的处理分为两类，一类为第 1～4 种处理，二类为第 5～7 种处理，对一、二类分别检验方差齐性，结果表明一类方差基本相等，二类方差基本相等，但一类与二类方差不相等。

对一、二类处理分别计算公共方差估计值，列成表 8、表 9。

表 8

| 类　别 | 处　理 | 试验重复次数 | 各处理平均值 $\bar{y}_{R_i}$ | 各处理内样本方差 $S_{R_i}^2$ | 共同方差估计值 |
|---|---|---|---|---|---|
| 一类 | 1 | 18 | $\bar{y}_{R_1}=78.48$ | $S_{R_1}^2=3.88$ | $\hat{\sigma}_R^2=3.72$ |
| | 2 | 19 | $\bar{y}_{R_2}=77.91$ | $S_{R_2}^2=2.82$ | |
| | 3 | 19 | $\bar{y}_{R_3}=77.26$ | $S_{R_3}^2=2.95$ | |
| | 4 | 19 | $\bar{y}_{R_4}=75.46$ | $S_{R_4}^2=5.24$ | |

表 8（续）

| 类　别 | 处　理 | 试验重复次数 | 各处理平均值 $\bar{y}_{R_i}$ | 各处理内样本方差 $S^2_{R_i}$ | 共同方差估计值 |
|---|---|---|---|---|---|
| 二类 | 5 | 18 | $\bar{y}_{R_5}=73.33$ | $S^2_{R_5}=9.57$ | $\hat{\sigma}^2_R=12.67$ |
| | 6 | 18 | $\bar{y}_{R_6}=69.96$ | $S^2_{R_6}=16.33$ | |
| | 7 | 15 | $\bar{y}_{R_7}=66.47$ | $S^2_{R_7}=11.98$ | |

表 9

| 类　别 | 处　理 | 试验重复次数 | 各处理平均值 $\bar{y}_{b_i}$ | 各处理内样本方差 $S^2_{b_i}$ | 共同方差估计值 |
|---|---|---|---|---|---|
| 一类 | 1 | 18 | $\bar{y}_{b_1}=8.66$ | 0.202 | $\hat{\sigma}^2_b=0.444$ |
| | 2 | 19 | $\bar{y}_{b_2}=8.77$ | 0.181 | |
| | 3 | 19 | $\bar{y}_{b_3}=8.81$ | 0.194 | |
| | 4 | 19 | $\bar{y}_{b_4}=9.22$ | 0.212 | |
| 二类 | 5 | 17 | $\bar{y}_{b_5}=9.44$ | 0.266 | $\hat{\sigma}^2_b=1.220$ |
| | 6 | 18 | $\bar{y}_{b_6}=10.29$ | 1.76 | |
| | 7 | 15 | $\bar{y}_{b_7}=10.75$ | 1.741 | |

b)　根据 6.2.2 的程序，给定显著性水平 $\alpha=0.05$，计算自由度 $f=N-k$，对于一类的两两比较，$f=71$，对于二类的两两比较，$f=47$，由 $\alpha$，$f$ 查表 B.4 的 $q$ 表，得一、二类比较的 $q_\alpha(k,f)$ 值：

一类：$q_{0.05}(4,71)\approx3.73$

二类：$q_{0.05}(3.47)\approx3.42$

c)　根据不同处理的两两比较，分别求出不同的 $l_\alpha(i,j)$ 值，并求出比较结果，将计算和比较结果列成表 10。

表 10

| 参与比较的处理 $i,j$ | 比较指标 | $\hat{\sigma}$ | $q_\alpha(k,f)$ | $\sqrt{\frac{1}{2}\left(\frac{1}{n_i}+\frac{1}{n_j}\right)}$ | $l_\alpha(i,j)$ | $\lvert y_i-y_j\rvert$ | 比较结果 |
|---|---|---|---|---|---|---|---|
| 1,2 | 反射率 $R_a$ | 1.929 | 3.73 | 0.233 | 1.676 | 0.57 | 无显著差异 |
| 1,3 | | 1.929 | 3.73 | 0.233 | 1.676 | 1.22 | 无显著差异 |
| 1,4 | | 1.929 | 3.73 | 0.233 | 1.676 | 3.02 | 有显著差异 |
| 2,3 | | 1.929 | 3.73 | 0.229 | 1.648 | 0.65 | 无显著差异 |
| 2,4 | | 1.929 | 3.73 | 0.229 | 1.648 | 2.45 | 有显著差异 |
| 3,4 | | 1.929 | 3.73 | 0.229 | 1.648 | 1.80 | 有显著差异 |
| 5,6 | | 3.559 | 3.42 | 0.236 | 2.873 | 3.37 | 有显著差异 |
| 5,7 | | 3.559 | 3.42 | 0.247 | 3.006 | 6.86 | 有显著差异 |
| 6,7 | | 3.559 | 3.42 | 0.247 | 3.006 | 3.49 | 有显著差异 |
| | | | | | | | |
| 1,2 | 黄色深度 $+b$ | 0.444 | 3.73 | 0.233 | 0.386 | 0.11 | 无显著差异 |
| 1,3 | | 0.444 | 3.73 | 0.233 | 0.386 | 0.15 | 无显著差异 |
| 1,4 | | 0.444 | 3.73 | 0.233 | 0.386 | 0.56 | 有显著差异 |
| 2,3 | | 0.444 | 3.73 | 0.229 | 0.379 | 0.04 | 无显著差异 |

表 10（续）

| 参与比较的处理 $i,j$ | 比较指标 | $\hat{\sigma}$ | $q_a(k,f)$ | $\sqrt{\frac{1}{2}\left(\frac{1}{n_i}+\frac{1}{n_j}\right)}$ | $l_a(i,j)$ | $\lvert y_i-y_j \rvert$ | 比较结果 |
|---|---|---|---|---|---|---|---|
| 2,4 | 黄色深度 $+b$ | 0.444 | 3.73 | 0.229 | 0.379 | 0.45 | 有显著差异 |
| 3,4 | | 0.444 | 3.73 | 0.229 | 0.379 | 0.41 | 有显著差异 |
| 5,6 | | 1.104 | 3.42 | 0.236 | 0.891 | 0.71 | 有显著差异 |
| 5,7 | | 1.104 | 3.42 | 0.247 | 0.933 | 1.17 | 有显著差异 |
| 6,7 | | 1.104 | 3.42 | 0.247 | 0.933 | 0.46 | 无显著差异 |

d) 结论：从反射率 $R_a$ 与黄色深度 $+b$ 这两个指标的比较可以看出，1～3 级棉花均无显著差异，可合并为 1 级，4 级与 1～3 级均有显著差异，列为 2 级，1～4 级属于一类，称为一等。6 级与7 级相比，反射率有显著差异，黄色深度无显著差异，而 5 级与 7 级在反射率与黄色深度二个指标上均有显著差异，故可大致仍维持原来的 5～7 级，属于二等。从色征上可以得出，我国棉花可分为表 11 列出的二等 5 级。

表 11

| | 色征分级 | | |
|---|---|---|---|
| 一等棉 | 1 级（原 1～3 级合并） | | 2 级（原 4 级） |
| 二等棉 | 3 级（原 5 级） | 4 级（原 6 级） | 5 级（原 7 级） |

# 附　录　A
## （规范性附录）
## 不同多重比较方法的选择和试验重复次数 *n* 的确定

**A.1**　本标准规定的多重比较三种统计方法，应根据实际问题按以下原则选择：

a)　当仅与参照处理比较时，应使用 $D$ 法；

b)　当对包含有两两处理之间比较而不对多个处理之间进行比较时，应使用 $T$ 法；

c)　当对一个处理和一组处理或对几组处理进行比较时，只能用 $S$ 法。

**A.2**　试验重复次数 $n$ 的确定，分为两种情形：

a)　一般根据试验对自由度的要求确定 $n$：

自由度 $f=k(n-1)$，$n=\dfrac{f}{k}+1$

$f$ 以不少于 15 为宜，故 $n\geqslant\dfrac{15}{k}+1$

b)　在 $\sigma$ 已知，且对处理间有无显著性差异的比较有精度（即 $l_\alpha$）要求时，则由以下公式计算 $n$：

对有参照处理的比较：$n\approx\dfrac{2\sigma^2[d_\alpha(k,\tilde{f})]^2}{l_\alpha^2}$

对无参照处理的比较：$n\approx\dfrac{\sigma^2[q_\alpha(k,f)]^2}{l_\alpha^2}$

# 附　录　B
（资料性附录）
# 多重比较的统计用表

表 B.1　柯克伦(Cochran)检验法的临界值表

| 试验重复次数 $n$ | 处理的个数 $k$ | | | | | | | | | | | | | | | | | | $\alpha=0.05$ |
|---|---|---|---|---|---|---|---|---|---|---|---|---|---|---|---|---|---|---|---|
| | 2 | 3 | 4 | 5 | 6 | 7 | 8 | 9 | 10 | 11 | 12 | 13 | 14 | 15 | 16 | 17 | 18 | 19 | 20 |
| 2 | .9985 | .9669 | .9065 | .8413 | .7807 | .7270 | .6798 | .6385 | .6020 | .5697 | .5410 | .5152 | .4919 | .4709 | .4517 | .4341 | .4180 | .4032 | .3894 |
| 3 | .9750 | .8709 | .7679 | .6838 | .6161 | .5612 | .5157 | .4775 | .4450 | .4169 | .3924 | .3708 | .3517 | .3346 | .3192 | .3053 | .2926 | .2810 | .2704 |
| 4 | .9392 | .7977 | .6839 | .5981 | .5321 | .4800 | .4377 | .4027 | .3733 | .3482 | .3264 | .3074 | .2906 | .2757 | .2624 | .2503 | .2394 | .2295 | .2204 |
| 5 | .9057 | .7457 | .6287 | .5440 | .4803 | .4307 | .3910 | .3584 | .3311 | .3079 | .2880 | .2706 | .2554 | .2418 | .2298 | .2189 | .2091 | .2002 | .1920 |
| 6 | .8772 | .7070 | .5894 | .5063 | .4447 | .3972 | .3594 | .3285 | .3028 | .2810 | .2624 | .2462 | .2320 | .2194 | .2083 | .1982 | .1891 | .1809 | .1734 |
| 7 | .8534 | .6770 | .5598 | .4783 | .4184 | .3725 | .3362 | .3067 | .2822 | .2616 | .2439 | .2286 | .2152 | .2033 | .1928 | .1834 | .1749 | .1672 | .1601 |
| 8 | .8332 | .6531 | .5365 | .4564 | .3980 | .3535 | .3185 | .2901 | .2665 | .2467 | .2298 | .2152 | .2024 | .1911 | .1811 | .1721 | .1640 | .1567 | .1501 |
| 9 | .8159 | .6333 | .5175 | .4387 | .3817 | .3383 | .3043 | .2768 | .2540 | .2349 | .2187 | .2046 | .1923 | .1815 | .1719 | .1633 | .1555 | .1485 | .1422 |
| 10 | .8010 | .6167 | .5018 | .4241 | .3682 | .3259 | .2927 | .2659 | .2438 | .2253 | .2095 | .1959 | .1841 | .1736 | .1643 | .1560 | .1486 | .1419 | .1357 |
| 11 | .7880 | .6025 | .4884 | .4118 | .3568 | .3154 | .2829 | .2568 | .2353 | .2173 | .2019 | .1887 | .1772 | .1671 | .1581 | .1500 | .1428 | .1363 | .1304 |
| 12 | .7765 | .5902 | .4769 | .4012 | .3471 | .3064 | .2746 | .2491 | .2280 | .2104 | .1955 | .1826 | .1714 | .1615 | .1528 | .1450 | .1379 | .1316 | .1259 |
| 13 | .7662 | .5794 | .4668 | .3920 | .3387 | .2986 | .2674 | .2423 | .2218 | .2045 | .1899 | .1773 | .1664 | .1567 | .1482 | .1406 | .1337 | .1276 | .1220 |
| 14 | .7570 | .5698 | .4579 | .3839 | .3313 | .2918 | .2611 | .2365 | .2163 | .1994 | .1850 | .1727 | .1620 | .1526 | .1442 | .1368 | .1301 | .1241 | .1186 |
| 15 | .7487 | .5613 | .4500 | .3767 | .3247 | .2858 | .2555 | .2313 | .2114 | .1948 | .1807 | .1686 | .1581 | .1489 | .1407 | .1334 | .1269 | .1210 | .1156 |
| 16 | .7411 | .5536 | .4430 | .3703 | .3188 | .2804 | .2506 | .2267 | .2071 | .1908 | .1769 | .1650 | .1547 | .1456 | .1376 | .1304 | .1240 | .1182 | .1129 |
| 17 | .7341 | .5466 | .4365 | .3645 | .3136 | .2756 | .2461 | .2225 | .2032 | .1871 | .1735 | .1618 | .1516 | .1427 | .1348 | .1277 | .1214 | .1157 | .1106 |
| 18 | .7278 | .5402 | .4307 | .3592 | .3088 | .2712 | .2420 | .2187 | .1997 | .1838 | .1704 | .1588 | .1488 | .1400 | .1322 | .1253 | .1191 | .1135 | .1084 |
| 19 | .7219 | .5343 | .4254 | .3544 | .3044 | .2672 | .2383 | .2153 | .1965 | .1808 | .1676 | .1562 | .1463 | .1376 | .1300 | .1231 | .1170 | .1115 | .1065 |
| 20 | .7164 | .5289 | .4205 | .3500 | .3004 | .2635 | .2350 | .2122 | .1936 | .1781 | .1650 | .1537 | .1440 | .1354 | .1279 | .1211 | .1151 | .1096 | .1047 |
| 21 | .7114 | .5239 | .4159 | .3459 | .2967 | .2601 | .2318 | .2093 | .1909 | .1756 | .1626 | .1515 | .1419 | .1334 | .1259 | .1193 | .1133 | .1080 | .1031 |
| 22 | .7066 | .5193 | .4118 | .3421 | .2933 | .2570 | .2290 | .2067 | .1884 | .1733 | .1604 | .1494 | .1399 | .1315 | .1242 | .1176 | .1117 | .1064 | .1016 |
| 23 | .7022 | .5150 | .4079 | .3386 | .2901 | .2541 | .2263 | .2042 | .1861 | .1711 | .1584 | .1475 | .1381 | .1298 | .1225 | .1160 | .1102 | .1050 | .1002 |
| 24 | .6980 | .5109 | .4042 | .3354 | .2871 | .2514 | .2238 | .2019 | .1840 | .1691 | .1565 | .4457 | .1364 | .1282 | .1210 | .1146 | .1088 | .1036 | .09891 |
| 25 | .6941 | .5071 | .4008 | .3323 | .2844 | .2489 | .2215 | .1998 | .1820 | .1672 | .1548 | .1441 | .1348 | .1267 | .1196 | .1132 | .1075 | .1024 | .09772 |
| 26 | .6904 | .5036 | .3976 | .3294 | .2818 | .2465 | .2194 | .1978 | .1801 | .1655 | .1531 | .1425 | .1334 | .1253 | .1182 | .1119 | .1063 | .1012 | .09660 |
| 27 | .6869 | .5002 | .3946 | .3267 | .2794 | .2443 | .2173 | .1959 | .1784 | .1639 | .1516 | .1411 | .1320 | .1240 | .1170 | .1108 | .1052 | .1001 | .09555 |
| 28 | .6836 | .4970 | .3918 | .3242 | .2771 | .2422 | .2154 | .1941 | .1768 | .1623 | .1502 | .1397 | .1307 | .1228 | .1158 | .1096 | .1041 | .09909 | .09456 |
| 29 | .6805 | .4941 | .3891 | .3218 | .2749 | .2403 | .2136 | .1924 | .1752 | .1609 | .1488 | .1384 | .1295 | .1217 | .1147 | .1086 | .1031 | .09812 | .09363 |
| 30 | .6775 | .4912 | .3866 | .3195 | .2729 | .2384 | .2119 | .1909 | .1737 | .1595 | .1475 | .1372 | .1283 | .1206 | .1137 | .1076 | .1021 | .09721 | .09276 |
| 31 | .6747 | .4885 | .3842 | .3174 | .2709 | .2367 | .2103 | .1894 | .1724 | .1582 | .1463 | .1361 | .1273 | .1195 | .1127 | .1067 | .1012 | .09635 | .09193 |
| 41 | .6522 | .4674 | .3654 | .3007 | .2559 | .2230 | .1978 | .1779 | .1617 | .1482 | .1369 | .1272 | .1189 | .1116 | .1052 | .09944 | .09433 | .08973 | .08557 |
| 61 | .6250 | .4423 | .3434 | .2812 | .2385 | .2073 | .1834 | .1646 | .1494 | .1368 | .1262 | .1171 | .1093 | .1025 | .09651 | .09119 | .08644 | .08217 | .07832 |
| 121 | .5889 | .4099 | .3152 | .2564 | .2164 | .1874 | .1653 | .1480 | .1340 | .1224 | .1127 | .1045 | .09739 | .09121 | .08578 | .08097 | .07668 | .07282 | .06934 |
| ∞ | .5000 | .3333 | .2500 | .2000 | .1667 | .1429 | .1250 | .1111 | .1000 | .09091 | .08333 | .07692 | .07143 | .06667 | .06250 | .05882 | .05556 | .05263 | .05000 |

**表 B.1（续）**

| 试验重复次数 $n$ | 处理的个数 $k$ | | | | | | | | | | | | | | | | | | $\alpha=0.01$ |
|---|---|---|---|---|---|---|---|---|---|---|---|---|---|---|---|---|---|---|---|
| | 2 | 3 | 4 | 5 | 6 | 7 | 8 | 9 | 10 | 11 | 12 | 13 | 14 | 15 | 16 | 17 | 18 | 19 | 20 |
| 2 | .9999 | .9933 | .9676 | .9279 | .8828 | .8376 | .7945 | .7544 | .7175 | .6837 | .6528 | .6245 | .5985 | .5747 | .5527 | .5324 | .5136 | .4962 | .4799 |
| 3 | .9950 | .9423 | .8643 | .7885 | .7218 | .6644 | .6152 | .5727 | .5358 | .5036 | .4751 | .4498 | .4272 | .4069 | .3885 | .3718 | .3566 | .3426 | .3297 |
| 4 | .9794 | .8832 | .7814 | .6957 | .6258 | .5685 | .5210 | .4810 | .4469 | .4175 | .3919 | .3694 | .3495 | .3318 | .3158 | .3014 | .2883 | .2763 | .2654 |
| 5 | .9586 | .8335 | .7212 | .6329 | .5635 | .5080 | .4627 | .4251 | .3934 | .3663 | .3428 | .3223 | .3042 | .2882 | .2738 | .2609 | .2492 | .2385 | .2288 |
| 6 | .9373 | .7933 | .6761 | .5875 | .5195 | .4659 | .4227 | .3870 | .3572 | .3318 | .3099 | .2909 | .2741 | .2593 | .2461 | .2342 | .2234 | .2137 | .2048 |
| 7 | .9172 | .7606 | .6410 | .5531 | .4866 | .4347 | .3932 | .3592 | .3308 | .3068 | .2861 | .2682 | .2525 | .2386 | .2262 | .2151 | .2050 | .1960 | .1877 |
| 8 | .8988 | .7335 | .6129 | .5259 | .4609 | .4105 | .3705 | .3378 | .3106 | .2876 | .2680 | .2509 | .2360 | .2228 | .2111 | .2006 | .1911 | .1826 | .1748 |
| 9 | .8823 | .7107 | .5897 | .5038 | .4401 | .3911 | .3523 | .3207 | .2945 | .2725 | .2536 | .2373 | .2230 | .2104 | .1992 | .1892 | .1802 | .1720 | .1646 |
| 10 | .8674 | .6912 | .5702 | .4853 | .4229 | .3751 | .3373 | .3067 | .2814 | .2601 | .2419 | .2261 | .2124 | .2003 | .1896 | .1800 | .1713 | .1635 | .1564 |
| 11 | .8539 | .6743 | .5536 | .4697 | .4084 | .3617 | .3248 | .2950 | .2704 | .2497 | .2321 | .2169 | .2036 | .1919 | .1815 | .1723 | .1639 | .1564 | .1496 |
| 12 | .8418 | .6595 | .5392 | .4563 | .3960 | .3501 | .3141 | .2850 | .2611 | .2409 | .2238 | .2090 | .1961 | .1848 | .1748 | .1658 | .1577 | .1504 | .1438 |
| 13 | .8307 | .6463 | .5266 | .4446 | .3852 | .3402 | .3049 | .2764 | .2530 | .2334 | .2166 | .2022 | .1897 | .1787 | .1689 | .1602 | .1524 | .1453 | .1389 |
| 14 | .8206 | .6346 | .5154 | .4342 | .3757 | .3314 | .2968 | .2689 | .2459 | .2267 | .2104 | .1963 | .1841 | .1734 | .1638 | .1553 | .1477 | .1408 | .1346 |
| 15 | .8113 | .6241 | .5054 | .4251 | .3672 | .3237 | .2896 | .2622 | .2397 | .2209 | .2049 | .1911 | .1792 | .1687 | .1594 | .1511 | .1436 | .1369 | .1308 |
| 16 | .8028 | .6145 | .4964 | .4168 | .3597 | .3167 | .2832 | .2563 | .2342 | .2157 | .2000 | .1865 | .1748 | .1645 | .1554 | .1473 | .1400 | .1334 | .1274 |
| 17 | .7949 | .6058 | .4882 | .4094 | .3529 | .3105 | .2774 | .2509 | .2292 | .2110 | .1956 | .1824 | .1709 | .1608 | .1518 | .1439 | .1367 | .1303 | .1244 |
| 18 | .7875 | .5979 | .4808 | .4026 | .3467 | .3048 | .2722 | .2461 | .2247 | .2068 | .1917 | .1786 | .1673 | .1574 | .1486 | .1408 | .1338 | .1274 | .1217 |
| 19 | .7807 | .5906 | .4740 | .3964 | .3411 | .2997 | .2675 | .2417 | .2206 | .2030 | .1881 | .1752 | .1641 | .1543 | .1457 | .1380 | .1311 | .1249 | .1193 |
| 20 | .7744 | .5838 | .4678 | .3907 | .3360 | .2950 | .2632 | .2377 | .2169 | .1995 | .1848 | .1721 | .1612 | .1515 | .1430 | .1355 | .1287 | .1226 | .1170 |
| 21 | .7684 | .5775 | .4620 | .3855 | .3312 | .2907 | .2592 | .2340 | .2134 | .1963 | .1818 | .1693 | .1585 | .1490 | .1406 | .1332 | .1265 | .1204 | .1150 |
| 22 | .7628 | .5717 | .4566 | .3807 | .3268 | .2867 | .2555 | .2306 | .2103 | .1933 | .1790 | .1667 | .1560 | .1466 | .1384 | .1310 | .1244 | .1185 | .1131 |
| 23 | .7575 | .5662 | .4516 | .3762 | .3228 | .2829 | .2521 | .2275 | .2074 | .1906 | .1764 | .1642 | .1537 | .1445 | .1363 | .1290 | .1225 | .1167 | .1113 |
| 24 | .7526 | .5611 | .4470 | .3720 | .3190 | .2795 | .2489 | .2245 | .2046 | .1880 | .1740 | .1620 | .1516 | .1424 | .1344 | .1272 | .1208 | .1150 | .1097 |
| 25 | .7479 | .5563 | .4426 | .3680 | .3154 | .2763 | .2460 | .2218 | .2021 | .1857 | .1718 | .1599 | .1496 | .1406 | .1326 | .1255 | .1191 | .1134 | .1082 |
| 28 | .7435 | .5518 | .4385 | .3644 | .3121 | .2732 | .2432 | .2193 | .1997 | .1835 | .1697 | .1579 | .1477 | .1388 | .1309 | .1239 | .1176 | .1120 | .1068 |
| 27 | .7393 | .5476 | .4347 | .3609 | .3090 | .2704 | .2406 | .2169 | .1975 | .1814 | .1678 | .1561 | .1460 | .1372 | .1293 | .1224 | .1162 | .1106 | .1055 |
| 28 | .7353 | .5436 | .4310 | .3577 | .3060 | .2677 | .2382 | .2146 | .1954 | .1794 | .1659 | .1544 | .1444 | .1356 | .1279 | .1210 | .1148 | .1093 | .1043 |
| 29 | .7314 | .5398 | .4276 | .3546 | .3033 | .2652 | .2359 | .2125 | .1934 | .1776 | .1642 | .1528 | .1428 | .1342 | .1265 | .1197 | .1136 | .1081 | .1031 |
| 30 | .7278 | .5361 | .4243 | .3517 | .3007 | .2629 | .2337 | .2105 | .1916 | .1759 | .1626 | .1512 | .1414 | .1328 | .1252 | .1184 | .1124 | .1070 | .1020 |
| 31 | .7243 | .5327 | .4213 | .3489 | .2982 | .2606 | .2316 | .2086 | .1898 | .1742 | .1611 | .1498 | .1400 | .1315 | .1240 | .1173 | .1113 | .1059 | .1010 |
| 41 | .6966 | .5057 | .3972 | .3275 | .2790 | .2432 | .2157 | .1940 | .1763 | .1616 | .1492 | .1387 | .1295 | .1215 | .1145 | .1082 | .1027 | .09763 | 0.9308 |
| 61 | .6624 | .4735 | .3689 | .3025 | .2567 | .2231 | .1975 | .1772 | .1608 | .1472 | .1357 | .1260 | .1176 | .1102 | .1037 | .09801 | .09289 | .08828 | 0.8412 |
| 121 | .6162 | .4317 | .3327 | .2709 | .2287 | .1980 | .1747 | .1563 | .1415 | .1293 | .1191 | .1103 | .1028 | .09628 | .09053 | .08544 | .08090 | .07682 | 0.7314 |
| ∞ | .5000 | .3333 | .2500 | .2000 | .1667 | .1429 | .1250 | .1111 | .1000 | .09091 | .08333 | 0.7692 | 0.7143 | .06667 | .06250 | .05882 | .05556 | .05263 | 0.5000 |

**表 B.2　$d$ 表**

$\alpha=0.05$

| 自由度 | $d_\alpha(k,\tilde{f})$ | | | | | | | | | | | | | |
|---|---|---|---|---|---|---|---|---|---|---|---|---|---|---|
| | 处理的平均值个数 $k$(不包括参照处理) | | | | | | | | | | | | | |
| $\tilde{f}$ | 1 | 2 | 3 | 4 | 5 | 6 | 7 | 8 | 9 | 10 | 11 | 12 | 15 | 20 |
| 5 | 2.57 | $3.03^{2.3}$ | $3.29^{3.6}$ | $3.48^{4.6}$ | $3.62^{5.4}$ | $3.73^{5.9}$ | $3.82^{6.4}$ | $3.90^{6.8}$ | $3.97^{7.2}$ | $4.03^{7.5}$ | $4.09^{7.8}$ | $4.14^{8.0}$ | $4.26^{8.7}$ | $4.42^{9.4}$ |
| 6 | 2.45 | $2.86^{2.1}$ | $3.10^{3.4}$ | $3.26^{4.3}$ | $3.39^{5.0}$ | $3.49^{5.6}$ | $3.57^{6.0}$ | $3.64^{6.4}$ | $3.71^{6.8}$ | $3.76^{7.1}$ | $3.81^{7.4}$ | $3.86^{7.6}$ | $3.97^{8.2}$ | $4.11^{9.0}$ |
| 7 | 2.36 | $2.75^{2.0}$ | $2.97^{3.2}$ | $3.12^{4.1}$ | $3.24^{4.8}$ | $3.33^{5.3}$ | $3.41^{5.7}$ | $3.47^{6.1}$ | $3.53^{6.5}$ | $3.58^{6.7}$ | $3.63^{7.0}$ | $3.67^{7.2}$ | $3.78^{7.8}$ | $3.91^{8.5}$ |
| 8 | 2.31 | $2.67^{2.0}$ | $2.88^{3.1}$ | $3.02^{3.9}$ | $3.13^{4.5}$ | $3.22^{5.1}$ | $3.29^{5.5}$ | $3.35^{5.9}$ | $3.41^{6.2}$ | $3.46^{6.5}$ | $3.50^{6.7}$ | $3.51^{6.9}$ | $3.64^{7.5}$ | $3.76^{8.2}$ |
| 9 | 2.26 | $2.61^{1.9}$ | $2.81^{3.0}$ | $2.95^{3.8}$ | $3.05^{4.4}$ | $3.14^{4.9}$ | $3.20^{5.3}$ | $3.26^{5.6}$ | $3.32^{5.9}$ | $3.36^{6.2}$ | $3.40^{6.5}$ | $3.44^{6.7}$ | $3.53^{7.2}$ | $3.65^{7.9}$ |
| 10 | 2.23 | $2.57^{1.8}$ | $2.76^{2.9}$ | $2.89^{3.6}$ | $2.99^{4.2}$ | $3.07^{4.7}$ | $3.14^{5.1}$ | $3.19^{5.4}$ | $3.24^{5.7}$ | $3.29^{6.0}$ | $3.33^{6.2}$ | $3.36^{6.5}$ | $3.45^{7.0}$ | $3.57^{7.7}$ |
| 11 | 2.20 | $2.53^{1.8}$ | $2.72^{2.8}$ | $2.84^{3.5}$ | $2.94^{4.1}$ | $3.02^{4.6}$ | $3.08^{4.9}$ | $3.14^{5.3}$ | $3.19^{5.6}$ | $3.23^{5.8}$ | $3.27^{6.1}$ | $3.30^{6.3}$ | $3.39^{6.8}$ | $3.50^{7.5}$ |
| 12 | 2.18 | $2.50^{1.7}$ | $2.68^{2.7}$ | $2.81^{3.4}$ | $2.90^{4.0}$ | $2.98^{4.4}$ | $3.04^{4.8}$ | $3.09^{5.1}$ | $3.14^{5.4}$ | $3.18^{5.7}$ | $3.22^{5.9}$ | $3.25^{6.1}$ | $3.34^{6.6}$ | $3.45^{7.3}$ |
| 13 | 2.16 | $2.48^{1.7}$ | $2.65^{2.7}$ | $2.78^{3.4}$ | $2.87^{3.9}$ | $2.94^{4.3}$ | $3.00^{4.7}$ | $3.06^{5.0}$ | $3.10^{5.3}$ | $3.14^{5.5}$ | $3.18^{5.8}$ | $3.21^{6.0}$ | $3.29^{6.5}$ | $3.40^{7.1}$ |
| 14 | 2.14 | $2.46^{1.7}$ | $2.63^{2.6}$ | $2.75^{3.3}$ | $2.84^{3.8}$ | $2.91^{4.2}$ | $2.97^{4.6}$ | $3.02^{4.9}$ | $3.07^{5.2}$ | $3.11^{5.4}$ | $3.14^{5.6}$ | $3.18^{5.8}$ | $3.26^{6.3}$ | $3.36^{7.0}$ |
| 15 | 2.13 | $2.44^{1.7}$ | $2.61^{2.6}$ | $2.73^{3.2}$ | $2.82^{3.3}$ | $2.89^{4.2}$ | $2.95^{4.5}$ | $3.00^{4.3}$ | $3.04^{5.1}$ | $3.08^{5.3}$ | $3.12^{5.5}$ | $3.15^{5.7}$ | $3.23^{6.2}$ | $3.33^{6.8}$ |
| 16 | 2.12 | $2.42^{1.6}$ | $2.59^{2.5}$ | $2.71^{3.2}$ | $2.80^{3.7}$ | $2.87^{4.1}$ | $2.92^{4.4}$ | $2.97^{4.7}$ | $3.02^{5.0}$ | $3.06^{5.2}$ | $3.09^{5.4}$ | $3.12^{5.6}$ | $3.20^{6.1}$ | $3.30^{6.7}$ |
| 17 | 2.11 | $2.41^{1.6}$ | $2.58^{2.5}$ | $2.69^{3.1}$ | $2.78^{3.6}$ | $2.85^{4.0}$ | $2.90^{4.4}$ | $2.95^{4.7}$ | $3.00^{4.9}$ | $3.03^{5.1}$ | $3.07^{5.9}$ | $3.10^{5.5}$ | $3.18^{6.0}$ | $3.27^{6.6}$ |
| 18 | 2.10 | $2.40^{1.6}$ | $2.56^{2.5}$ | $2.68^{3.1}$ | $2.76^{3.6}$ | $2.83^{4.0}$ | $2.89^{4.3}$ | $2.97^{4.6}$ | $2.98^{4.8}$ | $3.01^{5.1}$ | $3.05^{5.3}$ | $3.08^{5.4}$ | $3.16^{5.9}$ | $3.25^{6.5}$ |
| 19 | 2.09 | $2.39^{1.6}$ | $2.55^{2.5}$ | $2.66^{3.1}$ | $2.75^{3.5}$ | $2.81^{3.9}$ | $2.87^{4.2}$ | $2.92^{4.5}$ | $2.96^{4.8}$ | $3.00^{5.0}$ | $3.03^{5.2}$ | $3.06^{5.4}$ | $3.14^{5.8}$ | $3.23^{6.4}$ |
| 20 | 2.09 | $2.38^{1.6}$ | $2.54^{2.4}$ | $2.65^{3.0}$ | $2.73^{3.5}$ | $2.80^{3.9}$ | $2.86^{4.2}$ | $2.90^{4.5}$ | $2.95^{4.7}$ | $2.98^{4.9}$ | $3.02^{5.1}$ | $3.05^{5.3}$ | $3.12^{5.7}$ | $3.22^{6.3}$ |
| 24 | 2.06 | $2.35^{1.5}$ | $2.51^{2.3}$ | $2.61^{2.9}$ | $2.70^{3.4}$ | $2.76^{3.7}$ | $2.81^{4.0}$ | $2.86^{4.3}$ | $2.90^{4.5}$ | $2.94^{4.7}$ | $2.97^{4.9}$ | $3.00^{5.1}$ | $3.07^{5.5}$ | $3.16^{6.0}$ |
| 30 | 2.04 | $2.32^{1.5}$ | $2.47^{2.3}$ | $2.58^{2.8}$ | $2.66^{3.2}$ | $2.72^{3.6}$ | $2.77^{3.9}$ | $2.83^{4.1}$ | $2.86^{4.3}$ | $2.89^{4.5}$ | $2.92^{4.7}$ | $2.95^{4.8}$ | $3.02^{5.2}$ | $3.11^{5.8}$ |
| 40 | 2.02 | $2.29^{1.4}$ | $2.44^{2.2}$ | $2.54^{2.7}$ | $2.62^{3.1}$ | $2.68^{3.4}$ | $2.73^{3.7}$ | $2.77^{3.9}$ | $2.81^{4.1}$ | $2.85^{4.3}$ | $2.87^{4.5}$ | $2.90^{4.6}$ | $2.97^{5.0}$ | $3.06^{5.5}$ |
| 60 | 2.00 | $2.27^{1.4}$ | $2.41^{2.1}$ | $2.51^{2.6}$ | $2.58^{3.0}$ | $2.64^{3.3}$ | $2.69^{3.5}$ | $2.73^{3.7}$ | $2.77^{3.9}$ | $2.80^{4.1}$ | $3.83^{4.2}$ | $2.86^{4.4}$ | $2.92^{4.7}$ | $3.00^{5.1}$ |
| 120 | 1.98 | $2.24^{1.3}$ | $2.38^{2.0}$ | $2.47^{2.5}$ | $2.55^{2.8}$ | $2.60^{3.1}$ | $2.65^{3.3}$ | $2.69^{3.5}$ | $2.73^{3.7}$ | $2.76^{3.8}$ | $2.79^{4.0}$ | $2.81^{4.1}$ | $2.87^{4.4}$ | $2.95^{4.8}$ |
| ∞ | 1.96 | $2.21^{1.3}$ | $2.35^{1.9}$ | $2.44^{2.3}$ | $2.51^{2.7}$ | $2.57^{2.9}$ | $2.61^{3.1}$ | $2.65^{3.3}$ | $2.69^{3.5}$ | $2.72^{3.6}$ | $2.74^{3.7}$ | $2.77^{3.8}$ | $2.83^{4.1}$ | $2.91^{4.5}$ |

注：表中右上角小号数值 $q$ 是当 $n_0>n_1$ 时计算 $d^*(k,\tilde{f})$ 有关的修正值。

**表 B.2（续）**

$\alpha=0.01$

| 自由度 | $d_\alpha(k,\tilde{f})$ | | | | | | | | | | | | | |
|---|---|---|---|---|---|---|---|---|---|---|---|---|---|---|
| | 处理的平均值个数 $k$(不包括参照处理) | | | | | | | | | | | | | |
| $\tilde{f}$ | 1 | 2 | 3 | 4 | 5 | 6 | 7 | 8 | 9 | 10 | 11 | 12 | 15 | 20 |
| 5 | 4.03 | $4.63^{1.8}$ | $4.98^{3.0}$ | $5.22^{3.9}$ | $5.41^{4.6}$ | $5.56^{5.2}$ | $5.69^{5.7}$ | $5.80^{6.1}$ | $5.89^{6.5}$ | $5.98^{6.9}$ | $6.05^{7.2}$ | $6.12^{7.6}$ | $6.30^{8.1}$ | $6.52^{9.9}$ |
| 6 | 3.71 | $4.21^{1.6}$ | $4.51^{2.7}$ | $4.71^{3.5}$ | $4.87^{4.1}$ | $5.00^{4.6}$ | $5.10^{5.1}$ | $5.20^{5.6}$ | $5.28^{5.5}$ | $5.35^{6.1}$ | $5.41^{6.4}$ | $5.47^{6.7}$ | $5.62^{7.3}$ | $5.81^{8.1}$ |
| 7 | 3.50 | $3.95^{1.5}$ | $4.21^{2.4}$ | $4.39^{3.1}$ | $4.53^{3.7}$ | $4.64^{4.2}$ | $4.74^{4.6}$ | $4.82^{5.0}$ | $4.89^{5.3}$ | $4.95^{5.6}$ | $5.01^{5.8}$ | $5.06^{6.1}$ | $5.19^{6.7}$ | $5.36^{7.4}$ |
| 8 | 3.36 | $3.77^{1.3}$ | $4.00^{2.2}$ | $4.17^{2.9}$ | $4.29^{3.4}$ | $4.40^{3.9}$ | $4.48^{4.2}$ | $4.56^{4.6}$ | $4.62^{4.9}$ | $4.68^{5.1}$ | $4.73^{5.4}$ | $4.78^{5.6}$ | $4.90^{6.1}$ | $5.05^{6.9}$ |
| 9 | 3.25 | $3.63^{1.2}$ | $3.85^{2.1}$ | $4.01^{2.7}$ | $4.12^{3.2}$ | $4.22^{3.6}$ | $4.30^{3.9}$ | $4.37^{4.2}$ | $4.43^{4.5}$ | $4.48^{4.6}$ | $4.53^{5.0}$ | $4.57^{5.2}$ | $4.68^{5.7}$ | $4.82^{6.4}$ |
| 10 | 3.17 | $3.53^{1.2}$ | $3.74^{1.9}$ | $3.88^{2.5}$ | $3.99^{3.0}$ | $4.08^{3.4}$ | $4.16^{3.7}$ | $4.22^{4.0}$ | $4.28^{4.2}$ | $4.33^{4.5}$ | $4.37^{4.7}$ | $4.42^{4.9}$ | $4.52^{5.4}$ | $4.65^{5.0}$ |
| 11 | 3.11 | $3.45^{1.1}$ | $3.65^{1.8}$ | $3.79^{2.4}$ | $3.89^{2.8}$ | $3.98^{3.2}$ | $4.05^{3.6}$ | $4.11^{3.6}$ | $4.16^{4.0}$ | $4.21^{4.2}$ | $4.25^{4.4}$ | $4.29^{4.8}$ | $4.39^{5.1}$ | $4.52^{5.7}$ |

表 B.2（续）

$\alpha=0.01$

| 自由度 $\tilde{f}$ | $d_\alpha(k,\tilde{f})$ | | | | | | | | | | | | | |
|---|---|---|---|---|---|---|---|---|---|---|---|---|---|---|
| | 处理的平均值个数 $k$（不包括参照处理） | | | | | | | | | | | | | |
| | 1 | 2 | 3 | 4 | 5 | 6 | 7 | 8 | 9 | 10 | 11 | 12 | 15 | 20 |
| 12 | 3.05 | $3.39^{1.1}$ | $3.58^{1.7}$ | $3.71^{2.3}$ | $3.81^{2.7}$ | $3.89^{3.0}$ | $3.96^{3.3}$ | $4.02^{3.6}$ | $4.07^{3.3}$ | $4.12^{4.0}$ | $4.16^{4.2}$ | $4.19^{4.4}$ | $4.29^{4.8}$ | $4.41^{5.4}$ |
| 13 | 3.01 | $3.33^{1.0}$ | $3.52^{1.7}$ | $3.65^{2.2}$ | $3.74^{2.6}$ | $3.82^{2.9}$ | $3.89^{3.2}$ | $3.94^{3.4}$ | $3.99^{3.6}$ | $4.04^{3.8}$ | $4.08^{4.0}$ | $4.11^{4.2}$ | $4.20^{4.6}$ | $4.32^{5.2}$ |
| 14 | 2.98 | $3.29^{1.0}$ | $3.47^{1.6}$ | $3.59^{2.1}$ | $3.69^{2.5}$ | $3.76^{2.8}$ | $3.83^{3.0}$ | $3.88^{3.3}$ | $3.93^{3.5}$ | $3.97^{3.7}$ | $4.01^{3.9}$ | $4.05^{4.0}$ | $4.13^{4.4}$ | $4.24^{5.0}$ |
| 15 | 2.95 | $3.25^{0.9}$ | $3.43^{1.6}$ | $3.55^{2.0}$ | $3.64^{2.4}$ | $3.71^{2.7}$ | $3.78^{2.9}$ | $3.83^{3.2}$ | $3.88^{3.4}$ | $3.92^{3.6}$ | $3.95^{3.7}$ | $3.99^{3.9}$ | $4.07^{4.3}$ | $4.18^{4.8}$ |
| 16 | 2.92 | $3.22^{0.9}$ | $3.39^{1.5}$ | $3.51^{1.9}$ | $3.60^{2.3}$ | $3.67^{2.8}$ | $3.73^{2.8}$ | $3.78^{3.1}$ | $3.83^{3.3}$ | $3.87^{3.4}$ | $3.91^{3.6}$ | $3.94^{3.8}$ | $4.02^{4.1}$ | $4.13^{4.6}$ |
| 17 | 2.90 | $3.19^{0.9}$ | $3.36^{1.5}$ | $3.47^{1.9}$ | $3.56^{2.2}$ | $3.63^{2.3}$ | $3.69^{2.7}$ | $3.74^{3.0}$ | $3.79^{3.2}$ | $3.83^{3.3}$ | $3.86^{3.6}$ | $3.90^{3.6}$ | $3.98^{4.0}$ | $4.08^{4.5}$ |
| 18 | 2.88 | $3.17^{0.9}$ | $3.33^{1.4}$ | $3.44^{1.8}$ | $3.53^{2.2}$ | $3.60^{2.4}$ | $3.66^{2.7}$ | $3.71^{2.9}$ | $3.75^{3.1}$ | $3.79^{3.2}$ | $3.83^{3.4}$ | $3.86^{3.5}$ | $3.94^{3.9}$ | $4.04^{4.4}$ |
| 19 | 2.86 | $3.15^{0.9}$ | $3.31^{1.4}$ | $3.42^{1.8}$ | $3.50^{2.1}$ | $3.57^{2.4}$ | $3.63^{2.6}$ | $3.68^{2.8}$ | $3.72^{3.0}$ | $3.76^{3.2}$ | $3.79^{3.3}$ | $3.83^{3.4}$ | $3.90^{3.8}$ | $4.00^{4.3}$ |
| 20 | 2.85 | $3.13^{0.8}$ | $3.29^{1.4}$ | $3.40^{1.7}$ | $3.48^{2.1}$ | $3.55^{2.3}$ | $3.60^{2.5}$ | $3.65^{2.7}$ | $3.69^{2.9}$ | $3.73^{3.1}$ | $3.77^{3.2}$ | $3.80^{3.4}$ | $3.87^{3.7}$ | $3.97^{4.2}$ |
| 24 | 2.80 | $3.07^{0.8}$ | $3.22^{1.3}$ | $3.32^{1.6}$ | $3.40^{1.9}$ | $3.47^{2.1}$ | $3.52^{2.4}$ | $3.57^{2.5}$ | $3.61^{2.7}$ | $3.64^{2.8}$ | $3.68^{3.0}$ | $3.70^{3.1}$ | $3.78^{2.4}$ | $3.87^{3.8}$ |
| 30 | 2.75 | $3.01^{0.7}$ | $3.15^{1.2}$ | $3.25^{1.5}$ | $3.33^{1.8}$ | $3.39^{2.0}$ | $3.44^{2.2}$ | $3.49^{2.3}$ | $3.52^{2.5}$ | $3.56^{2.6}$ | $3.59^{2.7}$ | $3.62^{2.5}$ | $3.69^{3.1}$ | $3.78^{3.5}$ |
| 40 | 2.70 | $2.95^{0.7}$ | $3.09^{1.1}$ | $3.18^{1.4}$ | $3.26^{1.6}$ | $3.32^{1.8}$ | $3.37^{2.0}$ | $3.41^{2.1}$ | $3.44^{2.3}$ | $3.48^{2.4}$ | $3.51^{2.5}$ | $3.53^{2.6}$ | $3.60^{2.8}$ | $3.68^{3.2}$ |
| 60 | 2.66 | $2.90^{0.6}$ | $3.03^{1.0}$ | $3.12^{1.3}$ | $3.19^{1.5}$ | $3.25^{1.6}$ | $3.29^{1.8}$ | $3.33^{1.9}$ | $3.37^{2.0}$ | $3.40^{2.1}$ | $3.42^{2.2}$ | $3.45^{2.3}$ | $3.51^{2.5}$ | $3.59^{2.8}$ |
| 120 | 2.62 | $2.85^{0.6}$ | $2.97^{0.9}$ | $3.06^{1.1}$ | $3.12^{1.3}$ | $3.18^{1.5}$ | $3.22^{1.6}$ | $3.26^{1.7}$ | $3.29^{1.8}$ | $3.32^{1.9}$ | $3.35^{2.0}$ | $3.37^{2.1}$ | $3.43^{2.2}$ | $3.51^{2.5}$ |
| ∞ | 2.58 | $2.79^{0.5}$ | $2.92^{0.8}$ | $3.00^{1.0}$ | $3.06^{1.2}$ | $3.11^{1.3}$ | $3.15^{1.4}$ | $3.19^{1.5}$ | $3.22^{1.6}$ | $3.25^{1.7}$ | $3.27^{1.7}$ | $3.29^{1.8}$ | $3.35^{1.9}$ | $3.42^{2.2}$ |

注：表中右上角小号数值 $q$ 是当 $n_0>n_1$ 时计算 $d^*(k,\tilde{f})$ 有关的修正值。

表 B.3　$t$ 分布分位数表

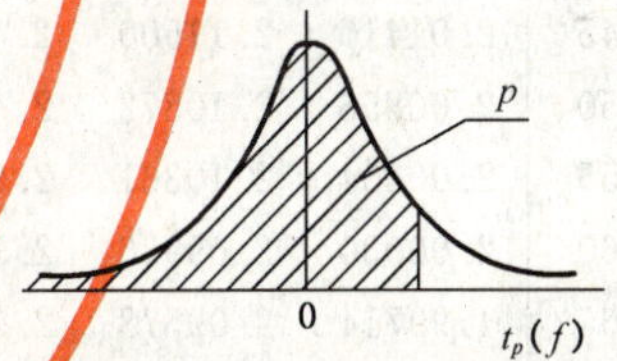


| $f$ \ $p$ | 0.9750 | 0.9800 | 0.9900 | 0.9950 | 0.9975 | 0.9980 | 0.9990 | 0.9995 | 0.9998 | 0.9999 |
|---|---|---|---|---|---|---|---|---|---|---|
| 1 | 12.70620 | 15.89454 | 31.82052 | 63.65674 | 127.32134 | 159.15285 | 318.30884 | 636.61925 | 1591.5492 | 3183.0988 |
| 2 | 4.30265 | 4.84873 | 6.96456 | 9.92484 | 14.08905 | 15.76391 | 22.32712 | 31.59905 | 49.98500 | 70.70007 |
| 3 | 3.18245 | 3.48191 | 4.54070 | 5.84091 | 7.45332 | 8.05261 | 10.21453 | 12.92398 | 17.59794 | 22.20374 |
| 4 | 2.77645 | 2.99853 | 3.74695 | 4.60409 | 5.59757 | 5.95137 | 7.17318 | 8.61030 | 10.91550 | 13.03367 |
| 5 | 2.57058 | 2.75651 | 3.36493 | 4.03214 | 4.77334 | 5.03024 | 5.89343 | 6.86883 | 8.36342 | 9.67757 |
| 6 | 2.44691 | 2.61224 | 3.14267 | 3.70743 | 4.31683 | 4.52413 | 5.20763 | 5.95882 | 7.07392 | 8.02479 |
| 7 | 2.36462 | 2.51675 | 2.99795 | 3.49948 | 4.02934 | 4.20712 | 4.78529 | 5.40788 | 6.31077 | 7.06343 |
| 8 | 2.30600 | 2.44898 | 2.89646 | 3.35539 | 3.83252 | 3.99095 | 4.50079 | 5.04131 | 5.81126 | 6.44200 |
| 9 | 2.26216 | 2.39844 | 2.82144 | 3.24984 | 3.68966 | 3.83451 | 4.29681 | 4.78091 | 5.46082 | 6.01013 |
| 10 | 2.22814 | 3.35931 | 2.76377 | 3.16927 | 3.58141 | 3.71624 | 4.14370 | 4.58689 | 5.20224 | 5.69382 |
| 11 | 2.20099 | 2.32814 | 2.71808 | 3.10581 | 3.49661 | 3.62377 | 4.02470 | 4.43698 | 5.00400 | 5.45276 |
| 12 | 2.17881 | 2.30272 | 2.68100 | 3.05454 | 3.42844 | 3.54954 | 3.92963 | 4.31779 | 4.84740 | 5.26327 |
| 13 | 2.16037 | 2.28160 | 2.65031 | 3.01228 | 3.37247 | 3.48867 | 3.85198 | 4.22083 | 4.72069 | 5.11058 |

表 B.3（续）

| f \ p | 0.9750 | 0.9800 | 0.9900 | 0.9950 | 0.9975 | 0.9980 | 0.9990 | 0.9995 | 0.9998 | 0.9999 |
|---|---|---|---|---|---|---|---|---|---|---|
| 14 | 2.14479 | 2.26378 | 2.62449 | 2.97684 | 3.32570 | 3.43787 | 3.78739 | 4.14045 | 4.61613 | 4.98501 |
| 15 | 2.13145 | 2.24854 | 2.60248 | 2.94671 | 3.28604 | 3.39483 | 3.73283 | 4.07277 | 4.52842 | 4.88000 |
| 16 | 2.11991 | 2.23536 | 2.58349 | 2.92078 | 3.25199 | 3.35791 | 3.68615 | 4.01500 | 4.45382 | 4.79091 |
| 17 | 2.10982 | 2.22385 | 2.56693 | 2.89823 | 3.22245 | 3.32590 | 3.64577 | 3.96513 | 4.38962 | 4.71441 |
| 18 | 2.10092 | 2.21370 | 2.55238 | 2.87844 | 3.19657 | 3.29788 | 3.61048 | 3.92165 | 4.33378 | 4.64801 |
| 19 | 2.09302 | 2.20470 | 2.53948 | 2.86093 | 3.17372 | 3.27315 | 3.57940 | 3.88341 | 4.28479 | 4.58986 |
| 20 | 2.08596 | 2.19666 | 2.52798 | 2.84534 | 3.15340 | 3.25116 | 3.55181 | 3.84952 | 4.24147 | 4.53852 |
| 21 | 2.07961 | 2.18943 | 2.51765 | 2.83136 | 3.13521 | 3.23149 | 3.52715 | 3.81928 | 4.20288 | 4.49286 |
| 22 | 2.07387 | 2.18289 | 2.50832 | 2.81876 | 3.11882 | 3.21378 | 3.50499 | 3.79213 | 4.16830 | 4.45199 |
| 23 | 2.06866 | 2.17696 | 2.49987 | 2.80734 | 3.10400 | 3.19776 | 3.48496 | 3.76763 | 4.13714 | 4.41520 |
| 24 | 2.06390 | 2.17154 | 2.49216 | 2.79694 | 3.09051 | 3.18320 | 3.46678 | 3.74540 | 4.10891 | 4.38192 |
| 25 | 2.05954 | 2.16659 | 2.48511 | 2.78744 | 3.07820 | 3.16990 | 3.45019 | 3.72514 | 4.08322 | 4.35165 |
| 26 | 2.05553 | 2.16203 | 2.47863 | 2.77871 | 3.06691 | 3.15772 | 3.43500 | 3.70661 | 4.05974 | 4.32402 |
| 27 | 2.05183 | 2.15782 | 2.47266 | 2.77068 | 3.05652 | 3.14651 | 3.42103 | 3.68959 | 4.03820 | 4.29870 |
| 28 | 2.04841 | 2.15393 | 2.46714 | 2.76326 | 3.04693 | 3.13616 | 3.40816 | 3.67391 | 4.01837 | 4.27540 |
| 29 | 2.04523 | 2.15033 | 2.46202 | 2.75639 | 3.03805 | 3.12658 | 3.39624 | 3.65941 | 4.00006 | 4.25389 |
| 30 | 2.04227 | 2.14697 | 2.45726 | 2.75000 | 3.02980 | 3.11768 | 3.38518 | 3.64596 | 3.98309 | 4.23399 |
| 32 | 2.03693 | 2.14090 | 2.44868 | 2.73848 | 3.01495 | 3.10167 | 3.36531 | 3.62180 | 3.95265 | 4.19830 |
| 34 | 2.03224 | 2.13558 | 2.44115 | 2.72839 | 3.00195 | 3.08767 | 3.34793 | 3.60072 | 3.92611 | 4.16722 |
| 36 | 2.02809 | 2.13087 | 2.43449 | 2.71948 | 2.99049 | 3.07531 | 3.33262 | 3.58215 | 3.90278 | 4.13993 |
| 38 | 2.02439 | 2.12667 | 2.42857 | 2.71156 | 2.98029 | 3.06433 | 3.31903 | 3.56568 | 3.88210 | 4.11576 |
| 40 | 2.02108 | 2.12291 | 2.42326 | 2.70446 | 2.97117 | 3.05451 | 3.30688 | 3.55097 | 3.86365 | 4.09421 |
| 45 | 2.01410 | 2.11500 | 2.41212 | 2.68959 | 2.95208 | 3.03396 | 3.28148 | 3.52025 | 3.82518 | 4.04934 |
| 50 | 2.00856 | 2.10872 | 2.40327 | 2.67779 | 2.93696 | 3.01770 | 3.26141 | 3.49601 | 3.79489 | 4.01405 |
| 55 | 2.00404 | 2.10361 | 2.39608 | 2.66822 | 2.92470 | 3.00451 | 3.24515 | 3.47640 | 3.77041 | 3.98556 |
| 60 | 2.00030 | 2.09936 | 2.39012 | 2.66028 | 2.91455 | 2.99359 | 3.23171 | 3.46020 | 3.75022 | 3.96209 |
| 65 | 1.99714 | 2.09578 | 2.38510 | 2.65360 | 2.90602 | 2.98442 | 3.22041 | 3.44660 | 3.73328 | 3.94241 |
| 70 | 1.99444 | 2.09273 | 2.38081 | 2.64790 | 2.89873 | 2.97659 | 3.21079 | 3.43501 | 3.71887 | 3.92568 |
| 80 | 1.99006 | 2.08778 | 2.37387 | 2.63869 | 2.88697 | 2.96395 | 3.19526 | 3.41634 | 3.69565 | 3.89876 |
| 90 | 1.98667 | 2.08394 | 2.36850 | 2.63157 | 2.87788 | 2.95419 | 3.18327 | 3.40194 | 3.67777 | 3.87804 |
| 100 | 1.98397 | 2.08088 | 2.36422 | 2.62589 | 2.87065 | 2.94642 | 3.17374 | 3.39049 | 3.66358 | 3.86160 |
| 110 | 1.98177 | 2.07839 | 2.36073 | 2.62126 | 2.86476 | 2.94009 | 3.16598 | 3.38118 | 3.65204 | 3.84824 |
| 120 | 1.97993 | 2.07631 | 2.35782 | 2.61742 | 2.85986 | 2.93484 | 3.15954 | 3.37345 | 3.64247 | 3.83717 |
| 150 | 1.97591 | 2.07176 | 2.35146 | 2.60900 | 2.84915 | 2.92334 | 3.14545 | 3.35657 | 3.62157 | 3.81301 |
| 180 | 1.97323 | 2.06874 | 2.34724 | 2.60342 | 2.84205 | 2.91572 | 3.13612 | 3.34540 | 3.60776 | 3.79706 |
| 240 | 1.96990 | 2.06497 | 2.34199 | 2.59647 | 2.83322 | 2.90625 | 3.12454 | 3.33152 | 3.59062 | 3.77727 |
| ∞ | 1.95996 | 2.05375 | 2.32635 | 2.57583 | 2.80703 | 2.87816 | 3.09023 | 3.29053 | 3.54008 | 3.71902 |

注：本表对自由度为 $f$ 的 $t$ 分布给出了其 $p$ 分位数 $t_p(f)$。

示例：对于 $v=20$ 和 $p=0.999$，$t_p(v)=3.551\,81$。

当 $p<0.5$ 时，$t_p(v)=-t_{1-p}(v)$。例：$t_{0.001}(20)=-t_{0.999}(20)=-3.551\,81$。

与双侧概率 $\alpha$ 相应的分位数为 $t_{1-\alpha/2}(v)$。例：对于 $v=20$ 和 $\alpha=0.002$，$t_{1-\alpha/2}(v)=t_{0.999}(20)=3.551\,81$。

## 表 B.4　q 表

$\alpha=0.05$

| 自由度 $f$ | $q_\alpha(k,f)$ 处理的个数 $k$ | | | | | | | | | | | | | | | | | | | 自由度 $f$ |
|---|---|---|---|---|---|---|---|---|---|---|---|---|---|---|---|---|---|---|---|---|
| | 2 | 3 | 4 | 5 | 6 | 7 | 8 | 9 | 10 | 11 | 12 | 13 | 14 | 15 | 16 | 17 | 18 | 19 | 20 | |
| 1 | 17.97 | 26.98 | 32.82 | 37.08 | 40.41 | 43.12 | 45.40 | 47.36 | 49.07 | 50.59 | 51.96 | 53.20 | 54.33 | 55.36 | 56.32 | 57.22 | 58.04 | 58.83 | 59.56 | 1 |
| 2 | 6.08 | 8.33 | 9.80 | 10.88 | 11.74 | 12.44 | 13.03 | 13.54 | 13.99 | 14.39 | 14.75 | 15.08 | 15.38 | 15.65 | 15.91 | 16.14 | 16.37 | 16.57 | 16.77 | 2 |
| 3 | 4.50 | 5.91 | 6.82 | 7.50 | 8.04 | 8.48 | 8.85 | 9.18 | 9.46 | 9.72 | 9.95 | 10.15 | 10.35 | 10.52 | 10.69 | 10.84 | 10.98 | 11.11 | 11.24 | 3 |
| 4 | 3.93 | 5.04 | 5.76 | 6.29 | 6.71 | 7.05 | 7.35 | 7.60 | 7.83 | 8.03 | 8.21 | 8.37 | 8.52 | 8.66 | 8.79 | 8.91 | 9.03 | 9.13 | 9.23 | 4 |
| 5 | 3.64 | 4.60 | 5.22 | 5.67 | 6.03 | 6.33 | 6.58 | 6.80 | 6.99 | 7.17 | 7.32 | 7.47 | 7.60 | 7.72 | 7.83 | 7.93 | 8.03 | 8.12 | 8.21 | 5 |
| 6 | 3.46 | 4.34 | 4.90 | 5.30 | 5.63 | 5.90 | 6.12 | 6.32 | 6.49 | 6.65 | 6.79 | 6.92 | 7.03 | 7.14 | 7.24 | 7.34 | 7.43 | 7.51 | 7.59 | 6 |
| 7 | 3.34 | 4.16 | 4.68 | 5.06 | 5.36 | 5.61 | 5.82 | 6.00 | 6.16 | 6.30 | 6.43 | 6.55 | 6.66 | 6.76 | 6.85 | 6.94 | 7.02 | 7.10 | 7.17 | 7 |
| 8 | 3.26 | 4.04 | 4.53 | 4.89 | 5.17 | 5.40 | 5.60 | 5.77 | 5.92 | 6.05 | 6.18 | 6.29 | 6.39 | 6.48 | 6.57 | 6.65 | 6.73 | 6.80 | 6.87 | 8 |
| 9 | 3.20 | 3.95 | 4.41 | 4.76 | 5.02 | 5.24 | 5.43 | 5.59 | 5.74 | 5.87 | 5.98 | 6.09 | 6.19 | 6.28 | 6.36 | 6.44 | 6.51 | 6.58 | 6.64 | 9 |
| 10 | 3.15 | 3.88 | 4.33 | 4.65 | 4.91 | 5.12 | 5.30 | 5.46 | 5.60 | 5.72 | 5.83 | 5.93 | 6.03 | 6.11 | 6.19 | 6.27 | 6.34 | 6.40 | 6.47 | 10 |
| 11 | 3.11 | 3.82 | 4.26 | 4.57 | 4.82 | 5.03 | 5.20 | 5.35 | 5.49 | 5.61 | 5.71 | 5.81 | 5.90 | 5.98 | 6.06 | 6.13 | 6.20 | 6.27 | 6.33 | 11 |
| 12 | 3.08 | 3.77 | 4.20 | 4.51 | 4.75 | 4.95 | 5.12 | 5.27 | 5.39 | 5.51 | 5.61 | 5.71 | 5.80 | 5.88 | 5.95 | 6.02 | 6.09 | 6.15 | 6.21 | 12 |
| 13 | 3.06 | 3.73 | 4.15 | 4.45 | 4.69 | 4.88 | 5.05 | 5.19 | 5.32 | 5.43 | 5.53 | 5.63 | 5.71 | 5.79 | 5.86 | 5.93 | 5.99 | 6.05 | 6.11 | 13 |
| 14 | 3.03 | 3.70 | 4.11 | 4.41 | 4.64 | 4.83 | 4.99 | 5.13 | 5.25 | 5.36 | 5.46 | 5.55 | 5.64 | 5.71 | 5.79 | 5.85 | 5.91 | 5.97 | 6.03 | 14 |
| 15 | 3.01 | 3.67 | 4.08 | 4.37 | 4.59 | 4.78 | 4.94 | 5.08 | 5.20 | 5.31 | 5.40 | 5.49 | 5.57 | 5.65 | 5.72 | 5.78 | 5.85 | 5.90 | 5.96 | 15 |
| 16 | 3.00 | 3.65 | 4.05 | 4.33 | 4.56 | 4.74 | 4.90 | 5.03 | 5.15 | 5.26 | 5.35 | 5.44 | 5.52 | 5.59 | 5.66 | 5.73 | 5.79 | 5.84 | 5.90 | 16 |
| 17 | 2.98 | 3.63 | 4.02 | 4.30 | 4.52 | 4.70 | 4.86 | 4.99 | 5.11 | 5.21 | 5.31 | 5.39 | 5.47 | 5.54 | 5.61 | 5.67 | 5.73 | 5.79 | 5.84 | 17 |
| 18 | 2.97 | 3.61 | 4.00 | 4.28 | 4.49 | 4.67 | 4.82 | 4.96 | 5.07 | 5.17 | 5.27 | 5.35 | 5.43 | 5.50 | 5.57 | 5.63 | 5.69 | 5.74 | 5.79 | 18 |
| 19 | 2.96 | 3.59 | 3.98 | 4.25 | 4.47 | 4.65 | 4.79 | 4.92 | 5.04 | 5.14 | 5.23 | 5.31 | 5.39 | 5.46 | 5.53 | 5.59 | 5.65 | 5.70 | 5.75 | 19 |
| 20 | 2.95 | 3.58 | 3.96 | 4.23 | 4.45 | 4.62 | 4.77 | 4.90 | 5.01 | 5.11 | 5.20 | 5.28 | 5.36 | 5.43 | 5.49 | 5.55 | 5.61 | 5.66 | 5.71 | 20 |
| 24 | 2.92 | 3.53 | 3.90 | 4.17 | 4.37 | 4.54 | 4.68 | 4.81 | 4.92 | 5.01 | 5.10 | 5.18 | 5.25 | 5.32 | 5.38 | 5.44 | 5.49 | 5.55 | 5.59 | 24 |
| 30 | 2.89 | 3.49 | 3.85 | 4.10 | 4.30 | 4.46 | 4.60 | 4.72 | 4.82 | 4.92 | 5.00 | 5.08 | 5.15 | 5.21 | 5.27 | 5.33 | 5.38 | 5.43 | 5.47 | 30 |
| 40 | 2.86 | 3.44 | 3.79 | 4.04 | 4.23 | 4.39 | 4.52 | 4.63 | 4.73 | 4.82 | 4.90 | 4.98 | 5.04 | 5.11 | 5.16 | 5.22 | 5.27 | 5.31 | 5.36 | 40 |
| 60 | 2.83 | 3.40 | 3.74 | 3.98 | 4.16 | 4.31 | 4.44 | 4.55 | 4.65 | 4.73 | 4.81 | 4.88 | 4.94 | 5.00 | 5.06 | 5.11 | 5.15 | 5.20 | 5.24 | 60 |
| 120 | 2.80 | 3.36 | 3.68 | 3.92 | 4.10 | 4.24 | 4.36 | 4.47 | 4.56 | 4.64 | 4.71 | 4.78 | 4.84 | 4.90 | 4.95 | 5.00 | 5.04 | 5.09 | 5.13 | 120 |
| ∞ | 2.77 | 3.31 | 3.63 | 3.86 | 4.03 | 4.17 | 4.29 | 4.39 | 4.47 | 4.55 | 4.62 | 4.68 | 4.74 | 4.80 | 4.85 | 4.89 | 4.93 | 4.97 | 5.01 | ∞ |

**表 B.4（续）**

$\alpha=0.01$

| 自由度 $f$ | $q_\alpha(k,f)$ 处理的个数 $k$ | | | | | | | | | | | | | | | | | | | 自由度 $f$ |
|---|---|---|---|---|---|---|---|---|---|---|---|---|---|---|---|---|---|---|---|---|
| | 2 | 3 | 4 | 5 | 6 | 7 | 8 | 9 | 10 | 11 | 12 | 13 | 14 | 15 | 16 | 17 | 18 | 19 | 20 | |
| 1 | 90.03 | 135.0 | 164.3 | 185.6 | 202.2 | 215.8 | 227.2 | 237.0 | 245.6 | 253.2 | 260.0 | 266.2 | 271.8 | 277.0 | 281.8 | 286.3 | 290.4 | 294.3 | 298.0 | 1 |
| 2 | 14.04 | 19.02 | 22.29 | 24.72 | 26.63 | 28.20 | 29.53 | 30.68 | 31.69 | 32.59 | 33.40 | 34.13 | 34.81 | 35.43 | 36.00 | 36.53 | 37.03 | 37.50 | 37.95 | 2 |
| 3 | 8.26 | 10.62 | 12.17 | 13.33 | 14.24 | 15.00 | 15.64 | 16.20 | 16.69 | 17.13 | 17.53 | 17.89 | 18.22 | 18.52 | 18.81 | 19.07 | 19.32 | 19.55 | 19.77 | 3 |
| 4 | 6.51 | 8.12 | 9.17 | 9.96 | 10.58 | 11.10 | 11.55 | 11.93 | 12.27 | 12.57 | 12.84 | 13.09 | 13.32 | 13.53 | 13.73 | 13.91 | 14.08 | 14.24 | 14.40 | 4 |
| 5 | 5.70 | 6.98 | 7.80 | 8.42 | 8.91 | 9.32 | 9.67 | 9.97 | 10.24 | 10.48 | 10.70 | 10.89 | 11.08 | 11.24 | 11.40 | 11.55 | 11.68 | 11.81 | 11.93 | 5 |
| 6 | 5.24 | 6.33 | 7.03 | 7.56 | 7.97 | 8.32 | 8.61 | 8.87 | 9.10 | 9.30 | 9.48 | 9.65 | 9.81 | 9.95 | 10.08 | 10.21 | 10.32 | 10.43 | 10.54 | 6 |
| 7 | 4.95 | 5.92 | 6.54 | 7.01 | 7.37 | 7.68 | 7.94 | 8.17 | 8.37 | 8.55 | 8.71 | 8.86 | 9.00 | 9.12 | 9.24 | 9.35 | 9.46 | 9.55 | 9.65 | 7 |
| 8 | 4.75 | 5.64 | 6.20 | 6.62 | 6.96 | 7.24 | 7.47 | 7.68 | 7.86 | 8.03 | 8.18 | 8.31 | 8.44 | 8.55 | 8.66 | 8.76 | 8.85 | 8.94 | 9.03 | 8 |
| 9 | 4.60 | 5.43 | 5.96 | 6.35 | 6.66 | 6.91 | 7.13 | 7.33 | 7.49 | 7.65 | 7.78 | 7.91 | 8.03 | 8.13 | 8.23 | 8.33 | 8.41 | 8.49 | 8.57 | 9 |
| 10 | 4.48 | 5.27 | 5.77 | 6.14 | 6.43 | 6.67 | 6.87 | 7.05 | 7.21 | 7.36 | 7.49 | 7.60 | 7.71 | 7.81 | 7.91 | 7.99 | 8.08 | 8.15 | 8.23 | 10 |
| 11 | 4.39 | 5.15 | 5.62 | 5.97 | 6.25 | 6.48 | 6.67 | 6.84 | 6.99 | 7.13 | 7.25 | 7.36 | 7.46 | 7.56 | 7.65 | 7.73 | 7.81 | 7.88 | 7.95 | 11 |
| 12 | 4.32 | 5.05 | 5.50 | 5.84 | 6.10 | 6.32 | 6.51 | 6.67 | 6.81 | 6.94 | 7.06 | 7.17 | 7.26 | 7.36 | 7.44 | 7.52 | 7.59 | 7.66 | 7.73 | 12 |
| 13 | 4.26 | 4.96 | 5.40 | 5.73 | 5.98 | 6.19 | 6.37 | 6.53 | 6.67 | 6.79 | 6.90 | 7.01 | 7.10 | 7.19 | 7.27 | 7.35 | 7.42 | 7.48 | 7.55 | 13 |
| 14 | 4.21 | 4.89 | 5.32 | 5.63 | 5.88 | 6.08 | 6.26 | 6.41 | 6.54 | 6.66 | 6.77 | 6.87 | 6.96 | 7.05 | 7.13 | 7.20 | 7.27 | 7.33 | 7.39 | 14 |
| 15 | 4.17 | 4.84 | 5.25 | 5.56 | 5.80 | 5.99 | 6.16 | 6.31 | 6.44 | 6.55 | 6.66 | 6.76 | 6.84 | 6.93 | 7.00 | 7.07 | 7.14 | 7.20 | 7.26 | 15 |
| 16 | 4.13 | 4.79 | 5.19 | 5.49 | 5.72 | 5.92 | 6.08 | 6.22 | 6.35 | 6.46 | 6.56 | 6.66 | 6.74 | 6.82 | 6.90 | 6.97 | 7.03 | 7.09 | 7.15 | 16 |
| 17 | 4.10 | 4.74 | 5.14 | 5.43 | 5.66 | 5.85 | 6.01 | 6.15 | 6.27 | 6.38 | 6.48 | 6.57 | 6.66 | 6.73 | 6.81 | 6.87 | 6.94 | 7.00 | 7.05 | 17 |
| 18 | 4.07 | 4.70 | 5.09 | 5.38 | 5.60 | 5.79 | 5.94 | 6.08 | 6.20 | 6.31 | 6.41 | 6.50 | 6.58 | 6.65 | 6.73 | 6.79 | 6.85 | 6.91 | 6.97 | 18 |
| 19 | 4.05 | 4.67 | 5.05 | 5.33 | 5.55 | 5.73 | 5.89 | 6.02 | 6.14 | 6.25 | 6.34 | 6.43 | 6.51 | 6.58 | 6.65 | 6.72 | 6.78 | 6.84 | 6.89 | 19 |
| 20 | 4.02 | 4.64 | 5.02 | 5.29 | 5.51 | 5.69 | 5.84 | 5.97 | 6.09 | 6.19 | 6.23 | 6.37 | 6.45 | 6.52 | 6.59 | 6.65 | 6.71 | 6.77 | 6.82 | 20 |
| 24 | 3.96 | 4.55 | 4.91 | 5.17 | 5.37 | 5.54 | 5.69 | 5.81 | 5.92 | 6.02 | 6.11 | 6.19 | 6.26 | 6.33 | 6.39 | 6.45 | 6.51 | 6.56 | 6.61 | 24 |
| 30 | 3.89 | 4.45 | 4.80 | 5.05 | 5.24 | 5.40 | 5.54 | 5.65 | 5.76 | 5.85 | 5.93 | 6.01 | 6.08 | 6.14 | 6.20 | 6.26 | 6.31 | 6.36 | 6.41 | 30 |
| 40 | 3.82 | 4.37 | 4.70 | 4.93 | 5.11 | 5.26 | 5.39 | 5.50 | 5.60 | 5.69 | 5.76 | 5.83 | 5.90 | 5.96 | 6.02 | 6.07 | 6.12 | 6.16 | 6.21 | 40 |
| 60 | 3.76 | 4.28 | 4.59 | 4.82 | 4.99 | 5.13 | 5.25 | 5.36 | 5.45 | 5.53 | 5.60 | 5.67 | 5.73 | 5.78 | 5.84 | 5.89 | 5.93 | 5.97 | 6.01 | 60 |
| 120 | 3.70 | 4.20 | 4.50 | 4.71 | 4.87 | 5.01 | 5.12 | 5.21 | 5.30 | 5.37 | 5.44 | 5.50 | 5.56 | 5.61 | 5.66 | 5.71 | 5.75 | 5.79 | 5.83 | 120 |
| ∞ | 3.64 | 4.12 | 4.40 | 4.60 | 4.76 | 4.88 | 4.99 | 5.08 | 5.16 | 5.23 | 5.29 | 5.35 | 5.40 | 5.45 | 5.49 | 5.54 | 5.57 | 5.61 | 5.65 | ∞ |

**表 B.5 *S* 表**

$\alpha=0.05$

| $k-1$ \ $f$ | 2 | 3 | 4 | 5 | 6 | 7 | 8 | 9 | 10 | 12 | 15 | 20 | 24 | 30 | $k-1$ \ $f$ |
|---|---|---|---|---|---|---|---|---|---|---|---|---|---|---|---|
| | $\sqrt{(k-1)F_\alpha(k-1,f)}$ | | | | | | | | | | | | | | |
| 1 | 19.97 | 25.44 | 29.97 | 33.92 | 37.47 | 40.71 | 43.72 | 46.53 | 49.18 | 54.10 | 60.74 | 70.43 | 77.31 | 86.62 | 1 |
| 2 | 6.16 | 7.58 | 8.77 | 9.82 | 10.77 | 11.64 | 12.45 | 13.21 | 13.93 | 15.26 | 17.07 | 19.72 | 21.61 | 24.16 | 2 |
| 3 | 4.37 | 5.28 | 6.04 | 6.71 | 7.32 | 7.89 | 8.41 | 8.91 | 9.37 | 10.24 | 11.47 | 13.16 | 14.40 | 16.08 | 3 |
| 4 | 3.73 | 4.45 | 5.06 | 5.59 | 6.08 | 6.53 | 6.95 | 7.35 | 7.72 | 8.42 | 9.37 | 10.77 | 11.77 | 13.13 | 4 |
| 5 | 3.40 | 4.03 | 4.56 | 5.03 | 5.45 | 5.84 | 6.21 | 6.55 | 6.88 | 7.49 | 8.32 | 9.55 | 10.43 | 11.61 | 5 |
| 6 | 3.21 | 3.78 | 4.26 | 4.68 | 5.07 | 5.43 | 5.76 | 6.07 | 6.37 | 6.93 | 7.69 | 8.80 | 9.60 | 10.69 | 6 |
| 7 | 3.08 | 3.61 | 4.06 | 4.46 | 4.82 | 5.15 | 5.46 | 5.75 | 6.03 | 6.55 | 7.26 | 8.30 | 9.05 | 10.06 | 7 |
| 8 | 2.99 | 3.49 | 3.92 | 4.29 | 4.64 | 4.95 | 5.24 | 5.52 | 5.79 | 6.28 | 6.95 | 7.94 | 8.65 | 9.61 | 8 |
| 9 | 2.92 | 3.40 | 3.81 | 4.17 | 4.50 | 4.80 | 5.08 | 5.35 | 5.60 | 6.07 | 6.72 | 7.66 | 8.34 | 9.27 | 9 |
| 10 | 2.86 | 3.34 | 3.73 | 4.08 | 4.39 | 4.68 | 4.96 | 5.21 | 5.46 | 5.91 | 6.53 | 7.45 | 8.10 | 9.00 | 10 |
| 11 | 2.82 | 3.28 | 3.66 | 4.00 | 4.31 | 4.59 | 4.86 | 5.11 | 5.34 | 5.78 | 6.39 | 7.28 | 7.91 | 8.78 | 11 |
| 12 | 2.79 | 3.24 | 3.61 | 3.94 | 4.24 | 4.52 | 4.77 | 5.02 | 5.25 | 5.68 | 6.27 | 7.13 | 7.75 | 8.60 | 12 |
| 13 | 2.76 | 3.20 | 3.57 | 3.89 | 4.18 | 4.45 | 4.70 | 4.94 | 5.17 | 5.59 | 6.16 | 7.01 | 7.62 | 8.45 | 13 |
| 14 | 2.73 | 3.17 | 3.53 | 3.85 | 4.13 | 4.40 | 4.65 | 4.88 | 5.10 | 5.51 | 6.08 | 6.91 | 7.51 | 8.32 | 14 |
| 15 | 2.71 | 3.14 | 3.50 | 3.81 | 4.09 | 4.35 | 4.60 | 4.83 | 5.04 | 5.45 | 6.00 | 6.82 | 7.41 | 8.21 | 15 |
| 16 | 2.70 | 3.12 | 3.47 | 3.76 | 4.06 | 4.31 | 4.55 | 4.78 | 4.99 | 5.39 | 5.94 | 6.75 | 7.33 | 8.11 | 16 |
| 17 | 2.68 | 3.10 | 3.44 | 3.75 | 4.02 | 4.28 | 4.51 | 4.74 | 4.95 | 5.34 | 5.88 | 6.68 | 7.25 | 8.03 | 17 |
| 18 | 2.67 | 3.08 | 3.42 | 3.72 | 4.00 | 4.25 | 4.48 | 4.70 | 4.91 | 5.30 | 5.83 | 6.62 | 7.18 | 7.95 | 18 |
| 19 | 2.65 | 3.06 | 3.40 | 3.70 | 3.97 | 4.22 | 4.45 | 4.67 | 4.88 | 5.26 | 5.79 | 6.57 | 7.12 | 7.88 | 19 |
| 20 | 2.64 | 3.05 | 3.39 | 3.68 | 3.95 | 4.20 | 4.42 | 4.64 | 4.85 | 5.23 | 5.75 | 6.52 | 7.07 | 7.82 | 20 |
| 24 | 2.61 | 3.00 | 3.33 | 3.62 | 3.88 | 4.12 | 4.34 | 4.55 | 4.75 | 5.12 | 5.62 | 6.37 | 6.90 | 7.63 | 24 |
| 30 | 2.58 | 2.96 | 3.28 | 3.56 | 3.81 | 4.04 | 4.26 | 4.46 | 4.65 | 5.01 | 5.50 | 6.22 | 6.73 | 7.43 | 30 |
| 40 | 2.54 | 2.92 | 3.23 | 3.50 | 3.74 | 3.97 | 4.18 | 4.37 | 4.56 | 4.90 | 5.37 | 6.06 | 6.56 | 7.23 | 40 |
| 60 | 2.51 | 2.88 | 3.18 | 3.44 | 3.68 | 3.89 | 4.10 | 4.28 | 4.46 | 4.80 | 5.25 | 5.91 | 6.39 | 7.03 | 60 |
| 120 | 2.48 | 2.84 | 3.13 | 3.38 | 3.61 | 3.82 | 4.02 | 4.20 | 4.37 | 4.69 | 5.12 | 5.76 | 6.21 | 6.83 | 120 |
| ∞ | 2.45 | 2.80 | 3.08 | 3.33 | 3.55 | 3.75 | 3.94 | 4.11 | 4.28 | 4.59 | 5.00 | 5.60 | 6.04 | 6.62 | ∞ |

表 B.5（续） $\alpha=0.01$

| $\sqrt{(k-1)F_{\alpha}(k-1,f)}$ | | | | | | | | | | | | | | | |
|---|---|---|---|---|---|---|---|---|---|---|---|---|---|---|---|
| $k-1$ / $f$ | 2 | 3 | 4 | 5 | 6 | 7 | 8 | 9 | 10 | 12 | 15 | 20 | 24 | 30 | $k-1$ / $f$ |
| 1 | 100.0 | 127.3 | 150.0 | 169.8 | 187.5 | 203.7 | 218.8 | 232.8 | 246.1 | 270.7 | 303.9 | 352.4 | 386.8 | 433.4 | 1 |
| 2 | 14.07 | 17.25 | 19.92 | 22.28 | 24.41 | 26.37 | 28.20 | 29.91 | 31.53 | 34.54 | 38.62 | 44.60 | 48.86 | 54.63 | 2 |
| 3 | 7.85 | 9.40 | 10.72 | 11.88 | 12.94 | 13.92 | 14.83 | 15.69 | 16.50 | 18.02 | 20.08 | 23.10 | 25.27 | 28.20 | 3 |
| 4 | 6.00 | 7.08 | 7.99 | 8.81 | 9.55 | 10.24 | 10.88 | 11.49 | 12.06 | 13.13 | 14.59 | 16.74 | 18.28 | 20.37 | 4 |
| 5 | 5.15 | 6.02 | 6.75 | 7.41 | 8.00 | 8.56 | 9.07 | 9.56 | 10.03 | 10.89 | 12.08 | 13.82 | 15.07 | 16.77 | 5 |
| 6 | 4.67 | 5.42 | 6.05 | 6.61 | 7.13 | 7.60 | 8.05 | 8.47 | 8.87 | 9.62 | 10.65 | 12.16 | 13.25 | 14.73 | 6 |
| 7 | 4.37 | 5.04 | 5.60 | 6.11 | 6.57 | 7.00 | 7.40 | 7.78 | 8.14 | 8.81 | 9.73 | 11.10 | 12.08 | 13.41 | 7 |
| 8 | 4.16 | 4.77 | 5.29 | 5.76 | 6.18 | 6.58 | 6.94 | 7.29 | 7.63 | 8.25 | 9.10 | 10.35 | 11.26 | 12.49 | 8 |
| 9 | 4.01 | 4.58 | 5.07 | 5.50 | 5.90 | 6.27 | 6.61 | 6.94 | 7.25 | 7.83 | 8.63 | 9.81 | 10.65 | 11.81 | 9 |
| 10 | 3.89 | 4.43 | 4.90 | 5.31 | 5.68 | 6.03 | 6.36 | 6.67 | 6.96 | 7.51 | 8.27 | 9.39 | 10.19 | 11.29 | 10 |
| 11 | 3.80 | 4.32 | 4.76 | 5.16 | 5.52 | 5.85 | 6.16 | 6.46 | 6.74 | 7.26 | 7.99 | 9.05 | 9.82 | 10.87 | 11 |
| 12 | 3.72 | 4.23 | 4.65 | 5.03 | 5.38 | 5.70 | 6.00 | 4.28 | 6.55 | 7.06 | 7.76 | 8.78 | 9.53 | 10.54 | 12 |
| 13 | 3.66 | 4.15 | 4.56 | 4.93 | 5.27 | 5.58 | 5.87 | 6.14 | 6.40 | 6.89 | 7.57 | 8.56 | 9.28 | 10.26 | 13 |
| 14 | 3.61 | 4.09 | 4.49 | 4.85 | 5.17 | 5.47 | 5.76 | 6.02 | 6.28 | 6.75 | 7.41 | 8.37 | 9.07 | 10.02 | 14 |
| 15 | 3.57 | 4.03 | 4.42 | 4.77 | 5.09 | 5.38 | 5.66 | 5.92 | 6.17 | 6.63 | 7.27 | 8.21 | 8.89 | 9.82 | 15 |
| 16 | 3.53 | 3.98 | 4.37 | 4.71 | 5.02 | 5.31 | 5.58 | 5.83 | 6.08 | 6.53 | 7.15 | 8.07 | 8.74 | 9.64 | 16 |
| 17 | 3.50 | 3.94 | 4.32 | 4.66 | 4.96 | 5.24 | 5.51 | 5.76 | 5.99 | 6.44 | 7.05 | 7.95 | 8.60 | 9.49 | 17 |
| 18 | 3.47 | 3.91 | 4.28 | 4.61 | 4.91 | 5.18 | 5.44 | 5.69 | 5.92 | 6.36 | 6.96 | 7.84 | 8.48 | 9.39 | 18 |
| 19 | 3.44 | 3.88 | 4.24 | 4.57 | 4.86 | 5.13 | 5.39 | 5.63 | 5.86 | 6.29 | 6.88 | 7.75 | 8.37 | 9.24 | 19 |
| 20 | 3.42 | 3.85 | 4.21 | 4.53 | 4.82 | 5.09 | 5.34 | 5.58 | 5.80 | 6.23 | 6.81 | 7.67 | 8.28 | 9.13 | 20 |
| 24 | 3.35 | 3.76 | 4.11 | 4.41 | 4.69 | 4.95 | 5.19 | 5.41 | 5.63 | 6.03 | 6.58 | 7.40 | 7.99 | 8.79 | 24 |
| 30 | 3.28 | 3.68 | 4.01 | 4.30 | 4.57 | 4.81 | 5.04 | 5.25 | 5.46 | 5.84 | 6.36 | 7.14 | 7.70 | 8.46 | 30 |
| 40 | 3.22 | 3.60 | 3.91 | 4.19 | 4.44 | 4.68 | 4.89 | 5.10 | 5.29 | 5.65 | 6.15 | 6.88 | 7.41 | 8.13 | 40 |
| 60 | 3.16 | 3.52 | 3.82 | 4.09 | 4.33 | 4.55 | 4.75 | 4.95 | 5.13 | 5.47 | 5.94 | 6.63 | 7.13 | 7.80 | 60 |
| 120 | 3.09 | 3.44 | 3.73 | 3.98 | 4.21 | 4.42 | 4.62 | 4.80 | 4.97 | 5.29 | 5.73 | 6.38 | 6.84 | 7.47 | 120 |
| ∞ | 3.03 | 3.37 | 3.64 | 3.83 | 4.10 | 4.30 | 4.48 | 4.65 | 4.82 | 5.12 | 5.53 | 6.13 | 6.56 | 7.13 | ∞ |

注：$k$ 为处理的个数。

ICS 03.120.30
A 41

# 中华人民共和国国家标准

GB/T 10093—2009
代替 GB/T 10093—1988

# 概率极限状态设计
# （正态—正态模式）

**Probabilistic limit states design**
**（Normal-Normal mode）**

2009-10-15 发布　　　　2009-12-01 实施

中华人民共和国国家质量监督检验检疫总局
中国国家标准化管理委员会　发布

# 前　言

本标准代替 GB/T 10093—1988《概率极限状态设计(正态—正态模式)》。

本标准与 GB/T 10093—1988 相比主要变化如下：

a) 对一些符号做了调整,使得表述尽量与统计标准一致,也更加简洁,如：
——强度变异系数,GB/T 10093—1988 中采用 $C_{vR}$,本标准采用 $C_R$；
——应力变异系数,GB/T 10093—1988 中采用 $C_{vS}$,本标准采用 $C_S$；
——强度标准值,GB/T 10093—1988 中采用 $F_{KR}$,本标准中采用 $F_{R,\alpha_R}$,而且将相应的标题名字做了修改,突出这个量的分位点本质;应力标准值也做了类似的修改；
——两个可靠性系数在 GB/T 10093—1988 中分别采用 $\gamma_F$,$\gamma_K$,本标准采用 $r_\mu$,$r_q$,凸现这两个量的比值属性,以及分别对应于均值和分位点的特点。

b) 增加了一些注解。

本标准由全国统计方法应用标准化技术委员会(SAC/TC 21)提出并归口。

本标准起草单位:北京大学、中国标准化研究院、北京理工大学。

本标准主要起草人:房祥忠、孙山泽、于振凡、丁文兴、谢田法、林忠民、徐福荣等。

本标准所代替标准的历次版本发布情况为：

——GB/T 10093—1988。

# 概率极限状态设计
# (正态—正态模式)

## 1 范围

本标准规定了用应力-强度模型(应力、强度为正态变量,且相互独立)刻划的产品的结构可靠性设计方法。

本标准适用于机械产品的零、部、组件的结构强度设计,各类建筑物的整体结构以及组成结构的构件和基础设计等;对非结构件,如元器件的参数设计等也可参照采用。

## 2 规范性引用文件

下列文件中的条款通过本标准的引用而成为本标准的条款。凡是注日期的引用文件,其随后所有的修改单(不包括勘误的内容)或修订版均不适用于本标准,然而,鼓励根据本标准达成协议的各方研究是否可使用这些文件的最新版本。凡是不注日期的引用文件,其最新版本适用于本标准。

GB/T 2900.13 电工术语 可信性与服务质量(GB/T 2900.13—2008,IEC 60050(191):1990、Amend.1:1999 And Amend.2:2002,IDT)

GB/T 3358.1 统计学词汇及符号 第1部分:一般统计术语与用于概率的术语(GB/T 3358.1—2009,ISO 3534-1:2006,IDT)

GB/T 3358.2 统计学词汇及符号 第2部分:应用统计(GB/T 3358.2—2009,ISO 3534-2:2006,IDT)

GB/T 4086(所有部分) 统计分布数值表

## 3 术语、定义和符号

### 3.1 术语和定义

GB/T 2900.13、GB/T 3358.1、GB/T 3358.2 和 GB/T 4086 确立的术语和定义适用于本标准。

### 3.2 符号

下列符号适用于本标准。

| 符号 | 含义 |
|---|---|
| $n$ | 样本量 |
| $x_1,x_2,\cdots,x_n$ | 样本量为 $n$ 的简单随机样本 |
| $1-\alpha$ | 置信水平 |
| $\mu_S$ | 应力(总体)均值 |
| $\mu_R$ | 强度(总体)均值 |
| $\sigma_S$ | 应力(总体)标准差 |
| $\sigma_R$ | 强度(总体)标准差 |
| $C_S$ | 应力变异系数,$C_S=\sigma_S/\mu_S$ |
| $C_R$ | 强度变异系数,$C_R=\sigma_R/\mu_R$ |
| $r_\mu$ | 对应于均值的可靠性系数 |
| $r_q$ | 对应于分位点的可靠性系数 |
| $P$ | 结构可靠度(或其给定值),$P=\Pr(X_R\geqslant X_S)=\Phi((\mu_R-\mu_S)/\sqrt{\sigma_R^2+\sigma_S^2})$,其中 $X_R$ 表示强度总体,$X_S$ 表示应力总体,$\Phi(\cdot)$为标准正态分布函数 |

| | |
|---|---|
| $\beta$ | 结构可靠性指标，满足 $P=\Phi(\beta)$ |
| $F_{R,\alpha_R}$ | 强度的 $\alpha_R$ 分位点，也称为强度的标准值，$\alpha_R$ 为给定值，$F_{R,\alpha_R}=\mu_R-u_{1-\alpha_R}\sigma_R$，$u_{1-\alpha_R}$ 为标准正态分布的 $1-\alpha_R$ 分位点 |
| $F_{S,1-\alpha_S}$ | 应力的 $1-\alpha_S$ 分位点，也称为应力的标准值，$1-\alpha_S$ 为给定值，$F_{S,1-\alpha_S}=\mu_S+u_{1-\alpha_S}\sigma_S$ |

## 4 概率极限状态设计

本标准分别通过均值和分位点给出了两种设计表达式。虽然表达方式不同，但它们本质上是等价的。目标就是能够通过参数的设计使得结构可靠度达到规定的要求。

### 4.1 用均值表示的设计表达式

#### 4.1.1 变异系数 $C_S$，$C_R$ 已知的情形

首先根据对结构可靠度的要求值 $P$ 查标准正态分布分位数表得到结构可靠性指标 $\beta$，它们满足

$$P=\frac{1}{\sqrt{2\pi}}\int_{-\infty}^{\beta}\exp\left(-\frac{x^2}{2}\right)\mathrm{d}x=\Phi(\beta) \qquad \cdots\cdots(1)$$

然后计算可靠性系数

$$r_\mu=\frac{1+\sqrt{1-(1-\beta^2C_R^2)(1-\beta^2C_S^2)}}{(1-\beta^2C_R^2)} \qquad \cdots\cdots(2)$$

最后得到设计表达式为

$$\mu_R\geqslant r_\mu\mu_S \qquad \cdots\cdots(3)$$

注：由于应力和强度值都取正值，从而当用正态分布来描述的时候，概率值 $\Pr(X_R>0)$ 必然相当大，要远远大于所要求的结构可靠度值 $P$，即 $\Pr(X_R>0)>P=\Phi(\beta)$。而 $\Pr(X_R>0)=\Phi(1/C_R)$，所以 $1/C_R>\beta$，得到 $1-(C_R\beta)^2>0$。同样有 $1-(C_S\beta)^2>0$。从而由式(2)总可以得到一个大于1的数。

#### 4.1.2 变异系数 $C_S$，$C_R$ 未知的情形

a) 首先由应力的样本 $x_1,x_2,\cdots,x_n$ 计算样本均值 $\bar{x}$ 和样本标准差 $s$：

$$\bar{x}=\frac{1}{n}\sum_{i=1}^{n}x_i,\ s=\sqrt{\frac{1}{n-1}\sum_{i=1}^{n}(x_i-\bar{x})^2} \qquad \cdots\cdots(4)$$

b) 再根据给定的置信水平 $1-\alpha$，计算应力变异系数的估计量：

$$\hat{C}_S=\left[\left(\frac{\bar{x}}{s}+\frac{n-1}{n}\right)\frac{\chi^2_{1-\alpha}(n-1)}{n-1}\right]^{-\frac{1}{2}} \qquad \cdots\cdots(5)$$

其中，$\chi^2_{1-\alpha}(n-1)$ 是自由度为 $n-1$ 的卡方分布的 $1-\alpha$ 分位点。利用同样的方法计算强度变异系数的估计量 $\hat{C}_R$；最后将估计量当成变异系数的已知值，再利用4.1.1得到设计表达式。

注：通常 $1-(C_R\beta)^2$ 大于0很多，所以 $1-(\hat{C}_R\beta)^2\leqslant 0$ 的机会非常少。如果一旦发生 $1-(\hat{C}_R\beta)^2\leqslant 0$，则无法给出设计。

### 4.2 用分位点表示的设计表达式

#### 4.2.1 变异系数 $C_S$，$C_R$ 已知的情形

a) 首先利用4.1.1的式(1)、式(2)得到 $r_\mu$；

b) 接下来根据给定的值 $1-\alpha_R$ 和 $1-\alpha_S$，分别得到标准正态分布的分位点 $u_{1-\alpha_R}$ 和 $u_{1-\alpha_S}$；

c) 再计算

$$r_q=\frac{1-u_{1-\alpha_R}C_R}{1+u_{1-\alpha_S}C_S}r_\mu \qquad \cdots\cdots(6)$$

d) 最后得到用分位点表达的设计表达式为

$$F_{R,\alpha_R}\geqslant r_qF_{S,1-\alpha_S} \qquad \cdots\cdots(7)$$

其中 $F_{R,\alpha_R}=\mu_R-u_{1-\alpha_R}\sigma_R$ 为强度的 $\alpha_R$ 分位点，$F_{S,1-\alpha_S}=\mu_S+u_{1-\alpha_S}\sigma_S$ 为应力的 $1-\alpha_S$ 分位点。

4.2.2 变异系数 $C_S$,$C_R$ 未知的情形

根据 4.1.2 的(4)、(5)两式分别得到应力和强度的变异系数的估计量,然后将估计量当成变异系数的已知值,再利用 4.2.1 得到设计表达式。

4.2.3 计算设计强度

设计平均强度的临界值为 $r_\mu \mu_S$。

设计标准强度的临界值为 $r_q F_{S,1-\alpha_S}$。

## 5 示例

设计一种火箭壳体使其结构可靠度为 0.999 9。已知 $C_S=0.15$,$C_R=0.16$,求可靠性系数 $r_\mu$。

由给定的可靠度 $P=0.999\ 9$,查标准正态分布分位数表得到结构可靠性指标 $\beta=3.72$,由式(2)得到 $r_\mu=2.702\ 6$。

---

ICS 03.120.30
A 41

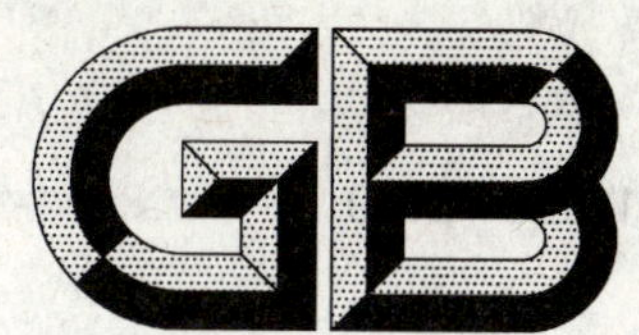

# 中华人民共和国国家标准

GB/T 10094—2009
代替 GB/T 10094—1988,GB/T 11791—1989,GB/T 14438—1993

# 正态分布分位数与变异系数的置信限

## Confidence limits of quantile and coefficient of variation for normal distribution

2009-10-15 发布 2010-02-01 实施

中华人民共和国国家质量监督检验检疫总局
中国国家标准化管理委员会 发布

# 前　言

“数据的统计处理和解释”包括以下国家标准：

——GB/T 3359　数据的统计处理和解释　统计容忍区间的确定

——GB/T 3361　数据的统计处理和解释　在成对观测值情形下两个均值的比较

——GB/T 4087　数据的统计处理和解释　二项分布可靠度单侧置信下限

——GB/T 4088　数据的统计处理和解释　二项分布参数的估计与检验

——GB/T 4089　数据的统计处理和解释　泊松分布参数的估计和检验

——GB/T 4882　数据的统计处理和解释　正态性检验

——GB/T 4883　数据的统计处理和解释　正态样本离群值的判断和处理

——GB/T 4885　正态分布完全样本可靠度置信下限

——GB/T 4889　数据的统计处理和解释　正态分布均值和方差的估计与检验

——GB/T 4890　数据的统计处理和解释　正态分布均值和方差检验的功效

——GB/T 6380　数据的统计处理和解释　Ⅰ型极值分布样本离群值的判断和处理

——GB/T 8055　数据的统计处理和解释　Γ分布(皮尔逊Ⅲ型分布)的参数估计

——GB/T 8056　数据的统计处理和解释　指数分布样本离群值的判断和处理

——GB/T 10092　数据的统计处理和解释　测试结果的多重比较

——GB/T 10094　正态分布分位数与变异系数的置信限

本标准代替 GB/T 10094—1988《正态分布分位数 $x_p$ 置信区间》、GB/T 11791—1989《正态分布变差系数置信上限》和 GB/T 14438—1993《定限内正态概率的置信下限》。

本标准与 GB/T 10094—1988、GB/T 11791—1989 和 GB/T 14438—1993 相比主要变化如下：

——按 GB/T 1.1—2000《标准化工作导则　第1部分：标准的结构和编写规则》的要求对标准格式进行了修订；

——将 GB 10094—1988 附录 A 示例中的例子放入正文。

本标准由全国统计方法应用标准化技术委员会(SAC/TC 21)提出并归口。

本标准主要起草单位：中国科学技术大学、北京大学、中国标准化研究院。

本标准主要起草人：吴耀华、孙山泽、于振凡、丁文兴、周正伐等。

本标准所代替标准的历次版本发布情况为：

——GB/T 10094—1988；

——GB/T 11791—1989；

——GB/T 14438—1993。

# 正态分布分位数与变异系数的置信限

## 1 范围

本标准规定了在给定置信水平下正态分布分位数置信区间和变异系数置信上限的确定方法。

本标准适用于正态分布的总体。

## 2 规范性引用文件

下列文件中的条款通过本标准的引用而成为本标准的条款。凡是注日期的引用文件，其随后所有的修改单(不包括勘误的内容)或修订版均不适用于本标准，然而，鼓励根据本标准达成协议的各方研究是否可使用这些文件的最新版本。凡是不注日期的引用文件，其最新版本适用于本标准。

GB/T 3358.1　统计学词汇及符号　第1部分:一般统计术语与用于概率的术语(GB/T 3358.1—2009,ISO 3534-1:2006,IDT)

GB/T 3358.2　统计学词汇及符号　第2部分:应用统计(GB/T 3358.2—2009,ISO 3534-2:2006,IDT)

GB/T 4086.1　统计分布数值表　正态分布

GB/T 4086.2　统计分布数值表　$\chi^2$ 分布

GB/T 15932—1995　非中心 $t$ 分布分位数表

GB/T 4885—2009　正态分布完全样本可靠度置信下限

## 3 术语、定义和符号

### 3.1 术语和定义

GB/T 3358.1 和 GB/T 3358.2 确立的术语和定义以及下列术语和定义适用于本标准。为便于参考，某些术语直接引自上述标准。

3.1.1

**$p$ 分位数　$p$-quantile; $p$-fractile**

$\boldsymbol{X_p}, \boldsymbol{x_p}$

对 $0<p<1$，使分布函数 $F(x)$ 大于或等于 $p$ 的所有 $x$ 的下确界。

示例1：考虑二项分布，表1给出参数 $n=6, p=0.3$ 的二项分布的概率质量函数。分布的某些 $p$ 分位数为：

$X_{0.1}=0$

$X_{0.25}=1$

$X_{0.5}=2$

$X_{0.75}=3$

$X_{0.90}=3$

$X_{0.95}=4$

$X_{0.99}=5$

$X_{0.999}=5$

由于二项分布是离散的，它的 $p$ 分位数都是整数。

**表 1　二项分布的示例**

| $x$ | $P(X=x)$ | $P(X\leqslant x)$ | $P(X\geqslant x)$ |
|---|---|---|---|
| 0 | 0.117 649 | 0.117 649 | 0.882 351 |
| 1 | 0.302 526 | 0.420 175 | 0.579 825 |
| 2 | 0.324 135 | 0.744 310 | 0.255 690 |
| 3 | 0.185 220 | 0.929 530 | 0.070 470 |
| 4 | 0.059 535 | 0.989 065 | 0.010 935 |
| 5 | 0.010 206 | 0.999 271 | 0.000 729 |
| 6 | 0.000 729 | 1.000 000 | 0.000 000 |

示例 2：对于标准正态分布，表 2 给出了某些数值分布函数及对应的 $p$ 分位数（参见 GB/T 4086.1 正态分布分位数表）：

**表 2　标准正态分布示例**

| $p$ | 满足 $P(X\leqslant x)=p$ 的 $x$ |
|---|---|
| 0.1 | −1.282 |
| 0.25 | −0.674 |
| 0.5 | 0.000 |
| 0.75 | 0.674 |
| 0.841 344 75 | 1.000 |
| 0.9 | 1.282 |
| 0.95 | 1.645 |
| 0.975 | 1.960 |
| 0.99 | 2.326 |
| 0.995 | 2.576 |
| 0.999 | 3.090 |

由于 $X$ 的分布是连续的，第二列的标题也可以写为：满足 $P(X<x)=p$ 的 $x$。

注 1：对于连续分布，如果 $p$ 是 0.5，则 0.5 分位数即为中位数（2.14）。对 $p$ 等于 0.25，相应的 0.25 分位数被称为下四分位数。对于连续分布，分布的 25% 低于 0.25 分位数而分布的 75% 高于 0.25 分位数。当 $p$ 等于 0.75，相应的 0.75 分位数被称为上四分位数。

注 2：通常，分布中的 $100p$% 小于 $p$ 分位数；分布中的 $100(1-p)$% 大于 $p$ 分位数。但很难确定离散分布的中位数，因为会有很多值满足定义。

注 3：如果 $F$ 是连续和严格递增的，则 $p$ 分位数是 $F(x)=p$ 的解，此时定义中的“下确界”可被替换为“最小值”。

注 4：如果分布函数在某一个区间上都等于常数 $p$，则这个区间上的所有值都是这个分布的 $p$ 分位数。

注 5：$p$ 分位数的定义仅适用于一维分布。

### 3.1.2

**变异系数　coefficient of variation**

***CV***

〈正随机变量〉标准差除以非零的均值。

注 1：变异系数通常用百分数表示。

注 2：不赞成使用以前的术语“相对标准差”。

3.1.3

**置信区间　confidence interval**

参数$\theta$的区间估计$(T_0, T_1)$，其中作为区间限的统计量$T_0, T_1$，满足$P[T_0<\theta<T_1]\geqslant 1-\alpha$。

注1：置信度反映了在同一条件下长序列重复随机抽样中，置信区间包含参数真值的比例。置信区间并不能反映观测到的区间包含参数真值的概率（观测到的区间只能或是包含或是不包含）。

注2：一个与置信区间相关的特性是$100(1-\alpha)\%$，其中$\alpha$是一个小的数。这个特性称为置信系数或置信水平，通常取为5%或99%。对任意确定但未知的总体$\theta$值，$P[T_0<\theta<T_1]\geqslant 1-\alpha$。

## 3.2 符号

下列符号适用于本标准。

$n$：样本量

$\mu$：总体均值

$\sigma$：总体标准差

$x$：正态随机变量$X$的观测值

$\bar{x}$：样本均值

$s$：样本标准差

$1-\alpha$：置信水平

$x_p$：概率分布的$p$分位数

$C_U$：$x_p$的置信上限

$C_L$：$x_p$的置信下限

$CV=\sigma/\mu$：总体变异系数

$cv=s/\bar{x}$：样本变异系数

$t_\alpha(\upsilon;\delta)$：自由度为$\upsilon$、非中心参数为$\delta$的非中心$t$分布的$\alpha$分位数

$CV_U$：总体变异系数的置信上限

# 4 正态分布分位数的置信区间

## 4.1 单侧置信下限

正态分布分位数$x_p$的置信水平为$1-\alpha$的单侧置信下限$C_L$由式(1)确定：

$$C_L=\begin{cases}\bar{x}-sK_{1-\alpha}, & 当\ p\leqslant 0.50\ 时\\ \bar{x}+sK_\alpha, & 当\ p>0.50\ 时\end{cases} \qquad \cdots\cdots(1)$$

其中$K_\alpha$和$K_{1-\alpha}$可利用附录A查出，在$K$系数表中对应于样本量为$n, R=1-p, \gamma=\alpha$可查得$K_\alpha$，对应于样本量为$n, R=p, \gamma=1-\alpha$可查得$K_{1-\alpha}$。

## 4.2 单侧置信上限

正态分布分位数$x_p$的置信水平为$1-\alpha$的单侧置信上限$C_U$由式(2)确定：

$$C_U=\begin{cases}\bar{x}-sK_\alpha, & 当\ p\leqslant 0.50\ 时\\ \bar{x}+sK_{1-\alpha}, & 当\ p>0.50\ 时\end{cases} \qquad \cdots\cdots(2)$$

其中$K_\alpha$和$K_{1-\alpha}$可利用附录A查出，在$K$系数表中对应于样本量为$n, R=1-p, \gamma=\alpha$可查得$K_\alpha$，对应于样本量为$n, R=p, \gamma=1-\alpha$可查得$K_{1-\alpha}$。

## 4.3 双侧置信上、下限

正态分布分位数$x_p$的置信水平为$1-\alpha$的双侧置信下限$C_L$由式(3)确定：

$$C_L=\begin{cases}\bar{x}-sK_{1-\alpha/2}, & 当\ p\leqslant 0.50\ 时\\ \bar{x}+sK_{\alpha/2}, & 当\ p>0.50\ 时\end{cases} \qquad \cdots\cdots(3)$$

双侧置信上限$C_U$由式(4)确定：

$$C_U=\begin{cases}\bar{x}-sK_{\alpha/2}, 当\ p\leqslant 0.50\ 时\\ \bar{x}+sK_{1-\alpha/2}, 当\ p>0.50\ 时\end{cases} \quad \cdots\cdots(4)$$

(3)、(4)两式中 $K_{\alpha/2}$ 和 $K_{1-\alpha/2}$ 可利用附录 A 查出，在 $K$ 系数表中对应于样本量为 $n, R=1-p$，$\gamma=\frac{\alpha}{2}$ 可查得 $K_{\alpha/2}$，对应于样本量为 $n, R=p, \gamma=1-\frac{\alpha}{2}$ 可查得 $K_{1-\alpha/2}$。

### 4.4 示例

示例 1：某市气象台测得该市 72 年的年降雨量数据如下(单位：mm)：

1 063.8,1 004.9,1 086.2,1 022.5,1 330.9,1 439.4,1 236.5,1 088.1,1 288.7,1 115.8,
1 217.5,1 320.7,1 078.1,1 203.4,1 480.0,1 269.9,1 049.2,1 318.4,1 192.0,1 016.0,
1 508.2,1 159.6,1 021.3,986.1,794.7,1 318.3,1 171.2,1 161.7,791.2,1 143.8,
1 602.0,951.4,1 003.2,840.4,1 061.4,958.0,1 025.2,1 265.0,1 196.5,1 120.7,
1 659.3,942.7,1 123.3,910.2,1 398.5,1 208.6,1 305.5,1 242.3,1 572.3,1 416.9,
1 256.1,1 285.9,984.8,1 390.3,1 062.2,1 287.3,1 477.0,1 017.9,1 217.7,1 197.1,
1 143.0,1 018.8,1 243.7,909.3,1 030.3,1 124.4,811.4,820.9,1 184.1,1 107.5,
991.4,901.7。

经检验年降雨量 $X$ 服从正态分布，求置信水平 0.90 时 10%分位数 $x_{0.10}$ 和 90%分位数 $x_{0.90}$ 的双侧置信限。

由数据算得样本均值和样本标准差分别为：

$$\bar{x}=1\ 154.78, s=159.562$$

根据式(3)、式(4)知置信水平 0.90 时分位数 $x_{0.10}$ 的双侧置信下、上限分别为：

$$C_L=\bar{x}-sK_{0.95}, C_U=\bar{x}-sK_{0.05}$$

置信水平 0.90 时分位数 $x_{0.90}$ 的双侧置信下、上限分别为：

$$C_L=\bar{x}+sK_{0.05}, C_U=\bar{x}+sK_{0.95}$$

对应 $n=72, R=0.90$，查附录 A 得：

$$K_{0.05}=1.043, K_{0.95}=1.577$$

故得到分位数 $x_{0.10}$ 的双侧置信下、上限分别为：

$$C_L=847.012, C_U=951.228$$

分位数 $x_{0.10}$ 的双侧置信下、上限分别为：

$$C_L=1\ 358.336, C_U=1\ 462.552$$

示例 2：某种高温合金钢的寿命 $t$ 的分布是对数正态分布，取 12 个试样在 660 ℃温度和 4 kgf/mm$^2$(39.226 6 MPa)应力下进行寿命试验，得数据如下(单位：h)：

935,1 025,1 081,1 180,1 197,1 234,1 328,1 521,1 621,1 621,1 694,1 933。

求置信水平 0.90 时寿命分布 1%分位数 $t_{0.01}$ 的置信下限。

对试验数据 $t_i(i=1,\cdots,12)$ 取对数 $x_i=\ln t_i$，则 $x_1,\cdots,x_{12}$ 是正态分布的样本，计算得样本均值和样本标准差为：

$$\bar{x}=7.194\ 9, s=0.225\ 8$$

根据式(1)，正态分布的 1%分位数 $x_{0.01}$ 的置信水平 0.90 的置信下限为：

$$C_L=\bar{x}-sK_{0.90}=7.194\ 9-0.225\ 8\times 3.371=6.433\ 7$$

其中 $K_{0.90}=3.371$ 是对应 $n=12, R=1-p=0.99, \gamma=1-\alpha=0.90$ 从附录 A 查出。

故置信水平 0.90 时寿命分布 1%分位数 $t_{0.01}$ 的置信下限为：

$$e^{6.433\ 7}=622.47(\text{h})$$

## 5 正态分布变异系数置信上限

### 5.1 精确置信上限

正态总体变异系数 $CV$ 的置信上限 $CV_U$ 由式(5)确定：

$$\begin{cases}t_{1-\alpha}(n-1;\sqrt{n}(CV^{-1})_L)=\sqrt{n}K\\ CV_U=\dfrac{1}{(CV^{-1})_L}\end{cases} \quad \cdots\cdots(5)$$

其中 $K=\bar{x}/s=1/cv$，$(CV^{-1})_L$ 的值可以利用 GB/T 15932—1995 进行线性插值来得到。

## 5.2 置信上限的近似求法

当 $CV<0.30$，$n\geqslant 6$ 时，正态总体变异系数置信上限 $CV_U$ 的近似公式为：

$$CV_U=\left[\frac{\chi^2_{1-\alpha}(n-1)\left(1+cv^2\cdot\frac{(n-1)}{n}\right)}{(n-1)cv^2}\right]^{-\frac{1}{2}} \quad\cdots\cdots(6)$$

其中 $\chi^2_{1-\alpha}(n-1)$ 表示自由度为 $n-1$ 的 $\chi^2$ 分布的 $1-\alpha$ 分位数，其值可由 $\chi^2$ 分位数表查得(见 GB/T 4086.2)。

## 5.3 示例

一批碳环氧壳体，从中随机抽取 9 件进行强度试验，测得破坏值分别为(单位：h)：7.92，7.25，7，8.58，7，6.67，6.75，6.87，6.92。求置信水平为 0.90 时这批壳体强度的变差系数置信上限。

由数据算得样本均值和样本标准差分别为：

$$\bar{x}=7.2178,\ s=0.6296$$

a) 精确方法

由 $\sqrt{n}K=\sqrt{9}\times 7.2178/0.6296=34.3923$，查非中心 $t$ 分布表(见 GB/T 15932—1995)，用线性插值得：

$$\sqrt{n}(CV^{-1})_L=22.6409$$

故有

$$CV_U=1/(CV^{-1})_L=0.1325$$

b) 近似方法

查 $\chi^2$ 分位数表(见 GB/T 4086.2)：

$$\chi^2_{0.90}(8)=3.49$$

由式(6)算得：

$$CV_U=0.1316$$

# 附 录 A
# （规范性附录）
# *K* 系数表

本系数表的参数范围与表距为：

$\gamma$=0.01,0.05,0.10,0.20,0.40(0.10)0.90,0.95,0.99

$R_L$=0.50,0.60(0.05)0.95,0.99,$0.9^2$5,$0.9^3$,$0.9^3$5,$0.9^4$,$0.9^4$5,$0.9^5$,$0.9^6$,$0.9^7$

$n$=2(1)50(10)120

$\gamma$=.01

| $R_L$ / $n$ | .5000000 | .6000000 | .6500000 | .7000000 | .7500000 | .8000000 |
|---|---|---|---|---|---|---|
| 2.0 | −22.50050 | −13.82057 | −10.38587 | −7.49399 | −5.10993 | −3.20381 |
| 3.0 | −4.02099 | −2.72777 | −2.16862 | −1.66198 | −1.20445 | −.79235 |
| 4.0 | −2.27035 | −1.56282 | −1.24579 | −.94930 | −.67027 | −.40463 |
| 5.0 | −1.67569 | −1.14491 | −.90191 | −.67023 | −.44679 | −.22724 |
| 6.0 | −1.37373 | −.92414 | −.71523 | −.51345 | −.31568 | −.11743 |
| 7.0 | −1.18782 | −.78401 | −.59430 | −.40935 | −.22598 | −.03965 |
| 8.0 | −1.05994 | −.68526 | −.50775 | −.33344 | −.15915 | .01973 |
| 9.0 | −.96549 | −.61089 | −.44174 | −.27471 | −.10659 | .06727 |
| 10.0 | −.89222 | −.55225 | −.38917 | −.22740 | −.06371 | .10660 |
| 11.0 | −.83331 | −.50445 | −.34596 | −.18814 | −.02776 | .13993 |
| 12.0 | −.78464 | −.46450 | −.30959 | −.15484 | .00300 | .16869 |
| 13.0 | −.74358 | −.43044 | −.27839 | −.12609 | .02974 | .19389 |
| 14.0 | −.70832 | −.40094 | −.25124 | −.10092 | .05329 | .21622 |
| 15.0 | −.67764 | −.37506 | −.22730 | −.07862 | .07427 | .23621 |
| 16.0 | −.65062 | −.35211 | −.20599 | −.05868 | .09311 | .25425 |
| 17.0 | −.62659 | −.33157 | −.18684 | −.04070 | .11017 | .27066 |
| 18.0 | −.60503 | −.31304 | −.16952 | −.02437 | .12572 | .28566 |
| 19.0 | −.58556 | −.29621 | −.15373 | −.00944 | .13998 | .29946 |
| 20.0 | −.56785 | −.28083 | −.13927 | .00427 | .15311 | .31221 |
| 21.0 | −.55165 | −.26671 | −.12596 | .01692 | .16527 | .32405 |
| 22.0 | −.53676 | −.25368 | −.11364 | .02865 | .17656 | .33507 |
| 23.0 | −.52302 | −.24160 | −.10221 | .03957 | .18710 | .34538 |
| 24.0 | −.51028 | −.23036 | −.09155 | .04977 | .19696 | .35504 |
| 25.0 | −.49843 | −.21988 | −.08159 | .05932 | .20622 | .36413 |
| 26.0 | −.48737 | −.21006 | −.07224 | .06830 | .21493 | .37269 |
| 27.0 | −.47701 | −.20084 | −.06345 | .07675 | .22314 | .38079 |
| 28.0 | −.46729 | −.19216 | −.05517 | .08473 | .23091 | .38846 |
| 29.0 | −.45814 | −.18397 | −.04734 | .09228 | .23828 | .39573 |
| 30.0 | −.44950 | −.17623 | −.03993 | .09944 | .24527 | .40265 |
| 31.0 | −.44134 | −.16889 | −.03289 | .10624 | .25192 | .40924 |
| 32.0 | −.43360 | −.16192 | −.02621 | .11272 | .25826 | .41552 |
| 33.0 | −.42626 | −.15529 | −.01984 | .11889 | .26430 | .42152 |
| 34.0 | −.41928 | −.14898 | −.01377 | .12478 | .27008 | .42727 |
| 35.0 | −.41263 | −.14296 | −.00797 | .13041 | .27561 | .43277 |
| 36.0 | −.40629 | −.13720 | −.00242 | .13581 | .28091 | .43805 |
| 37.0 | −.40023 | −.13169 | .00289 | .14098 | .28600 | .44312 |
| 38.0 | −.39443 | −.12641 | .00798 | .14594 | .29089 | .44799 |
| 39.0 | −.38888 | −.12135 | .01288 | .15071 | .29559 | .45268 |
| 40.0 | −.38356 | −.11649 | .01758 | .15529 | .30011 | .45720 |
| 41.0 | −.37845 | −.11181 | .02210 | .15971 | .30447 | .46156 |
| 42.0 | −.37354 | −.10731 | .02645 | .16397 | .30867 | .46577 |
| 43.0 | −.36881 | −.10298 | .03065 | .16807 | .31273 | .46983 |
| 44.0 | −.36426 | −.09880 | .03470 | .17204 | .31665 | .47376 |
| 45.0 | −.35988 | −.09477 | .03862 | .17587 | .32044 | .47756 |
| 46.0 | −.35565 | −.09087 | .04240 | .17957 | .32411 | .48124 |
| 47.0 | −.35156 | −.08711 | .04605 | .18316 | .32766 | .48481 |
| 48.0 | −.34761 | −.08347 | .04959 | .18663 | .33111 | .48827 |
| 49.0 | −.34380 | −.07994 | .05302 | .18999 | .33445 | .49162 |
| 50.0 | −.34010 | −.07652 | .05635 | .19326 | .33769 | .49488 |
| 60.0 | −.30871 | −.04735 | .08480 | .22127 | .36557 | .52298 |
| 70.0 | −.28466 | −.02484 | .10685 | .24307 | .38734 | .54502 |
| 80.0 | −.26548 | −.00677 | .12460 | .26067 | .40498 | .56292 |
| 90.0 | −.24971 | .00815 | .13929 | .27527 | .41965 | .57784 |
| 100.0 | −.23646 | .02074 | .15172 | .28765 | .43211 | .59054 |
| 110.0 | −.22512 | .03156 | .16241 | .29832 | .44287 | .60152 |
| 120.0 | −.21526 | .04098 | .17174 | .30764 | .45228 | .61114 |

$\gamma=.01$

| $n$ \ $R_L$ | .8500000 | .9000000 | .9500000 | .9900000 | .9950000 | .9990000 |
|---|---|---|---|---|---|---|
| 2.0 | −1.74767 | −.70711 | −.00015 | .56421 | .70758 | .96918 |
| 3.0 | −.41961 | −.07193 | .29478 | .78155 | .93221 | 1.22211 |
| 4.0 | −.14533 | .12260 | .44286 | .92360 | 1.08063 | 1.38846 |
| 5.0 | −.00420 | .23770 | .54313 | 1.02718 | 1.18935 | 1.51035 |
| 6.0 | .08886 | .31886 | .61829 | 1.10763 | 1.27403 | 1.60542 |
| 7.0 | .15736 | .38100 | .67787 | 1.17278 | 1.34275 | 1.68268 |
| 8.0 | .21103 | .43093 | .72685 | 1.22713 | 1.40017 | 1.74731 |
| 9.0 | .25481 | .47239 | .76817 | 1.27348 | 1.44921 | 1.80258 |
| 10.0 | .29153 | .50765 | .80374 | 1.31371 | 1.49181 | 1.85065 |
| 11.0 | .32299 | .53817 | .83481 | 1.34910 | 1.52932 | 1.89301 |
| 12.0 | .35038 | .56498 | .86232 | 1.38059 | 1.56273 | 1.93078 |
| 13.0 | .37455 | .58879 | .88690 | 1.40888 | 1.59276 | 1.96475 |
| 14.0 | .39611 | .61015 | .90907 | 1.43449 | 1.61997 | 1.99555 |
| 15.0 | .41551 | .62947 | .92922 | 1.45784 | 1.64479 | 2.02367 |
| 16.0 | .43310 | .64706 | .94763 | 1.47926 | 1.66757 | 2.04948 |
| 17.0 | .44915 | .66318 | .96456 | 1.49900 | 1.68857 | 2.07330 |
| 18.0 | .46389 | .67803 | .98021 | 1.51729 | 1.70804 | 2.09539 |
| 19.0 | .47749 | .69176 | .99472 | 1.53430 | 1.72615 | 2.11595 |
| 20.0 | .49009 | .70453 | 1.00824 | 1.55017 | 1.74306 | 2.13515 |
| 21.0 | .50181 | .71643 | 1.02088 | 1.56504 | 1.75890 | 2.15315 |
| 22.0 | .51276 | .72757 | 1.03273 | 1.57901 | 1.77379 | 2.17007 |
| 23.0 | .52301 | .73803 | 1.04388 | 1.59217 | 1.78781 | 2.18602 |
| 24.0 | .53265 | .74787 | 1.05438 | 1.60459 | 1.80106 | 2.20109 |
| 25.0 | .54172 | .75716 | 1.06432 | 1.61635 | 1.81360 | 2.21536 |
| 26.0 | .55030 | .76595 | 1.07373 | 1.62750 | 1.82550 | 2.22890 |
| 27.0 | .55841 | .77427 | 1.08266 | 1.63810 | 1.83681 | 2.24177 |
| 28.0 | .56610 | .78218 | 1.09115 | 1.64819 | 1.84758 | 2.25404 |
| 29.0 | .57341 | .78971 | 1.09924 | 1.65781 | 1.85786 | 2.26574 |
| 30.0 | .58037 | .79688 | 1.10696 | 1.66701 | 1.86767 | 2.27692 |
| 31.0 | .58701 | .80372 | 1.11434 | 1.67580 | 1.87706 | 2.28763 |
| 32.0 | .59334 | .81027 | 1.12140 | 1.68422 | 1.88606 | 2.29788 |
| 33.0 | .59940 | .81653 | 1.12816 | 1.69230 | 1.89469 | 2.30772 |
| 34.0 | .60521 | .82254 | 1.13466 | 1.70006 | 1.90298 | 2.31717 |
| 35.0 | .61078 | .82831 | 1.14089 | 1.70752 | 1.91095 | 2.32626 |
| 36.0 | .61612 | .83385 | 1.14689 | 1.71469 | 1.91862 | 2.33502 |
| 37.0 | .62126 | .83918 | 1.15267 | 1.72161 | 1.92602 | 2.34345 |
| 38.0 | .62620 | .84431 | 1.15823 | 1.72828 | 1.93315 | 2.35159 |
| 39.0 | .63096 | .84926 | 1.16360 | 1.73472 | 1.94003 | 2.35945 |
| 40.0 | .63555 | .85403 | 1.16878 | 1.74094 | 1.94668 | 2.36704 |
| 41.0 | .63998 | .85864 | 1.17379 | 1.74695 | 1.95311 | 2.37438 |
| 42.0 | .64426 | .86310 | 1.17864 | 1.75277 | 1.95934 | 2.38149 |
| 43.0 | .64840 | .86741 | 1.18333 | 1.75841 | 1.96537 | 2.38838 |
| 44.0 | .65240 | .87158 | 1.18787 | 1.76387 | 1.97121 | 2.39505 |
| 45.0 | .65628 | .87562 | 1.19227 | 1.76917 | 1.97688 | 2.40152 |
| 46.0 | .66003 | .87954 | 1.19654 | 1.77431 | 1.98238 | 2.40781 |
| 47.0 | .66367 | .88334 | 1.20068 | 1.77930 | 1.98772 | 2.41391 |
| 48.0 | .66720 | .88702 | 1.20470 | 1.78415 | 1.99291 | 2.41984 |
| 49.0 | .67063 | .89061 | 1.20861 | 1.78886 | 1.99795 | 2.42561 |
| 50.0 | .67395 | .89409 | 1.21241 | 1.79344 | 2.00286 | 2.43122 |
| 60.0 | .70274 | .92426 | 1.24543 | 1.83335 | 2.04560 | 2.48010 |
| 70.0 | .72540 | .94809 | 1.27160 | 1.86508 | 2.07959 | 2.51902 |
| 80.0 | .74385 | .96755 | 1.29303 | 1.89113 | 2.10752 | 2.55100 |
| 90.0 | .75927 | .98385 | 1.31101 | 1.91303 | 2.13102 | 2.57794 |
| 100.0 | .77242 | .99777 | 1.32639 | 1.93181 | 2.15116 | 2.60103 |
| 110.0 | .78380 | 1.00984 | 1.33976 | 1.94814 | 2.16869 | 2.62114 |
| 120.0 | .79379 | 1.02045 | 1.35152 | 1.96252 | 2.18413 | 2.63886 |

$\gamma$=.01

| $R_L$ / $n$ | .9995000 | .9999000 | .9999500 | .9999900 | .9999990 | .9999999 |
|---|---|---|---|---|---|---|
| 2.0 | 1.06470 | 1.25885 | 1.33469 | 1.49715 | 1.70455 | 1.89060 |
| 3.0 | 1.33007 | 1.55508 | 1.64344 | 1.83363 | 2.07786 | 2.29788 |
| 4.0 | 1.50436 | 1.74733 | 1.84314 | 2.04992 | 2.31628 | 2.55683 |
| 5.0 | 1.63195 | 1.88771 | 1.98882 | 2.20739 | 2.48949 | 2.74464 |
| 6.0 | 1.73144 | 1.99710 | 2.10229 | 2.32996 | 2.62418 | 2.89060 |
| 7.0 | 1.81229 | 2.08599 | 2.19449 | 2.42950 | 2.73354 | 3.00905 |
| 8.0 | 1.87995 | 2.16037 | 2.27164 | 2.51280 | 2.82503 | 3.10814 |
| 9.0 | 1.93782 | 2.22400 | 2.33763 | 2.58405 | 2.90329 | 3.19289 |
| 10.0 | 1.98815 | 2.27935 | 2.39505 | 2.64605 | 2.97138 | 3.26663 |
| 11.0 | 2.03252 | 2.32817 | 2.44569 | 2.70073 | 3.03143 | 3.33167 |
| 12.0 | 2.07208 | 2.37170 | 2.49085 | 2.74949 | 3.08500 | 3.38968 |
| 13.0 | 2.10768 | 2.41087 | 2.53149 | 2.79339 | 3.13322 | 3.44190 |
| 14.0 | 2.13995 | 2.44641 | 2.56836 | 2.83321 | 3.17696 | 3.48928 |
| 15.0 | 2.16942 | 2.47885 | 2.60202 | 2.86957 | 3.21692 | 3.53256 |
| 16.0 | 2.19648 | 2.50865 | 2.63294 | 2.90298 | 3.25362 | 3.57232 |
| 17.0 | 2.22146 | 2.53617 | 2.66149 | 2.93383 | 3.28752 | 3.60904 |
| 18.0 | 2.24461 | 2.56168 | 2.68797 | 2.96243 | 3.31896 | 3.64309 |
| 19.0 | 2.26617 | 2.58543 | 2.71262 | 2.98907 | 3.34823 | 3.67481 |
| 20.0 | 2.28631 | 2.60763 | 2.73566 | 3.01397 | 3.37560 | 3.70446 |
| 21.0 | 2.30519 | 2.62844 | 2.75726 | 3.03731 | 3.40125 | 3.73226 |
| 22.0 | 2.32293 | 2.64801 | 2.77757 | 3.05926 | 3.42538 | 3.75840 |
| 23.0 | 2.33966 | 2.66645 | 2.79671 | 3.07996 | 3.44813 | 3.78305 |
| 24.0 | 2.35547 | 2.68388 | 2.81481 | 3.09952 | 3.46964 | 3.80636 |
| 25.0 | 2.37044 | 2.70040 | 2.83195 | 3.11805 | 3.49001 | 3.82843 |
| 26.0 | 2.38465 | 2.71607 | 2.84822 | 3.13564 | 3.50936 | 3.84939 |
| 27.0 | 2.39817 | 2.73098 | 2.86369 | 3.15237 | 3.52775 | 3.86933 |
| 28.0 | 2.41104 | 2.74518 | 2.87844 | 3.16831 | 3.54528 | 3.88833 |
| 29.0 | 2.42332 | 2.75873 | 2.89251 | 3.18353 | 3.56201 | 3.90646 |
| 30.0 | 2.43506 | 2.77168 | 2.90595 | 3.19807 | 3.57800 | 3.92379 |
| 31.0 | 2.44629 | 2.78408 | 2.91882 | 3.21199 | 3.59331 | 3.94038 |
| 32.0 | 2.45705 | 2.79596 | 2.93116 | 3.22533 | 3.60798 | 3.95629 |
| 33.0 | 2.46738 | 2.80736 | 2.94300 | 3.23813 | 3.62207 | 3.97155 |
| 34.0 | 2.47731 | 2.81831 | 2.95437 | 3.25043 | 3.63560 | 3.98622 |
| 35.0 | 2.48685 | 2.82885 | 2.96532 | 3.26227 | 3.64862 | 4.00033 |
| 36.0 | 2.49604 | 2.83900 | 2.97585 | 3.27366 | 3.66115 | 4.01392 |
| 37.0 | 2.50490 | 2.84878 | 2.98601 | 3.28465 | 3.67324 | 4.02702 |
| 38.0 | 2.51344 | 2.85821 | 2.99580 | 3.29525 | 3.68490 | 4.03966 |
| 39.0 | 2.52169 | 2.86732 | 3.00527 | 3.30548 | 3.69616 | 4.05187 |
| 40.0 | 2.52966 | 2.87613 | 3.01441 | 3.31538 | 3.70704 | 4.06367 |
| 41.0 | 2.53738 | 2.88464 | 3.02326 | 3.32495 | 3.71757 | 4.07508 |
| 42.0 | 2.54484 | 2.89289 | 3.03182 | 3.33421 | 3.72776 | 4.08613 |
| 43.0 | 2.55207 | 2.90088 | 3.04011 | 3.34319 | 3.73764 | 4.09684 |
| 44.0 | 2.55908 | 2.90862 | 3.04816 | 3.35189 | 3.74721 | 4.10722 |
| 45.0 | 2.56588 | 2.91613 | 3.05596 | 3.36033 | 3.75650 | 4.11729 |
| 46.0 | 2.57248 | 2.92342 | 3.06353 | 3.36852 | 3.76552 | 4.12707 |
| 47.0 | 2.57889 | 2.93051 | 3.07089 | 3.37648 | 3.77428 | 4.13657 |
| 48.0 | 2.58512 | 2.93739 | 3.07804 | 3.38422 | 3.78279 | 4.14580 |
| 49.0 | 2.59118 | 2.91408 | 3.08499 | 3.39174 | 3.79107 | 4.15478 |
| 50.0 | 2.59707 | 2.95060 | 3.09175 | 3.39906 | 3.79913 | 4.16351 |
| 60.0 | 2.64842 | 3.00736 | 3.15071 | 3.46288 | 3.86937 | 4.23968 |
| 70.0 | 2.68932 | 3.05258 | 3.19769 | 3.51374 | 3.92536 | 4.30040 |
| 80.0 | 2.72295 | 3.08977 | 3.23633 | 3.55557 | 3.97142 | 4.35037 |
| 90.0 | 2.75126 | 3.12109 | 3.26888 | 3.59081 | 4.01023 | 4.39247 |
| 100.0 | 2.77554 | 3.14796 | 3.29680 | 3.62106 | 4.04354 | 4.42860 |
| 110.0 | 2.79669 | 3.17136 | 3.32112 | 3.64740 | 4.07255 | 4.46008 |
| 120.0 | 2.81532 | 3.19199 | 3.34256 | 3.67062 | 4.09813 | 4.48784 |

$\gamma$=.05

| $R_L$ \ $n$ | .5000000 | .6000000 | .6500000 | .7000000 | .7500000 | .8000000 |
|---|---|---|---|---|---|---|
| 2.0 | −4.46450 | −2.71769 | −2.02205 | −1.43100 | −.93469 | −.52144 |
| 3.0 | −1.68585 | −1.08959 | −.82575 | −.58033 | −.34938 | −.12736 |
| 4.0 | −1.17668 | −.74556 | −.54681 | −.35547 | −.16799 | .02072 |
| 5.0 | −.95339 | −.58284 | −.40819 | −.23707 | −.06600 | .11001 |
| 6.0 | −.82264 | −.48284 | −.32046 | −.15961 | .00313 | .17273 |
| 7.0 | −.73445 | −.41311 | −.25806 | −.10333 | .05449 | .22037 |
| 8.0 | −.66983 | −.36073 | −.21052 | −.05980 | .09482 | .25834 |
| 9.0 | −.61985 | −.31943 | −.17264 | −.02473 | .12768 | .28962 |
| 10.0 | −.57968 | −.28574 | −.14147 | .00437 | .15518 | .31602 |
| 11.0 | −.54648 | −.25754 | −.11521 | .02906 | .17868 | .33872 |
| 12.0 | −.51843 | −.23347 | −.09267 | .05038 | .19909 | .35854 |
| 13.0 | −.49432 | −.21260 | −.07303 | .06904 | .21704 | .37606 |
| 14.0 | −.47330 | −.19427 | −.05570 | .08557 | .23299 | .39169 |
| 15.0 | −.45477 | −.17799 | −.04027 | .10035 | .24731 | .40576 |
| 16.0 | −.43826 | −.16341 | −.02640 | .11367 | .26025 | .41851 |
| 17.0 | −.42344 | −.15025 | −.01385 | .12576 | .27203 | .43016 |
| 18.0 | −.41003 | −.13828 | −.00241 | .13680 | .28282 | .44084 |
| 19.0 | −.39782 | −.12734 | .00807 | .14694 | .29275 | .45069 |
| 20.0 | −.38665 | −.11729 | .01772 | .15630 | .30193 | .45982 |
| 21.0 | −.37636 | −.10801 | .02665 | .16497 | .31045 | .46830 |
| 22.0 | −.36686 | −.09940 | .03494 | .17304 | .31838 | .47622 |
| 23.0 | −.35805 | −.09140 | .04267 | .18057 | .32580 | .48363 |
| 24.0 | −.34984 | −.08392 | .04989 | .18762 | .33276 | .49059 |
| 25.0 | −.34218 | −.07692 | .05666 | .19424 | .33930 | .49714 |
| 26.0 | −.33499 | −.07034 | .06303 | .20047 | .34547 | .50332 |
| 27.0 | −.32825 | −.06415 | .06904 | .20635 | .35129 | .50917 |
| 28.0 | −.32189 | −.05831 | .07471 | .21191 | .35681 | .51471 |
| 29.0 | −.31589 | −.05278 | .08009 | .21719 | .36204 | .51997 |
| 30.0 | −.31022 | −.04754 | .08518 | .22220 | .36702 | .52498 |
| 31.0 | −.30484 | −.04257 | .09003 | .22696 | .37175 | .52975 |
| 32.0 | −.29973 | −.03783 | .09464 | .23150 | .37627 | .53430 |
| 33.0 | −.29487 | −.03333 | .09904 | .23583 | .38058 | .53865 |
| 34.0 | −.29024 | −.02902 | .10324 | .23997 | .38471 | .54282 |
| 35.0 | −.28582 | −.02491 | .10726 | .24393 | .38866 | .54681 |
| 36.0 | −.28160 | −.02098 | .11110 | .24773 | .39245 | .55064 |
| 37.0 | −.27755 | −.01720 | .11479 | .25137 | .39609 | .55432 |
| 38.0 | −.27368 | −.01359 | .11833 | .25487 | .39958 | .55785 |
| 39.0 | −.26997 | −.01011 | .12173 | .25823 | .40294 | .56126 |
| 40.0 | −.26640 | −.00677 | .12501 | .26147 | .40618 | .56454 |
| 41.0 | −.26297 | −.00356 | .12816 | .26459 | .40931 | .56771 |
| 42.0 | −.25967 | −.00046 | .13120 | .26760 | .41232 | .57076 |
| 43.0 | −.25650 | .00252 | .13413 | .27051 | .41523 | .57371 |
| 44.0 | −.25343 | .00541 | .13696 | .27331 | .41804 | .57657 |
| 45.0 | −.25047 | .00819 | .13969 | .27603 | .42076 | .57933 |
| 46.0 | −.24762 | .01088 | .14234 | .27865 | .42339 | .58200 |
| 47.0 | −.24486 | .01348 | .14490 | .28119 | .42595 | .58460 |
| 48.0 | −.24219 | .01600 | .14738 | .28365 | .42842 | .58711 |
| 49.0 | −.23960 | .01844 | .14978 | .28604 | .43081 | .58955 |
| 50.0 | −.23710 | .02081 | .15211 | .28836 | .43314 | .59192 |
| 60.0 | −.21574 | .04108 | .17211 | .30827 | .45319 | .61234 |
| 70.0 | −.19927 | .05679 | .18765 | .32380 | .46886 | .62836 |
| 80.0 | −.18608 | .06944 | .20019 | .33635 | .48156 | .64136 |
| 90.0 | −.17521 | .07991 | .21059 | .34678 | .49212 | .65219 |
| 100.0 | −.16604 | .08876 | .21940 | .35562 | .50109 | .66141 |
| 110.0 | −.15818 | .09637 | .22698 | .36325 | .50884 | .66937 |
| 120.0 | −.15133 | .10301 | .23360 | .36991 | .51562 | .67635 |

$\gamma = .05$

| $R_L$ / $n$ | .8500000 | .9000000 | .9500000 | .9900000 | .9950000 | .9990000 |
|---|---|---|---|---|---|---|
| 2.0 | −.17385 | .13802 | .47479 | .95381 | 1.10789 | 1.40923 |
| 3.0 | .09477 | .33448 | .63914 | 1.12967 | 1.29577 | 1.62643 |
| 4.0 | .21906 | .44389 | .74330 | 1.24616 | 1.41979 | 1.76807 |
| 5.0 | .29928 | .51878 | .81778 | 1.33091 | 1.50995 | 1.87069 |
| 6.0 | .35757 | .57482 | .87477 | 1.39644 | 1.57968 | 1.94994 |
| 7.0 | .40276 | .61904 | .92037 | 1.44925 | 1.63589 | 2.01382 |
| 8.0 | .43927 | .65521 | .95803 | 1.49310 | 1.68258 | 2.06690 |
| 9.0 | .46965 | .68557 | .98987 | 1.53034 | 1.72226 | 2.11201 |
| 10.0 | .49550 | .71157 | 1.01730 | 1.56253 | 1.75657 | 2.15103 |
| 11.0 | .51786 | .73419 | 1.04127 | 1.59076 | 1.78667 | 2.18527 |
| 12.0 | .53748 | .75412 | 1.06247 | 1.61579 | 1.81337 | 2.21565 |
| 13.0 | .55489 | .77187 | 1.08141 | 1.63821 | 1.83729 | 2.24289 |
| 14.0 | .57048 | .78782 | 1.09848 | 1.65845 | 1.85889 | 2.26750 |
| 15.0 | .58456 | .80226 | 1.11397 | 1.67686 | 1.87855 | 2.28989 |
| 16.0 | .59736 | .81543 | 1.12812 | 1.69371 | 1.89654 | 2.31039 |
| 17.0 | .60906 | .82749 | 1.14112 | 1.70920 | 1.91309 | 2.32926 |
| 18.0 | .61983 | .83861 | 1.15311 | 1.72352 | 1.92839 | 2.34671 |
| 19.0 | .62978 | .84890 | 1.16423 | 1.73682 | 1.94260 | 2.36291 |
| 20.0 | .63901 | .85846 | 1.17458 | 1.74920 | 1.95584 | 2.37802 |
| 21.0 | .64760 | .86738 | 1.18425 | 1.76078 | 1.96822 | 2.39215 |
| 22.0 | .65563 | .87572 | 1.19330 | 1.77164 | 1.97983 | 2.40540 |
| 23.0 | .66316 | .88355 | 1.20181 | 1.78186 | 1.99075 | 2.41788 |
| 24.0 | .67024 | .89092 | 1.20982 | 1.79149 | 2.00105 | 2.42964 |
| 25.0 | .67691 | .89788 | 1.21739 | 1.80059 | 2.01079 | 2.44076 |
| 26.0 | .68321 | .90445 | 1.22455 | 1.80921 | 2.02002 | 2.45130 |
| 27.0 | .68918 | .91068 | 1.23135 | 1.81740 | 2.02878 | 2.46131 |
| 28.0 | .69484 | .91660 | 1.23780 | 1.82518 | 2.03711 | 2.47083 |
| 29.0 | .70022 | .92222 | 1.24395 | 1.83259 | 2.04504 | 2.47990 |
| 30.0 | .70534 | .92758 | 1.24981 | 1.83966 | 2.05261 | 2.48856 |
| 31.0 | .71022 | .93270 | 1.25540 | 1.84642 | 2.05985 | 2.49683 |
| 32.0 | .71488 | .93759 | 1.26075 | 1.85289 | 2.06677 | 2.50475 |
| 33.0 | .71935 | .94227 | 1.26588 | 1.85909 | 2.07341 | 2.51234 |
| 34.0 | .72362 | .94675 | 1.27079 | 1.86503 | 2.07978 | 2.51963 |
| 35.0 | .72771 | .95106 | 1.27551 | 1.87074 | 2.08590 | 2.52663 |
| 36.0 | .73165 | .95519 | 1.28004 | 1.87624 | 2.09178 | 2.53336 |
| 37.0 | .73543 | .95917 | 1.28441 | 1.88152 | 2.09744 | 2.53984 |
| 38.0 | .73907 | .96299 | 1.28861 | 1.88662 | 2.10290 | 2.54608 |
| 39.0 | .74257 | .96668 | 1.29266 | 1.89153 | 2.10816 | 2.55211 |
| 40.0 | .74595 | .97024 | 1.29657 | 1.89627 | 2.11325 | 2.55793 |
| 41.0 | .74921 | .97367 | 1.30035 | 1.90085 | 2.11816 | 2.56355 |
| 42.0 | .75236 | .97699 | 1.30399 | 1.90529 | 2.12291 | 2.56899 |
| 43.0 | .75540 | .98020 | 1.30752 | 1.90957 | 2.12750 | 2.57425 |
| 44.0 | .75834 | .98330 | 1.31094 | 1.91373 | 2.13196 | 2.57935 |
| 45.0 | .76119 | .98631 | 1.31425 | 1.91775 | 2.13627 | 2.58429 |
| 46.0 | .76395 | .98922 | 1.31746 | 1.92165 | 2.14045 | 2.58909 |
| 47.0 | .76663 | .99205 | 1.32058 | 1.92544 | 2.14452 | 2.59374 |
| 48.0 | .76922 | .99479 | 1.32360 | 1.92912 | 2.14846 | 2.59826 |
| 49.0 | .77174 | .99745 | 1.32653 | 1.93269 | 2.15229 | 2.60265 |
| 50.0 | .77419 | 1.00003 | 1.32939 | 1.93617 | 2.15602 | 2.60691 |
| 60.0 | .79533 | 1.02242 | 1.35412 | 1.96632 | 2.18836 | 2.64399 |
| 70.0 | .81195 | 1.04005 | 1.37364 | 1.99018 | 2.21397 | 2.67336 |
| 80.0 | .82547 | 1.05442 | 1.38959 | 2.00970 | 2.23492 | 2.69741 |
| 90.0 | .83675 | 1.06644 | 1.40294 | 2.02607 | 2.25250 | 2.71760 |
| 100.0 | .84636 | 1.07668 | 1.41433 | 2.04006 | 2.26753 | 2.73486 |
| 110.0 | .85468 | 1.08555 | 1.42421 | 2.05220 | 2.28057 | 2.74985 |
| 120.0 | .86197 | 1.09334 | 1.43289 | 2.06287 | 2.29205 | 2.76303 |

$\gamma=.05$

| $R_L$ / $n$ | .9995000 | .9999000 | .9999500 | .9999900 | .9999990 | .9999999 |
|---|---|---|---|---|---|---|
| 2.0 | 1.52275 | 1.76082 | 1.85482 | 2.05791 | 2.31989 | 2.55679 |
| 3.0 | 1.75221 | 2.01747 | 2.12255 | 2.35006 | 2.64427 | 2.91080 |
| 4.0 | 1.90117 | 2.18263 | 2.29434 | 2.53652 | 2.85016 | 3.13463 |
| 5.0 | 2.00893 | 2.30176 | 2.41812 | 2.67060 | 2.99791 | 3.29502 |
| 6.0 | 2.09212 | 2.39361 | 2.51352 | 2.77384 | 3.11157 | 3.41831 |
| 7.0 | 2.15915 | 2.46758 | 2.59033 | 2.85693 | 3.20300 | 3.51745 |
| 8.0 | 2.21483 | 2.52902 | 2.65411 | 2.92592 | 3.27889 | 3.59973 |
| 9.0 | 2.26216 | 2.58123 | 2.70832 | 2.98454 | 3.34337 | 3.66962 |
| 10.0 | 2.30310 | 2.62639 | 2.75521 | 3.03525 | 3.39914 | 3.73008 |
| 11.0 | 2.33903 | 2.66603 | 2.79636 | 3.07975 | 3.44808 | 3.78312 |
| 12.0 | 2.37092 | 2.70121 | 2.83289 | 3.11925 | 3.49152 | 3.83021 |
| 13.0 | 2.39950 | 2.73275 | 2.86563 | 3.15466 | 3.53047 | 3.87242 |
| 14.0 | 2.42533 | 2.76125 | 2.89523 | 3.18666 | 3.56567 | 3.91057 |
| 15.0 | 2.44883 | 2.78719 | 2.92216 | 3.21579 | 3.59770 | 3.94530 |
| 16.0 | 2.47035 | 2.81094 | 2.94682 | 3.24246 | 3.62704 | 3.97710 |
| 17.0 | 2.49016 | 2.83281 | 2.96952 | 3.26702 | 3.65405 | 4.00638 |
| 18.0 | 2.50848 | 2.85303 | 2.99052 | 3.28973 | 3.67904 | 4.03347 |
| 19.0 | 2.52549 | 2.87182 | 3.01003 | 3.31083 | 3.70225 | 4.05863 |
| 20.0 | 2.54135 | 2.88933 | 3.02822 | 3.33051 | 3.72390 | 4.08209 |
| 21.0 | 2.55619 | 2.90571 | 3.04523 | 3.34891 | 3.74414 | 4.10405 |
| 22.0 | 2.57011 | 2.92109 | 3.06120 | 3.36618 | 3.76315 | 4.12465 |
| 23.0 | 2.58321 | 2.93555 | 3.07622 | 3.38244 | 3.78103 | 4.14404 |
| 24.0 | 2.59556 | 2.94920 | 3.09039 | 3.39777 | 3.79791 | 4.16233 |
| 25.0 | 2.60724 | 2.96211 | 3.10380 | 3.41228 | 3.81386 | 4.17963 |
| 26.0 | 2.61831 | 2.97434 | 3.11650 | 3.42602 | 3.82899 | 4.19603 |
| 27.0 | 2.62883 | 2.98595 | 3.12856 | 3.43907 | 3.84335 | 4.21161 |
| 28.0 | 2.63882 | 2.99700 | 3.14004 | 3.45149 | 3.85702 | 4.22642 |
| 29.0 | 2.64835 | 3.00753 | 3.15097 | 3.46332 | 3.87004 | 4.24054 |
| 30.0 | 2.65745 | 3.01758 | 3.16141 | 3.47462 | 3.88247 | 4.25402 |
| 31.0 | 2.66614 | 3.02718 | 3.17139 | 3.48542 | 3.89436 | 4.26691 |
| 32.0 | 2.67446 | 3.03638 | 3.18094 | 3.49576 | 3.90574 | 4.27925 |
| 33.0 | 2.68244 | 3.04519 | 3.19010 | 3.50567 | 3.91664 | 4.29108 |
| 34.0 | 2.69009 | 3.05365 | 3.19889 | 3.51518 | 3.92711 | 4.30243 |
| 35.0 | 2.69744 | 3.06178 | 3.20733 | 3.52432 | 3.93717 | 4.31334 |
| 36.0 | 2.70452 | 3.06960 | 3.21545 | 3.53311 | 3.94685 | 4.32384 |
| 37.0 | 2.71133 | 3.07713 | 3.22328 | 3.54158 | 3.95617 | 4.33394 |
| 38.0 | 2.71789 | 3.08439 | 3.23082 | 3.54974 | 3.96515 | 4.34369 |
| 39.0 | 2.72422 | 3.09139 | 3.23809 | 3.55761 | 3.97382 | 4.35309 |
| 40.0 | 2.73034 | 3.09815 | 3.24511 | 3.56522 | 3.98219 | 4.36216 |
| 41.0 | 2.73625 | 3.10468 | 3.25190 | 3.57256 | 3.99028 | 4.37094 |
| 42.0 | 2.74196 | 3.11100 | 3.25847 | 3.57967 | 3.99811 | 4.37943 |
| 43.0 | 2.74749 | 3.11712 | 3.26482 | 3.58655 | 4.00568 | 4.38764 |
| 44.0 | 2.75285 | 3.12305 | 3.27098 | 3.59322 | 4.01302 | 4.39560 |
| 45.0 | 2.75804 | 3.12879 | 3.27695 | 3.59968 | 4.02013 | 4.40332 |
| 46.0 | 2.76308 | 3.13436 | 3.28273 | 3.60595 | 4.02703 | 4.41080 |
| 47.0 | 2.76797 | 3.13977 | 3.28835 | 3.61203 | 4.03373 | 4.41807 |
| 48.0 | 2.77272 | 3.14502 | 3.29381 | 3.61794 | 4.04024 | 4.42512 |
| 49.0 | 2.77734 | 3.15013 | 3.29911 | 3.62368 | 4.04656 | 4.43198 |
| 50.0 | 2.78182 | 3.15509 | 3.30427 | 3.62926 | 4.05271 | 4.43865 |
| 60.0 | 2.82080 | 3.19821 | 3.34907 | 3.67778 | 4.10613 | 4.49660 |
| 70.0 | 2.85168 | 3.23239 | 3.38459 | 3.71625 | 4.14850 | 4.54257 |
| 80.0 | 2.87698 | 3.26039 | 3.41369 | 3.74777 | 4.18322 | 4.58024 |
| 90.0 | 2.89820 | 3.28389 | 3.43811 | 3.77422 | 4.21236 | 4.61186 |
| 100.0 | 2.91636 | 3.30399 | 3.45901 | 3.79686 | 4.23731 | 4.63893 |
| 110.0 | 2.93212 | 3.32146 | 3.47716 | 3.81653 | 4.25898 | 4.66244 |
| 120.0 | 2.94599 | 3.33682 | 3.49313 | 3.83383 | 4.27804 | 4.68313 |

$\gamma = .10$

| $R_L$ \ n | .5000000 | .6000000 | .6500000 | .7000000 | .7500000 | .8000000 |
|---|---|---|---|---|---|---|
| 2.0 | −2.17625 | −1.28581 | −.92443 | −.60954 | −.33295 | −.08379 |
| 3.0 | −1.08866 | −.65024 | −.45108 | −.26085 | −.07533 | .11142 |
| 4.0 | −.81887 | −.46298 | −.29500 | −.12982 | .03632 | .20878 |
| 5.0 | −.68567 | −.36269 | −.20730 | −.05232 | .10584 | .27243 |
| 6.0 | −.60253 | −.29701 | −.14829 | .00127 | .15523 | .31880 |
| 7.0 | −.54418 | −.24941 | −.10479 | .04147 | .19291 | .35474 |
| 8.0 | −.50025 | −.21275 | −.07088 | .07319 | .22299 | .38373 |
| 9.0 | −.46561 | −.18333 | −.04341 | .09911 | .24778 | .40781 |
| 10.0 | −.43735 | −.15900 | −.02055 | .12084 | .26870 | .42826 |
| 11.0 | −.41373 | −.13844 | −.00111 | .13942 | .28667 | .44591 |
| 12.0 | −.39359 | −.12074 | .01570 | .15555 | .30235 | .46138 |
| 13.0 | −.37615 | −.10530 | .03042 | .16974 | .31619 | .47507 |
| 14.0 | −.36085 | −.09166 | .04347 | .18236 | .32854 | .48732 |
| 15.0 | −.34729 | −.07950 | .05514 | .19367 | .33964 | .49837 |
| 16.0 | −.33515 | −.06857 | .06565 | .20389 | .34969 | .50839 |
| 17.0 | −.32421 | −.05866 | .07520 | .21319 | .35886 | .51755 |
| 18.0 | −.31428 | −.04964 | .08393 | .22171 | .36726 | .52596 |
| 19.0 | −.30521 | −.04136 | .09193 | .22954 | .37501 | .53373 |
| 20.0 | −.29689 | −.03374 | .09932 | .23677 | .38217 | .54092 |
| 21.0 | −.28921 | −.02669 | .10616 | .24348 | .38883 | .54761 |
| 22.0 | −.28210 | −.02015 | .11253 | .24973 | .39504 | .55386 |
| 23.0 | −.27550 | −.01405 | .11847 | .25557 | .40085 | .55971 |
| 24.0 | −.26933 | −.00834 | .12403 | .26105 | .40630 | .56521 |
| 25.0 | −.26357 | −.00299 | .12925 | .26619 | .41142 | .57038 |
| 26.0 | −.25816 | .00203 | .13416 | .27103 | .41626 | .57526 |
| 27.0 | −.25307 | .00677 | .13879 | .27561 | .42082 | .57988 |
| 28.0 | −.24827 | .01125 | .14317 | .27994 | .42515 | .58426 |
| 29.0 | −.24373 | .01549 | .14733 | .28405 | .42926 | .58842 |
| 30.0 | −.23943 | .01951 | .15127 | .28795 | .43316 | .59238 |
| 31.0 | −.23536 | .02334 | .15502 | .29166 | .43688 | .59615 |
| 32.0 | −.23148 | .02697 | .15859 | .29520 | .44043 | .59975 |
| 33.0 | −.22779 | .03044 | .16200 | .29858 | .44381 | .60319 |
| 34.0 | −.22428 | .03375 | .16525 | .30181 | .44706 | .60648 |
| 35.0 | −.22092 | .03692 | .16837 | .30491 | .45016 | .60964 |
| 36.0 | −.21770 | .03995 | .17135 | .30787 | .45314 | .61267 |
| 37.0 | −.21463 | .04286 | .17421 | .31072 | .45600 | .61557 |
| 38.0 | −.21168 | .04565 | .17696 | .31345 | .45875 | .61837 |
| 39.0 | −.20884 | .04833 | .17960 | .31608 | .46139 | .62106 |
| 40.0 | −.20612 | .05091 | .18214 | .31861 | .46394 | .62366 |
| 41.0 | −.20351 | .05339 | .18459 | .32105 | .46639 | .62616 |
| 42.0 | −.20099 | .05578 | .18695 | .32340 | .46876 | .62858 |
| 43.0 | −.19856 | .05809 | .18923 | .32567 | .47105 | .63091 |
| 44.0 | −.19622 | .06032 | .19143 | .32787 | .47326 | .63317 |
| 45.0 | −.19396 | .06247 | .19356 | .32999 | .47540 | .63535 |
| 46.0 | −.19177 | .06455 | .19562 | .33204 | .47747 | .63747 |
| 47.0 | −.18966 | .06656 | .19761 | .33403 | .47948 | .63952 |
| 48.0 | −.18761 | .06851 | .19954 | .33596 | .48142 | .64151 |
| 49.0 | −.18563 | .07040 | .20141 | .33783 | .48331 | .64343 |
| 50.0 | −.18372 | .07224 | .20322 | .33964 | .48514 | .64531 |
| 60.0 | −.16732 | .08795 | .21880 | .35523 | .50091 | .66145 |
| 70.0 | −.15466 | .10015 | .23093 | .36740 | .51325 | .67410 |
| 80.0 | −.14449 | .10998 | .24071 | .37724 | .52324 | .68437 |
| 90.0 | −.13610 | .11812 | .24883 | .38541 | .53155 | .69293 |
| 100.0 | −.12902 | .12500 | .25571 | .39234 | .53861 | .70020 |
| 110.0 | −.12294 | .13093 | .26164 | .39832 | .54470 | .70649 |
| 120.0 | −.11764 | .13610 | .26681 | .40355 | .55003 | .71199 |

$\gamma$=.10

| $R_L$ \ n | .8500000 | .9000000 | .9500000 | .9900000 | .9950000 | .9990000 |
|---|---|---|---|---|---|---|
| 2.0 | .15337 | .40257 | .71734 | 1.22515 | 1.39733 | 1.74058 |
| 3.0 | .30876 | .53478 | .84005 | 1.36082 | 1.54215 | 1.90734 |
| 4.0 | .39642 | .61707 | .92238 | 1.45520 | 1.64277 | 2.02230 |
| 5.0 | .45623 | .67525 | .98218 | 1.52454 | 1.71668 | 2.10651 |
| 6.0 | .50079 | .71941 | 1.02822 | 1.57830 | 1.77399 | 2.17175 |
| 7.0 | .53580 | .75450 | 1.06516 | 1.62165 | 1.82020 | 2.22435 |
| 8.0 | .56432 | .78333 | 1.09570 | 1.65763 | 1.85858 | 2.26803 |
| 9.0 | .58818 | .80759 | 1.12153 | 1.68817 | 1.89115 | 2.30512 |
| 10.0 | .60854 | .82840 | 1.14378 | 1.71454 | 1.91929 | 2.33717 |
| 11.0 | .62621 | .84653 | 1.16322 | 1.73763 | 1.94395 | 2.36526 |
| 12.0 | .64173 | .86251 | 1.18041 | 1.75810 | 1.96580 | 2.39017 |
| 13.0 | .65553 | .87674 | 1.19576 | 1.77641 | 1.98536 | 2.41246 |
| 14.0 | .66790 | .88954 | 1.20958 | 1.79292 | 2.00301 | 2.43259 |
| 15.0 | .67907 | .90112 | 1.22213 | 1.80793 | 2.01905 | 2.45088 |
| 16.0 | .68924 | .91168 | 1.23358 | 1.82165 | 2.03372 | 2.46761 |
| 17.0 | .69855 | .92136 | 1.24409 | 1.83426 | 2.04720 | 2.48300 |
| 18.0 | .70711 | .93028 | 1.25379 | 1.84591 | 2.05965 | 2.49722 |
| 19.0 | .71502 | .93853 | 1.26277 | 1.85671 | 2.07121 | 2.51041 |
| 20.0 | .72236 | .94620 | 1.27113 | 1.86677 | 2.08197 | 2.52270 |
| 21.0 | .72920 | .95335 | 1.27893 | 1.87616 | 2.09203 | 2.53419 |
| 22.0 | .73559 | .96004 | 1.28624 | 1.88497 | 2.10145 | 2.54496 |
| 23.0 | .74158 | .96631 | 1.29310 | 1.89325 | 2.11031 | 2.55509 |
| 24.0 | .74721 | .97222 | 1.29956 | 1.90105 | 2.11866 | 2.56463 |
| 25.0 | .75252 | .97779 | 1.30566 | 1.90842 | 2.12655 | 2.57365 |
| 26.0 | .75754 | .98305 | 1.31143 | 1.91540 | 2.13403 | 2.58220 |
| 27.0 | .76228 | .98804 | 1.31690 | 1.92202 | 2.14111 | 2.59030 |
| 28.0 | .76678 | .99278 | 1.32209 | 1.92831 | 2.14785 | 2.59801 |
| 29.0 | .77106 | .99728 | 1.32704 | 1.93430 | 2.15427 | 2.60535 |
| 30.0 | .77514 | 1.00157 | 1.33175 | 1.94001 | 2.16039 | 2.61235 |
| 31.0 | .77902 | 1.00566 | 1.33625 | 1.94547 | 2.16623 | 2.61904 |
| 32.0 | .78273 | 1.00957 | 1.34055 | 1.95069 | 2.17183 | 2.62544 |
| 33.0 | .78628 | 1.01332 | 1.34467 | 1.95569 | 2.17718 | 2.63157 |
| 34.0 | .78968 | 1.01690 | 1.34862 | 1.96048 | 2.18232 | 2.63745 |
| 35.0 | .79294 | 1.02034 | 1.35241 | 1.96508 | 2.18725 | 2.64310 |
| 36.0 | .79607 | 1.02364 | 1.35605 | 1.96951 | 2.19200 | 2.64853 |
| 37.0 | .79907 | 1.02682 | 1.35955 | 1.97377 | 2.19656 | 2.65376 |
| 38.0 | .80196 | 1.02988 | 1.36292 | 1.97787 | 2.20096 | 2.65880 |
| 39.0 | .80475 | 1.03282 | 1.36617 | 1.98182 | 2.20520 | 2.66365 |
| 40.0 | .80743 | 1.03566 | 1.36931 | 1.98564 | 2.20929 | 2.66834 |
| 41.0 | .81002 | 1.03841 | 1.37233 | 1.98933 | 2.21324 | 2.67287 |
| 42.0 | .81253 | 1.04105 | 1.37526 | 1.99289 | 2.21707 | 2.67725 |
| 43.0 | .81494 | 1.04362 | 1.37809 | 1.99634 | 2.22076 | 2.68148 |
| 44.0 | .81728 | 1.04609 | 1.38083 | 1.99967 | 2.22434 | 2.68559 |
| 45.0 | .81955 | 1.04849 | 1.38348 | 2.00291 | 2.22781 | 2.68956 |
| 46.0 | .82174 | 1.05082 | 1.38605 | 2.00604 | 2.23117 | 2.69342 |
| 47.0 | .82387 | 1.05307 | 1.38854 | 2.00909 | 2.23444 | 2.69716 |
| 48.0 | .82593 | 1.05526 | 1.39096 | 2.01204 | 2.23760 | 2.70079 |
| 49.0 | .82793 | 1.05738 | 1.39331 | 2.01491 | 2.24068 | 2.70432 |
| 50.0 | .82987 | 1.05944 | 1.39559 | 2.01769 | 2.24367 | 2.70774 |
| 60.0 | .84665 | 1.07727 | 1.41536 | 2.04186 | 2.26961 | 2.73749 |
| 70.0 | .85983 | 1.09131 | 1.43095 | 2.06096 | 2.29011 | 2.76102 |
| 80.0 | .87055 | 1.10273 | 1.44366 | 2.07655 | 2.30686 | 2.78025 |
| 90.0 | .87949 | 1.11227 | 1.45429 | 2.08961 | 2.32088 | 2.79636 |
| 100.0 | .88709 | 1.12040 | 1.46335 | 2.10076 | 2.33286 | 2.81013 |
| 110.0 | .89367 | 1.12744 | 1.47121 | 2.11043 | 2.34326 | 2.82207 |
| 120.0 | .89943 | 1.13361 | 1.47810 | 2.11892 | 2.35239 | 2.83256 |

$\gamma = .10$

| $n$ \ $R_L$ | .9995000 | .9999000 | .9999500 | .9999900 | .9999990 | .9999999 |
|---|---|---|---|---|---|---|
| 2.0 | 1.87138 | 2.14759 | 2.25714 | 2.49459 | 2.80203 | 3.08087 |
| 3.0 | 2.04729 | 2.34378 | 2.46162 | 2.71734 | 3.04895 | 3.35002 |
| 4.0 | 2.16817 | 2.47771 | 2.60088 | 2.86839 | 3.21562 | 3.53113 |
| 5.0 | 2.25662 | 2.57547 | 2.70245 | 2.97839 | 3.33680 | 3.66263 |
| 6.0 | 2.32510 | 2.65110 | 2.78100 | 3.06340 | 3.43036 | 3.76411 |
| 7.0 | 2.38031 | 2.71204 | 2.84428 | 3.13185 | 3.50569 | 3.84579 |
| 8.0 | 2.42615 | 2.76263 | 2.89681 | 3.18867 | 3.56819 | 3.91355 |
| 9.0 | 2.46508 | 2.80559 | 2.94141 | 3.23691 | 3.62125 | 3.97106 |
| 10.0 | 2.49872 | 2.84271 | 2.97996 | 3.27859 | 3.66710 | 4.02076 |
| 11.0 | 2.52820 | 2.87525 | 3.01374 | 3.31513 | 3.70729 | 4.06432 |
| 12.0 | 2.55434 | 2.90410 | 3.04370 | 3.34753 | 3.74292 | 4.10295 |
| 13.0 | 2.57774 | 2.92993 | 3.07052 | 3.37654 | 3.77483 | 4.13753 |
| 14.0 | 2.59887 | 2.95325 | 3.09474 | 3.40273 | 3.80364 | 4.16876 |
| 15.0 | 2.61808 | 2.97446 | 3.11675 | 3.42655 | 3.82984 | 4.19716 |
| 16.0 | 2.63565 | 2.99386 | 3.13690 | 3.44834 | 3.85381 | 4.22315 |
| 17.0 | 2.65180 | 3.01170 | 3.15543 | 3.46838 | 3.87586 | 4.24705 |
| 18.0 | 2.66673 | 3.02819 | 3.17255 | 3.48690 | 3.89624 | 4.26914 |
| 19.0 | 2.68059 | 3.04349 | 3.18844 | 3.50409 | 3.91515 | 4.28964 |
| 20.0 | 2.69350 | 3.05774 | 3.20325 | 3.52011 | 3.93277 | 4.30875 |
| 21.0 | 2.70556 | 3.07107 | 3.21709 | 3.53509 | 3.94925 | 4.32661 |
| 22.0 | 2.71687 | 3.08357 | 3.23006 | 3.54913 | 3.96470 | 4.34337 |
| 23.0 | 2.72751 | 3.09532 | 3.24227 | 3.56234 | 3.97923 | 4.35912 |
| 24.0 | 2.73754 | 3.10640 | 3.25378 | 3.57479 | 3.99294 | 4.37398 |
| 25.0 | 2.74701 | 3.11687 | 3.26465 | 3.58656 | 4.00589 | 4.38802 |
| 26.0 | 2.75599 | 3.12679 | 3.27495 | 3.59770 | 4.01815 | 4.40132 |
| 27.0 | 2.76450 | 3.13620 | 3.28473 | 3.60828 | 4.02980 | 4.41395 |
| 28.0 | 2.77260 | 3.14515 | 3.29403 | 3.61834 | 4.04087 | 4.42595 |
| 29.0 | 2.78031 | 3.15367 | 3.30288 | 3.62793 | 4.05142 | 4.43739 |
| 30.0 | 2.78767 | 3.16180 | 3.31133 | 3.63707 | 4.06148 | 4.44830 |
| 31.0 | 2.79470 | 3.16957 | 3.31940 | 3.64580 | 4.07109 | 4.45873 |
| 32.0 | 2.80142 | 3.17701 | 3.32712 | 3.65416 | 4.08030 | 4.46871 |
| 33.0 | 2.80786 | 3.18413 | 3.33452 | 3.66217 | 4.08911 | 4.47827 |
| 34.0 | 2.81404 | 3.19096 | 3.34162 | 3.66986 | 4.09757 | 4.48744 |
| 35.0 | 2.81998 | 3.19753 | 3.34844 | 3.67724 | 4.10570 | 4.49625 |
| 36.0 | 2.82569 | 3.20384 | 3.35499 | 3.68434 | 4.11351 | 4.50473 |
| 37.0 | 2.83118 | 3.20991 | 3.36131 | 3.69117 | 4.12103 | 4.51288 |
| 38.0 | 2.83647 | 3.21577 | 3.36739 | 3.69775 | 4.12828 | 4.52074 |
| 39.0 | 2.84158 | 3.22141 | 3.37325 | 3.70410 | 4.13527 | 4.52832 |
| 40.0 | 2.84651 | 3.22686 | 3.37891 | 3.71023 | 4.14202 | 4.53564 |
| 41.0 | 2.85127 | 3.23212 | 3.38438 | 3.71615 | 4.14853 | 4.54271 |
| 42.0 | 2.85587 | 3.23721 | 3.38967 | 3.72188 | 4.15484 | 4.54955 |
| 43.0 | 2.86032 | 3.24214 | 3.39479 | 3.72742 | 4.16094 | 4.55617 |
| 44.0 | 2.86463 | 3.24691 | 3.39974 | 3.73278 | 4.16685 | 4.56258 |
| 45.0 | 2.86881 | 3.25153 | 3.40455 | 3.73798 | 4.17257 | 4.56879 |
| 46.0 | 2.87286 | 3.25601 | 3.40920 | 3.74303 | 4.17813 | 4.57481 |
| 47.0 | 2.87680 | 3.26036 | 3.41372 | 3.74792 | 4.18351 | 4.58065 |
| 48.0 | 2.88061 | 3.26459 | 3.41811 | 3.75267 | 4.18875 | 4.58633 |
| 49.0 | 2.88432 | 3.26869 | 3.42237 | 3.75729 | 4.19383 | 4.59184 |
| 50.0 | 2.88793 | 3.27268 | 3.42652 | 3.76178 | 4.19877 | 4.59720 |
| 60.0 | 2.91920 | 3.30729 | 3.46248 | 3.80072 | 4.24166 | 4.64373 |
| 70.0 | 2.94394 | 3.33467 | 3.49094 | 3.83154 | 4.27561 | 4.68056 |
| 80.0 | 2.96416 | 3.35706 | 3.51421 | 3.85675 | 4.30338 | 4.71069 |
| 90.0 | 2.98111 | 3.37583 | 3.53371 | 3.87788 | 4.32666 | 4.73596 |
| 100.0 | 2.99559 | 3.39187 | 3.55038 | 3.89594 | 4.34656 | 4.75755 |
| 110.0 | 3.00816 | 3.40578 | 3.56485 | 3.91162 | 4.36383 | 4.77629 |
| 120.0 | 3.01920 | 3.41801 | 3.57756 | 3.92540 | 4.37901 | 4.79277 |

$\gamma = .20$

| $R_L$ / $n$ | .5000000 | .6000000 | .6500000 | .7000000 | .7500000 | .8000000 |
|---|---|---|---|---|---|---|
| 2.0 | −.97325 | −.49282 | −.28503 | −.09088 | .09696 | .28764 |
| 3.0 | −.61237 | −.27587 | −.11588 | .04310 | .20548 | .37738 |
| 4.0 | −.48924 | −.18658 | −.03873 | .11075 | .26580 | .43213 |
| 5.0 | −.42081 | −.13296 | .00950 | .15470 | .30646 | .47034 |
| 6.0 | −.37540 | −.09578 | .04366 | .18649 | .33645 | .49908 |
| 7.0 | −.34232 | −.06793 | .06962 | .21097 | .35984 | .52175 |
| 8.0 | −.31679 | −.04599 | .09025 | .23061 | .37877 | .54025 |
| 9.0 | −.29630 | −.02812 | .10720 | .24685 | .39452 | .55574 |
| 10.0 | −.27936 | −.01317 | .12144 | .26058 | .40791 | .56897 |
| 11.0 | −.26505 | −.00042 | .13365 | .27239 | .41948 | .58045 |
| 12.0 | −.25274 | .01062 | .14426 | .28270 | .42960 | .59053 |
| 13.0 | −.24202 | .02032 | .15361 | .29180 | .43858 | .59948 |
| 14.0 | −.23256 | .02891 | .16192 | .29992 | .44660 | .60751 |
| 15.0 | −.22413 | .03661 | .16938 | .30723 | .45382 | .61475 |
| 16.0 | −.21656 | .04356 | .17613 | .31384 | .46039 | .62134 |
| 17.0 | −.20971 | .04986 | .18226 | .31987 | .46638 | .62737 |
| 18.0 | −.20348 | .05563 | .18788 | .32540 | .47188 | .63291 |
| 19.0 | −.19777 | .06092 | .19304 | .33049 | .47695 | .63802 |
| 20.0 | −.19251 | .06580 | .19782 | .33520 | .48165 | .64277 |
| 21.0 | −.18766 | .07033 | .20224 | .33958 | .48602 | .64719 |
| 22.0 | −.18316 | .07454 | .20637 | .34365 | .49009 | .65131 |
| 23.0 | −.17896 | .07846 | .21022 | .34747 | .49391 | .65518 |
| 24.0 | −.17504 | .08214 | .21383 | .35104 | .49749 | .65881 |
| 25.0 | −.17137 | .08559 | .21722 | .35441 | .50086 | .66223 |
| 26.0 | −.16792 | .08884 | .22041 | .35758 | .50405 | .66546 |
| 27.0 | −.16467 | .09191 | .22343 | .36058 | .50705 | .66852 |
| 28.0 | −.16161 | .09480 | .22628 | .36341 | .50990 | .67141 |
| 29.0 | −.15870 | .09755 | .22899 | .36610 | .51261 | .67417 |
| 30.0 | −.15595 | .10015 | .23156 | .36866 | .51518 | .67679 |
| 31.0 | −.15334 | .10263 | .23400 | .37110 | .51764 | .67928 |
| 32.0 | −.15086 | .10499 | .23633 | .37342 | .51997 | .68167 |
| 33.0 | −.14849 | .10724 | .23856 | .37564 | .52221 | .68395 |
| 34.0 | −.14623 | .10940 | .24068 | .37776 | .52435 | .68613 |
| 35.0 | −.14407 | .11145 | .24272 | .37979 | .52640 | .68822 |
| 36.0 | −.14200 | .11342 | .24467 | .38174 | .52836 | .69022 |
| 37.0 | −.14002 | .11532 | .24654 | .38361 | .53025 | .69215 |
| 38.0 | −.13812 | .11713 | .24834 | .38541 | .53206 | .69401 |
| 39.0 | −.13630 | .11888 | .25007 | .38714 | .53381 | .69579 |
| 40.0 | −.13454 | .12055 | .25173 | .38880 | .53549 | .69751 |
| 41.0 | −.13286 | .12217 | .25333 | .39041 | .53711 | .69917 |
| 42.0 | −.13123 | .12373 | .25488 | .39195 | .53868 | .70077 |
| 43.0 | −.12966 | .12523 | .25637 | .39345 | .54019 | .70232 |
| 44.0 | −.12815 | .12669 | .25781 | .39489 | .54165 | .70382 |
| 45.0 | −.12669 | .12809 | .25921 | .39629 | .54307 | .70526 |
| 46.0 | −.12528 | .12945 | .26056 | .39764 | .54443 | .70666 |
| 47.0 | −.12391 | .13076 | .26186 | .39895 | .54576 | .70802 |
| 48.0 | −.12259 | .13203 | .26313 | .40022 | .54705 | .70934 |
| 49.0 | −.12131 | .13327 | .26435 | .40145 | .54829 | .71062 |
| 50.0 | −.12007 | .13446 | .26554 | .40264 | .54950 | .71186 |
| 60.0 | −.10944 | .14473 | .27577 | .41291 | .55993 | .72257 |
| 70.0 | −.10122 | .15272 | .28373 | .42093 | .56809 | .73096 |
| 80.0 | −.09461 | .15915 | .29017 | .42742 | .57469 | .73776 |
| 90.0 | −.08914 | .16449 | .29551 | 43282 | .58019 | .74343 |
| 100.0 | −.08453 | .16901 | .30003 | .43739 | .58486 | .74825 |
| 110.0 | −.08056 | .17290 | .30393 | .44133 | .58889 | .75242 |
| 120.0 | −.07711 | .17629 | .30733 | .44478 | .59241 | .75606 |

$\gamma = .20$

| $n$ \ $R_L$ | .8500000 | .9000000 | .9500000 | .9900000 | .9950000 | .9990000 |
|---|---|---|---|---|---|---|
| 2.0 | .49377 | .73728 | 1.07699 | 1.67207 | 1.88149 | 2.30532 |
| 3.0 | .56869 | .79914 | 1.12597 | 1.71027 | 1.91850 | 2.34222 |
| 4.0 | .61926 | .84680 | 1.17239 | 1.76012 | 1.97067 | 2.40014 |
| 5.0 | .65583 | .88260 | 1.20882 | 1.80105 | 2.01387 | 2.44858 |
| 6.0 | .68384 | .91053 | 1.23781 | 1.83422 | 2.04900 | 2.48814 |
| 7.0 | .70620 | .93308 | 1.26148 | 1.86160 | 2.07804 | 2.52092 |
| 8.0 | .72459 | .95176 | 1.28125 | 1.88464 | 2.10251 | 2.54859 |
| 9.0 | .74007 | .96759 | 1.29809 | 1.90437 | 2.12349 | 2.57234 |
| 10.0 | .75336 | .98123 | 1.31267 | 1.92152 | 2.14174 | 2.59302 |
| 11.0 | .76493 | .99315 | 1.32545 | 1.93660 | 2.15781 | 2.61124 |
| 12.0 | .77512 | 1.00368 | 1.33679 | 1.95002 | 2.17210 | 2.62747 |
| 13.0 | .78420 | 1.01309 | 1.34693 | 1.96205 | 2.18493 | 2.64204 |
| 14.0 | .79235 | 1.02155 | 1.35608 | 1.97293 | 2.19653 | 2.65522 |
| 15.0 | .79973 | 1.02922 | 1.36439 | 1.98283 | 2.20710 | 2.66724 |
| 16.0 | .80644 | 1.03622 | 1.37198 | 1.99189 | 2.21677 | 2.67824 |
| 17.0 | .81260 | 1.04264 | 1.37896 | 2.00023 | 2.22567 | 2.68837 |
| 18.0 | .81826 | 1.04856 | 1.38540 | 2.00794 | 2.23390 | 2.69775 |
| 19.0 | .82350 | 1.05404 | 1.39137 | 2.01510 | 2.24155 | 2.70646 |
| 20.0 | .82837 | 1.05914 | 1.39692 | 2.02176 | 2.24867 | 2.71457 |
| 21.0 | .83290 | 1.06389 | 1.40211 | 2.02800 | 2.25533 | 2.72217 |
| 22.0 | .83714 | 1.06834 | 1.40697 | 2.03384 | 2.26158 | 2.72929 |
| 23.0 | .84111 | 1.07251 | 1.41154 | 2.03934 | 2.26745 | 2.73599 |
| 24.0 | .84485 | 1.07644 | 1.41584 | 2.04452 | 2.27299 | 2.74231 |
| 25.0 | .84837 | 1.08014 | 1.41990 | 2.04941 | 2.27823 | 2.74828 |
| 26.0 | .85170 | 1.08365 | 1.42374 | 2.05405 | 2.28319 | 2.75394 |
| 27.0 | .85485 | 1.08697 | 1.42738 | 2.05844 | 2.28789 | 2.75931 |
| 28.0 | .85784 | 1.09012 | 1.43084 | 2.06262 | 2.29237 | 2.76442 |
| 29.0 | .86068 | 1.09312 | 1.43413 | 2.06661 | 2.29663 | 2.76929 |
| 30.0 | .86339 | 1.09597 | 1.43727 | 2.07040 | 2.30069 | 2.77393 |
| 31.0 | .86597 | 1.09870 | 1.44027 | 2.07403 | 2.30458 | 2.77837 |
| 32.0 | .86844 | 1.10130 | 1.44314 | 2.07750 | 2.30829 | 2.78262 |
| 33.0 | .87079 | 1.10379 | 1.44588 | 2.08082 | 2.31185 | 2.78668 |
| 34.0 | .87305 | 1.10618 | 1.44851 | 2.08401 | 2.31526 | 2.79059 |
| 35.0 | .87522 | 1.10847 | 1.45103 | 2.08707 | 2.31854 | 2.79433 |
| 36.0 | .87729 | 1.11067 | 1.45346 | 2.09002 | 2.32169 | 2.79794 |
| 37.0 | .87929 | 1.11278 | 1.45579 | 2.09285 | 2.32473 | 2.80141 |
| 38.0 | .88121 | 1.11482 | 1.45804 | 2.09558 | 2.32765 | 2.80475 |
| 39.0 | .88307 | 1.11678 | 1.46020 | 2.09821 | 2.33047 | 2.80798 |
| 40.0 | .88485 | 1.11867 | 1.46229 | 2.10075 | 2.33319 | 2.81109 |
| 41.0 | .88657 | 1.12050 | 1.46431 | 2.10320 | 2.33582 | 2.81409 |
| 42.0 | .88823 | 1.12226 | 1.46625 | 2.10557 | 2.33836 | 2.81700 |
| 43.0 | .88984 | 1.12396 | 1.46814 | 2.10786 | 2.34081 | 2.81981 |
| 44.0 | .89140 | 1.12561 | 1.46996 | 2.11008 | 2.34319 | 2.82254 |
| 45.0 | .89290 | 1.12721 | 1.47173 | 2.11223 | 2.34550 | 2.82518 |
| 46.0 | .89436 | 1.12876 | 1.47344 | 2.11432 | 2.34773 | 2.82774 |
| 47.0 | .89577 | 1.13026 | 1.47510 | 2.11634 | 2.34990 | 2.83022 |
| 48.0 | .89714 | 1.13171 | 1.47671 | 2.11830 | 2.35201 | 2.83263 |
| 49.0 | .89847 | 1.13313 | 1.47828 | 2.12021 | 2.35405 | 2.83497 |
| 50.0 | .89976 | 1.13450 | 1.47980 | 2.12207 | 2.35604 | 2.83725 |
| 60.0 | .91091 | 1.14637 | 1.49296 | 2.13814 | 2.37328 | 2.85700 |
| 70.0 | .91967 | 1.15570 | 1.50333 | 2.15083 | 2.38690 | 2.87262 |
| 80.0 | .92679 | 1.16330 | 1.51178 | 2.16119 | 2.39803 | 2.88539 |
| 90.0 | .93272 | 1.16964 | 1.51885 | 2.16987 | 2.40734 | 2.89608 |
| 100.0 | .93777 | 1.17504 | 1.52487 | 2.17727 | 2.41530 | 2.90521 |
| 110.0 | .94213 | 1.17971 | 1.53009 | 2.18369 | 2.42220 | 2.91314 |
| 120.0 | .94596 | 1.18381 | 1.53467 | 2.18933 | 2.42825 | 2.92010 |

$\gamma = .20$

| $R_L$ / $n$ | .9995000 | .9999000 | .9999500 | .9999900 | .9999990 | .9999999 |
|---|---|---|---|---|---|---|
| 2.0 | 2.46833 | 2.81450 | 2.95235 | 3.25192 | 3.64109 | 3.99497 |
| 3.0 | 2.50572 | 2.85350 | 2.99215 | 3.29368 | 3.68572 | 4.04243 |
| 4.0 | 2.56610 | 2.91945 | 3.06041 | 3.36711 | 3.76609 | 4.12926 |
| 5.0 | 2.61674 | 2.97496 | 3.11793 | 3.42909 | 3.83403 | 4.20273 |
| 6.0 | 2.65812 | 3.02039 | 3.16502 | 3.47987 | 3.88972 | 4.26298 |
| 7.0 | 2.69244 | 3.05809 | 3.20411 | 3.52204 | 3.93598 | 4.31304 |
| 8.0 | 2.72141 | 3.08995 | 3.23715 | 3.55769 | 3.97510 | 4.35538 |
| 9.0 | 2.74630 | 3.11732 | 3.26554 | 3.58833 | 4.00873 | 4.39178 |
| 10.0 | 2.76796 | 3.14117 | 3.29027 | 3.61503 | 4.03805 | 4.42352 |
| 11.0 | 2.78706 | 3.16219 | 3.31208 | 3.63858 | 4.06391 | 4.45152 |
| 12.0 | 2.80407 | 3.18092 | 3.33152 | 3.65957 | 4.08696 | 4.47647 |
| 13.0 | 2.81935 | 3.19775 | 3.34898 | 3.67843 | 4.10768 | 4.49891 |
| 14.0 | 2.83318 | 3.21299 | 3.36479 | 3.69551 | 4.12644 | 4.51923 |
| 15.0 | 2.84578 | 3.22687 | 3.37920 | 3.71108 | 4.14354 | 4.53775 |
| 16.0 | 2.85732 | 3.23959 | 3.39240 | 3.72535 | 4.15922 | 4.55473 |
| 17.0 | 2.86795 | 3.25131 | 3.40457 | 3.73849 | 4.17367 | 4.57038 |
| 18.0 | 2.87779 | 3.26216 | 3.41582 | 3.75066 | 4.18704 | 4.58487 |
| 19.0 | 2.88693 | 3.27224 | 3.42628 | 3.76196 | 4.19947 | 4.59833 |
| 20.0 | 2.89544 | 3.28163 | 3.43604 | 3.77251 | 4.21106 | 4.61089 |
| 21.0 | 2.90341 | 3.29042 | 3.44516 | 3.78237 | 4.22190 | 4.62264 |
| 22.0 | 2.91089 | 3.29867 | 3.45373 | 3.79163 | 4.23208 | 4.63367 |
| 23.0 | 2.91792 | 3.30643 | 3.46179 | 3.80034 | 4.24166 | 4.64405 |
| 24.0 | 2.92456 | 3.31376 | 3.46939 | 3.80856 | 4.25070 | 4.65384 |
| 25.0 | 2.93083 | 3.32068 | 3.47657 | 3.81634 | 4.25925 | 4.66310 |
| 26.0 | 2.93677 | 3.32724 | 3.48338 | 3.82370 | 4.26735 | 4.67188 |
| 27.0 | 2.94241 | 3.33347 | 3.48985 | 3.83069 | 4.27504 | 4.68022 |
| 28.0 | 2.94777 | 3.33939 | 3.49600 | 3.83735 | 4.28235 | 4.68814 |
| 29.0 | 2.95288 | 3.34503 | 3.50186 | 3.84368 | 4.28932 | 4.69570 |
| 30.0 | 2.95776 | 3.35042 | 3.50745 | 3.84973 | 4.29598 | 4.70291 |
| 31.0 | 2.96242 | 3.35556 | 3.51280 | 3.85551 | 4.30233 | 4.70980 |
| 32.0 | 2.96688 | 3.36049 | 3.51791 | 3.86105 | 4.30842 | 4.71640 |
| 33.0 | 2.97115 | 3.36521 | 3.52281 | 3.86635 | 4.31425 | 4.72272 |
| 34.0 | 2.97525 | 3.36974 | 3.52752 | 3.87144 | 4.31985 | 4.72879 |
| 35.0 | 2.97919 | 3.37409 | 3.53203 | 3.87632 | 4.32523 | 4.73462 |
| 36.0 | 2.98298 | 3.37827 | 3.53638 | 3.88102 | 4.33040 | 4.74023 |
| 37.0 | 2.98662 | 3.38230 | 3.54056 | 3.88555 | 4.33538 | 4.74563 |
| 38.0 | 2.99013 | 3.38618 | 3.54459 | 3.88991 | 4.34018 | 4.75083 |
| 39.0 | 2.99352 | 3.38992 | 3.54848 | 3.89412 | 4.34481 | 4.75585 |
| 40.0 | 2.99679 | 3.39353 | 3.55223 | 3.89818 | 4.34928 | 4.76069 |
| 41.0 | 2.99995 | 3.39702 | 3.55586 | 3.90210 | 4.35359 | 4.76537 |
| 42.0 | 3.00300 | 3.40040 | 3.55936 | 3.90590 | 4.35777 | 4.76990 |
| 43.0 | 3.00596 | 3.40367 | 3.56276 | 3.90957 | 4.36181 | 4.77428 |
| 44.0 | 3.00882 | 3.40683 | 3.56604 | 3.91313 | 4.36573 | 4.77853 |
| 45.0 | 3.01159 | 3.40990 | 3.56923 | 3.91657 | 4.36952 | 4.78264 |
| 46.0 | 3.01428 | 3.41287 | 3.57232 | 3.91992 | 4.37320 | 4.78663 |
| 47.0 | 3.01689 | 3.41575 | 3.57531 | 3.92316 | 4.37677 | 4.79050 |
| 48.0 | 3.01943 | 3.41856 | 3.57822 | 3.92631 | 4.38024 | 4.79426 |
| 49.0 | 3.02189 | 3.42128 | 3.58105 | 3.92937 | 4.38360 | 4.79791 |
| 50.0 | 3.02428 | 3.42392 | 3.58380 | 3.93235 | 4.38688 | 4.80147 |
| 60.0 | 3.04504 | 3.44688 | 3.60765 | 3.95817 | 4.41531 | 4.83230 |
| 70.0 | 3.06146 | 3.46505 | 3.62653 | 3.97860 | 4.43781 | 4.85670 |
| 80.0 | 3.07488 | 3.47990 | 3.64196 | 3.99532 | 4.45621 | 4.87666 |
| 90.0 | 3.08613 | 3.49235 | 3.65489 | 4.00933 | 4.47164 | 4.89340 |
| 100.0 | 3.09573 | 3.50298 | 3.66595 | 4.02130 | 4.48483 | 4.90771 |
| 110.0 | 3.10407 | 3.51221 | 3.67553 | 4.03168 | 4.49627 | 4.92012 |
| 120.0 | 3.11139 | 3.52031 | 3.68396 | 4.04081 | 4.50633 | 4.93104 |

γ=.40

| $R_L$ / n | .5000000 | .6000000 | .6500000 | .7000000 | .7500000 | .8000000 |
|---|---|---|---|---|---|---|
| 2.0 | —.22975 | .09237 | .25457 | .42457 | .60878 | .81586 |
| 3.0 | —.16667 | .12012 | .26662 | .41983 | .58443 | .76726 |
| 4.0 | —.13834 | .13677 | .27796 | .42572 | .58435 | .76025 |
| 5.0 | —.12107 | .14826 | .28684 | .43195 | .58775 | .76048 |
| 6.0 | —.10908 | .15684 | .29387 | .43744 | .59161 | .76256 |
| 7.0 | —.10010 | .16356 | .29957 | .44214 | .59528 | .76509 |
| 8.0 | —.09304 | .16902 | .30431 | .44618 | .59860 | .76765 |
| 9.0 | —.08731 | .17356 | .30833 | .44969 | .60159 | .77008 |
| 10.0 | —.08252 | .17743 | .31180 | .45276 | .60427 | .77235 |
| 11.0 | —.07845 | .18078 | .31482 | .45548 | .60669 | .77445 |
| 12.0 | —.07493 | .18370 | .31749 | .45791 | .60887 | .77639 |
| 13.0 | —.07184 | .18630 | .31987 | .46009 | .61085 | .77817 |
| 14.0 | —.06911 | .18862 | .32201 | .46206 | .61267 | .77982 |
| 15.0 | —.06667 | .19070 | .32395 | .46386 | .61433 | .78135 |
| 16.0 | —.06447 | .19260 | .32572 | .46551 | .61586 | .78277 |
| 17.0 | —.06248 | .19433 | .32734 | .46702 | .61728 | .78410 |
| 18.0 | —.06066 | .19591 | .32883 | .46842 | .61860 | .78533 |
| 19.0 | —.05899 | .19738 | .33020 | .46972 | .61983 | .78649 |
| 20.0 | —.05745 | .19873 | .33148 | .47094 | .62098 | .78758 |
| 21.0 | —.05603 | .19999 | .33268 | .47207 | .62205 | .78861 |
| 22.0 | —.05470 | .20117 | .33379 | .47313 | .62307 | .78958 |
| 23.0 | —.05347 | .20227 | .33483 | .47412 | .62402 | .79049 |
| 24.0 | —.05232 | .20330 | .33582 | .47506 | .62492 | .79136 |
| 25.0 | —.05123 | .20427 | .33674 | .47595 | .62577 | .79218 |
| 26.0 | —.05022 | .20518 | .33762 | .47679 | .62658 | .79296 |
| 27.0 | —.04926 | .20605 | .33844 | .47759 | .62735 | .79371 |
| 28.0 | —.04835 | .20686 | .33923 | .47834 | .62808 | .79442 |
| 29.0 | —.04749 | .20764 | .33998 | .47906 | .62878 | .79510 |
| 30.0 | —.04668 | .20838 | .34069 | .47975 | .62945 | .79575 |
| 31.0 | —.04591 | .20908 | .34136 | .48040 | .63008 | .79637 |
| 32.0 | —.04517 | .20976 | .34201 | .48103 | .63069 | .79697 |
| 33.0 | —.04447 | .21040 | .34263 | .48163 | .63128 | .79754 |
| 34.0 | —.04380 | .21101 | .34322 | .48220 | .63184 | .79809 |
| 35.0 | —.04316 | .21160 | .34379 | .48276 | .63238 | .79862 |
| 36.0 | —.04255 | .21216 | .34433 | .48328 | .63289 | .79913 |
| 37.0 | —.04196 | .21270 | .34485 | .48379 | .63339 | .79962 |
| 38.0 | —.04140 | .21322 | .34536 | .48428 | .63387 | .80009 |
| 39.0 | —.04085 | .21372 | .34584 | .48476 | .63434 | .80055 |
| 40.0 | —.04033 | .21420 | .34631 | .48521 | .63479 | .80100 |
| 41.0 | —.03983 | .21467 | .34676 | .48565 | .63522 | .80142 |
| 42.0 | —.03935 | .21511 | .34720 | .48608 | .63564 | .80184 |
| 43.0 | —.03888 | .21555 | .34762 | .48649 | .63604 | .80224 |
| 44.0 | —.03843 | .21596 | .34802 | .48689 | .63643 | .80263 |
| 45.0 | —.03800 | .21637 | .34842 | .48727 | .63681 | .80301 |
| 46.0 | —.03758 | .21676 | .34880 | .48765 | .63718 | .80337 |
| 47.0 | —.03717 | .21714 | .34917 | .48801 | .63754 | .80373 |
| 48.0 | —.03678 | .21751 | .34952 | .48836 | .63789 | .80407 |
| 49.0 | —.03639 | .21786 | .34987 | .48870 | .63823 | .80441 |
| 50.0 | —.03602 | .21821 | .35021 | .48903 | .63855 | .80474 |
| 60.0 | —.03285 | .22118 | .35312 | .49190 | .64140 | .80758 |
| 70.0 | —.03040 | .22350 | .35540 | .49415 | .64364 | .80984 |
| 80.0 | —.02842 | .22538 | .35725 | .49599 | .64548 | .81169 |
| 90.0 | —.02679 | .22694 | .35879 | .49752 | .64702 | .81324 |
| 100.0 | —.02540 | .22826 | .36010 | .49883 | .64833 | .81457 |
| 110.0 | —.02421 | .22940 | .36123 | .49996 | .64946 | .81573 |
| 120.0 | —.02318 | .23040 | .36222 | .50094 | .65046 | .81674 |

$\gamma$=.40

| $R_L$ \ $n$ | .8500000 | .9000000 | .9500000 | .9900000 | .9950000 | .9990000 |
|---|---|---|---|---|---|---|
| 2.0 | 1.05979 | 1.36890 | 1.82659 | 2.67232 | 2.97779 | 3.60303 |
| 3.0 | .97998 | 1.24692 | 1.64048 | 2.37154 | 2.63724 | 3.18289 |
| 4.0 | .96455 | 1.22056 | 1.59798 | 2.30027 | 2.55596 | 3.08150 |
| 5.0 | .96101 | 1.21226 | 1.58274 | 2.27280 | 2.52424 | 3.04130 |
| 6.0 | .96101 | 1.20967 | 1.57643 | 2.26002 | 2.50922 | 3.02184 |
| 7.0 | .96225 | 1.20932 | 1.57383 | 2.25355 | 2.50143 | 3.01145 |
| 8.0 | .96394 | 1.20996 | 1.57299 | 2.25022 | 2.49726 | 3.00564 |
| 9.0 | .96576 | 1.21104 | 1.57306 | 2.24859 | 2.49507 | 3.00236 |
| 10.0 | .96757 | 1.21232 | 1.57360 | 2.24795 | 2.49404 | 3.00058 |
| 11.0 | .96933 | 1.21367 | 1.57441 | 2.24790 | 2.49372 | 2.99974 |
| 12.0 | .97099 | 1.21502 | 1.57536 | 2.24822 | 2.49384 | 2.99949 |
| 13.0 | .97256 | 1.21635 | 1.57637 | 2.24876 | 2.49424 | 2.99964 |
| 14.0 | .97404 | 1.21764 | 1.57742 | 2.24945 | 2.49483 | 3.00004 |
| 15.0 | .97543 | 1.21887 | 1.57846 | 2.25023 | 2.49553 | 3.00062 |
| 16.0 | .97674 | 1.22005 | 1.57949 | 2.25106 | 2.49631 | 3.00131 |
| 17.0 | .97797 | 1.22118 | 1.58050 | 2.25192 | 2.49713 | 3.00208 |
| 18.0 | .97912 | 1.22225 | 1.58147 | 2.25279 | 2.49798 | 3.00290 |
| 19.0 | .98022 | 1.22328 | 1.58242 | 2.25366 | 2.49883 | 3.00375 |
| 20.0 | .98125 | 1.22425 | 1.58333 | 2.25452 | 2.49969 | 3.00461 |
| 21.0 | .98222 | 1.22518 | 1.58421 | 2.25536 | 2.50054 | 3.00547 |
| 22.0 | .98315 | 1.22607 | 1.58506 | 2.25619 | 2.50137 | 3.00633 |
| 23.0 | .98403 | 1.22691 | 1.58588 | 2.25701 | 2.50220 | 3.00719 |
| 24.0 | .98487 | 1.22772 | 1.58667 | 2.25780 | 2.50300 | 3.00803 |
| 25.0 | .98566 | 1.22849 | 1.58743 | 2.25857 | 2.50379 | 3.00886 |
| 26.0 | .98642 | 1.22924 | 1.58816 | 2.25933 | 2.50456 | 3.00968 |
| 27.0 | .98715 | 1.22995 | 1.58886 | 2.26006 | 2.50531 | 3.01048 |
| 28.0 | .98784 | 1.23063 | 1.58954 | 2.26077 | 2.50604 | 3.01126 |
| 29.0 | .98851 | 1.23128 | 1.59020 | 2.26146 | 2.50675 | 3.01202 |
| 30.0 | .98914 | 1.23191 | 1.59083 | 2.26213 | 2.50744 | 3.01277 |
| 31.0 | .98975 | 1.23252 | 1.59144 | 2.26278 | 2.50812 | 3.01350 |
| 32.0 | .99034 | 1.23310 | 1.59203 | 2.26342 | 2.50877 | 3.01421 |
| 33.0 | .99091 | 1.23367 | 1.59261 | 2.26403 | 2.50941 | 3.01490 |
| 34.0 | .99145 | 1.23421 | 1.59316 | 2.26463 | 2.51004 | 3.01558 |
| 35.0 | .99197 | 1.23473 | 1.59369 | 2.26521 | 2.51064 | 3.01624 |
| 36.0 | .99248 | 1.23524 | 1.59421 | 2.26578 | 2.51123 | 3.01688 |
| 37.0 | .99297 | 1.23573 | 1.59472 | 2.26633 | 2.51181 | 3.01751 |
| 38.0 | .99344 | 1.23620 | 1.59521 | 2.26687 | 2.51237 | 3.01812 |
| 39.0 | .99390 | 1.23666 | 1.59568 | 2.26739 | 2.51291 | 3.01872 |
| 40.0 | .99434 | 1.23711 | 1.59614 | 2.26790 | 2.51344 | 3.01930 |
| 41.0 | .99476 | 1.23754 | 1.59659 | 2.26840 | 2.51396 | 3.01987 |
| 42.0 | .99518 | 1.23796 | 1.59702 | 2.26888 | 2.51447 | 3.02043 |
| 43.0 | .99558 | 1.23837 | 1.59744 | 2.26935 | 2.51496 | 3.02097 |
| 44.0 | .99597 | 1.23876 | 1.59785 | 2.26981 | 2.51544 | 3.02151 |
| 45.0 | .99635 | 1.23914 | 1.59825 | 2.27026 | 2.51591 | 3.02203 |
| 46.0 | .99672 | 1.23952 | 1.59864 | 2.27070 | 2.51637 | 3.02253 |
| 47.0 | .99707 | 1.23988 | 1.59902 | 2.27112 | 2.51682 | 3.02303 |
| 48.0 | .99742 | 1.24023 | 1.59939 | 2.27154 | 2.51726 | 3.02352 |
| 49.0 | .99776 | 1.24058 | 1.59976 | 2.27195 | 2.51769 | 3.02399 |
| 50.0 | .99809 | 1.24091 | 1.60011 | 2.27235 | 2.51811 | 3.02446 |
| 60.0 | 1.00096 | 1.24386 | 1.60322 | 2.27589 | 2.52184 | 3.02861 |
| 70.0 | 1.00325 | 1.24622 | 1.60573 | 2.27880 | 2.52491 | 3.03205 |
| 80.0 | 1.00514 | 1.24818 | 1.60783 | 2.28124 | 2.52750 | 3.03495 |
| 90.0 | 1.00673 | 1.24984 | 1.60961 | 2.28333 | 2.52971 | 3.03744 |
| 100.0 | 1.00809 | 1.25126 | 1.61115 | 2.28514 | 2.53163 | 3.03961 |
| 110.0 | 1.00928 | 1.25250 | 1.61250 | 2.28673 | 2.53333 | 3.04153 |
| 120.0 | 1.01033 | 1.25360 | 1.61369 | 2.28814 | 2.53483 | 3.04323 |

$\gamma = .40$

| $R_L$ / $n$ | .9995000 | .9999000 | .9999500 | .9999900 | .9999990 | .9999999 |
|---|---|---|---|---|---|---|
| 2.0 | 3.84528 | 4.36193 | 4.56833 | 5.01789 | 5.60350 | 6.13716 |
| 3.0 | 3.39473 | 3.84706 | 4.02791 | 4.42202 | 4.93572 | 5.40407 |
| 4.0 | 3.28567 | 3.72178 | 3.89621 | 4.27639 | 4.77205 | 5.22405 |
| 5.0 | 3.24223 | 3.67155 | 3.84328 | 4.21763 | 4.70578 | 5.15098 |
| 6.0 | 3.22110 | 3.64689 | 3.81723 | 4.18858 | 4.67286 | 5.11457 |
| 7.0 | 3.20973 | 3.63346 | 3.80299 | 4.17261 | 4.65466 | 5.09437 |
| 8.0 | 3.20330 | 3.62575 | 3.79478 | 4.16332 | 4.64399 | 5.08246 |
| 9.0 | 3.19962 | 3.62123 | 3.78993 | 4.15777 | 4.63756 | 5.07524 |
| 10.0 | 3.19757 | 3.61862 | 3.78710 | 4.15448 | 4.63368 | 5.07084 |
| 11.0 | 3.19653 | 3.61720 | 3.78554 | 4.15260 | 4.63141 | 5.06822 |
| 12.0 | 3.19616 | 3.61656 | 3.78479 | 4.15164 | 4.63019 | 5.06677 |
| 13.0 | 3.19621 | 3.61643 | 3.78460 | 4.15131 | 4.62968 | 5.06612 |
| 14.0 | 3.19655 | 3.61665 | 3.78477 | 4.15139 | 4.62966 | 5.06601 |
| 15.0 | 3.19709 | 3.61711 | 3.78521 | 4.15177 | 4.62997 | 5.06627 |
| 16.0 | 3.19775 | 3.61773 | 3.78581 | 4.15235 | 4.63052 | 5.06681 |
| 17.0 | 3.19851 | 3.61847 | 3.78654 | 4.15307 | 4.63124 | 5.06753 |
| 18.0 | 3.19932 | 3.61928 | 3.78735 | 4.15389 | 4.63208 | 5.06838 |
| 19.0 | 3.20017 | 3.62013 | 3.78822 | 4.15477 | 4.63299 | 5.06933 |
| 20.0 | 3.20104 | 3.62102 | 3.78912 | 4.15570 | 4.63396 | 5.07034 |
| 21.0 | 3.20191 | 3.62193 | 3.79004 | 4.15665 | 4.63496 | 5.07139 |
| 22.0 | 3.20279 | 3.62284 | 3.79097 | 4.15762 | 4.63599 | 5.07247 |
| 23.0 | 3.20366 | 3.62376 | 3.79190 | 4.15860 | 4.63702 | 5.07356 |
| 24.0 | 3.20453 | 3.62466 | 3.79282 | 4.15957 | 4.63805 | 5.07466 |
| 25.0 | 3.20538 | 3.62556 | 3.79374 | 4.16053 | 4.63909 | 5.07575 |
| 26.0 | 3.20621 | 3.62645 | 3.79465 | 4.16149 | 4.64011 | 5.07684 |
| 27.0 | 3.20703 | 3.62732 | 3.79554 | 4.16243 | 4.64112 | 5.07791 |
| 28.0 | 3.20784 | 3.62817 | 3.79642 | 4.16336 | 4.64211 | 5.07897 |
| 29.0 | 3.20862 | 3.62901 | 3.79728 | 4.16427 | 4.64310 | 5.08002 |
| 30.0 | 3.20939 | 3.62983 | 3.79813 | 4.16516 | 4.64406 | 5.08105 |
| 31.0 | 3.21014 | 3.63064 | 3.79895 | 4.16604 | 4.64500 | 5.08206 |
| 32.0 | 3.21088 | 3.63143 | 3.79976 | 4.16690 | 4.64593 | 5.08305 |
| 33.0 | 3.21159 | 3.63219 | 3.80055 | 4.16774 | 4.64684 | 5.08402 |
| 34.0 | 3.21229 | 3.63295 | 3.80133 | 4.16857 | 4.64773 | 5.08498 |
| 35.0 | 3.21298 | 3.63368 | 3.80208 | 4.16937 | 4.64860 | 5.08591 |
| 36.0 | 3.21364 | 3.63440 | 3.80282 | 4.17016 | 4.64946 | 5.08683 |
| 37.0 | 3.21429 | 3.63510 | 3.80355 | 4.17093 | 4.65029 | 5.08772 |
| 38.0 | 3.21493 | 3.63579 | 3.80425 | 4.17168 | 4.65111 | 5.08860 |
| 39.0 | 3.21555 | 3.63646 | 3.80494 | 4.17242 | 4.65191 | 5.08946 |
| 40.0 | 3.21616 | 3.63711 | 3.80562 | 4.17314 | 4.65269 | 5.09030 |
| 41.0 | 3.21675 | 3.63775 | 3.80628 | 4.17385 | 4.65346 | 5.09112 |
| 42.0 | 3.21733 | 3.63838 | 3.80693 | 4.17454 | 4.65421 | 5.09192 |
| 43.0 | 3.21789 | 3.63899 | 3.80756 | 4.17521 | 4.65494 | 5.09271 |
| 44.0 | 3.21844 | 3.63959 | 3.80818 | 4.17587 | 4.65566 | 5.09348 |
| 45.0 | 3.21898 | 3.64018 | 3.80878 | 4.17652 | 4.65636 | 5.09424 |
| 46.0 | 3.21951 | 3.64075 | 3.80937 | 4.17715 | 4.65705 | 5.09498 |
| 47.0 | 3.22003 | 3.64131 | 3.80995 | 4.17777 | 4.65772 | 5.09570 |
| 48.0 | 3.22053 | 3.64186 | 3.81052 | 4.17838 | 4.65838 | 5.09641 |
| 49.0 | 3.22103 | 3.64239 | 3.81107 | 4.17897 | 4.65903 | 5.09711 |
| 50.0 | 3.22151 | 3.64292 | 3.81161 | 4.17955 | 4.65966 | 5.09779 |
| 60.0 | 3.22584 | 3.64764 | 3.81649 | 4.18478 | 4.66536 | 5.10393 |
| 70.0 | 3.22943 | 3.65155 | 3.82054 | 4.18914 | 4.67012 | 5.10906 |
| 80.0 | 3.23246 | 3.65487 | 3.82398 | 4.19283 | 4.67416 | 5.11342 |
| 90.0 | 3.23506 | 3.65773 | 3.82693 | 4.19601 | 4.67764 | 5.11718 |
| 100.0 | 3.23734 | 3.66022 | 3.82951 | 4.19879 | 4.68069 | 5.12047 |
| 110.0 | 3.23934 | 3.66242 | 3.83179 | 4.20125 | 4.68338 | 5.12338 |
| 120.0 | 3.24112 | 3.66438 | 3.83383 | 4.20344 | 4.68578 | 5.12598 |

$\gamma = .50$

| $R_L$ / $n$ | .5000000 | .6000000 | .6500000 | .7000000 | .7500000 | .8000000 |
|---|---|---|---|---|---|---|
| 2.0 | .00000 | .32031 | .49223 | .67899 | .88735 | 1.12703 |
| 3.0 | .00000 | .28667 | .43745 | .59798 | .77324 | .97068 |
| 4.0 | .00000 | .27540 | .41962 | .57246 | .73847 | .92456 |
| 5.0 | .00000 | .26979 | .41083 | .56002 | .72173 | .90263 |
| 6.0 | .00000 | .26645 | .40561 | .55268 | .71191 | .88984 |
| 7.0 | .00000 | .26423 | .40216 | .54784 | .70546 | .88147 |
| 8.0 | .00000 | .26265 | .39971 | .54441 | .70091 | .87557 |
| 9.0 | .00000 | .26148 | .39788 | .54186 | .69752 | .87119 |
| 10.0 | .00000 | .26056 | .39646 | .53988 | .69490 | .86781 |
| 11.0 | .00000 | .25983 | .39533 | .53830 | .69281 | .86512 |
| 12.0 | .00000 | .25924 | .39441 | .53702 | .69111 | .86294 |
| 13.0 | .00000 | .25874 | .39364 | .53595 | .68970 | .86112 |
| 14.0 | .00000 | .25832 | .39300 | .53505 | .68851 | .85959 |
| 15.0 | .00000 | .25796 | .39244 | .53428 | .68749 | .85828 |
| 16.0 | .00000 | .25765 | .39196 | .53361 | .68661 | .85715 |
| 17.0 | .00000 | .25738 | .39154 | .53303 | .68584 | .85616 |
| 18.0 | .00000 | .25714 | .39117 | .53252 | .68517 | .85530 |
| 19.0 | .00000 | .25693 | .39085 | .53206 | .68457 | .85452 |
| 20.0 | .00000 | .25674 | .39055 | .53165 | .68403 | .85384 |
| 21.0 | .00000 | .25657 | .39029 | .53129 | .68355 | .85322 |
| 22.0 | .00000 | .25641 | .39005 | .53096 | .68311 | .85266 |
| 23.0 | .00000 | .25627 | .38983 | .53066 | .68272 | .85215 |
| 24.0 | .00000 | .25615 | .38964 | .53038 | .68235 | .85169 |
| 25.0 | .00000 | .25603 | .38946 | .53013 | .68202 | .85126 |
| 26.0 | .00000 | .25592 | .38929 | .52990 | .68172 | .85087 |
| 27.0 | .00000 | .25582 | .38914 | .52969 | .68144 | .85051 |
| 28.0 | .00000 | .25573 | .38899 | .52949 | .68118 | .85018 |
| 29.0 | .00000 | .25564 | .38886 | .52931 | .68094 | .84987 |
| 30.0 | .00000 | .25556 | .38874 | .52914 | .68071 | .84958 |
| 31.0 | .00000 | .25549 | .38862 | .52898 | .68050 | .84932 |
| 32.0 | .00000 | .25542 | .38852 | .52883 | .68031 | .84907 |
| 33.0 | .00000 | .25536 | .38842 | .52869 | .68013 | .84883 |
| 34.0 | .00000 | .25529 | .38832 | .52856 | .67995 | .84861 |
| 35.0 | .00000 | .25524 | .38823 | .52844 | .67979 | .84840 |
| 36.0 | .00000 | .25518 | .38815 | .52832 | .67964 | .84821 |
| 37.0 | .00000 | .25513 | .38807 | .52821 | .67950 | .84802 |
| 38.0 | .00000 | .25508 | .38800 | .52811 | .67936 | .84785 |
| 39.0 | .00000 | .25504 | .38793 | .52801 | .67923 | .84768 |
| 40.0 | .00000 | .25499 | .38786 | .52792 | .67911 | .84753 |
| 41.0 | .00000 | .25495 | .38779 | .52783 | .67899 | .84738 |
| 42.0 | .00000 | .25491 | .38773 | .52774 | .67888 | .84724 |
| 43.0 | .00000 | .25488 | .38768 | .52766 | .67878 | .84710 |
| 44.0 | .00000 | .25484 | .38762 | .52759 | .67868 | .84698 |
| 45.0 | .00000 | .25481 | .38757 | .52751 | .67858 | .84685 |
| 46.0 | .00000 | .25477 | .38752 | .52744 | .67849 | .84674 |
| 47.0 | .00000 | .25474 | .38747 | .52738 | .67840 | .84662 |
| 48.0 | .00000 | .25471 | .38742 | .52731 | .67832 | .84652 |
| 49.0 | .00000 | .25468 | .38738 | .52725 | .67824 | .84641 |
| 50.0 | .00000 | .25466 | .38734 | .52720 | .67816 | .84632 |
| 60.0 | .00000 | .25443 | .38700 | .52672 | .67754 | .84552 |
| 70.0 | .00000 | .25428 | .38675 | .52638 | .67709 | .84495 |
| 80.0 | .00000 | .25416 | .38657 | .52613 | .67676 | .84453 |
| 90.0 | .00000 | .25407 | .38643 | .52594 | .67651 | .84420 |
| 100.0 | .00000 | .25399 | .38632 | .52578 | .67630 | .84394 |
| 110.0 | .00000 | .25393 | .38623 | .52565 | .67614 | .84373 |
| 120.0 | .00000 | .25389 | .38615 | .52555 | .67600 | .84355 |

$\gamma=.50$

| $n$ \ $R_L$ | .8500000 | .9000000 | .9500000 | .9900000 | .9950000 | .9990000 |
|---|---|---|---|---|---|---|
| 2.0 | 1.41451 | 1.78422 | 2.33873 | 3.37597 | 3.75294 | 4.52669 |
| 3.0 | 1.20329 | 1.49848 | 1.93842 | 2.76448 | 3.06643 | 3.68821 |
| 4.0 | 1.14282 | 1.41887 | 1.82951 | 2.60082 | 2.88304 | 3.46458 |
| 5.0 | 1.11439 | 1.38182 | 1.77928 | 2.52577 | 2.79900 | 3.36214 |
| 6.0 | 1.09791 | 1.36046 | 1.75046 | 2.48284 | 2.75094 | 3.30358 |
| 7.0 | 1.08717 | 1.34659 | 1.73179 | 2.45508 | 2.71987 | 3.26572 |
| 8.0 | 1.07961 | 1.33685 | 1.71872 | 2.43567 | 2.69814 | 3.23925 |
| 9.0 | 1.07401 | 1.32965 | 1.70908 | 2.42134 | 2.68210 | 3.21971 |
| 10.0 | 1.06970 | 1.32410 | 1.70163 | 2.41032 | 2.66978 | 3.20469 |
| 11.0 | 1.06627 | 1.31970 | 1.69574 | 2.40160 | 2.66001 | 3.19279 |
| 12.0 | 1.06348 | 1.31613 | 1.69096 | 2.39451 | 2.65209 | 3.18313 |
| 13.0 | 1.06117 | 1.31316 | 1.68700 | 2.38864 | 2.64552 | 3.17514 |
| 14.0 | 1.05923 | 1.31067 | 1.68366 | 2.38371 | 2.64000 | 3.16841 |
| 15.0 | 1.05756 | 1.30854 | 1.68082 | 2.37949 | 2.63528 | 3.16266 |
| 16.0 | 1.05612 | 1.30670 | 1.67836 | 2.37586 | 2.63121 | 3.15771 |
| 17.0 | 1.05487 | 1.30509 | 1.67621 | 2.37268 | 2.62767 | 3.15339 |
| 18.0 | 1.05377 | 1.30368 | 1.67433 | 2.36990 | 2.62455 | 3.14958 |
| 19.0 | 1.05279 | 1.30243 | 1.67266 | 2.36742 | 2.62178 | 3.14621 |
| 20.0 | 1.05191 | 1.30131 | 1.67116 | 2.36522 | 2.61931 | 3.14320 |
| 21.0 | 1.05113 | 1.30030 | 1.66982 | 2.36323 | 2.61709 | 3.14050 |
| 22.0 | 1.05042 | 1.29939 | 1.66861 | 2.36144 | 2.61509 | 3.13806 |
| 23.0 | 1.04977 | 1.29857 | 1.66752 | 2.35982 | 2.61327 | 3.13585 |
| 24.0 | 1.04918 | 1.29782 | 1.66651 | 2.35834 | 2.61162 | 3.13383 |
| 25.0 | 1.04865 | 1.29713 | 1.66560 | 2.35698 | 2.61010 | 3.13199 |
| 26.0 | 1.04815 | 1.29650 | 1.66475 | 2.35574 | 2.60871 | 3.13029 |
| 27.0 | 1.04769 | 1.29592 | 1.66398 | 2.35459 | 2.60742 | 3.12872 |
| 28.0 | 1.04727 | 1.29538 | 1.66326 | 2.35353 | 2.60624 | 3.12728 |
| 29.0 | 1.04688 | 1.29488 | 1.66259 | 2.35255 | 2.60514 | 3.12594 |
| 30.0 | 1.04652 | 1.29441 | 1.66197 | 2.35163 | 2.60411 | 3.12469 |
| 31.0 | 1.04618 | 1.29398 | 1.66140 | 2.35078 | 2.60316 | 3.12352 |
| 32.0 | 1.04586 | 1.29357 | 1.66086 | 2.34998 | 2.60226 | 3.12244 |
| 33.0 | 1.04556 | 1.29319 | 1.66035 | 2.34923 | 2.60143 | 3.12142 |
| 34.0 | 1.04528 | 1.29284 | 1.65988 | 2.34853 | 2.60064 | 3.12046 |
| 35.0 | 1.04502 | 1.29250 | 1.65943 | 2.34787 | 2.59990 | 3.11956 |
| 36.0 | 1.04477 | 1.29219 | 1.65901 | 2.34725 | 2.59921 | 3.11871 |
| 37.0 | 1.04454 | 1.29189 | 1.65861 | 2.34666 | 2.59855 | 3.11791 |
| 38.0 | 1.04432 | 1.29161 | 1.65823 | 2.34610 | 2.59793 | 3.11716 |
| 39.0 | 1.04411 | 1.29134 | 1.65788 | 2.34558 | 2.59734 | 3.11644 |
| 40.0 | 1.04391 | 1.29109 | 1.65754 | 2.34508 | 2.59678 | 3.11576 |
| 41.0 | 1.04372 | 1.29085 | 1.65722 | 2.34461 | 2.59626 | 3.11512 |
| 42.0 | 1.04354 | 1.29062 | 1.65692 | 2.34416 | 2.59575 | 3.11450 |
| 43.0 | 1.04337 | 1.29040 | 1.65663 | 2.34373 | 2.59527 | 3.11392 |
| 44.0 | 1.04321 | 1.29019 | 1.65635 | 2.34332 | 2.59482 | 3.11337 |
| 45.0 | 1.04306 | 1.28999 | 1.65609 | 2.34293 | 2.59438 | 3.11283 |
| 46.0 | 1.04291 | 1.28981 | 1.65584 | 2.34256 | 2.59397 | 3.11233 |
| 47.0 | 1.04277 | 1.28962 | 1.65559 | 2.34221 | 2.59357 | 3.11184 |
| 48.0 | 1.04263 | 1.28945 | 1.65536 | 2.34187 | 2.59319 | 3.11138 |
| 49.0 | 1.04250 | 1.28929 | 1.65514 | 2.34154 | 2.59282 | 3.11094 |
| 50.0 | 1.04238 | 1.28913 | 1.65493 | 2.34123 | 2.59247 | 3.11051 |
| 60.0 | 1.04136 | 1.28784 | 1.65321 | 2.33869 | 2.58963 | 3.10705 |
| 70.0 | 1.04065 | 1.28692 | 1.65199 | 2.33689 | 2.58762 | 3.10460 |
| 80.0 | 1.04011 | 1.28624 | 1.65109 | 2.33555 | 2.58612 | 3.10277 |
| 90.0 | 1.03970 | 1.28571 | 1.65038 | 2.33451 | 2.58496 | 3.10136 |
| 100.0 | 1.03936 | 1.28529 | 1.64982 | 2.33368 | 2.58403 | 3.10023 |
| 110.0 | 1.03910 | 1.28494 | 1.64937 | 2.33301 | 2.58328 | 3.09931 |
| 120.0 | 1.03887 | 1.28466 | 1.64898 | 2.33245 | 2.58265 | 3.09854 |

$\gamma = .50$

| $R_L$ / $n$ | .9995000 | .9999000 | .9999500 | .9999900 | .9999990 | .9999999 |
|---|---|---|---|---|---|---|
| 2.0 | 4.82701 | 5.46829 | 5.72470 | 6.28347 | 7.01187 | 7.67605 |
| 3.0 | 3.93004 | 4.44705 | 4.65395 | 5.10509 | 5.69358 | 6.23048 |
| 4.0 | 3.69087 | 4.17481 | 4.36851 | 4.79097 | 5.34216 | 5.84511 |
| 5.0 | 3.58132 | 4.05011 | 4.23777 | 4.64708 | 5.18117 | 5.66855 |
| 6.0 | 3.51869 | 3.97881 | 4.16302 | 4.56480 | 5.08910 | 5.56757 |
| 7.0 | 3.47820 | 3.93272 | 4.11469 | 4.51160 | 5.02957 | 5.50228 |
| 8.0 | 3.44989 | 3.90049 | 4.08089 | 4.47441 | 4.98795 | 5.45662 |
| 9.0 | 3.42899 | 3.87670 | 4.05595 | 4.44694 | 4.95721 | 5.42291 |
| 10.0 | 3.41293 | 3.85842 | 4.03677 | 4.42584 | 4.93359 | 5.39700 |
| 11.0 | 3.40021 | 3.84393 | 4.02158 | 4.40911 | 4.91487 | 5.37646 |
| 12.0 | 3.38988 | 3.83217 | 4.00925 | 4.39554 | 4.89967 | 5.35979 |
| 13.0 | 3.38132 | 3.82243 | 3.99904 | 4.38429 | 4.88709 | 5.34599 |
| 14.0 | 3.37413 | 3.81423 | 3.99044 | 4.37483 | 4.87650 | 5.33437 |
| 15.0 | 3.36798 | 3.80724 | 3.98311 | 4.36676 | 4.86746 | 5.32445 |
| 16.0 | 3.36268 | 3.80120 | 3.97678 | 4.35979 | 4.85966 | 5.31590 |
| 17.0 | 3.35806 | 3.79594 | 3.97126 | 4.35371 | 4.85286 | 5.30843 |
| 18.0 | 3.35399 | 3.79131 | 3.96640 | 4.34836 | 4.84687 | 5.30187 |
| 19.0 | 3.35039 | 3.78720 | 3.96210 | 4.34363 | 4.84157 | 5.29605 |
| 20.0 | 3.34717 | 3.78354 | 3.95826 | 4.33940 | 4.83683 | 5.29085 |
| 21.0 | 3.34428 | 3.78025 | 3.95481 | 4.33560 | 4.83258 | 5.28619 |
| 22.0 | 3.34167 | 3.77728 | 3.95169 | 4.33217 | 4.82874 | 5.28198 |
| 23.0 | 3.33931 | 3.77458 | 3.94886 | 4.32905 | 4.82526 | 5.27815 |
| 24.0 | 3.33715 | 3.77212 | 3.94629 | 4.32622 | 4.82208 | 5.27467 |
| 25.0 | 3.33517 | 3.76988 | 3.94393 | 4.32362 | 4.81917 | 5.27148 |
| 26.0 | 3.33336 | 3.76781 | 3.94176 | 4.32123 | 4.81650 | 5.26855 |
| 27.0 | 3.33168 | 3.76590 | 3.93976 | 4.31903 | 4.81404 | 5.26584 |
| 28.0 | 3.33014 | 3.76414 | 3.93791 | 4.31700 | 4.81176 | 5.26335 |
| 29.0 | 3.32870 | 3.76251 | 3.93620 | 4.31511 | 4.80965 | 5.26103 |
| 30.0 | 3.32737 | 3.76099 | 3.93461 | 4.31336 | 4.80768 | 5.25887 |
| 31.0 | 3.32612 | 3.75957 | 3.93312 | 4.31172 | 4.80585 | 5.25686 |
| 32.0 | 3.32496 | 3.75824 | 3.93173 | 4.31019 | 4.80414 | 5.25498 |
| 33.0 | 3.32387 | 3.75700 | 3.93043 | 4.30876 | 4.80253 | 5.25322 |
| 34.0 | 3.32285 | 3.75584 | 3.92921 | 4.30741 | 4.80103 | 5.25157 |
| 35.0 | 3.32188 | 3.75474 | 3.92806 | 4.30615 | 4.79961 | 5.25002 |
| 36.0 | 3.32098 | 3.75371 | 3.92698 | 4.30495 | 4.79828 | 5.24855 |
| 37.0 | 3.32012 | 3.75274 | 3.92595 | 4.30383 | 4.79702 | 5.24717 |
| 38.0 | 3.31931 | 3.75181 | 3.92499 | 4.30277 | 4.79583 | 5.24586 |
| 39.0 | 3.31855 | 3.75094 | 3.92407 | 4.30176 | 4.79470 | 5.24463 |
| 40.0 | 3.31782 | 3.75012 | 3.92321 | 4.30080 | 4.79363 | 5.24345 |
| 41.0 | 3.31713 | 3.74933 | 3.92238 | 4.29990 | 4.79262 | 5.24234 |
| 42.0 | 3.31648 | 3.74858 | 3.92160 | 4.29903 | 4.79165 | 5.24128 |
| 43.0 | 3.31585 | 3.74787 | 3.92085 | 4.29821 | 4.79073 | 5.24027 |
| 44.0 | 3.31526 | 3.74720 | 3.92014 | 4.29743 | 4.78986 | 5.23931 |
| 45.0 | 3.31469 | 3.74655 | 3.91947 | 4.29669 | 4.78902 | 5.23840 |
| 46.0 | 3.31415 | 3.74593 | 3.91882 | 4.29597 | 4.78822 | 5.23752 |
| 47.0 | 3.31363 | 3.74534 | 3.91820 | 4.29529 | 4.78746 | 5.23668 |
| 48.0 | 3.31313 | 3.74478 | 3.91761 | 4.29464 | 4.78673 | 5.23588 |
| 49.0 | 3.31266 | 3.74424 | 3.91704 | 4.29401 | 4.78603 | 5.23511 |
| 50.0 | 3.31220 | 3.74372 | 3.91650 | 4.29341 | 4.78536 | 5.23438 |
| 60.0 | 3.30850 | 3.73950 | 3.91208 | 4.28855 | 4.77991 | 5.22840 |
| 70.0 | 3.30588 | 3.73652 | 3.90894 | 4.28510 | 4.77605 | 5.22416 |
| 80.0 | 3.30392 | 3.73429 | 3.90661 | 4.28253 | 4.77317 | 5.22101 |
| 90.0 | 3.30241 | 3.73257 | 3.90480 | 4.28054 | 4.77094 | 5.21856 |
| 100.0 | 3.30120 | 3.73119 | 3.90336 | 4.27895 | 4.76917 | 5.21661 |
| 110.0 | 3.30022 | 3.73007 | 3.90218 | 4.27766 | 4.76772 | 5.21502 |
| 120.0 | 3.29940 | 3.72914 | 3.90121 | 4.27658 | 4.76651 | 5.21370 |

$\gamma=.60$

| $R_L$ / $n$ | .5000000 | .6000000 | .6500000 | .7000000 | .7500000 | .8000000 |
|---|---|---|---|---|---|---|
| 2.0 | .22975 | .58070 | .77891 | .99975 | 1.25098 | 1.54430 |
| 3.0 | .16667 | .46491 | .62592 | .79989 | .99224 | 1.21135 |
| 4.0 | .13834 | .42095 | .57171 | .73325 | .91046 | 1.11086 |
| 5.0 | .12107 | .39620 | .54218 | .69801 | .86832 | 1.06029 |
| 6.0 | .10908 | .37982 | .52303 | .67557 | .84194 | 1.02908 |
| 7.0 | .10010 | .36796 | .50936 | .65976 | .82356 | 1.00757 |
| 8.0 | .09304 | .35887 | .49899 | .64788 | .80987 | .99169 |
| 9.0 | .08731 | .35161 | .49078 | .63855 | .79919 | .97937 |
| 10.0 | .08252 | .34564 | .48408 | .63097 | .79058 | .96949 |
| 11.0 | .07845 | .34063 | .47848 | .62468 | .78345 | .96135 |
| 12.0 | .07493 | .33634 | .47371 | .61934 | .77743 | .95450 |
| 13.0 | .07184 | .33262 | .46958 | .61474 | .77227 | .94865 |
| 14.0 | .06911 | .32935 | .46597 | .61072 | .76777 | .94356 |
| 15.0 | .06667 | .32644 | .46277 | .60718 | .76381 | .93910 |
| 16.0 | .06447 | .32384 | .45992 | .60403 | .76030 | .93515 |
| 17.0 | .06248 | .32149 | .45735 | .60120 | .75715 | .93161 |
| 18.0 | .06066 | .31936 | .45502 | .59864 | .75431 | .93843 |
| 19.0 | .05899 | .31742 | .45290 | .59631 | .75173 | .92554 |
| 20.0 | .05745 | .31563 | .45096 | .59418 | .74938 | .92291 |
| 21.0 | .05603 | .31399 | .44917 | .59222 | .74722 | .92050 |
| 22.0 | .05470 | .31246 | .44752 | .59041 | .74523 | .91829 |
| 23.0 | .05347 | .31104 | .44598 | .58874 | .74338 | .91624 |
| 24.0 | .05232 | .30972 | .44455 | .58718 | .74167 | .91433 |
| 25.0 | .05123 | .30849 | .44322 | .58573 | .74008 | .91256 |
| 26.0 | .05022 | .30733 | .44197 | .58437 | .73858 | .91091 |
| 27.0 | .04926 | .30624 | .44079 | .58309 | .73719 | .90936 |
| 28.0 | .04835 | .30521 | .43969 | .58189 | .73587 | .90791 |
| 29.0 | .04749 | .30424 | .43864 | .58076 | .73463 | .90654 |
| 30.0 | .04668 | .30332 | .43766 | .57969 | .73347 | .90525 |
| 31.0 | .04591 | .30245 | .43672 | .57868 | .73236 | .90403 |
| 32.0 | .04517 | .30162 | .43583 | .57772 | .73131 | .90287 |
| 33.0 | .04447 | .30083 | .43499 | .57680 | .73032 | .90178 |
| 34.0 | .04380 | .30008 | .43418 | .57594 | .72937 | .90073 |
| 35.0 | .04316 | .29936 | .43341 | .57511 | .72847 | .89974 |
| 36.0 | .04255 | .29868 | .43268 | .57432 | .72761 | .89880 |
| 37.0 | .04196 | .29802 | .43198 | .57356 | .72679 | .89789 |
| 38.0 | .04140 | .29739 | .43131 | .57284 | .72600 | .89703 |
| 39.0 | .04085 | .29679 | .43066 | .57214 | .72525 | .89620 |
| 40.0 | .04033 | .29621 | .43005 | .57148 | .72453 | .89541 |
| 41.0 | .03983 | .29565 | .42945 | .57084 | .72383 | .89465 |
| 42.0 | .03935 | .29511 | .42888 | .57023 | .72317 | .89392 |
| 43.0 | .03888 | .29460 | .42833 | .56964 | .72253 | .89322 |
| 44.0 | .03843 | .29410 | .42780 | .56907 | .72191 | .89254 |
| 45.0 | .03800 | .29362 | .42729 | .56852 | .72132 | .89189 |
| 46.0 | .03758 | .29315 | .42679 | .56799 | .72074 | .89127 |
| 47.0 | .03717 | .29270 | .42632 | .56748 | .72019 | .89066 |
| 48.0 | .03678 | .29227 | .42585 | .56698 | .71966 | .89008 |
| 49.0 | .03639 | .29185 | .42541 | .56650 | .71914 | .88951 |
| 50.0 | .03602 | .29144 | .42498 | .56604 | .71864 | .88897 |
| 60.0 | .03285 | .28797 | .42129 | .56211 | .71440 | .88434 |
| 70.0 | .03040 | .28529 | .41846 | .55909 | .71116 | .88082 |
| 80.0 | .02842 | .28315 | .41621 | .55669 | .70858 | .87802 |
| 90.0 | .02679 | .28138 | .41435 | .55472 | .70647 | .87574 |
| 100.0 | .02540 | .27989 | .41279 | .55307 | .70471 | .87383 |
| 110.0 | .02421 | .27862 | .41145 | .55166 | .70320 | .87220 |
| 120.0 | .02318 | .27751 | .41029 | .55043 | .70189 | .87079 |

$\gamma = .60$

| $R_L$ / $n$ | .8500000 | .9000000 | .9500000 | .9900000 | .9950000 | .9990000 |
|---|---|---|---|---|---|---|
| 2.0 | 1.90025 | 2.36237 | 3.06139 | 4.37970 | 4.86084 | 5.85031 |
| 3.0 | 1.47195 | 1.80552 | 2.30676 | 3.25582 | 3.60429 | 4.32339 |
| 4.0 | 1.34781 | 1.64973 | 2.10217 | 2.95847 | 3.27310 | 3.92274 |
| 5.0 | 1.28659 | 1.57429 | 2.00471 | 2.81874 | 3.11783 | 3.73548 |
| 6.0 | 1.24932 | 1.52890 | 1.94672 | 2.73639 | 3.02650 | 3.62558 |
| 7.0 | 1.22388 | 1.49819 | 1.90780 | 2.68154 | 2.96574 | 3.55262 |
| 8.0 | 1.20522 | 1.47582 | 1.87964 | 2.64208 | 2.92210 | 3.50029 |
| 9.0 | 1.19085 | 1.45869 | 1.85818 | 2.61217 | 2.88903 | 3.46071 |
| 10.0 | 1.17937 | 1.44506 | 1.84119 | 2.58859 | 2.86301 | 3.42959 |
| 11.0 | 1.16996 | 1.43393 | 1.82737 | 2.56947 | 2.84191 | 3.40439 |
| 12.0 | 1.16206 | 1.42463 | 1.81585 | 2.55360 | 2.82441 | 3.38350 |
| 13.0 | 1.15533 | 1.41672 | 1.80609 | 2.54019 | 2.80963 | 3.36588 |
| 14.0 | 1.14951 | 1.40989 | 1.79769 | 2.52867 | 2.79694 | 3.35077 |
| 15.0 | 1.14441 | 1.40393 | 1.79036 | 2.51866 | 2.78592 | 3.33765 |
| 16.0 | 1.13989 | 1.39867 | 1.78392 | 2.50986 | 2.77624 | 3.32613 |
| 17.0 | 1.13587 | 1.39398 | 1.77818 | 2.50206 | 2.76766 | 3.31593 |
| 18.0 | 1.13225 | 1.38978 | 1.77305 | 2.49508 | 2.75999 | 3.30681 |
| 19.0 | 1.12898 | 1.38598 | 1.76842 | 2.48880 | 2.75309 | 3.29861 |
| 20.0 | 1.12600 | 1.38253 | 1.76422 | 2.48311 | 2.74684 | 3.29119 |
| 21.0 | 1.12328 | 1.37937 | 1.76039 | 2.47792 | 2.74115 | 3.28444 |
| 22.0 | 1.12077 | 1.37648 | 1.75687 | 2.47317 | 2.73593 | 3.27825 |
| 23.0 | 1.11846 | 1.37381 | 1.75364 | 2.46881 | 2.73114 | 3.27257 |
| 24.0 | 1.11631 | 1.37133 | 1.75065 | 2.46478 | 2.72672 | 3.26733 |
| 25.0 | 1.11432 | 1.36904 | 1.74787 | 2.46104 | 2.72262 | 3.26247 |
| 26.0 | 1.11246 | 1.36690 | 1.74528 | 2.45756 | 2.71881 | 3.25796 |
| 27.0 | 1.11072 | 1.36490 | 1.74287 | 2.45432 | 2.71525 | 3.25375 |
| 28.0 | 1.10909 | 1.36302 | 1.74061 | 2.45129 | 2.71193 | 3.24982 |
| 29.0 | 1.10755 | 1.36126 | 1.73849 | 2.44845 | 2.70881 | 3.24613 |
| 30.0 | 1.10611 | 1.35961 | 1.73649 | 2.44577 | 2.70588 | 3.24267 |
| 31.0 | 1.10474 | 1.35804 | 1.73461 | 2.44325 | 2.70312 | 3.23940 |
| 32.0 | 1.10345 | 1.35656 | 1.73283 | 2.44088 | 2.70052 | 3.23633 |
| 33.0 | 1.10222 | 1.35516 | 1.73115 | 2.43863 | 2.69806 | 3.23341 |
| 34.0 | 1.10106 | 1.35383 | 1.72955 | 2.43649 | 2.69572 | 3.23065 |
| 35.0 | 1.09995 | 1.35256 | 1.72803 | 2.43447 | 2.69350 | 3.22803 |
| 36.0 | 1.09889 | 1.35135 | 1.72659 | 2.43254 | 2.69139 | 3.22555 |
| 37.0 | 1.09789 | 1.35020 | 1.72521 | 2.43071 | 2.68939 | 3.22318 |
| 38.0 | 1.09692 | 1.34911 | 1.72390 | 2.42896 | 2.68747 | 3.22092 |
| 39.0 | 1.09600 | 1.34806 | 1.72264 | 2.42729 | 2.68565 | 3.21876 |
| 40.0 | 1.09512 | 1.34705 | 1.72144 | 2.42569 | 2.68390 | 3.21670 |
| 41.0 | 1.09428 | 1.34609 | 1.72029 | 2.42416 | 2.68223 | 3.21472 |
| 42.0 | 1.09346 | 1.34517 | 1.71918 | 2.42270 | 2.68062 | 3.21283 |
| 43.0 | 1.09268 | 1.34428 | 1.71812 | 2.42129 | 2.67908 | 3.21102 |
| 44.0 | 1.09193 | 1.34342 | 1.71711 | 2.41994 | 2.67761 | 3.20928 |
| 45.0 | 1.09121 | 1.34260 | 1.71613 | 2.41864 | 2.67619 | 3.20760 |
| 46.0 | 1.09051 | 1.34181 | 1.71518 | 2.41739 | 2.67482 | 3.20599 |
| 47.0 | 1.08984 | 1.34105 | 1.71427 | 2.41619 | 2.67350 | 3.20444 |
| 48.0 | 1.08919 | 1.34031 | 1.71340 | 2.41503 | 2.67224 | 3.20295 |
| 49.0 | 1.08857 | 1.33960 | 1.71255 | 2.41391 | 2.67101 | 3.20150 |
| 50.0 | 1.08796 | 1.33891 | 1.71173 | 2.41282 | 2.66983 | 3.20011 |
| 60.0 | 1.08284 | 1.33312 | 1.70485 | 2.40373 | 2.65990 | 3.18842 |
| 70.0 | 1.07896 | 1.32873 | 1.69965 | 2.39690 | 2.65244 | 3.17965 |
| 80.0 | 1.07588 | 1.32527 | 1.69556 | 2.39153 | 2.64659 | 3.17278 |
| 90.0 | 1.07337 | 1.32244 | 1.69224 | 2.38718 | 2.64184 | 3.16721 |
| 100.0 | 1.07127 | 1.32009 | 1.68947 | 2.38356 | 2.63790 | 3.16258 |
| 110.0 | 1.06949 | 1.31809 | 1.68712 | 2.38050 | 2.63456 | 3.15867 |
| 120.0 | 1.06795 | 1.31636 | 1.68509 | 2.37786 | 2.63169 | 3.15530 |

$\gamma = .60$

| $R_L$ \ $n$ | .9995000 | .9999000 | .9999500 | .9999900 | .9999990 | .9999999 |
|---|---|---|---|---|---|---|
| 2.0 | 6.23487 | 7.05660 | 7.38535 | 8.10209 | 9.03687 | 9.88957 |
| 3.0 | 4.60350 | 5.20286 | 5.44289 | 5.96654 | 6.65005 | 7.27395 |
| 4.0 | 4.17590 | 4.71776 | 4.93480 | 5.40840 | 6.02670 | 6.59117 |
| 5.0 | 3.97620 | 4.49147 | 4.69788 | 5.14830 | 5.73639 | 6.27331 |
| 6.0 | 3.85908 | 4.35889 | 4.55911 | 4.99604 | 5.56652 | 6.08738 |
| 7.0 | 3.78136 | 4.27099 | 4.46714 | 4.89516 | 5.45403 | 5.96429 |
| 8.0 | 3.72564 | 4.20802 | 4.40125 | 4.82293 | 5.37351 | 5.87621 |
| 9.0 | 3.68351 | 4.16043 | 4.35147 | 4.76838 | 5.31272 | 5.80973 |
| 10.0 | 3.65040 | 4.12304 | 4.31238 | 4.72554 | 5.26500 | 5.75755 |
| 11.0 | 3.62359 | 4.09279 | 4.28075 | 4.69090 | 5.22642 | 5.71537 |
| 12.0 | 3.60139 | 4.06775 | 4.25457 | 4.66223 | 5.19450 | 5.68047 |
| 13.0 | 3.58265 | 4.04662 | 4.23248 | 4.63805 | 5.16758 | 5.65105 |
| 14.0 | 3.56658 | 4.02852 | 4.21356 | 4.61734 | 5.14453 | 5.62586 |
| 15.0 | 3.55264 | 4.01281 | 4.19714 | 4.59937 | 5.12453 | 5.60401 |
| 16.0 | 3.54041 | 3.99903 | 4.18274 | 4.58361 | 5.10700 | 5.58486 |
| 17.0 | 3.52957 | 3.98682 | 4.16998 | 4.56966 | 5.09148 | 5.56790 |
| 18.0 | 3.51989 | 3.97593 | 4.15860 | 4.55721 | 5.07763 | 5.55277 |
| 19.0 | 3.51118 | 3.96613 | 4.14836 | 4.54601 | 5.06518 | 5.53917 |
| 20.0 | 3.50330 | 3.95726 | 4.13910 | 4.53588 | 5.05391 | 5.52687 |
| 21.0 | 3.49612 | 3.94919 | 4.13067 | 4.52666 | 5.04367 | 5.51568 |
| 22.0 | 3.48956 | 3.94181 | 4.12296 | 4.51823 | 5.03430 | 5.50545 |
| 23.0 | 3.48353 | 3.93503 | 4.11588 | 4.51049 | 5.02569 | 5.49605 |
| 24.0 | 3.47797 | 3.92877 | 4.10934 | 4.50335 | 5.01775 | 5.48739 |
| 25.0 | 3.47281 | 3.92298 | 4.10329 | 4.49674 | 5.01040 | 5.47937 |
| 26.0 | 3.46803 | 3.91760 | 4.09767 | 4.49060 | 5.00358 | 5.47191 |
| 27.0 | 3.46356 | 3.91258 | 4.09243 | 4.48487 | 4.99722 | 5.46497 |
| 28.0 | 3.45939 | 3.90789 | 4.08754 | 4.47952 | 4.99128 | 5.45848 |
| 29.0 | 3.45548 | 3.90350 | 4.08295 | 4.47451 | 4.98571 | 5.45241 |
| 30.0 | 3.45180 | 3.89937 | 4.07864 | 4.46980 | 4.98048 | 5.44670 |
| 31.0 | 3.44834 | 3.89548 | 4.07458 | 4.46537 | 4.97555 | 5.44132 |
| 32.0 | 3.44507 | 3.89182 | 4.07075 | 4.46118 | 4.97090 | 5.43625 |
| 33.0 | 3.44199 | 3.88835 | 4.06713 | 4.45723 | 4.96651 | 5.43146 |
| 34.0 | 3.43906 | 3.88506 | 4.06370 | 4.45348 | 4.96235 | 5.42692 |
| 35.0 | 3.43628 | 3.88195 | 4.06045 | 4.44993 | 4.95841 | 5.42262 |
| 36.0 | 3.43364 | 3.87898 | 4.05735 | 4.44655 | 4.95466 | 5.41853 |
| 37.0 | 3.43113 | 3.87616 | 4.05441 | 4.44334 | 4.95109 | 5.41463 |
| 38.0 | 3.42874 | 3.87348 | 4.05161 | 4.44028 | 4.94769 | 5.41092 |
| 39.0 | 3.42645 | 3.87091 | 4.04893 | 4.43735 | 4.94444 | 5.40738 |
| 40.0 | 3.42426 | 3.86846 | 4.04637 | 4.43456 | 4.94134 | 5.40400 |
| 41.0 | 3.42217 | 3.86611 | 4.04392 | 4.43188 | 4.93837 | 5.40076 |
| 42.0 | 3.42017 | 3.86386 | 4.04157 | 4.42932 | 4.93553 | 5.39766 |
| 43.0 | 3.41824 | 3.86171 | 4.03932 | 4.42686 | 4.93280 | 5.39468 |
| 44.0 | 3.41640 | 3.85963 | 4.03716 | 4.42451 | 4.93018 | 5.39183 |
| 45.0 | 3.41462 | 3.85765 | 4.03508 | 4.42224 | 4.92767 | 5.38908 |
| 46.0 | 3.41292 | 3.85573 | 4.03309 | 4.42006 | 4.92525 | 5.38644 |
| 47.0 | 3.41127 | 3.85389 | 4.03116 | 4.41796 | 4.92292 | 5.38390 |
| 48.0 | 3.40969 | 3.85211 | 4.02931 | 4.41594 | 4.92067 | 5.38145 |
| 49.0 | 3.40816 | 3.85040 | 4.02752 | 4.41399 | 4.91851 | 5.37909 |
| 50.0 | 3.40669 | 3.84875 | 4.02580 | 4.41210 | 4.91642 | 5.37682 |
| 60.0 | 3.39431 | 3.83487 | 4.01132 | 4.39631 | 4.89890 | 5.35771 |
| 70.0 | 3.38502 | 3.82447 | 4.00047 | 4.38447 | 4.88577 | 5.34340 |
| 80.0 | 3.37774 | 3.81632 | 3.99197 | 4.37520 | 4.87549 | 5.33220 |
| 90.0 | 3.37184 | 3.80972 | 3.98508 | 4.36770 | 4.86717 | 5.32313 |
| 100.0 | 3.36695 | 3.80424 | 3.97938 | 4.36148 | 4.86028 | 5.31562 |
| 110.0 | 3.36280 | 3.79961 | 3.97454 | 4.35622 | 4.85444 | 5.30926 |
| 120.0 | 3.35924 | 3.79563 | 3.97039 | 4.35169 | 4.84943 | 5.30380 |

$\gamma = .70$

| $n$ \ $R_L$ | .5000000 | .6000000 | .6500000 | .7000000 | .7500000 | .8000000 |
|---|---|---|---|---|---|---|
| 2.0 | .51374 | .94086 | 1.19152 | 1.47571 | 1.80320 | 2.18934 |
| 3.0 | .35635 | .68113 | .86059 | 1.05695 | 1.27634 | 1.52846 |
| 4.0 | .29219 | .59065 | .75268 | .92803 | 1.12206 | 1.34319 |
| 5.0 | .25431 | .54080 | .69503 | .86105 | 1.04388 | 1.25138 |
| 6.0 | .22839 | .50805 | .65784 | .81859 | .99510 | 1.19489 |
| 7.0 | .20916 | .48440 | .63133 | .78867 | .96109 | 1.15592 |
| 8.0 | .19414 | .46628 | .61121 | .76616 | .93572 | 1.12705 |
| 9.0 | .18198 | .45182 | .59526 | .74844 | .91587 | 1.10461 |
| 10.0 | .17186 | .43994 | .58223 | .73404 | .89982 | 1.08655 |
| 11.0 | .16328 | .42995 | .57132 | .72204 | .88651 | 1.07163 |
| 12.0 | .15587 | .42139 | .56202 | .71184 | .87523 | 1.05903 |
| 13.0 | .14939 | .41396 | .55396 | .70303 | .86553 | 1.04823 |
| 14.0 | .14365 | .40742 | .54690 | .69534 | .85707 | 1.03883 |
| 15.0 | .13854 | .40161 | .54064 | .68853 | .84960 | 1.03056 |
| 16.0 | .13393 | .39641 | .53504 | .68246 | .84296 | 1.02321 |
| 17.0 | .12976 | .39172 | .53000 | .67701 | .83700 | 1.01663 |
| 18.0 | .12595 | .38745 | .52543 | .67207 | .83161 | 1.01069 |
| 19.0 | .12247 | .38355 | .52126 | .66756 | .82671 | 1.00530 |
| 20.0 | .11925 | .37997 | .51743 | .66344 | .82223 | 1.00038 |
| 21.0 | .11628 | .37667 | .51391 | .65965 | .81811 | .99585 |
| 22.0 | .11352 | .37361 | .51065 | .65615 | .81431 | .99169 |
| 23.0 | .11095 | .37077 | .50762 | .65290 | .81079 | .98783 |
| 24.0 | .10854 | .36811 | .50480 | .64987 | .80751 | .98424 |
| 25.0 | .10629 | .36563 | .50216 | .64704 | .80446 | .98090 |
| 26.0 | .10417 | .36330 | .49968 | .64439 | .80160 | .97778 |
| 27.0 | .10217 | .36110 | .49736 | .64191 | .79891 | .97485 |
| 28.0 | .10028 | .35904 | .49517 | .63956 | .79639 | .97209 |
| 29.0 | .09850 | .35708 | .49310 | .63736 | .79400 | .96950 |
| 30.0 | .09680 | .35523 | .49114 | .63527 | .79175 | .96705 |
| 31.0 | .09519 | .35348 | .48928 | .63329 | .78962 | .96473 |
| 32.0 | .09366 | .35181 | .48752 | .63141 | .78760 | .96253 |
| 33.0 | .09220 | .35022 | .48584 | .62962 | .78568 | .96044 |
| 34.0 | .09081 | .34870 | .48424 | .62792 | .78385 | .95845 |
| 35.0 | .08948 | .34726 | .48272 | .62629 | .78211 | .95656 |
| 36.0 | .08820 | .34587 | .48126 | .62474 | .78044 | .95475 |
| 37.0 | .08698 | .34455 | .47986 | .62326 | .77885 | .95303 |
| 38.0 | .08581 | .34328 | .47852 | .62184 | .77733 | .95138 |
| 39.0 | .08468 | .34206 | .47724 | .62048 | .77587 | .94979 |
| 40.0 | .08360 | .34089 | .47601 | .61917 | .77446 | .94828 |
| 41.0 | .08255 | .33976 | .47482 | .61791 | .77312 | .94682 |
| 42.0 | .08155 | .33868 | .47369 | .61670 | .77182 | .94542 |
| 43.0 | .08058 | .33763 | .47259 | .61554 | .77058 | .94407 |
| 44.0 | .07965 | .33663 | .47153 | .61442 | .76938 | .94277 |
| 45.0 | .07874 | .33565 | .47051 | .61333 | .76822 | .94152 |
| 46.0 | .07787 | .33472 | .46952 | .61229 | .76711 | .94031 |
| 47.0 | .07702 | .33381 | .46857 | .61128 | .76603 | .93915 |
| 48.0 | .07621 | .33293 | .46765 | .61030 | .76499 | .93802 |
| 49.0 | .07541 | .33208 | .46675 | .60936 | .76398 | .93693 |
| 50.0 | .07465 | .33125 | .46589 | .60845 | .76300 | .93588 |
| 60.0 | .06807 | .32421 | .45852 | .60066 | .75470 | .92693 |
| 70.0 | .06297 | .31878 | .45284 | .59468 | .74834 | .92009 |
| 80.0 | .05887 | .31443 | .44830 | .58990 | .74326 | .91464 |
| 90.0 | .05548 | .31084 | .44456 | .58597 | .73910 | .91017 |
| 100.0 | .05261 | .30781 | .44141 | .58267 | .73560 | .90643 |
| 110.0 | .05015 | .30521 | .43871 | .57984 | .73261 | .90322 |
| 120.0 | .04800 | .30295 | .43637 | .57738 | .73001 | .90045 |

$\gamma=.70$

| $R_L$ \ $n$ | .8500000 | .9000000 | .9500000 | .9900000 | .9950000 | .9990000 |
|---|---|---|---|---|---|---|
| 2.0 | 2.66150 | 3.27836 | 4.21669 | 5.99615 | 6.64746 | 7.98867 |
| 3.0 | 1.83064 | 2.22008 | 2.80914 | 3.93204 | 4.34583 | 5.20126 |
| 4.0 | 1.60644 | 1.94402 | 2.45308 | 3.42287 | 3.78048 | 4.52019 |
| 5.0 | 1.49752 | 1.81228 | 2.28594 | 3.18732 | 3.51965 | 4.20711 |
| 6.0 | 1.43137 | 1.73320 | 2.18674 | 3.04898 | 3.36677 | 4.02413 |
| 7.0 | 1.38615 | 1.67961 | 2.12008 | 2.95674 | 3.26502 | 3.90260 |
| 8.0 | 1.35289 | 1.64046 | 2.07170 | 2.89022 | 3.19173 | 3.81525 |
| 9.0 | 1.32718 | 1.61036 | 2.03469 | 2.83963 | 3.13604 | 3.74897 |
| 10.0 | 1.30659 | 1.58634 | 2.00531 | 2.79962 | 3.09205 | 3.69669 |
| 11.0 | 1.28963 | 1.56665 | 1.98129 | 2.76705 | 3.05627 | 3.65421 |
| 12.0 | 1.27537 | 1.55013 | 1.96122 | 2.73993 | 3.02650 | 3.61890 |
| 13.0 | 1.26317 | 1.53604 | 1.94415 | 2.71692 | 3.00125 | 3.58899 |
| 14.0 | 1.25258 | 1.52385 | 1.92941 | 2.69710 | 2.97953 | 3.56327 |
| 15.0 | 1.24329 | 1.51317 | 1.91653 | 2.67983 | 2.96059 | 3.54087 |
| 16.0 | 1.23505 | 1.50371 | 1.90515 | 2.66460 | 2.94391 | 3.52116 |
| 17.0 | 1.22768 | 1.49528 | 1.89501 | 2.65106 | 2.92908 | 3.50364 |
| 18.0 | 1.22104 | 1.48768 | 1.88590 | 2.63892 | 2.91580 | 3.48795 |
| 19.0 | 1.21502 | 1.48081 | 1.87767 | 2.62796 | 2.90381 | 3.47380 |
| 20.0 | 1.20953 | 1.47455 | 1.87018 | 2.61801 | 2.89292 | 3.46096 |
| 21.0 | 1.20449 | 1.46882 | 1.86333 | 2.60892 | 2.88298 | 3.44924 |
| 22.0 | 1.19986 | 1.46354 | 1.85704 | 2.60058 | 2.87387 | 3.43850 |
| 23.0 | 1.19557 | 1.45867 | 1.85124 | 2.59289 | 2.86547 | 3.42860 |
| 24.0 | 1.19159 | 1.45415 | 1.84586 | 2.58578 | 2.85770 | 3.41945 |
| 25.0 | 1.18789 | 1.44995 | 1.84086 | 2.57918 | 2.85048 | 3.41096 |
| 26.0 | 1.18442 | 1.44603 | 1.83620 | 2.57302 | 2.84376 | 3.40305 |
| 27.0 | 1.18118 | 1.44235 | 1.83184 | 2.56727 | 2.83749 | 3.39567 |
| 28.0 | 1.17813 | 1.43891 | 1.82775 | 2.56189 | 2.83161 | 3.38875 |
| 29.0 | 1.17526 | 1.43566 | 1.82390 | 2.55682 | 2.82608 | 3.38226 |
| 30.0 | 1.17256 | 1.43260 | 1.82028 | 2.55206 | 2.82088 | 3.37614 |
| 31.0 | 1.17000 | 1.42971 | 1.81686 | 2.54756 | 2.81597 | 3.37038 |
| 32.0 | 1.16757 | 1.42697 | 1.81362 | 2.54331 | 2.81134 | 3.36493 |
| 33.0 | 1.16527 | 1.42437 | 1.81055 | 2.53928 | 2.80694 | 3.35976 |
| 34.0 | 1.16308 | 1.42191 | 1.80763 | 2.53545 | 2.80277 | 3.35486 |
| 35.0 | 1.16099 | 1.41956 | 1.80485 | 2.53182 | 2.79880 | 3.35021 |
| 36.0 | 1.15900 | 1.41732 | 1.80221 | 2.52835 | 2.79503 | 3.34578 |
| 37.0 | 1.15710 | 1.41518 | 1.79969 | 2.52505 | 2.79143 | 3.34155 |
| 38.0 | 1.15528 | 1.41313 | 1.79728 | 2.52190 | 2.78799 | 3.33752 |
| 39.0 | 1.15354 | 1.41118 | 1.79497 | 2.51888 | 2.78471 | 3.33367 |
| 40.0 | 1.15188 | 1.40930 | 1.79277 | 2.51600 | 2.78156 | 3.32998 |
| 41.0 | 1.15027 | 1.40750 | 1.79065 | 2.51323 | 2.77855 | 3.32644 |
| 42.0 | 1.14874 | 1.40577 | 1.78861 | 2.51058 | 2.77566 | 3.32305 |
| 43.0 | 1.14726 | 1.40411 | 1.78666 | 2.50803 | 2.77288 | 3.31980 |
| 44.0 | 1.14583 | 1.40252 | 1.78478 | 2.50558 | 2.77021 | 3.31667 |
| 45.0 | 1.14446 | 1.40098 | 1.78297 | 2.50322 | 2.76764 | 3.31366 |
| 46.0 | 1.14314 | 1.39949 | 1.78123 | 2.50094 | 2.76517 | 3.31075 |
| 47.0 | 1.14186 | 1.39806 | 1.77955 | 2.49875 | 2.76278 | 3.30796 |
| 48.0 | 1.14063 | 1.39668 | 1.77792 | 2.49664 | 2.76048 | 3.30526 |
| 49.0 | 1.13943 | 1.39534 | 1.77635 | 2.49460 | 2.75826 | 3.30266 |
| 50.0 | 1.13828 | 1.39405 | 1.77484 | 2.49262 | 2.75611 | 3.30014 |
| 60.0 | 1.12849 | 1.38310 | 1.76201 | 2.47596 | 2.73798 | 3.27892 |
| 70.0 | 1.12102 | 1.37477 | 1.75228 | 2.46334 | 2.72426 | 3.26287 |
| 80.0 | 1.11509 | 1.36816 | 1.74456 | 2.45337 | 2.71342 | 3.25021 |
| 90.0 | 1.11023 | 1.36275 | 1.73827 | 2.44525 | 2.70459 | 3.23990 |
| 100.0 | 1.10616 | 1.35822 | 1.73301 | 2.43847 | 2.69723 | 3.23130 |
| 110.0 | 1.10268 | 1.35436 | 1.72852 | 2.43270 | 2.69097 | 3.22399 |
| 120.0 | 1.09967 | 1.35102 | 1.72465 | 2.42772 | 2.68556 | 3.21769 |

$\gamma = .70$

| $R_L$ / $n$ | .9995000 | .9999000 | .9999500 | .9999900 | .9999990 | .9999999 |
|---|---|---|---|---|---|---|
| 2.0 | 8.51039 | 9.62581 | 10.07224 | 11.04582 | 12.31601 | 13.47500 |
| 3.0 | 5.53488 | 6.24929 | 6.53556 | 7.16036 | 7.97633 | 8.72147 |
| 4.0 | 4.80881 | 5.42706 | 5.67485 | 6.21579 | 6.92239 | 7.56778 |
| 5.0 | 4.47538 | 5.05004 | 5.28038 | 5.78324 | 6.44015 | 7.04018 |
| 6.0 | 4.28064 | 4.83012 | 5.05036 | 5.53119 | 6.15932 | 6.73307 |
| 7.0 | 4.15139 | 4.68430 | 5.89790 | 5.36422 | 5.97339 | 6.52982 |
| 8.0 | 4.05852 | 4.57962 | 5.78848 | 5.24444 | 5.84008 | 6.38413 |
| 9.0 | 3.98810 | 4.50030 | 4.70559 | 5.15374 | 5.73916 | 6.27387 |
| 10.0 | 3.93257 | 4.43778 | 4.64027 | 5.08229 | 5.65970 | 6.18708 |
| 11.0 | 3.88747 | 4.38704 | 4.58726 | 5.02433 | 5.59525 | 6.11670 |
| 12.0 | 3.84998 | 4.34489 | 4.54323 | 4.97620 | 5.54175 | 6.05829 |
| 13.0 | 3.81824 | 4.30921 | 4.50597 | 4.93548 | 5.49649 | 6.00888 |
| 14.0 | 3.79095 | 4.27855 | 4.47395 | 4.90049 | 5.45762 | 5.96646 |
| 15.0 | 3.76719 | 4.25186 | 4.44609 | 4.87005 | 5.42381 | 5.92956 |
| 16.0 | 3.74628 | 4.22838 | 4.42157 | 4.84328 | 5.39407 | 5.89711 |
| 17.0 | 3.72770 | 4.20753 | 4.39981 | 4.81950 | 5.36767 | 5.86830 |
| 18.0 | 3.71107 | 4.18886 | 4.38032 | 4.79823 | 5.34405 | 5.84253 |
| 19.0 | 3.69607 | 4.17203 | 4.36276 | 4.77905 | 5.32276 | 5.81931 |
| 20.0 | 3.68246 | 4.15677 | 4.34682 | 4.76166 | 5.30346 | 5.79826 |
| 21.0 | 3.67004 | 4.14284 | 4.33229 | 4.74580 | 5.28585 | 5.77906 |
| 22.0 | 3.65866 | 4.13008 | 4.31897 | 4.73126 | 5.26972 | 5.76146 |
| 23.0 | 3.64817 | 4.11832 | 4.30671 | 4.71788 | 5.25487 | 5.74527 |
| 24.0 | 3.63848 | 4.10746 | 4.29537 | 4.70551 | 5.24115 | 5.73031 |
| 25.0 | 3.62949 | 4.09738 | 4.28485 | 4.69404 | 5.22842 | 5.71643 |
| 26.0 | 3.62111 | 4.08799 | 4.27506 | 4.68336 | 5.21658 | 5.70351 |
| 27.0 | 3.61329 | 4.07923 | 4.26592 | 4.67339 | 5.20552 | 5.69146 |
| 28.0 | 3.60596 | 4.07103 | 4.25736 | 4.66405 | 5.19516 | 5.68017 |
| 29.0 | 3.59909 | 4.06332 | 4.24933 | 4.65529 | 5.18544 | 5.66957 |
| 30.0 | 3.59261 | 4.05607 | 4.24177 | 4.64704 | 5.17630 | 5.65961 |
| 31.0 | 3.58651 | 4.04924 | 4.23464 | 4.63927 | 5.16768 | 5.65021 |
| 32.0 | 3.58074 | 4.04278 | 4.22790 | 4.63192 | 5.15953 | 5.64133 |
| 33.0 | 3.57527 | 4.03666 | 4.22152 | 4.62496 | 5.15182 | 5.63292 |
| 34.0 | 3.57009 | 4.03086 | 4.21546 | 4.61836 | 5.14450 | 5.62495 |
| 35.0 | 3.56516 | 4.02534 | 4.20971 | 4.61209 | 5.13755 | 5.61738 |
| 36.0 | 3.56047 | 4.02009 | 4.20424 | 4.60613 | 5.13094 | 5.61017 |
| 37.0 | 3.55600 | 4.01509 | 4.19902 | 4.60044 | 5.12463 | 5.60330 |
| 38.0 | 3.55173 | 4.01031 | 4.19404 | 4.59501 | 5.11862 | 5.59675 |
| 39.0 | 3.54765 | 4.00575 | 4.18928 | 4.58982 | 5.11287 | 5.59048 |
| 40.0 | 3.54375 | 4.00138 | 4.18473 | 4.58486 | 5.10737 | 5.58449 |
| 41.0 | 3.54001 | 3.99720 | 4.18037 | 4.58011 | 5.10210 | 5.57875 |
| 42.0 | 3.53642 | 3.99319 | 4.17618 | 4.57555 | 5.09705 | 5.57324 |
| 43.0 | 3.53298 | 3.98933 | 4.17216 | 4.57117 | 5.09220 | 5.56796 |
| 44.0 | 3.52966 | 3.98563 | 4.16830 | 4.56696 | 5.08753 | 5.56288 |
| 45.0 | 3.52648 | 3.98207 | 4.16459 | 4.56291 | 5.08305 | 5.55799 |
| 46.0 | 3.52341 | 3.97864 | 4.16101 | 4.55901 | 5.07873 | 5.55329 |
| 47.0 | 3.52045 | 3.97533 | 4.15756 | 4.55526 | 5.07457 | 5.54875 |
| 48.0 | 3.51760 | 3.97214 | 4.15424 | 4.55163 | 5.07055 | 5.54438 |
| 49.0 | 3.51484 | 3.96906 | 4.15103 | 4.54814 | 5.06668 | 5.54016 |
| 50.0 | 3.51218 | 3.96608 | 4.14792 | 4.54476 | 5.06293 | 5.53608 |
| 60.0 | 3.48974 | 3.94100 | 4.12178 | 4.51627 | 5.03139 | 5.50172 |
| 70.0 | 3.47277 | 3.92205 | 4.10202 | 4.49476 | 5.00757 | 5.47578 |
| 80.0 | 3.45938 | 3.90710 | 4.08644 | 4.47780 | 4.98879 | 5.45534 |
| 90.0 | 3.44849 | 3.89494 | 4.07377 | 4.46401 | 4.97352 | 5.43871 |
| 100.0 | 3.43940 | 3.88480 | 4.06320 | 4.45251 | 4.96079 | 5.42486 |
| 110.0 | 3.43168 | 3.87618 | 4.05423 | 4.44274 | 4.94998 | 5.41309 |
| 120.0 | 3.42502 | 3.86875 | 4.04648 | 4.43431 | 4.94066 | 5.40294 |

$\gamma$=.80

| $R_L$ / $n$ | .5000000 | .6000000 | .6500000 | .7000000 | .7500000 | .8000000 |
|---|---|---|---|---|---|---|
| 2.0 | .97325 | 1.57666 | 1.94030 | 2.35728 | 2.84180 | 3.41664 |
| 3.0 | .61237 | .99113 | 1.20490 | 1.44130 | 1.70779 | 2.01628 |
| 4.0 | .48924 | .81851 | 1.00037 | 1.19903 | 1.42063 | 1.67494 |
| 5.0 | .42081 | .72885 | .89714 | 1.07981 | 1.28246 | 1.51394 |
| 6.0 | .37540 | .67167 | .83246 | 1.00630 | 1.19849 | 1.41735 |
| 7.0 | .34232 | .63112 | .78713 | .95537 | 1.14089 | 1.35171 |
| 8.0 | .31679 | .60042 | .75313 | .91746 | 1.09835 | 1.30357 |
| 9.0 | .29630 | .57612 | .72640 | .88786 | 1.06533 | 1.26642 |
| 10.0 | .27936 | .55628 | .70468 | .86394 | 1.03878 | 1.23668 |
| 11.0 | .26505 | .53967 | .68659 | .84409 | 1.01683 | 1.21219 |
| 12.0 | .25274 | .52550 | .67122 | .82728 | .99832 | 1.19159 |
| 13.0 | .24202 | .51323 | .65795 | .81282 | .98243 | 1.17397 |
| 14.0 | .23256 | .50247 | .64634 | .80020 | .96860 | 1.15867 |
| 15.0 | .22413 | .49294 | .63608 | .78908 | .95644 | 1.14523 |
| 16.0 | .21656 | .48441 | .62692 | .77916 | .94562 | 1.13332 |
| 17.0 | .20971 | .47672 | .61868 | .77027 | .93593 | 1.12265 |
| 18.0 | .20348 | .46975 | .61122 | .76222 | .92718 | 1.11304 |
| 19.0 | .19777 | .46338 | .60442 | .75490 | .91923 | 1.10432 |
| 20.0 | .19251 | .45754 | .59819 | .74820 | .91197 | 1.09636 |
| 21.0 | .18766 | .45216 | .59246 | .74204 | .90530 | 1.08906 |
| 22.0 | .18316 | .44718 | .58715 | .73636 | .89914 | 1.08234 |
| 23.0 | .17896 | .44255 | .58223 | .73109 | .89345 | 1.07612 |
| 24.0 | .17504 | .43823 | .57765 | .72618 | .88815 | 1.07034 |
| 25.0 | .17137 | .43420 | .57337 | .72160 | .88321 | 1.06495 |
| 26.0 | .16792 | .43041 | .56936 | .71732 | .87859 | 1.05992 |
| 27.0 | .16467 | .42685 | .56559 | .71329 | .87426 | 1.05521 |
| 28.0 | .16161 | .42350 | .56204 | .70951 | .87018 | 1.05077 |
| 29.0 | .15870 | .42033 | .55869 | .70593 | .86634 | 1.04660 |
| 30.0 | .15595 | .41733 | .55552 | .70256 | .86271 | 1.04266 |
| 31.0 | .15334 | .41449 | .55252 | .69936 | .85928 | 1.03893 |
| 32.0 | .15086 | .41178 | .54966 | .69632 | .85602 | 1.03540 |
| 33.0 | .14849 | .40921 | .54695 | .69344 | .85292 | 1.03204 |
| 34.0 | .14623 | .40676 | .54437 | .69069 | .84998 | 1.02885 |
| 35.0 | .14407 | .40442 | .54190 | .68807 | .84717 | 1.02581 |
| 36.0 | .14200 | .40218 | .53954 | .68557 | .84449 | 1.02290 |
| 37.0 | .14002 | .40004 | .53729 | .68318 | .84193 | 1.02013 |
| 38.0 | .13812 | .39798 | .53513 | .68089 | .83948 | 1.01748 |
| 39.0 | .13630 | .39601 | .53306 | .67869 | .83713 | 1.01494 |
| 40.0 | .13454 | .39412 | .53107 | .67658 | .83487 | 1.01250 |
| 41.0 | .13286 | .39230 | .52916 | .67456 | .83271 | 1.01017 |
| 42.0 | .13123 | .39055 | .52732 | .67261 | .83063 | 1.00792 |
| 43.0 | .12966 | .38886 | .52555 | .67073 | .82862 | 1.00576 |
| 44.0 | .12815 | .38724 | .52384 | .66893 | .82670 | 1.00367 |
| 45.0 | .12669 | .38567 | .52219 | .66718 | .82484 | 1.00167 |
| 46.0 | .12528 | .38415 | .52060 | .66550 | .82304 | .99973 |
| 47.0 | .12391 | .38268 | .51906 | .66388 | .82131 | .99786 |
| 48.0 | .12259 | .38127 | .51758 | .66231 | .81963 | .99606 |
| 49.0 | .12131 | .37989 | .51614 | .66079 | .81801 | .99431 |
| 50.0 | .12007 | .37856 | .51475 | .65932 | .81644 | .99262 |
| 60.0 | .10944 | .36721 | .50287 | .64679 | .80311 | .97828 |
| 70.0 | .10122 | .35846 | .49374 | .63718 | .79290 | .96732 |
| 80.0 | .09461 | .35145 | .48643 | .62950 | .78476 | .95859 |
| 90.0 | .08914 | .34567 | .48042 | .62319 | .77808 | .95144 |
| 100.0 | .08453 | .34080 | .47535 | .61788 | .77246 | .94543 |
| 110.0 | .08056 | .33662 | .47102 | .61334 | .76766 | .94031 |
| 120.0 | .07711 | .33299 | .46725 | .60940 | .76350 | .93586 |

$\gamma = .80$

| $R_L$ / $n$ | .8500000 | .9000000 | .9500000 | .9900000 | .9950000 | .9990000 |
|---|---|---|---|---|---|---|
| 2.0 | 4.12294 | 5.04938 | 6.46375 | 9.15557 | 10.14267 | 12.17711 |
| 3.0 | 2.38835 | 2.87059 | 3.60400 | 5.00997 | 5.52965 | 6.60560 |
| 4.0 | 1.97958 | 2.37247 | 2.96827 | 4.11007 | 4.53248 | 5.40767 |
| 5.0 | 1.79016 | 2.14532 | 2.68273 | 3.71140 | 4.09190 | 4.88031 |
| 6.0 | 1.67785 | 2.01208 | 2.51697 | 3.48227 | 3.83919 | 4.57867 |
| 7.0 | 1.60217 | 1.92301 | 2.40703 | 3.33146 | 3.67312 | 4.38089 |
| 8.0 | 1.54703 | 1.85853 | 2.32792 | 3.22360 | 3.55451 | 4.23989 |
| 9.0 | 1.50470 | 1.80926 | 2.26779 | 3.14203 | 3.46490 | 4.13352 |
| 10.0 | 1.47095 | 1.77014 | 2.22024 | 3.07780 | 3.39440 | 4.04997 |
| 11.0 | 1.44327 | 1.73816 | 2.18150 | 3.02567 | 3.33724 | 3.98229 |
| 12.0 | 1.42006 | 1.71143 | 2.14922 | 2.98237 | 3.28979 | 3.92616 |
| 13.0 | 1.40024 | 1.68867 | 2.12181 | 2.94570 | 3.24963 | 3.87871 |
| 14.0 | 1.38309 | 1.66901 | 2.09819 | 2.91418 | 3.21512 | 3.83796 |
| 15.0 | 1.36805 | 1.65181 | 2.07757 | 2.88672 | 3.18508 | 3.80252 |
| 16.0 | 1.35474 | 1.63661 | 2.05937 | 2.86255 | 3.15865 | 3.77135 |
| 17.0 | 1.34284 | 1.62305 | 2.04318 | 2.84106 | 3.13516 | 3.74367 |
| 18.0 | 1.33214 | 1.61086 | 2.02864 | 2.82182 | 3.11413 | 3.71890 |
| 19.0 | 1.32244 | 1.59984 | 2.01551 | 2.80446 | 3.09517 | 3.69658 |
| 20.0 | 1.31360 | 1.58980 | 2.00357 | 2.78869 | 3.07796 | 3.67632 |
| 21.0 | 1.30550 | 1.58062 | 1.99266 | 2.77431 | 3.06225 | 3.65785 |
| 22.0 | 1.29805 | 1.57218 | 1.98264 | 2.76111 | 3.04785 | 3.64092 |
| 23.0 | 1.29116 | 1.56438 | 1.97340 | 2.74895 | 3.03458 | 3.62532 |
| 24.0 | 1.28477 | 1.55716 | 1.96484 | 2.73770 | 3.02231 | 3.61091 |
| 25.0 | 1.27882 | 1.55043 | 1.95689 | 2.72726 | 3.01092 | 3.59753 |
| 26.0 | 1.27326 | 1.54416 | 1.94947 | 2.71753 | 3.00031 | 3.58508 |
| 27.0 | 1.26806 | 1.53829 | 1.94253 | 2.70844 | 2.99041 | 3.57345 |
| 28.0 | 1.26317 | 1.53278 | 1.93603 | 2.69993 | 2.98113 | 3.56256 |
| 29.0 | 1.25857 | 1.52760 | 1.92992 | 2.69193 | 2.97241 | 3.55233 |
| 30.0 | 1.25423 | 1.52271 | 1.92416 | 2.68440 | 2.96420 | 3.54271 |
| 31.0 | 1.25013 | 1.51810 | 1.91872 | 2.67729 | 2.95646 | 3.53363 |
| 32.0 | 1.24624 | 1.51373 | 1.91357 | 2.67057 | 2.94914 | 3.52505 |
| 33.0 | 1.24255 | 1.50958 | 1.90869 | 2.66420 | 2.94220 | 3.51692 |
| 34.0 | 1.23904 | 1.50564 | 1.90405 | 2.65816 | 2.93562 | 3.50921 |
| 35.0 | 1.23570 | 1.50189 | 1.89965 | 2.65242 | 2.92937 | 3.50188 |
| 36.0 | 1.23252 | 1.49831 | 1.89545 | 2.64695 | 2.92341 | 3.49491 |
| 37.0 | 1.22947 | 1.49490 | 1.89144 | 2.64173 | 2.91774 | 3.48826 |
| 38.0 | 1.22657 | 1.49164 | 1.88761 | 2.63675 | 2.91231 | 3.48191 |
| 39.0 | 1.22378 | 1.48852 | 1.88395 | 2.63198 | 2.90713 | 3.47584 |
| 40.0 | 1.22111 | 1.48553 | 1.88044 | 2.62743 | 2.90217 | 3.47003 |
| 41.0 | 1.21855 | 1.48266 | 1.87708 | 2.62305 | 2.89741 | 3.46447 |
| 42.0 | 1.21609 | 1.47990 | 1.87385 | 2.61886 | 2.89285 | 3.45913 |
| 43.0 | 1.21372 | 1.47725 | 1.87075 | 2.61483 | 2.88847 | 3.45400 |
| 44.0 | 1.21144 | 1.47471 | 1.86776 | 2.61096 | 2.88426 | 3.44907 |
| 45.0 | 1.20925 | 1.47225 | 1.86489 | 2.60723 | 2.88020 | 3.44433 |
| 46.0 | 1.20713 | 1.46988 | 1.86212 | 2.60364 | 2.87630 | 3.43976 |
| 47.0 | 1.20508 | 1.46760 | 1.85945 | 2.60018 | 2.87253 | 3.43536 |
| 48.0 | 1.20311 | 1.46539 | 1.85687 | 2.59684 | 2.86890 | 3.43111 |
| 49.0 | 1.20120 | 1.46326 | 1.85438 | 2.59361 | 2.86539 | 3.42701 |
| 50.0 | 1.19936 | 1.46120 | 1.85197 | 2.59049 | 2.86200 | 3.42304 |
| 60.0 | 1.18371 | 1.44375 | 1.83160 | 2.56416 | 2.83338 | 3.38961 |
| 70.0 | 1.17177 | 1.43047 | 1.81613 | 2.54421 | 2.81171 | 3.36431 |
| 80.0 | 1.16229 | 1.41993 | 1.80388 | 2.52844 | 2.79459 | 3.34433 |
| 90.0 | 1.15452 | 1.41131 | 1.79387 | 2.51558 | 2.78064 | 3.32806 |
| 100.0 | 1.14801 | 1.40409 | 1.78551 | 2.50485 | 2.76899 | 3.31449 |
| 110.0 | 1.14245 | 1.39794 | 1.77838 | 2.49571 | 2.75908 | 3.30294 |
| 120.0 | 1.13764 | 1.39261 | 1.77222 | 2.48782 | 2.75052 | 3.29297 |

$\gamma$=.80

| $R_L$ / n | .9995000 | .9999000 | .9999500 | .9999900 | .9999990 | .9999999 |
|---|---|---|---|---|---|---|
| 2.0 | 12.96895 | 14.66249 | 15.34048 | 16.81932 | 18.74917 | 20.51040 |
| 3.0 | 7.02567 | 7.92578 | 8.28663 | 9.07453 | 10.10395 | 11.04436 |
| 4.0 | 5.74955 | 6.48242 | 6.77632 | 7.41816 | 8.25702 | 9.02353 |
| 5.0 | 5.18832 | 5.84863 | 6.11346 | 6.69184 | 7.44780 | 8.13862 |
| 6.0 | 4.86755 | 5.48685 | 5.73522 | 6.27768 | 6.98670 | 7.63461 |
| 7.0 | 4.65736 | 5.25003 | 5.48771 | 6.00681 | 6.68529 | 7.30529 |
| 8.0 | 4.50759 | 5.08142 | 5.31154 | 5.81411 | 6.47097 | 7.07120 |
| 9.0 | 4.39466 | 4.95438 | 5.17883 | 5.66902 | 6.30965 | 6.89505 |
| 10.0 | 4.30598 | 4.85468 | 5.07471 | 5.55521 | 6.18317 | 6.75696 |
| 11.0 | 4.23417 | 4.77400 | 4.99046 | 5.46315 | 6.08089 | 6.64533 |
| 12.0 | 4.17463 | 4.70713 | 4.92064 | 5.38689 | 5.99619 | 6.55289 |
| 13.0 | 4.12431 | 4.65064 | 4.86167 | 5.32249 | 5.92467 | 6.47486 |
| 14.0 | 4.08111 | 4.60216 | 4.81107 | 5.26724 | 5.86333 | 6.40795 |
| 15.0 | 4.04354 | 4.56002 | 4.76708 | 5.21922 | 5.81003 | 6.34981 |
| 16.0 | 4.01051 | 4.52297 | 4.72842 | 5.17702 | 5.76320 | 6.29873 |
| 17.0 | 3.98119 | 4.49009 | 4.69412 | 5.13959 | 5.72166 | 6.25344 |
| 18.0 | 3.95494 | 4.46068 | 4.66343 | 5.10611 | 5.68451 | 6.21293 |
| 19.0 | 3.93129 | 4.43418 | 4.63578 | 5.07594 | 5.65105 | 6.17644 |
| 20.0 | 3.90984 | 4.41015 | 4.61071 | 5.04859 | 5.62072 | 6.14338 |
| 21.0 | 3.89028 | 4.38823 | 4.58785 | 5.02366 | 5.59307 | 6.11323 |
| 22.0 | 3.87235 | 4.36815 | 4.56690 | 5.00082 | 5.56774 | 6.08562 |
| 23.0 | 3.85584 | 4.34967 | 4.54762 | 4.97980 | 5.54442 | 6.06021 |
| 24.0 | 3.84058 | 4.33258 | 4.52980 | 4.96037 | 5.52288 | 6.03674 |
| 25.0 | 3.82642 | 4.31673 | 4.51327 | 4.94235 | 5.50291 | 6.01497 |
| 26.0 | 3.81324 | 4.30198 | 4.49789 | 4.92557 | 5.48431 | 5.99471 |
| 27.0 | 3.80093 | 4.28821 | 4.48352 | 4.90992 | 5.46696 | 5.97580 |
| 28.0 | 3.78940 | 4.27531 | 4.47007 | 4.89526 | 5.45072 | 5.95809 |
| 29.0 | 3.77858 | 4.26321 | 4.45745 | 4.88150 | 5.43547 | 5.94148 |
| 30.0 | 3.76840 | 4.25181 | 4.44557 | 4.86856 | 5.42112 | 5.92585 |
| 31.0 | 3.75879 | 4.24107 | 4.43437 | 4.85635 | 5.40760 | 5.91111 |
| 32.0 | 3.74971 | 4.23092 | 4.42378 | 4.84481 | 5.39481 | 5.89719 |
| 33.0 | 3.74111 | 4.22130 | 4.41376 | 4.83389 | 5.38271 | 5.88401 |
| 34.0 | 3.73296 | 4.21218 | 4.40425 | 4.82353 | 5.37123 | 5.87150 |
| 35.0 | 3.72520 | 4.20352 | 4.39521 | 4.81369 | 5.36033 | 5.85963 |
| 36.0 | 3.71783 | 4.19527 | 4.38662 | 4.80432 | 5.34995 | 5.84832 |
| 37.0 | 3.71079 | 4.18740 | 4.37842 | 4.79539 | 5.34006 | 5.83755 |
| 38.0 | 3.70408 | 4.17990 | 4.37060 | 4.78687 | 5.33062 | 5.82727 |
| 39.0 | 3.69766 | 4.17273 | 4.36312 | 4.77873 | 5.32160 | 5.81744 |
| 40.0 | 3.69152 | 4.16586 | 4.35596 | 4.77093 | 5.31297 | 5.80804 |
| 41.0 | 3.68563 | 4.15929 | 4.34911 | 4.76347 | 5.30470 | 5.79904 |
| 42.0 | 3.67999 | 4.15298 | 4.34253 | 4.75630 | 5.29677 | 5.79040 |
| 43.0 | 3.67456 | 4.14692 | 4.33622 | 4.74943 | 5.28916 | 5.78211 |
| 44.0 | 3.66935 | 4.14110 | 4.33015 | 4.74282 | 5.28184 | 5.77414 |
| 45.0 | 3.66434 | 4.13550 | 4.32431 | 4.73646 | 5.27480 | 5.76647 |
| 46.0 | 3.65951 | 4.13010 | 4.31869 | 4.73034 | 5.26802 | 5.75909 |
| 47.0 | 3.65485 | 4.12490 | 4.31327 | 4.72444 | 5.26148 | 5.75197 |
| 48.0 | 3.65036 | 4.11988 | 4.30804 | 4.71874 | 5.25518 | 5.74511 |
| 49.0 | 3.64603 | 4.11504 | 4.30299 | 4.71325 | 5.24909 | 5.73848 |
| 50.0 | 3.64183 | 4.11036 | 4.29812 | 4.70794 | 5.24321 | 5.73208 |
| 60.0 | 3.60649 | 4.07090 | 4.25699 | 4.66317 | 5.19366 | 5.67813 |
| 70.0 | 3.57976 | 4.04106 | 4.22590 | 4.62933 | 5.15621 | 5.63737 |
| 80.0 | 3.55866 | 4.01752 | 4.20138 | 4.60264 | 5.12668 | 5.60523 |
| 90.0 | 3.54147 | 3.99835 | 4.18140 | 4.58092 | 5.10264 | 5.57907 |
| 100.0 | 3.52713 | 3.98236 | 4.16475 | 4.56280 | 5.08260 | 5.55726 |
| 110.0 | 3.51494 | 3.96877 | 4.15059 | 4.54739 | 5.06556 | 5.53872 |
| 120.0 | 3.50441 | 3.95703 | 4.13836 | 4.53410 | 5.05086 | 5.52272 |

$\gamma = .90$

| $R_L$ / $n$ | .5000000 | .6000000 | .6500000 | .7000000 | .7500000 | .8000000 |
|---|---|---|---|---|---|---|
| 2.0 | 2.17625 | 3.34271 | 4.05664 | 4.88058 | 5.84241 | 6.98747 |
| 3.0 | 1.08866 | 1.60242 | 1.89802 | 2.22801 | 2.60281 | 3.03939 |
| 4.0 | .81887 | 1.21941 | 1.44464 | 1.69301 | 1.97224 | 2.29487 |
| 5.0 | .68567 | 1.04158 | 1.23926 | 1.45576 | 1.69779 | 1.97613 |
| 6.0 | .60253 | .93480 | 1.11789 | 1.31754 | 1.53987 | 1.79475 |
| 7.0 | .54418 | .86185 | 1.03592 | 1.22512 | 1.43526 | 1.67557 |
| 8.0 | .50025 | .80801 | .97594 | 1.15803 | 1.35984 | 1.59021 |
| 9.0 | .46561 | .76620 | .92967 | 1.10659 | 1.30234 | 1.52546 |
| 10.0 | .43735 | .73252 | .89260 | 1.06559 | 1.25672 | 1.47430 |
| 11.0 | .41373 | .70463 | .86206 | 1.03195 | 1.21943 | 1.43263 |
| 12.0 | .39359 | .68107 | .83634 | 1.00372 | 1.18824 | 1.39789 |
| 13.0 | .37615 | .66080 | .81430 | .97960 | 1.16167 | 1.36837 |
| 14.0 | .36085 | .64314 | .79514 | .95869 | 1.13870 | 1.34291 |
| 15.0 | .34729 | .62756 | .77829 | .94035 | 1.11859 | 1.32067 |
| 16.0 | .33515 | .61370 | .76333 | .92409 | 1.10080 | 1.30102 |
| 17.0 | .32421 | .60125 | .74992 | .90955 | 1.08491 | 1.28352 |
| 18.0 | .31428 | .59000 | .73782 | .89645 | 1.07063 | 1.26779 |
| 19.0 | .30521 | .57975 | .72682 | .88457 | 1.05769 | 1.25357 |
| 20.0 | .29689 | .57038 | .71678 | .87373 | 1.04590 | 1.24063 |
| 21.0 | .28921 | .56177 | .70755 | .86379 | 1.03510 | 1.22880 |
| 22.0 | .28210 | .55381 | .69905 | .85463 | 1.02517 | 1.21792 |
| 23.0 | .27550 | .54643 | .69117 | .84616 | 1.01598 | 1.20787 |
| 24.0 | .26933 | .53957 | .68385 | .83829 | 1.00747 | 1.19856 |
| 25.0 | .26357 | .53316 | .67702 | .83096 | .99954 | 1.18990 |
| 26.0 | .25816 | .52715 | .67063 | .82411 | .99213 | 1.18182 |
| 27.0 | .25307 | .52152 | .66463 | .81769 | .98520 | 1.17426 |
| 28.0 | .24827 | .51621 | .65899 | .81165 | .97869 | 1.16717 |
| 29.0 | .24373 | .51121 | .65368 | .80597 | .97256 | 1.16049 |
| 30.0 | .23943 | .50647 | .64866 | .80060 | .96677 | 1.15420 |
| 31.0 | .23536 | .50199 | .64390 | .79552 | .96130 | 1.14825 |
| 32.0 | .23148 | .49773 | .63939 | .79070 | .95612 | 1.14262 |
| 33.0 | .22779 | .49368 | .63510 | .78613 | .95120 | 1.13728 |
| 34.0 | .22428 | .48983 | .63102 | .78178 | .94653 | 1.13220 |
| 35.0 | .22092 | .48615 | .62714 | .77764 | .94208 | 1.12737 |
| 36.0 | .21770 | .48264 | .62342 | .77368 | .93783 | 1.12277 |
| 37.0 | .21463 | .47928 | .61987 | .76991 | .93377 | 1.11837 |
| 38.0 | .21168 | .47606 | .61648 | .76629 | .92990 | 1.11417 |
| 39.0 | .20884 | .47298 | .61322 | .76283 | .92618 | 1.11015 |
| 40.0 | .20612 | .47001 | .61009 | .75951 | .92262 | 1.10630 |
| 41.0 | .20351 | .46717 | .60709 | .75632 | .91921 | 1.10260 |
| 42.0 | .20099 | .46443 | .60421 | .75325 | .91592 | 1.09905 |
| 43.0 | .19856 | .46179 | .60143 | .75030 | .91277 | 1.09563 |
| 44.0 | .19622 | .45925 | .59875 | .74746 | .90973 | 1.09235 |
| 45.0 | .19396 | .45680 | .59617 | .74473 | .90680 | 1.08918 |
| 46.0 | .19177 | .45444 | .59368 | .74208 | .90397 | 1.08613 |
| 47.0 | .18966 | .45215 | .59128 | .73953 | .90125 | 1.08319 |
| 48.0 | .18761 | .44994 | .58895 | .73707 | .89861 | 1.08034 |
| 49.0 | .18563 | .44780 | .58670 | .73469 | .89607 | 1.07760 |
| 50.0 | .18372 | .44573 | .58453 | .73238 | .89361 | 1.07494 |
| 60.0 | .16732 | .42808 | .56600 | .71279 | .87271 | 1.05242 |
| 70.0 | .15466 | .41451 | .55180 | .69780 | .85676 | 1.03527 |
| 80.0 | .14449 | .40366 | .54046 | .68586 | .84407 | 1.02166 |
| 90.0 | .13610 | .39473 | .53115 | .67607 | .83368 | 1.01051 |
| 100.0 | .12902 | .38722 | .52332 | .66784 | .82496 | 1.00118 |
| 110.0 | .12294 | .38078 | .51662 | .66081 | .81752 | .99322 |
| 120.0 | .11764 | .37518 | .51080 | .65471 | .81107 | .98632 |

$\gamma = .90$

| $R_L$ / $n$ | .8500000 | .9000000 | .9500000 | .9900000 | .9950000 | .9990000 |
|---|---|---|---|---|---|---|
| 2.0 | 8.39818 | 10.25271 | 13.08974 | 18.50008 | 20.48617 | 24.58159 |
| 3.0 | 3.56877 | 4.25816 | 5.31148 | 7.34044 | 8.09237 | 9.65117 |
| 4.0 | 2.68366 | 3.18784 | 3.95657 | 5.43823 | 5.98813 | 7.12931 |
| 5.0 | 2.31027 | 2.74235 | 3.39983 | 4.66598 | 5.13590 | 6.11130 |
| 6.0 | 2.09992 | 2.49369 | 3.09188 | 4.24253 | 4.66945 | 5.55551 |
| 7.0 | 1.96274 | 2.33265 | 2.89380 | 3.97202 | 4.37189 | 5.20171 |
| 8.0 | 1.86505 | 2.21859 | 2.75428 | 3.78255 | 4.16372 | 4.95460 |
| 9.0 | 1.79130 | 2.13287 | 2.64990 | 3.64144 | 4.00885 | 4.77103 |
| 10.0 | 1.73326 | 2.06567 | 2.56837 | 3.53166 | 3.88846 | 4.62850 |
| 11.0 | 1.68614 | 2.01129 | 2.50262 | 3.44342 | 3.79176 | 4.51415 |
| 12.0 | 1.64697 | 1.96620 | 2.44825 | 3.37067 | 3.71210 | 4.42003 |
| 13.0 | 1.61378 | 1.92808 | 2.40240 | 3.30948 | 3.64513 | 4.34098 |
| 14.0 | 1.58520 | 1.89534 | 2.36311 | 3.25716 | 3.58790 | 4.27347 |
| 15.0 | 1.56029 | 1.86684 | 2.32898 | 3.21182 | 3.53831 | 4.21502 |
| 16.0 | 1.53832 | 1.84177 | 2.29900 | 3.17206 | 3.49486 | 4.16383 |
| 17.0 | 1.51878 | 1.81949 | 2.27240 | 3.13685 | 3.45640 | 4.11855 |
| 18.0 | 1.50126 | 1.79954 | 2.24862 | 3.10542 | 3.42207 | 4.07815 |
| 19.0 | 1.48543 | 1.78154 | 2.22720 | 3.07714 | 3.39120 | 4.04184 |
| 20.0 | 1.47104 | 1.76521 | 2.20778 | 3.05154 | 3.36326 | 4.00899 |
| 21.0 | 1.45790 | 1.75029 | 2.19007 | 3.02823 | 3.33782 | 3.97909 |
| 22.0 | 1.44582 | 1.73662 | 2.17385 | 3.00689 | 3.31454 | 3.95175 |
| 23.0 | 1.43469 | 1.72401 | 2.15891 | 2.98727 | 3.29314 | 3.92662 |
| 24.0 | 1.42438 | 1.71235 | 2.14510 | 2.96915 | 3.27339 | 3.90343 |
| 25.0 | 1.41480 | 1.70152 | 2.13229 | 2.95236 | 3.25508 | 3.88194 |
| 26.0 | 1.40587 | 1.69144 | 2.12037 | 2.93675 | 3.23806 | 3.86197 |
| 27.0 | 1.39752 | 1.68201 | 2.10924 | 2.92218 | 3.22219 | 3.84335 |
| 28.0 | 1.38968 | 1.67318 | 2.09881 | 2.90854 | 3.20733 | 3.82593 |
| 29.0 | 1.38232 | 1.66488 | 2.08903 | 2.89575 | 3.19340 | 3.80960 |
| 30.0 | 1.37538 | 1.65706 | 2.07982 | 2.88372 | 3.18030 | 3.79425 |
| 31.0 | 1.36883 | 1.64969 | 2.07113 | 2.87239 | 3.16795 | 3.77978 |
| 32.0 | 1.36263 | 1.64271 | 2.06292 | 2.86168 | 3.15629 | 3.76612 |
| 33.0 | 1.35675 | 1.63610 | 2.05514 | 2.85154 | 3.14526 | 3.75319 |
| 34.0 | 1.35116 | 1.62983 | 2.04776 | 2.84193 | 3.13480 | 3.74094 |
| 35.0 | 1.34585 | 1.62386 | 2.04075 | 2.83280 | 3.12486 | 3.72931 |
| 36.0 | 1.34079 | 1.61818 | 2.03407 | 2.82412 | 3.11541 | 3.71824 |
| 37.0 | 1.33596 | 1.61276 | 2.02771 | 2.81584 | 3.10640 | 3.70770 |
| 38.0 | 1.33135 | 1.60758 | 2.02164 | 2.80794 | 3.09781 | 3.69765 |
| 39.0 | 1.32693 | 1.60263 | 2.01583 | 2.80040 | 3.08961 | 3.68805 |
| 40.0 | 1.32270 | 1.59789 | 2.01027 | 2.79318 | 3.08175 | 3.67886 |
| 41.0 | 1.31865 | 1.59335 | 2.00494 | 2.78627 | 3.07423 | 3.67006 |
| 42.0 | 1.31475 | 1.58899 | 1.99983 | 2.77964 | 3.06702 | 3.66163 |
| 43.0 | 1.31101 | 1.58480 | 1.99493 | 2.77327 | 3.06010 | 3.65354 |
| 44.0 | 1.30741 | 1.58077 | 1.99021 | 2.76716 | 3.05345 | 3.64576 |
| 45.0 | 1.30395 | 1.57689 | 1.98567 | 2.76127 | 3.04705 | 3.63828 |
| 46.0 | 1.30061 | 1.57316 | 1.98130 | 2.75561 | 3.04090 | 3.63108 |
| 47.0 | 1.29738 | 1.56955 | 1.97708 | 2.75015 | 3.03496 | 3.62415 |
| 48.0 | 1.29427 | 1.56607 | 1.97302 | 2.74488 | 3.02924 | 3.61746 |
| 49.0 | 1.29127 | 1.56271 | 1.96909 | 2.73980 | 3.02371 | 3.61100 |
| 50.0 | 1.28836 | 1.55947 | 1.96529 | 2.73489 | 3.01838 | 3.60477 |
| 60.0 | 1.26377 | 1.53203 | 1.93327 | 2.69352 | 2.97343 | 3.55228 |
| 70.0 | 1.24507 | 1.51121 | 1.90903 | 2.66228 | 2.93951 | 3.51270 |
| 80.0 | 1.23026 | 1.49474 | 1.88988 | 2.63765 | 2.91278 | 3.48152 |
| 90.0 | 1.21815 | 1.48130 | 1.87428 | 2.61761 | 2.89103 | 3.45618 |
| 100.0 | 1.20802 | 1.47006 | 1.86125 | 2.60090 | 2.87290 | 3.43506 |
| 110.0 | 1.19938 | 1.46049 | 1.85017 | 2.58670 | 2.85751 | 3.41713 |
| 120.0 | 1.19191 | 1.45222 | 1.84059 | 2.57445 | 2.84422 | 3.40166 |

$\gamma = .90$

| $R_L$ / $n$ | .9995000 | .9999000 | .9999500 | .9999900 | .9999990 | .9999999 |
|---|---|---|---|---|---|---|
| 2.0 | 26.17612 | 29.58710 | 30.95285 | 33.93219 | 37.82065 | 41.36975 |
| 3.0 | 10.26031 | 11.56628 | 12.09008 | 13.23411 | 14.72944 | 16.09591 |
| 4.0 | 7.57560 | 8.53297 | 8.91713 | 9.75642 | 10.85389 | 11.85713 |
| 5.0 | 6.49283 | 7.31138 | 7.63988 | 8.35763 | 9.29629 | 10.15445 |
| 6.0 | 5.90210 | 6.64569 | 6.94411 | 7.59614 | 8.44889 | 9.22852 |
| 7.0 | 5.52626 | 6.22256 | 6.50199 | 7.11253 | 7.91099 | 8.64099 |
| 8.0 | 5.26390 | 5.92742 | 6.19368 | 6.77544 | 7.53623 | 8.23177 |
| 9.0 | 5.06906 | 5.70839 | 5.96492 | 6.52542 | 7.25838 | 7.92846 |
| 10.0 | 4.91785 | 5.53850 | 5.78753 | 6.33160 | 7.04306 | 7.69345 |
| 11.0 | 4.79657 | 5.40230 | 5.64533 | 6.17629 | 6.87057 | 7.50523 |
| 12.0 | 4.69677 | 5.29028 | 5.52840 | 6.04861 | 6.72879 | 7.35055 |
| 13.0 | 4.61296 | 5.19625 | 5.43026 | 5.94146 | 6.60985 | 7.22081 |
| 14.0 | 4.54141 | 5.11600 | 5.34651 | 5.85005 | 6.50839 | 7.11015 |
| 15.0 | 4.47948 | 5.04656 | 5.27404 | 5.77097 | 6.42064 | 7.01446 |
| 16.0 | 4.42524 | 4.98576 | 5.21061 | 5.70176 | 6.34386 | 6.93073 |
| 17.0 | 4.37727 | 4.93201 | 5.15453 | 5.64058 | 6.27599 | 6.85674 |
| 18.0 | 4.33448 | 4.88408 | 5.10452 | 5.58603 | 6.21549 | 6.79078 |
| 19.0 | 4.29603 | 4.84101 | 5.05959 | 5.53703 | 6.16115 | 6.73154 |
| 20.0 | 4.26125 | 4.80205 | 5.01896 | 5.49272 | 6.11202 | 6.67799 |
| 21.0 | 4.22959 | 4.76662 | 4.98200 | 5.45242 | 6.06733 | 6.62929 |
| 22.0 | 4.20065 | 4.73421 | 4.94820 | 5.41558 | 6.02648 | 6.58477 |
| 23.0 | 4.17405 | 4.70444 | 4.91716 | 5.38173 | 5.98896 | 6.54389 |
| 24.0 | 4.14950 | 4.67697 | 4.88851 | 5.35051 | 5.95436 | 6.50618 |
| 25.0 | 4.12676 | 4.65154 | 4.86198 | 5.32159 | 5.92231 | 6.47126 |
| 26.0 | 4.10563 | 4.62789 | 4.83733 | 5.29473 | 5.89254 | 6.43882 |
| 27.0 | 4.08593 | 4.60585 | 4.81435 | 5.26968 | 5.86478 | 6.40858 |
| 28.0 | 4.06750 | 4.58524 | 4.79286 | 5.24626 | 5.83884 | 6.38032 |
| 29.0 | 4.05022 | 4.56592 | 4.77271 | 5.22431 | 5.81452 | 6.35382 |
| 30.0 | 4.03397 | 4.54776 | 4.75378 | 5.20368 | 5.79166 | 6.32892 |
| 31.0 | 4.01867 | 4.53064 | 4.73594 | 5.18425 | 5.77013 | 6.30547 |
| 32.0 | 4.00422 | 4.51449 | 4.71910 | 5.16590 | 5.74980 | 6.28333 |
| 33.0 | 3.99055 | 4.49921 | 4.70317 | 5.14855 | 5.73058 | 6.26239 |
| 34.0 | 3.97759 | 4.48473 | 4.68807 | 5.13210 | 5.71237 | 6.24255 |
| 35.0 | 3.96529 | 4.47098 | 4.67373 | 5.11649 | 5.69507 | 6.22372 |
| 36.0 | 3.95358 | 4.45790 | 4.66010 | 5.10164 | 5.67863 | 6.20581 |
| 37.0 | 3.94244 | 4.44545 | 4.64712 | 5.08750 | 5.66297 | 6.18876 |
| 38.0 | 3.93181 | 4.43357 | 4.63474 | 5.07402 | 5.64804 | 6.17250 |
| 39.0 | 3.92165 | 4.42222 | 4.62291 | 5.06114 | 5.63378 | 6.15697 |
| 40.0 | 3.91194 | 4.41137 | 4.61161 | 5.04883 | 5.62014 | 6.14212 |
| 41.0 | 3.90264 | 4.40098 | 4.60078 | 5.03703 | 5.60709 | 6.12791 |
| 42.0 | 3.89372 | 4.39102 | 4.59040 | 5.02573 | 5.59457 | 6.11428 |
| 43.0 | 3.88517 | 4.38147 | 4.58044 | 5.01489 | 5.58257 | 6.10120 |
| 44.0 | 3.87694 | 4.37228 | 4.57087 | 5.00447 | 5.57103 | 6.08865 |
| 45.0 | 3.86904 | 4.36345 | 4.56167 | 4.99445 | 5.55994 | 6.07657 |
| 46.0 | 3.86143 | 4.35496 | 4.55281 | 4.98481 | 5.54927 | 6.06495 |
| 47.0 | 3.85410 | 4.34677 | 4.54428 | 4.97552 | 5.53898 | 6.05375 |
| 48.0 | 3.84703 | 4.33888 | 4.53605 | 4.96656 | 5.52907 | 6.04296 |
| 49.0 | 3.84020 | 4.33126 | 4.52811 | 4.95792 | 5.51950 | 6.03254 |
| 50.0 | 3.83361 | 4.32390 | 4.52045 | 4.94957 | 5.51026 | 6.02249 |
| 60.0 | 3.77814 | 4.26198 | 4.45593 | 4.87936 | 5.43255 | 5.93789 |
| 70.0 | 3.73632 | 4.21532 | 4.40731 | 4.82645 | 5.37401 | 5.87418 |
| 80.0 | 3.70339 | 4.17859 | 4.36905 | 4.78482 | 5.32795 | 5.82405 |
| 90.0 | 3.67662 | 4.14874 | 4.33795 | 4.75099 | 5.29053 | 5.78334 |
| 100.0 | 3.65432 | 4.12387 | 4.31205 | 4.72283 | 5.25938 | 5.74944 |
| 110.0 | 3.63538 | 4.10277 | 4.29007 | 4.69891 | 5.23294 | 5.72067 |
| 120.0 | 3.61904 | 4.08456 | 4.27111 | 4.67830 | 5.21014 | 5.69587 |

$\gamma = .95$

| $R_L$ / $n$ | .5000000 | .6000000 | .6500000 | .7000000 | .7500000 | .8000000 |
|---|---|---|---|---|---|---|
| 2.0 | 4.46450 | 6.77814 | 8.19964 | 9.84277 | 11.76299 | 14.05093 |
| 3.0 | 1.68585 | 2.39898 | 2.81302 | 3.27720 | 3.80619 | 4.42412 |
| 4.0 | 1.17668 | 1.67205 | 1.95348 | 2.26541 | 2.61761 | 3.02603 |
| 5.0 | .95339 | 1.36980 | 1.60346 | 1.86075 | 2.14969 | 2.48330 |
| 6.0 | .82264 | 1.19901 | 1.40847 | 1.63810 | 1.89503 | 2.19075 |
| 7.0 | .73445 | 1.08675 | 1.28165 | 1.49463 | 1.73225 | 2.00512 |
| 8.0 | .66983 | 1.00609 | 1.19128 | 1.39312 | 1.61782 | 1.87538 |
| 9.0 | .61985 | .94466 | 1.12289 | 1.31676 | 1.53220 | 1.77875 |
| 10.0 | .57968 | .89592 | 1.06892 | 1.25678 | 1.46524 | 1.70348 |
| 11.0 | .54648 | .85605 | 1.02497 | 1.20814 | 1.41114 | 1.64288 |
| 12.0 | .51843 | .82266 | .98832 | 1.16772 | 1.36631 | 1.59281 |
| 13.0 | .49432 | .79419 | .95716 | 1.13346 | 1.32843 | 1.55061 |
| 14.0 | .47330 | .76953 | .93026 | 1.10396 | 1.29590 | 1.51444 |
| 15.0 | .45477 | .74791 | .90673 | 1.07822 | 1.26758 | 1.48303 |
| 16.0 | .43826 | .72876 | .88594 | 1.05553 | 1.24265 | 1.45542 |
| 17.0 | .42344 | .71164 | .86739 | 1.03532 | 1.22049 | 1.43093 |
| 18.0 | .41003 | .69622 | .85072 | 1.01719 | 1.20064 | 1.40902 |
| 19.0 | .39782 | .68224 | .83562 | 1.00079 | 1.18272 | 1.38927 |
| 20.0 | .38665 | .66948 | .82187 | .98589 | 1.16645 | 1.37136 |
| 21.0 | .37636 | .65778 | .80928 | .97226 | 1.15159 | 1.35502 |
| 22.0 | .36686 | .64700 | .79770 | .95973 | 1.13795 | 1.34004 |
| 23.0 | .35805 | .63703 | .78699 | .94817 | 1.12538 | 1.32624 |
| 24.0 | .34984 | .62777 | .77706 | .93745 | 1.11374 | 1.31348 |
| 25.0 | .34218 | .61914 | .76782 | .92749 | 1.10292 | 1.30164 |
| 26.0 | .33499 | .61107 | .75919 | .91820 | 1.09284 | 1.29060 |
| 27.0 | .32825 | .60351 | .75110 | .90950 | 1.08342 | 1.28030 |
| 28.0 | .32189 | .59640 | .74351 | .90134 | 1.07458 | 1.27064 |
| 29.0 | .31589 | .58970 | .73637 | .89366 | 1.06627 | 1.26157 |
| 30.0 | .31022 | .58338 | .72962 | .88643 | 1.05845 | 1.25303 |
| 31.0 | .30484 | .57739 | .72324 | .87959 | 1.05106 | 1.24498 |
| 32.0 | .29973 | .57171 | .71720 | .87311 | 1.04407 | 1.23736 |
| 33.0 | .29487 | .56632 | .71147 | .86697 | 1.03744 | 1.23014 |
| 34.0 | .29024 | .56119 | .70601 | .86113 | 1.03114 | 1.22328 |
| 35.0 | .28582 | .55630 | .70082 | .85557 | 1.02515 | 1.21677 |
| 36.0 | .28160 | .55164 | .69586 | .85028 | 1.01945 | 1.21056 |
| 37.0 | .27755 | .54718 | .69113 | .84522 | 1.01400 | 1.20464 |
| 38.0 | .27368 | .54291 | .68661 | .84039 | 1.00880 | 1.19899 |
| 39.0 | .26997 | .53882 | .68227 | .83576 | 1.00382 | 1.19359 |
| 40.0 | .26640 | .53490 | .67812 | .83133 | .99905 | 1.18841 |
| 41.0 | .26297 | .53113 | .67413 | .82707 | .99448 | 1.18345 |
| 42.0 | .25967 | .52751 | .67029 | .82299 | .99009 | 1.17869 |
| 43.0 | .25650 | .52403 | .66661 | .81906 | .98587 | 1.17411 |
| 44.0 | .25343 | .52067 | .66306 | .81528 | .98181 | 1.16972 |
| 45.0 | .25047 | .51743 | .65963 | .81163 | .97791 | 1.16548 |
| 46.0 | .24762 | .51431 | .65634 | .80812 | .97414 | 1.16140 |
| 47.0 | .24486 | .51129 | .65315 | .80473 | .97050 | 1.15747 |
| 48.0 | .24219 | .50838 | .65007 | .80146 | .96700 | 1.15367 |
| 49.0 | .23960 | .50556 | .64710 | .79830 | .96361 | 1.15000 |
| 50.0 | .23710 | .50283 | .64422 | .79524 | .96033 | 1.14646 |
| 60.0 | .21574 | .47963 | .61978 | .76930 | .93259 | 1.11649 |
| 70.0 | .19927 | .46185 | .60110 | .74953 | .91149 | 1.09376 |
| 80.0 | .18608 | .44766 | .58623 | .73383 | .89476 | 1.07576 |
| 90.0 | .17521 | .43601 | .57403 | .72096 | .88108 | 1.06106 |
| 100.0 | .16604 | .42622 | .56380 | .71018 | .86963 | 1.04878 |
| 110.0 | .15818 | .41784 | .55505 | .70098 | .85987 | 1.03832 |
| 120.0 | .15133 | .41056 | .54746 | .69301 | .85142 | 1.02926 |

$\gamma = .95$

| $n$ \ $R_L$ | .8500000 | .9000000 | .9500000 | .9900000 | .9950000 | .9990000 |
|---|---|---|---|---|---|---|
| 2.0 | 16.87151 | 20.58147 | 26.25967 | 37.09358 | 41.07165 | 49.27562 |
| 3.0 | 5.17515 | 6.15528 | 7.65590 | 10.55273 | 11.62755 | 13.85707 |
| 4.0 | 3.51977 | 4.16193 | 5.14387 | 7.04236 | 7.74817 | 9.21418 |
| 5.0 | 2.88521 | 3.40663 | 4.20268 | 5.74108 | 6.31319 | 7.50189 |
| 6.0 | 2.54613 | 3.00626 | 3.70768 | 5.06199 | 5.56553 | 6.61178 |
| 7.0 | 2.33239 | 2.75543 | 3.39947 | 4.64172 | 5.10343 | 6.06266 |
| 8.0 | 2.18379 | 2.58191 | 3.18729 | 4.35386 | 4.78725 | 5.68753 |
| 9.0 | 2.07359 | 2.45376 | 3.03124 | 4.14302 | 4.55590 | 5.41340 |
| 10.0 | 1.98807 | 2.35464 | 2.91096 | 3.98112 | 4.37838 | 5.20330 |
| 11.0 | 1.91942 | 2.27531 | 2.81499 | 3.85234 | 4.23727 | 5.03646 |
| 12.0 | 1.86286 | 2.21013 | 2.73634 | 3.74708 | 4.12202 | 4.90031 |
| 13.0 | 1.81530 | 2.15544 | 2.67050 | 3.65920 | 4.02583 | 4.78678 |
| 14.0 | 1.77463 | 2.10877 | 2.61443 | 3.58451 | 3.94413 | 4.69041 |
| 15.0 | 1.73937 | 2.06837 | 2.56600 | 3.52013 | 3.87373 | 4.60743 |
| 16.0 | 1.70844 | 2.03300 | 2.52366 | 3.46394 | 3.81232 | 4.53509 |
| 17.0 | 1.68104 | 2.00171 | 2.48626 | 3.41440 | 3.75820 | 4.47136 |
| 18.0 | 1.65656 | 1.97380 | 2.45295 | 3.37033 | 3.71006 | 4.41471 |
| 19.0 | 1.63452 | 1.94870 | 2.42304 | 3.33082 | 3.66692 | 4.36396 |
| 20.0 | 1.61456 | 1.92599 | 2.39600 | 3.29516 | 3.62799 | 4.31819 |
| 21.0 | 1.59637 | 1.90532 | 2.37142 | 3.26277 | 3.59265 | 4.27665 |
| 22.0 | 1.57971 | 1.88641 | 2.34896 | 3.23320 | 3.56039 | 4.23875 |
| 23.0 | 1.56438 | 1.86902 | 2.32832 | 3.20607 | 3.53080 | 4.20400 |
| 24.0 | 1.55022 | 1.85297 | 2.30929 | 3.18108 | 3.50354 | 4.17199 |
| 25.0 | 1.53708 | 1.83810 | 2.29167 | 3.15796 | 3.47833 | 4.14240 |
| 26.0 | 1.52486 | 1.82427 | 2.27530 | 3.13649 | 3.45494 | 4.11495 |
| 27.0 | 1.51344 | 1.81137 | 2.26005 | 3.11650 | 3.43315 | 4.08939 |
| 28.0 | 1.50276 | 1.79930 | 2.24578 | 3.09782 | 3.41280 | 4.06552 |
| 29.0 | 1.49273 | 1.78798 | 2.23241 | 3.08033 | 3.39374 | 4.04318 |
| 30.0 | 1.48330 | 1.77733 | 2.21984 | 3.06390 | 3.37584 | 4.02220 |
| 31.0 | 1.47440 | 1.76729 | 2.20800 | 3.04844 | 3.35900 | 4.00246 |
| 32.0 | 1.46598 | 1.75781 | 2.19682 | 3.03384 | 3.34311 | 3.98384 |
| 33.0 | 1.45802 | 1.74884 | 2.18625 | 3.02005 | 3.32809 | 3.96624 |
| 34.0 | 1.45046 | 1.74033 | 2.17623 | 3.00699 | 3.31387 | 3.94959 |
| 35.0 | 1.44328 | 1.73225 | 2.16672 | 2.99459 | 3.30037 | 3.93378 |
| 36.0 | 1.43645 | 1.72456 | 2.15768 | 2.98281 | 3.28755 | 3.91877 |
| 37.0 | 1.42993 | 1.71724 | 2.14906 | 2.97160 | 3.27535 | 3.90448 |
| 38.0 | 1.42371 | 1.71025 | 2.14085 | 2.96090 | 3.26371 | 3.89087 |
| 39.0 | 1.41776 | 1.70357 | 2.13300 | 2.95070 | 3.25261 | 3.87787 |
| 40.0 | 1.41207 | 1.69718 | 2.12549 | 2.94094 | 3.24199 | 3.86545 |
| 41.0 | 1.40662 | 1.69106 | 2.11831 | 2.93160 | 3.23184 | 3.85357 |
| 42.0 | 1.40139 | 1.68519 | 2.11142 | 2.92266 | 3.22210 | 3.84218 |
| 43.0 | 1.39636 | 1.67955 | 2.10481 | 2.91407 | 3.21277 | 3.83126 |
| 44.0 | 1.39153 | 1.67414 | 2.09846 | 2.90583 | 3.20380 | 3.82078 |
| 45.0 | 1.38689 | 1.66893 | 2.09235 | 2.89791 | 3.19519 | 3.81071 |
| 46.0 | 1.38241 | 1.66391 | 2.08648 | 2.89029 | 3.18690 | 3.80101 |
| 47.0 | 1.37809 | 1.65908 | 2.08081 | 2.88294 | 3.17892 | 3.79168 |
| 48.0 | 1.37393 | 1.65441 | 2.07535 | 2.87587 | 3.17122 | 3.78269 |
| 49.0 | 1.36991 | 1.64991 | 2.07008 | 2.86904 | 3.16380 | 3.77401 |
| 50.0 | 1.36602 | 1.64556 | 2.06499 | 2.86245 | 3.15664 | 3.76564 |
| 60.0 | 1.33323 | 1.60891 | 2.02216 | 2.80705 | 3.09644 | 3.69533 |
| 70.0 | 1.30840 | 1.58122 | 1.98987 | 2.76539 | 3.05119 | 3.64252 |
| 80.0 | 1.28878 | 1.55937 | 1.96444 | 2.73265 | 3.01565 | 3.60106 |
| 90.0 | 1.27278 | 1.54158 | 1.94376 | 2.70607 | 2.98680 | 3.56744 |
| 100.0 | 1.25942 | 1.52675 | 1.92654 | 2.68396 | 2.96281 | 3.53948 |
| 110.0 | 1.24805 | 1.51414 | 1.91191 | 2.66520 | 2.94247 | 3.51578 |
| 120.0 | 1.23823 | 1.50324 | 1.89929 | 2.64903 | 2.92494 | 3.49537 |

$\gamma = .95$

| $R_L$ / $n$ | .9995000 | .9999000 | .9999500 | .9999900 | .9999990 | .9999999 |
|---|---|---|---|---|---|---|
| 2.0 | 52.47006 | 59.30383 | 62.04017 | 68.00956 | 75.80070 | 82.91207 |
| 3.0 | 14.72865 | 16.59779 | 17.34763 | 18.98556 | 21.12684 | 23.08389 |
| 4.0 | 9.78787 | 11.01900 | 11.51316 | 12.59303 | 14.00548 | 15.29696 |
| 5.0 | 7.96720 | 8.96596 | 9.36692 | 10.24324 | 11.38966 | 12.43806 |
| 6.0 | 7.02135 | 7.90050 | 8.25346 | 9.02490 | 10.03417 | 10.95718 |
| 7.0 | 6.43814 | 7.24412 | 7.56769 | 8.27490 | 9.20014 | 10.04631 |
| 8.0 | 6.03990 | 6.79623 | 7.09986 | 7.76347 | 8.63164 | 9.42561 |
| 9.0 | 5.74899 | 6.46926 | 6.75840 | 7.39032 | 8.21700 | 8.97300 |
| 10.0 | 5.52610 | 6.21887 | 6.49696 | 7.10471 | 7.89973 | 8.62675 |
| 11.0 | 5.34916 | 6.02020 | 6.28955 | 6.87818 | 7.64817 | 8.35227 |
| 12.0 | 5.20480 | 5.85818 | 6.12043 | 6.69352 | 7.44314 | 8.12860 |
| 13.0 | 5.08445 | 5.72315 | 5.97950 | 6.53968 | 7.27237 | 7.94232 |
| 14.0 | 4.98232 | 5.60862 | 5.85997 | 6.40921 | 7.12758 | 7.78441 |
| 15.0 | 4.89438 | 5.51003 | 5.75709 | 6.29695 | 7.00301 | 7.64857 |
| 16.0 | 4.81774 | 5.42412 | 5.66745 | 6.19915 | 6.89451 | 7.53026 |
| 17.0 | 4.75023 | 5.34847 | 5.58853 | 6.11305 | 6.79900 | 7.42613 |
| 18.0 | 4.69023 | 5.28125 | 5.51841 | 6.03657 | 6.71417 | 7.33366 |
| 19.0 | 4.63649 | 5.22106 | 5.45562 | 5.96809 | 6.63823 | 7.25087 |
| 20.0 | 4.58802 | 5.16678 | 5.39900 | 5.90635 | 6.56977 | 7.17626 |
| 21.0 | 4.54404 | 5.11754 | 5.34764 | 5.85035 | 6.50768 | 7.10859 |
| 22.0 | 4.50392 | 5.07263 | 5.30080 | 5.79927 | 6.45106 | 7.04688 |
| 23.0 | 4.46713 | 5.03145 | 5.25786 | 5.75246 | 6.39917 | 6.99033 |
| 24.0 | 4.43326 | 4.99355 | 5.21833 | 5.70937 | 6.35141 | 6.93829 |
| 25.0 | 4.40194 | 4.95851 | 5.18179 | 5.66955 | 6.30727 | 6.89020 |
| 26.0 | 4.37289 | 4.92600 | 5.14789 | 5.63261 | 6.26634 | 6.84560 |
| 27.0 | 4.34584 | 4.89575 | 5.11635 | 5.59823 | 6.22824 | 6.80409 |
| 28.0 | 4.32059 | 4.86751 | 5.08690 | 5.56614 | 6.19268 | 6.76535 |
| 29.0 | 4.29694 | 4.84106 | 5.05933 | 5.53610 | 6.15940 | 6.72910 |
| 30.0 | 4.27475 | 4.81625 | 5.03345 | 5.50791 | 6.12816 | 6.69507 |
| 31.0 | 4.25386 | 4.79290 | 5.00911 | 5.48139 | 6.09878 | 6.66307 |
| 32.0 | 4.23417 | 4.77088 | 4.98616 | 5.45638 | 6.07108 | 6.63289 |
| 33.0 | 4.21556 | 4.75007 | 4.96447 | 5.43275 | 6.04491 | 6.60439 |
| 34.0 | 4.19794 | 4.73038 | 4.94394 | 5.41039 | 6.02014 | 6.57741 |
| 35.0 | 4.18123 | 4.71170 | 4.92447 | 5.38918 | 5.99665 | 6.55182 |
| 36.0 | 4.16535 | 4.69396 | 4.90597 | 5.36903 | 5.97433 | 6.52752 |
| 37.0 | 4.15024 | 4.67707 | 4.88837 | 5.34986 | 5.95310 | 6.50440 |
| 38.0 | 4.13584 | 4.66098 | 4.87160 | 5.33160 | 5.93288 | 6.48237 |
| 39.0 | 4.12209 | 4.64563 | 4.85559 | 5.31417 | 5.91358 | 6.46135 |
| 40.0 | 4.10896 | 4.63095 | 4.84030 | 5.29752 | 5.89513 | 6.44127 |
| 41.0 | 4.09640 | 4.61692 | 4.82567 | 5.28158 | 5.87749 | 6.42206 |
| 42.0 | 4.08436 | 4.60347 | 4.81165 | 5.26632 | 5.86060 | 6.40366 |
| 43.0 | 4.07281 | 4.59058 | 4.79822 | 5.25169 | 5.84440 | 6.38602 |
| 44.0 | 4.06173 | 4.57820 | 4.78531 | 5.23764 | 5.82884 | 6.36909 |
| 45.0 | 4.05108 | 4.56630 | 4.77292 | 5.22415 | 5.81390 | 6.35282 |
| 46.0 | 4.04084 | 4.55486 | 4.76099 | 5.21116 | 5.79953 | 6.33717 |
| 47.0 | 4.03097 | 4.54384 | 4.74951 | 5.19866 | 5.78569 | 6.32211 |
| 48.0 | 4.02146 | 4.53323 | 4.73845 | 5.18662 | 5.77236 | 6.30759 |
| 49.0 | 4.01229 | 4.52299 | 4.72778 | 5.17500 | 5.75950 | 6.29359 |
| 50.0 | 4.00344 | 4.51311 | 4.71748 | 5.16379 | 5.74709 | 6.28008 |
| 60.0 | 3.92913 | 4.43016 | 4.63105 | 5.06972 | 5.64296 | 6.16673 |
| 70.0 | 3.87333 | 4.36790 | 4.56618 | 4.99912 | 5.56485 | 6.08172 |
| 80.0 | 3.82953 | 4.31904 | 4.51528 | 4.94375 | 5.50359 | 6.01505 |
| 90.0 | 3.79402 | 4.27944 | 4.47402 | 4.89887 | 5.45394 | 5.96102 |
| 100.0 | 3.76450 | 4.24652 | 4.43973 | 4.86157 | 5.41269 | 5.91614 |
| 110.0 | 3.73947 | 4.21862 | 4.41068 | 4.82997 | 5.37774 | 5.87811 |
| 120.0 | 3.71791 | 4.19459 | 4.38565 | 4.80275 | 5.34765 | 5.84538 |

γ=.99

| $R_L$ \ n | .5000000 | .6000000 | .6500000 | .7000000 | .7500000 | .8000000 |
|---|---|---|---|---|---|---|
| 2.0 | 22.50050 | 34.03826 | 41.13574 | 49.34382 | 58.93952 | 70.37580 |
| 3.0 | 4.02099 | 5.59339 | 6.51269 | 7.54667 | 8.72802 | 10.11085 |
| 4.0 | 2.27035 | 3.10211 | 3.57967 | 4.11178 | 4.71515 | 5.41739 |
| 5.0 | 1.67569 | 2.28720 | 2.63460 | 3.01954 | 3.45410 | 3.95812 |
| 6.0 | 1.37373 | 1.88449 | 2.17248 | 2.49037 | 2.84809 | 3.26192 |
| 7.0 | 1.18782 | 1.64176 | 1.89626 | 2.17633 | 2.49072 | 2.85367 |
| 8.0 | 1.05994 | 1.47764 | 1.71076 | 1.96668 | 2.25337 | 2.58379 |
| 9.0 | .96549 | 1.35814 | 1.57646 | 1.81565 | 2.08314 | 2.39098 |
| 10.0 | .89222 | 1.26655 | 1.47403 | 1.70094 | 1.95433 | 2.24557 |
| 11.0 | .83331 | 1.19367 | 1.39286 | 1.61038 | 1.85297 | 2.13148 |
| 12.0 | .78464 | 1.13400 | 1.32665 | 1.53675 | 1.77079 | 2.03923 |
| 13.0 | .74358 | 1.08405 | 1.27139 | 1.47548 | 1.70259 | 1.96284 |
| 14.0 | .70832 | 1.04147 | 1.22443 | 1.42354 | 1.64491 | 1.89837 |
| 15.0 | .67764 | 1.00463 | 1.18392 | 1.37883 | 1.59536 | 1.84309 |
| 16.0 | .65062 | .97238 | 1.14852 | 1.33986 | 1.55224 | 1.79508 |
| 17.0 | .62659 | .94384 | 1.11727 | 1.30551 | 1.51431 | 1.75290 |
| 18.0 | .60503 | .91836 | 1.08942 | 1.27496 | 1.48063 | 1.71551 |
| 19.0 | .58556 | .89543 | 1.06442 | 1.24757 | 1.45048 | 1.68207 |
| 20.0 | .56785 | .87467 | 1.04180 | 1.22284 | 1.42329 | 1.65196 |
| 21.0 | .55165 | .85575 | 1.02123 | 1.20037 | 1.39862 | 1.62468 |
| 22.0 | .53676 | .83842 | 1.00242 | 1.17985 | 1.37611 | 1.59981 |
| 23.0 | .52302 | .82247 | .98512 | 1.16101 | 1.35548 | 1.57703 |
| 24.0 | .51028 | .80773 | .96916 | 1.14364 | 1.33647 | 1.55607 |
| 25.0 | .49843 | .79405 | .95437 | 1.12756 | 1.31889 | 1.53670 |
| 26.0 | .48737 | .78132 | .94061 | 1.11263 | 1.30257 | 1.51874 |
| 27.0 | .47701 | .76943 | .92777 | 1.09870 | 1.28738 | 1.50203 |
| 28.0 | .46729 | .75829 | .91576 | 1.08568 | 1.27319 | 1.48643 |
| 29.0 | .45814 | .74782 | .90449 | 1.07348 | 1.25989 | 1.47182 |
| 30.0 | .44950 | .73797 | .89389 | 1.06201 | 1.24740 | 1.45812 |
| 31.0 | .44134 | .72868 | .88390 | 1.05121 | 1.23565 | 1.44522 |
| 32.0 | .43360 | .71989 | .87445 | 1.04100 | 1.22455 | 1.43306 |
| 33.0 | .42626 | .71156 | .86551 | 1.03135 | 1.21407 | 1.42158 |
| 34.0 | .41928 | .70365 | .85703 | 1.02220 | 1.20413 | 1.41070 |
| 35.0 | .41263 | .69613 | .84897 | 1.01351 | 1.19470 | 1.40038 |
| 36.0 | .40629 | .68897 | .84130 | 1.00525 | 1.18574 | 1.39058 |
| 37.0 | .40023 | .68214 | .83399 | .99737 | 1.17721 | 1.38125 |
| 38.0 | .39443 | .67562 | .82701 | .98986 | 1.16907 | 1.37236 |
| 39.0 | .38888 | .66938 | .82033 | .98268 | 1.16130 | 1.36387 |
| 40.0 | .38356 | .66340 | .81395 | .97582 | 1.15387 | 1.35576 |
| 41.0 | .37845 | .65767 | .80783 | .96925 | 1.14676 | 1.34800 |
| 42.0 | .37354 | .65217 | .80196 | .96294 | 1.13994 | 1.34057 |
| 43.0 | .36881 | .64689 | .79632 | .95689 | 1.13340 | 1.33344 |
| 44.0 | .36426 | .64181 | .79090 | .95107 | 1.12711 | 1.32659 |
| 45.0 | .35988 | .63691 | .78568 | .94548 | 1.12107 | 1.32001 |
| 46.0 | .35565 | .63219 | .78065 | .94009 | 1.11526 | 1.31368 |
| 47.0 | .35156 | .62764 | .77581 | .93490 | 1.10966 | 1.30758 |
| 48.0 | .34761 | .62325 | .77113 | .92989 | 1.10425 | 1.30170 |
| 49.0 | .34380 | .61901 | .76662 | .92506 | 1.09904 | 1.29603 |
| 50.0 | .34010 | .61490 | .76225 | .92039 | 1.09401 | 1.29056 |
| 60.0 | .30871 | .58018 | .72540 | .88102 | 1.05165 | 1.24457 |
| 70.0 | .28466 | .55377 | .69746 | .85125 | 1.01970 | 1.20997 |
| 80.0 | .26548 | .53282 | .67534 | .82775 | .99453 | 1.18277 |
| 90.0 | .24971 | .51568 | .65729 | .80859 | .97406 | 1.16067 |
| 100.0 | .23646 | .50132 | .64219 | .79261 | .95699 | 1.14228 |
| 110.0 | .22512 | .48907 | .62932 | .77900 | .94249 | 1.12667 |
| 120.0 | .21526 | .47846 | .61819 | .76724 | .92997 | 1.11321 |

$\gamma$=.99

| $R_L$ / $n$ | .8500000 | .9000000 | .9500000 | .9900000 | .9950000 | .9990000 |
|---|---|---|---|---|---|---|
| 2.0 | 84.47739 | 103.02861 | 131.42629 | 185.61696 | 205.51670 | 246.55747 |
| 3.0 | 11.79457 | 13.99541 | 17.37020 | 23.89556 | 26.31886 | 31.34776 |
| 4.0 | 6.26902 | 7.37989 | 9.08345 | 12.38728 | 13.61767 | 16.17556 |
| 5.0 | 4.56780 | 5.36172 | 6.57834 | 8.93902 | 9.81892 | 11.64933 |
| 6.0 | 3.76150 | 4.41108 | 5.40555 | 7.33457 | 8.05368 | 9.54992 |
| 7.0 | 3.29110 | 3.85913 | 4.72786 | 6.41194 | 7.03966 | 8.34576 |
| 8.0 | 2.98144 | 3.49721 | 4.28525 | 5.81180 | 6.38065 | 7.56416 |
| 9.0 | 2.76099 | 3.24041 | 3.97226 | 5.38888 | 5.91660 | 7.01440 |
| 10.0 | 2.59526 | 3.04791 | 3.73831 | 5.07373 | 5.57102 | 6.60540 |
| 11.0 | 2.46557 | 2.89766 | 3.55619 | 4.82903 | 5.30287 | 6.28830 |
| 12.0 | 2.36095 | 2.77672 | 3.40993 | 4.63300 | 5.08816 | 6.03460 |
| 13.0 | 2.27450 | 2.67699 | 3.28956 | 4.47203 | 4.91193 | 5.82650 |
| 14.0 | 2.20168 | 2.59313 | 3.18854 | 4.33718 | 4.76437 | 5.65238 |
| 15.0 | 2.13936 | 2.52148 | 3.10237 | 4.22236 | 4.63877 | 5.50426 |
| 16.0 | 2.08531 | 2.45943 | 3.02787 | 4.12325 | 4.53040 | 5.37652 |
| 17.0 | 2.03790 | 2.40509 | 2.96270 | 4.03670 | 4.43579 | 5.26505 |
| 18.0 | 1.99592 | 2.35703 | 2.90515 | 3.96036 | 4.35237 | 5.16681 |
| 19.0 | 1.95843 | 2.31416 | 2.85388 | 3.89244 | 4.27817 | 5.07948 |
| 20.0 | 1.92471 | 2.27565 | 2.80787 | 3.83156 | 4.21168 | 5.00124 |
| 21.0 | 1.89419 | 2.24081 | 2.76630 | 3.77662 | 4.15169 | 4.93068 |
| 22.0 | 1.86639 | 2.20913 | 2.72852 | 3.72675 | 4.09725 | 4.86667 |
| 23.0 | 1.84096 | 2.18016 | 2.69402 | 3.68124 | 4.04758 | 4.80829 |
| 24.0 | 1.81758 | 2.15355 | 2.66235 | 3.63951 | 4.00205 | 4.75479 |
| 25.0 | 1.79599 | 2.12901 | 2.63317 | 3.60109 | 3.96014 | 4.70555 |
| 26.0 | 1.77599 | 2.10628 | 2.60616 | 3.56557 | 3.92139 | 4.66005 |
| 27.0 | 1.75739 | 2.08517 | 2.58109 | 3.53261 | 3.88546 | 4.61786 |
| 28.0 | 1.74004 | 2.06548 | 2.55774 | 3.50194 | 3.85201 | 4.57861 |
| 29.0 | 1.72381 | 2.04708 | 2.53592 | 3.47331 | 3.82080 | 4.54198 |
| 30.0 | 1.70859 | 2.02983 | 2.51549 | 3.44651 | 3.79158 | 4.50770 |
| 31.0 | 1.69428 | 2.01363 | 2.49629 | 3.42135 | 3.76417 | 4.47554 |
| 32.0 | 1.68079 | 1.99836 | 2.47823 | 3.39769 | 3.73838 | 4.44530 |
| 33.0 | 1.66805 | 1.98395 | 2.46119 | 3.37538 | 3.71408 | 4.41680 |
| 34.0 | 1.65600 | 1.97033 | 2.44508 | 3.35430 | 3.69111 | 4.38988 |
| 35.0 | 1.64458 | 1.95741 | 2.42982 | 3.33435 | 3.66938 | 4.36441 |
| 36.0 | 1.63372 | 1.94516 | 2.41535 | 3.31543 | 3.64878 | 4.34027 |
| 37.0 | 1.62340 | 1.93551 | 2.40159 | 3.29747 | 3.62921 | 4.31734 |
| 38.0 | 1.61357 | 1.92241 | 2.38850 | 3.28037 | 3.61060 | 4.29554 |
| 39.0 | 1.60419 | 1.91183 | 2.37602 | 3.26409 | 3.59287 | 4.27477 |
| 40.0 | 1.59523 | 1.90173 | 2.36411 | 3.24855 | 3.57596 | 4.25496 |
| 41.0 | 1.58666 | 1.89207 | 2.35273 | 3.23371 | 3.55980 | 4.23604 |
| 42.0 | 1.57845 | 1.88282 | 2.34184 | 3.21951 | 3.54435 | 4.21795 |
| 43.0 | 1.57058 | 1.87395 | 2.33140 | 3.20592 | 3.52955 | 4.20063 |
| 44.0 | 1.56303 | 1.86545 | 2.32139 | 3.19288 | 3.51536 | 4.18402 |
| 45.0 | 1.55577 | 1.85728 | 2.31178 | 3.18037 | 3.50175 | 4.16809 |
| 46.0 | 1.54879 | 1.84943 | 2.30254 | 3.16835 | 3.48867 | 4.15278 |
| 47.0 | 1.54207 | 1.84187 | 2.29366 | 3.15679 | 3.47609 | 4.13807 |
| 48.0 | 1.53560 | 1.83459 | 2.28510 | 3.14566 | 3.46399 | 4.12391 |
| 49.0 | 1.52935 | 1.82757 | 2.27685 | 3.13494 | 3.45233 | 4.11027 |
| 50.0 | 1.52333 | 1.82080 | 2.26890 | 3.12461 | 3.44109 | 4.09711 |
| 60.0 | 1.47276 | 1.76406 | 2.20235 | 3.03826 | 3.34719 | 3.98735 |
| 70.0 | 1.43481 | 1.72158 | 2.15263 | 2.97392 | 3.27727 | 3.90568 |
| 80.0 | 1.40504 | 1.68830 | 2.11376 | 2.92372 | 3.22274 | 3.84202 |
| 90.0 | 1.38089 | 1.66135 | 2.08234 | 2.88320 | 3.17875 | 3.79069 |
| 100.0 | 1.36081 | 1.63898 | 2.05629 | 2.84965 | 3.14232 | 3.74822 |
| 110.0 | 1.34379 | 1.62003 | 2.03424 | 2.82130 | 3.11156 | 3.71235 |
| 120.0 | 1.32913 | 1.60372 | 2.01529 | 2.79694 | 3.08514 | 3.68156 |

$\gamma = .99$

| $R_L$ \ $n$ | .9995000 | .9999000 | .9999500 | .9999900 | .9999990 | .9999999 |
|---|---|---|---|---|---|---|
| 2.0 | 262.53824 | 296.72597 | 310.41539 | 340.27941 | 379.25780 | 414.83565 |
| 3.0 | 33.31431 | 37.53250 | 39.22495 | 42.92232 | 47.75660 | 52.17543 |
| 4.0 | 17.17715 | 19.32743 | 20.19078 | 22.07788 | 24.54687 | 26.80493 |
| 5.0 | 12.36643 | 13.90649 | 14.52502 | 15.87727 | 17.64700 | 19.26593 |
| 6.0 | 10.13621 | 11.39552 | 11.90135 | 13.00732 | 14.45491 | 15.77929 |
| 7.0 | 8.85756 | 9.95691 | 10.39851 | 11.36406 | 12.62793 | 13.78427 |
| 8.0 | 8.02791 | 9.02404 | 9.42417 | 10.29906 | 11.44425 | 12.49202 |
| 9.0 | 7.44453 | 8.36842 | 8.73953 | 9.55094 | 10.61301 | 11.58473 |
| 10.0 | 7.01064 | 7.88103 | 8.23063 | 8.99500 | 9.99547 | 10.91081 |
| 11.0 | 6.67434 | 7.50341 | 7.83640 | 8.56443 | 9.51731 | 10.38907 |
| 12.0 | 6.40531 | 7.20145 | 7.52119 | 8.22025 | 9.13516 | 9.97216 |
| 13.0 | 6.18471 | 6.95391 | 7.26283 | 7.93819 | 8.82205 | 9.63061 |
| 14.0 | 6.00014 | 6.74688 | 7.04676 | 7.70234 | 8.56029 | 9.34512 |
| 15.0 | 5.84317 | 6.57085 | 6.86307 | 7.50186 | 8.33781 | 9.10249 |
| 16.0 | 5.70781 | 6.41910 | 6.70472 | 7.32907 | 8.14609 | 8.89343 |
| 17.0 | 5.58971 | 6.28673 | 6.56661 | 7.17839 | 7.97892 | 8.71116 |
| 18.0 | 5.48565 | 6.17012 | 6.44494 | 7.04566 | 7.83169 | 8.55064 |
| 19.0 | 5.39314 | 6.06647 | 6.33681 | 6.92772 | 7.70088 | 8.40804 |
| 20.0 | 5.31028 | 5.97366 | 6.23999 | 6.82212 | 7.58377 | 8.28038 |
| 21.0 | 5.23556 | 5.88998 | 6.15270 | 6.72693 | 7.47821 | 8.16532 |
| 22.0 | 5.16779 | 5.81408 | 6.07354 | 6.64061 | 7.38250 | 8.06100 |
| 23.0 | 5.10598 | 5.74488 | 6.00136 | 6.56191 | 7.29525 | 7.96591 |
| 24.0 | 5.04934 | 5.68148 | 5.93523 | 6.48982 | 7.21532 | 7.87881 |
| 25.0 | 4.99721 | 5.62313 | 5.87438 | 6.42348 | 7.14179 | 7.79868 |
| 26.0 | 4.94905 | 5.56924 | 5.81818 | 6.36221 | 7.07388 | 7.72468 |
| 27.0 | 4.90439 | 5.51926 | 5.76606 | 6.30541 | 7.01093 | 7.65608 |
| 28.0 | 4.86285 | 5.47278 | 5.71759 | 6.25258 | 6.95238 | 7.59229 |
| 29.0 | 4.82408 | 5.42942 | 5.67237 | 6.20330 | 6.89776 | 7.53279 |
| 30.0 | 4.78781 | 5.38884 | 5.63007 | 6.15719 | 6.84667 | 7.47713 |
| 31.0 | 4.75378 | 5.35078 | 5.59038 | 6.11395 | 6.79876 | 7.42493 |
| 32.0 | 4.72179 | 5.31500 | 5.55307 | 6.07330 | 6.75371 | 7.37585 |
| 33.0 | 4.69163 | 5.28128 | 5.51791 | 6.03499 | 6.71127 | 7.32962 |
| 34.0 | 4.66316 | 5.24943 | 5.48472 | 5.99882 | 6.67120 | 7.28597 |
| 35.0 | 4.63621 | 5.21931 | 5.45331 | 5.96460 | 6.63330 | 7.24468 |
| 36.0 | 4.61067 | 5.19075 | 5.42354 | 5.93217 | 6.59737 | 7.20555 |
| 37.0 | 4.58642 | 5.16365 | 5.39528 | 5.90138 | 6.56327 | 7.16841 |
| 38.0 | 4.56336 | 5.13787 | 5.36840 | 5.87211 | 6.53084 | 7.13309 |
| 39.0 | 4.54139 | 5.11331 | 5.34281 | 5.84423 | 6.49996 | 7.09946 |
| 40.0 | 4.52044 | 5.08990 | 5.31840 | 5.81764 | 6.47052 | 7.06739 |
| 41.0 | 4.50043 | 5.06754 | 5.29509 | 5.79226 | 6.44240 | 7.03677 |
| 42.0 | 4.48129 | 5.04615 | 5.27280 | 5.76798 | 6.41552 | 7.00749 |
| 43.0 | 4.46298 | 5.02568 | 5.25146 | 5.74474 | 6.38978 | 6.97947 |
| 44.0 | 4.44542 | 5.00606 | 5.23101 | 5.72247 | 6.36512 | 6.95261 |
| 45.0 | 4.42857 | 4.98724 | 5.21139 | 5.70111 | 6.34146 | 6.92685 |
| 46.0 | 4.41238 | 4.96916 | 5.19255 | 5.68058 | 6.31874 | 6.90210 |
| 47.0 | 4.39682 | 4.95178 | 5.17443 | 5.66086 | 6.29689 | 6.87832 |
| 48.0 | 4.38185 | 4.93505 | 5.15700 | 5.64187 | 6.27587 | 6.85543 |
| 49.0 | 4.36743 | 4.91894 | 5.14021 | 5.62359 | 6.25563 | 6.83339 |
| 50.0 | 4.35352 | 4.90341 | 5.12402 | 5.60597 | 6.23612 | 6.81214 |
| 60.0 | 4.23749 | 4.77384 | 4.98899 | 5.45896 | 6.07338 | 6.63496 |
| 70.0 | 4.15117 | 4.67749 | 4.88859 | 5.34968 | 5.95244 | 6.50332 |
| 80.0 | 4.08391 | 4.60243 | 4.81039 | 5.26458 | 5.85827 | 6.40083 |
| 90.0 | 4.02968 | 4.54193 | 4.74736 | 5.19601 | 5.78240 | 6.31826 |
| 100.0 | 3.98481 | 4.49189 | 4.69523 | 5.13929 | 5.71966 | 6.24999 |
| 110.0 | 3.94693 | 4.44965 | 4.65123 | 5.09143 | 5.66671 | 6.19238 |
| 120.0 | 3.91441 | 4.41339 | 4.61346 | 5.05035 | 5.62129 | 6.14295 |

ICS 77.150.99
H 62

# 中华人民共和国国家标准

GB/T 10117—2009
代替 GB/T 10117—1988

# 高纯锑

# High purity antimonium

2009-10-30 发布　　2010-06-01 实施

中华人民共和国国家质量监督检验检疫总局
中国国家标准化管理委员会　发布

# 前　言

本标准代替GB/T 10117—1988《高纯锑》。

本标准与GB/T 10117—1988相比，主要有如下变动：

——增加了“规范性引用文件”；

——化学成分增加“杂质总量含量”一栏，并对杂质的含量做了一些调整，主要是金、镉、铅的技术参数；

——在“检验规则”中增加“每批产品的重量一般应不大于100 kg”；

——在“产品交付”中增加“外用塑料薄膜密封”；

——将原标准中“产品的化学成分的分析方法按供方现行方法进行；仲裁分析按供需双方认可的方法进行”改为“产品的化学成分分析按YS/T 35.1～35.4高纯锑化学分析方法进行”；

——对原标准中“在收到产品之日起三个月内向供方提出”中三个月的时间做了修改；

——将原标准中“化学成分检验不合格时，应取双倍数量的试样进行复验。如其中有一个试样结果仍不符合本标准的要求，则判定该批产品为不合格品。”改为“化学成分检验不合格时，则判定该批产品为不合格品。”。

本标准由全国半导体设备和材料标准化技术委员会提出。

本标准由全国半导体设备和材料标准化技术委员会材料分技术委员会归口。

本标准负责起草单位：峨嵋半导体材料厂。

本标准主要起草人：王炎、蒋蓉。

本标准所代替标准的历次版本发布情况为：

——GB/T 10117—1988。

# 高 纯 锑

## 1 范围

本标准规定了高纯锑的要求、试验方法、检验规则及标志、包装、运输、贮存和订货单(或合同)内容等。

本标准适用于以工业锑为原料,经氯化、精馏、氢气还原、蒸馏等而制得的纯度不小于99.999%的以及不小于99.999 9%的高纯锑。产品用于制备Ⅲ-Ⅴ族半导体材料、高纯合金、热电致冷元件以及用作硅、锗单晶的掺杂剂等。

## 2 规范性引用文件

下列文件中的条款通过本标准的引用而成为本标准的条款。凡是注日期的引用文件,其随后所有的修改单(不包括勘误的内容)或修订版均不适用于本标准,然而,鼓励根据本标准达成协议的各方研究是否可使用这些文件的最新版本。凡是不注日期的引用文件,其最新版本适用于本标准。

YS/T 35(所有部分) 高纯锑化学分析方法

## 3 技术要求

### 3.1 产品分类

高纯锑按纯度分为Sb-05、Sb-06两个牌号。

### 3.2 化学成分

各牌号的化学成分的质量分数应符合表1规定:

表 1

| 牌号 | | Sb-05 | Sb-06 |
|---|---|---|---|
| Sb含量/%,不小于 | | 99.999 | 99.999 9 |
| 杂质含量总量/($\times10^{-6}$),不大于 | | 10 | 1 |
| 杂质含量/($\times10^{-6}$),不大于 | Ag | 0.05 | 0.01 |
| | Au | 0.1 | 0.03 |
| | Cd | 0.5 | 0.01 |
| | Cu | 0.05 | 0.01 |
| | Fe | 0.5 | 0.05 |
| | Mg | 0.2 | 0.05 |
| | Ni | 0.2 | 0.05 |
| | Pb | 0.3 | 0.03 |
| | Zn | 0.5 | 0.05 |
| | Mn | 0.05 | 0.01 |
| | As | 1.5 | 0.3 |
| | S | 0.5 | 0.1 |
| | Si | 1.0 | 0.1 |
| | Bi | 0.2 | 0.02 |

**3.3 外观质量**

产品呈银白色，块状，结晶致密，无氧化色斑。

**3.4 其他**

需方如有特殊要求时，由供需双方协商解决。

## 4 试验方法

4.1 产品的化学成分分析按 YS/T 35 的规定进行。

4.2 产品外观用目视检查。

## 5 检验规则

**5.1 检查和验收**

5.1.1 产品由供方的技术监督部门进行检验，保证产品符合本标准的要求，并填写质量证明书。

5.1.2 需方可对收到的产品进行检验，如检测结果与本标准规定不符时，在收到产品之日起两个月内向供方提出，双方协商解决。

**5.2 组批**

产品应成批提交验收。每批由同一生产工艺、同一牌号的产品组成。每批产品的重量一般应不大于 100 kg。

**5.3 取样**

仲裁取样方法：在每批产品中任意取 1 瓶～3 瓶，每瓶取 5 g～10 g。所取试样研磨成粉末，混合均匀。

**5.4 检验结果的判定**

化学成分和外观质量检验不合格时，则判定该批产品为不合格。

## 6 标志、包装、运输、贮存

**6.1 包装**

6.1.1 产品用洁净聚乙烯塑料瓶包装，每瓶净重为 500 g、1 000 g、2 000 g 三种规格，外用塑料薄膜密封。或按双方认可的包装规格和包装方式封装。

6.1.2 产品封装后装入木箱，箱内用泡沫塑料等软物塞紧，防止窜动。

**6.2 标识**

6.2.1 每瓶产品应外贴标签，并注明：

a) 产品名称；

b) 牌号；

c) 纯度；

d) 批号；

e) 产品净重；

f) 出厂日期；

g) 方印记。

6.2.2 包装箱外应有“防潮”、“轻放”等字样或有关运输专用标志，并注明：

a) 供方名称；

b) 需方名称；

c) 产品名称；

d) 件数；

e) 出厂日期。

**6.3 贮存**

本产品应贮存于清洁、干燥,无酸、碱性气氛的环境中。产品有效期为两年。

**6.4 运输**

本产品在运输过程中应轻拿轻放,不得剧烈碰撞,注意防潮。

**6.5 说明事项**

本产品为高纯度物质,启封和使用应在洁净的环境中进行,以避免玷污产品,影响使用。

**6.6 质量证明书**

每批产品应附有质量证明书,标明:

a) 合同号;

b) 产品名称及牌号;

c) 批号;

d) 净重;

e) 分析检验结果;

f) 技术监督部门印记;

g) 本标准编号;

h) 出厂日期。

## 7 订货单(或合同)内容

本标准所列产品的订货单(或合同),应至少包括以下内容:

a) 产品名称;

b) 牌号;

c) 重量;

d) 本标准编号;

e) 其他。

ICS 77.150.99
H 66

# 中华人民共和国国家标准

GB/T 10118—2009
代替 GB/T 10118—1988

# 高　纯　镓

## High purity gallium

2009-10-30 发布　　2010-06-01 实施

中华人民共和国国家质量监督检验检疫总局
中国国家标准化管理委员会　发布

# 前　言

本标准代替 GB/T 10118—1988《高纯镓》。

本标准与 GB/T 10118—1988 相比，主要有如下变动：

——增加了检出杂质元素的种类；

——降低了原标准中检出杂质元素的含量；

——引入了 MBE 级牌号高纯镓；

——对原标准的试验方法进行了修改，增加了辉光质谱法等。

本标准的附录 A 为资料性附录。

本标准由全国半导体设备和材料标准化技术委员会提出。

本标准由全国半导体设备和材料标准化技术委员会材料分技术委员会归口。

本标准负责起草单位：国瑞电子材料有限责任公司。

本标准参加起草单位：南京金美镓业有限公司。

本标准主要起草人：于洪国、邢志国。

本标准所代替标准的历次版本发布情况为：

——GB/T 10118—1988。

# 高　纯　镓

## 1　范围

本标准规定了高纯镓的要求、试验方法、检验规则及标志、包装、运输、贮存及订货单(或合同)内容等。

本标准适用于以纯度不小于99.99%的工业镓为原料,经电解精炼、拉制单晶或其他提纯工艺制得的纯度不小于99.999 9%的镓。产品供制备化合物半导体材料和高纯合金。

## 2　规范性引用文件

下列文件中的条款通过本标准的引用而成为本标准的条款。凡是注日期的引用文件,其随后所有的修改单(不包括勘误的内容)或修订版均不适用于本标准,然而,鼓励根据本标准达成协议的各方研究是否可使用这些文件的最新版本。凡是不注日期的引用文件,其最新版本适用于本标准。

YS/T 474　ICP-MS分析法测定高纯镓中的痕量元素

## 3　要求

### 3.1　产品分类

产品按纯度分为Ga-06、Ga-07、MBE级三个牌号:

Ga-06:表示镓含量不小于99.999 9%的高纯镓;

Ga-07:表示镓含量不小于99.999 99%的高纯镓;

MBE级:表示镓含量大于99.999 999%的高纯镓。

### 3.2　化学成分

产品的化学成分应符合下列各表的规定:

表1　高纯镓Ga-06化学成分

| 牌号 | 化学成分(质量分数)/% | | | | | | | | | | | |
|---|---|---|---|---|---|---|---|---|---|---|---|---|
| | Ga | 杂质含量/($\times10^{-6}$),不大于 | | | | | | | | | | |
| | 不小于 | Fe | Si | Pb | Zn | Sn | Mg | Cu | Mn | Cr | Ni | 总和 |
| Ga-06 | 99.999 9 | 3 | 5 | 3 | 3 | 3 | 3 | 2 | 3 | 3 | 3 | 100 |

注1:表中镓百分含量为100%减去表中所列杂质含量(质量分数)的总和;

注2:表中未列的其他杂质元素,可由供需双方协商确定。

表2　高纯镓Ga-07化学成分

| 牌号 | 化学成分(质量分数)/% | | | | | | | | | | | | | |
|---|---|---|---|---|---|---|---|---|---|---|---|---|---|---|
| | Ga | 杂质含量/($\times10^{-6}$),不大于 | | | | | | | | | | | | |
| | 不小于 | Fe | Si | Pb | Zn | Sn | Mg | Cu | Mn | Cr | Ni | Na | Ca | 总和 |
| Ga-07 | 99.999 99 | 0.5 | 0.5 | 0.5 | 0.5 | 0.5 | 0.5 | 0.2 | 0.3 | 0.5 | 0.5 | 0.5 | 0.5 | 10 |

注1:表中镓百分含量为100%减去表中所列杂质含量(质量分数)的总和;

注2:表中未列的其他杂质元素,可由供需双方协商确定。

表 3　MBE 级高纯镓化学成分

| 牌号 | 化学成分(质量分数)/% | |
|---|---|---|
| MBE 级 | Ga 大于 | 杂质含量 |
| | 99.999 999 | 除了基体 Ga 和离子源 Ta,其他检出杂质元素的含量都低于 GDMS 分析的检测极限。 |

### 3.3　外观质量

产品呈银白色,块状,结晶致密,无氧化色斑。

## 4　试验方法

4.1　Ga-06 牌号高纯镓的化学成分分析按 YS/T 474 的规定进行。

4.2　Ga-07 与 MBE 级牌号高纯镓的化学成分分析按 GDMS 法,参照附录 A 进行。

## 5　检验规则

### 5.1　检查和验收

5.1.1　产品由供方技术监督部门进行检验,保证产品符合本标准的规定,并填写质量保证书。

5.1.2　需方可对收到的产品进行检验,如检验结果与本标准规定的不符合时,在收到产品之日起三个月内向供方提出,双方协商解决。

### 5.2　组批

产品应成批提交验收,每批应由同一牌号、同一生产方法的产品组成。连续生产的企业每批总量不超过 1 000 kg,间断生产的企业每批总量不超过 100 kg。

### 5.3　取样

产品取样按如下规定进行:从每批产品中任取 5 个包装单位,每瓶任取 5 g～10 g,混合均匀。仲裁取样应由供需双方共同进行。

### 5.4　检验结果的判定

化学成分和外观质量检验不合格时,则判定该批产品为不合格。

## 6　标志、包装、运输、贮存

### 6.1　标志

在检验合格产品瓶上应附有标签,注明:供方名称、产品名称、批号、牌号、出厂日期和“勿倒置”字样或标志。每箱外应注明:供方名称、产品名称、产品批号、并有“防潮”、“防晒”字样或标志。

### 6.2　包装

产品装入洁净处理过的非极性塑料瓶中,每瓶净重不超过 2 kg,冷凝成固体,经充高纯惰性气体或真空封装后,置于泡沫盒中,最后装入包装箱内。包装方法和每瓶重量也可按供需双方协商确认的结果进行。

### 6.3　运输

产品在运输过程中应防止潮湿,不得倒置和碰撞。

### 6.4　贮存

产品应存放于清洁、干燥和无酸、碱气氛之处。环境温度为低温或室温。

### 6.5　质量说明书

每批产品应附有质量说明书,注明:

a)　供方名称;

b)　产品名称;

c)　产品批号、牌号;

d） 各项分析检验结果及检验部门印记；

e） 本标准编号；

f） 生产日期。

## 7 订货单(或合同)内容

本标准所列产品的订货单(或合同)，应至少包括以下内容：

a） 产品名称；

b） 牌号；

c） 重量；

d） 本标准编号；

e） 其他。

# 附　录　A
（资料性附录）
## GDMS 法测定高纯镓中杂质元素含量的操作规范

用辉光放电质谱法测定高纯镓时的主要操作步骤如下：

A.1　在样品镓的原包装内将其加热熔化为液体，然后用已经清洗干净的聚四氟乙烯管子抽出并用液氮快速冷却成固体。

A.2　从聚四氟乙烯管子中选取合适长度的样品镓，并快速放入用冰水冷却的王水中进行酸侵蚀，时间一般为 20 min。反应结束后以高纯的无水乙醇超声清洗两次，每次 1 min。

A.3　将制备好的样品快速的放入仪器，并冷却至液氮温度。

A.4　开始放电。因为镓的熔点较低，所以放电条件不宜太剧烈，一般采取 1 kV，0.6 mA～0.7 mA。

A.5　因为仪器的放电溅射过程本身可以对样品进行进一步的清洗的作用，所以在数据采集之前要观察容易污染的元素如 Na、Al 等是否已经趋于一个稳定值。

A.6　如果步骤 5 中所讲元素已经基本稳定，那么利用事先编辑好的程序采集数据，结果取两遍的平均值。

A.7　处理数据。

A.8　打印报告。

ICS 11.40.55;11.040.50
C 41

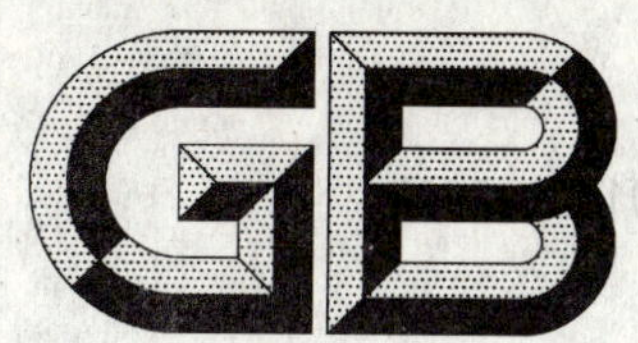

# 中华人民共和国国家标准

GB 10152—2009
代替 GB 10152—1997

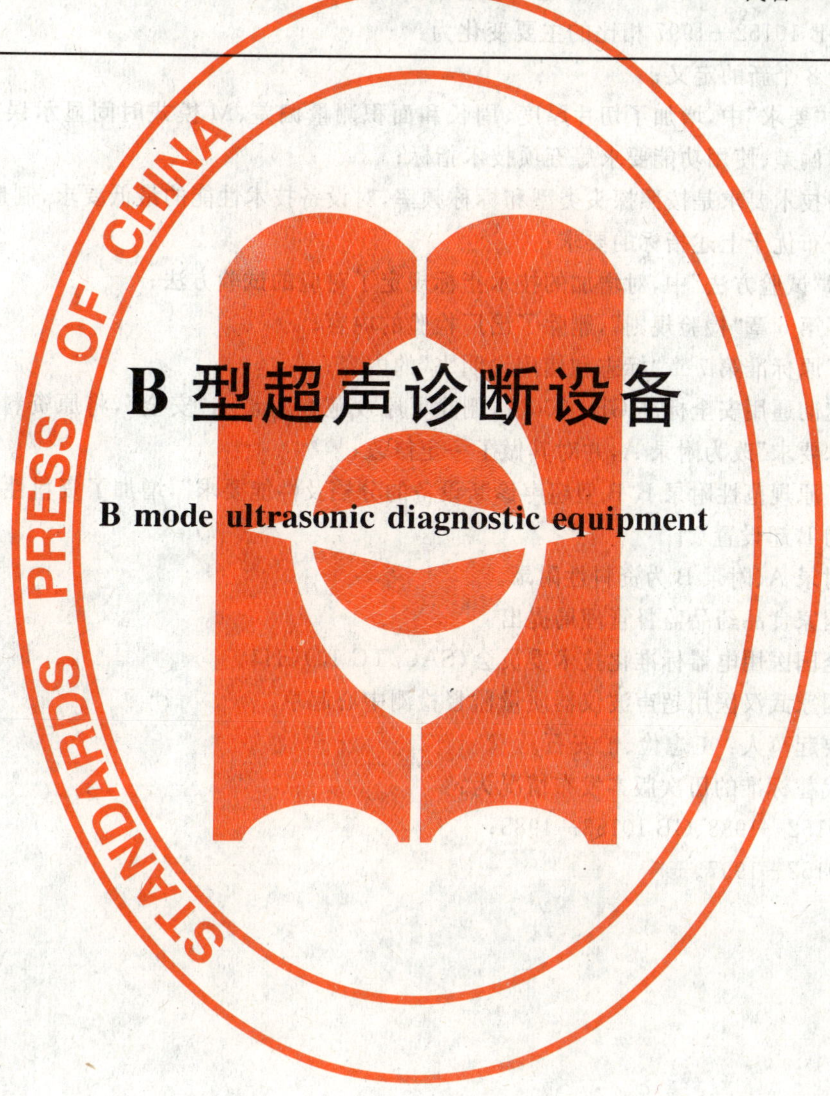


# B型超声诊断设备

B mode ultrasonic diagnostic equipment

2009-11-15 发布　　　　2010-12-01 实施

中华人民共和国国家质量监督检验检疫总局
中国国家标准化管理委员会　发布

# 前言

**本标准的全部技术内容为强制性。**

本标准代替 GB 10152—1997《B 型超声诊断设备》。

本标准与 GB 10152—1997 相比的主要变化为：

——增加了 8 个新的定义；

——第 4 章“要求”中，增加了切片厚度、周长和面积测量偏差、M 模式时间显示误差、三维重建容积计算偏差、使用功能要求等五项技术指标；

——表 1 的技术要求是按照探头类型和标称频率，对设备技术性能的最低要求，制造商可在随机文件中公布优于上述指标的要求；

——第 5 章“试验方法”中，对增加的技术指标规定了对应的试验方法；

——简化了第 6 章“检验规则”，删除了出厂检验的内容；

——删除了原标准第 7 章“标志和使用说明书”的内容；

——全面贯彻通用安全标准 GB 9706.1，删除了原规范性附录 A“安全”，将原资料性附录 C“体模的技术要求”改为附录 A，并对其做了一定修改；

——删除了原规范性附录 B“B 型超声诊断设备的分档及性能要求”，增加了资料性附录 B“性能测试时的 B 超设置”。

本标准的附录 A、附录 B 为资料性附录。

本标准由国家食品药品监督管理局提出。

本标准由全国医用电器标准化技术委员会(SAC/TC 10)归口。

本标准由国家武汉医用超声波仪器质量监督检测中心起草。

本标准主要起草人：王志俭、忙安石。

本标准所代替标准的历次版本发布情况为：

——GB 10152—1988、GB 10153—1988；

——GB 10152—1997。

# B型超声诊断设备

## 1 范围

本标准规定了B型超声诊断设备(以下简称B超)的定义、要求、试验方法和检验规则。

本标准适用于标称频率在1.5 MHz～15 MHz范围内的B型超声诊断设备,包括彩色多普勒超声诊断设备(彩超)中的二维灰阶成像部分。

本标准不适用于眼科专业超声诊断设备和血管内超声诊断设备。

## 2 规范性引用文件

下列文件中的条款通过本标准的引用而成为本标准的条款。凡是注日期的引用文件,其随后所有的修改单(不包括勘误的内容)或修订版均不适用于本标准,然而,鼓励根据本标准达成协议的各方研究是否可使用这些文件的最新版本。凡是不注日期的引用文件,其最新版本适用于本标准。

GB 9706.1 医用电气设备 第1部分:安全通用要求(GB 9706.1—2007,idt IEC 60601-1:1988)

GB 9706.9 医用电气设备 第2-37部分:医用超声诊断和监护设备安全专用要求(GB 9706.9—2008,idt IEC 60601-2-37:2001)

GB 9706.15 医用电气设备 第1-1部分:安全通用要求 并列标准:医用电气系统安全要求(GB 9706.15—2008,idt IEC 60601-1-1:2000)

GB/T 14710 医用电气设备环境要求及试验方法

YY/T 0108—2008 超声诊断设备M模式试验方法

YY/T 1142—2003 超声诊断和监护设备频率特性的测试方法

## 3 术语和定义

下列术语和定义适用于本标准。

3.1

**轴向分辨力 axial resolution**

在体模的规定深度处,沿超声波束轴能够显示为两个回波信号的两个靶之间的最小间距。

单位:毫米(mm)。

3.2

**侧向分辨力 lateral resolution**

在体模的规定深度处,扫描平面中垂直于超声波束轴的方向上,能够显示为两个清晰回波信号的两靶线之间的最小间距。

单位:毫米(mm)。

3.3

**探测深度 depth of penetration**

体模中能够明确成像的纵向线形靶群中最远靶线与声窗之间的距离。

单位:毫米(mm)。

3.4

**盲区 dead zone**

体模扫描表面(声窗)与最近的、能明确成像的体模靶线之间的距离。

单位:毫米(mm)。

3.5

**切片厚度 slice thickness**

在体模的规定深度处，垂直于扫描平面方向上显示声信息的仿组织材料的厚度。

单位：毫米(mm)。

3.6

**标称频率 nominal frequency**

设计者或制造商公布的系统超声工作频率。

3.7

**扫描平面 scan plane**

超声扫描线所在的平面。

3.8

**体模 phantom**

由仿组织材料和其中嵌埋的一组或多组靶结构所构成的B超性能检测装置。

3.9

**体模扫描表面(声窗) phantom scanning surface**

在测试期间，体模与探头耦合的表面。

3.10

**仿组织材料 tissue-mimicking material，TMM**

在0.5 MHz～15 MHz频率范围内，其超声的传播速度(声速)、反射、散射和衰减特性类似于软组织的材料。

## 4 要求

### 4.1 安全要求

#### 4.1.1 通用安全

B超的通用安全应符合GB 9706.1的要求。

若B超为医用电气系统则同时应符合GB 9706.15的要求。

#### 4.1.2 专用安全

B超的专用安全应符合GB 9706.9的要求。

### 4.2 性能要求

#### 4.2.1 声工作频率

声工作频率与标称频率的偏差应在±15%范围之内。

对宽频带探头，应给出中心频率和频率范围。

#### 4.2.2 探测深度

探测深度应符合表1的要求，或制造商在随机文件中公布的指标。若探头的类型和标称频率不包括在表1列举的范围之内，则制造商应在随机文件中公布该探头的指标。

#### 4.2.3 侧向分辨力

侧向分辨力应符合表1的要求，或制造商在随机文件中公布的指标。若探头的类型和标称频率不包括在表1列举的范围之内，则制造商应在随机文件中公布该探头的指标。

#### 4.2.4 轴向分辨力

轴向分辨力应符合表1的要求，或制造商在随机文件中公布的指标。若探头的类型和标称频率不包括在表1列举的范围之内，则制造商应在随机文件中公布该探头的指标。

表 1　B 型超声诊断设备的基本性能要求

| 性能指标 | 探头类型和标称频率 | | | | | | | |
|---|---|---|---|---|---|---|---|---|
| | $2.0 \leqslant f < 4.0$ | | $4.0 \leqslant f < 6.0$ | | $6.0 \leqslant f < 9.0$ | | $f \geqslant 9.0$ | |
| | 线阵，$R \geqslant 60$ 凸阵 | 相控阵，机械扇扫，$R < 60$ 凸阵 | 线阵，$R \geqslant 60$ 凸阵 | 相控阵，机械扇扫，$R < 60$ 凸阵 | 线阵 $R \geqslant 60$ 凸阵 | 相控阵，机械扇扫，$R < 60$ 凸阵 | 线阵，$R \geqslant 60$ 凸阵 | 相控阵，机械扇扫，$R < 60$ 凸阵 |
| 探测深度 mm | ≥160 | ≥140 | ≥100 | ≥80 | ≥50 | ≥40 | ≥30 | ≥30 |
| 侧向分辨力 mm | ≤3（深度≤80）≤4（80<深度≤130） | ≤3（深度≤80）≤4（80<深度≤130） | ≤2（深度≤60） | ≤2（深度≤40） | ≤2（深度≤40） | ≤2（深度≤30） | ≤1（深度≤30） | ≤1（深度≤30） |
| 轴向分辨力 mm | ≤2（深度≤80）≤3（80<深度≤130） | ≤2（深度≤80） | ≤1（深度≤80） | ≤1（深度≤40） | ≤1（深度≤50） | ≤1（深度≤40） | ≤0.5（深度≤30） | ≤0.5（深度≤30） |
| 盲区 mm | ≤5 | ≤7 | ≤4 | ≤5 | ≤3 | ≤4 | ≤2 | ≤3 |
| 横向几何位置精度 % | ≤15 | ≤20 | ≤15 | ≤20 | ≤10 | ≤10 | ≤5 | ≤5 |
| 纵向几何位置精度 % | ≤10 | ≤10 | ≤10 | ≤10 | ≤5 | ≤5 | ≤5 | ≤5 |
| 注 1：表中的技术指标是对 B 超的最低性能要求，在进行最低性能要求测试时，对体模的技术要求见附录 A。<br>注 2：制造商可在随机文件中公布优于上述指标的要求。若制造商在随机文件中公布性能指标，则应同时公布进行性能指标测试时，所使用体模的规格型号和技术参数。 | | | | | | | | |

**4.2.5　盲区**

盲区应符合表 1 的要求，或制造商在随机文件中公布的指标。若探头的类型和标称频率不包括在表 1 列举的范围之内，则制造商应在随机文件中公布该探头的指标。

**4.2.6　切片厚度**

制造商应在随机文件中公布切片厚度的指标。

**4.2.7　横向几何位置精度**

横向几何位置精度应符合表 1 的要求，或符合制造商在随机文件中公布的指标。若探头的类型和标称频率不包括在表 1 列举的范围之内，则制造商应在随机文件中公布该探头的指标。

**4.2.8　纵向几何位置精度**

纵向几何位置精度应符合表 1 的要求，或符合制造商在随机文件中公布的指标。若探头的类型和标称频率不包括在表 1 列举的范围之内，则制造商应在随机文件中公布该探头的指标。

**4.2.9　周长和面积测量偏差**

周长和面积测量偏差应在±20%范围之内，或符合制造商在随机文件中公布的指标。

4.2.10　**M模式性能指标**

具有M模式的B超探头，应进行M模式时间显示误差的性能测试。

M模式的性能指标应符合制造商在随机文件中公布的指标。

4.2.11　**三维重建体积计算偏差**

配备有三维重建功能的B超，体积计算偏差应在±30%范围之内，或符合制造商在随机文件中公布的指标。

4.2.12　**电源电压适应范围**

在额定电压的±10%范围内，B超应能正常工作。

4.2.13　**连续工作时间**

B超的连续工作时间应大于8 h。

若B超为内部电源设备，则连续工作时间应符合制造商在随机文件中公布的指标。

4.3　**外观和结构要求**

4.3.1　外表应色泽均匀、表面整洁，无划痕、裂缝等缺陷。

4.3.2　面板上文字和标志应清楚易认、持久。

4.3.3　控制和调节机构应灵活、可靠，紧固部位无松动。

4.4　**使用功能要求**

B超应具备制造商在随机文件中规定的使用功能。

注：本条不涉及产品设计参数或无法通过直观的试验手段进行核实的功能项目。

4.5　**环境试验要求**

B超环境试验要求由制造商按GB/T 14710中的规定，根据产品预期使用环境确定气候环境试验的组别和机械环境试验的组别。试验时间、恢复时间及检测项目按表2的补充规定执行。

**表2　环境试验补充规定**

| 环境试验项目 | 试验要求 | | | 检测项目 |
|---|---|---|---|---|
| | 持续时间<br>h | 恢复时间<br>h | 负载状态 | 中间或最后检测 |
| 额定工作低温 | 1 | — | 额定工作 | 4.2.2,4.2.3,4.2.4 |
| 低温贮存 | 4 | 4 | — | 通电检查 |
| 额定工作高温 | 1 | — | 额定工作 | 4.2.2,4.2.3,4.2.4 |
| 高温贮存 | 4 | 4 | — | 通电检查 |
| 额定工作湿热 | 4 | — | 额定工作 | 4.2.2,4.2.3,4.2.4 |
| 湿热贮存 | 48 | 24 | — | 通电检查 |
| 振动 | — | — | — | 通电检查 |
| 碰撞 | — | — | — | 通电检查 |
| 运输 | — | — | — | 全项 |

注1：通电检查是在额定工作电压条件下，B超通电工作足够长时间，观察其各项功能是否正常。

注2：温湿度条件和振动、碰撞参数根据产品的气候环境试验组别、机械环境试验组别按GB/T 14710分别确定。

注3：运输试验带包装进行。

注4：移动式设备的振动、碰撞试验由制造商自行规定。

## 5　试验方法

5.1　**测试设备**

5.1.1　**声工作频率测试装置**

应符合YY/T 1142的规定。

5.1.2 仿组织体模

超声体模的技术要求见附录A。

5.1.3 M模式测试装置

应符合YY/T 0108的规定。

## 5.2 试验设置

5.2.1 概述

B超主机控制端的设置和探头有许多种组合，不可能对所有的组合状态进行试验。在本标准中，对每种主机和探头组合只在规定的设置下进行试验。

规定的设置模拟B超在临床使用中最常用的状态，临床使用状态通常要求有较深的探测能力，超声波束的聚焦范围尽可能地扩展，对整个靶目标有最佳的平均分辨能力。

各项性能在探头的标称频率下进行试验。

对变频探头，按照使用说明书分别设置在不同的标称频率处，进行探头的性能指标试验。

对宽频带探头，探头的性能指标应符合探头中心频率所对应频段范围内的基本性能要求。

对变频探头或宽频带探头，若制造商在使用说明书中有特殊说明，则也可按照使用说明书的要求分别将探头频率设定在最佳状态下进行测试。

5.2.2 试验时B超的设置

推荐性的试验设置见资料性附录B。

本标准允许制造商自行规定性能试验时B超的设置条件，但在试验报告中B超的设置状态(聚焦、亮度、对比度、频率、抑制、输出功率、增益、TGC、自动TGC等)应随测试结果一起公布。

## 5.3 性能试验

5.3.1 声工作频率试验

声工作频率和频率范围的测量应按照YY/T 1142的规定执行。

5.3.2 探测深度试验

开启被测B超，将探头经耦合剂置于体模声窗表面上，对准纵向深度靶群，在规定的设置条件下，保持靶线图像清晰可见，微动探头，观察距探头表面最远处图像能被分辨的那根靶线，该靶线与探头表面之间的距离为该探头的探测深度。

5.3.3 侧向分辨力试验

开启被测B超，将探头经耦合剂置于体模声窗表面上，对准特定深度处的侧向分辨力靶群，在规定的设置条件下，保持靶线图像清晰可见，微动探头，可分开显示为两个回波信号的两靶线之间的最小距离，即为该深度处的侧向分辨力。

若侧向分辨力要求规定的深度范围内有多个靶群，应分别对各靶群进行测试，取测试结果的最大值作为该探头的侧向分辨力，同时记录该深度范围内所有靶群的检测数据。

5.3.4 轴向分辨力试验

开启被测B超，将探头经耦合剂置于体模声窗表面上，对准特定深度处的轴向分辨力靶群，在规定的设置条件下，保持靶线图像清晰可见，微动探头，可分开显示为两个回波信号的两靶线之间的最小距离，即为该深度处的轴向分辨力。

若轴向分辨力要求规定的深度范围内有多个靶群，应分别对各靶群进行测试，取测试结果的最大值作为该探头的轴向分辨力，同时记录该深度范围内所有靶群的检测数据。

5.3.5 盲区试验

开启被测B超，将探头经耦合剂置于体模声窗表面上，对准盲区靶群，在规定的设置条件下，保持靶线图像清晰可见，平移探头，观察距探头表面最近且其后图像能被分辨的那根靶线，该靶线与探头表面之间的距离为该探头的盲区。

5.3.6　**切片厚度试验**

开启被测 B 超，将探头经耦合剂置于体模声窗表面上，对准散射靶薄层，扫描平面垂直于超声体模窗口，扫描平面与体模窗口的交线平行于散射靶薄层，如图 1 所示。在规定的设置条件下，调整扫描平面和散射靶薄层的交线使之定位于特定深度，以电子游标测量散射靶薄层成像的厚度，并计算该深度处的切片厚度 $t$（见图 1）。

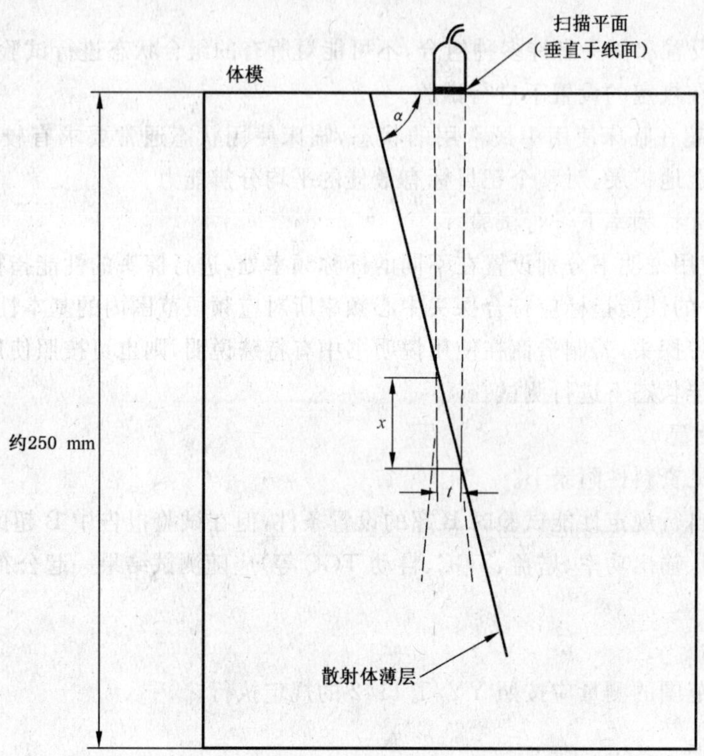


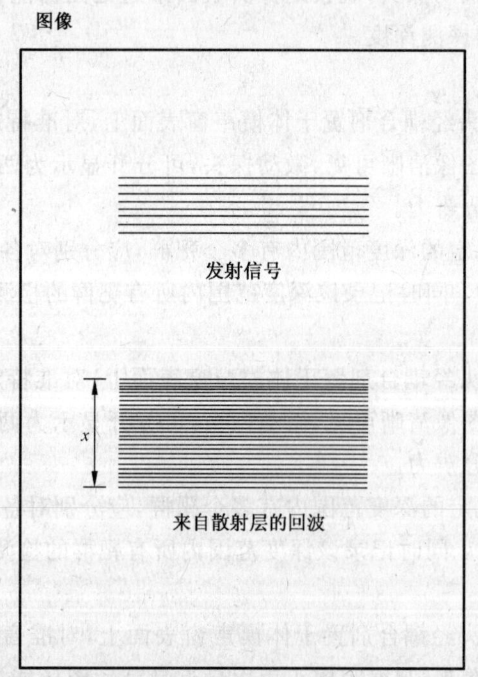


图 1　切片厚度的测量和计算

针对配备的探头，若其探测深度为 $d$，则在 $d/3$、$d/2$、$2d/3$ 深度处分别进行切片厚度的测量，取特定深度处散射靶薄层切片厚度的最大值作为该探头的切片厚度。

**5.3.7 横向几何位置精度试验**

开启被测 B 超，将探头经耦合剂置于体模声窗表面上，对准横向线性靶群，在规定的设置条件下，保持靶群图像清晰可见，利用设备的测距功能，在全屏幕范围内按照横向每 20 mm 测量一次距离，再按式(1)计算每 20 mm 的误差(%)，取最大值作为横向几何位置精度。

若探头的横向视野不大于 40 mm，则在全屏幕范围内按照横向每 10 mm 测量一次距离，再按式(1)计算每 10 mm 的误差(%)，取最大值作为横向几何位置精度。

$$G=\frac{M-T}{T}\times 100\% \qquad \cdots\cdots(1)$$

式中：

$G$——几何位置精度；

$M$——测量值；

$T$——实际距离。

**5.3.8 纵向几何位置精度试验**

开启被测 B 超，将探头经耦合剂置于体模声窗表面上，对准纵向线性靶群，在规定的设置条件下，保持靶群图像清晰可见，利用设备的测距功能，在全屏幕范围内按照纵向每 20 mm 测量一次距离，再按式(1)计算每 20 mm 的误差(%)，取最大值作为纵向几何位置精度。

若探头的纵向视野不大于 40 mm，则在全屏幕范围内按照纵向每 10 mm 测量一次距离，再按式(1)计算每 10 mm 的误差(%)，取最大值作为纵向几何位置精度。

**5.3.9 周长和面积测量偏差试验**

开启被测 B 超，将探头经耦合剂置于体模声窗表面上，扫描横向和纵向线性靶群，在规定的设置条件下，保持靶群图像清晰可见。将靶群中心维持在视场的中央，在显示的中央近似等于 75% 视场范围的区域内绘制封闭的图形(长方形或圆形)，测量周长和面积并计算百分比误差。

**5.3.10 M 模式性能试验**

B 超 M 模式的性能试验按照 YY/T 0108 的规定执行。

**5.3.11 三维重建体积计算偏差**

开启被测 B 超，将探头经耦合剂置于超声体模声窗表面上，扫描已知体积数值的卵形目标，在规定的设置条件下，按照三维重建体积步骤和体积的测量步骤，获得卵形目标的体积测量值，计算百分比误差，偏差应在 ±30% 范围之内。

**5.3.12 电源电压适应范围**

将电源电压分别设定在额定值的 110% 和 90%，设备应能正常工作。

**5.3.13 连续工作时间**

B 超处于扫描显示工作状态，连续开机 8 h 后应能正常工作。

若 B 超为内部电源设备，则应按照制造商在随机文件中公布的指标进行连续工作时间试验。

若制造商在随机文件中规定了探头的运行要求，则连续工作时间试验期间，探头的运行持续率按照制造商的规定执行。

**5.4 安全试验**

B 超的通用安全要求按照 GB 9706.1 的规定执行。

若适用，B 超的系统安全要求按照 GB 9706.15 的规定执行。

B 超的专用安全要求按照 GB 9706.9 的规定执行。

**5.5 外观和结构检查**

通过目力观察和实际操作来核实。

**5.6 使用功能检查**

按照被测B超使用说明书的规定，对主要使用功能进行逐项检查，核实其能否正常工作。

注：使用功能检查不包括产品设计参数或无法通过直观的试验手段进行核实的功能项目。

**5.7 环境试验**

B超的环境试验应按GB/T 14710规定的方法及程序执行，试验时间及条件应符合表2的补充规定。

## 6 检验规则

**6.1 检验分类**

产品检验分出厂检验和型式检验。

**6.2 出厂检验**

出厂检验的检验项目和判定规则由制造商自行规定。

**6.3 型式检验**

6.3.1 在下列情况之一时，应进行型式检验：

a) 注册检验；

b) 连续生产中每年不少于一次；

c) 长期停产后再恢复生产；

d) 在设计、工艺或材料有重大改变可能引起B超的安全或性能改变时；

e) 国家质量监督检验部门提出要求时。

6.3.2 型式试验的项目为本标准的全部要求项目，型式试验的样本数量为一台。

6.3.3 型式试验判定规则

6.3.3.1 在检验项目中，若出现不符合要求的项目时，允许对不合格项进行修复。调整修复后，可能与不合格相关的项目，复测必须全部符合要求，否则判为不合格。

6.3.3.2 质量监督检验的检验项目和判定规则由质量监督机构另行规定。

# 附 录 A
# （资料性附录）
# 体模的技术要求

## A.1 对通用体模的技术要求

进行表 1 所列 B 超盲区、探测深度、轴向分辨力、侧向分辨力、纵向与横向几何位置精度试验时，检测所用体模的技术参数如下：

仿组织材料声速：1 540 m/s±10 m/s，23 ℃±3 ℃；

仿组织材料声衰减：0.7 dB/(cm·MHz)±0.05 dB/(cm·MHz)，23 ℃±3 ℃；

尼龙靶线直径：0.3 mm±0.05 mm；

靶线位置公差：±0.1 mm；

纵向线性靶群中相邻靶线间距：10 mm；

横向线性靶群中相邻靶线间距：10 mm 或 20 mm；

分辨力靶群所在深度应能满足测试需要。

## A.2 对切片厚度体模的技术要求

背景仿组织材料声速：1 540 m/s±10 m/s，23 ℃±3 ℃；

背景仿组织材料声衰减：0.7 dB(cm·MHz)±0.05 dB/(cm·MHz)，23 ℃±3 ℃；

散射靶片层厚度：不大于 0.4 mm。

## A.3 对体积测量用体模的技术要求

背景材料声速：1 540 m/s±10 m/s，23 ℃±3 ℃；

卵形体材料声速：1 540 m/s±10 m/s，23 ℃±3 ℃；

至少应标注经校准的卵形体的体积数据。

## A.4 关于超声体模的其他选择

为满足特定 B 超性能指标的测试要求，本标准允许制造商选用不同于上述技术参数的体模。使用特殊靶结构的试验体模，在声速、声衰减系数、靶的材料和直径等技术参数的选取不同于上述参数时，应在试验报告中注明。

制造商在随机文件中提供技术性能指标的数值时，建议一并提供试验用体模的规格型号，声速、衰减、靶的结构形状等技术参数和靶群分布图。

# 附 录 B
# （资料性附录）
# 性能测试时的 B 超设置

## B.1 试验设置

### B.1.1 概述

B 超的设置和探头的许多种组合决定了不可能在所有的组合状态下进行测试，因此，对每一个探头只在规定的设置下进行测试。规定的设置类似于探头在临床使用中最常用的状态，模拟临床使用状态通常要求有较深的探测能力。B 超采用下列步骤进行设定，超声波束的聚焦范围尽可能地扩大，对整个靶目标有最佳的平均分辨能力，达到对常见的软组织结构所采用的最佳扫描状态。初始时，利用对软组织成像时的典型 B 超设置，对体模进行成像，按照 B.1.2～B.1.4 的步骤进行试验设置。

### B.1.2 显示器的设置（聚焦、亮度、对比度）

亮度和对比度控制端调至最低，聚焦调至清晰，然后增大亮度直至在图像边缘的无回波区域变为最小可察觉的最低灰度，随后增大对比度使图像尽量包含最大灰度范围，最后再核实聚焦的清晰度。若需要进一步的调整，则重复整个步骤。

### B.1.3 灵敏度的设置（频率、抑制、输出功率、增益、TGC、自动 TGC）

灵敏度的设置应符合下列要求：

a) 注明 B 超探头的标称频率；

b) 若有抑制或限制控制端，则加以调整使得能够显示最小的可能信号；

c) 输出功率和增益应设定为最大值，以获取高衰减散射材料内最大深度处的回波信号，小的超声回波要能与电噪声相区分；

d) 时间增益补偿（TGC）控制端近场增益级的调节，宜使得体模中初始的 1 cm 或 2 cm 范围内回波的信号显示为中等灰度级；

e) TGC 控制端位置的调整，宜使得中间范围内的信号显示为中等灰度级。

### B.1.4 最终的优化

图像最终的优化可通过微调抑制电平、总增益或输出功率来达到。当 B 超具备自动增益控制（AGC）功能时，宜在该操作模式下进行测试。使用 AGC 功能对体模进行成像，利用仍能手控的任何控制端，如总增益或声输出功率使图像达到最佳。

## B.2 B 超性能测试的经验性试验设置一览表

为便于测试人员进行试验设置，在表 B.1 中给出了经验性的试验设置一览表，其中涉及：

a) 被测性能指标（9 项）：盲区、探测深度、轴向分辨力、侧向分辨力、切片厚度、横向几何位置精度、纵向几何位置精度、周长和面积测量误差、三维重建体积计算偏差；

b) 显示器调节因素（3 项）：聚焦、亮度、对比度；

c) 主机-探头组合调节因素（5 项）：声工作频率、声输出功率、波束聚焦位置、（总）增益、TGC 或（STC）。

## B.3 B 超设置条件的公布

本标准允许制造商自行规定性能试验时 B 超的设置条件，但在试验报告中应随测试结果一起公布 B 超的设置状态（聚焦、亮度、对比度、频率、抑制、声输出功率、增益、TGC、自动 TGC 等）。

**表 B.1　B超性能测试时的经验性试验设置一览表**

| 性能指标 | 调节因素 | | | | | | | | |
|---|---|---|---|---|---|---|---|---|---|
| | 显示器的设置 | | | B超主机的设置 | | | | | 试验设置完成后屏幕显示的状态 |
| | 聚焦（若适用） | 亮度 | 对比度 | 声频率设置（若适用） | 声输出功率 | 波束聚焦位置 | （总）增益 | TGC或（STC） | |
| 盲区 | 清晰 | 中等 | 中等 | 置探头标称频率 | 可调者置最大 | 置最浅区段 | 低 | 与总增益配合 | 在靠近声窗的 10 mm～20 mm区段内，隐没背景散射光点，并保持靶线图像清晰可见 |
| 探测深度 | 清晰 | 高，但不出现光晕散焦 | 高端 | 置探头标称频率 | 可调者置最大 | 置最深区段 | 最大 | 总增益为最大时，该调节不起作用 | 在深度方向获得最大范围图像，看到最多靶线，囊性仿病灶清晰且无充入现象 |
| 轴向分辨力 | 清晰 | 中等 | 中等 | 置探头标称频率 | 可调者置最大 | 靶群所在区段 | 低或中等 | 与总增益配合 | 隐没背景散射光点，并保持靶线图像清晰可见 |
| 侧向分辨力 | 清晰 | 中等 | 中等 | 置探头标称频率 | 可调者置最大 | 靶群所在区段 | 低或中等 | 与总增益配合 | 隐没背景散射光点，并保持靶线图像清晰可见 |
| 切片厚度 | 清晰 | 中等 | 中等 | 置探头标称频率 | 可调者置最大 | $d/3$<br>$d/2$<br>$2d/3$ | 中等 | 与总增益配合 | 可见深度范围内背景呈现光点均匀的画面 |
| 纵向几何位置精度 | 清晰 | 中等 | 中等 | 置探头标称频率 | 可调者置最大 | 全程或最多区段 | 中等 | 与总增益配合 | 可见深度范围内呈现光点均匀、靶线图像清晰的画面 |
| 横向几何位置精度 | 清晰 | 中等 | 中等 | 置探头标称频率 | 可调者置最大 | 靶群所在区段 | 中等 | 与总增益配合 | 靶群所在深度附近区段内呈现光点均匀、靶线图像清晰的画面 |
| 周长和面积测量误差 | 清晰 | 中等 | 中等 | 置探头标称频率 | 可调者置最大 | 靶线所在区段 | 中等 | 与总增益配合 | 靶线所在深度区段内呈现光点均匀、靶线图像清晰的画面 |
| 三维重建体积计算偏差 | 清晰 | 中等 | 中等 | 置探头标称频率 | 可调者置最大 | 卵形块所在区段 | 中等 | 与总增益配合 | 卵形块及其周围呈现光点均匀、边界清晰的画面 |

ICS 37.020
N 31

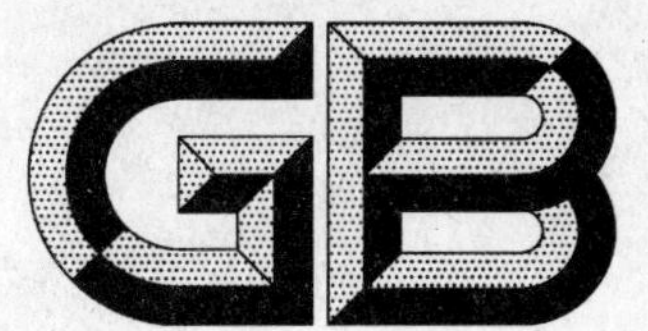

# 中华人民共和国国家标准

GB/T 10156—2009
代替 GB/T 10156—1997

# 水准仪

## Level

(ISO 17123-2:2001,Optics and optical instruments—Field procedures for testing geodetic and surveying instruments—Part 2:Levels,NEQ)

2009-09-30 发布 2009-12-01 实施

中华人民共和国国家质量监督检验检疫总局
中国国家标准化管理委员会 发布

# 前　言

本标准代替 GB/T 10156—1997《水准仪》。

本标准与 GB/T 10156—1997 的主要差异为：

——"1 km 往返水准测量标准偏差"的试验方法按 ISO 17123-2:2001(E)《光学和光学仪器　大地测量仪器野外试验程序　第 2 部分：水准仪》的试验方法；

——增加了对 $i$ 角(视准线)误差的规定，并相应增加了 $i$ 角误差的试验方法；

——增加了电子水准仪 $i$ 角(视准线)误差、电子测距误差、测程、补偿误差及各按键功能操作舒适、灵敏性的要求，并增加相应的试验方法。

本标准的附录 A 为规范性附录，附录 B 为资料性附录。

本标准由中国机械工业联合会提出。

本标准由全国光学和光子学标准化技术委员会(SAC/TC 103)归口。

本标准负责起草单位：苏州一光仪器有限公司、北京博飞仪器股份有限公司、上海理工大学。

本标准主要起草人：龚浩瀚、阙江、黄卫佳。

本标准所代替标准的历次版本发布情况为：

——GB/T 10156—1988；GB 3160—1991；GB/T 13001—1991；

——GB/T 10156—1997。

# 水　准　仪

## 1　范围

本标准规定了气泡式水准仪、自动安平水准仪和电子水准仪的系列及基本参数、要求、试验方法、检验规则、标志、包装、运输及贮存。

本标准适用于气泡式水准仪、自动安平水准仪和电子水准仪(以下简称仪器)。

## 2　规范性引用文件

下列文件中的条款通过本标准的引用而成为本标准的条款。凡是注日期的引用文件，其随后所有的修改单(不包括勘误的内容)或修订版均不适用于本标准，然而，鼓励根据本标准达成协议的各方研究是否可使用这些文件的最新版本。凡是不注日期的引用文件，其最新版本适用于本标准。

GB/T 1146　水准泡

GB/T 2828.1　计数抽样检验程序　第1部分：按接收质量限(AQL)检索的逐批检验抽样计划(GB/T 2828.1—2003,ISO 2859-1:1999,IDT)

GB/T 2829　周期检验计数抽样程序及表(适用于对过程稳定性的检验)

GB/T 15464　仪器仪表包装通用技术条件

JB/T 9328　分辨力板

JB/T 9329　仪器仪表运输　运输贮存基本环境条件及试验方法

JB/T 9332　大地测量仪器　仪器与三脚架之间的连接

JB/T 9336　大地测量仪器　分划板

JB/T 9337　大地测量仪器　三脚架

## 3　系列及基本参数

3.1　系列及基本参数见表1。

表1　系列及基本参数

| 参数名称 | | 单位 | 高精密 | 精密 | 普通 |
|---|---|---|---|---|---|
| 望远镜 | 放大率 | 倍 | 38~42 | 32~38 | 20~32 |
| | 物镜有效孔径 | mm | 45~55 | 40~45 | 30~40 |
| | 最短视距不大于 | m | 2.0 | | |
| 水准泡角值 | 符合式管状 | (″)/2 mm | 10 | | 20 |
| | 直交型管状 | (′)/2 mm | 2 | | — |
| | 圆形 | | 4 | 8 | |
| 自动安平补偿性能 | 补偿范围 | (′) | ±8 | | |
| | 安平时间 | s | 2 | | |
| 测微器 | 测微范围 | mm | 10、5 | | — |
| | 分格值 | | 0.1、0.05 | | |
| 主要用途 | | 国家一等水准测量及地震水准测量 | | 国家二等水准测量及其他精密水准测量 | 国家三、四等水准测量及一般工程水准测量 |

3.2 水准泡配合尺寸按 GB/T 1146 的规定。
3.3 紧固螺钉连接螺纹尺寸按 JB/T 9332 的规定。
3.4 三脚架的参数尺寸及技术要求按 JB/T 9337 的规定。
3.5 分划板的参数尺寸按 JB/T 9336 的规定。

## 4 要求

4.1 1 km 往返水准测量标准偏差应不超过表 2 的规定。

表 2 测量标准偏差 单位为毫米

| 系列 | 高精密 | 精密 | 普通 |
|---|---|---|---|
| 1 km 往返水准测量标准偏差 | 0.2～0.5 | 1.0 | 1.5～4.0 |

4.2 望远镜放大率的实际值所允许的偏差，其下限值应不超过所规定标称值的 5%。
4.3 望远镜十字丝中心(1/2 直径范围内)附近分辨力按式(1)计算：

$$\alpha \leqslant k \cdot \frac{120}{D} \qquad \cdots\cdots(1)$$

式中：

$\alpha$——分辨力，单位为秒(″)；

$D$——物镜有效孔径，单位为毫米(mm)；

$k$——常数，透镜系统 $k=1.2$，反射镜及透镜和棱镜系统 $k=1.5$；透镜和测微平板系统 $k=1.3$。

4.4 望远镜物镜有效孔径的实际值所允许的偏差，其下限值不应超过所规定标称值的 5%。
4.5 望远镜从 50 m 调焦到 10 m 的运行误差应符合表 3 的规定。

表 3 运行误差 单位为毫米

| 系列 | 高精密 | 精密 | 普通 |
|---|---|---|---|
| 运行误差 | ≤0.5 | | ≤1.0 |

4.6 光学水准仪望远镜透镜系统的透过系数应不小于 0.6，电子水准仪望远镜透镜系统透过系数应不小于 0.3，其他系统透过系数应不小于 0.5。
4.7 望远镜成像应无明显球差、色差和彗差。
4.8 望远镜视距乘常数误差应不大于 0.4%。
4.9 竖轴旋转应稳定可靠，竖轴置中误差应不超过水准泡角值的 1/4。
4.10 测微器运转灵活，不应有明显停滞和跳动现象，测微器全程行差不大于 1 个分格值。
4.11 $i$ 角(视准线)误差应符合表 4 的规定。

表 4 $i$ 角(视准线)误差 单位为[角]秒

| 系列 | 高精密 | 精密 | 普通 |
|---|---|---|---|
| 光学水准仪 | ≤8(双摆位 4) | ≤10 | ≤12 |
| 电子水准仪 | ≤15 | | ≤20 |

4.12 电子水准仪的电子测距误差应符合表 5 的规定(测量距离 30 m)。

表 5 电子测距误差 单位为厘米

| 系列 | 高精密 | 精密 | 普通 |
|---|---|---|---|
| 电子测距误差 | ≤10 | | ≤12 |

4.13 电子水准仪最大测程不小于 80 m，此时电子测距误差不超过 30 cm。
4.14 温度变化 1 ℃，$i$ 角的变化应符合表 6 的规定。

表 6 $i$ 角的变化

单位为[角]秒

| 系列 | 高精密 | 精密 | 普通 |
|---|---|---|---|
| $i$ 角的变化 | ≤0.5 | | ≤0.8 |
| 注 1：对气泡式水准仪 $i$ 是指望远镜视轴与管状水准轴在望远镜视轴的铅垂面投影的不平行而成一小交角。<br>注 2：对自动安平水准仪 $i$ 角是指望远镜视轴与水平面的夹角。 | | | |

4.15　自动安平水准仪补偿器的技术要求应不超过表 7 的规定。

表 7　补偿器的技术要求

| 序号 | 特征 | 高精密 | 精密 | 普通 |
|---|---|---|---|---|
| 1 | 安平误差/(″) | ±0.2 | ±0.3 | ±0.5 |
| 2 | 补偿误差(轴倾斜 1′时补偿器系统误差)/(″)/1′ | ±0.05 | ±0.1 | ±0.3 |
| 3 | 电子水准仪补偿误差(轴倾斜 1′时补偿器系统误差)/(″)/1′ | ±0.05 | ±0.2 | ±0.3 |

4.16　工作温度为－20 ℃～＋50 ℃。

4.17　仪器的外表应美观，表面修饰应牢固，仪器密封性良好。

4.18　光学零件不得有脱胶、脱膜、油迹、气泡、划痕、麻点、灰尘等影响成像质量的现象存在，分划线及标注应粗细均匀，明显清晰。

4.19　仪器转动、微动机构运转应平稳、平滑、舒适，无明显空回现象，制动机构应有效发生作用。各校正螺丝应校正方便、稳定可靠并有足够校正范围。

4.20　电子水准仪显示清晰完整，各按键操作舒适、灵敏，功能有效。

4.21　安放在仪器箱内的仪器应能承受脉冲重复频率 60 次/min～100 次/min、加速度 98 $m/s^2$ (10$g$)、连续冲击 1 000 次的冲击试验。

4.22　仪器在包装运输条件下，应符合 JB/T 9329 的要求，其中高温＋55 ℃，低温－40 ℃，自由跌落高度 250 mm。

## 5　试验方法

### 5.1　试验条件

按本标准进行试验的仪器，必须按照附录 A 规定的方法进行检测和校正。仪器的检验应在温度为 5 ℃～30 ℃，相对湿度为 45%～85%的环境条件下进行。

### 5.2　1 km 往返水准测量标准偏差

#### 5.2.1　试验工具及场地

a)　试验工具

水准标尺二根。

b)　试验场地

试验应在良好的气候条件下进行，试验场地见图 1。

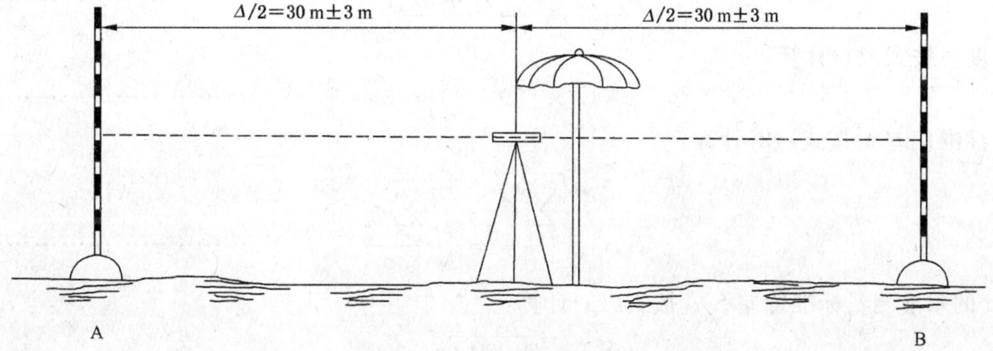


图 1　试验场地布置

5.2.2 试验程序

a) 两个测量点 A 和 B 设置在距离大约 60 m 处，水准标尺应可靠固定在位置上。为了减小折射和瞄准轴偏离的影响，仪器应放在离两个水准测量点 A 和 B 大约等距离处($\Delta/2=30$ m±3 m)。

b) 共测两组数据。第一组数据由 20 对读数组成，每一对读数包括水准标尺在 A 点的一个向后的读数 $x_{A,j}$ 和水准标尺在 B 点的一个向前的读数 $x_{B,j}$($j=1,\cdots,20$)。每测出一对读数，要移动一下仪器，并且放在一个很接近的不同的位置，测量出 10 对数据($x_{A,1}$，$x_{B,1}$，…，$x_{A,10}$，$x_{B,10}$)后，前视后视次序颠倒再测出另外 10 对数据($x_{B,11}$，$x_{A,11}$，…，$x_{B,20}$，$x_{A,20}$)。

c) 接下来，水准标尺 A 和 B 交换位置，用第一组测量描述的同样的方式再重复测量另外 20 次，得出另外一组数据($x_{A,21}$，$x_{B,21}$，…，$x_{A,30}$，$x_{B,30}$；$x_{B,31}$，$x_{A,31}$，…，$x_{B,40}$，$x_{A,40}$)。

5.2.3 试验结果的计算

读数 $x_{A,j}$ 和读数 $x_{B,j}$ 之差 $d_j$ 按式(2)计算：

$$d_j = x_{A,j} - x_{B,j}; \qquad j = 1,\cdots,40 \qquad \cdots\cdots(2)$$

第一组测量值的高差 $d_j$ 的算术平均值 $\overline{d}_1$ 按式(3)计算：

$$\overline{d}_1 = \frac{\sum_{j=1}^{20} d_j}{20} \qquad \cdots\cdots(3)$$

第二组测量值的高差 $d_j$ 的算术平均值 $\overline{d}_2$ 按式(4)计算：

$$\overline{d}_2 = \frac{\sum_{j=21}^{40} d_j}{20} \qquad \cdots\cdots(4)$$

两个水准标尺的零点补偿误差 $\delta$ 按式(5)计算：

$$\delta = \overline{d}_1 - \overline{d}_2 \qquad \cdots\cdots(5)$$

两个测量点 A 和 B 间测量高差 $d_j$ 的残差 $r_j$ 按式(6)、式(7)计算：

$$r_j = \overline{d}_1 - d_j; \qquad j = 1,\cdots,20 \qquad \cdots\cdots(6)$$

$$r_j = \overline{d}_2 - d_j; \qquad j = 21,\cdots,40 \qquad \cdots\cdots(7)$$

作算术核实时，第一组和第二组的残差之和应为零，按式(8)、式(9)计算：

$$\sum_{j=1}^{20} r_j = 0 \qquad \cdots\cdots(8)$$

$$\sum_{j=21}^{40} r_j = 0 \qquad \cdots\cdots(9)$$

所有残差 $r_j$ 的平方和 $\sum_{j=1}^{40} r_j^2$ 按式(10)计算：

$$\sum_{j=1}^{40} r_j^2 = \sum_{j=1}^{20} r_j^2 + \sum_{j=21}^{40} r_j^2 \qquad \cdots\cdots(10)$$

自由度 $v$ 按式(11)计算：

$$v = 2 \times (20-1) = 38 \qquad \cdots\cdots(11)$$

实验标准偏差 S 按式(12)计算：

$$S = \sqrt{\frac{\sum_{j=1}^{40} r_j^2}{v}} = \sqrt{\frac{\sum_{j=1}^{40} r_j^2}{38}} \qquad \cdots\cdots(12)$$

1 km 的水准测量标准偏差 $S_{1\ \mathrm{km}}$ 按式(13)计算：

$$S_{1\ \mathrm{km}} = \frac{S}{\sqrt{2}} \times \sqrt{\frac{1\ 000\ \mathrm{m}}{60\ \mathrm{m}}} = S \times 2.89 \qquad \cdots\cdots(13)$$

记录计算表格见附录 B 中表 B.1。

5.3 望远镜放大率

5.3.1 试验工具

倍率计(或读数显微镜)一只,圆形孔板一块。

5.3.2 试验程序

在仪器物镜前,垂直于物镜光轴设置一圆形孔板,孔板圆形孔的直径小于物镜通光孔径。将望远镜调焦至无穷远,目镜的屈光度圈调至零位,用漫射光照明孔板,在望远镜出射光瞳平面处可得孔板圆孔的像,它的直径可用倍率计(或读数显微镜)测得。

5.3.3 试验结果的计算

望远镜放大率按式(14)计算:

$$\Gamma = \frac{D}{D'} \qquad \cdots\cdots(14)$$

式中:

$\Gamma$——望远镜放大率,单位为倍;

$D$——孔板圆形孔的直径,单位为毫米(mm);

$D'$——孔板圆形孔像的直径,单位为毫米(mm)。

5.4 望远镜的分辨力

5.4.1 试验工具

带有符合 JB/T 9328 分辨力板的平行光管一台。

5.4.2 试验程序

置仪器于试验台上,对准平行光管,将望远镜调焦使其清晰地观察平行光管中的分划板,分辨力的测定需要在望远镜分划十字丝中心上下、左右视距丝附近 5 个位置上进行。以其中最大值作为望远镜的分辨力。

5.5 望远镜物镜有效孔径

5.5.1 试验工具

倍率计一只。

5.5.2 试验程序和结果的计算

望远镜物镜前不装圆形孔板,用倍率计按 5.3.2 方法测得出射光瞳直径,望远镜有效孔径按式(15)计算:

$$D_0 = D_0' \cdot \Gamma \qquad \cdots\cdots(15)$$

式中:

$\Gamma$——望远镜放大率,单位为倍;

$D_0$——望远镜物镜有效孔径,单位为毫米(mm);

$D_0'$——望远镜出射光瞳直径,单位为毫米(mm)。

5.6 望远镜调焦运行误差

5.6.1 方法一

5.6.1.1 试验工具

检验台,准确度不低于 0.2 mm 的准线仪。

5.6.1.2 试验程序

将被检仪器置于检验台上,精密准线仪测微手轮置于中间位置,使准线仪的近点目标大致成像在被检仪器视场中央。

微动被检仪器调焦手轮,使仪器十字丝中心交点准确对准无穷远点的准线标志,然后调焦至准线仪近点。目标若不在仪器十字丝中心交点上,利用仪器本身调整螺旋,使近点标志与仪器十字丝交点重合。如此反复进行，直至准线仪上远点与近点目标均在被检仪器十字丝交点上。

将仪器望远镜依次照准准线仪上 5 m、10 m、20 m、30 m、50 m 各目标分划板，用测微器读数不少于 5 个点，为往测。接着从 50 m～5 m 进行返测，为上半测回。

松开准线仪镜管固定螺钉，并将准线管旋转 180°，固定后，按上条进行观测，为下半测回。

#### 5.6.1.3 试验结果的计算

a) 先由测量数据求出各测点的读数平均值 $a_i$；

b) $a_i$ 乘以测微器格值 $d$ 求得高度读数值 $h_i$；

c) 求取平均值 $h$ 及残差，见式(16)：

$$\Delta h_i = h_i - h \qquad (16)$$

d) 求取距离平均值 $D$ 及残差，见式(17)：

$$\Delta D_i = D_i - D \qquad (17)$$

e) 求取视准线倾斜系数 $K$，见式(18)：

$$K = \frac{\sum(\Delta h_i \cdot \Delta D_i)}{\sum(\Delta D_i^2)} \qquad (18)$$

f) 计算调焦运行误差值，见式(19)：

$$\Delta = h_i - K \cdot \Delta D_i \qquad (19)$$

计算结果实例见附录 B 中表 B.2。

### 5.6.2 方法二

#### 5.6.2.1 试验条件

水准标尺一根，在一平坦场地上选一中心点 A，以 A 为圆心，30 m 为半径作一半圆，于圆周上用木桩(桩顶钉一圆帽钉)标出 0、1、2、3、4、5 各点，并使 0 点至 1～5 点的距离分别等于 10 m，20 m，…，50 m，圆周上各点的位置应使自 A 与 0 处照准各点标尺时能有良好的亮度，布置见图 2。

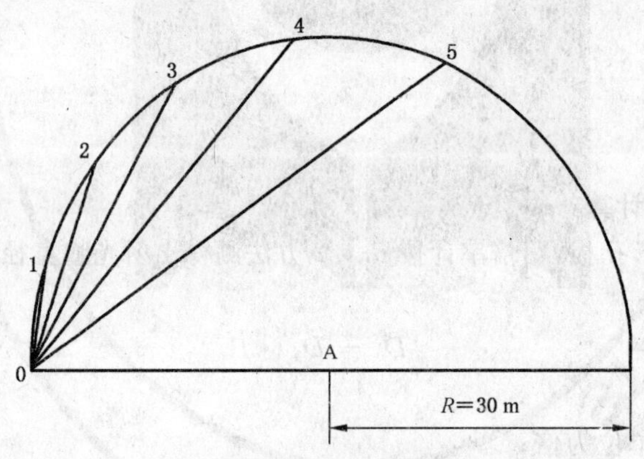


图 2 试验场地布置

#### 5.6.2.2 试验程序

置仪器于 A 点上，往返测圆周上 1～5 点对应于 0 点的高差，共四个测回，各测回间应用脚螺旋变更仪器高度，观测前仔细调焦，观测时不得重新调焦。置仪器于 0 点上，往返观测 1～5 各点的标尺读数共四个测回，各测回间应用脚螺旋变更仪器高度。

电子水准仪测试时，使用专用条码尺，设置重复测量次数为 5 次。

#### 5.6.2.3 试验结果的计算

以 0 点为基点，计算出其他各点对 0 点的高差，比较仪器在各个位置上各点对 0 点的高差之差(需进行视线倾斜改正)，求出调焦运行时因视轴变化所引起的标尺读数变化。

试验用计算表格见附录 B 中的表 B.3。

5.7 望远镜透过系数

5.7.1 试验工具及试验条件

球形平行光管,积分球接收器及光源。

5.7.2 试验程序

在球形平行光管焦面上,放有小孔光源(透射光源),使球形平行光管射出平行光束,调节可变光阑,全部进入积分球接收器,测得入射光通量 $F_0$。将被检仪器置于平行光束中,调整至共轴位置,测得通过被检仪器望远镜的光通量 $F_n$。

5.7.3 试验结果的计算

望远镜透过系数 $\tau$ 按式(20)计算:

$$\tau = \frac{F_n}{F_0} \qquad \cdots\cdots(20)$$

式中:

$F_n$——入射光通量,单位为流明(lm);

$F_0$——透过望远镜的光通量,单位为流明(lm)。

5.8 望远镜的像差

5.8.1 试验工具

装有星点板的平行光管一台。

5.8.2 试验程序

以观察望远镜中星点像的情况来判断像差。

5.9 望远镜视距乘常数误差

5.9.1 试验工具

测微平行光管一台。

5.9.2 试验程序

将测微平行光管物镜与被测望远镜物镜相对并大致等高,瞄准被测望远镜下丝,读数为 $A_1$;瞄准被测望远镜上丝,读数为 $A_2$。$A_1$、$A_2$ 为一测回,共测三测回。

5.9.3 试验结果的计算

乘常数按式(21)计算:

$$K = \cot\alpha \qquad \cdots\cdots(21)$$

式中:

$K$——乘常数;

$\alpha$——$2(A_1 - A_2)$,单位为秒(″)。

乘常数误差按式(22)计算:

$$\Delta K = \frac{\overline{K} - 100}{100} \times 100\% \qquad \cdots\cdots(22)$$

式中:

$\Delta K$——视距乘常数误差;

$\overline{K}$——三测回乘常数 $K$ 平均数。

5.10 竖轴置中误差

5.10.1 试验工具

试验台(或三脚架)一个。

5.10.2 试验程序

将仪器固定在试验台(或三脚架)上,旋转望远镜使其与任意二个脚螺旋的连线平行,调节此二个脚螺旋,使管状水准泡居中(或符合)。旋转望远镜 180°,观察气泡是否居中,若不居中则利用脚螺旋及微倾螺旋调节水准泡气泡偏移量的一半,使气泡居中。旋转望远镜 90°,观察气泡是否居中,若不居中,调节另一脚螺旋使其居中。旋转望远镜回到原起始位置,观察气泡是否居中,若不居中则重复上述操作过程，直至水准泡在二位置上均能居中。转动望远镜至任意位置，观察气泡是否移动。望远镜在各个任意位置时气泡对中心位置的最大偏离值之半，即为竖轴置中误差。

注：若水准泡没有刻度，应去掉水准泡外壳，并贴上画有已知格值的分划纸条。

若被检仪器气泡为圆水准泡，仪器整平后，旋转任意位置，取水准气泡最大偏移量的一半作为检测结果。

### 5.11 测微器的全程行差

#### 5.11.1 试验工具

分划间隔为 1 mm 标尺一根。

#### 5.11.2 试验程序

距标尺 5 m 处架设被检仪器。旋进和旋出光学测微器进行的往返测量，需测 8 个测回。每测回的往测：用倾斜螺旋使气泡精密符合（以后在一测回中须严格保持倾斜螺旋的位置不变），然后将光学测微器精确对准分划线，读取分划线注记号及测微鼓读数，继续旋进测微器，使望远镜楔形平分丝对准相隔 4 mm 的另一分划线读数，需往测 8 测回；每测回返测应在往测后立即进行，按相反的顺序用旋出测微鼓的方法，对准往返时所用的二分划线读数，需返测 8 测回。每测完二个测回后，应变更仪器或分划尺高度，以使每二个测回各观测分划尺上的不同分划间隔。

#### 5.11.3 试验结果

先计算每测回旋进与旋出读数 $l$ 的平均数的旋进减旋出之差值 $\Delta$，以及每测回中对准分划尺二次所测分划线的测微器读数 $l_n$ 之差，计算分划尺各分划间隔相应的测微器上的分划数。然后按各分划间隔的检定长度计算光学测微器的分划值，最后取 8 个测回的平均数为测定的结果。

计算表格见附录 B 中表 B.4。

### 5.12 *i* 角（视准线）误差

#### 5.12.1 光学水准仪

##### 5.12.1.1 试验工具及准备

平行光管两根，按图 3 安置。

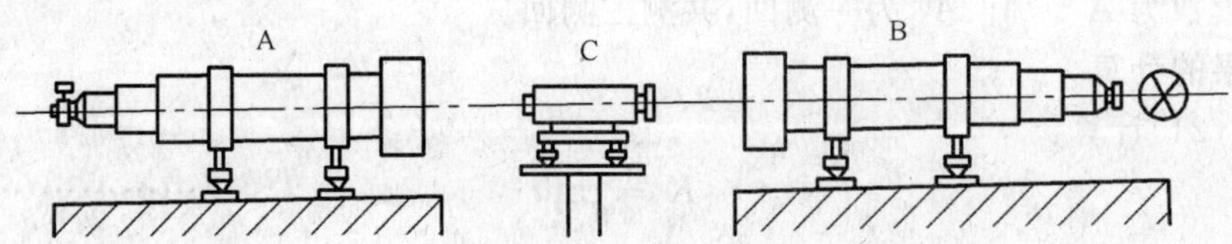


A——测微平行光管；
B——平行光管；
C——仪器。

**图 3 试验工具安置**

如图 3 所示，A、B 两平行光管相对放置，其中 A 光管带测微器，调整 A、B 光管分划板十字丝大致重合。将一台标准水准仪准确整平在 A、B 两光管的光路中，并分别照准 A、B 两光管的十字丝，用两光管的调整螺旋，分别与两光管的十字丝横丝重合。并用 A 光管测微器准确照准标准水准仪十字丝横丝，读数两次取平均值为$\overline{d_1}$。取出标准水准仪，用 A 光管测微器照准 B 光管十字丝读数两次，取平均值为$\overline{d_2}$。

按式(23)求出 A 与 B 光管的光轴平行度 $F$ 值：

$$F = \frac{\overline{d_1} + \overline{d_2}}{2} \qquad \cdots\cdots(23)$$

将 A 光管测微器调整到 $F$ 值位置，并将 B 光管的十字丝校正到 A 光管已调整的十字丝位置，如此重复调校，使 $F \leqslant 1''$，A、B 两光管视轴的水平基准线已建成。

##### 5.12.1.2 试验程序

将被检仪器整平在检定台上，准确吻合仪器水准泡。并对准 A 光管十字丝，用 A 光管测微器照准被检仪器横丝并读数，记为 $d_1$，取出被检仪器，再用A光管测微器使其照准B光管横丝并读数，记为 $d_2$。

5.12.1.3 **试验结果的计算**

$i$ 角按式(24)计算：

$$i = d_1 - d_2 \qquad \cdots\cdots(24)$$

对于精密级仪器，应测两个测回取平均值作为检测结果。对双摆位高精密级仪器，建立一条小于或等于0.5″的水平基准线，测微光管A的焦距应大于或等于1 200 mm。测试时A光管第一次照准仪器的摆Ⅰ位置，第二次照准仪器的摆Ⅱ位置，取两次读数的平均值作为 $d_1$ 值进行计算。

5.12.2 **电子水准仪**

5.12.2.1 **试验工具及准备**

在一平坦场地上用钢卷尺一次量取一直线 $AI_1I_2B$，其中 $I_1$、$I_2$ 为安置仪器处，$A$、$B$ 为立标尺处。使 $AB$=45 m，$AI_1 \approx I_1I_2 \approx I_2B$，三段距离都约为15 m。如图4所示。

5.12.2.2 **试验程序**

在 $I_1$、$I_2$ 处先后安置仪器，仔细整平后，分别在 $A$、$B$ 标尺上各照准读数四次。

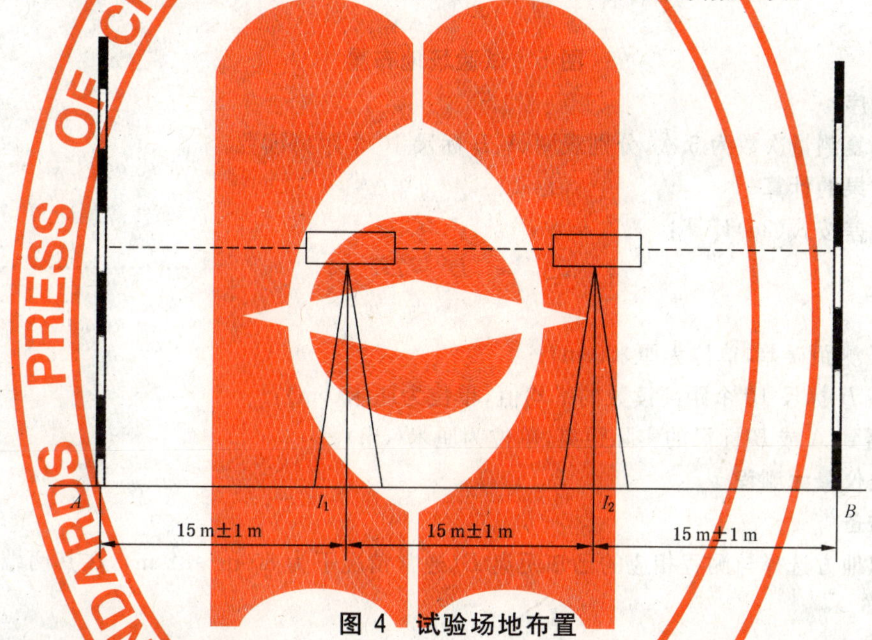


图4 试验场地布置

5.12.2.3 **试验结果的计算**

$i$ 角按式(25)计算：

$$i = \frac{[(a_2 - b_2) - (a_1 - b_1)] \cdot \rho}{2 \cdot (D_2 - D_1)} - 1.61 \times 10^{-5} \cdot (D_1 + D_2) \qquad \cdots\cdots(25)$$

式中：

$a_1$——在 $I_1$ 处观测 $A$ 标尺的读数平均值，单位为毫米(mm)；

$b_1$——在 $I_1$ 处观测 $B$ 标尺的读数平均值，单位为毫米(mm)；

$a_2$——在 $I_2$ 处观测 $A$ 标尺的读数平均值，单位为毫米(mm)；

$b_2$——在 $I_2$ 处观测 $B$ 标尺的读数平均值，单位为毫米(mm)；

$D_1$——仪器近标尺距离，单位为毫米(mm)；

$D_2$——仪器远标尺距离，单位为毫米(mm)；

$\rho$——弧度化为角度，$\rho$=206 265″。

5.13 **电子水准仪的电子测距误差**

5.13.1 **试验准备**

在一个平坦地方放置仪器，在距离仪器10 m、30 m处各安置一个尺桩 $A$、$B$。仪器中心挂一垂球，用Ⅱ级钢卷尺精确量取垂球点到尺桩的水平距离。布置见图5。

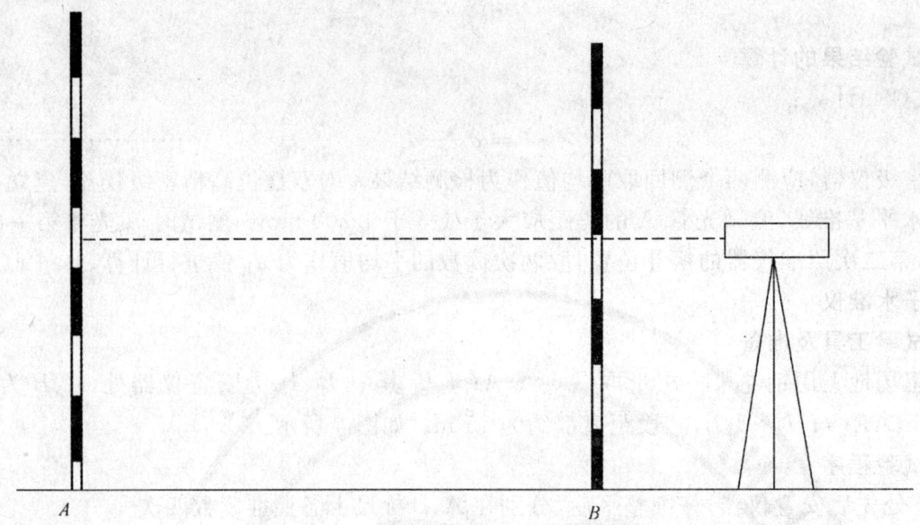


图5 试验场地布置

**5.13.2 试验程序**

设置仪器重复测量次数为5次，分别观测 $A$、$B$ 标尺10个距离读数。

**5.13.3 试验结果的计算**

电子测距误差按式(26)计算：

$$\Delta_D = |D' - D| \quad \cdots\cdots(26)$$

式中：

$\Delta_D$——电子测距误差，单位为厘米(cm)；

$D'$——$A$ 或 $B$ 标尺10个距离读数的平均值，单位为厘米(cm)；

$D$——仪器到 $A$ 或 $B$ 标尺的实际距离，单位为厘米(cm)。

**5.14 电子水准仪最大测程**

**5.14.1 试验准备**

在一个平坦地方选择与测程相应的已知距离 $D$(通常情况下为80 m～82 m)，在其两端放置仪器和标尺，布置见图6。

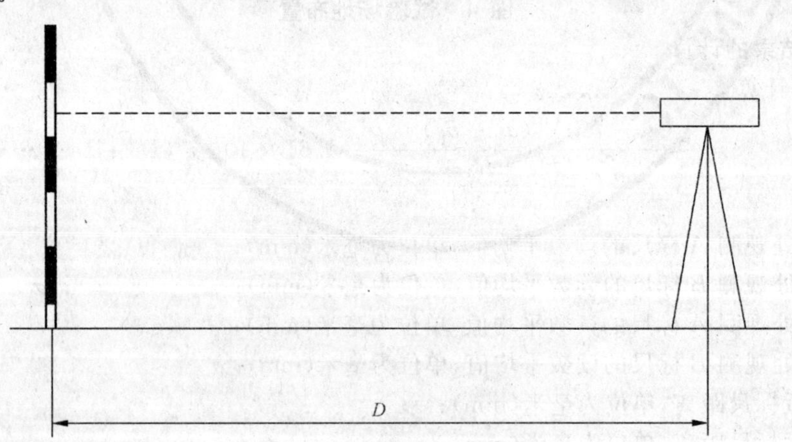


图6 试验场地布置

**5.14.2 试验程序**

设置仪器重复测量次数为5次，分别观测标尺10个距离读数。

5.14.3 试验结果的计算

最大测程时的电子测距误差按式(27)计算：

$$\Delta = |D' - D| \quad \cdots\cdots(27)$$

式中：

$\Delta$——最大测程时的电子测距误差，单位为厘米(cm)；

$D'$——10个距离读数的平均值，单位为厘米(cm)；

$D$——仪器到标尺的实际距离，单位为厘米(cm)。

5.15 $i$ 角的变化

5.15.1 试验工具

毫米分划尺一支。

5.15.2 试验程序

置分划尺距离仪器不大于15 m处。在温度 $t_1$ 和 $t_2$ 时对分划尺进行读数，此时温差 $\Delta t$ 应在5 ℃～30 ℃范围内，每一温度读取的读数不应少于4个，当温度由 $t_1$ 向 $t_2$ 转变时(转变时间稳定0.5 h)，应保证仪器的位置不变。

5.15.3 试验结果的计算

$i$ 角的变化值按式(28)计算：

$$\Delta i = \frac{\rho \cdot \Delta L}{S \cdot \Delta t} \quad \cdots\cdots(28)$$

式中：

$\Delta i$——$i$ 角的变化值，单位为秒每摄氏度(″)/℃；

$\Delta L$——分划尺读数差，单位为毫米(mm)；

$\Delta t$——温度差，单位为摄氏度(℃)；

$S$——分划尺到仪器的距离，单位为毫米(mm)；

$\rho$——弧度化为角度，$\rho = 206\ 265''$。

5.15.4 电子水准仪的 $i$ 角变化

使用专用条码尺测试，试验程序、计算方法同5.15.2、5.15.3。

5.16 自动安平水准仪补偿器

5.16.1 安平误差

5.16.1.1 试验工具

灯源、测微平行光管。

5.16.1.2 试验程序

测微平行光管对准被检仪器的分划板十字丝中心，使被检仪器圆水泡居中。用被检仪器脚螺旋使仪器倾斜后，立即回复原来位置，用测微平行光管瞄准并读数，共测15次。

5.16.1.3 试验结果的计算

安平误差按式(29)计算：

$$m_s = \pm\sqrt{\frac{[V_i^2]}{n-1}} \quad \cdots\cdots(29)$$

式中：

$m_s$——安平误差，单位为秒(″)；

$V_i$——测值与其均值差，单位为秒(″)；

$n$——测定次数。

计算表格见附录B中表B.5。

5.16.2 补偿误差

5.16.2.1 试验工具

灯源、自准直测微平行光管(测高精度仪器用光电自准直测微平行光管)、小角度倾斜仪。

5.16.2.2 试验程序

置被检仪器于小角度倾斜仪的转轴上方,并仔细整平。使自准直测微平行光管十字丝中心对准被检仪器十字丝中心。调节小角度倾斜仪,每倾斜 2′在测微平行光管内读得一数。对高精密、精密自动安平水准仪测二测回;普通级自动安平水准仪测一测回。旋转小角度倾斜仪 90°,重复上述顺序得另一方向的补偿误差即为归零值 $b_0$ 的最大值,换算到每分的秒数,以各测回的平均值为测定值。

计算表格见附录 B 中表 B.6。

5.17 工作温度

5.17.1 高温试验

5.17.1.1 试验工具

高温箱一台。

5.17.1.2 试验程序

将仪器置于高温箱中,开启高温箱开关,以每分钟不大于 1 ℃的升温速度升至 50 ℃±2 ℃,保温 2 h。取出仪器立即目视和手感检查仪器各部分的润滑油脂有无流失现象,各转动部分有无不灵活现象,电镀及油漆表面有无脱皮或起泡,视场内有无影响读数及光学零件有无脱胶等现象。

5.17.2 低温试验

5.17.2.1 试验工具

低温箱一台。

5.17.2.2 试验程序

将仪器置于低温箱中,开启低温箱开关,以每分钟不大于 1 ℃的降温速度从常温降至－20 ℃±2 ℃,保温 2 h。取出仪器立即目视和手感检查仪器各部分的润滑油脂有无凝固、各转动部分有无咬紧、阻滞和转动不灵活现象,光学零件有无脱胶等现象。

5.18 外观质量

目视检验。

5.19 光学零件质量

目视检验。

5.20 运转机构

直接运转试验。

5.21 显示部件、按键

观察显示部件的显示内容,操作按键。

5.22 连续冲击试验

连续冲击试验按 JB/T 9329 进行。

5.23 抗运输试验

仪器包装运输按 JB/T 9329 进行各项试验。

## 6 检验规则

6.1 检验分类

产品的检验分为出厂检验和型式检验。

6.2 出厂检验(即交货检验)

6.2.1 出厂检验的样品数根据 GB/T 2828.1 的一般检查水平Ⅰ、正常检查一次抽样方案确定,或由供需双方协商确定,通常从正常检查开始,根据检验结果随时执行 GB/T 2828.1 规定的转移规则。

6.2.2 出厂检验的检验样品应在供货方提交的检验批中随机抽取。

6.2.3 出厂检验不包括 4.22 的内容。

6.2.4 出厂检验项目、不合格类别及其接收质量限(AQL)值见表 8。

**表 8 出厂检验项目、不合格类别及其接收质量限(AQL)值**

| 不合格类别 | 项目 | AQL |
|---|---|---|
| A类 | 4.1,4.11 | 2.5 |
| B类 | 4.2,4.3,4.4,4.5,4.6,4.7,4.8,4.9,4.10,4.12,4.13,4.14,4.15 | 4.0 |
| C类 | 4.17,4.18,4.19,4.20 | 6.5 |

6.2.5 抽检合格的批直接接受,但所发现的不合格品应予剔除或更换。

## 6.3 型式检验

6.3.1 型式检验应对标准中规定的技术要求全部进行检验,型式检验的样品应从检验合格的产品批中随机抽取。

6.3.2 型式检验的抽样采用 GB/T 2829 中的一次抽样方案,各类不合格数以项目计。

6.3.3 型式检验的项目、不合格类别、判别水平 DL、拒收质量限 RQL 和抽样方案见表 9。

**表 9 型式检验的项目、不合格类别、判别水平 DL、拒收质量限 RQL 和抽样方案**

| 不合格类别 | 项目 | RQL | 抽样方案($n$\|Ac,Re) | DL |
|---|---|---|---|---|
| A | 4.1,4.11 | 100 | 3\|(1,2) | Ⅱ |
| B | 4.2,4.3,4.4,4.5,4.6,4.7,4.8,4.9,4.10,4.12,4.13,4.14,4.15,4.16,4.21 | 120 | 3\|(2,3) | Ⅱ |
| C | 4.17,4.18,4.19,4.20 | 150 | 3\|(4,5) | Ⅰ |

6.3.4 型式检验的受试样品在按 JB/T 9329 的要求进行环境条件试验后,各项技术要求仍应符合标准的规定。

6.3.5 型式检验的周期一般为一年,在两次型式检验的周期内发生下列情况之一时,也应进行型式检验:

a) 产品的结构、材料、工艺有较大的改变,可能影响产品的性能时;

b) 出厂检验结果与上次型式检验结果有较大的差异时;

c) 产品停产一年以上再恢复生产时。

# 7 标志、包装、运输及贮存

## 7.1 标志

### 7.1.1 产品标志

a) 制造厂商标(或厂名);

b) 型号;

c) 编号。

### 7.1.2 包装标志

仪器的包装标志应符合 GB/T 15464 的要求。

## 7.2 包装

仪器包装应符合 GB/T 15464 的规定。

## 7.3 运输

a) 搬运和放置按照运输箱上的标志进行,严格遵守搬运和运输上的一切规则;

b) 不允许和易燃、易爆、易腐蚀的物品同车装运;

c） 装车齐整、平稳、牢固，不得超高、超重；

d） 运输时有防雨、防日晒、防撞击和防跌落措施。

## 7.4 贮存

7.4.1 产品入库前应进行检查。

7.4.2 库房应符合下列要求：

库房应具有良好的通风、隔热、保温、排水、防震、防火等设施。

# 附　录　A
（规范性附录）
# 参　考　方　法

## A.1　望远镜视场角

试验工具：宽角平行光管一台。

## A.2　圆形水准泡轴相对于竖轴的平行度

试验程序：仪器整平后，旋转望远镜至任意位置，观察圆形水准泡的偏离情况。

## A.3　望远镜出射光瞳与目镜最后镜面的距离

### A.3.1　试验工具

能测轴向移动量的读数显微镜一台。

### A.3.2　试验程序及结果的计算和评定

将望远镜目镜屈光度圈调至"0"，用读数显微镜对准望远镜目镜，看清目镜最后镜面上的斑点，记下读数。移动读数显微镜使望远镜出射光瞳成像清晰，在轴向刻尺上记下读数，二读数差即为所测距离。

## A.4　目镜零分划误差和调节范围

### A.4.1　试验工具

屈光度管一个。

### A.4.2　试验程序

#### A.4.2.1　零分划误差

调节屈光度管目镜使其分划板成像清晰，将屈光度管刻尺示于"0"位，把屈光度管置于目镜后，转动望远镜目镜，使望远镜分划板上成像清晰，读出此时望远镜目镜屈光度圈上的数值作为测定值。

#### A.4.2.2　调节范围

上述位置将屈光度管移动至＋5(或－5)屈光度处，转动望远镜目镜，观察其分划成像能否清晰。

## A.5　粗瞄准器作用的准确性

用粗瞄准器对准远处任一目标，在望远镜中观察该目标在视场内位置是否符合标准要求。

## A.6　望远镜视轴与管状水准泡水准轴在水平面上投影的平行度

### A.6.1　试验工具

平行光管一台(或水准标尺一根)。

### A.6.2　试验程序

将被检仪器对准平行光管，并使仪器的一个脚螺旋(脚螺旋3)通过视线，而其他两个脚螺旋连线垂直于视线。整平仪器，使水准泡气泡精确居中，用仪器分划板横丝对准平行光管分划板读数。以相反方向转动1和2脚螺旋，使整台仪器绕望远镜视轴约转1.5°，分划板读数不应发生变化，此时符合式水准气泡发生变动，旋转微倾螺旋，使符合式水准气泡符合，再对平行光管分划板进行读数。

### A.6.3　试验结果的计算

两脚螺旋各转动的周数 $n$ 按式(A.1)计算：

$$n=\frac{1.5^{\circ}a}{s\times57.3^{\circ}} \qquad\cdots\cdots(A.1)$$

式中：

$a$——相邻两脚螺旋间距之半，单位为毫米(mm)；

$s$——脚螺旋的螺距，单位为毫米(mm)。

平行度按式(A.2)计算：

$$p=\frac{\beta}{\sin\alpha} \qquad\cdots\cdots(A.2)$$

式中：

$p$——平行度，单位为秒(″)；

$\beta$——二次对平行光管分划板读数差值之半的角值，单位为秒(″)；

$\alpha$——仪器绕视轴转动的角度为1.5°。

## A.7 望远镜分划板横丝与竖轴的垂直度

### A.7.1 试验工具

测微平行光管一台。

### A.7.2 试验程序

将仪器整平，对准平行光管十字丝中心。转动望远镜，使平行光管十字丝中心的像从望远镜视场的一端移至另一端，观察仪器分划板横丝的平行性，其差值 $\varepsilon$ 由测微器读出。

### A.7.3 试验结果的计算

分划板横丝与竖轴的垂直度按式(A.3)计算：

$$\delta=\frac{\varepsilon}{\sin w} \qquad\cdots\cdots(A.3)$$

式中：

$\delta$——垂直度，单位为秒(″)；

$w$——望远镜视场角，单位为度(°)；

$\varepsilon$——测微平行光管对横丝两端读数的差值，单位为秒(″)。

## A.8 望远镜的杂光系数

### A.8.1 试验工具及试验条件

带有白色及黑色活动塞子的球形平行光管、积分球接收器。试验在暗室中进行。

### A.8.2 试验程序

在球形平行光管焦面上，放有可调目标(即活动塞子)，先放黑塞子，使望远镜分划板对准黑体中心，测得光通量 $F_1$。换上白塞子测得光通量 $F_2$。

### A.8.3 试验结果的计算

望远镜杂散光系数 $\eta$ 按式(A.4)计算：

$$\eta=\frac{F_1}{F_2} \qquad\cdots\cdots(A.4)$$

式中：

$F_1$——黑体测得光通量，单位为流明(lm)；

$F_2$——白塞子测得光通量，单位为流明(lm)。

# 附 录 B
## （资料性附录）
## 试验用计算表格

**B.1** 1 km 往返水准测量标准偏差计算见表 B.1。

**表 B.1 1 km 往返水准测量标准偏差**

| | 一测回（初始位置） | | | | 二测回（标尺互换） | | | |
|---|---|---|---|---|---|---|---|---|
| | 读数 | | 计算 | | 读数 | | 计算 | |
| | 前视 | 后视 | 高差 | 偶然误差 | 前视 | 后视 | 高差 | 偶然误差 |
| 观测值和计算 | $x_{A,1}$ | $x_{B,1}$ | $d_1=x_{A,1}-x_{B,1}$ | $r_1=\overline{d}_1-d_1$ | $x_{A,21}$ | $x_{B,21}$ | $d_1=x_{A,21}-x_{B,21}$ | $r_{21}=\overline{d}_2-d_{21}$ |
| | $x_{A,2}$ | $x_{B,2}$ | $d_2=x_{A,2}-x_{B,2}$ | $r_2=\overline{d}_1-d_2$ | $x_{A,22}$ | $x_{B,22}$ | $d_2=x_{A,22}-x_{B,22}$ | $r_{22}=\overline{d}_2-d_{22}$ |
| | ⋮ | ⋮ | ⋮ | ⋮ | ⋮ | ⋮ | ⋮ | ⋮ |
| | $x_{A,19}$ | $x_{B,19}$ | $d_{19}=x_{A,19}-x_{B,19}$ | $r_{19}=\overline{d}_1-d_{19}$ | $x_{A,39}$ | $x_{B,39}$ | $d_{19}=x_{A,39}-x_{B,39}$ | $r_{39}=\overline{d}_2-d_{39}$ |
| | $x_{A,20}$ | $x_{B,20}$ | $d_{20}=x_{A,20}-x_{B,20}$ | $r_{20}=\overline{d}_1-d_{20}$ | $x_{A,40}$ | $x_{B,40}$ | $d_{20}=x_{A,40}-x_{B,40}$ | $r_{40}=\overline{d}_2-d_{40}$ |
| 表达式验算 | $x_{A,j}$ | $x_{B,j}$ | $d_j=x_{A,j}-x_{B,j}$ | $r_j=\overline{d}_1-d_j$ | $x_{A,j}$ | $x_{B,j}$ | $d_j=x_{A,j}-x_{B,j}$ | $r_j=\overline{d}_2-d_j$ |
| | $j=1,2,\cdots,20$ | | $\overline{d}_1=\frac{1}{20}\sum_{j=1}^{20}d_j$ | | $j=21,22,\cdots,40$ | | $\overline{d}_2=\frac{1}{20}\sum_{j=21}^{40}d_j$ | |
| | | | $\sum_{j=1}^{20}r_j=0$ | | | | $\sum_{j=21}^{40}r_j=0$ | |
| 精确度计算 | $\sum_{j=1}^{40}r_j^2=\sum_{j=1}^{20}r_j^2+\sum_{j=21}^{40}r_j^2$ | | | $S=\sqrt{\frac{\sum_{j=1}^{40}r_j^2}{v}}=\sqrt{\frac{\sum_{j=1}^{40}r_j^2}{38}}$（60 m 有效距离标准偏差） | | | | |
| | $S_{1\ km}=\frac{S}{\sqrt{2}}\times\sqrt{\frac{1\ 000\ m}{60\ m}}=S\times 2.89$ | | | | | | | |

**B.2** 调焦运行误差方法一计算见表 B.2。

**表 B.2 调焦运行误差方法一计算**

| 观测者 | 距离 | 2 m | 4 m | 7 m | 15 m | 50 m | ∞ |
|---|---|---|---|---|---|---|---|
| 上半测回 0° | 往 | | | | | | |
| | 返 | | | | | | |
| 下半测回 180° | 往 | | | | | | |
| | 返 | | | | | | |
| $h\cdot d$ | | | | | | | |
| $D-D_1$ | | | | | | | |
| $\Delta=(D-D_1)K$ | | | | | | | |
| $V=H-(h+\Delta)$ | | | | | | | |
| 计算 | $d$=测微器格值　　$H=[h]/n$ | | | | | | |
| | $K=\frac{h_{50}-h_2}{D_{50}-D_2}=$ | | | | | | |
| | $V$ 的最大绝对值 | | | | | | |

**B.3** 调焦运行误差方法二计算见表B.3。

**表 B.3 调焦运行误差方法二计算**

<table>
<tr><td colspan="3">桩号<br>测回</td><td>0</td><td>1</td><td>2</td><td>3</td><td>4</td><td>5</td></tr>
<tr><td rowspan="9">仪器在圆心A上</td><td rowspan="2">Ⅰ</td><td>往</td><td></td><td></td><td></td><td></td><td></td><td></td></tr>
<tr><td>返</td><td></td><td></td><td></td><td></td><td></td><td></td></tr>
<tr><td rowspan="2">Ⅱ</td><td>往</td><td></td><td></td><td></td><td></td><td></td><td></td></tr>
<tr><td>返</td><td></td><td></td><td></td><td></td><td></td><td></td></tr>
<tr><td rowspan="2">Ⅲ</td><td>往</td><td></td><td></td><td></td><td></td><td></td><td></td></tr>
<tr><td>返</td><td></td><td></td><td></td><td></td><td></td><td></td></tr>
<tr><td rowspan="2">Ⅳ</td><td>往</td><td></td><td></td><td></td><td></td><td></td><td></td></tr>
<tr><td>返</td><td></td><td></td><td></td><td></td><td></td><td></td></tr>
<tr><td colspan="2">平均数 $L_i$</td><td></td><td></td><td></td><td></td><td></td><td></td></tr>
<tr><td colspan="3">标尺距离 $s$</td><td></td><td>10 m</td><td>20 m</td><td>30 m</td><td>40 m</td><td>50 m</td></tr>
<tr><td rowspan="9">仪器在0号桩上</td><td rowspan="2">Ⅰ</td><td>往</td><td></td><td></td><td></td><td></td><td></td><td></td></tr>
<tr><td>返</td><td></td><td></td><td></td><td></td><td></td><td></td></tr>
<tr><td rowspan="2">Ⅱ</td><td>往</td><td></td><td></td><td></td><td></td><td></td><td></td></tr>
<tr><td>返</td><td></td><td></td><td></td><td></td><td></td><td></td></tr>
<tr><td rowspan="2">Ⅲ</td><td>往</td><td></td><td></td><td></td><td></td><td></td><td></td></tr>
<tr><td>返</td><td></td><td></td><td></td><td></td><td></td><td></td></tr>
<tr><td rowspan="2">Ⅳ</td><td>往</td><td></td><td></td><td></td><td></td><td></td><td></td></tr>
<tr><td>返</td><td></td><td></td><td></td><td></td><td></td><td></td></tr>
<tr><td colspan="2">平均数 $m_i$</td><td></td><td></td><td></td><td></td><td></td><td></td></tr>
<tr><td colspan="3">$L_0-L_i=H_i$</td><td>$H_i$ 的平均数为 $h_m=$</td><td></td><td></td><td></td><td></td><td></td></tr>
<tr><td colspan="3">$M_i+H_i=h_i$</td><td></td><td></td><td></td><td></td><td></td><td></td></tr>
<tr><td colspan="3">$\Delta h_i-h_m$</td><td></td><td></td><td></td><td></td><td></td><td></td></tr>
<tr><td colspan="3">$s\cdot\Delta$</td><td></td><td></td><td></td><td></td><td></td><td></td></tr>
<tr><td colspan="3">$(30-s)\cdot K$</td><td></td><td></td><td></td><td></td><td></td><td></td></tr>
<tr><td colspan="3">$V=\Delta+(30-s)\cdot K$</td><td></td><td></td><td></td><td></td><td></td><td></td></tr>
<tr><td colspan="3">$K=\frac{[s\cdot\Delta]}{1\ 000}$</td><td></td><td></td><td></td><td></td><td></td><td></td></tr>
</table>

**B.4** 光学测微器准确性及分划值计算见表B.4。

**表 B.4 光学测微器准确性及分划值**

<table>
<tr><td rowspan="2">测回</td><td rowspan="2">分划线号数</td><td colspan="3">测微器读数</td><td rowspan="2">旋进减旋出 Δ</td><td colspan="2">分划尺的分划间隔</td><td rowspan="2">测微器分划组<br>$g\frac{d}{L}$</td></tr>
<tr><td>旋进<br>(往测)</td><td>旋出<br>(返测)</td><td>平均数<br>$l$</td><td>以测微器分划计<br>$L=L_2-L_1$</td><td>用标准尺检定的长度 $d$</td></tr>
<tr><td></td><td></td><td></td><td></td><td></td><td></td><td></td><td></td><td></td></tr>
<tr><td></td><td></td><td></td><td></td><td></td><td></td><td></td><td></td><td></td></tr>
<tr><td></td><td></td><td></td><td></td><td></td><td></td><td></td><td></td><td></td></tr>
<tr><td></td><td></td><td></td><td></td><td></td><td></td><td></td><td></td><td></td></tr>
<tr><td></td><td></td><td></td><td></td><td></td><td></td><td></td><td></td><td></td></tr>
</table>

**B.5** 自动安平水准仪安平误差计算见表 B.5。

**表 B.5 自动安平水准仪安平误差**

| 观测次序 | 安平误差 | | | 备注 |
|---|---|---|---|---|
| | 测微器读数 | $V_i$ | $V_i^2$ | |
| 1 | | | | |
| 2 | | | | |
| 3 | | | | |
| 4 | | | | |
| 5 | | | | |
| 6 | | | | |
| 7 | | | | |
| 8 | | | | |
| 9 | | | | |
| 10 | | | | |
| 11 | | | | |
| 12 | | | | |
| 13 | | | | |
| 14 | | | | |
| 15 | | | | |
| 平均值 | | $\Sigma$ | $\Sigma$ | |
| | $m_s=\pm\sqrt{\frac{V_i^2}{n-1}}$ | | | |

**B.6** 自动安平水准仪补偿性能计算见表 B.6。

**表 B.6 自动安平水准仪补偿性能**

| 倾角 | 往测 | | 返测 | | 往返差 $\mu$ | 往返读数平均数 $B_i$ | 归零值 $b_0$ | (″)/min |
|---|---|---|---|---|---|---|---|---|
| | 读数 | 平均数 | 读数 | 平均数 | | | | |
| +8 | | | | | | | | |
| 6 | | | | | | | | |
| 4 | | | | | | | | |
| 2 | | | | | | | | |
| 0 | | | | | | | | |
| −2 | | | | | | | | |
| −4 | | | | | | | | |
| −6 | | | | | | | | |
| −8 | | | | | | | | |

ICS 17.160
N 73

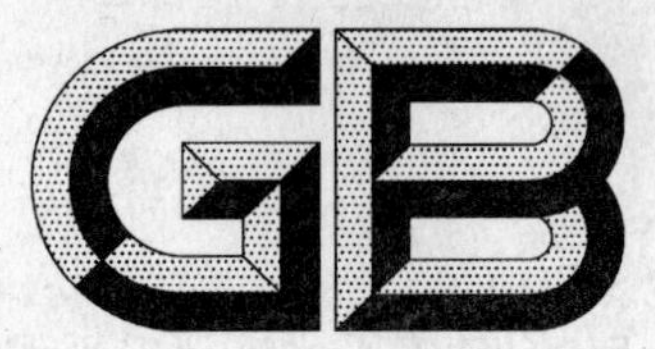

# 中华人民共和国国家标准

GB/T 10179—2009/ISO 8626:1989
代替 GB/T 10179—1988

# 液压伺服振动试验设备特性的描述方法

## Servo-hydraulic test equipment for generating vibration—Method of describing characteristics

(ISO 8626:1989,IDT)

2009-04-24 发布 2009-12-01 实施

中华人民共和国国家质量监督检验检疫总局
中国国家标准化管理委员会 发布

# 前　言

本标准等同采用 ISO 8626:1989《液压伺服振动试验设备　特性的描述方法》(英文版)。

本标准等同翻译 ISO 8626:1989,在标准结构和技术内容上与其一致。

本标准与 ISO 8626:1989 相比,编辑性修改内容如下:

——删除了 ISO 8626:1989 的前言。

——删除了引言中的注。

——用“本标准”一词代替“本国际标准”。

——用小数点符号“.”代替英文中作为小数点的符号“,”。

——在 5.2 中增加了注 3。

——用 ISO 5344:2004 中术语“3.10　试验质量块”的定义代替了术语“5.4　试验质量块”的定义,同时删除了 5.4.1 到 5.4.6 的术语和定义。

——在 5.5.11 的术语“噪声”的定义中增补了内容。

——将附录 A 中图 6、图 7 和图 8 的图号分别修改为图 A.1、图 A.2 和图 A.3;将附录 C 中表 6 改为表 C.1,图 9 改为图 C.1;将附录 D 中图 10 改为图 D.1。

本标准是对 GB/T 10179—1988 的修订,与 GB/T 10179—1988 相比主要修改内容如下:

——增加了前言(见本版的前言)。

——依照 ISO 8626:1989 的结构,将引言从原标准的第 1 章中分离出来,放在正文之前。

——删除了 1.1 中的注;将“A 级描述”改为“1 级描述”,将“B 级描述”改为“2 级描述”(1988 年版的 1.1;本版的第 0 章和第 1 章)。

——删除了原标准增加引用的 GB/T 1301《表面粗糙度　参数及其数值》;为等同采用国际标准,直接用 ISO 8626:1989 引用的国际标准代替了原标准引用的与其相对应的国家标准(1988 年版的第 2 章;本版的第 2 章)。

——将 5.2 中的原注 2 和注 3 分别调整为注 1 和注 2,原注 1 调整为注 3(1988 年版的 5.2;本版的 5.2)。

——将术语“5.4　试验质量块”的定义进行了修改,并删除了 5.4.1 到 5.4.6 的术语条号及其定义(1988 年版的 5.4;本版的 5.4)。

本标准自实施之日起代替 GB/T 10179—1988。

本标准的附录 A、附录 B、附录 C 和附录 D 均为规范性附录。

本标准由全国机械振动、冲击与状态监测标准化技术委员会(SAC/TC 53)提出并归口。

本标准负责起草单位:长春试验机研究所有限公司。

本标准参加起草单位:苏州东菱振动试验仪器有限公司、苏州试验仪器总厂、北京机械工业自动化研究所、兵器工业第 202 研究所。

本标准起草人:王学智、袁松、江运泰、徐立义、武元桢、朱晓民、顾国富。

本标准所代替标准的历次版本发布情况为:

——GB/T 10179—1988。

请注意本标准的某些内容有可能涉及专利。本标准的发布机构不承担识别这些专利的责任。

# 引　言

本标准规定了产生直线振动的液压伺服振动试验设备的特性，并用作此类设备的选择指南。

注：本标准为叙述方便，将"液压伺服振动试验设备"以下简称为"液压试验设备"。

术语"液压"的含义通常是指：由液压传动系统给电液控制装置输送液压油液以获得可变流量的液体，并采用单一或多个控制环路使其作用在作动器上而产生振动运动。

液压试验设备示意图和液压直线振动发生器示意图如图 A.1 和图 A.2 所示。液压试验设备由以下部分构成：

——完整的液压振动发生器系统〔一个(或多个)液压振动发生器、一个(或多个)伺服阀控制装置、液压传动系统〕；

——控制仪；

——辅助台(见 ISO 6070)；

——其他外部设备。

如果用户选择从多个来源(例如制造者)获取元件而组成的系统，则第 6 章、第 7 章、第 8 章和第 9 章描述的特性可供其分别单独规定液压伺服振动试验系统的各个元件。

如果用户选择从一个来源获取完整的液压伺服振动试验系统，则应参考第 6 章、第 9 章和第 10 章。

# 液压伺服振动试验设备
# 特性的描述方法

## 1 范围

用于产生振动的液压试验设备具有很宽的特性范围，这些特性能够采用不同的方法进行评定。

为了能够对不同来源的液压试验设备进行比较，本标准制定了：

a) 特性一览表；

b) 获取某些特性的标准方法。

本标准提供了如下两个描述级别，用于描述液压试验设备：

a) 1级描述；

b) 2级描述。

可通过用户和制造者协商来选择某一描述级别，本标准给出了由制造者在其投标书中描述的特性一览表和随设备提供的技术文件。制造者的技术文件应至少包含与1级描述相应的特性。

本标准适用于以下设备：

——液压振动发生器[作动器、伺服阀、位置控制装置的全部或一部分，若需要，还配有静态力补偿装置(见第5章、第6章和第7章)]；

——伺服阀控制装置(见第5章、第6章和第8章)；

——液压传动系统(见第5章、第6章和第9章)；

——完整的液压振动发生器系统(见第5章、第6章和第10章)。

## 2 规范性引用文件

下列文件中的条款通过本标准的引用而成为本标准的条款。凡是注日期的引用文件，其随后所有的修改单(不包括勘误的内容)或修订版均不适用于本标准，然而，鼓励根据本标准达成协议的各方研究是否可使用这些文件的最新版本。凡是不注日期的引用文件，其最新版本适用于本标准。

ISO 2041 振动与冲击 词汇

ISO 3746 声学 噪声源声功率级的测定 简易法

ISO 4406 液压传动 油液 固体颗粒污染等级代号

ISO 4413 液压传动 设备传动和控制系统应用的一般规则

ISO 6070 振动发生器辅助台 设备特性的描述方法

## 3 符号

$A$——有效横截面积；

$a$——加速度；

$a_b$——随机振动最大均方根值加速度；

$a_g$——放大器输入端无控制信号且加载一个与信号源阻抗等值的阻抗时，所产生的噪声加速度；

$a_0$——最大空载加速度；

$a_{max}$——最大加速度(见5.5.7.2.1.1)；

$b$——黏性阻尼；

$c$——纵波速度(见附录C)；

$D$——试验负载直径；

$d$——总失真度(见 5.5.10.1)；

$d_0$——额定总失真度(见 5.5.10.2)；

$E$——纵向弹性模量(杨氏模量)；

$F_0$——额定正弦力(见 5.5.7.2.1.2)；

$F_{0b}$——额定宽带随机力(见 5.5.7.2.2)；

$F_{0mt}$——对应试验质量块 $m_t$(下标 $t$ 表示不同的质量)的额定正弦力(见 5.5.7.2.1.1)；

$F_{st}$——静态力(见 5.5.7.1)；

$f$——基频；

$f_{max}$——最高工作频率；

$f_{min}$——最低工作频率；

$f_0$——试验质量块最低模态频率(见附录 C)；

$f_{0h}$——标称液压固有频率(见 5.5.6)；

$g_n$——自由落体标准重力加速度；

$H_h(s)$——液压传递函数；

$H_1(f)$——恒流下加速度传递特性(见 B.1)；

$I_d$——伺服阀输入电流；

$I_{s0}$——伺服阀输入端的额定正弦均方根值电流；

$k_h$——直线运动液压刚度；

$L$——试验质量块的高度(见附录 C)；

$m_e$——运动部件质量(见 5.5.5)；

$m_t$——试验质量块($t$=0、1、4、10、20、40,见 5.4)；

$p_s$——供油压力；

$p_{s,max}$——最大供油压力；

$q_V$——伺服阀额定流量；

$q_{Vn}$——液压传动系统额定流量；

$S$——动态放大系数；

$s$——拉普拉斯算子；

$U$——位置环路放大器输入端的控制电压；

$U_{s0}$——伺服阀输入端的额定正弦均方根值电压；

$v$——速度；

$x$——位移；

$x_b$——随机振动位移均方根值；

$\varepsilon$——衰减阻尼系数；

$\mu$——横向收缩系数(泊松比,见附录 C)；

$\nu$——模态频率；

$\rho$——密度；

$\varphi$——工作噪声；

$\theta(f)$——位移功率谱密度(位移 PSD)；

$\Phi(f)$——加速度功率谱密度(加速度 PSD)。

## 4 单位

制造者或用户给出本标准所规定的参数值时,应采用法定计量单位,需要时,应说明是均方根值、峰值,还是峰峰值。

## 5 术语和定义

ISO 2041 确立的通用术语和定义以及下列术语和定义适用于本标准。

5.1

**液压振动发生器 hydraulic vibration generator**

由作用在活塞上的液压油液的作用力使工作台面或力输出端产生直线振动的试验装置。

附录 A 的图 A.2 给出了具有工作台面和力输出端的液压振动发生器示意图。

液压振动发生器由 5.1.1~5.1.3 定义的零部件组成。

5.1.1

**运动部件 moving element**

由活塞杆和活塞、并根据需要配备下列部件构成的组件:

——工作台;

——如果不是采用与活塞杆直接连接的结构,活塞杆与力输出端之间的连接件;

——位置传感器的运动件;

——防止旋转系统的运动件。

5.1.2

**底座 pedestal**

根据需要,将作动器体连接到基础、反作用质量或者基板上的组件。

5.1.3

**重力补偿装置 gravity compensation device**

在某些情况下,安装在液压振动发生器上用以抵消试验过程中试件所产生静态力的组件。

5.2

**伺服阀控制装置 servovalve control device**

确保实现下述功能的装置:

——静态与动态条件下对控制信号的调节;

——保持运动部件的中心位置(见注 1);

——将谐波失真影响因素减至最低限度(见注 2)。

注 1:在某些情况下或对于某些伺服阀,阀本身可以不包括液压机械式位置传感器;但保持运动部件中心位置宜是控制系统具备的一种功能。

注 2:为使谐波失真影响因素减小到最低限度,该装置除了馈送振动信号和其伺服阀滑阀位置数据外,还可以馈送加速度、速度或压力数据。

注 3:该装置也可备有一个非线性元件,用以校正伺服阀的非线性。

5.3

**液压动力源 hydraulic power supply**

为液压振动发生器输送油液所需的完整的液压系统。

附录 A 的图 A.3 给出了液压传动系统的示意图。

为液压振动发生器供应油液而设计的液压传动系统一般由 5.3.1~5.3.8 规定的工作介质和元件组成。

5.3.1

**液压油液 hydraulic fluid**

液压动力源和液压振动发生器之间流体动力传输的介质。

5.3.2

**油箱　reservoir**

储存液压油液的容器,其容积一般取决于液压泵的最大流量。

5.3.3

**液压泵　hydraulic pump**

为液压振动发生器供应油液而产生所需流量和压力的设备,它能够具有恒定的或可变的流量。

5.3.4

**压力调节器　pressure regulator**

保持压力在振动发生器制造者规定的某一限值内的装置,压力调节器可以是比例式的或者是开关式的。

5.3.5

**过滤系统　filtration system**

根据伺服阀的使用要求,为保持液压管路中油液的清洁度而安装在油箱出油和回油管路中的一系列的过滤器。

5.3.6

**热交换器　heat exchangers**

保持油箱中液压油液温度在制造者设定的温度范围内的装置。

5.3.7

**蓄能器　accumulator**

用来补偿出油和回油液压管路中的压力波动以及减小液压系统中压力冲击的增压式储油器。

5.3.8

**辅助设备　auxiliary equipment**

由所用的辅助装置、信息提供装置、报警和安全系统组成的设备(见10.3.2)。

5.4

**试验质量块　test masses**

$m_t$

用于测试系统和液压振动发生器性能的一组机械质量块。

注1:除了 $m_0$ 的特别情况以外,用下标"$t$"表示使用该质量块正弦加速度可达到的那一量级的质量值:

$m_0$——零负载的特别情况,此情况下仅运动部件被驱动;

$m_1$——表示正弦加速度可达到10 $m/s^2$($\approx 1g_n$)的质量块;

$m_4$——表示正弦加速度可达到40 $m/s^2$($\approx 4g_n$)的质量块;

$m_{10}$——表示正弦加速度可达到100 $m/s^2$($\approx 10g_n$)的质量块;

$m_{20}$——表示正弦加速度可达到200 $m/s^2$($\approx 20g_n$)的质量块;

$m_{40}$——表示正弦加速度可达到400 $m/s^2$($\approx 40g_n$)的质量块。

注2:有关试验质量块的形状、尺寸、平面度、表面粗糙度和安装等要求见附录C。

## 5.5　量值

5.5.1

**供油压力　supply pressure**

$p_s$

液压传动系统在流量为 $q_{Vn}$ 时液压油液所产生的压力。供油压力在压力调节器出口处测量,单位为帕斯卡(Pa)。

5.5.2

**液压传动系统流量　flow rate of the hydraulic system**

$q_{Vn}$

液压传动系统在供油压力为 $p_s$ 时能够输送的最大流量。流量在压力调节器出口处测量，单位为升每分(L/min)。

5.5.3 行程

5.5.3.1

**额定行程 rated travel**

振动发生器的运动部件正常工作行程的极限范围(单位为毫米)，在额定行程之外制造者不再保证振动发生器的性能。

5.5.3.2

**限位器间的行程 travel between stops**

额定行程与制动所用的每个极限位置的安全边距之和。

5.5.4

**额定速度 rated velocity**

$\boldsymbol{X}_n$

正弦振动时，运动部件在非共振和试验质量为 $m_0$ 的条件下能够达到的最大速度幅值，额定速度的单位为毫米每秒(mm/s)或米每秒(m/s)。

5.5.5

**运动部件质量 mass of the moving element**

$\boldsymbol{m}_e$

5.1.1 中定义的运动部件的质量，单位为千克(kg)。

注：该质量不包括运动着的液压油液的质量。

5.5.6

**标称液压固有频率 frequency of the normal hydraulic model**

$\boldsymbol{f}_{0h}$

标称液压固有频率由公式(1)定义：

$$f_{0h} = \frac{1}{2\pi}\sqrt{\frac{k_h}{m_e + m_t}} \quad \cdots\cdots(1)$$

实际上，液压振动发生器的特性同具有如下参数的单自由度运动系统的特性相似：

——总的运动质量($m_e + m_t$)；

——液压刚度 $k_h$。

注：黏性阻尼 $b$ 可忽略不计。

5.5.7

**力 force**

由液压振动发生器产生的力，该力能传递到安装在工作台面或连接到力输出端的负载上，即是输出的力。力的单位为牛顿(N)或千牛顿(kN)。

5.5.7.1

**静态力 static force**

$\boldsymbol{F}_{st}$

运动部件在零速度下(静止状态)且供油压力为 $p_s$ 时所受的力。该力等于供油压力 $p_s$ 与有效横截面积 $A$ 的乘积，按公式(2)计算：

$$F_{st} = p_s A \quad \cdots\cdots(2)$$

注：如果液压振动发生器装备了重力补偿装置本定义仍适用(见 5.1.3 和 7.2.7)。

5.5.7.2

**动态力 dynamic forces**

动态力一般是下述两个主要变量的函数：

a) 频率；

b) 作用在运动部件上负载的类型。

实际负载可包括会影响振动发生器性能的弹性力和(或)阻尼力。通常根据本标准描述的负载的质量规定振动发生器的性能特性。然而制造者应根据需要给出使用纯弹性负载或纯阻尼负载时作动器的性能。

5.5.7.2.1 **正弦动态力**

5.5.7.2.1.1

**对应给定试验质量块 $m_t$ 的额定试验力　rated test force for a specific test mass, $m_t$**

$\boldsymbol{F_{0mt}}$

该力是不利用任何共振效应而能够传入试验质量块 $m_t$ 的最大力，按公式(3)计算：

$$F_{0mt} = F_0 - m_e a_{max} = m_t a_{max} \quad \cdots\cdots (3)$$

确定的最大加速度 $a_{max}$ 与试验质量块 $m_t$(见 5.4)有关。在最大加速度 $a_{max}$ 下能够得到的频率范围是对应于各试验质量块 $m_t$ 的额定频率范围。

5.5.7.2.1.2

**额定力　rated force**

$\boldsymbol{F_0}$

该力是振动发生器能够提供给所有试验质量块 $m_t$(见 5.4)的额定动态力 $F_0$，按公式(4)计算：

$$F_0 = (m_e + m_t) a_{max} \quad \cdots\cdots (4)$$

注：额定动态力 $F_0$ 可以不同于静态力 $F_{st}$，但不应使作动器产生任何疲劳破坏。

5.5.7.2.2

**额定宽带随机力　rated random force, broad-band**

$\boldsymbol{F_{0b}}$

该力是对应各试验质量块 $m_t$ 的宽带随机力的最小值。它与频带 $f_3 \sim f_4$ 内的等加速度 $a_b$ 的功率谱密度 PSD(见 5.5.8、5.5.9 和图 5)相对应，并按公式(5)计算：

$$F_{0b} = m_t a_b \quad \cdots\cdots (5)$$

5.5.8

**随机位移和加速度功率谱密度　Random displacement/acceleration power spectral density**

PSD

对于试验所应用的液压试验设备，加速度功率谱密度 $\Phi(f)$ 和相关的位移功率谱密度 $\theta(f)$ 二者都具有重要意义。

5.5.8.1

**加速度功率谱密度　acceleration power spectral density**

$\Phi(f)$

加速度功率谱密度由公式(6)定义：

$$\Phi(f) = \lim_{\Delta f \to 0} \frac{a_b^2}{\Delta f} \quad \cdots\cdots (6)$$

式中：

$\Phi(f)$——加速度功率谱密度，单位为二次方米每三次方秒($m^2/s^3$)；

$a_b$——加速度波形幅值符合高斯分布的随机振动均方根值加速度；

$\Delta f$——以频率 $f$ 为中心的频带。

5.5.8.2

**位移功率谱密度　displacement power spectral density**

$\theta(f)$

位移功率谱密度由公式(7)定义：

$$\theta(f)=\lim_{\Delta f\to 0}\frac{x_b^2}{\Delta f} \qquad \cdots\cdots(7)$$

式中：

$\theta(f)$——位移功率谱密度，单位为二次方米秒($m^2\cdot s$)；

$x_b$——位移波形幅值符合高斯分布的随机振动均方根值位移；

$\Delta f$——以频率 $f$ 为中心的频带。

加速度和位移功率谱密度函数曲线图可以根据最低工作频率 $f_1$、位移—速度交越频率 $f_2$、速度—加速度交越频率 $f_3$、第一截止频率 $f_4$、第二截止频率 $f_5$、若需要，还有最高工作频率 $f_6$ 来确定。$f_1$ 和 $f_2$ 之间的位移功率谱密度是常数，$f_3$ 和 $f_4$ 之间的加速度功率谱密度是常数。

表 1 对应各频带列出了位移和加速度功率谱密度值。

**表 1 位移和加速度功率谱密度值**

| 频带 | 位移功率谱密度 | 加速度功率谱密度 |
|---|---|---|
| $f<f_1$ | $\theta(f)=0$ | $\Phi(f)=0$ |
| $f_1\leqslant f\leqslant f_2$ | $\theta(f)=\theta_0$ | $\Phi(f)=\frac{f^4}{(f_2f_3)^2}\Phi_1$ |
| $f_2\leqslant f\leqslant f_3$ | $\theta(f)=\frac{f_2^{\ 2}}{f^2}\theta_0$ | $\Phi(f)=\frac{f^2}{f_3^{\ 2}}\Phi_1$ |
| $f_3\leqslant f\leqslant f_4$ | $\theta(f)=\frac{(f_3f_2)^2}{f^4}\theta_0$ | $\Phi(f)=\Phi_1$ |
| $f_4\leqslant f\leqslant f_5$ | $\theta(f)=\frac{(f_4f_3f_2)^2}{f^6}\theta_0$ | $\Phi(f)=\frac{f_4^{\ 2}}{f^2}\Phi_1$ |
| $f_5\leqslant f\leqslant f_6$ | $\theta(f)=\frac{(f_5f_4f_3f_2)^2}{f^8}\theta_0$ | $\Phi(f)=\frac{(f_4f_5)^2}{f^4}\Phi_1$ |
| $f>f_6$ | $\theta(f)=0$ | $\Phi(f)=0$ |
| $\theta_0$ 与 $\Phi_0$ 的关系由下式定义：$\theta_0=\frac{1}{(2\pi f_2)^4}\Phi_0$ | | |

5.5.9 位移与加速度的均方根值

5.5.9.1

**位移均方根值 r.m.s. value of displacement**

$x_b$

位移均方根值由公式(8)定义：

$$x_b=\theta_0^{1/2}\left[(f_2-f_1)+f_2^{\ 2}\left(\frac{1}{f_2}-\frac{1}{f_3}\right)+\frac{1}{3}(f_3f_2)^2\left(\frac{1}{f_3^{\ 3}}-\frac{1}{f_4^{\ 3}}\right)+\frac{1}{5}(f_4f_3f_2)^2\left(\frac{1}{f_4^{\ 5}}-\frac{1}{f_5^{\ 5}}\right)+\frac{1}{7}(f_5f_4f_3f_2)^2\left(\frac{1}{f_5^{\ 7}}-\frac{1}{f_6^{\ 7}}\right)\right]^{1/2} \qquad \cdots\cdots(8)$$

5.5.9.2

**加速度均方根值 r.m.s. vaule of acceleration**

$a_b$

加速度均方根值由公式(9)定义：

$$a_b=\Phi_1^{1/2}\left[\frac{1}{5(f_2f_3)^2}(f_2^{\ 5}-f_1^{\ 5})+\frac{1}{3f_3^{\ 2}}(f_3^{\ 3}-f_2^{\ 3})+(f_4-f_3)+f_4^{\ 2}\left(\frac{1}{f_4}-\frac{1}{f_5}\right)+\frac{(f_4f_5)^2}{3}\left(\frac{1}{f_5^{\ 3}}-\frac{1}{f_6^{\ 3}}\right)\right]^{1/2} \qquad \cdots\cdots(9)$$

5.5.9.3 略去特殊频带时，5.5.9.1 和 5.5.9.2 中给出的公式可以简化。例如在最高工作频率 $f_6$ 低

于第一截止频率 $f_4$ 的情况下，公式(8)和公式(9)可分别简化为公式(10)和公式(11)：

$$x_b = \theta_0^{1/2}\left[(f_2 - f_1) + f_2^{\ 2}\left(\frac{1}{f_2} - \frac{1}{f_3}\right) + \frac{1}{3}(f_3 f_2)^2\left(\frac{1}{f_3^{\ 3}} - \frac{1}{f_6^{\ 3}}\right)\right]^{1/2} \quad \cdots\cdots(10)$$

$$a_b = \Phi_1^{1/2}\left[\frac{1}{5(f_2 f_3)^2}(f_2^{\ 5} - f_1^{\ 5}) + \frac{1}{3f_3^{\ 2}}(f_3^{\ 3} - f_2^{\ 3}) + (f_6 - f_3)\right]^{1/2} \quad \cdots\cdots(11)$$

峰值因数应不小于 3。

额定行程(见 5.5.3.1)应至少为位移均方根值 $x_b$ 与峰值因数乘积的两倍，以避免接触机械限位器。

5.5.10

**失真度　distortion**

关于失真度，有公式(12)和公式(13)两种定义，应用不同的公式确定的 $d$ 值也不同：

$$d = \frac{\sqrt{a^2 - a_1^{\ 2}}}{a_1} \quad \cdots\cdots(12)$$

$$d = \frac{\sqrt{a^2 - a_1^{\ 2}}}{a} \quad \cdots\cdots(13)$$

式中 $a$ 与 $a_1$ 的说明见 5.5.10.1。

如果考虑工作噪声 $\varphi$，失真度通常由公式(14)定义：

$$d = \sqrt{\frac{\int_{f_{\min}}^{f_1 - \Delta f/2} G_{xx}(f)\mathrm{d}f + \int_{f_1 + \Delta f/2}^{f_{\max}} G_{xx}(f)\mathrm{d}f}{\int_{f_{\min}}^{f_{\max}} G_{xx}(f)\mathrm{d}f}} \quad \cdots\cdots(14)$$

式中：

$G_{xx}(f)$——信号的功率谱密度(PSD)；

$f$——信号的基频。

5.5.10.1

**总失真度　Total distortion**

$d$

总失真度见图 1。

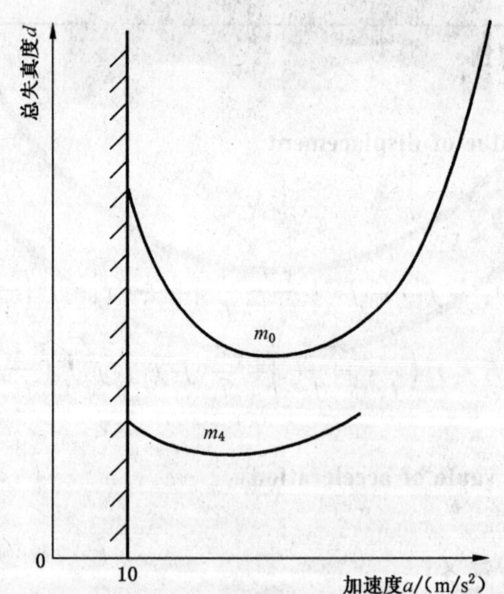


**图 1　固定频率下总失真度与加速度的函数关系**

5.5.10.1.1

**加速度失真度　acceleration distortion**

一个加速度信号 $a$ 可视为由公式(15)中给出的各个分量组成：

$$a = \sqrt{\varphi^2 + a_1{}^2 + a_2{}^2 + a_3{}^2 + \cdots + a_n{}^2} = \sqrt{\varphi^2 + \sum_{i=1}^{n} a_i{}^2} \quad \cdots\cdots\cdots\cdots(15)$$

式中：

$a$——加速度的均方根值；

$a_1$——对应基频 $f$ 的加速度分量(通常是指希望有的那一分量)的均方根值；

$a_2$、$a_3$、…$a_n$——对应频率 $2f$、$3f$、…$nf$ 的各谐波分量的均方根值，通常 $n$ 中包括全部有意义的分量；

$\varphi$——工作噪声(见 5.5.11.2)。

总失真度 $d$ 是全部不希望有的加速度分量与希望有的加速度分量 $a_1$ 之比，按公式(16)计算：

$$d = \frac{\sqrt{\varphi^2 + a_2{}^2 + a_3{}^2 + \cdots + a_n{}^2}}{a_1} = \frac{\sqrt{\varphi^2 + \sum_{i=2}^{n} a_i{}^2}}{a_1} = \frac{\sqrt{a^2 - a_1{}^2}}{a_1} \quad \cdots\cdots\cdots\cdots(16)$$

5.5.10.1.2

**速度失真度　velocity distortion**

当对加速度信号积分以获得速度信号时，应将每个分量分配到各自对应的频率，并且推导出谐波分量与基波的比值。如果各谐波分量比噪声大得多，一般像这种情况，速度失真度将比加速度失真度小得多。若想表达的是速度失真度而不是加速度失真度，应明确标出“速度失真度”一词。

速度失真度由公式(17)表示：

$$d_v = \frac{\sqrt{\left(\int_0^t \varphi_a \mathrm{d}t\right)^2 + \sum_{i=2}^{n} \left(\frac{a_i}{i 2\pi f}\right)^2}}{\frac{a_1}{2\pi f}} = \frac{\sqrt{v^2 - v_1{}^2}}{v_1} \quad \cdots\cdots\cdots\cdots(17)$$

5.5.10.1.3

**位移失真度　displacement distortion**

当对速度信号再积分以获得位移信号时，如果位移各谐波分量比位移噪声大，在这种情况下，位移失真度将会比速度失真度小。若想表达的是位移失真度而不是加速度失真度 $d$，应明确标出“位移失真度”一词。

位移失真度由公式(18)表示：

$$d_x = \frac{\sqrt{\left(\int_0^t\int_0^t \varphi_a \mathrm{d}t\mathrm{d}t\right)^2 + \sum_{i=2}^{n} \left(\frac{a_i}{i^2 4\pi^2 f^2}\right)^2}}{\frac{a_1}{4\pi^2 f^2}} = \frac{\sqrt{x^2 - x_1{}^2}}{x_1} \quad \cdots\cdots\cdots\cdots(18)$$

5.5.10.2

**额定总失真度　rated total distortion**

$d_0$

对应给定的试验质量块，在额定频率范围内和最大加速度下测得的总失真度 $d$ 的最大值(见图 2)。

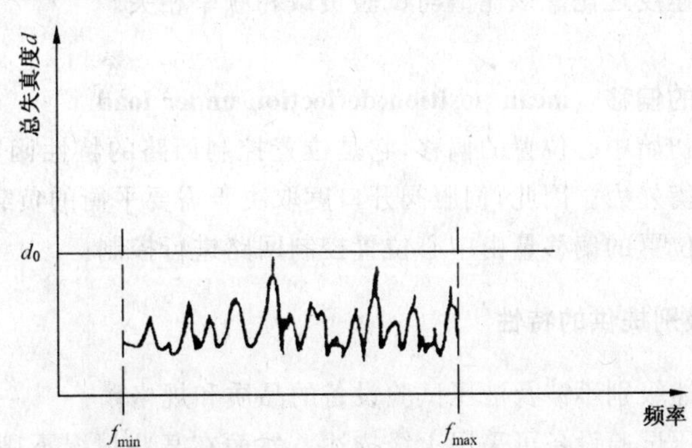


**图 2　对应给定的试验质量块在最大加速度下的总失真度与频率的函数关系**

5.5.11

噪声　noise

任何不希望有的干扰声或其频谱不能用确定的频率分量来描述的一般具有随机特性的信号。

噪声是由测量系统和控制回路产生的。

5.5.11.1

背景噪声　background noise

在给定的频带内，系统输入信号为零时振动运动的均方根值或峰峰值。

注：背景噪声加速度 $a_g$ 是在伺服阀控制装置的输入端负载一个与信号源阻抗相等效的阻抗，并将控制装置调节到最佳的控制性能时而定义的。

5.5.11.2

工作噪声　operational noise

$\varphi$

工作噪声是在给定的频带内，控制信号存在时振动运动的剩余值。

$\varphi$ 是"噪声"的均方根值或非谐波的相关加速度分量，通常由下列因素引起：

——线频采集进入伺服阀控制回路；

——伺服阀和(或)作动器(动力油缸)启动—停止过程中产生的摩擦；

——被试试件中松动部件的撞击；

——湍流对伺服阀挡板控制作用的影响。

5.5.11.3

信噪比　signal-to-noise ratio

信噪比是基于技术原因而导出的数值，以分贝为单位表示，并按公式(19)计算：

$$20\lg \frac{a'}{a_g} \qquad \cdots\cdots (19)$$

式中：

$a'$——在额定力 $F_{0mt}$ 和试验质量 $m_0$(空载)条件下的最大允许正弦加速度；

$a_g$——背景噪声加速度(见 5.5.11.1)。

5.5.12

抖动　dither

为使伺服阀过零区线性化，同时也为减少摩擦以提高伺服阀和作动器的分辨力，而输入到伺服阀控制装置信号中的高频信号。

5.5.13

横向加速度比　transverse acceleration ratio

横向加速度与轴向加速度之比。该比值与试验负载和频率相关。

5.5.14

负载状态下中心位置的偏移　mean position deflection under load

由施加的负载引起的初始中心位置的偏移，它是位置控制回路的特性函数。通过开启伺服阀使活塞两侧产生压力差来静平衡外力。因此，伺服阀开口度取决于需要平衡的负载、泄漏流量和活塞中心位置误差。负载状态下中心位置的偏移量由中心位置控制回路进行控制。

## 6　制造者对应每一描述级别提供的特性

本标准采用的两个描述级别不涉及液压试验设备的品质和规格。

对于品质高的大型液压试验设备可采用1级描述。然而在某些情况下则要采用2级描述，例如中等品质的小型液压试验设备。

需要描述的级别通常应取决于设备的用途和场合。

本标准也给出了与振动发生器系统各配套部件有关的特性。

表2～表5中标注"√"记号的特性应是在需要时由制造者根据规定的描述级别提供的特性。对于规定的描述级别没有要求的特性，即没有标记"√"记号的那些特性，可根据制造者与用户的协议提供。

注：由于要规定这些特殊的特性会提高液压试验设备的成本，因而在咨询和定货时应予以考虑。

表2～表5给出了由制造者根据选定的描述级别的功能而描述的特性一览表。第7章、第8章和第9章对所列出的特性分别作了说明。附录B给出这些特性中某些特性的测量方法的说明。

**表2 振动发生器**

| 特　　性 | 对应章条号 | 描述级别 | |
|---|---|---|---|
| | | 1 | 2 |
| 一般特性 | 7.1 | | |
| 对液压动力源的要求 | 7.1.1 | √ | √ |
| 伺服阀特性 | 7.1.2 | √ | √ |
| 静态力 | 7.1.3 | √ | √ |
| 额定速度 | 7.1.4 | √ | √ |
| 额定频率范围 | 7.1.5 | √ | √ |
| 正弦振动特性的限制 | 7.1.6 | √ | √ |
| 随机振动特性的限制 | 7.1.7 | | |
| 额定正弦力 $F_{0mt}$ | 7.1.8 | √ | √ |
| 额定宽带随机力 $F_{0b}$ | 7.1.9 | | |
| 工作台面加速度均匀度 | 7.1.10 | | |
| 工作台面横向运动 | 7.1.11 | | |
| 特性的限制 | 7.1.12 | | √ |
| 运动部件 | 7.2 | | |
| 质量 | 7.2.1 | √ | √ |
| 额定行程 | 7.2.2 | √ | √ |
| 电气安全装置间的行程 | 7.2.3 | | √ |
| 限位器间的行程 | 7.2.4 | √ | √ |
| 标称液压固有频率 | 7.2.5 | | √ |
| 液压刚度 | 7.2.6 | | √ |
| 重力补偿装置 | 7.2.7 | √ | √ |
| 最大横向负载 | 7.2.8.1 | | √ |
| 额定横向静态负载 | 7.2.8.2 | | √ |
| 横向静态刚度 | 7.2.9 | | √ |
| 运动部件的静摩擦 | 7.2.10 | | |
| 工作台面尺寸 | 7.2.11 | √ | √ |
| 试验时负载或试件的固定方法 | 7.2.12 | √ | √ |
| 工作台上螺纹衬套或紧固件的推荐扭矩 | 7.2.13 | √ | √ |
| 螺纹衬套或其他紧固件的最大允许轴向力 | 7.2.14 | | √ |
| 工作台面的平面度 | 7.2.15 | | √ |
| 螺纹衬套相对于工作台面的垂直度 | 7.2.16 | | √ |
| 工作台面相对于活塞杆轴线的垂直度 | 7.2.17 | | √ |
| 轴线的同轴度(力输出端) | 7.2.18 | √ | √ |
| 辅助台的连接要求 | 7.2.19 | √ | √ |

表 2（续）

| 特　　性 | 对应章条号 | 描述级别 | |
|---|---|---|---|
| | | 1 | 2 |
| 辅助设备 | 7.3 | | |
| 振动发生器轴向位置传感器 | 7.3.1.1 | √ | √ |
| 压力、力、速度或加速度传感器 | 7.3.1.2 | | √ |
| 冷却系统 | 7.3.2 | √ | √ |
| 安全保护系统 | 7.3.3 | √ | √ |
| 行程终端 | 7.3.3.1 | √ | √ |
| 作动器的力 | 7.3.3.2 | √ | √ |
| 轴承温度 | 7.3.3.3 | √ | √ |
| 油液的流量 | 7.3.3.4 | √ | √ |
| 过滤器的阻塞 | 7.3.3.5 | √ | √ |
| 软管和电缆 | 7.3.4 | √ | √ |
| 安装要求 | 7.4 | | |
| 一般要求 | 7.4.1 | √ | √ |
| 振动发生器质量 | 7.4.2 | √ | √ |
| 振动发生器底座 | 7.4.3 | | |
| 定位装置 | 7.4.3a) | √ | √ |
| 动态特性 | 7.4.3b) | | √ |
| 固定要求 | 7.4.3c) | √ | √ |
| 辐射噪声的声功率级 | 7.4.4 | | |
| 散热 | 7.4.5 | | |
| 工作台面温度 | 7.4.6 | | |
| 环境与工作条件 | 7.5 | | |
| 现场条件 | 7.5.1 | √ | √ |
| 综合试验 | 7.5.2 | | |
| 技术文件 | 7.6 | √ | √ |

表 3　控制系统

| 特　　性 | 对应章条号 | 描述级别 | |
|---|---|---|---|
| | | 1 | 2 |
| 伺服控制装置 | 8.1 | | |
| 非调制输入特性 | 8.1.1 | √ | √ |
| 调制输入特性 | 8.1.2 | √ | √ |
| 交流电源输出特性 | 8.1.3 | √ | √ |
| 直流电源输出特性 | 8.1.4 | √ | √ |
| 抖动特性 | 8.1.5 | | √ |
| 输出到伺服阀的特性 | 8.1.6 | √ | √ |
| 初始输入(来自信号源)特性 | 8.1.7 | √ | √ |
| 最大输入电压 | 8.1.8 | √ | √ |
| 传递函数 | 8.1.9 | | |
| 总失真度 $d$ | 8.1.10 | | |
| 信噪比 | 8.1.11 | | |
| 零输入时输出量的稳定性 | 8.1.12 | | √ |
| 增益稳定性 | 8.1.13 | | |
| 特性的限制 | 8.1.14 | | √ |
| 控制和保护面板 | 8.2 | √ | √ |

表 3（续）

| 特　　性 | 对应章条号 | 描述级别 | |
|---|---|---|---|
| | | 1 | 2 |
| 辅助设备 | 8.3 | √ | √ |
| 安装要求 | 8.4 | √ | √ |
| 环境与工作条件 | 8.5 | | √ |
| 技术文件 | 8.6 | √ | √ |

**表 4　液压传动系统**

| 特　　性 | 对应章条号 | 描述级别 | |
|---|---|---|---|
| | | 1 | 2 |
| 一般特性 | 9.1 | | |
| 驱动马达特性 | 9.1.1 | √ | √ |
| 液压传动系统的流量与压力特性 | 9.1.2 | √ | √ |
| 设备特性 | 9.2 | | |
| 液压油液 | 9.2.1 | √ | √ |
| 油箱 | 9.2.2 | √ | √ |
| 液压泵 | 9.2.3 | √ | √ |
| 压力调节器 | 9.2.4 | | √ |
| 过滤器系统 | 9.2.5 | √ | √ |
| 热交换器 | 9.2.6 | √ | √ |
| 蓄能器 | 9.2.7 | √ | √ |
| 辅助设备 | 9.3 | | |
| 附件 | 9.3.1 | √ | √ |
| 指示仪器 | 9.3.2 | √ | √ |
| 安全保护系统 | 9.3.3 | √ | √ |
| 安装要求 | 9.4 | | |
| 一般要求 | 9.4.1 | √ | √ |
| 液压传动系统主要部件的质量 | 9.4.2 | √ | √ |
| 功率消耗 | 9.4.3 | √ | √ |
| 连接 | 9.4.4 | √ | √ |
| 启动与维护 | 9.4.5 | √ | √ |
| 辐射噪声的声功率级 | 9.4.6 | | |
| 散热 | 9.4.7 | | |
| 冷却介质的要求 | 9.4.8 | √ | √ |
| 环境与工作条件 | 9.5 | √ | √ |
| 技术文件 | 9.6 | √ | √ |

**表 5　完整的液压振动发生器系统**

| 特　　性 | 对应章条号 | 描述级别 | |
|---|---|---|---|
| | | 1 | 2 |
| 一般特性 | 10.1 | | |
| 静态力 | 10.1.1 | √ | √ |
| 额定速度 | 10.1.2 | √ | √ |
| 额定频率范围 | 10.1.3 | √ | √ |
| 正弦振动特性的限制 | 10.1.4 | √ | √ |

表 5（续）

| 特　　性 | 对应章条号 | 描述级别 | |
|---|---|---|---|
| | | 1 | 2 |
| 随机振动特性的限制 | 10.1.5 | √ | √ |
| 额定正弦力 $F_{0mt}$ | 10.1.6 | | √ |
| 额定宽带随机力 $F_{0b}$ | 10.1.7 | | |
| 工作台面加速度的均匀度 | 10.1.8 | | |
| 工作台面横向运动 | 10.1.9 | | |
| 特性的限制 | 10.1.10 | | |
| 总失真度 $d$ | 10.1.11 | | |
| 空载试验 | 10.1.11.1 | | |
| 负载试验 | 10.1.11.2 | | √ |
| 背景噪声 | 10.1.12 | | √ |
| 工作噪声 | 10.1.13 | | √ |
| 信噪比 | 10.1.14 | | |
| 抖动 | 10.1.15 | | √ |
| 整个液压振动发生器系统的输入特性 | 10.1.16 | √ | √ |
| 输出力稳定性 | 10.1.17 | | √ |
| 运动部件的瞬时运动 | 10.1.18 | | |
| 伺服系统稳定性 | 10.1.19 | | |
| 负载状态下中心位置的偏移 | 10.1.20 | √ | √ |
| 重力补偿装置 | 10.1.21 | | √ |
| 运动部件 | 7.2 | | |
| 质量 | 7.2.1 | √ | √ |
| 额定行程 | 7.2.2 | √ | √ |
| 电气安全装置间的行程 | 7.2.3 | | √ |
| 限位器间的行程 | 7.2.4 | √ | √ |
| 标称液压固有频率 | 7.2.5 | | √ |
| 液压刚度 | 7.2.6 | | √ |
| 重力补偿装置 | 7.2.7 | √ | √ |
| 最大横向负载 | 7.2.8.1 | √ | √ |
| 额定横向静态负载 | 7.2.8.2 | √ | √ |
| 横向静态刚度 | 7.2.9 | | √ |
| 运动部件的静摩擦 | 7.2.10 | | |
| 工作台面尺寸 | 7.2.11 | √ | √ |
| 试验时负载或试件的固定方法 | 7.2.12 | | |
| 工作台上螺纹衬套或紧固件的推荐扭矩 | 7.2.13 | √ | √ |
| 螺纹衬套或其他紧固件的最大允许轴向力 | 7.2.14 | √ | √ |
| 工作台面的平面度 | 7.2.15 | | √ |
| 螺纹衬套相对于工作台面的垂直度 | 7.2.16 | | √ |
| 工作台面相对于活塞杆轴线的垂直度 | 7.2.17 | | √ |
| 轴线的同轴度(力输出端) | 7.2.18 | √ | √ |
| 辅助台的连接要求 | 7.2.19 | √ | √ |
| 辅助设备 | 10.3 | | |
| 振动发生器系统内部的传感器 | 10.3.1 | √ | √ |
| 安全保护系统 | 10.3.2 | √ | √ |
| 电源故障 | 10.3.2.1 | | |
| 液压动力源故障 | 10.3.2.2 | | |

表 5（续）

| 特　性 | 对应章条号 | 描述级别 | |
|---|---|---|---|
| | | 1 | 2 |
| 输入信号电平 | 10.3.2.3 | | |
| 手控紧急切断 | 10.3.2.4 | √ | √ |
| 外部信号自控切断 | 10.3.2.5 | | |
| 安装要求 | 10.4 | | |
| 总安装图 | 10.4.1 | √ | √ |
| 整个振动发生器系统主要部件的质量 | 10.4.2 | √ | √ |
| 整个振动发生器系统的基础 | 10.4.3 | | |
| 定位装置 | 7.4.3a) | √ | √ |
| 动态特性 | 7.4.3b) | | √ |
| 固定要求 | 7.4.3c) | √ | √ |
| 功率消耗 | 10.4.4 | √ | √ |
| 冷却介质 | 10.4.5 | √ | √ |
| 外部与内部连接 | 10.4.6 | √ | √ |
| 启动条件 | 10.4.7 | √ | √ |
| 辐射噪声的声功率级 | 10.4.8 | | |
| 散热 | 10.4.9 | | |
| 工作台面温度 | 10.4.10 | | |
| 环境与工作条件 | 10.5 | | |
| 安装地点 | 10.5.1.1 | √ | √ |
| 综合试验 | 10.5.1.2 | | |
| 伺服阀控制装置 | 10.5.2 | | √ |
| 液压动力源 | 10.5.3 | √ | √ |
| 技术文件 | 10.6 | √ | √ |

## 7　液压振动发生器

液压振动发生器是由作动器、伺服阀构成，也可配置静态力补偿装置。附录 A 的图 A.2 中示出了具有工作台和力输出端的液压振动发生器的示意图。

制造者应对性能符合 7.1.1～7.1.10 规定的液压振动发生器的结构进行描述，描述应包括下述内容：

a)　具有工作台的振动发生器的型式；
b)　活塞杆导向轴承的类型；
c)　作动器体和基板间连接方式；
d)　静态力补偿装置配备与否；
e)　可调旁通配备情况；
f)　与液压振动发生器组成一体的或分体安装的各类传感器；
g)　伺服阀的级数；
h)　构成伺服阀每级的元件数目和类型；
i)　蓄能器的配备情况，高压的或低压的。

此外，制造者应专门描述伺服阀的工作过程。

### 7.1　一般特性

本章规定的特性应使用一个大液压动力源进行测量，该液压动力源既能以振动发生器额定供油压力供给足够流量的液压油液，又不能对振动发生器的性能产生任何限制。此外，液压动力源应仅有很小的波动，即应使振动发生器进油口与出油口处的压力波动小于额定供油压力的 1%，以免对振动发生器的工作产生任何干扰。

### 7.1.1 对液压动力源的要求

为获得 7.1 描述的特性，制造者应对给伺服阀进油口输送油液的液压动力源规定下述要求：

a) 各种振动发生器(不同级数的伺服阀、各类轴承等等)进油口与出油口处的液压油液压力和流量以及相应允许的波动。

b) 液压油液温度范围。

c) 振动发生器中能够使用的且不会降低其性能的液压油液的类型和特性(特别是油液的纯度，水的含量和油液的黏度)。油液的清洁度应采用 ISO 4406 规定的污染等级代号表示。

### 7.1.2 伺服阀特性

制造者应对所提供的伺服阀和配备的反馈传感器的类型及其特性进行十分详细的描述，以便于用户规定驱动伺服阀所需的伺服阀控制装置的要求。

为获得 7.1 描述的特性，制造者应规定下述伺服阀的电性能：

a) 输入阻抗，包括等效的串联电阻和电感。

b) 要求振动发生器提供额定性能所需的最大电流 $I_{s0}$，以及获得相应电流 $I_{s0}$ 所需的电压 $U_{s0}$；制造者应示出作为频率函数的电压-频率和电流-频率特性曲线，图 3 给出了弹性回复单级阀电流和电压特性曲线的示例。

c) 任一输入端与振动发生器体间的击穿电压。

d) 电反馈回路中用的传感器的特性和传递函数。

e) 为达到 7.1.3～7.1.5 规定的性能，制造者应说明是否需要抖动(见 5.5.12)，如果需要抖动，也应对抖动提出相应的要求。

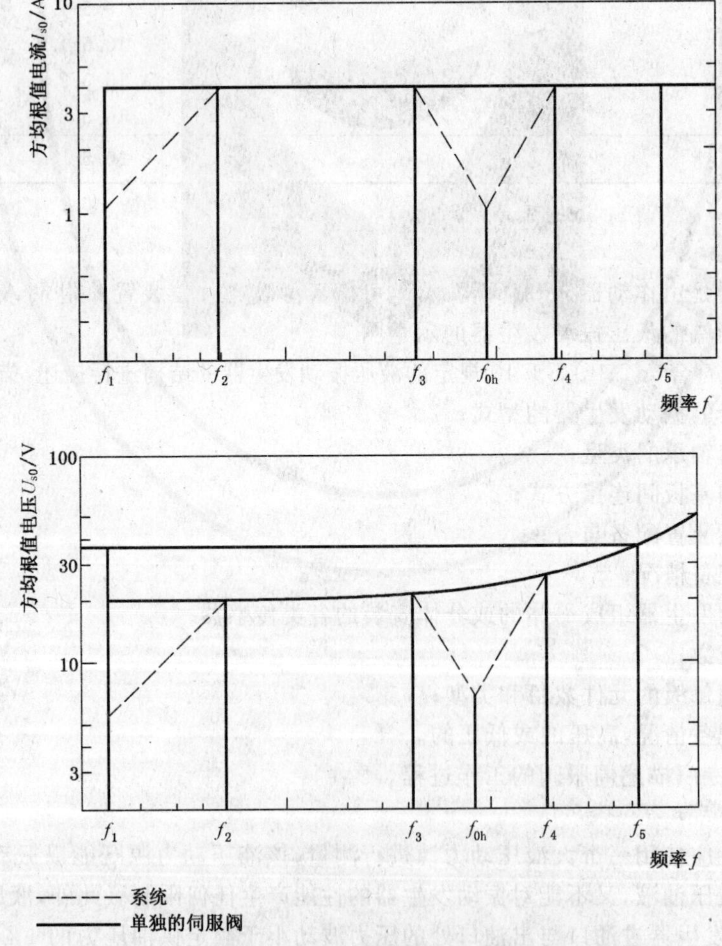


图 3 系统与单级液压伺服阀驱动要求的示例

### 7.1.3 静态力 $F_{st}$

制造者应对7.1.1和7.1.2所述的额定条件下的静态力(见5.5.7.1)予以规定。

### 7.1.4 额定速度

制造者应对7.1.1和7.1.2所述的额定液压动力源条件下液压振动发生器的额定速度(见5.5.4和图4)予以规定。

如果振动发生器配备可调旁通,应根据制造者给定的旁路调节量规定其额定速度。

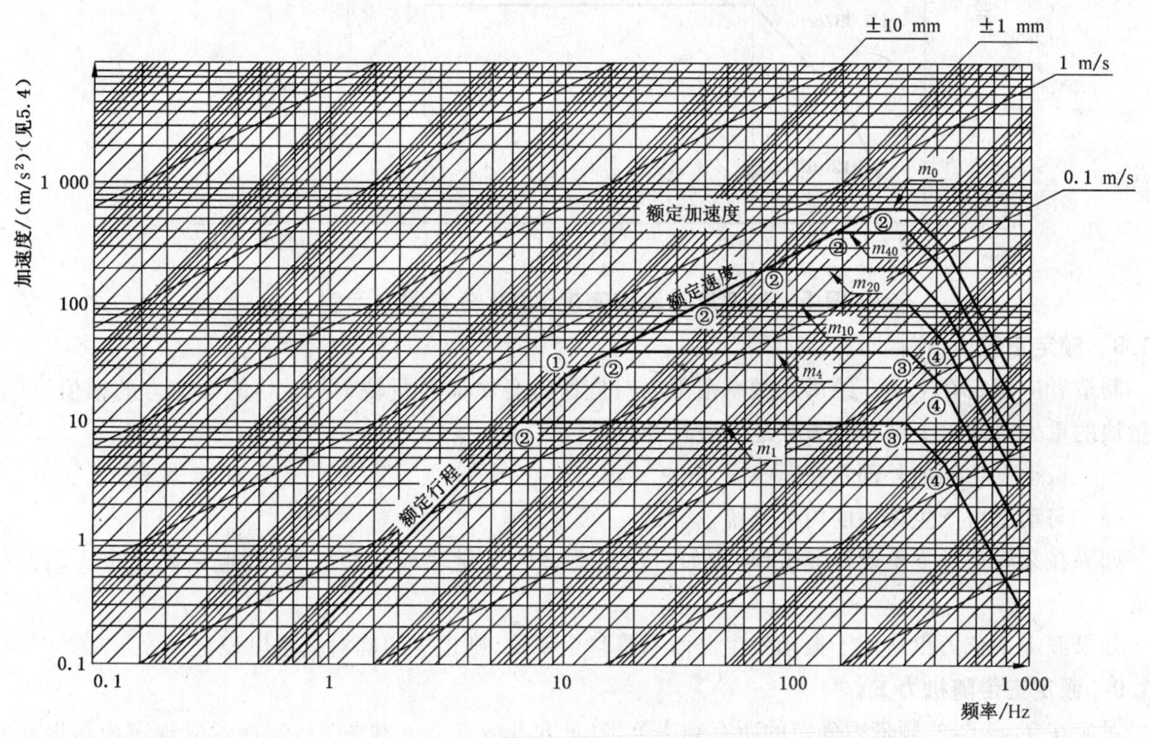


图4 额定正弦振动特性的示例

### 7.1.5 额定频率范围

制造者应分别规定与其所选的不同试验质量块(见5.4)的额定正弦力 $F_{0mt}$(见5.5.7)相对应的各频率范围。

### 7.1.6 正弦振动特性的限制

制造者应规定在不同试验质量块(见5.4)下振动发生器的位移、速度和加速度的各个极限值,并做出特性曲线图。图4给出了该曲线图的示例。

注:在较低的频率范围内,振动发生器的使用可能会受到下列技术指标和条件的限制:

a) 谐波失真度;

b) 信噪比;

c) 活塞最大行程(图4中曲线上位于①点左侧的曲线部分)。

在较高的频率范围内,振动发生器的使用可能会受到下列技术指标和条件的限制:

a) 伺服阀特性;

b) 系统的共振频率;

c) 速度极限值(图4中曲线上位于①和②两点间的曲线部分);

d) 加速度极限值(由图4中曲线上位于②和③两点间的曲线部分确定,适当地要考虑旁通中泄漏量的影响;

e) 伺服阀极限值(图4中曲线上位于③点或④点右侧的曲线部分);

f) 整个系统的液压共振频率(图4中曲线上位于④点或③点右侧的曲线部分);

g) 移动部件的横向运动。

7.1.7 随机振动特性的限制

制造者应规定可应用于5.4描述的不同试验质量块 $m_t$ 的加速度功率谱密度的各个极限值，并做出特性曲线图。图5给出了该曲线图的示例。

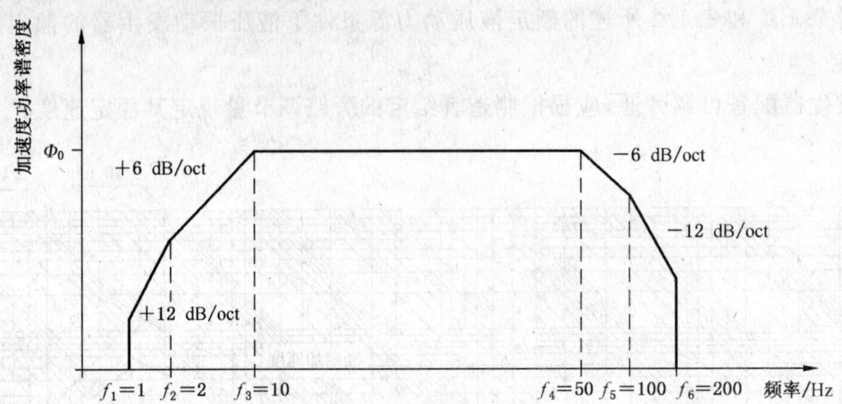


图5 加速度功率谱密度 PSDa 分布图的示例

7.1.8 额定正弦力 $F_{0mt}$

制造者应规定在7.1.5给出的频率范围内对应所选各试验质量块(见5.4)的额定力的幅值，试验质量块的重力可通过下列两种方式之一进行补偿：

——振动发生器的外部系统；

——与动态力产生无关的内部系统。

如果在某些条件下不能连续工作，例如对应某些试验质量块或一些频带，则应明确规定它们的极限值。

如果额定正弦力仅适用于振动发生器而不是整个系统，则也应明确对其予以规定。

7.1.9 额定宽带随机力 $F_{0b}$

对应在 $f_3 \sim f_4$ 的频带内确定的所有频率范围(见5.5.8、5.5.9和图5)，制造者应规定液压振动发生器连续工作时能够产生的额定随机力(见5.5.7.2.2)。

7.1.10 工作台面加速度均匀度

制造者应说明空载时工作台面上加速度场的均匀度，并以频率函数曲线的形式给出各测试点加速度允差极限值。

对于开槽的工作台面，应至少沿半径选择下列两个测量点：

——可能最好的点(尽可能接近台面中心)；

——可能最坏的点。

7.1.11 工作台面横向运动

制造者应规定工作台面或力输出端的横向运动，并用两条频率函数曲线来表示工作台面中心固定点的横向运动与轴向运动的比值。两条曲线的每一条应各对应着与运动部件轴线垂直的两个正交方向的一个方向。

如果中心点难以接近，则应指明参考点的位置。

应在空载下进行测量。如果可能，也应在额定力下进行测量。制造者应说明所采用的测量方法和力值。

横向运动的附加测量，例如：带试验负载测量或偏离中心点进行测量，应按制造者与用户的协议进行。

7.1.12 特性的限制

对所提供的液压振动发生器尚未明确的特性，制造者应规定所有限制特性的因素。

### 7.2 运动部件

液压振动发生器的运动部件包括：

——活塞(图 A.2 中的①)；

——活塞杆(图 A.2 中的④)；

——工作台(图 A.2 中的⑪)；

——工作台面(图 A.2 中的⑫)或力输出端(图 A.2 中的⑭)。

#### 7.2.1 质量

制造者应规定运动部件的质量(见 5.5.5)。

#### 7.2.2 额定行程

制造者应规定运动部件的额定行程(见 5.5.3.1)。

#### 7.2.3 电气安全装置间的行程

制造者应规定电气安全装置间的行程，若需要，或规定其控制范围。

#### 7.2.4 限位器间的行程

##### 7.2.4.1 简易机械限位器

制造者应规定机械限位器间的行程(见 5.5.3.2)。

##### 7.2.4.2 配有阻尼器的机械限位器

制造者或应规定速度的衰减(衰减是在不同初始速度和负载下位移的函数)，或应规定动能的改变。制造者应说明阻尼是否来自振动发生器的内部。

#### 7.2.5 标称液压固有频率

制造者应给出规定试验质量下的标称液压固有频率及其获取方法(见 5.5.6)。附录 B 的 B.1 给出了标称液压固有频率测量方法的示例。

#### 7.2.6 液压刚度

制造者应规定液压刚度及其获取方法。附录 B 的 B.2 给出了液压刚度测量方法的示例。

#### 7.2.7 重力补偿装置

如果液压振动发生器含有与其成为一体的重力补偿装置，制造者应规定能补偿的最大负载，并应规定在 7.1.5 给定的整个频率范围内调节此装置的条件，以及诸如调节旁通和重力补偿装置的各种条件。

#### 7.2.8 导向与定位装置允许的负载

##### 7.2.8.1 最大横向负载

为避免损坏设备，制造者应规定允许瞬时作用的最大横向负载，并说明该负载是静态的、动态的或两者的合成。

对应活塞的至少三个轴向位置(例如零行程、半行程或全行程)，应将垂直于振动轴线的最大横向负载沿着工作台平面施加。

##### 7.2.8.2 额定横向静态负载

制造者应规定振动发生器能长久承受的且不影响自身任何其他特性的横向静态负载。

按 7.2.8.1 规定的方法施加横向静态负载。

#### 7.2.9 横向静态刚度

制造者应规定有关作动器体的横向静态刚度。该刚度被认为是工作台水平面的横向静态刚度。

横向静态刚度由两部分组成：运动部件导向机构的横向刚度和液压缸活塞杆的弯曲刚度。

注：对于长行程的直线振动发生器，刚度值宜以作动器液压缸活塞杆位置的函数形式给出。

#### 7.2.10 运动部件的静摩擦

制造者应规定运动部件启动时克服静摩擦力所需的力。

#### 7.2.11 工作台面尺寸

制造者应规定工作台面尺寸，并提供一张标明了制造材料和固定点形位公差的尺寸图。

7.2.12 试验时负载或试件的固定方法

制造者应规定负载或试件在运动部件的工作台面或力输出端上的固定方法，并规定螺栓的最大紧固扭矩。

对于工作台，制造者应规定是否使用可更换的螺纹衬套，如果使用这样的螺纹衬套，应说明其在工作台面上的相对位置。

7.2.13 工作台上螺纹衬套或紧固件的推荐扭矩

制造者应规定施加在螺纹衬套或紧固件上的扭矩。

7.2.14 螺纹衬套或其他紧固件的最大允许轴向力

制造者应规定每一螺纹衬套或紧固件的最大允许轴向力的值。

7.2.15 工作台面的平面度

制造者应规定在室温和热稳定条件(符合 7.4.6)下工作台面整个和局部的平面度公差。

如果衬套低于台面，则应规定整个台面的平面度。

如果工作台配有可更换的凸起的衬套，则制造者应规定衬套安装表面的平面度和衬套安装突出台面部分的高度允差。

7.2.16 螺纹衬套相对于工作台面的垂直度

制造者应规定螺纹衬套相对于工作台面的垂直度允差。

7.2.17 工作台面相对于活塞杆轴线的垂直度

制造者应规定工作台面相对于活塞杆轴线的垂直度。

7.2.18 轴线的同轴度(力输出端)

制造者应规定力输出端轴线与活塞杆轴线的同轴度允差。

7.2.19 辅助台的连接要求

制造者应规定辅助台和振动发生器间连接的公差等要求。

7.3 辅助设备

7.3.1 振动发生器的传感器

7.3.1.1 振动发生器轴向位置传感器

如果没有机械式位置控制器，振动发生器应至少有一个传感器用作中心位置反馈控制。对于轴向位置传感器，制造者应规定下列参数：

a) 标称输入电压；
b) 输入信号频率；
c) 标称输入电流；
d) 灵敏度，即在运动部件额定行程范围内位置传感器的最大输出信号[单位毫伏(mV)]与输入信号[单位伏(V)]之比；
e) 最小负载阻抗；
f) 输出信号与输入信号间的相位差(需要时)；
g) 击穿电压。

在传感器带有并联的电子线路(或电子仪器)的情况下，制造者还应给出传感器输出与振动发生器轴向位移间的传递函数。

7.3.1.2 压力、力、速度或加速度传感器

如果振动发生器配有压力、力、速度或加速度传感器中的一种或多种，制造者应针对每一种传感器规定下列参数：

a) 标称输入电压(可能时)；
b) 输入信号频率；
c) 输入阻抗(可能时)；

d) 最小负载阻抗；

e) 电输出(电压或电流)与机械输入(压力、力、速度或加速度)间的传递函数；

f) 标称输入信号；

g) 灵敏度〔类同 7.3.1.1 d)〕。

7.3.2 冷却系统

如果振动发生器有独立于液压动力源的冷却系统，制造者应规定其特性(见 9.2.6)。

7.3.3 安全保护系统

安全保护系统一般由安全检测、报警和切断装置组成。两个系统可根据下述功能加以区别：

a) 报警系统，一旦出现反常现象就立即发出视觉或声觉信号，以引起操作人员的注意并采取必要的措施；

b) 切断系统，当出现反常现象和紧急情况时立即停止设备运转。

制造者应规定所使用的安全系统，并应说明使用报警或切断装置的每一种情况(在某些情况下，同一个检测装置能够触发对应某个阈值的报警装置和对应另一个阈值的切断装置)。

制造者还应规定停机的程序和特性。一般这样的程序应避免突然停机以防止损坏试件。

7.3.3.1 行程终端

固定式或可调式行程终端安全装置可通过采用行程终端接触开关的方式而独立于振动发生器的轴向位置测量系统，但是也可以在检测设定的阈值时利用轴向位置测量系统。

7.3.3.2 作动器的力

为防止作动器在比其额定值大的压力下工作，可配备一个，诸如当作用在活塞上的压力差超过阈值时即可启动的安全装置。

在某些情况下，该安全装置应是能够调整的，以适应液压振动发生器的不同应用。

7.3.3.3 轴承温度

如果提供了测量轴承温度并在达到设定的温度阈值时即可启动报警装置或安全装置的系统，制造者应对该系统予以规定。

7.3.3.4 油液的流量

制造者应规定配备到振动发生器上的节流器或液压动力源所要求的节流器的特性。

7.3.3.5 过滤器的阻塞

液压振动发生器配备过滤器时，制造者应规定检测过滤器阻塞的系统。

7.3.4 软管与电缆

制造者应对与液压振动发生器一起提供的连接软管和电缆予以描述。

7.4 安装要求

7.4.1 一般要求

制造者应提供振动发生器和辅助装置(油路、液压动力源系统、连接电缆等)的尺寸与公差图，并说明安装时需要使用的专用工具。

7.4.2 振动发生器质量

制造者应规定：

a) 振动发生器的总质量；

b) 底座(若配备)质量；

c) 拆卸振动发生器时最大搬运质量；

d) 辅助装置(若配备)质量。

7.4.3 振动发生器底座

如果系统含有底座，制造者应给出下列信息：

a) 振动发生器定位装置：定位销、锁紧装置和操作方法；

b) 振动发生器底座对应水平与垂直两个位置时的动态特性；

c) 振动发生器底座在其基础上的安装要求，需要时提供安装图。

注：对基础动态特性的重要性要引起注意，它关系到安装的效果、所考虑的液压振动发生器的工作频率范围，特别是关系到基础与振动发生器之间机械连接的质量。

#### 7.4.4 辐射噪声的声功率级

若需要，制造者应规定在额定频率范围内的最大空载（试验质量 $m_0$），正弦加速度下工作时，振动发生器和辅助设备的最大声功率级。

制造者应使用 ISO 3746 规定的测量方法。如果这种方法不能采用，制造者应明确说明所使用的方法。

#### 7.4.5 散热

如果用户需要，制造者应规定振动发生器在额定条件下的散热量和热稳定时间。

如果使用辅助装置，这些装置的散热量应分别予以规定。

#### 7.4.6 工作台面温度

如果用户需要，制造者应规定在热稳定条件下对应于运动部件最高温度时的工作台面温度。

### 7.5 环境与工作条件

#### 7.5.1 现场条件

制造者应规定液压振动发生器可正常工作且不被损害的下列现场额定环境与工作条件：

a) 温度和相对湿度范围；

b) 环境清洁度。

#### 7.5.2 综合试验

当振动发生器用于综合试验（振动试验同气候或机械试验综合进行）时，若用户需要，制造者应提供下列必要信息：

——对于气候条件：

a) 温度与相对湿度范围；

b) 绝对大气压的允许范围，需要时，对试验用的热屏障或气候箱予以说明。

——对于离心加速度：

a) 振动发生器在三个正交方向上的最大允许持续加速度；

b) 加速度补偿系统（如果配备）的技术要求。

### 7.6 技术文件

制造者应列出随液压振动发生器一起提供的技术文件。技术文件可包括如下内容：

a) 液压振动发生器及其辅助设备的示意图与说明；

b) 特性参数；

c) 操作模式与控制方法；

d) 安装要求及其平面图；

e) 固定底座（见 7.4.3）的详细说明书；

f) 连接和电缆图；

g) 总体图和备件的名称与明细表；

h) 组装与拆卸说明；

i) 专用工具清单，需要时；

j) 运行与维护；

k) 制造者推荐的优选备件表；

l) 环境与工作条件；

m) 其他技术文件。

## 8 控制系统

控制系统构成如下：

a) 液压振动发生器伺服阀控制装置；

b) 控制与保护面板；

c) 辅助设备；

d) 整个液压振动发生器系统用于启动与停机、保护、故障报警或其他报警的所有装置。

控制系统各组成部分通常安装在控制箱内，本标准未涉及的，诸如信号源、振荡器以及位移、速度和加速度指示装置也一起安装在控制箱内。

有时，控制系统的某些组成部分可安装在液压动力源或液压振动发生器上。一些制造者将开机—关机控制和安全保护功能与伺服阀控制功能分开，放在一块面板上单独配置，而另一些制造者将开机—关机控制和安全保护功能与伺服阀控制功能集成到一起，放在安装在底座的一块控制面板上。

即使用户可能仅规定装置所包括的一个条款，最好也要参考本章的全部条款。如果液压振动发生器系统是由不同来源（如制造者）提供的，应注意系统的报警传输和联锁保护。

### 8.1 伺服阀控制装置

制造者应说明伺服阀控制装置的工作原理，最好采用对每个方框的功能逐个说明的方框图的形式进行描述（见附录D的图D.1）。

制造者应规定8.1.1～8.1.13所述的控制装置的特性。

#### 8.1.1 非调制输入特性

如果采用非调制输入，制造者应规定下述每个非调制输入的特性：

a) 输入电压的最低与最高范围；

b) 输入灵敏度的调整控制范围；

c) 随温度和总电源电压而变化的增益稳定性；

d) 零点漂移调整范围；

e) 随温度与总电源电压而变化的零点稳定性；

f) 频率范围、上限值和下限值，如果需要，可包括直流；

g) 内部滤波器的响应；

h) 输入阻抗；

i) 共模抑制；

j) 输入保护电路电平和可调性。

#### 8.1.2 调制输入特性

如果采用调制输入，制造者应规定下述每个调制输入的特性：

a) 满量程输出时，其输入电压的最低与最高范围(mV/V)；

b) 输入灵敏度调整控制范围；

c) 随温度和总电源电压而变化的增益稳定性；

d) 零点漂移调整范围；

e) 随温度与总电源电压而变化的零点稳定性；

f) 90°相移电压补偿范围；

g) 含有解调滤波器的解调系统的频率范围；

h) 滤波器转角频率调节范围；

i) 输入阻抗；

j) 共模抑制；

k) 输入保护电路电平和可调性。

8.1.3 交流电源输出特性

对于输出到传感器的每个交流电源,制造者应规定下述特性:

a) 频率;

b) 频率调节范围;

c) 频率稳定性;

d) 电压;

e) 电压调整范围;

f) 电压稳定性;

g) 最大电流;

h) 输出方式,一般是以地为参考点的输出,或是对地的对称输出,或有中心抽头(或无中心抽头)的变压器隔离输出;

i) 短路保护方法。

8.1.4 直流电源输出特性

对于输出到传感器的每个直流电源,制造者应规定下述特性:

a) 电压;

b) 电压调节范围;

c) 电压稳定性;

d) 残留噪声电压;

e) 最大电流;

f) 输出方式,一般是单向对地(仅有正或负)输出,或是对地的对称(等于正与负)输出;

g) 短路保护方法。

8.1.5 抖动特性(见 5.5.12)

如果伺服阀控制装置中安装了能在伺服阀驱动信号上叠加一个抖动信号的抖动振荡器,用于减小“黏性摩擦”或“淤塞”时,制造者应规定下述特性:

a) 抖动频率;

b) 抖动频率调节范围;

c) 抖动振幅;

d) 抖动振幅调节范围;

e) 如果带有随频率增高而自动减弱以至切断抖动的电路,则要说明抖动存在的最高频率。

8.1.6 输出到伺服阀的特性

制造者应规定下述特性:

a) 输出的直流与交流电流;

b) 输出的直流与交流电压;

c) 输出阻抗;

d) 频率范围;

e) 短路保护方法。

8.1.7 初始输入(来自信号源)特性

制造者应规定所需伺服阀控制装置的输入电压范围,以获得反馈回路对零时,8.1.6 规定的控制装置输出的电流或电压。

8.1.8 最大输入电压

制造者应规定可适用于每一输入端且不影响伺服阀控制装置性能的最大输入电压。

8.1.9 传递函数

制造者应测定与伺服阀控制装置线性工作范围相对应的从初始输入和辅助输入到输出的传递

函数。

如果增益是可调的,应规定其调节范围。

#### 8.1.10 总失真度 $d$

如果用户需要,制造者应规定额定值输出时的总失真度 $d$,该失真度是在输出端并联一个能获得8.1.6[1]规定的各项特性额定值的阻抗条件下测定的。

#### 8.1.11 信噪比

如果用户需要,制造者应规定信噪比。该信噪比是在控制装置输出端的负载为额定阻抗,同时在控制装置各输入端的负载为各自的最大信号源阻抗的条件下测定的。

#### 8.1.12 零输入时输出量的稳定性

如果用户需要,制造者应规定在各输入负载为信号源的最大阻抗,输出负载为额定阻抗的条件下,用输出量与输出额定值的用百分比表示的偏差。

在所规定的工作条件(见8.4)的限制范围内,输出量的稳定性应被表示为控制装置的温度和电源电压的函数。

#### 8.1.13[2] 增益稳定性

如果用户需要,制造者应规定对应每一输入量的增益稳定性,并在下列条件下,用输出量的百分比变化作为环境温度和电源电压的函数来表示:

a) 控制装置的负载为额定信号源阻抗和输出阻抗;

b) 如果需要,可使用具有规定值的稳定装置;

c) 使用设置频率和恒定幅值对应其额定输出量的信号源;

d) 温度与电源电压的变化在8.4规定的限制范围以内。

#### 8.1.14 特性的限制

对所提供的伺服阀控制装置尚未明确的特性,制造者应规定所有限制特性的因素。

### 8.2 控制和保护面板

制造者应描述控制和保护面板,说明所提供的启动与停机系统、冷却液接通与断开的所有控制功能,还应对所提供的保护电路与联锁防护功能予以说明。

### 8.3 辅助设备

当配备了辅助设备时,制造者应说明伺服阀控制装置工作所需的辅助设备的功能与特性。

### 8.4 安装要求

制造者应规定下列安装控制装置的要求:

a) 所需电源(电压、电流、频率、功率消耗和冷却要求等);

b) 所需空间;

c) 连接方法(连接型式,电缆型号与长度等);

d) 环境符合8.5规定的条件。

### 8.5 环境与工作条件

制造者应按下列提供的信息规定可以使用控制装置的允许条件:

a) 温度和相对湿度范围;

b) 容许的电磁干扰;

c) 保证控制装置额定工作条件的主电源的波动范围。

### 8.6 技术文件

制造者应列出随伺服阀控制装置一起提供的技术文件,技术文件要包括如下内容:

---

1) ISO 8626:1989原文引用的条款编号为8.1.7,按条文描述的内容从逻辑上判断该条款编号应为8.1.6,故本标准将此处引用的条款编号改为8.1.6。

2) ISO 8626:1989原文条款编号为8.1.4有误,本标准予以改正。

a) 控制装置示意图及说明；

b) 操作与控制方法；

c) 配置要求与平面图；

d) 连接与电缆图；

e) 安装要求；

f) 备件名称与明细表；

g) 制造者推荐的优选备件表；

h) 环境与工作条件；

i) 其他技术文件。

## 9 液压传动系统

液压传动系统示意图见附录 A 的图 A.3。

### 9.1 一般特性

制造者应描述所提供的各组成部分，并应说明它们的特性。

液压传动系统应符合 ISO 4413 的有关规定。

#### 9.1.1 驱动马达特性

制造者应规定下列特性：

a) 马达驱动的类型(电动马达、内燃机等)；

b) 马达的额定特性(对于电动马达，其转速、电压、电流和频率等)。

#### 9.1.2 液压传动系统的流量与压力特性

**9.1.2.1** 制造者应规定液压传动系统的流量 $q_{V_n}$(见 5.5.2)与供油压力 $p_s$(见 5.5.1)。

**9.1.2.2** 如果用户需要，制造者应提供在马达额定功率下适用的最大流量-供油压力特性曲线。

### 9.2 设备特性

#### 9.2.1 液压油液

液压油液一般为矿物油，并应适用于液压设备的不同组件，特别是密封件。

液压油液的类型应通过其标准或下列物理特性予以规定：

a) 动力黏度或运动黏度；

b) 工作温度；

c) 密度；

d) 体积弹性模量；

e) pH 值(适用于同液压油接触的材料)；

f) 闪点；

g) 抗泡性。

制造者应规定液压传动系统可以使用的液压油液的类型，并说明特别推荐的液压油液的类型。

#### 9.2.2 油箱

油箱的主要特性是它的容积，足够的容积能使流经系统之后的油液恢复其特性，还应特别注意液压油液的抗泡性(防乳化)及其冷却。

制造者应规定影响油液的下列参数：

a) 油箱的有效容积；

b) 最大容积流量与油箱容积之比；

c) 油的最低液位高度与通过油箱需用的时间。

制造者还应说明油箱是否有：

——放气口，并说明是否配有过滤器；

——配备塞子、或许配备过滤器的注油口；

——一个或多个排油孔和可定期清理油箱的窗口。

#### 9.2.3 液压泵

制造者应规定所用液压泵的类型(叶片泵、齿轮泵或柱塞泵)，液压泵的类型要根据需用的压力级别选定，并应规定其流量是固定的还是可变的。制造者应说明是否通过低压(增压)泵提供给高压泵的，如果是这样配置，应说明增压泵的型号。

#### 9.2.4 压力调节器

制造者应说明压力调节器是组装在液压泵旁还是与液压泵分开装在其排油管路中。制造者还应说明控制方式(手动或自动)和执行动作元件(比例阀或开关阀)。

应规定压力调节器的下列特性：

a) 压力控制范围；

b) 作为时间与流量波动函数的压力稳定性；

c) 流量阶跃变化的响应时间。

#### 9.2.5 过滤器系统

过滤器系统可以是由制造者规定的下列过滤器组成的一级或多级系统：

a) 注油过滤器；

b) 液压泵进油口的吸入过滤器；

c) 液压泵排油回路中的高压过滤器；

d) 油箱进油口处的回油过滤器；

e) 旁通过滤器。

制造者应规定所提供的每个过滤器的类型和安装位置，还应规定过滤器的下列特性，其中有些特性与液压油液的类型及其油温有关：

a) 最大允许流量；

b) 最大允许压力；

c) 压力降；

d) 滤网规格。

制造者应按照 ISO 4406 规定的污染等级说明油液的清洁度；油液的纯度应符合 7.1.1 的有关规定。

#### 9.2.6 热交换器

液压油液温度应在最严酷和连续工作条件下保持稳定。

制造者应规定：

a) 液压油液最佳温度和上限与下限温度；

b) 所用的热交换器类型(自然或强制式对流空气冷却，冷却空气，使用次级油的热交换器)和工作方式(连续或两点式)；

c) 液压油液压力范围，交换器的逆流与顺流；

d) 在液压油液额定流量下，冷却流体的最大与平均允许流量(冷却流体随输入温度而变化)；

e) 使用的冷却介质特性；

f) 对于空冷设备，允许的最高环境温度；

g) 热损耗功率的最大值(应为液压泵消耗功率的函数)。

#### 9.2.7 蓄能器

对于每个蓄能器，制造者应规定：

a) 最高工作压力；

b) 容量；

c) 充气压力；

d) 是否应进行定期检验；

e) 充气种类。

蓄能器应满足按现行有效法规(或强制性标准)制定的检验标准的要求。

**9.2.8 中间连接**

制造者应说明液压传动系统和作动器之间的中间连接系统(高压液压源,回油与排油管路)。

## 9.3 辅助设备

**9.3.1 附件**

制造者应规定所需附件：

a) 需要检查回路中液压油液清洁度的采样装置；

b) 热交换器的温控开关；

c) 主液压泵的增压泵,以及所需漏油回收泵等；

d) 是否配有干燥器的油箱空气输入滤清器；

e) 排气器。

**9.3.2 指示仪器**

制造者应说明是否提供以下设备,以及获取相应数据的场合(现场或遥测)：

a) 可通断的高、低压压力计；

b) 油箱液位指示器；

c) 油箱中指示液压油液温度的温度计。

**9.3.3 安全保护系统**

制造者应规定所使用的安全系统,并应说明每种情况下是否使用报警或切断装置(见7.3.3),例如给出有关下列情况的详情：

a) 热继电器；

b) 压力继电器(液压油液压力及热交换器中次级油压力)；

c) 最高与最低液位(例如检测热交换器的液压油液回路中次级油液液位的装置)；

d) 过滤器阻塞指示器；

e) 能使液压油液排入油箱,允许液压传动系统从振动发生器脱开的分油器；

f) 当管路损坏或整个系统发生故障时,允许振动发生器脱开的分油器。

## 9.4 安装要求

**9.4.1 一般要求**

制造者应提供液压传动系统布置图,特别要详细说明紧固件的布置图(座、抗振座等)及其固定点安装尺寸。制造者还应给出液压传动系统周围所需空间以便维护与修理。

**9.4.2 液压传动系统主要部件的质量**

制造者应规定下列质量：

a) 整个液压传动系统主要部件的质量；

b) 液压传动系统任一零部件拆装时搬运的最大质量。

**9.4.3 功率消耗**

如果使用电动马达,制造者应规定稳定工作条件下系统的功率消耗。功率消耗是随流量与供油压力 $p_s$(见5.5.1)变化的函数。制造者还应规定启动峰值电流及其持续时间。适当时制造者应给出功率消耗随液压油液的压力和流量变化的特性曲线。

如果使用内燃机作为驱动液压传动系统中泵(组)的动力源,制造者应规定每小时燃料消耗,以及系统工作所需辅助装置的电功率消耗。

**9.4.4 连接**

制造者应提供下述连接的技术文件和尺寸：

a) 液压油液注入口；

b) 液压油液输出口；

c) 油箱的回油口；

d) 辅助口(例如,排油管口)；

e) 电气连接；

f) 次级油回路连接(冷却介质等)。

**9.4.5 启动与维护**

启动设备时,重要的是注意启动程序,以及油路的冲洗与清理方法。

制造者应规定液压传动系统抽空的频次、检查液压油液污染的方法和检查的时间间隔,还应规定过滤器堵塞程度的检查方法及滤芯更换的要求。

**9.4.6 辐射噪声的声功率级**

制造者应规定在液压传动系统的最大流量和最大压力下产生的辐射噪声的声功率级。

制造者应使用 ISO 3746 规定的方法测定辐射噪声的声功率级。如果不能采用这种方法,制造者应明确说明所使用的方法。

**9.4.7 散热**

制造者应规定在额定流量和供油压力 $p_s$ 下液压源系统散发到空间的最大热量。

**9.4.8 冷却介质的要求**

制造者应规定：

a) 作为输入温度函数的冷却介质的最大流量,单位为升每分(L/min)；

b) 要求冷却介质输入的温度范围；

c) 冷却介质输入的压力范围；

d) 冷却介质的化学性能(例如 pH 值、硬度)。

**9.5 环境与工作条件**

制造者应规定在额定条件下围绕液压传动系统操作所需的自由空间,还应规定下述环境与工作条件：

a) 允许的温度与相对湿度范围。

b) 所需空气流量(与热交换器中的流量无关)。

c) 与当地有关的海拔高度。

d) 允许电源电压与频率的变化范围。

e) 对于内燃机：

1) 供给内燃机的空气流量；

2) 该空气允许的温度与相对湿度范围；

3) 过滤要求。

**9.6 技术文件**

制造者应列出随液压传动系统一起提供的技术文件。技术文件可包括如下内容：

a) 液压传动系统工作原理图及其说明；

b) 系统和设备的特性(见 9.1 和 9.2)；

c) 操作方式,控制、启动和维护方法(见 9.4.5)；

d) 安装要求和布置图(见 9.4.1)；

e) 连接和电缆图；

f) 总体图和备件的名称与明细表；

g） 组装与拆卸说明；

h） 制造者推荐的优选备件表；

i） 环境与工作条件；

j） 其他技术文件。

## 10 液压振动发生器系统

液压振动发生器系统由液压振动发生器、伺服阀控制装置和液压传动系统构成(见图 A.1)。

本章中规定的特性适用于液压振动发生器系统，而不适用于系统各单独的元件或部件。对于系统中的每个元件或部件，制造者应按照与其相对应的各章(见第 7 章、第 8 章和第 9 章)所描述的特性规定其特性。

液压振动发生器系统应使用试验质量块 $m_t$(见 5.4)进行检测。

### 10.1 一般特性

#### 10.1.1 静态力 $F_{st}$

在 7.1.3 中规定的有关振动发生器的要求也适用于整个振动发生器系统。

#### 10.1.2 额定速度

在 7.1.4 中规定的有关振动发生器的要求也适用于整个振动发生器系统。

#### 10.1.3 额定频率范围

在 7.1.5 中规定的有关振动发生器的要求也适用于整个振动发生器系统。

#### 10.1.4 正弦振动特性的限制

在 7.1.6 中规定的有关振动发生器的要求也适用于整个振动发生器系统。

#### 10.1.5 随机振动特性的限制

在 7.1.7 中规定的有关振动发生器的要求也适用于整个振动发生器系统。

#### 10.1.6 额定正弦力 $F_{0mt}$

在 7.1.8 中规定的有关振动发生器的要求也适用于整个振动发生器系统。

#### 10.1.7 额定宽带随机力 $F_{0b}$

在 7.1.9 中规定的有关振动发生器的要求也适用于整个振动发生器系统。

#### 10.1.8 工作台面加速度的均匀度

在 7.1.10 中规定的有关振动发生器的要求也适用于整个振动发生器系统。

#### 10.1.9 工作台面横向运动

在 7.1.11 中规定的有关振动发生器的要求也适用于整个振动发生器系统。

#### 10.1.10 特性的限制

在 7.1.12 中规定的有关振动发生器的要求也适用于整个振动发生器系统。

#### 10.1.11 总失真度 $d$(见 5.5.10.1)

制造者应规定总失真度，并说明该失真度是位移、速度还是加速度的失真度。

制造者还应规定信号分析包括所用滤波器的频带宽度。

总失真度 $d$ 应在液压振动发生器极限工作条件(额定位移、额定速度和额定加速度)下进行测定。

##### 10.1.11.1 空载试验

制造者应规定在工作频率范围内和额定力条件下振动发生器工作台面或力输出端空载的加速度失真度。

失真度应在额定力、十分之一额定力以及制造者规定的标称液压模态阻尼值条件下测定，并以频率函数曲线形式给出。该曲线的两极限值由额定频率范围限定(见 7.1.5 和 7.1.6)。

##### 10.1.11.2 负载试验

制造者应规定在 10.1.11.1 规定的相同条件下，但对应不同试验负载的加速度总失真度。该失真度应在最大位移、最大速度和最大加速度下测定，特别是在与最大功率输出对应的速度—加速度交越点处测定。

制造者还应规定加速度为额定加速度的二分之一和四分之一时的加速度总失真度。

10.1.12　**背景噪声(见 5.5.11.1)**

制造者应规定工作台面或力输出端加速度和位移的背景噪声均方根值与峰值，还应规定测量背景噪声时的频带。背景噪声应在输入端负载一个与最大信号源阻抗等效的阻抗，并在空载和无信号输入的条件下测量。

10.1.13　**工作噪声(见 5.5.11.2)**

如果用户需要，制造者应规定加速度和位移的工作噪声(光谱分析)，以及测量工作噪声时的频带。工作噪声应在位移、速度和加速度的额定值下，对应空载与加载两种试验型式进行测量。

10.1.14　**信噪比(见 5.5.11.3)**

制造者应规定在 5.5.11.3 中定义的信噪比。

10.1.15　**抖动**

制造者应规定是否需要抖动(见 5.5.12 和 8.1.5)，以达到 10.1.1～10.1.7 规定的特性要求。如果需要抖动，则应说明如何满足抖动要求。

10.1.16　**整个液压振动发生器系统的输入特性**

制造者应规定整个液压振动发生器系统的输入特性。

尤其应与 $f_{min}$～$f_{max}$ 频率范围相对应给出所要求的输入电压和最小输入阻抗。

10.1.17　**输出力稳定性**

制造者应规定整个液压振动发生器系统的电源电压波动±10%时输出力($F_{st}$或 $F_{0mt}$)相应的变化。

10.1.18　**运动部件的瞬时运动**

制造者应规定在下列条件下运动部件的瞬时运动特性及其最大值：

a)　正常启动条件；

b)　正常停机条件；

c)　安全保护系统(如果配备)工作；

d)　整个液压振动发生器系统的全部或部分供电突然中断情况下。

测量应在规定的试验质量块和反馈回路控制条件下进行。

10.1.19　**伺服系统稳定性**

制造者应规定使液压伺服系统处于稳定状态所采用的方法。

如果是采用可调泄漏的方法获得的系统稳定性或减少了失真度，制造者应规定最大力时的最大渗漏量，并说明对额定速度的影响。

如果是采用电稳定方法，制造者应描述如何利用从传感器到各反馈输入端提供的信号(例如作动器液压缸活塞杆的位移、作动器液压缸活塞杆和导向阀柱的速度、随动阀塞的位移、活塞的压差与工作台面的加速度)。

10.1.20　**负载状态下中心位置的偏移**

制造者应规定在允许的静态力 $F_{st}$(见 5.5.7.1)作用下中心位置的偏移(见 5.5.14)。

10.1.21　**重力补偿装置**

在 7.2.7 中规定的有关振动发生器的要求也适用于整个振动发生器系统。

10.2　**运动部件**

在 7.2 中规定的有关振动发生器的要求也适用于整个振动发生器系统。

10.3　**辅助设备**

10.3.1　**装在整个液压振动发生器系统内部的传感器**

在 7.3.1 中规定的有关振动发生器的要求也适用于整个振动发生器系统。

10.3.2 安全保护系统

除了液压振动发生器(见7.3.3)、伺服阀控制装置(见8.2)和液压传动系统(见9.3.3)单独的报警和切断装置以及所有限位装置外,制造者应对整个液压振动发生器系统所使用的装置予以规定。制造者应规定在每种情况下是否要使用报警、切断或限位装置(见7.3.3)。

10.3.2.1 电源故障

制造者应规定电源发生故障时的应急事项的先后次序。

10.3.2.2 液压动力源故障

制造者应规定振动发生器的液压动力源发生故障时的应急事项的先后次序。

10.3.2.3 输入信号电平

制造者应规定不能引起振动发生器超过其额定特性而工作的最高输入信号电平。在有些情况下,还应配有防止输入信号丢失的安全装置,制造者应说明该装置的工作模式。

10.3.2.4 手控紧急切断

制造者应规定可由操作者控制的该安全装置的操作方法。

10.3.2.5 外部信号自控切断

制造者应规定用户能否有切断一个或几个外接安全装置的可能性,例如,在检测试件的响应阈值过程中。在这种情况下,应在技术文件(见10.6)中规定操作条件和操作方法。

10.4 安装要求

10.4.1 总安装图

制造者应提供整个振动发生器系统与其辅助装置(管路和电源系统、电缆等)标注了尺寸与公差的安装图。制造者应对单个的零部件、须由客户制备的零部件,包括须由客户提供的零部件予以说明。

制造者应规定整个振动发生器系统各不同部分周围所需要的自由空间。

10.4.2 整个振动发生器系统主要部件的质量(见7.4.2和9.4.2)

制造者应规定下述质量:

a) 整个振动发生器系统主要部件的质量;

b) 拆卸整个振动发生器系统任一部件时,所需搬运的最大质量。

10.4.3 整个振动发生器系统的基础

在7.4.3中规定的有关振动发生器的要求也适用于整个振动发生器系统。需要时,制造者应规定整个系统的基础要求。

10.4.4 功率消耗

当整个液压振动发生器系统在额定条件下工作时,制造者应规定在稳定条件下电功率消耗量和液压传动系统最大启动功率。

注:如果驱动液压传动系统的液压泵要使用热马达,建议制造者既要规定整个系统所需的电功率又要规定其每小时的燃料消耗量。

10.4.5 冷却介质

制造者应规定冷却介质的要求。在9.4.7和9.4.8中规定的要求也适用于整个振动发生器系统。

10.4.6 外部与内部连接

制造者应规定整个液压振动发生器系统的外部电气和液压连接,以及系统中不同组成部分之间的连接,包括冷却介质的连接等所需的标准和特性。

注:用户要对正确连接的尺寸特性(直径、长度、表面粗糙度、曲率半径)和液压连接的构成材料的重要性予以注意。

10.4.7 启动条件

制造者应规定整个液压振动发生器系统的启动程序和液压回路的清理方法(如冲洗等)。此程序适用于液压系统的首次启动和后续的应急干预启动。

10.4.8 辐射噪声的声功率级

制造者应规定在供油压力 $p_s$ 和振动发生器的运动部件不加载时的空载正弦振动最大加速度条件

下,整个液压振动发生器系统每个组成部分的最大声功率级。

制造者应使用 ISO 3746 规定的方法测量辐射噪声的声功率级。如果不能采用此方法,制造者应明确说明所使用的方法。

**10.4.9 散热**

制造者除应规定热稳定时间以外,还应规定在额定条件下液压传动系统(见 9.4.7)和液压振动发生器(见 7.4.5)的最大功率。

如果使用了辅助装置,应分别规定这些装置的热功率。

**10.4.10 工作台面温度**

如果用户需要,制造者应规定热稳定条件下与运动部件温升达到最高温度时相对应的工作台面温度。

**10.5 环境与工作条件**

由于所允许的环境条件对组成振动发生器系统的各组成部分可以是不同的,制造者应说明每个功能单元精确的工作条件。

**10.5.1 液压振动发生器**

**10.5.1.1 安装地点**

在 7.5.1 中规定的有关振动发生器的要求也适用于本条。

**10.5.1.2 综合试验**

在 7.5.2 中规定的有关振动发生器的要求也适用于本条。

**10.5.2 伺服阀控制装置**

在 8.5 中规定的有关伺服阀控制装置的要求也适用于本条。

**10.5.3 液压动力源**

在 9.5 中规定的有关要求也适用于本条。

**10.6 技术文件**

制造者应列出随液压振动发生器系统一起提供的技术文件。技术文件可包括如下内容:

a) 整个液压振动发生器系统包括辅助设备的示意图与说明;

b) 特性参数;

c) 操作模式与控制方法;

d) 安装要求及其平面图;

e) 有关基础现场条件(见 7.4.3)的详细说明书;

f) 连接和电缆图;

g) 总体图和备件的名称与明细表;

h) 组装与拆卸说明;

i) 专用工具清单,需要时;

j) 运行与维护;

k) 制造者推荐的优选备件表;

l) 环境与工作条件;

m) 其他技术文件。

# 附 录 A
（规范性附录）
# 液压试验设备示意图和液压直线振动发生器示意图

## A.1 液压试验设备

液压试验设备示意图见图 A.1。

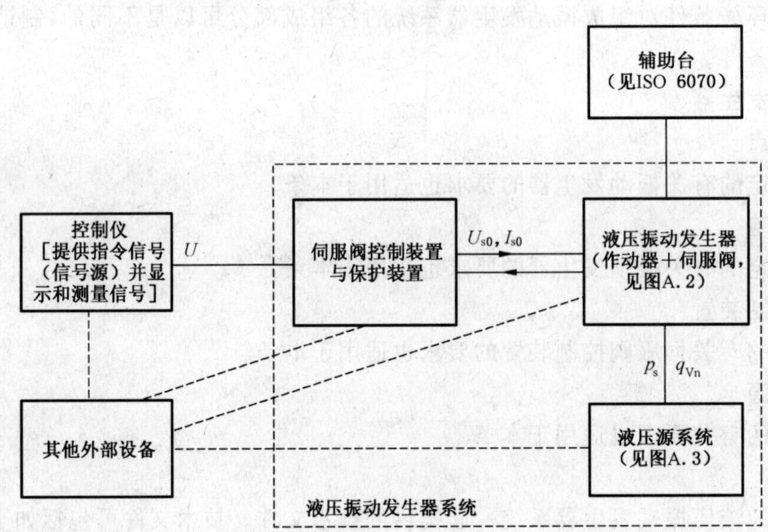


图 A.1 液压振动试验设备示意图

## A.2 液压振动发生器

液压直线振动发生器示意图见图 A.2。

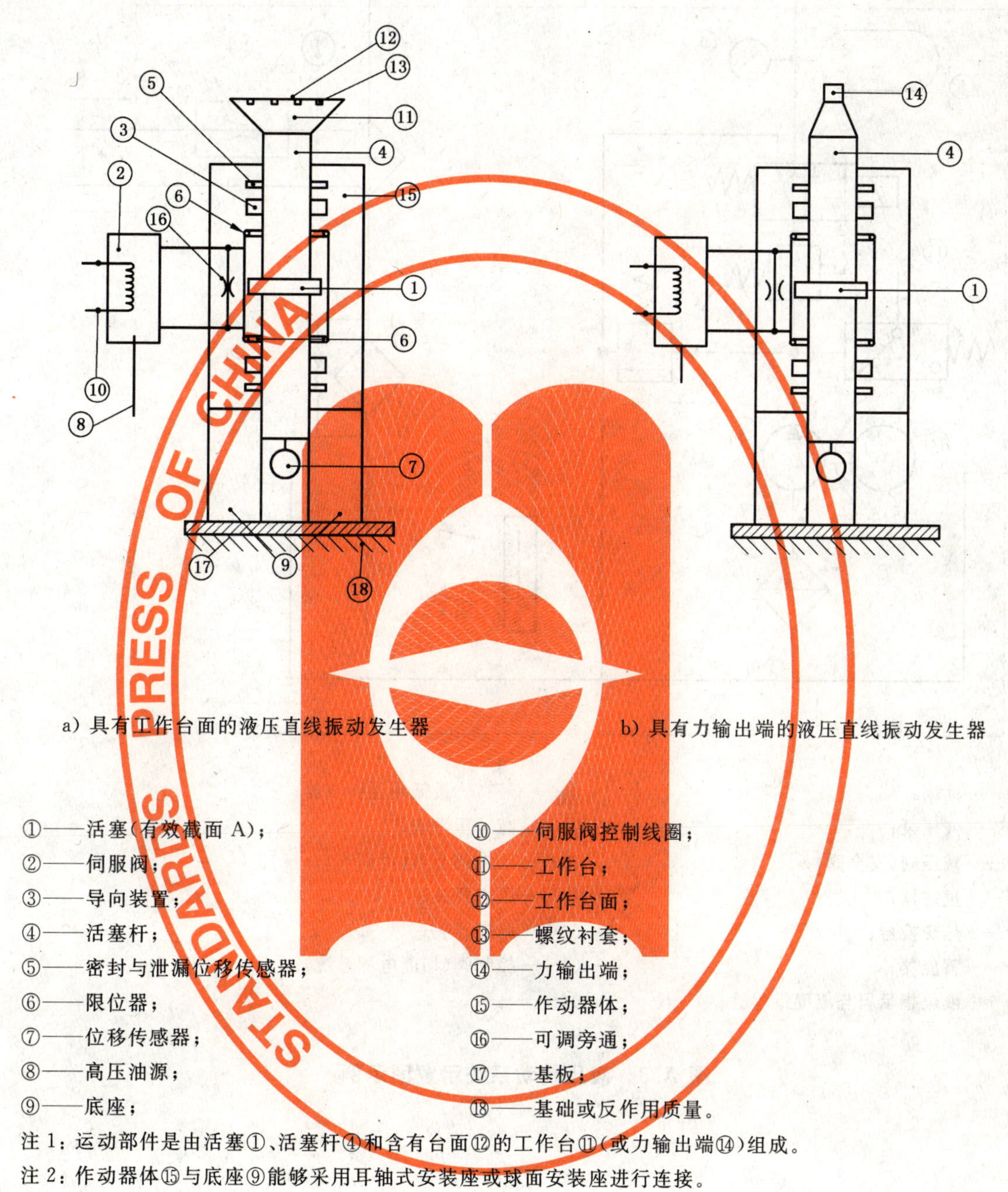

a）具有工作台面的液压直线振动发生器　　b）具有力输出端的液压直线振动发生器

①——活塞(有效截面 A)；
②——伺服阀；
③——导向装置；
④——活塞杆；
⑤——密封与泄漏位移传感器；
⑥——限位器；
⑦——位移传感器；
⑧——高压油源；
⑨——底座；
⑩——伺服阀控制线圈；
⑪——工作台；
⑫——工作台面；
⑬——螺纹衬套；
⑭——力输出端；
⑮——作动器体；
⑯——可调旁通；
⑰——基板；
⑱——基础或反作用质量。

注 1：运动部件是由活塞①、活塞杆④和含有台面⑫的工作台⑪(或力输出端⑭)组成。

注 2：作动器体⑮与底座⑨能够采用耳轴式安装座或球面安装座进行连接。

**图 A.2　液压直线振动发生器示意图**

## A.3　液压传动系统

液压传动系统示意图见图 A.3。

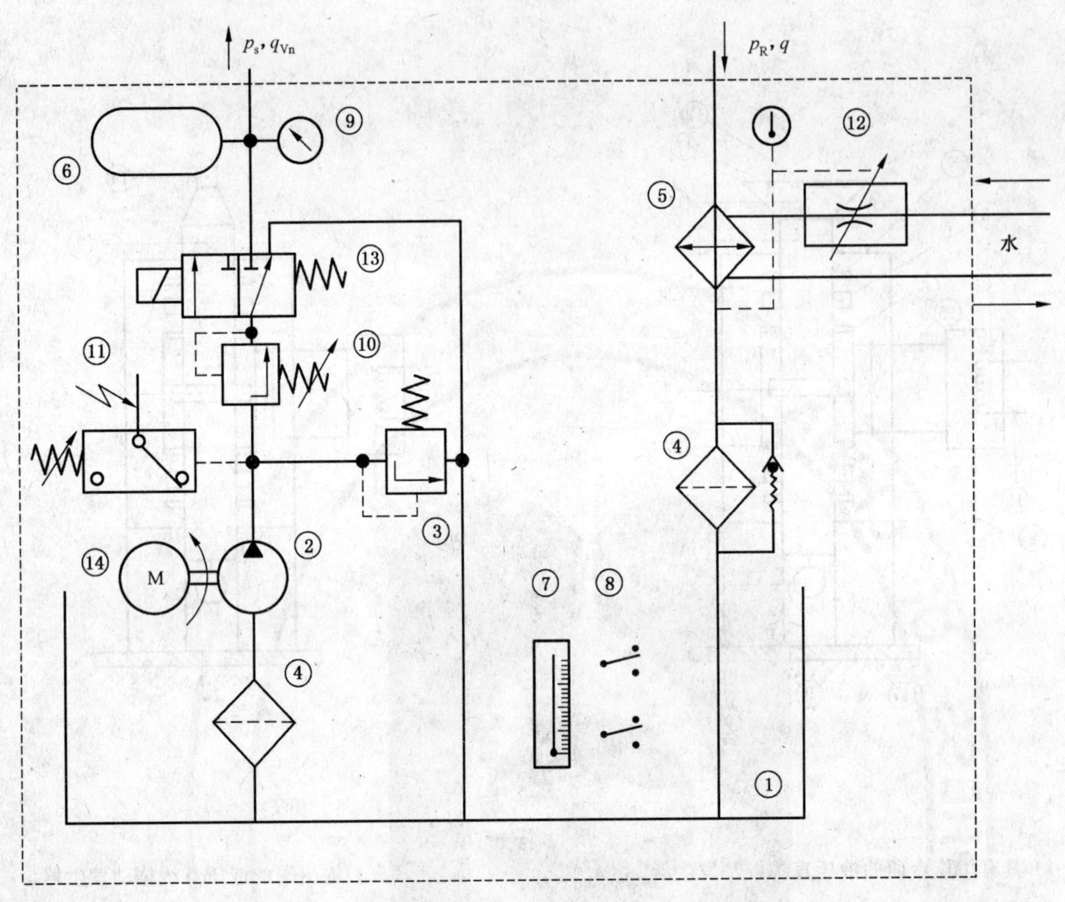


①——油箱；

②——液压泵；

③——减压阀(安全阀)；

④——过滤器；

⑤——热交换器；

⑥——蓄能器；

⑦——液位指示器与温度指示器；

⑧——最高—最低液位检测器；

⑨——高压压力表；

⑩——压力调节器(可调式)；

⑪——压力开关；

⑫——温控开关；

⑬——控制阀(切断电源系统)；

⑭——马达。

**图 A.3　液压传动系统示意图示例**

# 附 录 B
# （规范性附录）
# 各种液压振动发生器参数的测量或计算方法

## B.1 标称液压固有频率 $f_{0h}$ 的测量

在空载（$m_t = m_0$）下，保持压力和伺服阀线圈电流 $I_{sv}$ 恒定，并连续改变液压振动发生器的工作频率，测定振动发生器加速度（其运动质量为 $m_e$）的频率响应曲线 $H_I(f)$，然后由频率响应曲线 $H_I(f)$ 求得标称液压固有频率 $f_{0h}$。

注 1：如果振动发生器两个油腔间存在液压阻尼回路，测量时该回路不工作。

注 2：液压缸与活塞杆间的相对速度最好使用电感式速度传感器进行测定。该速度也可通过内部线位移传感器的微分信号进行测定，但要求位移测量范围的截止频率至少比所允许的标称液压频率大一倍。使用加速度传感器测量速度只有在振动发生器的标称模态和惯性质量已知的情况下才是可能的。

注 3：如果液压固有频率接近或超出伺服阀的通频带，则应考虑对所测定的液压传递函数 $H_h(s)$ 按公式（B.1）进行修正：

$$H_h(s) = \frac{H_I(s)}{q_V(s)} \qquad \cdots\cdots\cdots(B.1)$$

式中：

$s$——拉普拉斯算子；

$H_h(s)$——液压传递函数；

$q_V$——伺服阀流量（伺服阀电流 $I_d$ 的函数）。

伺服阀传递函数由公式（B.2）给出：

$$H_d(s) = \frac{q_V(s)}{I_d} \qquad \cdots\cdots\cdots(B.2)$$

消掉 $q_V$ 得出公式（B.3）：

$$H_h(s) = \frac{1}{I_d H_d(s)} H_I(s) \qquad \cdots\cdots\cdots(B.3)$$

由于 $I_d$ 是常数，可用伺服阀传递函数的倒数乘以 $H_I(s)$。

通常选择伺服阀电流等于十分之一额定电流。

## B.2 液压刚度 $k_h$ 的测量

一般，直接测量液压刚度是不可能的。液压刚度可从测出的标称液压固有频率 $f_{0h}$ 导出。按公式（B.4）确定：

$$k_h = (m_e + m_t)(2\pi f_{0h})^2 \qquad \cdots\cdots\cdots(B.4)$$

# 附 录 C
（规范性附录）
## 试验质量块的选择

### C.1 通过与最高工作频率 $f_{max}$ 比较确定试验质量块的第一阶模态频率

试验质量块可认为是由质量与刚度构成的机械结构。如果振动发生器最高工作频率 $f_{max}$ 比固定在振动发生器工作台或力输出端上的该试验质量块所有可能振动模态的最低频率 $f_0$ 低得多，则该结构可视为纯质量。

大体上说，可以假定构成试验质量块这一结构的振动响应同一个单自由度无阻尼系统的振动响应相似，可按公式(C.1)求出：

$$\frac{S_2}{S_1}=\frac{1}{1-\frac{f_{max}^2}{{f_0}^2}} \qquad \text{(C.1)}$$

式中：

$S_1$——工作台面或力输出端上刚度的激励幅值；

$S_2$——上述刚度纯质量的响应幅值；

$f_0$——试验质量的最低模态频率；

$f_{max}$——工作范围的最高频率。

当 $S_1=S_2$ 时，试验质量块被定义为纯质量。

在 $f_0\geqslant 10f_{max}$ 且 $S_2-S_1\leqslant 1\%$ 的情况下，可将试验质量块视为纯质量。

当$(S_2-S_1)$近似地小于或等于1%时，推荐的技术规范进一步证明等式 $S_1=S_2$ 成立，从而有$\frac{f_{max}}{f_0}\leqslant\frac{1}{10}$成立，所以 $f_0\geqslant 10f_{max}$。

通过搜索 $f_0$ 也可从所有可能的模态频率值($\nu_1$、$\nu_2$、…、$\nu_n$)中确定 $\nu_n$ 的最小值：

$$f_0=\text{minimum}(\nu_1、\nu_2、\cdots、\nu_8)$$

表C.1给出了对应一个均质的圆直径为 $D$，高度为 $L$ 的圆柱形试验质量块的8种基本模态，其中的一些边界限制条件不是通用的，并且可能会带来性能损失。

材料中纵波速度 $c$ 按公式(C.2)计算：

$$c=\sqrt{\frac{E}{\rho}} \qquad \text{(C.2)}$$

式中：

$E$——弹性模量；

$\rho$——材料的密度。

表C.1中的 $\nu$ 值为公认的理论研究结果。然而，由于此处对应的都是较粗大的整块结构以致于无法满足有关薄板或细长杆的理论假设，这些数据仅供参考。

### C.2 试验质量块尺寸

5.4中给出了试验质量块 $m_t$ 的定义。然而，为了得到接近于纯质量的力学性能且具有给定质量的试验质量块，应规定对其材料和尺寸进行选择。

考虑到各种材料的密度和这些材料力学性能的优劣各不相同，大多数情况下都选择钢作为制作试验质量块的材料。

如果选择了钢材，应合理优选试验质量块的直径 $D$ 和高度(或厚度)$L$，以便使不同质量的固有模态相关联的现象不影响对试验结果的分析处理。

C.1 给出了各种固有模态的量值。对于专门用来测定振动发生器特性的试验质量块，能够采用下述三种模态：

a) 可修正试验质量块机械阻抗的第一种拉-压模态；

b) 横向弯曲模态，该模态当稍微修正试验质量块的机械阻抗时，会产生可能导致振动发生器轴承损坏的弯曲应力；

c) 增强试验质量块上加速度梯度的纵向弯曲模态。

当试验方法的最高工作频率 $f_{max}$ 和所使用的试验质量块已知后，就要找出一个综合考虑 $D$ 值与 $L$ 值的最好的折衷方案。

**表 C.1 均质试验质量块的基本模态**

| 模 态 | | 变 形 | 频 率 |
|---|---|---|---|
| 横向弯曲 | | | $\nu_1=\frac{3.516}{8\pi}\times\frac{cD}{L^2}=0.44\frac{cD}{L^2}$ |
| 拉-压 | 自由-固定 | | $\nu_2=\frac{c}{4l}=0.25\frac{c}{L}$ |
| | 自由-自由 | | $\nu_3=\frac{c}{2l}=0.50\frac{c}{L}$ |
| 纵向弯曲 | 中间铰支 | | $\nu_4=0.726\frac{cL}{D^2},\mu=0.3$ |
| | 端部铰支 | | $\nu_5=0.98\frac{cL}{D^2},\mu=0.3$ |
| | 固定端 | | $\nu_6=1.98\frac{cL}{D^2},\mu=0.3$ |
| 扭 转 | 自由-固定 | | $\nu_7=\frac{c}{4L}\times\frac{1}{\sqrt{2(1+\mu)}}=0.155\frac{c}{L}$ |
| | 自由-自由 | | $\nu_8=\frac{c}{2L}\times\frac{1}{\sqrt{2(1+\mu)}}=0.31\frac{c}{L}$ |

对于不同的最高工作频率，根据图 C.1 能够确定 $D$ 与 $L$ 值所在的最佳区域，从而可避免出现上述 a)到 c)列出的模态现象。

对于给定的最高工作频率，在对应横向弯曲模态直线与对应纵向弯曲模态直线所限定的区域内选值，可避免这两种模态的影响。一般，拉-压模态给出的 $L$ 的极限值位于上述定义的区域之外。

限定区域确定之后，还能用来检查是否能够使用质量 $m_i$（此处即直线 $m_i$）轻易地在两极限值 $D_1$ 与 $D_2$ 之间选定 $D$ 值以及相应的 $L$ 值。

应指出：$D/L=1.75$ 只是对应所使用质量块的最大值容许的直径与高度的比值，而没有考虑所选用的区域，因而也没有考虑最高工作频率。

示例：

若给定振动发生器的最高工作频率为 $f_{max}=200$ Hz；则查图 C.1 给出的试验质量块的高度应小于 0.6 m。若规定试验质量为 1 000 kg，查图 C.1 给出的直径的对应值范围为 0.59 m$<D<$0.74 m。利用图 C.1 综合考虑，该示例应选择：$D=0.6$ m，$L=0.45$ m。

若以最高工作频率确定了一个限定区域，且对应所需质量 $m_i$ 的直线又不穿过该区域（例如 $f_m=500$ Hz，$m=500$ kg）时，则推荐的相应 $L$ 值不应超过该区域限定的 $L_{max}$（在这种情况下，$L<0.24$ m），这样能使试验质量块的拉-压振动模态不致干扰振动发生器的工作。然而，需要选择足够大的 $D$ 值（在这种情况下，$D>0.57$ m）。若 $D$ 指示的极限值仅是依据被固定的试验质量块的中心计算出来的，则超过这些值是可能的，因为与试验质量块的直径相比，将试验质量块安装到运动部件上的固定螺栓的分布圆周直径是相当大的。

## C.3 试验质量块的要求

试验质量块应满足下列要求：

a) 试验质量块的质心应在激振器的中心线上；

b) 对应可用的安装位置应确定使用固定螺栓的最大数目以使试验质量块的标称模态频率在额定频率范围之外；

c) 试验质量块接触面（磨削加工）的表面粗糙度参数 $Ra$ 的最大值应为 1.6 $\mu$m；

d) 接触面的平面度允差应不大于 0.1 mm/m；

e) 固定螺栓的紧固扭矩应使试验质量块在各固定点处与工作台面或力输出端保持接触。

在试验的频率范围内，所用的试验质量块应视为纯质量，即纵向与横向弯曲模态频率应完全处于额定频率范围之外。

“试验质量块与运动部件”组合体应视为刚体，因此牛顿定律能够适用于其整个频率范围。

有关试验质量块的技术条件应符合不等式(C.3)的规定（见 C.1）：

$$f_0 \geqslant 10 f_{max} \quad \cdots\cdots (C.3)$$

式中：

$f_0$——各模态频率值 $\nu_1$ 到 $\nu_8$ 中的最低频率，单位为赫兹(Hz)；

$f_{max}$——所用范围的最高工作频率，单位为赫兹(Hz)。

此外，在任何情况下，应说明试验质量块的形状和连接设备。

注 1：如果制造者与用户协商同意，可以使用偏心试验负载，这种情况下宜对其质量和紧固件予以说明。

注 2：沿水平轴进行试验时，横向静态与动态力不宜超过最大横向力（见 7.2.8.1）。

单位为米

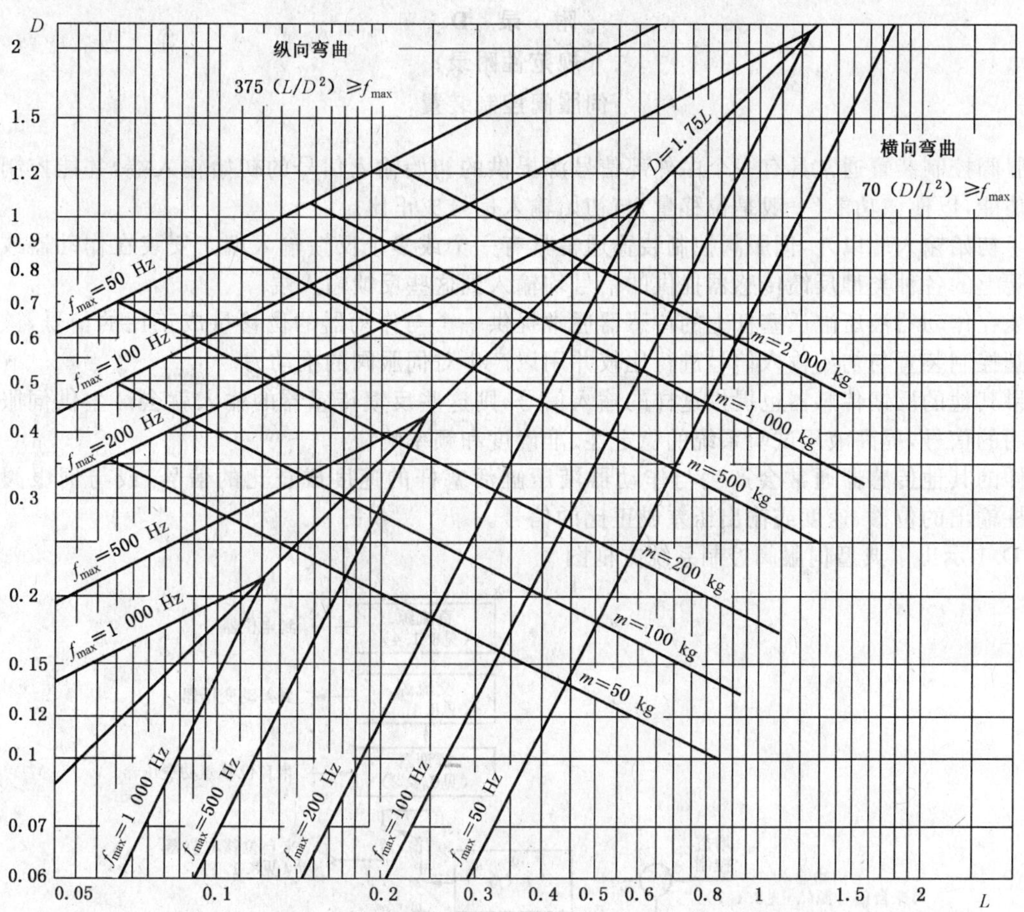


图 C.1 对应不同的最高工作频率确定 *D* 和 *L* 值的界线区域图

# 附 录 D
（规范性附录）
## 伺服阀控制装置

伺服阀控制装置通常具有一个由外部信号源提供的初始输入信号的初始输入端，并能控制作动器运动的功能，以使该功能（一般是位移量）与初始输入信号成正比。

除了初始输入端以外，伺服阀控制装置通常具有一个或多个反馈输入端。安装在作动器或许安装在伺服阀上的各种类型反馈传感器提供的信号均输入到这些反馈输入端。

安装在作动器液压缸活塞杆上的传感器通常提供一个与作动器的位移量成正比的信号，该信号通过伺服阀控制装置与初始输入信号进行比较并用以产生对伺服阀的推动力。

如果其他的反馈传感器也提供这样的输入信号，则这些反馈传感器的输入就会产生供伺服阀控制装置使用的信号，提高液压试验系统的稳定性、准确度和频率响应。

这样的其他传感器通常会产生与作动器液压缸活塞杆的速度成正比的信号，或与伺服阀阀塞和（或）导柱输出的位移、速度或输出压差成正比的信号。

图 D.1 示出了典型伺服阀控制系统方框图。

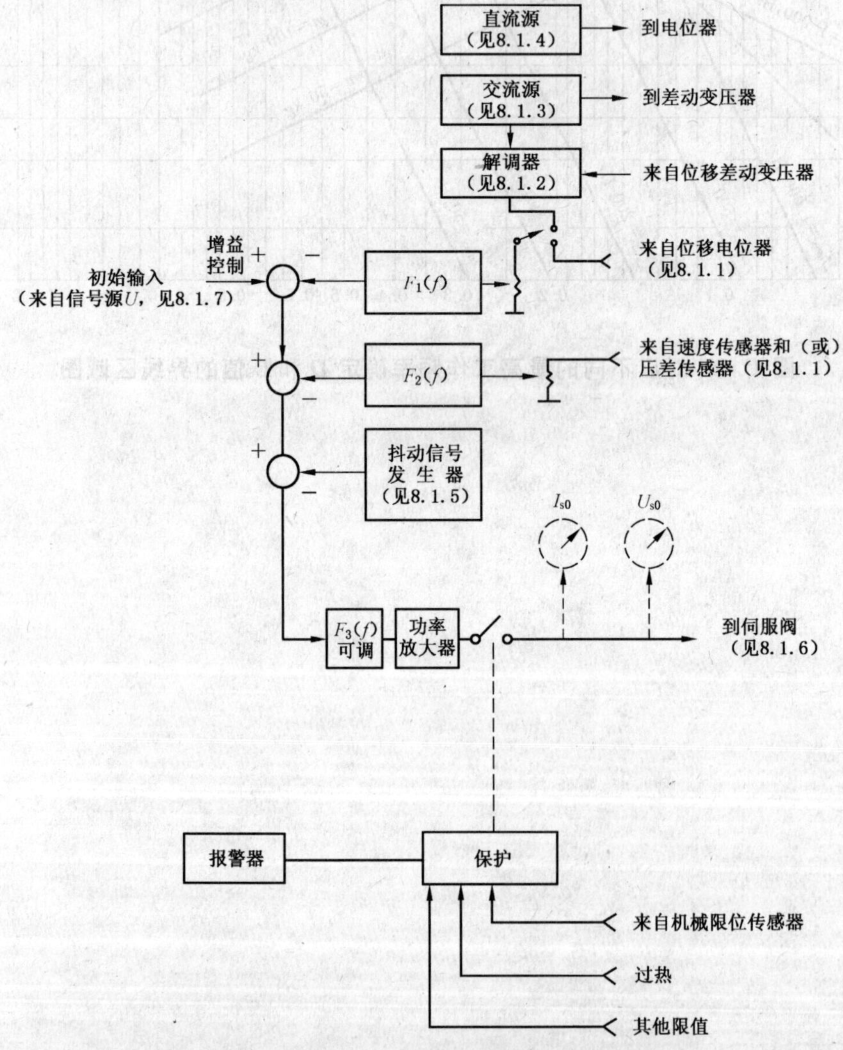


图 D.1 典型伺服阀控制系统方框图

ICS 65.080
G 21

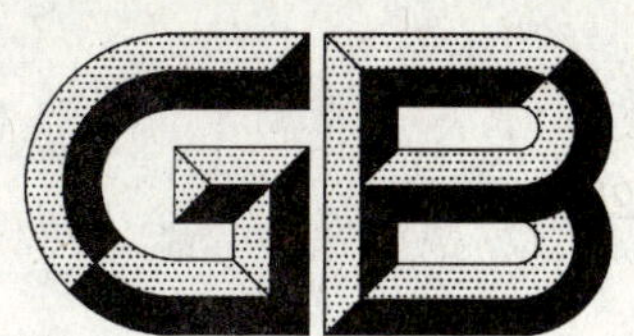

# 中华人民共和国国家标准

GB 10205—2009
代替 GB 10205—2001

# 磷酸一铵、磷酸二铵

## Monoammonium phosphate and diammonium phosphate

2009-11-30 发布　　　　2010-06-01 实施

中华人民共和国国家质量监督检验检疫总局
中国国家标准化管理委员会　发布

# 前　言

**本标准的第 4 章、第 6 章、第 7 章和第 8 章中 8.1 为强制性条款，其余为推荐性条款。**

本标准代替 GB 10205—2001《磷酸一铵、磷酸二铵》。

本版与 GB 10205—2001 的主要差异是：

——根据我国磷矿资源的现状和磷酸一铵、磷酸二铵的生产工艺条件和实物质量水平对磷酸一铵、磷酸二铵的水溶性磷占有效磷百分率和水分等指标进行了调整。

自标准实施之日起，出厂产品应执行新标准；标准实施之日六个月后，市场上磷酸一铵、磷酸二铵产品外包装禁止标注 GB 10205—2001。

本标准由中国石油和化学工业协会提出。

本标准由全国肥料和土壤调理剂标准化技术委员会(SAC/TC 105)归口。

本标准负责起草单位：国家化肥质量监督检验中心(上海)、四川宏达股份有限公司。

本标准参加起草单位：云南云天化国际化工股份有限公司、湖北宜化肥业有限公司、湖北新洋丰肥业股份有限公司。

本标准主要起草人：杨一、鲜云芳、周勇明、李英翔、杨晓勤、汤三洲、张应虎。

本标准所代替标准的历次版本发布情况为：

——GB 10205—1988，GB 10205—2001；

——GB 10206—1998。

# 磷酸一铵、磷酸二铵

## 1 范围

本标准规定了固体磷酸一铵(MAP)和磷酸二铵(DAP)肥料的产品分类、要求、试验方法、检验规则、标识、包装、运输和贮存。

本标准适用于采用各种工艺生产的固体磷酸一铵和磷酸二铵肥料。

## 2 规范性引用文件

下列文件中的条款通过本标准的引用而成为本标准的条款。凡是注日期的引用文件,其随后所有的修改单(不包括勘误的内容)或修订版均不适用于本标准,然而,鼓励根据本标准达成协议的各方研究是否可使用这些文件的最新版本。凡是不注日期的引用文件,其最新版本适用于本标准。

GB/T 6679 固体化工产品采样通则

GB/T 8170—2008 数值修约规则与极限数值的表示和判定

GB 8569 固体化学肥料包装

GB/T 10209.1 磷酸一铵、磷酸二铵的测定方法 第1部分:总氮含量

GB/T 10209.2 磷酸一铵、磷酸二铵的测定方法 第2部分:磷含量

GB/T 10209.3 磷酸一铵、磷酸二铵的测定方法 第3部分:水分

GB/T 10209.4 磷酸一铵、磷酸二铵的测定方法 第4部分:粒度

GB 18382 肥料标识 内容和要求

## 3 产品分类

磷酸一铵和磷酸二铵产品按外观分为粒状和粉状两类,按生产工艺分为以下两类。

3.1 料浆法磷酸一铵和磷酸二铵:以镁、铁、铝含量较高的中低品位磷矿为原料,采用料浆浓缩法制得的磷酸一铵、磷酸二铵。

3.2 传统法磷酸一铵和磷酸二铵:采用料浆浓缩法以外的其他方法制得的磷酸一铵、磷酸二铵。

## 4 要求

4.1 传统法粒状磷酸一铵和磷酸二铵应符合表1的要求,同时应符合标明值。

表1 传统法粒状磷酸一铵和磷酸二铵的要求

| 项目 | | 磷酸一铵 | | | 磷酸二铵 | | |
|---|---|---|---|---|---|---|---|
| | | 优等品 12-52-0 | 一等品 11-49-0 | 合格品 10-46-0 | 优等品 18-46-0 | 一等品 15-42-0 | 合格品 14-39-0 |
| 外观 | | 颗粒状,无机械杂质 | | | | | |
| 总养分($N+P_2O_5$)的质量分数/% | ≥ | 64.0 | 60.0 | 56.0 | 64.0 | 57.0 | 53.0 |
| 总氮(N)的质量分数/% | ≥ | 11.0 | 10.0 | 9.0 | 17.0 | 14.0 | 13.0 |
| 有效磷($P_2O_5$)的质量分数/% | ≥ | 51.0 | 48.0 | 45.0 | 45.0 | 41.0 | 38.0 |
| 水溶性磷占有效磷百分率/% | ≥ | 87 | 80 | 75 | 87 | 80 | 75 |
| 水分($H_2O$)的质量分数[a]/% | ≤ | 2.5 | 2.5 | 3.0 | 2.5 | 2.5 | 3.0 |
| 粒度(1.00 mm~4.00 mm)/% | ≥ | 90 | 80 | 80 | 90 | 80 | 80 |

[a] 水分为推荐性要求。

4.2 料浆法粒状磷酸一铵和磷酸二铵应符合表 2 的要求，同时应符合标明值。

表 2 料浆法粒状磷酸一铵和磷酸二铵的要求

| 项目 | | 料浆法磷酸一铵 | | | 料浆法磷酸二铵 | | |
|---|---|---|---|---|---|---|---|
| | | 优等品 11-47-0 | 一等品 11-44-0 | 合格品 10-42-0 | 优等品 16-44-0 | 一等品 15-42-0 | 合格品 14-39-0 |
| 外观 | | 颗粒状，无机械杂质 | | | | | |
| 总养分($N+P_2O_5$)的质量分数/% | ≥ | 58.0 | 55.0 | 52.0 | 60.0 | 57.0 | 53.0 |
| 总氮(N)的质量分数/% | ≥ | 10.0 | 10.0 | 9.0 | 15.0 | 14.0 | 13.0 |
| 有效磷($P_2O_5$)的质量分数/% | ≥ | 46.0 | 43.0 | 41.0 | 43.0 | 41.0 | 38.0 |
| 水溶性磷占有效磷百分率/% | ≥ | 80 | 75 | 70 | 80 | 75 | 70 |
| 水分($H_2O$)的质量分数[a]/% | ≤ | 2.5 | 2.5 | 3.0 | 2.5 | 2.5 | 3.0 |
| 粒度(1.00 mm～4.00 mm)/% | ≥ | 90 | 80 | 80 | 90 | 80 | 80 |
| [a] 水分为推荐性要求。 | | | | | | | |

4.3 粉状磷酸一铵应符合表 3 的要求，同时应符合标明值。

表 3 粉状磷酸一铵的要求

| 项目 | | 传统法 | | 料浆法 | | |
|---|---|---|---|---|---|---|
| | | 优等品 9-49-0 | 一等品 8-47-0 | 优等品 11-47-0 | 一等品 11-44-0 | 合格品 10-42-0 |
| 外观 | | 粉末状，无明显结块现象，无机械杂质 | | | | |
| 总养分($N+P_2O_5$)的质量分数/% | ≥ | 58.0 | 55.0 | 58.0 | 55.0 | 52.0 |
| 总氮(N)的质量分数/% | ≥ | 8.0 | 7.0 | 10.0 | 10.0 | 9.0 |
| 有效磷($P_2O_5$)的质量分数/% | ≥ | 48.0 | 46.0 | 46.0 | 43.0 | 41.0 |
| 水溶性磷占有效磷百分率/% | ≥ | 80 | 75 | 80 | 75 | 70 |
| 水分($H_2O$)的质量分数[a]/% | ≤ | 3.0 | 4.0 | 3.0 | 4.0 | 5.0 |
| [a] 水分为推荐性要求。 | | | | | | |

4.4 表 1、表 2 和表 3 中每个等级下面的配合式为该等级的典型配合式，企业可以生产其他配合式的产品，总氮和有效磷允许与标明值之间有 1.0% 的绝对负偏差，并且所有项目都应符合表中相应等级的要求。若未标明等级则按总养分对应的等级进行判定。

## 5 试验方法

### 5.1 外观

目测法测定。

### 5.2 总氮的测定

按 GB/T 10209.1 进行。

### 5.3 有效磷的测定和水溶性磷占有效磷百分率的计算

按 GB/T 10209.2 进行。

### 5.4 水分的测定

按 GB/T 10209.3 进行。

### 5.5 粒度的测定

按 GB/T 10209.4 进行。

## 6 检验规则

### 6.1 检验类别及检验项目

产品检验为出厂检验，检验项目为第 4 章的全部项目。

### 6.2 组批

产品按批检验，以一天或两天的产量为一批，最大批量为 1 000 t。

### 6.3 采样方案

#### 6.3.1 袋装产品

不超过 512 袋时，按表 4 确定采样袋数；大于 512 袋时，按式(1)计算结果确定最少采样袋数，如遇小数，则进为整数。

$$最少采样袋数 = 3 \times \sqrt[3]{N} \quad \cdots\cdots(1)$$

式中：

$N$——每批产品总袋数。

表 4 采样袋数的确定

| 总袋数 | 最少采样袋数 | 总袋数 | 最少采样袋数 |
|---|---|---|---|
| 1～10 | 全部 | 182～216 | 18 |
| 11～49 | 11 | 217～254 | 19 |
| 50～64 | 12 | 255～296 | 20 |
| 65～81 | 13 | 297～343 | 21 |
| 82～101 | 14 | 344～394 | 22 |
| 102～125 | 15 | 395～450 | 23 |
| 126～151 | 16 | 451～512 | 24 |
| 152～181 | 17 | | |

按表 4 或式(1)计算结果随机抽取一定袋数，用取样器沿每袋最长对角线插入至袋的 3/4 处，取出不少于 100 g 样品，每批采取样品总量不少于 2 kg。

#### 6.3.2 散装产品

按 GB/T 6679 规定进行。

### 6.4 样品缩分和试样制备

#### 6.4.1 样品缩分

将采取的样品迅速混匀，用缩分器或四分法将样品缩分至约 1 kg，再缩分成两份，分装于两个洁净、干燥的 500 mL 具有磨口塞的玻璃瓶或塑料瓶中(生产企业的质检部门可用洁净、干燥塑料自封袋盛装样品)，密封并贴上标签，注明生产企业名称、产品名称、产品类别、产品等级、批号或生产日期、取样日期和取样人姓名，一瓶做产品质量分析，另一瓶保存两个月，以备查用。

#### 6.4.2 试样制备

由 6.4.1 中取一瓶样品，经多次缩分后取出约 100 g 样品，迅速研磨至全部通过 0.50 mm 孔径试验筛(如样品潮湿或很难粉碎，可研磨至全部通过 1.00 mm 孔径试验筛)，混匀，置于洁净、干燥的瓶中，做成分分析。如为粒状产品，余下样品供粒度测定用。

### 6.5 结果判定

6.5.1 本标准中产品质量指标合格判定，采用 GB/T 8170—2008 中“修约值比较法”。

6.5.2 出厂检验的项目全部符合本标准要求时，判该批产品合格。

6.5.3 如果检验结果中有一项指标不符合本标准要求时，应重新自二倍量的包装袋中采取样品进行检验，重新检验结果中，即使有一项指标不符合本标准要求，判该批产品不合格。

6.5.4 每批检验合格的出厂产品应附有质量证明书，其内容包括：生产企业名称、地址、产品名称、产品类别、产品等级、批号或生产日期、总养分、配合式或主要养分含量、本标准编号和法律法规规定必须要标注的内容。

## 7 标识

产品名称可以是“磷酸一铵”、“磷酸二铵”、“粉状磷酸一铵”，并应在产品包装容器正面标明产品类别（如传统法、料浆法），应以配合式标明总氮、有效五氧化二磷含量（如 18-46-0）。应以单一数值标明每袋净含量。其余执行 GB 18382。

## 8 包装、运输和贮存

8.1 产品用符合 GB 8569 规定的材料进行包装。产品每袋净含量（50±0.5）kg、（40±0.4）kg、（25±0.25）kg，平均每袋净含量分别不应低于 50.0 kg、40.0 kg、25.0 kg。

8.2 在符合 GB 8569 规定的前提下，宜使用经济实用型包装。

8.3 产品应贮存于阴凉干燥处，可以散装或包装形式运输，在贮存和运输过程中应防雨、防潮、防晒、防破裂。

---

ICS 13.280
F 51

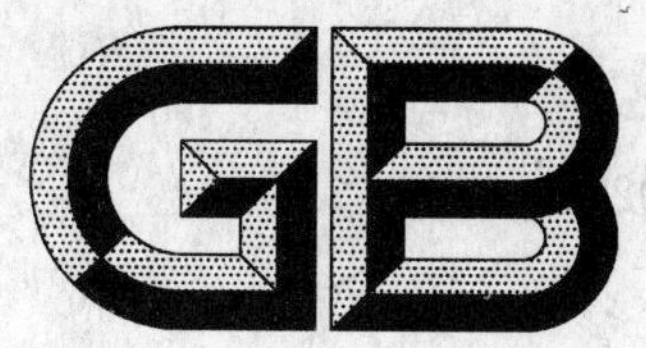

# 中华人民共和国国家标准

GB 10252—2009
代替 GB 10252—1996

# γ辐照装置的辐射防护与安全规范

## Regulations for radiation protection and safety of gamma irradiation facilities

2009-06-19 发布 2010-06-01 实施

中华人民共和国国家质量监督检验检疫总局
中国国家标准化管理委员会 发布

# 前 言

本标准的全部技术内容为强制性。

本标准代替 GB 10252—1996《钴-60 辐照装置的辐射防护与安全标准》。

本标准与 GB 10252—1996 相比，主要变化如下：

——标准的名称由《钴-60 辐照装置的辐射防护与安全标准》改为《γ 辐照装置的辐射防护与安全规范》；

——“范围”一章增加了一些包括的内容，扩大了适用范围；

——“规范性引用文件”全部作了修改；

——增加了“术语和定义”一章；

——“辐射与污染控制”作了部分修改；

——删除了原“工作场所的划分与要求”一章中“非限制区”一条；

——增加了“辐射防护与安全设计”一章；

——增加了“辐照装置的环境评价”一章；

——原“辐射防护与安全管理”改为“辐射安全管理”；

——删除了原“辐射防护与安全技术要求”和“辐照装置的安全分析”两章；

——原“辐射源的清点与盘存”改为“放射源的管理”；

——将原“辐射防护与安全检测内容”与“辐射监测”合并改为“辐射安全检测”；

——增加了“辐照装置的退役”一章；

——原“事故与应急中的辐射防护”改为“事故应急”；

——增加了附录 A 和附录 C，推荐了辐射防护及有害气体的计算数学模式。

本标准是 GB 17568《γ 辐照装置设计建造和使用规范》的支持性标准。

本标准的附录 B 是规范性附录，附录 A、附录 C 是资料性附录。

本标准由中国核工业集团公司提出。

本标准由全国核能标准化技术委员会归口。

本标准起草单位：北京三强核力辐射工程技术有限公司、环境保护部核与辐射安全中心、北京市射线应用研究中心。

本标准主要起草人：王传祯、周启甫、刘怡刚、刘秋蓉、范深根、张赫瑚、陈坚、彭伟、付杰。

本标准于 1988 年 12 月首次发布，1996 年 12 月第一次修订，本次为第二次修订。

# γ辐照装置的辐射防护与安全规范

## 1 范围

本标准规定了采用Ⅰ类放射源的γ辐照装置的辐射与污染控制、辐射工作场所的划分、辐射防护与安全设计、辐照装置的环境评价、辐射安全管理、辐射安全检测、辐照装置的退役以及事故应急等要求。

本标准适用于采用Ⅰ类放射源的γ辐照装置的选址、设计、建造、运行和退役的辐射防护与安全。

## 2 规范性引用文件

下列文件中的条款通过本标准的引用而成为本标准的条款。凡是注日期的引用文件，其随后所有的修改单(不包括勘误的内容)或修订版均不适用于本标准，然而，鼓励根据本标准达成协议的各方研究是否可使用这些文件的最新版本。凡是不注日期的引用文件，其最新版本适用于本标准。

GB 3095 环境空气质量标准

GB 17568 γ辐照装置设计建造和使用规范

GB 18871—2002 电离辐射防护与辐射源安全基本标准(IAEA 安全系列，NEQ)

HJ/T 2.2—1993 环境影响评价技术导则

## 3 术语和定义

GB 17568 中确立的以及下列术语和定义适用于本标准。

3.1

**辐照室 irradiation room**

辐照装置内由辐射屏蔽体围封着、进行辐射加工且在工作状态时由于安全联锁措施人员不能进入的空间。

3.2

**贯穿辐射 penetrating radiation**

在物质中穿透本领强的辐射，一般指γ辐射、X辐射和中子辐射等。本标准特指辐照室屏蔽墙外表面、屋顶和贮源水井的水表面处透射出的γ辐射。

3.3

**安全联锁 safety interlock**

辐照装置的重要安全控制系统，其中有关部件的动作是相互关联的，每个部件的动作都受到预先规定的状态和(或)条件控制，只要其中任一组件的任何状态和(或)条件不满足预先的规定，就可阻止辐照装置的放射源从贮存状态投入使用，或使已投入或正在投入使用的放射源立即恢复到贮存状态，或可阻止人员进入辐照装置的辐照室使其免受照射。

3.4

**环境影响评价 environmental impact assessment**

对源的利用或某项实践可能对环境造成的影响所进行的预测和估计，包括对源或实践的规模与特性的概述，对场址或场所环境现状的分析，以及对正常、异常和事故情况下可能造成的环境影响或后果的分析。

3.5

**许可证 license**

国务院环境保护主管部门在安全审评基础上颁发的、并附有其持有者要遵守的特定要求和条件的辐射安全许可证书。

3.6

**退役源 decommissioning source**

达到制造厂家规定的使用寿期或发现放射性核素泄漏或许可证持有者预期不再使用的放射源。

## 4 辐射与污染控制

### 4.1 个人剂量控制

4.1.1 辐射工作人员职业照射和公众照射的剂量限值应按照 GB 18871—2002 的要求。

4.1.2 在辐照装置工程设计、运行和退役时，辐射防护的剂量约束值规定为：

a) 辐射工作人员个人年有效剂量值为 5 mSv；

b) 公众成员个人年有效剂量值为 0.1 mSv。

### 4.2 放射性污染的控制

4.2.1 贮源井水中$^{60}Co$的放射性活度浓度应控制在 10 Bq/L 以下。

4.2.2 贮源井水排放应满足下列要求：

a) 每月排放到下水道的$^{60}Co$总活度不应超过 $1\times10^6$ Bq；

b) 每一次排放的$^{60}Co$总活度不应超过 $1\times10^5$ Bq，并且每次排放后用不少于 3 倍排放量的水进行冲洗；

c) 经监管部门批准后方可排放。

4.2.3 按照 GB 18871—2002 表 B.11，工作人员的衣服、体表及工作场所的设备、工具、地面等表面 β 放射性物质污染控制水平见表 1。

**表 1 表面 β 放射性物质污染控制水平** 单位为贝可每平方厘米

| 表面类型 | | β放射性活度 |
|---|---|---|
| 工作台、设备、墙壁、地面 | 控制区 | $4\times10$ |
| | 监督区 | 4 |
| 工作服、手套、工作鞋 | 控制区 | 4 |
| | 监督区 | |
| 手、皮肤、内衣、工作袜 | | $4\times10^{-1}$ |

4.2.4 工作场所内的设备与用品，经去污后，其污染水平低于 0.8 Bq/cm² 时，经有资质的机构测量并经监管部门许可后，可作普通物件使用，但不应用于炊具。

## 5 辐射工作场所的划分

按照 GB 18871—2002 中 6.4 的规定，辐照装置的辐射场所分为：

a) 控制区：辐照室和迷道；

b) 监督区：货物装卸区域、辐照室屋顶、控制室、通风间、设备间、水处理间等区域。

## 6 辐射防护与安全设计

### 6.1 屏蔽

6.1.1 屏蔽的设计应保证辐照室辐射屏蔽的完整性和安全性。对于辐射屏蔽薄弱的部位（如排风和穿墙孔道等），应有防止漏束的补偿措施；辐照室屋顶厚度设计应同时考虑贯穿辐射和天空散射；迷道设计应使迷道口外辐射工作人员受照剂量满足 4.1.2 的要求；在最大设计装源量时，屏蔽体外表面剂量水平也应满足 4.1.2 的要求。

6.1.2 贮源水井（包括副井）的设计应保证贮源水井辐射屏蔽的完整性和安全性。井内设备和井覆面应选用耐腐蚀性好的不锈钢材料，并保证好的密封性能和一定的承重能力；水池底部不应有贯穿件(如管道、管塞)。通过水池壁的任何贯穿件都应低于正常水位不少于 30 cm。

确保在最大设计装源活度时，水井上方剂量水平应满足 4.1.2 的要求。

6.1.3 屏蔽设计计算参数及计算模式参见附录 A。

**6.2 辐照装置安全系统**

6.2.1 辐照装置安全系统的设计应遵循纵深防御原则，并满足 GB 17568 的相关要求。

6.2.2 安全设施应确保：

——所有的安全设施处于有效、正常的状态；

——升源前无人误留于辐照室，如发生误留能够自救；

——放射源不在安全位时，人员不能进入辐照室；

——贮源水井有水位指示，当水位降至临界安全水位时报警并及时补水；

——水处理系统安全有效，水质达到要求；

——人员不能跌入井内；

——放射源具有充分的机械保护，避免被碰撞。

**6.3 有害气体**

6.3.1 辐照分解产生的臭氧和其他有害气体的浓度值不超过允许值，其控制浓度和监测要求见附录 B。

6.3.2 臭氧的产生和排放，其计算模式和参数参见附录 C。

## 7 辐照装置的环境评价

7.1 业主在建造 γ 辐照装置之前，应当编制包括辐射安全分析内容的环境影响评价文件，并依照国家规定程序报批。

7.2 辐射安全分析应包含正常工况和事故工况下的分析。

## 8 辐射安全管理

**8.1 辐照装置监管**

8.1.1 辐照装置的选址、设计、建造、运行和退役均应按照相关法规要求，向监管部门提出申请，经认可或批准后方可实施。

8.1.2 辐照装置设计最大装源量增加或涉及装置辐射安全的设施有变化时，业主应向监管部门提出申请，经对其辐射防护和安全认证后方可实施。

**8.2 业主的辐射安全职责**

业主对辐照装置的辐射安全负有全部责任，应制定辐射防护与安全大纲，指定辐射防护负责人，配备或聘用合格专家。

**8.3 辐射防护负责人**

业主应设置辐射防护与安全机构，并指定辐射防护负责人，且赋予其相应权利，如果运行需要和辐射安全之间存在潜在冲突时，优先考虑辐射安全的需要。

辐射防护负责人职责包括：

——向所有操作人员、维修人员和其他相关的人员提供操作说明书，进行培训考核并确认他们已经掌握、遵守这些操作说明；

——控制区入口通道的管理；

——保证辐射工作人员受照剂量满足 4.1.2 要求；

——安排辐射监测仪器的检定；

——检查放射源的记录及其设备的维修记录；

——制定辐射安全检测方案并组织实施；

——监督个人剂量计的分发和回收，评价剂量监测结果；

——组织并实施定期安全检查程序；

——出现辐射安全问题及时上报；

——制定应急预案，安排周期性演练，确保其适宜性和有效性；

——编写辐照装置安全和防护状况的年度评估报告。

### 8.4 合格专家

8.4.1 业主应聘请具有5年以上辐射安全管理经历，且有专业背景和高级职称的人员担任合格专家。合格专家就辐射安全有关范围内的审管问题提出建议，不承担应属于业主的责任。

8.4.2 合格专家应在业主需要时提供下列建议和帮助：

——辐射防护的最优化；

——剂量测量和辐射监测；

——超剂量照射事件的调查；

——人员培训；

——辐射安全评价和应急预案；

——新建、改建、扩建的辐照装置计划；

——质量管理；

——紧急事故处理。

### 8.5 安全文化

业主应培植和保持良好的安全文化，保证：

——制定将辐射防护与安全放在第一位的方针和程序；

——及时发现和解决影响辐射防护与安全的问题，采用的方法要与问题重要性相符合；

——明确相关人员(包括高级管理人员)的辐射防护与安全责任，辐射工作人员都应经过培训并具有相应资格；

——明确辐射防护与安全决策的权责关系；

——组织安排并建立有效的通信渠道，保持辐射防护与安全信息在业主各级部门内和部门间的畅通。

## 9 辐射安全检测

9.1 常规日检查应至少包括下列内容：

a) 工作状态指示灯；

b) 辐照室安全联锁控制显示状况；

c) 升降源和输送系统状况；

d) 个人报警剂量仪和便携式剂量监测仪；

e) 贮源井水位；

f) 通风系统。

9.2 常规月检查应至少包括下列内容：

a) 辐照室内固定式辐射监测仪。

b) 紧急降源系统。

c) 升降源和导向钢丝绳、输送系统。如果绳缆出现使用过度现象，应进行更换。

d) 补水时应检查补水量是否正常。如异常，应检查水井是否泄漏，并检查补水供给系统的运行状况。

9.3 常规半年检查应至少包括下列内容：

a) 配合年检修的检测；

b) 水质及污染检测；

c) 环境辐射水平；

d) 全部设备和自控系统。

9.4 辐照装置换源或加源时的检测应至少包括下列内容：

a) 贮源井井水的水质及放射性水平；

b) 放射源的数量；

c) 装源容器表面剂量率及污染状况；

d) 装卸源工具及吊装设备状况；

e) 操作人员的个人剂量。

9.5 辐照装置装源后的检测应至少包括下列内容：

a) 装源 24 h 后井水的放射性水平；

b) 源在工作位置时，对工作场所及周围环境的剂量监测；

c) 源在贮存位置时，对贮源井上方和辐照室的剂量监测。

9.6 营运单位应做好以上安全检测，采用规范化表格记录，并进行年度评估。记录应保存至辐照装置退役。

## 10 放射源的管理

10.1 转入放射源的单位应持有使用许可证，填写放射性同位素进口或转让审批表，经监管部门批准后方可转入。

10.2 装源前后应清点并做好详细的台帐登记(包括放射源的类型、数量，每一枚源的编码、活度及日期、在源架的位置等)，装源人员、辐射防护负责人和主管人员签字，记录保存至装置退役。

10.3 每年应检查源架上的放射源有无脱落，做好记录。

10.4 退役源在送贮或返回生产厂后，应办理备案手续并进行记录(包括放射源的编码、活度及日期、去向和送贮日期)。该记录应保存至辐照装置退役。

10.5 放射源使用年限已达到其生产厂家规定的安全使用期限的应令其退役并及时送贮。

10.6 辐照装置业主对放射源的安全和保安负责，其职责应包括：

a) 特别关注退役放射源的保安；

b) 丢失、被盗或失踪放射源应按照监管要求报告相关部门。

## 11 辐照装置的退役

### 11.1 使用寿命

辐照装置使用寿命为 40 a。

### 11.2 延期运行

若达到寿期但业主要求延期的，应向监管部门提交延期使用的安全评估报告和其他支持性资料，经评审批准后，方可延期运行。

### 11.3 强制退役

对各种原因受损无法修复的装置应强制其退役。

### 11.4 退役实施

辐照装置退役前应移出装置内的放射源。放射源移走后，应由有资质的单位编制环境影响评价文件，经监管部门批准后实施退役。

## 12 事故应急

12.1 辐照装置业主应制定事故应急预案,其中包括最大可信事故分析、应急程序等。

12.2 辐照装置一旦发生事故,应根据不同情况立即按照应急预案的要求采取相应响应行动。发生事故后要按相关规定要求及时报告。

12.3 参与事故应急处理的人员,应携带个人剂量报警仪,并佩带相适应的个人剂量计。操作全过程要有辐射防护人员进行监测和记录。

12.4 在事故应急处理时要控制放射性污染。对超过排放标准的污染水,要净化处理达到4.2.2的要求后方可排放。

12.5 业主应保证所有必需的应急物资在应急情况下可以正常使用,包括:

——适当的和功能正常的巡测仪,测量剂量率和放射性污染;

——直读式个人剂量报警仪;

——个人剂量计;

——屏蔽材料和警告标志;

——通信设备;

——巡测仪备用电池、照明用具;

——文具纸张,包括事故日志;

——设备手册;

——应急程序副本。

应急物资应该放在标签清晰、容易取出的橱柜里。橱柜上应附有应急物资清单。应定期核查或使用后立即核查,保证所有仪器存在而且功能正常或者作必要的替代。

12.6 受照人员处理及医疗处置等,应按照相关规定处理。

12.7 事故处理过程中产生的污染物应按有关规定处理。

12.8 事故及处理过程要详细记录并长期保存。

12.9 应急预案应定期复查,间隔不超过12个月。如运行状态发生改变或类似的辐照装置发生事故后,应根据情况复查应急预案。复查应确保:

——人员名单,联系方式等是最新的;

——应急设备性能完好、物资齐全;

——处理可预测事件的程序是适时的。

12.10 所有参加应急预案的人员应接受培训,以确保其有效执行任务。培训应包括熟悉、理解应急预案,学习使用应急物质,还包括回顾以前事故的教训。复训应选择适当的间期开展并作记录。

12.11 在适当间隔时间内安排工作人员进行应急培训演练。通过演练评估应急预案的适用性及有效性。如有必要,要修改演练程序和应急预案。

# 附　录　A
（资料性附录）
辐照室屏蔽与防护设计计算

## A.1　辐照室屏蔽墙厚度的确定

对于γ辐照装置而言，放射源是由许多根棒状源组成的一个板源，通常对于1.85×10^16^ Bq(50万居里)级以下的放射源，由于源架的尺寸相对于辐照室的尺寸较小，在γ辐射屏蔽计算时近似采用以下点源的计算模式不会产生大的误差；但当放射源达到百万居里级以上时，由于源架尺寸较大，这种点源近似的计算模式就显得不够合理。因此采用国外成熟的点核积分屏蔽计算程序如QAD-CG进行计算。

在点源与探测点之间无介质的情况下，探测点的γ射线能通量密度的计算见公式(A.1)。

$$\Phi = \frac{S_0}{4\pi R^2} \qquad \cdots\cdots\cdots\cdots\cdots\cdots(\text{A.1})$$

式中：

$\Phi$——γ射线能通量密度，单位为兆电子伏每平方厘米秒[MeV/(cm²·s)]；

$S_0$——点源能量强度，单位为兆电子伏每秒(MeV/s)；

$R$——点源与探测点之间的距离，单位为厘米(cm)。

由ICRP 74号出版物(1996)查得γ光子对应能量为1.25 MeV时的能通量密度与剂量率的转换因子 $H_p = 1.765\times10^{-5}$ (mSv/h)/[MeV/(cm²·s)]，则转换求得该探测点无屏蔽体时的剂量率 $\dot{D}$。

需要的混凝土屏蔽墙的有效减弱倍数计算见公式(A.2)。

$$k = \frac{\dot{D}}{\dot{D}_m} \qquad \cdots\cdots\cdots\cdots\cdots\cdots(\text{A.2})$$

式中：

$k$——屏蔽体的有效减弱倍数；

$\dot{D}$——无屏蔽体情况下探测点的剂量率，单位为微希每小时(μSv/h)；

$\dot{D}_m$——屏蔽体外探测点所在区域剂量约束值对应的剂量率，单位为微希每小时(μSv/h)。

各向同性$^{60}$Co点源的γ射线有效减弱倍数 $k$ 与混凝土屏蔽墙厚度值 $t_1$ 的对应关系见表A.1。求出 $k$ 值，便可查出所需混凝土屏蔽墙厚度值。对于贮源井，屏蔽水层厚度的确定可采用同样的计算方法，其有效减弱倍数与屏蔽水层厚度 $t_2$ 的对应关系见表A.1。

**表A.1　混凝土与水层厚度减弱倍数对应关系表**　　单位为厘米

| $k$ | 2 | 5 | 8 | 10 | 20 | 50 | $1\times10^2$ | $2\times10^2$ | $5\times10^2$ | $1\times10^3$ | $2\times10^3$ |
|---|---|---|---|---|---|---|---|---|---|---|---|
| $t_1$ | 13.3 | 24.6 | 30.5 | 31.9 | 39.9 | 48.5 | 54.5 | 60.8 | 69.8 | 76.1 | 82.2 |
| $t_2$ | 28 | 52 | 62 | 66 | 82 | 99 | 114 | 127 | 145 | 157 | 170 |
| $k$ | $5\times10^3$ | $1\times10^4$ | $2\times10^4$ | $5\times10^4$ | $1\times10^5$ | $2\times10^5$ | $5\times10^5$ | $1\times10^6$ | $2\times10^6$ | $5\times10^6$ | $1\times10^7$ |
| $t_1$ | 90.2 | 97.2 | 102.7 | 111.5 | 116.9 | 125.1 | 133.8 | 140.2 | 148.4 | 154.7 | 160.0 |
| $t_2$ | 185 | 198 | 211 | 227 | 240 | 252 | 268 | 279 | 287 | 308 | 318 |

## A.2　辐照室迷道的散射

为估计迷道口外侧的剂量率，这里推荐《辐射防护手册　第一分册　放射源与屏蔽》中的一种简易而安全的计算方法，散射剂量率的计算见公式(A.3)。

$$\dot{D}_s = \frac{\dot{D}_0 \times \alpha_d \times \cos\theta_0 \times S}{r^2} \quad \cdots\cdots (A.3)$$

式中：

$\dot{D}_s$——经一次散射后某测点位置处的反散射剂量率，单位为希每小时(Sv/h)；

$S$——散射面积，单位为平方米($m^2$)；

$r$——散射点到测点的距离，单位为米(m)；

$\dot{D}_0$——入射到面积元 $S$ 处的剂量率，单位为希每小时(Sv/h)；

$\alpha_d$——微分反照率，计算见公式(A.4)。

$$\alpha_d = \frac{c \times k(\theta_s) \times 10^{26} + c'}{1 + \dfrac{\cos\theta_0}{\cos\theta}} \quad \cdots\cdots (A.4)$$

式中：

$c$、$c'$——与入射γ射线能量和散射介质有关的系数；

$\theta_0$——入射γ射线的入射角；

$\theta$——散射γ射线的反射角；

$k(\theta_s)$——公式换算中间量，见公式(A.5)。

对于混凝土介质，$c$、$c'$值见表 A.2。

**表 A.2 混凝土介质的 $c$ 和 $c'$ 的值**

| 入射γ射线能量 MeV | 0.06 | 0.10 | 0.20 | 0.15 | 0.28 | 0.66 | 1.25 |
|---|---|---|---|---|---|---|---|
| $c$, $\times 10^{-2}$ | 0.93 | 1.51 | 2.04 | 2.39 | 2.78 | 4.00 | 5.94 |
| $c'$, $\times 10^{-2}$ | 3.52 | 4.89 | 4.09 | 3.38 | 2.77 | $1.71^2$ | 1.22 |

$$k(\theta_s) = \frac{r_0^2}{2} p[1 + p^2 - p(1 - \cos^2\theta_s)] \quad \cdots\cdots (A.5)$$

式中：

$r_0$——经典电子半径，取 $2.818 \times 10^{-13}$ cm；

$p$——公式换算中间量，计算见公式(A.6)；

$\theta_s$——散射方向与入射方向的夹角，计算见公式(A.7)。

$$p = \frac{E}{E_0} \quad \cdots\cdots (A.6)$$

式中：

$E_0$——入射γ射线能量，单位为兆电子伏(MeV)；

$E$——一次散射后γ射线能量，单位为兆电子伏(MeV)，计算见公式(A.8)。

$$\cos\theta_s = \sin\theta_0 \sin\theta \cos\phi - \cos\theta_0 \cos\theta \quad \cdots\cdots (A.7)$$

式中：

$\phi$——入射面与散射面的夹角。

$$E = \frac{E_0}{1 + \dfrac{E_0}{0.511}(1 - \cos\theta_s)} \quad \cdots\cdots (A.8)$$

γ射线反射简化示意图如图 A.1 所示。

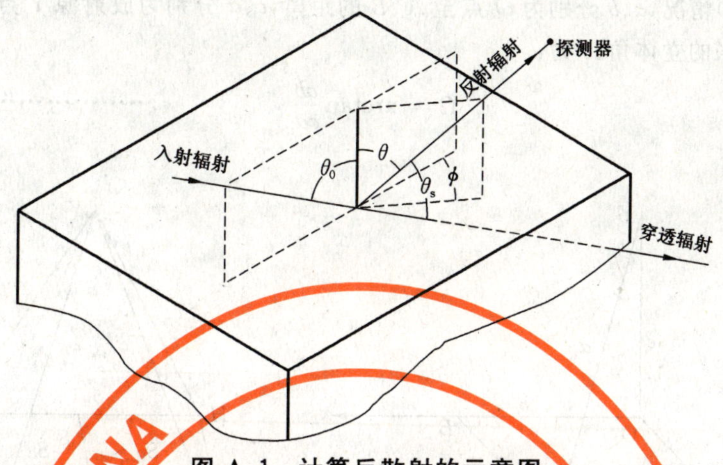


图 A.1　计算反散射的示意图

对于迷道比较复杂和有必要更精确计算迷道口外侧剂量率的情况，可用蒙特卡罗 MCNP 程序进行校算。

### A.3　辐照室屋顶厚度的确定

屋顶厚度是由两种辐射来确定，一种是贯穿辐射，当屋顶不足够厚时，屋顶上方的辐射水平可能较高，其计算应采用点核积分计算程序，即使不作为工作场所，也要进行严格的控制和管理。二是 γ 射线大气反散射，穿过屋顶的 γ 射线在大气反散射作用下，辐照室周围地面上可能会形成一个附加的辐射场。辐照室外 $M$ 点的计算示意图见图 A.2，其计算见公式(A.9)。

$$\dot{D}_M = \frac{8.775 \times 10^{-3} A\Omega^{1.3}}{kH^2 X^2} \quad \cdots\cdots\cdots\cdots (A.9)$$

式中：

$\dot{D}_M$——$M$ 点的剂量率，单位为微希每小时(μSv/h)；

$A$——放射源的放射性活度，单位为兆贝可(MBq)；

$\Omega$——$^{60}$Co 源对辐照室屋顶所张得立体角，单位为球面度(Sr)，计算见公式(A.10)和(A.11)，计算示意图见图 A.3；

$H$——$^{60}$Co 源到屋顶上方 2 m 处的距离，单位为米(m)；

$X$——$^{60}$Co 源到 $M$ 点的距离，单位为米(m)。

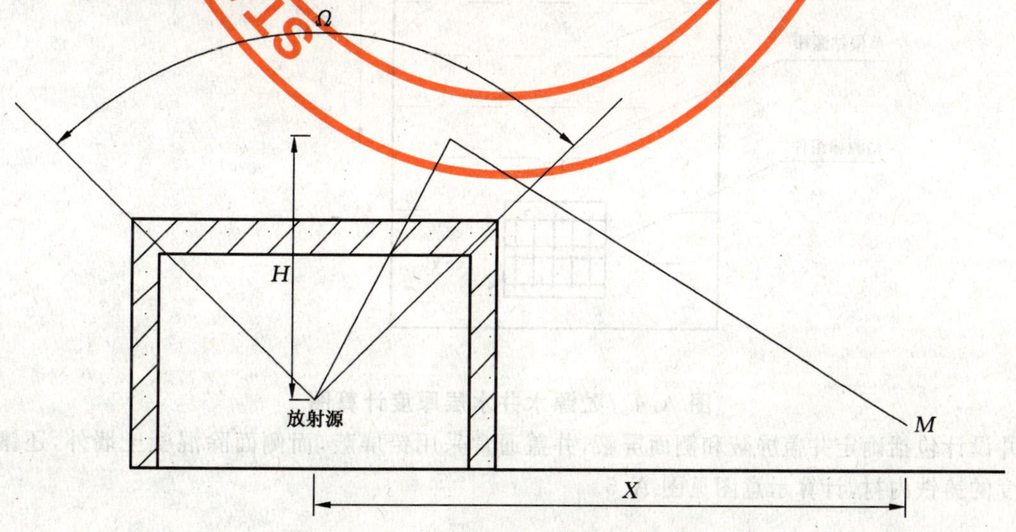


图 A.2　计算天空反散射的示意图

对于图 A.3 中 a)情况，$a$、$b$ 分别为 $O$ 点至 $A$、$B$ 的距离，$c$、$d$ 分别为放射源 $Y$ 点至 $O$、$E$ 的距离，平面 $OAEB$ 对 $Y$ 点所张的立体角 $\Omega$ 为：

$$\Omega = \arctan \frac{ab}{cd} \quad \cdots\cdots\cdots\cdots (\text{A.10})$$

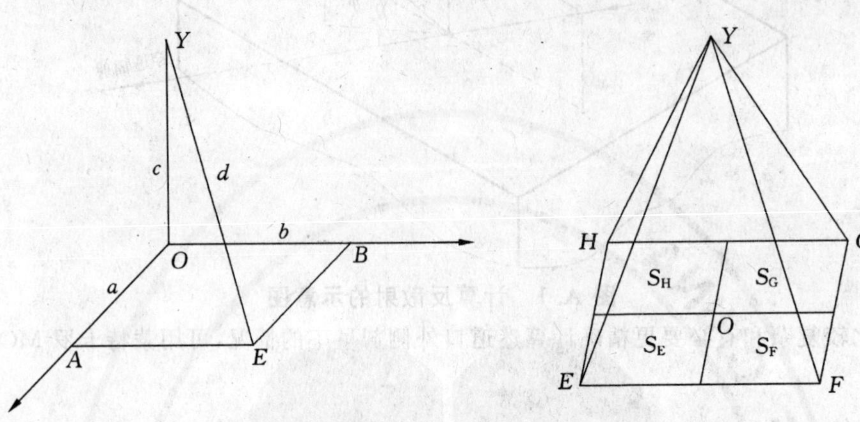


**图 A.3 放射源对屏蔽墙所张立体角**

放射源对屏蔽墙所张立体角经常为图 A.3 中 b)所示的情况，这可把平面 $EFGH$ 对 $Y$ 点所张立体角视为平面 $S_E$、$S_F$、$S_G$、$S_H$ 对 $Y$ 点所张立体角 $\Omega_E$、$\Omega_F$、$\Omega_G$、$\Omega_H$ 之和，如公式(A.11)所示。

$$\Omega = \Omega_E + \Omega_F + \Omega_G + \Omega_H \quad \cdots\cdots\cdots\cdots (\text{A.11})$$

## A.4 贮源水井及副井的设计

贮源水井的设计主要是确定防护水层厚度，包括两种情况：所有源均在贮存状态和在装源或倒源状态，取其较大值，计算示意图见图 A.4。

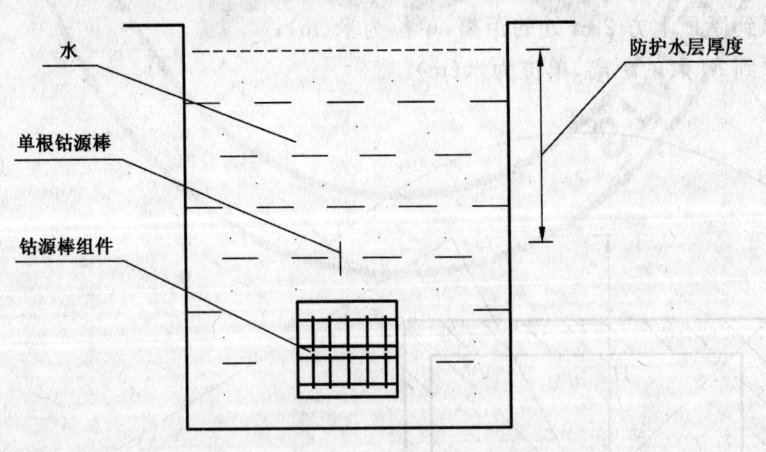


**图 A.4 贮源水井水层厚度计算图**

副井设计包括确定井盖屏蔽和侧面屏蔽，井盖通常采用铅屏蔽，而侧面除混凝土墙外，还镶有上下不同厚度的铸铁内衬，计算示意图见图 A.5。

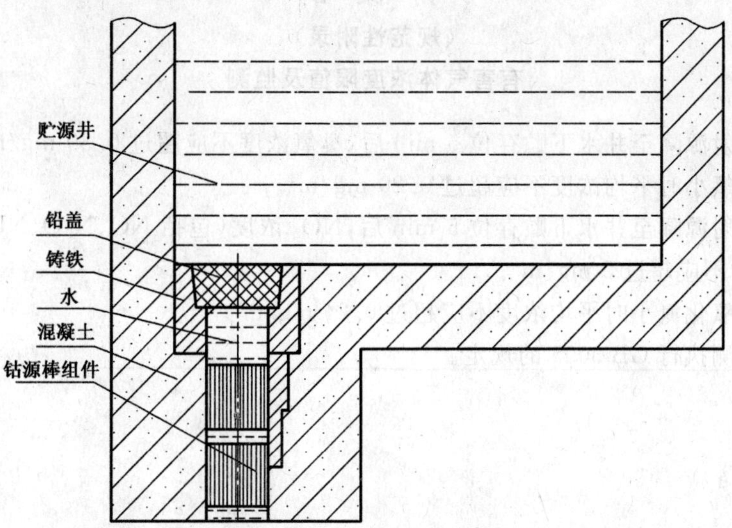


图 A.5 副井屏蔽计算图

# 附　录　B
（规范性附录）
## 有害气体浓度限值及监测

**B.1**　辐照室内当放射源降至井水下贮存位 5 min 后，臭氧浓度不应超过 0.30 $mg/m^3$。

**B.2**　辐照室外的臭氧小时平均浓度不应超过 0.20 $mg/m^3$。

**B.3**　辐照室内当放射源降至井水下贮存位 5 min 后，$NO_2$ 浓度（包括 NO、$N_2O$、$NO_2$ 等各种氮氧化物换算出的 $NO_2$ 浓度）不应超过 5 $mg/m^3$。

**B.4**　辐照室外的二氧化氮小时平均浓度不应超过 0.24 $mg/m^3$。

**B.5**　有害气体的监测执行 GB 3095 的规定。

# 附 录 C
## （资料性附录）
## 有害气体的产生和扩散的计算

### C.1 辐照室内臭氧的产生

#### C.1.1 臭氧的产生率

臭氧的产生率按公式(C.1)计算：

$$Q_0 = 1.71 \times 10^{-2} A_0 G V^{1/3} \quad\cdots\cdots\cdots\cdots(C.1)$$

式中：

$Q_0$——臭氧产生率，单位为毫克每小时(mg/h)；

$A_0$——$^{60}$Co源活度，单位为太贝可(TBq)；

$G$——空气吸收100 eV的$\gamma$射线能量产生的臭氧分子数，$G$值取6；

$V$——辐照室体积，单位为立方米($m^3$)。

#### C.1.2 臭氧的饱和浓度

考虑连续排风和臭氧的分解时，辐照室空气中臭氧的平均浓度计算见公式(C.2)。

$$Q(t) = \frac{Q_0 \overline{T}}{V}(1 - e^{-t/\overline{T}}) \quad\cdots\cdots\cdots\cdots(C.2)$$

式中：

$Q(t)$——$t$时刻辐照室空气中臭氧的平均浓度，单位为毫克每立方米($mg/m^3$)；

$\overline{T}$——有效清除时间，单位为小时(h)，计算见公式(C.3)。

$$\overline{T} = \frac{t_v \cdot t_d}{t_v + t_d} \quad\cdots\cdots\cdots\cdots(C.3)$$

式中：

$t_v$——换气一次所需时间，单位为小时(h)；

$t_d$——臭氧的有效分解时间，单位为小时(h)。

当$t \gg \overline{T}$时，臭氧的平衡浓度$Q_s$由公式(C.4)计算：

$$Q_s = \frac{Q_0 \overline{T}}{V} \quad\cdots\cdots\cdots\cdots(C.4)$$

#### C.1.3 停止辐照后的臭氧浓度

降源停止辐照后，臭氧浓度随时间按指数下降，以公式(C.5)计算。

$$Q(t_f) = Q_f e^{-t_f/\overline{T}} \quad\cdots\cdots\cdots\cdots(C.5)$$

式中：

$Q(t_f)$——$t_f$时刻的臭氧浓度，单位为毫克每立方米($mg/m^3$)；

$Q_f$——停止辐照的瞬时臭氧浓度，单位为毫克每立方米($mg/m^3$)；

$t_f$——停止辐照后的时间，单位为小时(h)。

由此可以计算出辐照室内的臭氧浓度低于0.30 $mg/m^3$时，风机运行的时间$t_f$，即人员进入辐照室的等待时间。

### C.2 臭氧的排放和大气扩散

辐照室内产生的臭氧和氮氧化物等有害气体由排风系统排出，并通过烟囱进入大气在环境中扩散。地面最大浓度$C_{max}$按照HJ/T 2.2—1993采用高架连续点源高斯模式来计算，见公式(C.6)。

$$C_{max} = \frac{2Q}{\pi \bar{\mu} H_0^2 \times 2.718 P_1} \quad \cdots\cdots (C.6)$$

式中：

$Q$——排放点的臭氧强度，单位为毫克每秒(mg/s)；

$\bar{\mu}$——平均风速，单位为米每秒(m/s)，计算采用幂函数风速廓线模式，见公式(C.7)；

$H_0$——烟囱有效高度，单位为米(m)；

$P_1$——公式换算中间量，计算见公式(C.8)。

$$\bar{\mu} = \bar{\mu}_1 \left(\frac{H_0}{10}\right)^{0.25} \quad \cdots\cdots (C.7)$$

式中：

$\bar{\mu}_1$——高度 10 m 处的已知平均风速，单位为米每秒(m/s)。

$$P_1 = \frac{2\gamma_1 \cdot \gamma_2^{-\alpha_1/\alpha_2}}{\left(1+\frac{\alpha_1}{\alpha_2}\right)^{\frac{1}{2}\left(1+\frac{\alpha_1}{\alpha_2}\right)} \cdot H_0^{\left(1-\frac{\alpha_1}{\alpha_2}\right)} \cdot 2.718^{\frac{1}{2}\left(1-\frac{\alpha_1}{\alpha_2}\right)}} \quad \cdots\cdots (C.8)$$

式中：

$\gamma_1$——横向扩散参数回归系数；

$\gamma_2$——铅直扩散参数回归系数；

$\alpha_1$——横向扩散参数回归指数；

$\alpha_2$——铅直扩散参数回归指数。

氮氧化物中以 $NO_2$ 为主，$NO_2$ 的产额约为臭氧的一半，浓度限值为 0.24 mg/m$^3$(1 h 平均)。所以在臭氧的浓度对环境影响可以接受的情况下，氮氧化物的浓度也必然是可以接受的。

---